li

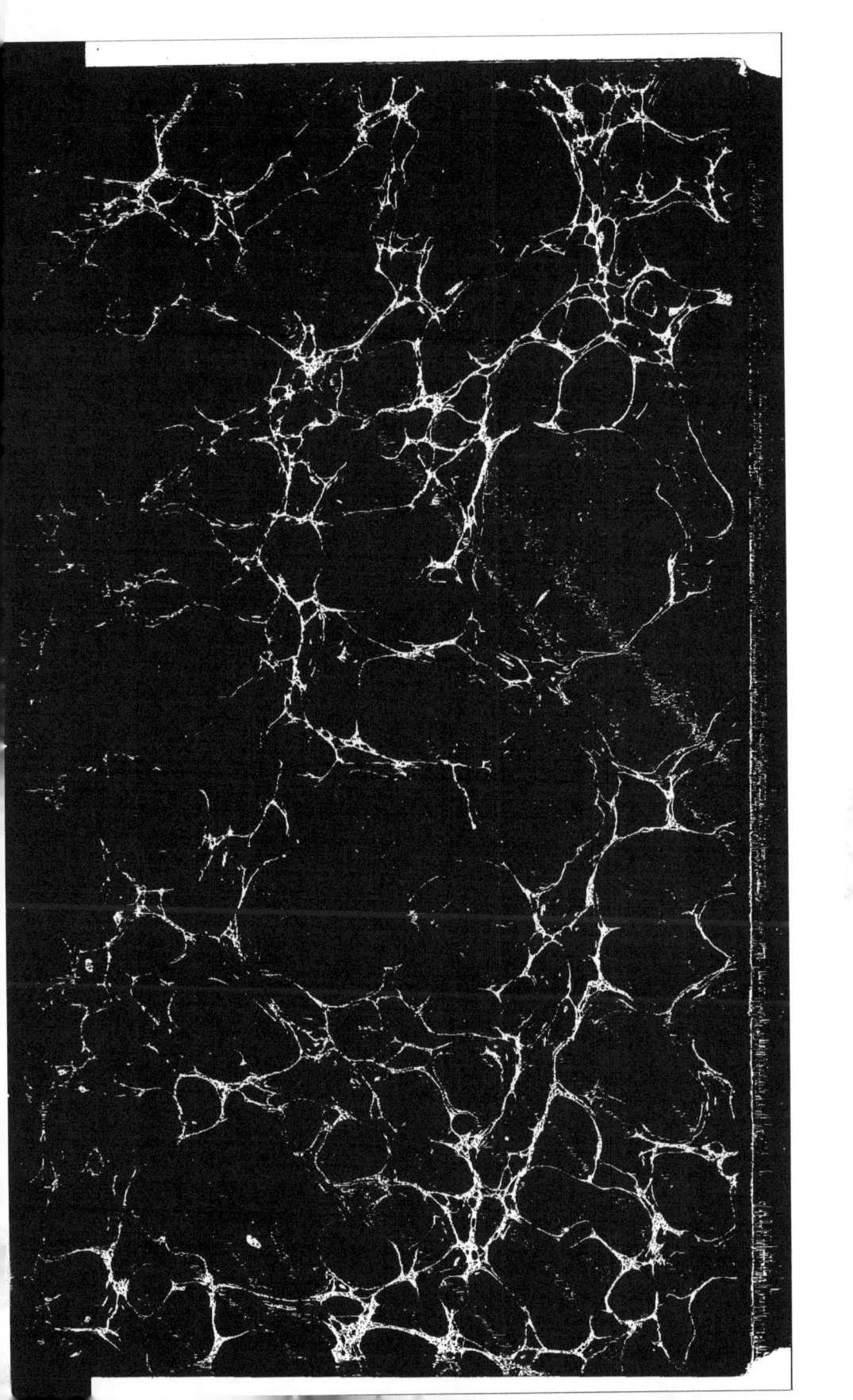

S

G

COURS

D'AGRICULTURE

PARIS. — IMPRIMERIE DE E. DUVERGER

RUE DE VERNEUIL, N° 4

COURS
D'AGRICULTURE

PAR

LE COMTE DE GASPARIN

PAIR DE FRANCE

MEMBRE DE L'ACADÉMIE DES SCIENCES,
DE LA SOCIÉTÉ ROYALE ET CENTRALE D'AGRICULTURE, ETC.

TOME PREMIER

PARIS

AU BUREAU DE LA MAISON RUSTIQUE

QUAI MALAQUAIS, Nº 19

EN PROVINCE

Chez tous les Libraires correspondants du Comptoir
central de la Librairie.

1843

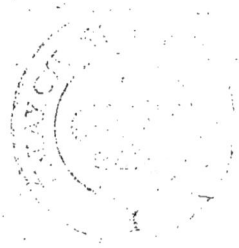

COURS
D'AGRICULTURE

INTRODUCTION

DE L'ÉTENDUE ET DES LIMITES DE LA SCIENCE DE L'AGRICULTURE [1].

En me rendant à vos désirs et en consentant à vous faire un cours d'agriculture, j'ai dû d'abord examiner ce que vous attendiez de moi et le genre d'instruction qui pouvait convenir à votre position. Vous avez tous parcouru le cercle des études universitaires, ainsi vous possédez les principes des sciences physiques et naturelles; propriétaires, vous désirez connaître non-seulement les procédés de l'art, mais encore les causes des modifications qu'ils apportent à la vie des végétaux, pour pouvoir vous rendre compte de la convenance de ces procédés et arriver à les perfectionner. L'enseigne-

---

(1) Ce discours est la leçon d'ouverture d'un cours d'études agricoles fait à de jeunes propriétaires qui se destinaient à diriger et à surveiller l'exploitation de leurs terres. Ces jeunes gens avaient suivi le cours entier des études universitaires, et quelques-uns même se distinguent déjà dans les sciences physiques et naturelles.

Nous avons cru devoir lui conserver sa première forme; elle avait été écrite *in extenso*, et il n'existait du reste du cours qu'un programme que nous remplissons aujourd'hui.

I.   1

ment qui vous convient n'est donc pas celui que l'on pourrait adresser à des jeunes gens qui, dépourvus de connaissances préliminaires assez fortes, voudraient se consacrer à la pratique de l'art. Il faudrait pour ceux-ci insister davantage sur les détails de la culture, et élaguer les explications théoriques qu'ils ne seraient pas en état de comprendre. Mais avec vous je puis exposer l'ensemble de nos connaissances agricoles, comme constituant un corps de doctrines scientifiques. L'agriculture n'est pas seulement pour vous une tâche dont vous êtes appelés à remplir une partie importante, ce n'est pas même seulement une occupation honorable qui porte avec elle la satisfaction de l'esprit et la santé du corps, c'est encore une source de développement pour l'intelligence, un des exercices les plus utiles et les plus variés que vous puissiez lui trouver, un sujet d'études qui présente à chaque pas une foule de problèmes où votre sagacité peut s'exercer et appliquer les connaissances que vous avez acquises dans votre éducation première. Enfin c'est aussi la route qui peut vous conduire dans le sanctuaire de la science, si vous n'abandonnez jamais, dans le cours de votre carrière, cette voie de l'expérience et de l'observation éclairées et soutenues par les lumières des autres branches des sciences humaines. En m'admettant récemment dans son sein, l'Académie a sans doute voulu présenter ce noble prix à l'émulation des jeunes gens qui, après avoir suivi les enseignements de ses savants professeurs, les appliqueront au perfectionnement de l'agriculture; elle a voulu ainsi encourager à la fois les bonnes études et l'art qui nourrit la France, bien plus que récompenser mes faibles efforts.

Pour bien définir une science aussi nouvelle que l'agriculture, il faut d'abord déterminer sa place dans l'ensemble de nos connaissances. Jusque-là on ne peut assigner exactement ses limites. En effet, il lui est arrivé ce qu'éprouvent toutes les sciences qui se forment; longtemps isolées, sans rapports avec les autres, elles vivent quelque temps de leur vie propre, et, comme ces peuples ignorants qui placent le centre du monde au milieu de leur pays, elles se croient le centre auquel toutes les connaissances aboutissent. Ce n'est qu'après avoir fait de grands progrès qu'elles finissent par reconnaître les droits et la fraternité des sciences rivales qui s'élèvent à leurs côtés. La question qui nous occupe est donc loin d'être la première dans l'ordre chronologique, si elle l'est dans l'ordre logique de nos idées. De même que dans l'histoire d'une découverte, on la voit souvent prendre naissance dans un phénomène compliqué et n'arriver que plus tard au phénomène simple et primitif qui lui sert de base ; de même, dans l'histoire des sciences, on n'arrive à s'interroger sur leurs rapports, leurs degrés d'affinité et leurs véritables limites qu'après avoir poussé de larges découvertes en avant, dans plusieurs directions excentriques, où, rencontrant les traces des sciences collatérales, elles doivent enfin régler entre elles l'étendue de leurs domaines respectifs et fixer la ligne de leurs frontières.

L'agriculture a suivi aussi cette marche, et elle semble arrivée aujourd'hui à ce point où, déjà en possession d'une assez grande masse de faits, elle cherche à se connaître elle-même, à se faire reconnaître des autres, à leur rendre ce qu'elle leur a pris et à réclamer ce qui lui appartient, à limiter exactement son étendue et à chercher la place qu'elle doit occuper dans la société des sciences.

Que l'on ne croie pas en effet que tout soit convenu à cet égard, que les nombreux auteurs qui ont écrit sur l'agriculture aient tous attaché à ce mot le même sens et la même étendue. Les anciens faisaient de l'agriculture une véritable encyclopédie; ils y comprenaient tout ce qui peut être utile à l'homme des champs, à l'homme privé de communication fréquente avec les villes et leurs arts, et qui devait se suffire à lui-même. Lisez Varron, Columelle, Palladius, et vous trouverez dans leurs traités, non-seulement les connaissances réellement agricoles, mais aussi l'arpentage, la pêche, la chasse, la cuisine, l'art vétérinaire. Ceux qui leur ont succédé jusque dans les temps plus modernes, Olivier de Serre, les anciennes Maisons rustiques, le Dictionnaire d'agriculture de Rozier lui-même, ont suivi la même marche; la botanique et la médecine domestique entrent dans le vaste cadre de leurs travaux.

Depuis cette époque la philosophie des sciences a été mieux comprise; chacune d'elles a été l'objet de travaux spéciaux, et sans avoir cherché à se rendre compte par l'analyse de la véritable nature de la science agricole, elle est à peu près rentrée dans ses véritables limites, par l'effet tout simple du développement des sciences qui lui étaient étrangères et qu'on lui avait réunies mal à propos. Arthur Young s'élève[1] contre le savoir excentrique de l'abbé Rozier, et de son côté il restreint outre mesure le champ de la science et semble ne plus connaître que son côté économique; toute sa

(1) *Voyage en France.*

partie phytologique lui devient pour ainsi dire étrangère. Soit que Thaër ait fait réellement pour son compte
l'analyse dont nous allons nous occuper, soit que son
instinct y ait suppléé, il se renferme assez exactement dans
les bornes qui en sont le résultat. Ainsi on peut dire que
partout on les a pressenties, et qu'il s'agit bien moins
aujourd'hui de distinguer ce qui appartient réellement
au domaine de la science agricole que de le régulariser.

Mais en vous parlant de science agricole, ne serai-je
pas accusé de me servir d'un terme trop ambitieux par
ceux qui ne veulent y voir qu'un art purement pratique? Que devons-nous entendre par une science? quel
est le caractère qui la distingue d'un art? « Cette distinction est fondée, dit Ampère[1], sur ce que dans les
sciences l'homme *connaît* seulement, et que dans les
arts il *connaît* et *exécute*. Mais si le physicien connaît les
propriétés de l'or, telles que sa flexibilité, sa malléabi-
lité, etc., il faut bien que l'orfévre de son côté *connaisse*
les moyens à employer pour le fondre, le battre en
feuilles, le tirer en fil, etc., et dans les deux cas il y a
également *connaissance*. Il n'y a donc réellement, quand
il s'agit de classer toutes les vérités accessibles à l'esprit
humain, aucune distinction à faire entre les arts et les
sciences. Les premiers comme les secondes doivent entrer dans les classifications; seulement les arts n'y entrent que relativement à la connaissance des procédés
et des moyens qu'ils emploient, abstraction faite de
l'exécution pratique qui dépend de l'artiste, et non de
l'instruction plus ou moins complète qu'il a acquise,
suivant qu'il est plus ou moins *savant* dans son art. »

(1) *Essai sur la philosophie des sciences*, p. 5.

En effet, tous les corps naturels peuvent être étudiés en partant de deux points de vue : les connaître en eux-mêmes, les connaître dans leurs rapports d'utilité avec l'homme ; d'où viennent deux grands embranchements dans l'arbre encyclopédique : les sciences naturelles et les sciences technologiques, ayant chacune leurs vérités propres, quoiqu'elles s'occupent des mêmes objets ; les unes se proposant pour but de satisfaire la curiosité philosophique de l'homme, les autres de pourvoir à ses besoins, en mettant à sa disposition les forces et les corps organiques et inorganiques de la nature, en re-cherchant les moyens de les lui présenter sous les formes qui lui conviennent. Ainsi, d'un côté, il s'agit seulement de *connaître* : c'est le but des sciences pures ; de l'autre, il s'agit aussi de *connaître* : c'est le but des sciences technologiques, et d'appliquer ces connais-sances : c'est le but de l'art.

Prenons pour exemple la minéralogie, comme l'a fait plus haut M. Ampère. Elle nous apprend les propriétés que possède le fer en lui-même, ses caractères exté-rieurs, sa pesanteur spécifique, les substances aux-quelles il est uni dans la nature, les formes sous les-quelles il se présente, ses gisements, ses analogies avec les autres minéraux, le manganèse, par exemple ; enfin ses propriétés physiques, entre autres celle d'être atti-rable à l'aimant. Voilà ce que nous apprend la science naturelle que nous appelons minéralogie. Elle se pro-pose de connaître seulement, elle s'adresse à l'intelli-gence, aux besoins de l'esprit ; son but, élevé au-dessus des intérêts matériels, n'a aucun besoin de savoir si plus tard on s'emparera de ces données pour en faire la base d'une exploitation. Son caractère propre, comme

celui de toutes les sciences pures, c'est le désintéresse-
ment.

Puis vient la science technologique, la métallurgie.
Celle-ci recherche, parmi ces minerais de force et de
composition différentes, quels sont ceux que l'on doit
employer de préférence pour la fabrication du fer ;
quelle sera, non-seulement la quantité, mais aussi la
qualité du métal que l'on en extraira, les difficultés
que chacun d'eux offre au traitement, et les moyens de
les vaincre. Elle examine les procédés divers que l'on
peut mettre en usage pour extraire le fer de la mine, la
forme des fourneaux, la manière d'organiser l'action
du feu, de le diriger, de l'exciter ; et, ne se bornant
pas à obtenir des solutions absolues, il faut qu'elle les
mette en rapport avec la possibilité économique de livrer le métal ainsi fabriqué à la consommation. Elle
doit donc rejeter quelquefois la méthode qui serait
physiquement la meilleure, pour s'en tenir à celle qui
présente des avantages économiques relativement plus
grands. Jusque-là le métallurgiste n'a obtenu que des
connaissances ; il a créé des principes scientifiques ;
comme le minéralogiste, il a appelé à son aide la physique, la chimie, pour leur demander des solutions
que la minéralogie pure ne pouvait lui fournir, mais
qui devenaient indispensables au point de vue de l'utilité. Supposons maintenant que la métallurgie ainsi
formée ne soit jamais appliquée ; il n'en existe pas
moins une nouvelle somme de connaissances qui se sont
ajoutées à celles que la minéralogie nous avait données
sur le fer. C'est une branche entière de notions qui
sont encore presque entièrement minéralogiques, mais
qui n'auront pour but que la pratique d'un art. Dé-

niera-t-on le nom de science à cette nouvelle collection
de vérités obtenues par les mêmes procédés que celle
qui constitue la minéralogie, parce que, plus tard, il
arrivera que, s'emparant de ces études préliminaires,
quelqu'un construira des hauts-fourneaux et produira
du fer à l'aide de ces connaissances scientifiques? On
pourrait en dire autant d'une foule de sciences secondaires, qui ne sont qu'un appendice, un développement d'une science principale, développement devenu
nécessaire pour le but d'application. Et demandez à
mon excellent ami M. Chevreul si ses travaux pour régénérer l'art de la teinture n'ont pas un caractère aussi
scientifique et n'exigent pas des recherches tout aussi
difficiles que celles par lesquelles il a porté tant de lumières sur la chimie organique?

Si nous appliquons à l'agriculture ce que nous venons
de dire, ne trouvons-nous pas une parfaite similitude?
La physiologie végétale, qui est une branche de la
phytologie, nous a appris que les plantes, pour se développer, ont besoin d'eau, de chaleur, de lumière, de
carbone, d'oxygène, d'azote et d'une base pour fixer
et étendre les racines. La phytologie nous indique les
conditions dans lesquelles chaque plante se présente
sous tous ces rapports dans la nature. Voilà la science
naturelle pure.

Mais l'agriculture, la science technologique des végétaux, a d'autres connaissances à ajouter à ces premières données. Quelles sont, parmi ces espèces végétales, celles qui peuvent être utilisées au profit de
l'homme? Parmi ces espèces, quelles sont les variétés
qui sont les plus utiles? Quel est le moyen de se procurer, de créer, de propager ces variétés? Quels sont

les moyens de faire croître ces plantes loin de leurs stations naturelles? Quel terrain doit-on choisir pour les y placer? Quelle préparation faut-il donner à ce terrain pour qu'elles y prennent tout leur développement, pour qu'elles y soient plus grandes, plus fortes, meilleures que dans la nature même? Comment se procurer la quantité d'eau qu'elles exigent, en les préservant de la surabondance de ce liquide? Quel abri leur devient nécessaire pour leur procurer artificiellement le degré de chaleur qui manque ou qui surabonde dans le climat où on les transporte? Comment les préserver d'une trop forte lumière et suppléer à celle qui leur manque à certaines époques de leur croissance? Enfin, par quel moyen leur procurer les sucs nutritifs contenant les matériaux de leur accroissement? Toutes ces questions, qui ne sont qu'un développement de la phytologie elle-même, mais qui n'ont pu être posées qu'à l'occasion d'un but spécial et pour un nombre limité de plantes, forment un appendice particulier de cette science et constituent une collection de vérités qui pourrait aussi exister sans jamais recevoir d'application.

Mais l'artiste succède au savant; il s'empare de ces vérités, et par leur secours féconde et enrichit nos campagnes.

Je pense qu'il est inutile d'entrer dans de plus grands développements de ces idées; elles indiquent suffisamment le rang que l'agriculture doit tenir dans l'arbre encyclopédique. C'est une science technologique, dépendant de la science qui traite des végétaux et dont l'ensemble prend le nom de phytologie. Celle-ci fait partie du grand embranchement des sciences cosmologiques, qui comprend toutes celles qui s'occupent des grandeurs, des forces et des objets matériels, par opposition aux sciences noologiques, qui ont dans leur ressort tous les faits de l'intelligence; et dans ce premier embranchement, divisé en quatre ordres : 1° les sciences mathématiques, 2° les sciences physiques, 3° les sciences naturelles, 4° les sciences médicales. La phytologie fait évidemment partie de la subdivision des sciences naturelles.

Après ce que nous venons de dire, la définition de l'agriculture, telle qu'elle résulte de cette analyse, se présente d'elle-même : c'est *la science qui recherche les moyens d'obtenir les produits des végétaux de la manière la plus parfaite et la plus économique.*

M. Cuvier, en disant (éloge de Gilbert) que l'agriculture n'était que l'art de faire en sorte qu'il y eût toujours, dans un espace donné, la plus grande quantité possible d'éléments combinés à la fois en substances vivantes, faisait trop évidemment abstraction de la partie économique de la science.

Ces limites, données à la science agricole par les déductions auxquelles nous nous sommes livrés, sont bien éloignées, comme vous voyez, d'être aussi étendues que l'imaginaient les anciens. Ceux-ci y comprenaient, outre la production des produits végétaux immédiats, les connaissances relatives à l'élève des animaux qui s'en nourrissent; ils donnaient à ces produits diverses préparations, de manière à ce qu'ils pussent être consommés en sortant des mains de l'agriculteur; ils s'occupaient même du moyen d'utiliser et de rendre agréables les loisirs de la campagne. Ce n'était aucun principe philosophique, c'était l'état de l'industrie et les convenances de l'agriculture qui réglaient le champ de la science.

Or, conçue de cette manière, la science avait une étendue nécessairement variable ; d'abord, quant aux préparations des matières premières, elle devait se restreindre chaque jour, à mesure que les industries diverses, dérivées d'autres sciences principales, prenaient de l'extension. Ainsi, s'agissait-il du blé, elle devait renoncer à la mouture et à la boulangerie, quand ces deux arts, appartenant à la mécanique et à la chimie, formèrent deux branches distinctes d'exploitation. On associait à la culture de la vigne, non-seulement la fabrication du vin, mais encore celle des vinaigres et la distillation de l'alcool ; mais aujourd'hui ces deux dernières industries appartenant aux sciences chimiques et physiques, sont livrées à des arts distincts ; on a même commencé dans plusieurs pays, dans le mien, par exemple, à vendre le raisin à des personnes qui entreprennent pour leur compte la fabrication du vin, et l'on conçoit très bien un état de l'industrie où cette coutume deviendrait générale. Ainsi voilà la viniculture dépouillée de ses fabrications accessoires et réduite à la production de ses fruits.

La culture du mûrier suit la même marche. D'abord le planteur de mûriers étendait son industrie à toute la fabrication de la soie ; peu à peu, le dévidage, puis la filature se sont détachés des attributions du cultivateur ; enfin l'éducation des vers à soie en sort tous les jours, et presque partout dans le Midi, l'homme qui cultive les mûriers est distinct de celui qui achète les feuilles et élève les vers à soie. La culture de la betterave présente les mêmes faits, et dans les pays de fabriques de sucre, le cultivateur se distingue souvent du manufacturier. Ainsi, partout et dans toutes les branches de la culture, le progrès de l'industrie, en favorisant la division du travail, en spécialisant chacune de ses opérations, tend à introduire dans la pratique cette distinction que la logique nous avait fait trouver pour la science, et renferme le cultivateur dans le cercle de la production immédiate.

Il est donc évident que les convenances passagères de celui-ci ne peuvent pas servir à fixer les limites permanentes de la science. Que dans un temps où la civilisation est peu avancée, un seul homme se voie forcé d'exercer plusieurs arts, c'est ce que nous voyons encore loin des grands centres de population; mais parce qu'un maître d'école y est à la fois sacristain, secrétaire de mairie, arpenteur, organiste et marchand, en conclura-t-on l'identité de ces professions? Ainsi, que le cultivateur, privé de tout moyen facile d'échange, soigne son troupeau, en tonde la laine, la lave, la file et la tisse lui-même, qu'il fasse de la bière avec son orge, de l'eau-de-vie avec son raisin, de la soie dévidée avec ses feuilles de mûrier, de la fécule avec ses pommes de terre, pour rendre ses produits d'un transport plus facile, tandis que dans d'autres temps il pourra vendre directement et à son plus grand avantage sa laine surge, son orge, son raisin, ses feuilles de mûriers et ses pommes de terre, que faut-il en conclure? Ces variations dans son industrie, subordonnées aux diversités des positions et des circonstances, démontrent évidemment que l'étendue variable de cette industrie ne peut devenir la base d'une distribution logique et nécessairement invariable des connaissances humaines, dont les données doivent être indépendantes des temps, des lieux, et partir d'une base toute rationnelle.

Sans doute, dans chacune de ces circonstances particulières on peut faire, pour le besoin de ceux qui s'y trouvent, un manuel de conduite renfermant la théorie et la pratique de plusieurs arts; on peut y comprendre des fragments de géométrie applicables à l'arpentage, de mécanique aux forces diverses que l'on peut employer et à la forme des instruments aratoires, de chimie applicables à différents arts comme la fabrication du sucre, la préparation des engrais, etc., sans que l'on soit en droit de dire que, par cela même que toutes ces connaissances sont utiles à l'agriculteur placé dans une position particulière, elles constituent une seule et même science.

Mais non-seulement le procédé par lequel on limiterait le champ des sciences par les associations de ces sciences dans la pratique serait éminemment transitoire, de siècle en siècle, d'année en année, de pays à pays; non-seulement il serait semblable aux divisions politiques qui changent sans cesse sur la carte immuable de la géographie physique, mais encore il détruirait toute unité d'exposition dans la science que l'on constituerait de la sorte.

Un des caractères principaux qui font reconnaître la légitimité du domaine assigné à chaque science, qui prouve qu'elle est composée d'éléments homogènes, c'est la possibilité de la parcourir tout entière en partant des principes établis dès le début et suivant les mêmes méthodes d'exposition et de recherches; mais une science formée comme l'agriculture l'a été jusqu'ici manquerait entièrement de ce caractère d'unité et de simplicité. Ainsi, reprenant un des exemples que nous avons cités, l'art de cultiver la vigne a pour point de départ la phytologie qui l'accompagne jusqu'à la fructification; mais dès que le fruit est séparé de la plante, il cesse d'être sous l'empire des forces vitales et il entre sous celui des affinités chimiques qui régissent l'art de faire le vin ou l'œnologie. Le vin étant produit, si l'on veut en séparer les divers principes et faire de l'alcool au moyen de la chaleur, c'est la physique qui servira de guide. A chaque nouveau pas que nous faisons, nous laissons derrière nous, nous abandonnons toutes les théories précédentes, nous avons recours à de nouveaux principes distincts de ceux que nous avons dû employer jusque-là. Il n'y a donc pas d'identité, il n'y a pas même de parenté entre les divers ordres de vérités que nous parcourons de la sorte, pas plus qu'entre les spéculations du minéralogiste qui examine et classe le marbre et celles du sculpteur qui en fait une statue, quoique tous deux aient opéré sur une même substance.

Il sera plus facile maintenant de déterminer le point précis où s'arrête la science agricole. La culture des plantes reconnaît pour base la phytologie; tant que nous ne suivons dans nos déductions que des principes phytologiques, tant que nous nous occupons d'une plante pendant sa vie végétale, nous pourrons enchaîner toutes les vérités qui se présenteront sur notre route parce qu'elles découleront toutes d'une théorie unique et qu'elles tendront toutes au même but. Mais, en sa qualité de science technologique, l'agriculture devra dès le début associer au principe phytologique le principe économique, celui de la production d'une richesse. Celui-ci ne rompt pas l'unité de l'exposition, car il juge les résultats obtenus par les moyens phytologiques, mais ne sert pas à les trouver ; c'est le *criterium* entre plusieurs méthodes qui existent indépendamment de lui. Mais dès que la substance est privée de vie, dès que, cessant d'appartenir aux sciences naturelles, elle entre dans le domaine des sciences physiques, ce sont d'autres doctrines, d'autres principes tirés d'un autre système de connaissances, un autre ordre de vérités qui n'ont plus de rapport direct avec la science de la vie. Alors l'œuvre de l'agriculture, sinon celle des cultivateurs, est terminée, un autre art commence. Cet art aura beau être exécuté par les mêmes mains, il ne procédera pas des mêmes doctrines; celui qui l'accomplira pourra sans inconvénient ignorer si la substance qu'il traite est un produit de la culture, il lui suffira d'en connaître les propriétés en tant que substance morte, il sera encore technologue, il ne sera plus agriculteur.

J'ai réservé pour la dernière une difficulté qui se résout par les mêmes raisonnements, mais qui, ayant pour elle de nombreux préjugés et la force d'une habitude invétérée, exige quelques nouveaux développements. Il s'agit de résoudre cette question : L'éducation des animaux domestiques doit-elle être regardée comme une partie intégrante de la science agricole? On peut voir dans l'ouvrage de M. Ampère [1] que cet excellent esprit hésita longtemps avant d'adopter mes

(1) *Essai sur la philosophie des sciences*, p. xxxiij et 126.

idées, mais que, pleinement éclairé par nos discussions, il finit par les admettre complétement.

A prendre à la rigueur les principes que nous venons d'établir, il semble que la séparation de ces deux branches de connaissances ne puisse être douteuse. En effet, quelque grands que soient les rapports qui unissent les corps organisés, on n'est point encore parvenu à ce degré de généralisation qui permet de traiter à la fois de la physiologie animale et de la physiologie végétale. La zoologie et la phytologie font bien partie du même groupe de sciences, mais elles forment deux sciences distinctes qui ont chacune leurs méthodes et leurs vérités à part; et quant aux sciences technologiques qui en dérivent, qui ne sent qu'il serait impossible de fondre ensemble l'exposition des principes concernant la culture des plantes et des principes relatifs aux soins à donner aux animaux, de manière à les faire découler les uns des autres? J'en appelle à tout homme habitué aux procédés scientifiques; chargé d'un tel enseignement, quel parti prendrait-il? Il s'occuperait d'abord des végétaux, décrirait leur mode de vivre, les circonstances naturelles qui favorisent leur croissance, les moyens de les faire naître ou d'y suppléer; puis, ayant accompli cette partie de sa tâche, il commencerait sur nouveaux frais, en partant de nouveaux principes et en suivant de nouvelles déductions, ce qui concerne la vie des animaux, leur nourriture, leur croissance et les moyens de les diriger de la manière la plus favorable et la plus économique. On aurait donc réellement deux enseignements, deux cours réunis sous un seul nom, dont les vérités ne seraient liées que par une transition ar-

tificielle qui consisterait à dire que les animaux consomment les produits de l'agriculture et leur fournissent des engrais. Examinez, en effet, si ce n'est
pas ainsi que Thaër, cet excellent esprit, a disposé
son cours. Le traité des animaux n'est réellement que
l'appendice de son ouvrage, appendice tout-à-fait indépendant du traité d'agriculture ; de sorte que l'on
pourrait indifferemment commencer l'étude de son
livre par l'un ou par l'autre, et arriver par cette seule
considération à se convaincre que l'on se trouve en présence de deux sciences distinctes, l'*agriculture* et la
zootechnie.

Nous admettons, me dira-t-on, que, quoique la pratique unisse et lie intimement l'agriculture et la zootechnie, ce ne soit pas un motif suffisant pour en réunir
les théories ; un homme peut en effet exercer deux arts
différents, découlant de deux sources distinctes; ces
deux arts peuvent avoir un besoin mutuel l'un de l'autre,
se servir d'instrument l'un à l'autre, sans qu'il en résulte nécessairement l'union des deux sciences. Ainsi
l'optique est distincte de l'astronomie, quoique celle-ci
en fasse un usage continuel et qu'on ne puisse guère
être astronome accompli sans être bon opticien; mais
quand il y a union intime, association forcée, pénétration, pour ainsi dire, de deux arts, quand il est impossible de les concevoir l'un sans l'autre, la science ne saurait les séparer. Or, comment concevoir l'agriculture
sans les animaux qui fournissent les forces et l'engrais?
Il faut bien, dans ce cas, admettre une science double,
ayant deux parties, l'une qui s'occupe des végétaux et
l'autre des animaux. Voilà l'objection dans toute sa
force. En l'analysant elle se réduit à deux points : 1° im-

possibilité de concevoir l'agriculture sans animaux;
2° pénétration intime de la partie végétale et de la partie animale de l'agriculture, même sous les rapports scientifiques.

Quant au premier point, quoique l'agriculture d'une partie de l'Europe soit en ce moment indissolublement liée à l'existence des animaux, il n'est pas vrai que l'on ne puisse concevoir un état agricole où ces deux notions soient complétement séparées et distinctes. Il en est ainsi dans l'enfance de l'art. Allez examiner la culture des nègres du Sénégal, celle même de la plupart de nos colonies; vous trouverez des cultures riches, soignées même, et conduites absolument sans le secours des animaux. On retrouve ces faits encore dans les pays où l'art est le plus perfectionné; à la Chine, par exemple, dans les provinces les plus populeuses on ne nourrit pas d'animaux. Il en est de même dans plusieurs contrées du midi de l'Europe; on trouvera en Provence un grand nombre de fermes où les bras de l'homme et des engrais achetés pourvoient à la culture la plus intelligente et la plus productive; et sans aller si loin, les jardins maraîchers des environs de Paris présentent le même phénomène. Dans une foule de situations les herbagers sont complétement distincts des nourrisseurs; les uns fournissent le foin et les autres l'engrais. L'union n'est donc pas si intime qu'on ne puisse la trouver naturellement rompue, et qu'une très légère abstraction de l'esprit ne puisse ainsi faire concevoir la séparation, non-seulement des deux sciences, mais des deux arts. Ainsi l'analyse nous montre d'un côté l'éleveur de bestiaux qui dispose de leurs forces et de leurs engrais et achète les produits végétaux qui forment leur nourriture, et de l'autre le

cultivateur qui vend ses produits végétaux, loue les
forces et achète les engrais. Or, qui ne voit reparaître
ici la relation signalée plus haut entre l'optique et l'astronomie? qui ne voit que les produits animaux ne sont
ici que les instruments, qui pourraient être suppléés par
les forces de l'homme et celle de la nature (le vent, la
vapeur) et par des engrais enlevés à l'atmosphère par
les végétaux eux-mêmes, de même que la lunette serait
imparfaitement suppléée par l'œil humain? Il y a de
part et d'autre utilité, mais non pas nécessité. Constituer une science sur ces bases, c'est n'avoir fait qu'une
science artificielle, de variable étendue selon les lieux
et le temps, et non une science véritable, ayant des
fondements logiques à l'épreuve de toutes les circonstances.

2o On voit déjà par ce que je viens de dire qu'il me
serait tout aussi facile de séparer les deux sciences que
les deux arts; qu'en agriculture, en empruntant à la
mécanique les notions des forces utiles, je puis faire
abstraction de la source qui les produit; qu'ensuite,
à l'égard des engrais et en prenant à la science chimique ses combinaisons toutes formées, je n'aurai à
m'occuper que de leurs effets, de leur valeur relative,
sans avoir à tenir compte des matières premières qui
les composent et que lui fournit la zootechnie. Cette
dernière s'enquerra à son tour de la manière de produire ces machines, des bénéfices et des pertes de cette
production combinée à celle des bestiaux, du lait, de la
laine; mais l'agriculture n'aura à balancer que la valeur
de l'engrais avec le prix de ses avoines, de ses foins, de
ses forces. Et chaque cultivateur soigneux, tenant ses
livres en partie double, n'établit-il pas chaque jour

cette distinction entre ces éléments divers? La logique d'une comptabilité inflexible a précédé pour lui mon analyse; en examinant ses livres, il sait fort bien distinguer ce qu'il gagne comme cultivateur et comme éleveur de bestiaux, et pour lui ces notions sont tout aussi séparées dans l'art que dans la science.

Si l'on ajoute à toutes ces raisons l'intérêt des bonnes études agricoles et de l'exposition scientifique, on n'hésitera plus à séparer définitivement l'agriculture de la zootechnie, si facile à distinguer, soit dans la théorie, soit dans la pratique.

Après avoir circonscrit aussi rigoureusement la science en elle-même, il est juste de dire que l'on serait un agriculteur fort incomplet si l'on ne possédait que la science de l'agriculture, de même que l'on serait un mauvais médecin si l'on n'empruntait à l'anatomie et à la physiologie, qui sont des sciences naturelles, les lumières nécessaires pour éclairer les sciences médicales proprement dites. Ainsi le cours des études agricoles devra comprendre plusieurs sciences accessoires que nous avons séparées de la science de l'agriculture, et comme c'est précisément ce cours d'études que vous exigez de moi, je ne dois pas terminer cette première leçon sans vous en tracer le tableau.

Rappelons-nous d'abord que l'agriculture est une science technologique, dérivant de la phytologie, et ayant comme toutes les sciences technologiques deux parties distinctes : celle qui tient à la phytologie et celle qui tient à l'économie sociale.

Considérée sous le premier rapport, nous avons dit que la vie de la plante exige une base qui ordinairement est la terre, plusieurs éléments minéraux et en outre de l'eau, de la chaleur, de la lumière, du carbone, de l'oxygène et de l'azote, à quoi il faudrait joindre l'électricité. En parcourant ces différents chefs, nous allons retrouver les sciences que leur parenté avec l'agriculture nous fait un devoir de faire entrer dans notre plan d'études.

1º *La terre.*—Nous avons à examiner sa nature en rapport avec ses produits : c'est l'objet d'une science technologique dérivée de la minéralogie et à laquelle nous donnerons le nom d'*Agrologie.*

On a observé que les végétaux se plaisent dans une terre ameublie, c'est-à-dire rendue moins compacte par les labours; que dans la nature une très grande quantité de semences se perdent faute de pouvoir s'introduire dans le sein de la terre, dont la surface est durcie par une foule de causes; qu'enfin les plantes prospèrent d'autant mieux qu'elles sont plus isolées de leurs voisines, et que la terre qui recouvre leurs racines est tenue dans un état de division qui permet l'accès à l'air et aux météores. Pour remplir ces différents buts d'une bonne culture, il faut : 1º des instruments pour ouvrir et diviser la terre; 2º des forces pour les mettre en mouvement. C'est la *Mécanique agricole* qui nous fera connaître les moyens que nous devons employer.

2º *L'eau.* — L'humidité que le sol contient, soit qu'elle provienne de la pluie, soit que, par l'effet de sa capillarité, il l'ait extrait des couches inférieures, ne suffit pas toujours aux plantes; il faut alors, si cela est possible, leur en procurer un supplément au moyen des irrigations entretenues soit par l'eau courante amenée par des canaux, soit par des machines qui en élèvent le niveau. D'autres fois il s'agira au contraire de délivrer la terre d'une humidité surabondante. Dans l'un et l'autre cas, c'est encore à la mécanique et à l'hydraulique que nous nous adressons pour remplir le but que nous nous proposons.

3° *Chaleur, lumière.* — Procurer aux plantes une quantité de chaleur et de lumière plus grande ou plus faible que celle qui est propre au climat où on les cultive, c'est le moyen de pouvoir en étendre la culture, en les transportant dans des pays plus chauds ou plus froids que leur patrie originaire; c'est aussi le moyen de hâter et de prolonger par l'art la durée des différentes périodes de leur existence, et de varier la saison de leur maturité. C'est ce que l'on obtient en créant des abris contre les impressions de l'air, contre la lumière ou la chaleur solaire, ou pour arrêter et réfléchir ou absorber cette lumière et cette chaleur. Ces procédés sont usités en grand dans certaines circonstances, mais en général ils appartiennent plutôt à cette branche de l'agriculture qui s'occupe des jardins et que l'on nomme *Horticulture.*

4° *Météores.* — Il ne suffit pas de connaître les moyens de remédier à l'excès ou au défaut d'eau, de chaleur, de lumière, etc.; pour juger de la nécessité de leur application, il faut connaître ce que la nature en fournit dans chaque localité, leur distribution dans les années, les mois, les jours, les effets de ces circonstances sur la végétation. C'est l'objet d'une science dérivée de la géographie physique, et que l'on désigne sous le nom de *Climatologie agricole.*

Les moyens de préserver les plantes, les récoltes et les forces agricoles contre les intempéries de l'air conduisent à étudier une branche spéciale de l'architecture, que l'on désigne sous le nom d'*Architecture rurale*.

5º *Carbone, oxygène, azote*. — Les plantes puisent une partie de ces substances nutritives dans l'atmosphère; mais cette alimentation aérienne ne leur suffirait pas pour se développer et fructifier, si elles ne recevaient aussi par leurs racines des solutions des corps qui contiennent ces gaz, soit que ces corps existent déjà à l'état soluble dans le terrain, soit qu'y étant à l'état insoluble on leur applique certains autres agents qui changent cet état et les rendent susceptibles d'être dissous dans l'eau, soit qu'on les fournisse au terrain par l'addition des engrais. L'étude de ces substances supplémentaires propres à servir de nourriture aux végétaux, et celle de leurs préparations, constituent une science technologique tenant à la chimie, et qui prend le nom de science des amendements ou engrais.

6º L'étude de l'économie sociale et de quelques parties de la législation éclairera ensuite ce qui touche à la partie économique de nos études agricoles.

Telles sont les connaissances spéciales qui sont indispensables à celui qui veut approfondir ce qui tient à la culture des champs. Vos études vous ont préparés à ces travaux, et vous avez assez réfléchi sur la position du propriétaire pour comprendre qu'il ne peut se borner au rôle d'un simple créancier envers la terre constituée son débiteur, mais que son rôle est réellement celui d'un chef de manufacture, et que de son intelligence dépend, en partie, le succès plus ou moins heureux de l'entreprise. Vous ne vous bornerez pas longtemps à ces rapports matériels avec l'agriculture; vous ne pourrez contempler sans une vive curiosité et une sincère admiration ce foyer de transformations, de compositions, de décompositions, cette chimie vivante, ce vaste champ des plus curieuses expériences qui renferme tant de vérités ignorées qui n'attendent qu'un peu d'observation pour être mises au jour. Ces connaissances variées que vous allez acquérir sont autant de points de départ pour observer sous toutes ses faces la végétation artificielle de nos champs.

Il n'y a pas une seule des circonstances agricoles, un seul des procédés de l'art, qui ne puisse devenir l'objet de recherches aussi curieuses qu'utiles, pas un où des efforts heureux ne puissent changer la face de l'industrie. Voyez ce qui s'est déjà opéré autour de nous par l'application de la science à l'agriculture et aux sciences technologiques accessoires! A-t-on trouvé le moyen d'extraire le sucre de la betterave; nos colonies ont été mises en péril, et, ne se bornant pas à l'appui de la fiscalité, elles ont dû se hâter de rechercher les moyens d'extraire plus complétement le sucre de leurs cannes; le capital va peut-être doubler par l'effet de cette terreur salutaire; l'extraction de la fécule de pomme de terre et ses applications, en rendant possible la conservation et le commerce de ce produit, a propagé la culture de cette plante et à rassuré nos populations contre la crainte des disettes; le marnage, mieux connu et plus employé, a augmenté l'étendue des cultures de froment et réduit celle des grains inférieurs, il a amélioré la nourriture de la nation; l'usage de la chaux appliquée aux terres a eu un effet analogue; appliquée aux semences, il en fait disparaître le végétal parasite qui dévorait leur substance; l'étude des effets des fumiers a fait connaître la perte immense que cause le retard de leur emploi; un grand nombre d'engrais, mettant à profit des substances jusqu'alors dédaignées, sont venus en aide à l'agriculture et ont considérablement augmenté la production; l'observation attentive des insectes nuisibles aux plantes nous met sur la voie des moyens de défense à opposer aux armées innombrables de ces ennemis; en un mot, aucun de nos procédés agricoles, aucune des circonstances de la végétation n'est interrogé sans qu'il en jaillisse un perfectionnement ou une découverte. Le temps de la moisson est venu; hâtez-vous pendant qu'il en est temps encore, d'autres glaneront plus tard. J'excéderais toutes les bornes si je vous citais les nombreuses questions qui demandent une solution; ainsi, l'étude attentive des variétés de plantes peut en doubler le produit. Plusieurs espèces de blé sont plus fécondes en grains et plus riches en substances nutritives; ne faut-il pas les étudier, les connaître, savoir à quels terrains, à quels climats elles sont propres? A-t-on constaté la convenance des variétés de vigne sur chaque terrain, sous chaque climat? Sait-on celles qui produisent le plus d'alcool, celles qui donnent un goût plus agréable? N'est-il pas possible qu'une telle étude conduise inopinément à trouver telle variété qui produise le double en alcool, le triple, le quadruple, le centuple en valeur commerciale provenant du développement du bouquet? A-t-on suffisamment étudié les plantes propres à donner un engrais végétal? Sait-on celles qui renferment les plus grandes quantités de cet azote que nous recherchons dans les engrais animaux, etc., etc.? Je termine ici cette nomenclature qu'il serait si facile d'étendre.

Ce n'est donc pas une vaine étude que nous vous proposons de faire. L'agriculture élevée au niveau des autres connaissances humaines est une science sérieuse, réservée à de hautes destinées, et qui, commençant à peine à s'organiser, répand déjà ses lumières et sa vie sur le monde, qui attend d'elle la subsistance de cette population nouvelle que la paix et la civilisation font pulluler de toutes parts. Ce n'est plus cette science purement descriptive et historique, se bornant à raconter les procédés en usage parmi les cultivateurs les plus soigneux; elle a aujourd'hui la juste ambition de les devancer, de leur expliquer leurs propres opérations, de les réduire à des valeurs numériques, de leur en faire la critique, de les perfectionner, de leur en indiquer de nouvelles. Voilà sous quel point de vue je voudrais vous faire envisager l'étude que nous allons faire; voilà la carrière que je voudrais vous ouvrir.

En vous la présentant dans toute l'étendue de ses vastes proportions, je sais que ce n'est pas ainsi qu'elle doit être enseignée aux simples cultivateurs. Je vous l'ai dit en commençant: c'est aux savants et non aux artistes que je m'adresse aujourd'hui. A ceux-ci les déductions de la science, à ceux-là le manuel de l'art. Ces deux genres d'enseignement sont nécessaires à la fois, car l'agriculture pratique ne peut être le résultat d'une longue éducation scientifique, mais bien plutôt d'une pratique éclairée par les principes de la science, sans doute, mais où les résultats prennent la forme d'axiomes admis par la confiance de l'élève, et aussi par son adhésion intuitive. C'est ainsi que procèdent sir J. Sinclair et Schwerz. Thaër et Bürger sont déjà bien plus près de la science. En examinant plus tard le catalogue de notre richesse ou plutôt de notre pauvreté bibliographique, vous verrez que ce n'est que depuis peu de temps que des savants ont consenti à être agriculteurs et que des agriculteurs ont voulu être savants. Ceux qui sont étrangers à cette grande transformation arrivée de nos jours, ceux qui sont encore sous l'empire des préjugés et qui n'ont ouvert que les livres les plus futiles et malheureusement les plus répandus de notre littérature agricole, se font difficilement une idée des progrès qu'a faits l'esprit scientifique appliqué à cette science depuis une trentaine d'années. Le temps n'est pas loin où l'élan qu'elle prend partout en Europe, par le concours de plusieurs physiciens et chimistes qui sont à la tête de la science, et par celui des agriculteurs éclairés qui marchent devant eux en tenant la sonde et en signalant la route et les écueils, fixera définitivement la place qu'elle doit occuper.

Il ne me reste, pour terminer cette leçon, qu'à vous tracer le tableau du cours d'études agricoles, tel qu'il résulte de ce que je viens de vous dire et tel que nous chercherons à le parcourir ensemble.

TABLEAU DES ÉTUDES AGRICOLES.

A. SCIENCES ACCESSOIRES.

1° Sciences cosmologiques.

OBJETS D'ÉTUDE.		Nom de la science technologique.	Dérivant de la science pure dont le nom se trouve ci-dessous.
La terre.	Ses propriétés relativement à la culture.	Agronomie.	Minéralogie.
	Forces et instruments pour la travailler.	Mécanique appliquée à l'agriculture.	Mécanique.
Moyens de suppléer aux substances qui manquent à la terre pour la complète nutrition des végétaux.	Leur choix, leur combinaison, leur préparation, leur valeur relative, etc.	Science des engrais. . .	Chimie.

AGROLOGIE

GÉNÉRALITÉS.

L'étude de la physiologie végétale nous a fait connaître les substances dont les plantes étaient formées. C'est dans l'atmosphère et dans le sol qu'elles puisent ces substances, c'est donc là qu'il faut en rechercher l'existence.

Dans l'atmosphère les plantes trouvent l'acide carbonique qu'elles décomposent en s'emparant de son carbone et dégageant son oxygène; l'eau à laquelle elles prennent son hydrogène; l'azote pur ou sous forme d'oxyde d'ammoniaque et d'acide nitrique. C'est par leurs parties vertes que les plantes s'assimilent les éléments de l'atmosphère; sa composition est si simple et si uniforme, qu'elle n'exige pas d'autres études que celles que nous faisons dans les cours de chimie.

Les racines des plantes absorbent de leur côté des éléments semblables dissous dans l'eau mêlée au terrain, et d'autres éléments fixes qui ne se trouvent que dans le sol. La variété de ces combinaisons, leur état complexe exigent une étude spéciale qui est une des principales bases de toute science agricole, et que nous allons faire ensemble.

Dès que les hommes se furent livrés à la culture, il ne leur fallut pas longtemps pour s'apercevoir que

les terres n'avaient pas toutes la même fertilité, que
toutes n'étaient pas aptes à produire les mêmes espèces de plantes[1] ; ils voulurent en chercher la cause,
et alors naquit l'étude des terrains agricoles.

Elle se borna longtemps à l'observation des caractères extérieurs que présentait la terre; elle fut
ce qu'elle est encore aujourd'hui pour nos ouvriers,
toute locale, toute bornée à un cercle aussi peu
étendu que leurs communications journalières. Ici
l'on mettait au premier rang les terres noires, ailleurs les terres rougeâtres; ici les terres fortes, là
les terres légères. Les objets de comparaison étaient
trop peu nombreux pour que des caractères plus généraux, plus invariables pussent être reconnus. Aussi
dans les auteurs de l'antiquité qui avaient cherché
à grossir ces observations et à les traduire en système,
trouve-t-on le vague qui résultait de l'imperfection
de ces connaissances. Columelle personnifie la terre
et disculpe cette mère de l'infécondité dont on l'accuse. Elle ne vient, dit-il, que de ce que son sein
n'est plus ouvert par le soc couronné des lauriers du
triomphateur; et rappelant ainsi les temps où les
dictateurs retournaient à leur charrue à la fin de leur
magistrature, il cache la raison d'économie politique
sous une métaphore poétique. Dans les temps modernes et après la renaissance des sciences, on a
cherché à expliquer le problème de la fertilité du sol
par des hypothèses nombreuses; les sels, les savons
ont joué un grand rôle; puis le terreau (humus) a été
regardé comme la seule substance qui fût assimilée

(1) *Nec verò terræ ferre omnes omnia possunt.*

par les plantes. Les progrès de la chimie et une observation plus exacte ont renversé tous ces systèmes, et l'on procède aujourd'hui sur des bases plus solides et avec plus de circonspection. Pour connaître les éléments de la terre qui passent dans la composition des plantes, il fallait analyser complétement celle-ci. Or pendant longtemps, et les archives de l'Académie des Sciences en font foi, on s'était livré à d'immenses travaux qui se bornaient à distiller les plantes; cette méthode imparfaite d'analyse reproduisait pour toutes les mêmes résultats : une huile empyreumatique et du charbon. Les gaz n'étaient pas recueillis. Quand la chimie pneumatique fut introduite, de nouvelles recherches faites par deux de nos plus habiles chimistes, MM. Gay-Lussac et Thénard, n'eurent pour objet que de constater les proportions d'hydrogène et d'oxygène des plantes. Depuis peu de temps seulement et par l'introduction de méthodes plus parfaites dues à l'un d'eux, M. Gay-Lussac, l'emploi des oxydes de cuivre, la présence de l'azote dans les différentes parties des végétaux a été constatée. Il y a peu de temps encore que la présence de ce gaz était considérée comme un caractère de l'animalité; et les végétaux passaient pour ne le contenir que par exception, et seulement dans quelques organes spéciaux.

Mais c'était peu de connaître les parties élémentaires gazeuses des plantes, il fallait encore déterminer leurs éléments fixes. Th. de Saussure commença ce travail en incinérant un certain nombre de végétaux; Sprengel, Schübler, Berthier ont analysé un grand nombre de cendres végétales, et ont poussé très loin cette étude; elle demande à être complétée par la comparaison des cendres des mêmes espèces crues sur différents terrains, afin de constater quels sont les éléments essentiels de ces espèces et ceux qui peuvent leur être substitués avec plus ou moins d'avantages.

Quoi qu'il en soit, ces travaux ont déjà constaté que parmi ces substances faisant partie du sol, et regardées comme inertes et indifférentes, il en est bien peu qui ne soient nécessaires à l'organisation des plantes et susceptibles d'entrer dans leur composition. La découverte de ces nouveaux rapports changeait la face de la science ; elle rendait plus utile encore la connaissance des terrains, elle indiquait les nouvelles voies dans lesquelles il fallait marcher désormais, et avec le zèle et le talent de nos savants, ces voies ne tardèrent pas à être parcourues. C'est donc d'une science nouvelle et encore en marche que nous allons traiter; il était nécessaire de bien préciser le point de départ et d'indiquer au début de ce cours les principes qui doivent y présider.

On a donné différents noms à la science qui s'occupe des terrains agricoles. Brard[1] la désigne sous celui de *géonomie*. Ce titre nous semble trop ambitieux. Il semble indiquer une généralité dans l'étude des terrains qui ne s'applique pas purement au point de vue agricole. Thaër l'a appelée *agronomie* (loi des champs), mais outre que ce mot, usité depuis longtemps pour désigner la connaissance raisonnée de l'agriculture, a l'inconvénient de le détourner de sa signification reçue, il a aussi celui d'exprimer par son étymologie au-delà de ce qu'on voudrait lui faire dire ; nous adopterons un mot nouveau qui, quoique ses racines grecques soient

(1) *Minéralogie appliquée aux arts*, t. I, p. 1.

moins précises, peut renfermer notre sujet et ne renferme que lui, c'est le mot *agrologie* (discours sur les champs, sur les terrains agricoles), et nous le définissons : *la science qui a pour objet la connaissance des terrains dans leurs rapports avec l'agriculture.* Pour déterminer les limites de cette science, il ne faudra donc que se demander sous quels rapports l'agriculture a besoin de connaître les terrains.

Les terres remplissent deux fonctions par rapport aux plantes. Elles leur servent de point d'appui, de milieu dans lequel se développent et s'attachent leurs racines, elles servent de réservoir à l'humidité nécessaire pour la végétation, et à différentes substances propres à leur nutrition, à laquelle elles participent elles-mêmes par leurs propres éléments. D'où naissent deux points de vue différents. Le premier, tout mécanique, puisqu'il a pour objet de reconnaître le plus ou moins de facilité que les racines trouvent à s'étendre dans le sol; le plus ou moins de résistance que la terre présente aux instruments par le moyen desquels l'homme la pénètre, la divise, la prépare, en un mot pour que la plante puisse s'y développer dans les conditions les plus favorables; le second point de vue se rapporte à la nutrition des plantes qui doivent tirer du sol une partie des éléments qui entrent dans leur composition, soit que la terre les reçoive et les aménage dans son sein, soit qu'ils fassent partie intégrante de sa constitution. L'on n'aura une connaissance parfaite des terrains qu'autant que par leur étude approfondie on aura reconnu et décrit les caractères auxquels ces différentes propriétés peuvent se reconnaître. Ainsi il nous faudra rechercher par quels signes se manifestent la ténacité des sols, leur

faculté de retenir l'eau et les substances qui y sont mêlées; d'absorber, de conserver les gaz de l'atmosphère;
la manière dont elles se comportent avec la chaleur lumineuse et la chaleur diffuse; leur rayonnement, les
transformations qu'elles font subir dans leur sein, par
l'effet des affinités chimiques, aux substances qu'elles
renferment, et la nature de ces substances. C'est de la
solution seule de ces nombreux et difficiles problèmes
que peut résulter celle du problème final que se pose
l'agrologie, l'appropriation et l'appréciation des terrains. L'appropriation, c'est-à-dire la désignation précise des cultures auxquelles ils sont les plus propres
sous un climat donné; l'appréciation, c'est-à-dire leur
valeur relative dans les diverses circonstances climatériques et économiques où l'on se trouve.

Mais que l'on ne croie pas trouver à la fin de ce traité
la solution si désirée de ces grandes questions que l'on
s'adresse depuis que l'on s'occupe d'agriculture. Quels
que soient les progrès de la science, nous sommes bien
éloignés de la croire assez avancée pour que par son
moyen on puisse déterminer à *priori* la valeur d'un
terrain. Nous avons cherché à indiquer la marche pour
arriver à ce résultat, mais on s'abuserait si on pensait
qu'on y est parvenu. Il faudra encore de bien longues
recherches pour éclaircir tous les points douteux de
nos solutions; et quand tous les principes de l'agrologie
seraient aussi certains qu'ils sont encore douteux sur un
grand nombre de points, la marche et la complication
de ces solutions, prises dans ce sens absolu en y faisant entrer les éléments du climat, nous mettraient
toujours en garde contre les résultats d'un calcul qui
pourrait être affecté de graves erreurs. Aussi nos essais

pour résoudre la question seront-ils moins ambitieux, et tout en les recommandant comme un objet d'étude plutôt que de pratique, n'avons-nous pensé qu'à arriver à des valeurs relatives et jamais à une valeur absolue. C'est par cette tentative d'application des principes renfermés dans ce cours que nous le terminerons, en demandant que l'on soit indulgent pour un premier essai, et que l'on n'y ait que le degré de confiance attaché à l'incertitude d'un grand nombre de ces principes eux-mêmes.

Que penser donc de la prétention de quelques auteurs allemands et italiens qui ont cru pouvoir baser sur des données théoriques l'importante opération de la confection d'un cadastre, surtout quand on considère le petit nombre et l'isolement des principes dont ils se servent, et l'état de la science quand ils ont publié leurs ouvrages? Pendant longtemps les indications d'un expert local, ou les données historiques recueillies dans le pays sur les produits des terrains, seront préférables à ces solutions abstraites ; mais on conçoit cependant un état de la science où ses principes, contrôlés par l'expérience et ramenés par elle au degré de certitude qu'ils n'acquièrent jamais dans les sciences d'application que par cette utile critique, pourraient finir par offrir des solutions précises. C'est à cette perfection idéale que nous devons tendre, et il serait peu philosophique d'abandonner la culture de la science elle-même parce qu'elle est encore éloignée de la perfection. Cherchons à connaître le point où elle est parvenue, faisons des efforts pour lui faire faire de nouveaux progrès, mais ne désespérons pas d'elle, et que ses progrès récents soient d'un heureux augure pour l'avenir.

D'ailleurs dès à présent l'agrologie est loin d'être une étude sans application. Si nous ne pouvons pas encore résoudre son problème final, elle nous donnera cependant les lumières les plus précieuses sur un grand nombre de points où la pratique hésite et ne se décide qu'après des expériences longues et coûteuses. Déjà elle peut prononcer sur l'appropriation de certaines cultures à certains sols, sur les résultats que l'on peut s'en promettre ; elle nous apprend le genre d'engrais qui peuvent convenir à certains terrains, ceux qu'il faut amender par de la chaux, des cendres, du plâtre, des os pulvérisés ; ceux où ces amendements seraient dépensés en pure perte ; elle nous fournit des méthodes pour évaluer les forces nécessaires à la culture, et sert ainsi d'introduction aux principes d'agriculture proprement dite. Enfin elle nous conduit à une classification rationnelle des terrains, et nous permet ainsi de juger et d'apprécier les récits des opérations agricoles. Les cultivateurs dont la pratique s'est renfermée dans l'étroite enceinte de leur territoire n'ont pas senti cette nécessité. Les qualités de leur sol, ils les connaissent par les récoltes qu'ils portent, par les travaux qu'ils exigent, par les effets qu'ils ressentent des saisons et des intempéries ; un petit nombre de différences bien tranchées leur suffit pour caractériser les terrains qui les entourent ; ils ont leurs terres fortes et légères ; leurs terres humides et légères ; leurs terres à blé et à seigle. Les mêmes expériences leur apprennent la valeur relative de ces terres. L'intuition a tout comparé et tout compensé. Ainsi les grands problèmes de l'agrologie se trouvent résolus pour eux.

Mais ils ne le sont que d'une manière relative pour

le cercle borné où s'est exercée leur observation. Les hommes qui veulent étudier la science agricole dans toute sa généralité ont d'autres besoins. Las d'un empirisme repoussé par tous les arts et qui ne peut plus suffire à l'agriculture, pensant que si le hasard conduit quelquefois la routine à d'heureuses inventions, c'est la science seule qui les perfectionne et leur donne tout leur développement, ils sentent qu'ils ne peuvent s'expliquer les phénomènes agricoles qu'en se faisant une juste idée du milieu où ils se passent; qu'en ayant les moyens de comparer entre eux les terrains divers aussi bien que la culture et les résultats qui s'y manifestent; qu'en ayant les moyens de comparer entre eux, non-seulement les cultures et leurs résultats, mais encore les terrains divers où elles ont eu lieu; que tant que les agriculteurs n'auront pas une langue commune dans laquelle ils puissent traduire leurs perceptions, chacun d'eux sera réduit à son expérience individuelle et que les Arthur Young, les Schwerz, les Lullin de Châteauvieux, les Bürger, voyageront avec moins de fruit, si leurs descriptions agricoles ne sont pas rigoureusement comparables entre elles et ne peuvent pas s'appuyer sur une solide connaissance des terrains qu'ils parcourent et dont ils décrivent les cultures.

Ainsi l'étude de l'agrologie est non-seulement utile à la pratique agricole, elle promet pour l'avenir de nouveaux progrès à la théorie. Mais pour atteindre au but que nous nous proposons, ce n'est pas trop que d'employer tous les moyens d'investigation qui nous sont offerts par les progrès des sciences.

L'agrologie n'est qu'un point de vue particulier de la minéralogie. Elle doit d'abord mettre en usage les procédés de la science dont elle dérive. Comme elle, elle cherche à connaître : 1° les parties constituantes du sol ; 2° leur mode d'agrégation, leurs mélanges ; 3° les espèces minérales d'où elles dérivent, et le mode de désagrégation qui les a réduites à l'état pulvérulent ; 4° elle cherchera à distinguer ensuite les différentes formations terreuses qui se succèdent à la surface des roches fondamentales des terrains : c'est une petite géologie spéciale dont on a trop souvent fait abstraction dans la géologie géographique, et dont MM. Élie de Beaumont et Dufresnoy ont senti l'importance et indiqué souvent les résultats dans leur belle description de la carte géologique de la France.

Après avoir étudié les terres en elles-mêmes, et avoir fait ainsi un supplément indispensable aux connaissances minéralogiques et géologiques, considérées sous le point de vue agricole, l'agrologie sentira le besoin de chercher dans les espèces de terrains qu'elle aura examinés et classés les propriétés principales qui se rattachent à l'agriculture. Enfin elle n'oubliera pas qu'elle est une science technologique, et que son but final est de chercher dans les notions diverses qu'elle aura rassemblées les résultats économiques qui constituent son but d'utilité ; elle essaiera alors de les appliquer à l'appropriation et à l'appréciation des terrains.

Telle est l'idée que nous nous sommes faite de ce que doit être en ce moment un cours d'agrologie. En osant en tenter l'exécution, nous devons réclamer beaucoup d'indulgence. Malgré tout ce que l'on a écrit jusqu'à présent sur cette matière, la tâche est nouvelle autant qu'épineuse. Nous avons à proposer plus de problèmes que de solutions ; nous exposerons des doutes

nombreux bien plus que des certitudes. Un pareil travail ne peut être encore, pour parler exactement, qu'un
simple programme. Quand nous tenterons de résoudre
quelques difficultés, nous ne le ferons qu'en hésitant et
en appelant tous les amis de la science à vérifier, à
contrôler des résultats qui auront pour principale utilité d'appeler la contradiction et le débat sur des points
encore mal éclairés et négligés. Sous ce rapport nous
espérons faire une œuvre utile. Quelques années de retard auraient sans doute contribué à la perfectionner
et à nous mettre à l'abri de reproches que nous sentons
bien devoir souvent mériter, mais nous avons pensé
que ce désir de perfection, cette sollicitude de l'amour-
propre, devait céder à l'intérêt de la science elle-
même, qui dans ce moment réclame surtout que l'attention soit appelée sur ses besoins et qu'une discussion
sérieuse s'établisse sur ses principes. Nous avons cru
devoir céder à ces hautes considérations.

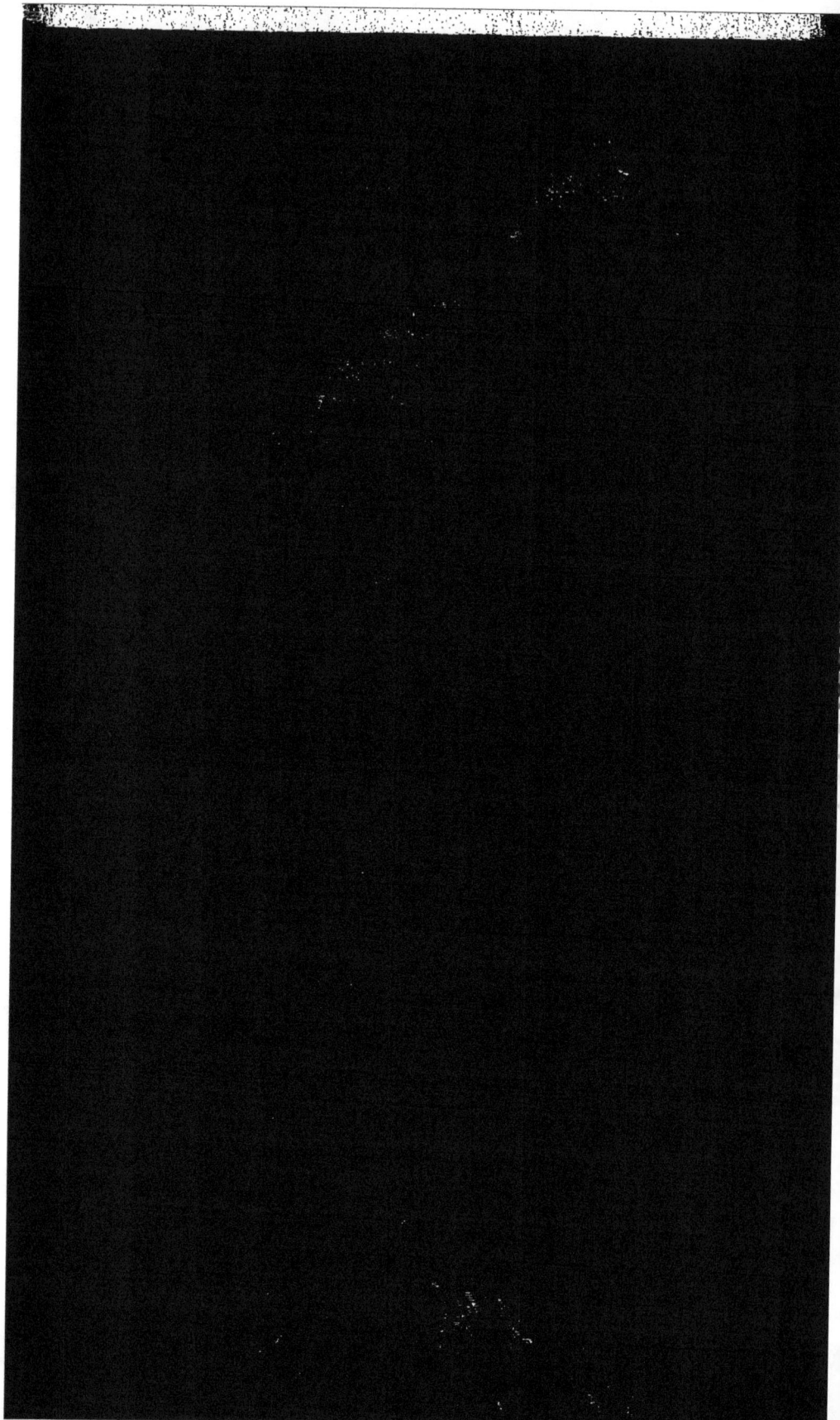

la terre; cet examen suffit dans bien des cas aux hommes habitués à voir et à juger les terrains, mais il ne leur indique qu'imparfaitement les proportions de leurs éléments constitutifs, et enfin plusieurs substances importantes s'y trouvent en trop petites quantités ou dans un état de combinaison trop intime pour qu'on puisse en reconnaître la présence. On ne peut donc parvenir à se former une idée complète d'une terre que par le moyen qu'emploient les minéralogistes, c'est-à-dire par l'analyse chimique.

Il y a peu de temps encore, l'on révoquait en doute l'importance agrologique attribuée à la composition minéralogique des terrains. On remarquait que, quelle que fut leur différence, la plupart des plantes y croissaient par la culture. Mais l'on ne remarquait pas qu'elles n'y acquéraient leur pleine vigueur que par des moyens artificiels et coûteux. Ainsi dans les terrains siliceux, c'était à l'aide de la marne et de la chaux que l'on obtenait de pleines récoltes de froment ou de trèfle; dans les terrains dépourvus de sulfate de chaux, on obtenait de bons résultats des légumineuses au moyen du plâtrage; il fallait aider par des cendres la pousse des prairies fauchées, dans les lieux où manquait la potasse; les sols calcaires contiennent souvent des sels nitreux et fécondants, l'argile et l'oxyde de fer fixaient l'ammoniaque de l'atmosphère et procuraient ainsi un engrais naturel. Si les engrais animaux suppléaient en partie à ces substances, c'est qu'ils les contenaient toutes en dose plus ou moins convenable. Il n'était donc pas indifférent de connaître d'abord si la nature du terrain ne constituerait pas le cultivateur en frais plus ou moins importants par l'absence de quelques-unes de ces substances, ou si leur présence ne le dispenserait pas de ces frais.

L'importance de bonnes analyses est devenue encore plus évidente quand on a essayé de lier les propriétés physiques du sol à sa composition minérale, comme nous essaierons de le faire. Si l'alumine dans un certain état change sous des rapports réguliers la nature du sol, sa ténacité, son hygroscopicité; si l'analyse chimique faisait ainsi pressentir et pouvait faire espérer de suppléer par la suite à l'examen physique du terrain, combien ne devenait-elle pas précieuse! Chaque nouveau progrès a rendu cette analyse plus indispensable, et les travaux des Saussure, des Berthier, des Sprengel sur les cendres des plantes, en nous y faisant retrouver presque tous les éléments du sol, ont uni par un lien indissoluble l'étude de ces éléments et celle des éléments végétaux, et doivent nous forcer à rechercher ceux qui manquent aux plantes souffrantes, pour nous assurer s'ils ne manquent pas aussi au sol et si l'on ne doit pas chercher à les lui procurer. Toute la théorie des engrais repose désormais sur cette double base; c'est dire assez qu'on ne peut plus négliger aujourd'hui l'étude des parties constituantes des terrains agricoles.

CHAPITRE PREMIER.

ANALYSE DES TERRES.

SECTION Ire. — *Choix des échantillons de terre à analyser.*

On a fait une autre objection contre la prétention d'analyser une terre arable. Selon la critique, la surface d'un champ présente à chaque pas une composition différente; on aura donc l'analyse du centimètre cube que l'on met dans sa capsule, on n'aura pas celle du centimètre voisin. Un champ n'est pas un minéral cristallisé ayant son individualité propre, attestant son unité de composition par sa forme géométrique. C'est un mélange confus, fait au hasard, par des agents comme l'eau, par exemple, qui transporte les matériaux avec une vitesse plus ou moins grande, luttant ici contre un obstacle, entraînée plus loin par une pente, laissant déposer avec inégalité les éléments qu'elle tient en suspension et n'abandonnant que par l'évaporation ceux qu'elle tient en dissolution. Rien n'est plus vrai que cette critique, mais elle n'est vraie que si l'on voulait atteindre un degré d'exactitude absolue. Elle s'applique aussi à l'analyse des roches et cependant on a trouvé utile de connaître la composition des feldspaths, des micas, des granits eux-mêmes. Est-ce à dire, pour cela, que le fragment détaché à droite d'une masse de ces substances soit identiquement le même que celui qui est détaché à gauche? Nullement. On a voulu seulement avoir une idée moyenne de la composition de ces roches, sans prétendre arriver à ce degré de certitude qui n'existe pas.

Il en est de même des terrains agricoles, avec cette différence cependant que cette composition moyenne s'écartera davantage encore des extrêmes, dans les différentes parties des terrains. Après avoir ainsi réduit à sa juste valeur le degré de vérité que nous demandons à l'analyse, après être convenus qu'il sera d'autant moins grand que nous voudrons en appliquer les résultats à un plus vaste espace, nous comprendrons cependant que, s'il existe quelquefois des différences assez

considérables dans les rapports de quantité des différentes substances, surtout dans les terrains en pente,
cependant l'analyse indique encore leur présence, leur
degré de subordination, et que ces différences ne sont
pas de nature à influer gravement sur les qualités agricoles du sol, sans quoi l'œil seul aurait averti du point
topographique qui limitait l'espace de terrain auquel
l'analyse pouvait s'appliquer.

Ces prémices posées, on procédera au choix des échantillons. On remarquera d'abord que le terrain est formé
de plusieurs couches superposées qui ont toutes leur
importance agricole : 1° la couche supérieure, celle qui
est atteinte par les labours, qui reçoit l'impression de
l'atmosphère, et dans laquelle se passent les phénomènes de la végétation ; 2° la seconde couche, simple continuation de la couche supérieure, mais qui, n'étant pas
entamée par les labours, reste plus compacte et reçoit
moins facilement les eaux chargées de sels solubles et
les impressions de l'atmosphère ; 3° une nouvelle couche
plus profonde et d'une composition minérale différente.
Nous traiterons plus au long dans une autre partie de
cette division importante. Mais pour avoir une connaissance complète du sol, il est nécessaire de soumettre
ces trois couches à une analyse distincte.

Quand on voyage et qu'on recueille des terres pour
s'en former une idée générale et non dans un but de
science ou d'utilité définie, il suffit de prendre des échantillons de quelques grammes des terres que l'on rencontre ; mais quand on veut connaître complétement un sol,
il faut suivre les règles suivantes :

1° Les deux premiers échantillons, surtout celui de
la couche arable doivent être d'environ un kilogramme

pris dans toute la profondeur de cette couche; le troisième du même poids sera pris à la surface de la couche profonde;

2° On évitera autant que possible de prendre le premier échantillon dans une partie de terre fraîchement fumée ;

3° Les échantillons séchés autant que possible à l'air seront enveloppés de plusieurs doubles de papier fort et bien ficelés avec leurs étiquettes, à moins qu'on n'en veuille faire usage immédiatement.

4° Si l'on ne se propose pas d'examiner un terrain spécial, mais que l'on veuille étudier les terrains en général, on choisira dans chaque pays les sols les mieux caractérisés, ceux qui forment un groupe naturel, reconnu pour tel dans la contrée, et dont les propriétés sont le plus généralement admises. A moins de quelque singularité remarquable, on rejettera ceux qui se présentent par petites masses et dont les propriétés agricoles pourraient être douteuses. On recherchera aussi de préférence les terres dont nous possédons des descriptions agronomiques, celles qui sont le siége de cultures modèles, et par conséquent dont toutes les qualités deviennent la matière d'observations nombreuses et de publications.

5° A chaque échantillon correspondra une note répondant le mieux possible aux indications suivantes :
1°. le pays, la province (le département, l'arrondissement), le territoire (commune), le nom de la propriété et la situation précise du lieu où l'échantillon a été pris, de manière à ce qu'on puisse en retrouver la place. Ordinairement nous déterminerons cette place par des alignements pris au loin sur des objets naturels et fixes,

et si ces objets saillants manquent, on indique la distance à un village, à un chemin, à une rivière, et la direction où l'on a recueilli l'échantillon; ou enfin on désigne la pièce de terre quand elle porte un nom, et la partie de cette pièce où il a été pris. 2º Le nom vulgaire de la variété de terre qui compose l'échantillon (marne, glaise, terre forte, causse, ségalas, varenne, boulbène, etc.). 3º Les renseignements que l'on pourra se procurer sur l'effet que cette terre éprouve des météores, des saisons (la gelée brise les mottes; la terre retient l'eau; elle est emportée par les vents forts; elle forme une croûte à sa surface après les pluies, etc.). 4º La profondeur de la couche végétale, semblable à celle de la surface, sans s'attacher à la profondeur des labours. 5º La profondeur de l'eau dans les fossés et les puits, en été et en hiver. 6º L'inclinaison du sol avec l'horizon. 7º Les abris naturels des terrains. 8º La hauteur approximative du sol au-dessus de la mer (cette donnée, *l'altitude*, se trouve pour la France sur les nouvelles cartes publiées par le dépôt de la guerre). 9º La végétation naturelle du sol, les plantes adventices qui souillent les récoltes; la nature des arbres et leur venue. 10º Le genre de culture, d'assolement et de rotation auquel est soumis le terrain.

Enfin on ajoutera beaucoup à l'intérêt que présente cet examen, si l'on peut joindre à cette note les renseignements suivants relatifs à l'appréciation comparée des terres : 11º Le prix vénal moyen de cette espèce de terre dans le pays. 12º Son prix de fermage, soit en corps de ferme, soit en parcelles. 13º Les mercuriales du prix des grains et des fourrages dans le pays. 14º Les débouché des denrées, et l'éloignement des marchés

exprimé en heures de marche pour une voiture chargée. 15⁰ Les impositions. 16⁰ Le prix des valets de
ferme. 17⁰ Le prix des journaliers. 18⁰ Le prix des charrois. 19⁰ Le taux de l'intérêt de l'argent dans la ville
voisine.

Il est rare que l'on puisse avoir une suite complète de
réponses à ces questions. Bien peu de cultivateurs sau-
ront y répondre avec certitude. Mais les hommes qui
savent voir et interroger à propos n'en laisseront guère
d'incomplètes, après quelques heures de conversation
avec les gens d'une ferme.

Section II. — *Procédés d'analyse.*

L'analyse d'une terre peut avoir plusieurs buts différents : 1⁰ ou l'on veut se faire une idée de sa richesse
actuelle, et alors le dosage de l'azote suffit, il est inutile
de la pousser plus loin ; 2⁰ ou bien l'on cherche si la
terre contient telle ou telle substance spéciale, par
exemple, si elle contient de la chaux pour apprécier la convenance d'un marnage, si elle contient du
gypse, etc., et nous indiquerons à l'article de chacune
de ces substances la méthode la plus courte et la plus
directe pour s'assurer de leur présence ; 3⁰ ou bien enfin
on veut connaître l'ensemble des propriétés du sol, et
alors il faut se livrer à une analyse complète. Celle-ci
seule peut nous éclairer sur les phénomènes que présente le végétation, sur les facilités et les difficultés
de la culture, sur les modifications que doivent subir
les engrais; mais aussi c'est l'œuvre d'un chimiste habitué aux manipulations, et s'il est toujours possible à
un cultivateur éclairé de parvenir à faire assez correc-

tement l'analye spéciale qui consiste à rechercher telle
ou telle substance dans le sol, ce n'est que par un ensemble de connaissances chimiques et l'habitude d'opérer,
que l'on peut espérer de bien réussir à une analyse complète. Car, ne nous le dissimulons pas, les formules que
nous allons donner seront bien suffisantes dans le plus
grand nombre des cas; mais il arrive aussi quelquefois
qu'un praticien aura l'occasion de les modifier, de les
abréger, de les changer avec grand profit pour son
temps et les résultats qu'il obtiendra; enfin ces analyses
exigent un appareil d'instruments et de réactifs qu'il ne
conviendrait pas à un cultivateur de se procurer pour
traiter quelques terres seulement dont il veut connaître
la composition. Il devra alors s'adresser à quelqu'un
qui en ait l'habitude, et le nombre de ces personnes
s'accroît chaque jour dans nos départements. Les ingénieurs des mines, les professeurs des facultés et des
colléges, beaucoup de pharmaciens ont à leur disposition des laboratoires où les analyses peuvent se faire,
et généralement ils s'empressent de mettre leur science
à la disposition de ceux qui veulent l'utiliser.

Mais si ces procédés ne peuvent passer dans la pratique agricole habituelle, ils seront un objet d'instruction et de délassement que nous ne saurions trop recommander à nos jeunes agriculteurs que de bonnes
études ont familiarisés avec les sciences naturelles. Ils
y trouveront une occasion de les cultiver au profit de
leur nouvelle profession, et elle leur fournira les
moyens de se rendre compte des phénomènes si variés
et si curieux qui se passent journellement sous leurs
yeux, et qui sont muets pour ceux qui ne prennent pas
l'habitude d'interroger la nature, et de se rendre

compte de son action. Nous ne saurions trop les engager à se livrer à des études qui ne nous ont jamais laissé un moment de vide dans la solitude des champs, et qui ne s'appliqueront pas seulement à l'analyse des terres, mais encore à une foule d'autres opérations agricoles.

Nous diviserons en trois temps l'analyse d'une terre : 1° le dosage de l'azote contenu dans la terre ; 2° la recherche des principes solubles dans l'eau ; 3° celle des principes fixes, insolubles.

§ 1er. — Dosage de l'azote.

Nous verrons dans la suite de ce cours que la fertilité des matières organiques qui constituent le terreau, ou qui existent sous diverses formes mélangées avec la terre, consiste principalement dans les principes ammoniacaux qu'ils renferment. La valeur relative des engrais est, en grande partie et sous des modifications dont nous parlerons plus tard, proportionnelle à l'azote qui entre dans leur composition ; la richesse actuelle des terres peut aussi être appréciée par cette proportion. On comprendra donc de quelle importance il est de rechercher d'abord cet élément précieux, signe de la fécondité de la terre.

Si l'on veut se borner à connaître cette richesse pour le moment actuel et à l'époque où l'on se trouve d'une rotation, le dosage de l'azote sera un excellent indice de la convenance d'appliquer immédiatement de nouveaux engrais au sol, ou de la possibilité de différer la fumure, d'exiger de lui des récoltes épuisantes, ou de ne lui confier que des plantes moins exigeantes. Mais quand on veut apprécier la valeur intrinsèque

du sol, sa faculté de retenir avec ténacité une plus ou
moins grande quantité de principes azotés, c'est sur les
portions du terrain qui n'ont pas reçu d'engrais depuis
longtemps qu'il faut opérer. Cette distinction est importante et nécessiterait peut-être que l'on répétât l'a-
nalyse sur le même terrain à ces deux états différents.
La première analyse apprendrait l'état actuel de la
terre, aidé par les fumiers et la culture, et c'est celle
qui doit servir de base à l'appréciation; la seconde indiquerait jusqu'à quel degré une culture négligée pourrait faire descendre le terrain; ce degré dépend de la
composition minérale du sol; et en faisant cette analyse
on s'apercevra qu'il est des terrains très difficiles à
épuiser complétement, tandis que d'autres abandonnent tous leurs principes fertilisants avec une grande
facilité. On trouvera plus loin des détails nombreux sur
ces phénomènes.

Pour procéder au dosage de l'azote contenu dans le
sol, on prend un tube de verre de $0^m,012$ de diamètre
et de $0^m,80$ à $0^m,90$ de longueur. Il est fermé et étiré
en pointe à une de ses extrémités. On met au fond de
ce tube $0^m,12$ de longueur de bi-carbonate de soude,
puis $0^m,12$ de bi-oxyde de cuivre, on mêle ensuite bien
exactement 10 grammes de la terre à analyser avec du
bi-oxyde de cuivre en quantité suffisante pour que ce
mélange occupe environ $0^m,12$ de longueur dans le
tube; on le recouvre de $0^m,25$ du même bi-oxyde de
cuivre, sur lequel on met environ $0^m,25$ de cuivre
plané et bien exempt d'oxyde en petits morceaux. On
recouvre ce tube d'une enveloppe de cuivre laminé,
pour éviter sa flexion, dans le cas où le verre chauffé
entrerait en fusion ou se ramollirait.

On ferme exactement le tube avec un bouchon de liége entrant par force. Ce bouchon est percé d'un trou dans lequel entre à frottement le tube terminal de l'appareil à boules de Liebig, dans lequel on a mis une solution concentrée de potasse caustique; l'autre extrémité de ce petit appareil est mise en communication, à travers un autre bouchon, avec un tube recourbé, dont l'extrémité passe dans la cuve à eau sous une petite cloche destinée à recevoir le gaz qui s'échappe. Telle est la dernière simplification que l'on a donnée à cet appareil pour lequel on peut ainsi se dispenser d'employer la cuve à mercure sans nuire à la sûreté des résultats.

Fig. 1.

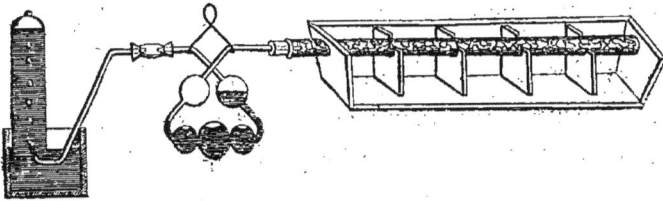

Le tube contenant la matière étant posé sur le fourneau, on place des charbons ardents seulement sur le fond qui contient le bi-carbonate de soude. Il se dégage du gaz acide carbonique qui chasse l'air contenu dans le tube et dans la matière. Quand le bout du tube est bien échauffé, on saisit le moment où il cesse d'arriver de l'air dans la cloche, alors on la retire et on lui substitue une nouvelle cloche graduée. On cesse de chauffer la partie du tube qui contient le carbonate de soude et l'on commence à chauffer la partie antérieure près du bouchon, en allant progressivement vers l'extrémité fermée, et en maintenant toujours une chaleur rouge dans la partie antérieure qui contient le cuivre métallique,

mais sans atteindre la partie qui contient le bi-carbonate de soude. On continue à chauffer le reste du tube
tant qu'il passe des gaz. Quand il ne s'en produit plus,
on cesse de chauffer la partie qui contient les oxydes
de cuivre, on recommence à chauffer faiblement le
carbonate de soude, et quand la partie opposée du
tube est refroidie, on dégage le bouchon qui le ferme
et l'on termine ainsi l'opération. On mesure alors,
sur l'échelle de graduation de la cloche, le volume
de gaz azote recueilli, on observe la température du
thermomètre placé dans la cuve, et la hauteur du ba-
romètre pour ramener le volume du gaz à 0⁰ de température et à la pression de 0,^{m}76. Pour faire cette
réduction, on se sert de la formule $v = \dfrac{V \times 267}{267 + x}$, où
v est le volume réduit, V le volume observé ; + la
température de la cuve. Ainsi si l'on a mesuré 800
centimètres cubes de gaz à + 22⁰, on aura
$$v = \frac{800 \times 267}{267 + 22} = 739,1.$$

Le volume du gaz étant en raison inverse des pres-
sions, nous avons la formule $p : 0^{m},76 :: v : V$ et par
conséquent $v = \dfrac{V \times p}{0,76}$; or, p représente ici la hauteur
barométrique observée ; et si cette hauteur a été 0,755,
nous aurons dans ce cas $v = \dfrac{739,1 \times 0,755}{0,76} = 734,2$ à
quoi se réduit le volume du gaz ramené à zéro de température et à 0^{m},76 de pression.

Cette opération est assez facile quand il ne s'agit que
de doser l'azote, sans se préoccuper des autres gaz
comme dans notre supposition. Elle est fondamentale

pour l'agriculture pratique, puisque c'est encore par son moyen que nous analyserons plus tard les engrais et que nous déterminerons leur valeur relative et leurs équivalents.

MM. Warentrappe et Wil ont indiqué une autre méthode pour parvenir à la détermination de l'azote contenu dans les substances organiques. Elle consiste à le transformer en ammoniaque par l'action de l'hydrate de potasse et de l'hydrate de chaux, et de le recueillir en le faisant passer à travers un acide, comme l'acide chlorhydrique, à le précipiter par le chlorure de platine, et à le peser à l'état de chlorhydrate ammoniacal de platine. On a ainsi pour l'azote un procédé aussi sûr que celui employé pour le carbone qu'on fait passer à l'état d'acide carbonique dans une solution de potasse, et qu'on dose d'après l'augmentation de poids de cette solution. Cette méthode est exacte, mais d'abord elle n'est pas applicable aux corps qui renferment de l'acide nitrique ou des nitrates et un grand nombre de terres et d'engrais sont dans ce cas ; ensuite elle est plus longue, plus pénible, plus délicate que celle de la détermination de l'azote à l'état gazeux, telle surtout que nous venons de la décrire dans son dernier état de simplicité [1].

§ II. — Analyse des substances solubles dans l'eau.

C'est seulement à l'état de solution que les sub-

(1) Si cependant on voulait l'essayer sur des corps où l'on aurait constaté qu'il n'existe pas de nitrates, on en trouverait la description dans le n° de janvier 1842, du *Journal de Pharmacie et de Chimie*, p. 14.

stances qui se trouvent dans le sol peuvent passer dans
la végétation et lui fournir les éléments qui doivent
devenir les parties constituantes des plantes; nos recherches les plus importantes doivent donc tendre à
nous faire découvrir la nature et la quantité de ces
substances; ce n'est pas au reste qu'elle soit permanente et que l'on trouve toujours dans un même sol
d'égales quantités de ces substances, elles sont susceptibles d'y augmenter et d'y diminuer par plusieurs
causes : ainsi l'ammoniaque de l'atmosphère est entraînée sur la surface de la terre par la pluie; les
pluies d'orage fournissent de l'acide nitrique qui,
avec les bases alcalines et terreuses, forme des sels
solubles; les eaux de pluie et les eaux courantes imprégnées d'acide carbonique sur-saturent de cet acide
les carbonates de chaux et de magnésie, et les rendent
aussi solubles; les débris de la végétation et les engrais apportent de nouveaux principes au sol, et toutes
ces substances solubles, provenant de tant de sources
différentes, sont ensuite entraînées dans les profondeurs de la terre, ou même, si le terrain est en pente,
sur des parties plus basses, par les pluies abondantes
ou les eaux d'irrigation. Ainsi l'on ne peut pas regarder
comme stable la masse des substances solubles dans un
terrain, et d'autant moins qu'elles sont plus volatiles,
comme les sels ammoniacaux, puisque ces substances
peuvent en outre être enlevées du sol par la chaleur.

Les substances solubles contenues dans les terres
arables sont toujours en assez petite quantité pour
qu'il soit nécessaire d'agir sur une masse un peu considérable de terre afin d'en obtenir une quantité suffisante pour pouvoir être analysée. On doit opérer au

moins sur 5 hectogrammes [1] que l'on fait digérer dans de l'eau distillée, en agitant de temps en temps pour mettre toutes les particules en contact avec l'eau. On laisse reposer, on coule ensuite, on filtre, et l'on a alors à analyser une véritable eau minérale pour laquelle on emploie les procédés indiqués.

1º On fait bouillir l'eau pour chasser l'acide carbonique en excès qui tient certaines bases en dissolution; ces bases se précipitent et l'on peut avoir de la chaux, de la magnésie, du fer, que l'on sépare par la décantation; on acidifie le résidu encore mêlé à une petite quantité d'eau avec l'acide nitrique; on précipite le fer par un excès d'ammoniaque. Le précipité est filtré, lavé, calciné et pesé.

2º L'eau de lavage (1º) est mêlée avec un excès d'oxalate d'ammoniaque qui précipite la chaux à l'état d'oxalate de chaux; on filtre, on lave, on calcine et l'on pèse, on a la chaux pure.

3º On traite la liqueur de filtration (2º) par un excès de carbonate de potasse, on évapore à sec et on reprend par l'eau bouillante, qui laisse la magnésie à l'état de carbonate. On calcine vivement et l'on a la magnésie.

4º On prend une portion déterminée des eaux de décantation (1º), on l'acidifie par l'acide chlorhydrique, on fait évaporer; le résidu, s'il y en a, est du chlorhydrate d'ammoniaque, provenant de la décomposition du carbonate d'ammoniaque que contenait l'eau; on le sèche et son poids donne celui de ce carbonate.

---

(1) Comme on obtient toujours une petite quantité de matières solubles, et que l'analyse exige alors beaucoup de délicatesse dans les pesées, il est bon d'opérer sur une grande masse de terre, 5 ou 6 kilogr. par exemple, quand on peut les obtenir facilement.

5⁰ On procède alors sur l'eau de décantation restante (4⁰) à un essai pour s'assurer si elle contient des
nitrates. On met au fond d'une éprouvette de l'acide
sulfurique pur et concentré ; on verse sur l'acide quelques gouttes de l'eau à éprouver, on l'agite ; quand
le mélange est refroidi, on y verse goutte à goutte une
solution concentrée de proto-sulfate de fer. Si la solution contient des nitrates, il se manifeste alors une
couleur rose ou pourpre [1].

6⁰ Quand la solution contient du nitrate, on l'é-
vapore à siccité, on pèse le résidu.

7⁰ On le traite à plusieurs reprises par l'alcool
chaud, on filtre, on lave le filtre avec de l'alcool, on
évapore la liqueur alcoolique, on pèse le résidu. Il
peut contenir des chlorhydrates et des nitrates de
chaux, de magnésie et de soude.

8⁰ On dissout le résidu (7⁰) dans l'eau et on verse
dans la moitié de cette eau du sous-carbonate d'ammoniaque en excès. La chaux se précipite ; on filtre.

9⁰ L'eau de filtration (8⁰) évaporée à siccité est calcinée. Il restera dans le creuset du chlorure de soude
et de la magnésie. On le sépare par l'eau qui dissout
le sel et n'a point d'action sur la magnésie. On le sèche et on le pèse séparément.

10⁰ Ayant ainsi obtenu la base contenue dans la
solution alcoolique, il reste à déterminer les acides.

_____

(1) Pour que ce procédé de M. Desbassins de Richemont soit
concluant, il faut être bien sûr de la pureté de l'acide. On la constate en versant de la solution de proto-sulfate de fer dans l'acide
lui-même, sans autre addition. Il est rare qu'il soit assez pur pour
ne pas se colorer un peu, et l'on juge alors de la présence des nitrates dans les solutions essayées quand la coloration s'accroît
sensiblement par leur addition.

On prend l'autre moitié de l'eau (8º), on précipite par le nitrate d'argent, on a du chlorure d'argent que l'on sèche, que l'on pèse, et en retranchant du chlore indiqué par la pesée celui qui appartient au chlorure de sodium trouvé (9º), on a celui qui était combiné avec la chaux et la magnésie.

11º Cette détermination nous donne la quantité de bases qui étaient unies avec l'acide nitrique, et par conséquent celle de ce dernier.

12º On reprend alors par l'eau les matières qui n'ont pu se dissoudre dans l'alcool (7º) : ce sont les sulfates de chaux, de soude, d'ammoniaque, de fer; le nitrate de potasse, les chlorures de potassium et de sodium.

13º On partage la solution en deux parties; on traite la première par l'acide nitrique et le nitrate d'argent qui précipite le chlore des chlorures de potassium et de sodium; on verse dans l'autre du chlorhydrate de baryte qui précipite l'acide sulfurique. On sèche et on lave les précipités, qui indiquent les quantités d'acides contenues dans la solution.

14º La première partie de la solution (13º) nous ayant donné la quantité de chlore des chlorures de soude et de potasse, par le poids des nitrates, on rapproche la solution, on y ajoute du chlorhydrate de platine qui précipite la potasse à l'état de chlorure double, qu'on lave avec de l'eau alcoolisée pour éviter sa dissolution, et donne la soude par la différence du poids de la potasse à celui des bases nécessaires pour saturer l'acide hydrochlorique qui existait dans la solution.

15º La seconde partie de la solution (13º) nous a donné

la quantité d'acide sulfurique et a transformé les sels en chlorures. On les traite alors comme il sera indiqué à partir du n° 2, de la 3ᵉ opération du § III, et l'on a ainsi toutes les bases et tous les acides contenus dans la solution aqueuse.

§ III. — Analyse de la partie insoluble dans l'eau.

Quoique cette partie de l'analyse n'ait pas pour la nutrition des plantes une importance aussi directe que celle des gaz et des substances solubles du sol; quoique ces raisons aient influé sur le jugement défavorable que plusieurs savants agriculteurs avaient porté sur les procédés chimiques appliqués à l'agriculture, quand ces procédés incomplets ne s'attaquaient qu'aux substances minérales les plus fixes du sol, cependant elle a encore une grande valeur pour celui qui réfléchit qu'il se trouve là plusieurs corps susceptibles de se décomposer naturellement et qui fournissent des éléments solubles à la plante, tels sont par exemple les silicates de potasse, les carbonates de chaux et de magnésie, etc.; quand on voit tous ces principes fixes faire partie du squelette des végétaux et témoigner ainsi de leur solubilité; quand enfin on reconnaît l'influence que quelques-uns d'entre eux, l'alumine, par exemple, ont sur les propriétés physiques de la terre, plus on aura d'analyses exactes et complètes comparées à la végétation du sol et à ses propriétés et plus se réhabilitera parmi nous l'opinion de l'utilité de ces analyses. Parmi les procédés nombreux qui peuvent être employés et que le génie des chimistes habiles variera sans doute, selon les cas et leur inspiration, je vais en décrire un seul qui embrasse les substances qui font habituellement partie des terrains agricoles.

Quand on possède de bonnes balances d'essai, l'on peut opérer l'analyse sur 2 grammes de terre; mais pour peu que la balance ne trébuche pas au milligramme, on fera bien de porter le poids de la terre à 5 grammes.

Les opérations préalables consistent à cribler une certaine masse de terre à travers un crible dont les trous aient 1 millimètre de diamètre. On pèse séparément la partie qui a passé par le crible et celle qui est restée sur le crible; cette dernière est l'élément pierreux et graveleux de la terre, et le rapport des poids donne celui de cet élément à l'élément terreux.

C'est sur ce dernier que l'on opère ensuite, en le desséchant à 100 degrés, puis dans le vide jusqu'à ce qu'il ne perde plus de son poids. On en pèse alors plusieurs lots de 2 ou de 5 grammes, selon la quantité que l'on veut analyser, et on les porphyrise exactement.

1ᵉ *Opération*. Un premier lot de 2 à 5 grammes desséché, on le fait bouillir plusieurs heures dans un matras avec de l'acide acétique, les carbonates de chaux et de magnésie sont dissous; on le dessèche alors de nouveau, on le pèse, on le calcine dans un creuset à la chaleur rouge et jusqu'à ce qu'il n'émette plus de vapeur; on le repèse alors, et l'on obtient pour différence le poids du terreau.

2ᵉ *Opération*. Les silicates contenus dans le sol ne sont pas tous solubles dans les acides. Il est évident qu'ils doivent agir différemment sur la végétation selon que l'acide silicique a plus ou moins d'affinité pour les bases. Cet effet n'a pas encore été bien observé, mais le raisonnement n'en conduit pas moins à diviser l'analyse des principes fixes de la terre en deux parties, celle des principes solubles dans les acides et celle des principes insolubles. On prend donc un lot de terre préparé comme nous venons de l'indiquer : 1º on le traite par l'acide chlorhydrique que l'on fait bouillir pendant trois ou quatre heures, on décante la liqueur, on l'étend d'eau, on la filtre, la silice reste sur le filtre, on met à part la partie non décomposée pour la soumettre à une nouvelle analyse que nous décrirons plus loin (11º); 2º on recueille la silice sur le filtre où elle se trouve mêlée avec le terreau, on la sèche et on pèse; ensuite on la soumet à une chaleur rouge. La différence de poids donne de nouveau celui du terreau; 3º on précipite de l'eau de lavage nº 1, l'alumine, l'oxyde de fer et le manganèse, en saturant par l'ammoniaque, on filtre; 4º on enlève du filtre le précipité humide, on le fait bouillir dans une lessive de potasse caustique, on étend d'eau et on filtre; le fer et le manganèse restent sur le filtre; 5º on traite le résidu (4º) par l'acide acétique, on évapore à siccité à une douce chaleur pour chasser l'excès d'acide, on reprend par l'eau; le manganèse se dissout à l'état d'acétate, l'oxyde de fer reste sur le filtre, on le sèche et on le pèse; on précipite le manganèse par l'hydro-sulfate d'ammoniaque, on grille le précipité pour le changer en oxyde, on le pèse; 6º on traite l'eau de lavage (4º) par un excès d'oxalate d'ammoniaque qui précipite la chaux, on filtre, on sèche et on pèse; on a de l'oxalate de chaux que l'on réduit en carbonate par le calcul des proportions relatives de ces deux sels; 7º on versé dans l'eau de lavage une solution de phosphate de soude, la magnésie se précipite à l'état de phosphate ammoniaco-magnésien, on sèche, on pèse et on trouve la proportion de magnésie en calculant que ce sel contient 0,367, ou mieux, à cause des pertes, 0,40 de magnésie ; 8° l'eau de lavage (6°) contient alors le sulfate de chaux dissous à l'aide de ces nombreux lavages ; on le précipite par l'acétate de baryte, on filtre, on sèche et on pèse ; 9° on évapore à siccité l'eau de lavage (7°) et l'on obtient un résidu de potasse et de soude, et quelquefois d'un peu de magnésie et de chaux qui a échappé aux réactifs ; on traite ce résidu par l'eau qui s'empare des alcalis ; 10° on traite la solution alcaline par le chlorhydrate de platine, qui forme, avec la potasse, un chlorure double de platine et de potassium (sur 100 parties, 30,73 de chlorure de potassium ; sur 100 parties de celui-ci, 52,54 de potassium ; la potasse est formée de 83,05 de potassium et 16,05 d'oxygène) ; 11° on prend alors le résidu insoluble que l'on a trouvé (1°), on le sèche, on le pèse, on le mêle avec quatre fois son poids de carbonate de potasse chaud ; le mélange doit être le plus exact possible ; on le place dans un creuset de platine que l'on chauffe au rouge dans un fourneau à réverbère ; quand le creuset est refroidi, on en détache le culot fondu qui s'y est formé, on le dissout dans l'acide chlorhydrique, on filtre, on recueille la silice, et dès lors on suit le procédé d'analyse indiqué plus haut, à partir du n° 2 jusqu'au n° 8 exclusivement.

3ᵉ *Opération*. Comme la quantité d'alcalis fixes, combinés avec la silice, est toujours assez petite, il est avantageux de la rechercher à part en opérant sur un lot d'au moins 10 grammes ; on le mélange très exactement avec le double de son poids de fluorure de calcium dans une capsule de platine; on en fait une pâte en l'humectant d'acide sulfurique; on chauffe, la silice se dissipe sous forme de gaz silico-fluorique; on délaie et on lessive le résidu; l'eau s'empare des substances solubles, et l'on a une eau de lavage que l'on traite par les procédés indiqués plus haut, à partir du n° 3 de la seconde opération.

Si la terre contenait de la baryte, on le reconnaîtrait en traitant l'eau de lavage (8°) par l'acide sulfurique qui précipiterait du sulfate de baryte.

4° *Opération.* 1° Pour déterminer les phosphates de chaux et de magnésie contenus dans la terre, on prend une nouvelle portion de terre que l'on porphyrise et que l'on dessèche; on la fait bouillir pendant une heure au moins, avec une dissolution de carbonate de soude, il se forme des carbonates de chaux et de magnésie insolubles. On filtre. L'eau de filtration contient du phosphate de soude, du carbonate de soude que l'on a mis en excès et le sulfate de chaux qui pouvait faire partie de la terre.

2° On sature par l'acide nitrique et on n'a plus que du nitrate de soude et du phosphate de soude.

3° On fait bouillir pendant un quart d'heure pour dégager l'acide carbonique qui est resté dans la liqueur, et après cette ébullition, on précipite par l'eau de chaux; on recueille le phosphate de chaux sur le filtre, on le sèche et on le pèse; on précipite ensuite l'acide sulfurique par le nitrate de baryte, si la terre contenait du sulfate de chaux.

§ IV. — Résumé des résultats de l'analyse.

Dans la suite de procédés que nous venons de décrire, nous avons agi par différentes opérations, sur différentes doses de terre. Il faut maintenant réduire tous les résultats à un dénominateur commun. A quelque dose que l'on ait opéré sur les substances solubles, on a obtenu séparément les acides et les bases, mais pour la plupart d'entre elles ce n'est que par conjecture que l'on peut assigner les sels que ces bases et ces acides constituent entre eux. Les carbonates que l'on précipite à part par l'ébullition donnent seuls un résultat certain, mais s'il se trouve plusieurs autres acides dans la solution, la manière de les répartir sur les bases devient un problème indéterminé dans lequel le tact de l'analyste supplée au petit nombre de règles positives que l'on peut indiquer. On sait que les sous-carbonates de soude et de potasse excluent les sulfates de magnésie, d'alumine, de fer. On procède donc par tâtonnement, en ayant égard aux probabilités de rencontrer tel ou tel sel dans la solution, et l'on s'arrête ensuite à la composition qui tient le mieux compte de toute la quantité de base et d'acide donnés par l'analyse, d'après les tables de nombres proportionnels. Mais il sera toujours convenable de conserver en tête de l'analyse les résultats purs, indiquant séparément les acides et les bases, pour servir à la vérification des résultats conjecturaux qui indiquent la composition des sels. Tous ces nombres sont écrits en réduisant à l'unité de kilogramme la quantité de terre sur laquelle on a opéré.

A la suite des substances solubles on écrit le poids du terreau charbonneux, réduit a la même unité; on en agit de même pour toutes les substances minérales fixes données par la 3ᵉ opération. Les produits de la 4ᵉ opération le seront également. On obtient ainsi tous les éléments qui constituent le terrain soumis à l'analyse et c'est seulement sur des opérations aussi sûres que l'on pourra baser des raisonnements agronomiques. L'imperfection et l'incomplet des méthodes d'investigation usitées jusqu'à ce jour, rend suffisamment compte du mépris des meilleurs esprits pour l'examen chimique des terres, qui ne pouvait conduire qu'à des conclusions sans aucune valeur.

CHAPITRE II.

Histoire des éléments des terrains agricoles.

Après avoir décrit les moyens de constater par l'analyse, et de séparer l'un de l'autre les divers éléments qui constituent nos terres arables, il faut examiner les propriétés agricoles de chacun d'eux, et ce ne sera qu'après les avoir ainsi parcourus un à un, que nous pourrons les réunir et nous faire une juste idée de l'effet de leur mélange.

SECTION Iʳᵒ. — De la Silice.

La silice (acide silicique) se présente sous la forme d'une poudre blanche, très fine, sans saveur, sans odeur, fusible seulement à de très hautes températures, et prenant alors l'aspect du verre. Elle se trouve à son état de pureté dans le cristal de roche ; dans un grand nombre de minéraux elle est combinée avec divers oxydes métalliques.

Dans le sol arable, on trouve aussi de la silice pure qui provient des débris de roches de quartz; mais le plus souvent elle est associée à divers oxydes qui la colorent. Les terrains que nous désignons par le nom de siliceux, sont donc très loin, le plus souvent, d'être formés de silice pure; mais ils contiennent divers silicates mêlés avec la silice. On les y trouve sous forme de cailloux, de graviers, de sable siliceux à grains plus ou moins gros, enfin de poussière fine et impalpable.

Dans ces différents états la silice et ses composés modifient différemment les propriétés physiques du sol. Ainsi le sable siliceux à gros grains ne retient que 0,20 d'eau, tandis que le sable très fin en retient 0,30. Le sable grossier ne peut faire corps et manque totalement de ténacité; tandis que le sable fin employé à des moulages parvient à faire corps et acquiert une certaine ténacité. Le sable grossier humide n'a aucune cohésion, mais le sable très fin s'attache aux instruments. Plus le sable a de finesse, et plus il est mobile et sujet à être emporté par le vent. Costaz a constaté que les grains de quartz qui forment le sol des déserts de Libye ont environ 0,7 mill. de diamètre [1]. Ainsi l'abondance de la silice tend à rendre le sol facile à travailler; mais mobile, sujet à être déplacé par les grands vents qui mettent les racines des plantes à nu,

_____

(1) Mémoire de Costaz sur la descript. de l'Egypte, t. II, p. 264.

et exposé aux sécheresses qui atteignent facilement
ces racines; ce 'sol ne s'emparant pas des substances
solubles, mais les laissant filtrer quoique lentement, il
lui faut des engrais souvent renouvelés, sans lesquels
un terrain purement siliceux est complétement stérile.

La silice que l'analyse des cendres de végétaux nous
montre comme une de leurs parties intégrantes n'est
pas entièrement insoluble dans l'eau; elle paraît ne le
devenir qu'après avoir éprouvé une chaleur rouge;
mais au moment où elle se dégage de ses combinaisons
avec le soufre, le chlore, le fluor, ce qui arrive fréquemment dans les terrains où se passent les grandes réactions volcaniques, et probablement dans d'autres circonstances que nous ignorons elle est facilement soluble. On
retrouve de la silice par l'évaporation des eaux minérales, même non alcalines. On sait que les jets d'eau du
Geyser, en Islande, en déposent beaucoup autour de
leurs cratères. Les eaux même de nos sources en contiennent presque toujours, et sont ainsi une preuve
qu'en filtrant dans le sein de la terre elles trouvent
souvent la silice dans un état de solubilité.

Cela explique comment elle peut passer dans les végétaux par l'absorption de leurs racines; pourquoi sa
quantité proportionnelle augmente toujours avec l'âge
des végétaux, son peu de solubilité ne permettant pas
qu'elle se dissolve de nouveau et soit entraînée après
avoir été déposée. Elle s'accumule surtout sur les
feuilles et se manifeste ensuite dans le terreau qui résulte de leur décomposition et où elle se trouve en
abondance. Elle forme les 0,43 des tiges du froment,
les 0,63 de celles du seigle; les 0,69 de celles de l'orge ;
les 0,04 de celles des pommes de terre; les 0,37 de celles

du trèfle, selon les analyses de Bergman et de Ruellert[1]. La silice pure forme des concrétions aux nœuds des graminées; elle compose l'épiderme extérieur et luisant du bambou, elle est un des éléments qui donnent aux végétaux leur solidité, et constituent en grande partie leur squelette; mais son abondance dans la nature rend son rôle nutritif assez peu important et elle doit être envisagée surtout sous le rapport mécanique.

Si l'on veut doser la silice contenue dans une terre, le moyen le plus court est, après l'avoir desséchée et porphyrisée, d'en mêler bien intimement une quantité donnée avec quatre à cinq fois son poids de carbonate de potasse, et de l'exposer ainsi dans un creuset de platine à une chaleur rouge dans un fourneau à réverbère. On dissout la masse obtenue dans l'acide chlorhydrique; on fait évaporer à une chaleur douce. Ensuite on humecte avec de l'acide chlorhydrique concentré, on verse de l'eau dessus, qui dissout toutes les substances combinées avec l'acide et laisse la silice à nu; on la réunit sur un filtre, on la lave, on la dessèche et on la pèse.

Si, sans avoir égard à ce que nous avons dit dans le chapitre précédent de la nécessité de constater dans l'analyse d'un sol les parties d'argile insolubles dans les acides, on voulait obtenir les éléments constituants de la terre, on pourrait continuer l'analyse en traitant la liqueur de filtration que l'on obtient par l'opération que nous venons de décrire, d'après la méthode exposée plus haut.

(1) *Bulletin des Sciences agricoles*, t. III, p. 325.

SECTION II. — *De l'argile*.

Il règne une si grande confusion sur ce que l'on a désigné sous le nom d'argile, qu'il faut commencer par s'en faire une idée bien nette, si l'on veut bannir définitivement le vague que des termes mal définis ont perpétué dans l'agrologie.

On a désigné par ce nom, en minéralogie, des corps fort différents les uns des autres et qui n'avaient de commun que de contenir une certaine quantité d'alumine. En agriculture on n'a reconnu pour argile que celle qui faisait pâte avec l'eau, les autres ont été confondues avec les sables. Mais ces argiles plastiques elles-mêmes étaient souvent bien éloignées d'être pures; elles se trouvaient mêlées avec des oxydes de fer et des carbonates de chaux. Quant à celles qui forment la plupart des terrains diluviens, d'atterrissement et d'alluvions, elles sont un mélange d'une multitude de roches diverses qui toutes ont des propriétés particulières. Chez les unes l'acide silicique est si fortement uni aux bases qu'elles ne peuvent se dissoudre dans les acides, tandis que d'autres abandonnent facilement leurs bases. Ces propriétés diverses doivent produire des différences considérables dans leurs effets sur la végétation, différences dont nous avons commencé l'étude sans pouvoir la compléter avant l'impression de cet ouvrage. Quand on examine ces différentes espèces d'argile, on s'aperçoit d'abord qu'elles sont susceptibles de changer complétement leurs propriétés physiques, si elles ont été brûlées ou fortement chauffées; alors celles qui faisaient avec l'eau la pâte la plus liante ont perdu cette qualité, et elles agissent sur la végétation comme la silice pure. Après avoir été chauffée, la silice libre comme celle qui était contenue dans les argiles cesse d'être soluble dans les acides; mais aussi son affinité pour les bases a été beaucoup diminuée, et le moyen le plus facile de les obtenir presque entièrement est de chauffer la terre au rouge et de la traiter par les acides. On obtient ainsi l'alumine, le fer et les autres bases terreuses et alcalines que l'on ne pouvait en séparer auparavant que par la cuite à la potasse. Ce phénomène, peu remarqué jusqu'ici, explique les effets de l'écobuage et du brûlement des argiles sur les terres. Ces opérations rompent l'affinité de la silice et mettent les bases alcalines et terreuses à la disposition des plantes.

Si l'on analyse un mélange confus de silicate d'alumine non brûlé et de différents autres corps, chaux, fer, etc., on s'aperçoit par les épreuves physiques que nous indiquerons plus loin que la ténacité de l'argile, ou sa plasticité, est en rapport direct avec la quantité d'alumine qu'elle contient ; c'est-à-dire qu'elle est d'autant plus liante quand elle est humectée, et d'autant plus difficile à rompre à l'état sec qu'elle possède plus d'alumine. Elle oppose ainsi une grande résistance aux instruments de culture, propriété caractéristique et dont l'agrologie peut tirer le plus grand parti.

Il est une autre propriété de l'argile qui doit fixer aussi l'attention des agriculteurs, c'est la faculté de s'emparer des gaz ammoniacaux, et de les retenir entre ses particules. Selon Liebig, il se forme même de véri-

tables sels alumineux dans lesquels l'ammoniaque joue
le rôle de base [1]. Si l'on humecte une argile ou une
terre argileuse avec une solution de potasse, il s'en
élève une vapeur ammoniacale qui fait promptement
passer au bleu le papier de tournesol rougi [2]. Ce dégagement dure quelquefois pendant plus de deux jours.
Cette propriété coïncide toujours avec une odeur particulière que répandent les terres argileuses, quand
elles sont humectées; et en effet, c'est par son éma-
nation plus ou moins forte que les agriculteurs jugent
de la présence et de l'abondance de l'argile dans les
terrains.

Si l'on traite plusieurs terres argileuses par le peroxyde de cuivre, pour déterminer la quantité d'ammoniaque qu'elles contiennent, cette quantité n'est pas
en rapport numérique avec la proportion d'alumine.
Mais si l'on pétrit ces terres avec de l'ammoniaque liquide et qu'on laisse évaporer pendant quelque temps,
on trouve plus tard que l'ammoniaque retenu par chacune d'elles est en rapport presque exact avec la dose
d'alumine qu'elle contient.

Les agriculteurs savent que quand ils mettent en
valeur des terres argileuses, depuis longtemps épuisées,
la première fumure semble ne produire aucun effet;
l'argile s'en est emparée, retient dans son tissu les gaz
ammoniacaux, et ce n'est quelquefois qu'après plusieurs
fumures et quand elle est saturée, que la terre paraît se
ressentir de nouvelles doses d'engrais; mais alors ces

---

(1) *Chimie organique*, introduct., p. CIX.
(2) Voyez une note de M. Bouis, *Annales de Chimie*, t. XXXV,
p. 333.

terres amenées à cet état sont très fertiles. Si on continue à en tirer des récoltes sans les fumer, les produits baissent peu à peu, et quand l'humidité de la saison, en humectant fortement l'argile, met de l'eau surabondante à portée de l'ammoniaque contenu dans les pores de l'argile, cette eau s'empare de ce gaz et le transmet aux racines des plantes ; l'argile s'appauvrit ainsi de nouveau.

Il est assez facile à un praticien exercé, ou à un homme qui tient un compte exact de ses opérations, de juger si une terre argileuse se trouve dans cette position moyenne où l'engrais donne exactement des produits proportionnels à sa quantité. Si l'on analyse des terres dans cet état, on trouve qu'avant la fumure elles contiennent environ 0,005 d'azote pour chaque centième d'alumine contenu dans l'argile non brûlée du sol.

Cette donnée est de la plus grande importance, elle nous apprend que toute terre argileuse doit posséder un capital en fumier avant d'être portée à toute sa valeur ; que dans les années de sécheresse, où la masse d'argile n'est pas pénétrée d'une humidité surabondante, ce capital reste improductif ; qu'il reparaît en partie par l'effet des saisons plus humides ; mais que dans tous les cas, il est nécessaire, pour que le fumier ajouté produise tout son effet.

L'argile a encore la propriété de retenir une grande proportion d'eau (70 pour cent de son poids) et de ne la laisser filtrer que difficilement ; il en résulte que dans les saisons sèches, les plantes s'y trouvent mieux, souffrent moins parce qu'elles absorbent alors une

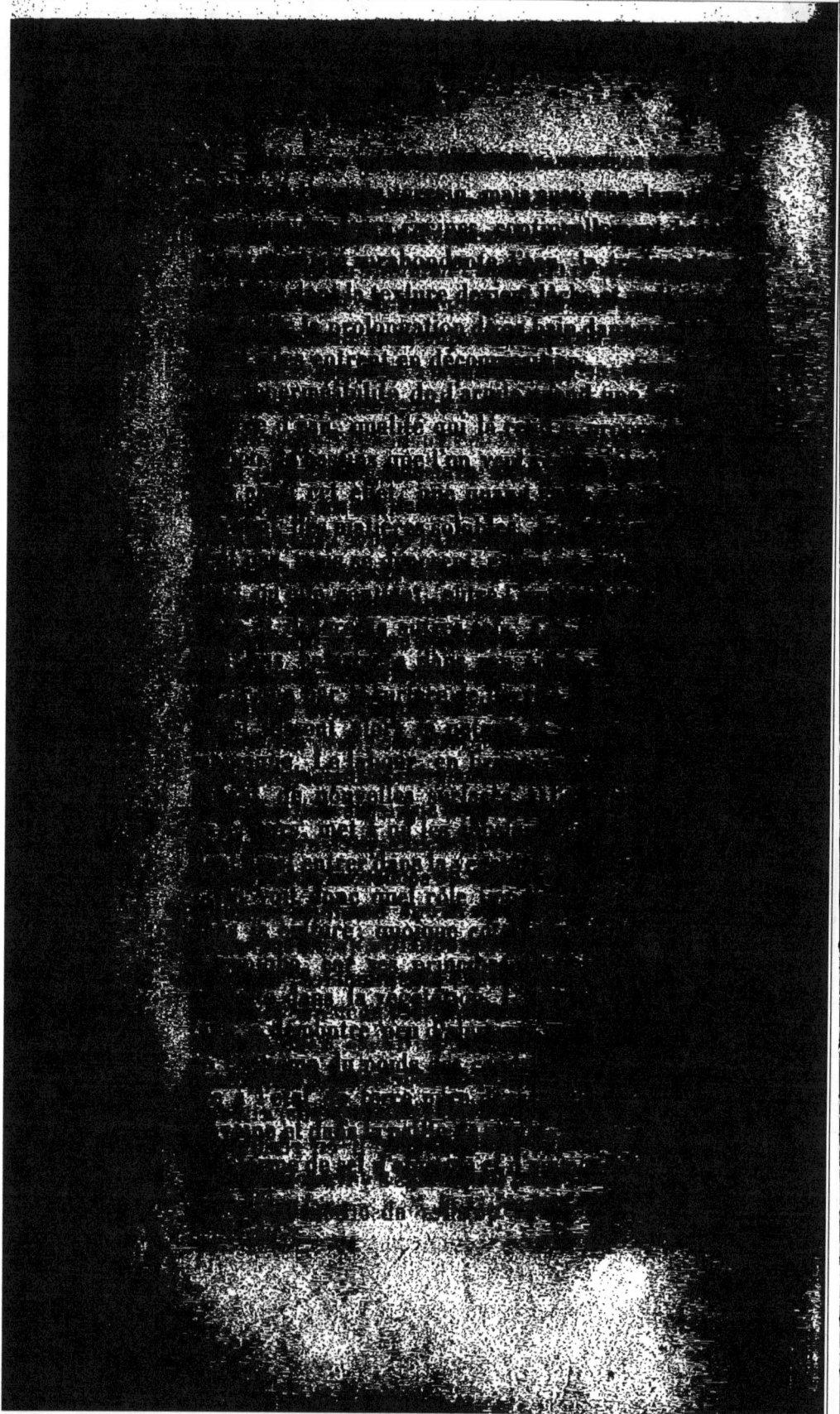

Section III. — *Du carbonate de chaux.*

Le carbonate de chaux est une substance très abondante dans la nature ; elle forme de grandes masses de montagnes; les courants diluviens et les alluvions l'ont répandue dans presque tous les terrains meubles; jusqu'ici nous n'avons jamais trouvé un sol complétement dépourvu de cette substance ; et quelquefois elle les compose presque entièrement, tels sont les terrains que l'on a appelés *crayeux.*

Les terrains qui renferment une quantité sensible de calcaire ont des caractères agricoles qui leur sont propres. Comparés aux terrains purement siliceux ou argileux, on y remarque l'absence de plusieurs plantes impropres à l'alimentation du bétail, qui infestent ces derniers, la petite oseille, la matricaire, les oxalis, qui y sont remplacés par le trèfle, les lotiers, la lupuline ; les fourrages légumineux y croissent avec facilité ; ils sont éminemment propres au froment; et ces qualités sont tellement inhérentes au principe calcaire, qu'il suffit d'en ajouter une très petite quantité aux terres qui n'en contiennent pas un à deux centièmes par exemple, par le chaulage ou le marnage, pour que la végétation des bonnes plantes succède à celle des mauvaises; pour que le trèfle, la luzerne et le sainfoin y réussissent mieux ; pour que les terres à seigle deviennent propres à porter le froment, et que celles qui portaient déjà du froment augmentent considérablement leur production. En même temps appliqué aux terres siliceuses, le principe calcaire leur donne de la consistance; il donne aux terres argileuses la propriété de se déliter aux changements atmosphériques, de se diviser par l'action de l'humidité, de laisser filtrer l'eau surabondante, et prévient son extrême durcissement par la sécheresse. Toutes ces propriétés du sol calcaire ont été exposées avec habileté par M. Puvis, dans trois ouvrages dont nous recommandons la lecture et l'étude [1].

M. Th. de Saussure décrit d'une manière frappante [2] la différence qui existe entre les sols calcaires et ceux où manque la chaux. « Lorsqu'on passe, dit-il, des « montagnes calcaires aux montagnes granitiques, on « est frappé des différentes influences que ces deux « sols ont sur la végétation. Le sol calcaire paraît « l'emporter sur le sol granitique, non-seulement par « la variété de plantes auxquelles il sert de support, « mais encore par l'état de vigueur et de prospérité où « elles s'y trouvent...... Lorsque j'ai dirigé mon at-« tention sur les vertus nutritives des végétaux cal-« caires et des végétaux granitiques, j'ai vu que les « animaux qui se nourrissent sur les granits étaient « plus petits, plus maigres et fournissaient moins de lait « que ceux qui se nourrissent sur les terrains calcai-« res, quoique les végétaux crûs sur les deux sols fus-« sent les mêmes, et que les quantités de ces végétaux « fournis aux animaux dans ces deux cas fussent égales. « J'ai vu de plus que le lait des montagnes granitiques « était moins chargé de parties butireuses et caséeuses « que celui des montagnes calcaires. Il n'est point de « coureur de montagnes des contrées que j'habite, qui

(1) *Essai sur la marne; De l'emploi de la chaux; De l'agriculture du Gâtinais.*

(2) De l'influence du sol, *Journ. de Physique,* 1800, t. II, p. 0.

« n'ait pu apercevoir la différence de consistance
« qu'a la crème sur le Jura, montagne calcaire, et sur
« les montagnes granitiques attenantes à la vallée de
« Chamouni. »

Les analyses auxquelles se livra cet habile chimiste
pour reconnaître la composition des végétaux crûs sur
ces deux natures de sol, lui prouvèrent que les carbonates de chaux et de potasse venaient remplacer en
partie la silice dans le squelette des plantes crues sur
les terrains calcaires ; serait-ce par l'effet de cette
substitution que les organes des plantes seraient mieux
disposés à se charger de principes favorables à la
nutrition ?

Nonobstant les faits que nous venons d'indiquer et
que chacun peut constater, les fonctions que remplit
la chaux dans la végétation ont été et sont encore le
sujet d'opinions fort divergentes.

H. Davy ne considère le carbonate de chaux que
comme un amendement propre à améliorer la texture
du sol, à augmenter son hygroscopicité ; selon lui, ses
effets sont tous mécaniques [1], mais la faiblesse de la
dose à laquelle elle produit des effets si saillants
écarte d'avance toute idée qu'elle n'ait pas un autre
genre d'action, surtout quand on sait que l'argile et le
sable, appliqués comme amendement à des terres qui
ont des propriétés physiques opposées aux leurs, ne
produisent quelque effet qu'à des doses énormes, qu'ils
ne changent en rien la nature de la végétation et n'en
accroissent pas la vigueur. Cette explication ne rend
pas compte non plus de la nullité d'action des marnes

(1) *Chimie agricole,* t. II, p. 52.

les plus grasses et les plus hygroscopiques, employées à petite dose sur les terres sablonneuses qui possèdent déjà l'élément calcaire, tandis qu'elles fertilisent ces mêmes sables auxquels manque cet élément. Dans l'un et dans l'autre cas cependant, les propriétés physiques du sol devraient éprouver les mêmes modifications.

D'autres pensent [1] que le principe calcaire de la marne réagit sur le terreau, le rend soluble et propre à passer dans la végétation en neutralisant un principe astringent analogue au tannin et en dégageant l'acide carbonique du carbonate de chaux. On ne peut nier le bon effet de la chaux sur les terrains qui recèlent un principe acide, mais ces terrains sont rares, appartiennent à des sols bien déterminés : les terres de bruyères, les bois défrichés, couverts de terreaux formés de la décomposition de feuilles contenant du tannin ; or ce n'est pas seulement sur les terrains de cette espèce que la marne agit avec énergie, et tous les terrains où manque le calcaire, quoique n'offrant pas la moindre apparence d'acidité et d'astringence, éprouvent les mêmes effets.

On ne peut non plus admettre d'action directe du carbonate de chaux pour transformer la fibre ligneuse en *géine* (extrait de terreau). Les pièces de bois engagées dans les constructions calcaires ne subissent pas cette altération, et si cette propriété existait, on ne devrait pas trouver trace de terreau dans les terres calcaires, où cependant il existe dans son état d'intégrité, de même que dans les sables et les argiles.

D'autres ont cru que la chaux rencontrant dans le

_____

[1] M. Puvis, *Essai sur la marne*, p. 30.

sol de l'acide ulmique tout formé, se combinait avec lui, produisait de l'ulmate de chaux, qui, quoique très peu soluble dans l'eau (2000 parties d'eau dissolvant seulement une partie de ce sel), ou plutôt à cause de son peu de solubilité, fournit aux végétaux la nourriture qui leur est le plus appropriée et dans la mesure convenable [1]. Selon Liebig [2], l'existence de cet acide ulmique dans le sol serait une chimère. L'extrait de terreau dont nous parlerons plus loin ne se combine pas chimiquement avec la chaux, et la preuve que cet auteur en donne, c'est l'entière blancheur des stalactites formés par des filtrations, dans des caves surmontées d'un amas énorme de terreaux et de terres calcaires.

Enfin on a prétendu en dernier lieu [3] qu'un terrain épuisé n'était autre chose qu'un terrain rempli des excrétions acides des plantes, se fondant principalement sur l'observation de M. Becquerel, que dans l'acte de la végétation il se produisait toujours de l'acide acétique; que l'embryon agit comme le pôle négatif d'une pile qui retient les bases et repousse les acides. Selon l'auteur de cette explication, l'addition de la chaux au sol fournirait la base nécessaire à la neutralisation des acides.

Si l'on admettait cette hypothèse, qui ne voit que l'action des engrais animaux fournirait dans son ammoniaque une base bien plus active encore à l'action des acides? et cependant voit-on qu'ils aient sur les terrains non calcaires les effets de la marne? changent-ils la nature de leur végétation? Enfin l'hypo-

(1) M. Puvis, *de l'emploi de la chaux*, p. 121 et suiv.
(2) Introduction, p. 122.
(3) *Mémoire sur les engrais*, par M. Monnier de Nancy.

si elles contenaient des nitrates[1]. Les unes en contenaient, d'autres n'en présentaient pas trace.

Ayant fait bouillir ces dernières eaux pendant quelque temps, il s'est formé un dépôt qui nous a prouvé que le sel calcaire qu'elles tenaient en dissolution était du bi-carbonate.

Reprenant alors toutes les terres calcaires essayées, nous en avons dosé l'azote ; elles en contenaient toutes sensiblement. Quelques marnes réputées pour leur activité et que l'on emploie en plus petite dose en contenaient même une quantité assez notable, près de 0,00164, mais cette quantité était trop petite pour expliquer l'effet de la chaux, comparativement à celui des engrais.

Ne pouvant trouver la raison de cet effet dans la quantité de substances solubles contenues dans ces terres, nous avons dû la chercher dans le principe de continuité d'action. Toutes les terres calcaires lessivées ont été exposées à l'air, à l'abri du vent, et humectées de temps en temps pendant six mois. Alors elles ont été soumises à un nouveau traitement et toutes ont fourni de nouveau un précipité calcaire. Il se formait donc constamment dans ces terres un sel soluble à base de chaux, qui fournissait aux plantes un principe nécessaire, la chaux, et probablement aussi dans bien des cas un autre principe plus important encore, l'azote provenant de la décomposition des nitrates; nitrates qui se reforment aussi constamment dans les terres qui en ont déjà fourni. Ce serait donc en passant à l'état soluble par sa transformation en nitrate et en bi-carbonate que la présence de la chaux

(1) Cette méthode est décrite plus haut, ch. 1, sect. II, § 2.

dans le sol favoriserait l'action de la végétation. Nous traiterons plus en détail de ces effets dans un des articles suivants (*voir* azote.)

La terre calcaire pure constitue un terrain froid à cause de sa couleur blanche; il retient une grande quantité d'eau (jusqu'à 85 parties pour 100 de terre) et quand il est mouillé il se change en une bouillie qui n'offre aucun appui aux plantes; dans l'état humide, s'il survient une gelée, il se soulève, et au dégel, il retombe sur lui-même en déchaussant les racines; il se sèche lentement; quand il est sec, il laisse trop facilement pénétrer l'air jusqu'aux racines; il devient pulvérulent et ne leur offre pas non plus un appui convenable; son manque de ténacité le rend très facile à cultiver, ce qui explique comment un tel sol n'est pas abandonné et comment les cultivateurs suppléent par l'étendue à son peu de produit.

Parmi ces terrains purement calcaires, il faut distinguer ceux qui portent le nom de *craies* et qui possèdent sous le rapport agricole et au plus haut degré les défauts et les qualités dont nous venons de parler.

Il en est autrement quand la chaux est mêlée avec le sable siliceux, le terrain s'égoutte mieux, il acquiert du liant, offre un meilleur support aux plantes, et est susceptible d'un grand nombre de bonnes cultures s'il peut être arrosé en été; car, pour peu que ce terrain soit coloré, il devient brûlant, et s'il ne peut être arrosé, il n'est propre qu'aux récoltes qui mûrissent dès la fin du printemps.

Mêlé avec l'argile, le carbonate de chaux forme d'excellents sols qui ont toutes les qualités recherchées par les agriculteurs; surtout s'il contient en outre une portion convenable de sable; il constitue alors des *loams*, un des genres de terrains les meilleurs et les plus recherchés.

SECTION IV. — *De la marne.*

Quoique la marne ne soit qu'un mélange d'argile et de carbonate de chaux auxquels se joignent le plus souvent quelques autres substances, la silice, l'oxyde de fer, etc., cependant je ne ferai pas un double emploi en lui consacrant un article particulier. En effet, les deux éléments minéraux qui constituent la marne y sont mêlés d'une manière si intime, qu'il est impossible de parvenir à imiter la nature par de simples procédés mécaniques, tellement ils sont juxtaposés molécule à molécule. En effet, si l'on soumet la plus petite particule possible de marne à l'action d'un acide sous l'objectif du microscope, on voit l'attaque se faire par toutes ses faces et par tous ses angles, et l'argile qui reste se trouve composée d'une multitude d'autres particules d'une finesse telle, qu'il est presque impossible de l'évaluer.

Quand on a voulu essayer de composer une marne artificielle par le mélange le plus exact possible, ce produit de l'art s'est trouvé avoir des propriétés tout-à-fait autres que celles de la marne naturelle composée des mêmes éléments. On s'aperçoit d'abord au microscope combien nos moyens mécaniques sont grossiers, même quand nous employons de l'argile le plus finement pulvérisée possible et mélangée avec du carbonate de chaux dans le même état; les particules de chaux sont agglomérées, séparées de celles de l'argile par d'assez grandes distances; l'hygroscopicité, la chaleur spécifique de cette marne artificielle sont tout autres que celles de la marne naturelle, et sa pesanteur spécifique est moindre.

De ce mélange intime et de cette structure de la marne résulte sa faculté de se diviser et de se réduire en poussière quand elle est mouillée ou qu'elle est exposée seulement aux variations hygrométriques de l'atmosphère, à cause du changement considérable de volume qu'acquiert l'argile imbibée d'eau.

Pour concevoir la formation de la marne, il faut supposer que des bancs d'argile soient couverts d'une masse d'eau surchargée d'acide carbonique, et tenant beaucoup de bicarbonate de chaux en dissolution. Ces eaux, pénétrant à travers l'argile et l'imbibant, auront laissé par la dessiccation des particules de carbonate de chaux dans tous les pores de l'argile, et s'il s'est trouvé des vides et des lacunes dans l'argile, elles y auront déposé des *nodus* de cette même substance. C'est ainsi que l'on peut concevoir que les argiles sont devenues marneuses, et que les marnes présentent différents degrés de mélange, différents modes de composition.

Ainsi l'on trouve des marnes très compactes, ayant l'aspect extérieur du marbre, et cependant se réduisant à l'air, et assez promptement, en une fine poussière homogène, sans laisser aucun nodus calcaire.

D'autres ont plutôt l'aspect d'un poudingue et sont de véritables mélanges de marne et de nodus de carbonate de chaux, qui ne se délitent pas.

Certaines marnes, ayant éprouvé les effets de l'humidité depuis leur formation, sont déjà délitées dans la minière, et se présentent sous un aspect pulvérulent, mêlées quelquefois de plus ou moins de ces noyaux calcaires. Les unes sont grises, d'autres plus ou moins jaunes ou rougeâtres, colorées qu'elles sont par les oxydes de fer. Les variétés des marnes sont infinies comme les circonstances qui ont pu leur donner naissance.

Le but de l'emploi de la marne est d'ajouter le principe calcaire aux terrains qui manquent de chaux, de le lui fournir sous une forme pulvérulente qui laisse beaucoup de prise aux influences atmosphériques pour transformer le carbonate calcaire en sels solubles (nitrate et bicarbonate de chaux); ses effets sont ceux que nous avons indiqués comme signalant la présence de la chaux dans les terrains.

On avait cru longtemps que, pour apprécier les marnes, il suffisait de connaître la quantité de chaux qu'elles contenaient; mais on n'a pas tardé à revenir de cette erreur et à se convaincre qu'il y avait d'autres éléments d'appréciation qu'il fallait rechercher.

M. Lartet, bien connu par ses intéressants travaux de paléontologie, n'avait pas vu sans surprise la différence notable que manifestait l'action de diverses marnes sur la végétation, quoiqu'elles parussent à peu près de même composition minérale, à en juger par les analyses chimiques. Vingt-cinq voitures d'une de ces marnes produisaient un effet égal à celui de deux cents voitures d'autres marnes. S'étant adressé à nous pour avoir l'explication de ce phénomène, nous ayant envoyé des échantillons de ces différentes marnes et des terres sur lesquelles il les employait, nous avons été conduit à nous occuper spécialement de cette question.

La meilleure de ces marnes, celle qui produit de grands

effets à petites doses, contenait 0,675 de carbonate de chaux, les autres en renfermaient de 0,66 à 0,41. On voit donc que, même dans les plus pauvres de ces dernières, la proportion de chaux n'indiquerait pas la différence énorme des doses que l'on est obligé d'employer.

L'existence de débris fossiles dans les terrains marneux du Gers, d'où proviennent ces échantillons, nous porta à rechercher la quantité d'azote qu'ils contenaient. Traitées à l'appareil de Liebig, les parties superficielles et pulvérulentes nous ont bien fourni 1 à 1 $\frac{1}{2}$ millième d'azote; mais les parties compactes et internes de la meilleure marne n'en donnaient plus que des quantités insensibles. Les marnes pulvérulentes offraient de l'azote; quelques-unes contenaient de l'acide nitrique rendu sensible, par l'épreuve, avec le proto-sulfate de fer et l'acide sulfurique; toutes donnaient du bicarbonate de chaux. Il était évident que c'était par leurs surfaces et leurs efflorescences que les marnes devenaient susceptibles de se charger des éléments de la fertilisation.

L'aspect de ces divers échantillons offrait déjà d'assez grandes différences. La marne de Gaussan, de qualité supérieure, se présentait sous forme de roche homogène, dure, grise, à cassure conchoïde, ayant toute l'apparence et la solidité d'une pierre à bâtir; les autres ressemblaient plutôt à des poudingues formés d'un mélange imparfait de matières diverses; les unes rousses et ferrugineuses, les autres grises; les unes pulvérulentes, les autres dures et en rognons.

Mise à déliter dans l'eau, la marne de Gaussan se fondit en très peu de temps en une poudre homogène, sans laisser de noyau; les autres ne se délitèrent qu'en partie, laissant 875 parties sur 1,000 de rognons durs, presque entièrement calcaires, et ne présentant par conséquent que 125 parties de matières pulvérulentes, sans qu'un très long séjour dans l'eau parvînt à délayer la partie dure.

Dès lors, n'avions-nous pas quelque droit de penser que le mystère était dévoilé? Les agents extérieurs n'agissent sur le carbonate de chaux, pour former les nitrates et les bi-carbonates, que par ses surfaces; c'était donc la proportion des surfaces et non celle des masses qui devait représenter l'effet qui pouvait être produit par ces marnes.

Pour arriver à un résultat positif, il aurait fallu pouvoir mesurer avec exactitude la dimension des particules; mais l'entreprise était impossible. Leur grand nombre, la diversité de leur grosseur ne permettait pas d'y songer. La poudre fine obtenue par lévigation se réunissait en petites masses dont on ne pouvait détacher les grains isolés; en l'humectant, on parvenait à en séparer quelques grains; nous en avons trouvé de $\frac{6}{100}$ de millimètre de côté, sans qu'il nous soit possible de dire si ce chiffre était une moyenne ou un minimum.

Ne pouvant ainsi comparer entre eux d'une manière complétement exacte les volumes des particules des deux espèces de marnes, nous avons pris le parti de supposer que les dimensions moyennes de leurs parties pulvérulentes étaient les mêmes. Il restait alors à apprécier celles des noyaux, qui étaient très variables; mais comme elles pouvaient être exactement mesurées, nous pûmes les réduire à la forme de cubes ayant 4 millimètres de côté, et par conséquent 96 millimètres carrés de surface. Mais un de ces cubes, divisé en petits

cubes de $\frac{6}{100}$ de millimètre de côté, en fournirait environ 296,000 ayant ensemble une surface de 6024 millimètres carrés. La surface des noyaux (96 millim. car.)
était donc si petite, en comparaison de celle des particules, qu'elle pouvait être négligée, et alors nous avions
pour représenter la puissance de la marne de Gaussan
le nombre 1,000 de ses particules pulvérulentes,
et pour les autres marnes, le nombre 125 qui est pour
elles le chiffre de ces mêmes particules ; ce qui revient
à dire que l'effet immédiat de la marne de Gaussan et
celui des autres marnes est dans le rapport de 1,000 à
125 ou de 8 à 1, précisément la proportion dans laquelle s'emploient les deux espèces de marnes.

L'exactitude de ce résultat avait droit de nous sur-
prendre ; mais il était impossible de ne pas l'admettre,
ayant répété plusieurs fois l'épreuve des pesées et y
ayant trouvé assez peu de différence quand on opérait
sur des quantités un peu fortes, car il est bon de prévenir que l'on trouvera dans les marnes de qualité
inférieure des portions qui, étant détachées de la
masse, se déliteraient entièrement. Ce sont surtout
les plus grises, les plus homogènes, les moins ferrugineuses. Ce n'est donc qu'en opérant sur des quantités un peu fortes que l'on peut trouver les véritables
proportions des noyaux et des parties pulvérulentes.

Ces résultats, que nous avons eu depuis l'occasion de
vérifier et de confirmer sur des marnes de bien des espèces et dans des pays différents, nous donnent un
moyen d'apprécier les quantités relatives de marne à
employer dans les différents cas. Ce n'est plus, comme on
le voit, de la seule analyse chimique que doit dépendre
cette estimation, il faut la combiner avec la lévigation.

Nous avons vu que les marnes possédant 0,675 de carbonate de chaux et se délitant entièrement, s'employaient à la dose de 25 voitures de 0,80 mètres cubes; la dose est donc de 20 mètres cubes. Si l'on demande la quantité qu'il faudra de la marne de Leugny (Yonne) qui contient 0,80 de chaux, mais qui laisse 0,118 de nœuds calcaires; la partie agissante de cette marne se trouvant ainsi réduite à 0,882, qui à raison de 0,80 renferment 0,704 de carbonate de chaux, nous aurons la proportion $100 : 0,882 : : 80 : x = 0,706$, proportion de chaux renfermée dans la partie agissante, et ensuite cette autre proportion : $0,706 : 20 : : 0,675 : x = 19,1$, nombre de mètres cubes de marne à employer, à peu près le même qu'à Gaussan; et en effet on emploie aussi 25 voitures de marne à Leugny [1].

Si l'on voulait estimer une marne ne possédant que 0,35 de carbonate de chaux et ayant 0,50 de son poids

(1) Cette marne avait fixé notre attention particulièrement à cause de ce qu'en avait dit M. Puvis dans son essai sur la marne. Il la signalait comme manifestant des propriétés donnant à l'eau une consistance glutineuse tout-à-fait remarquable. Nous avons fait répéter son analyse par notre confrère, M. Payen. Voici ses résultats :

Eau.	13
Partie insoluble à l'acide chlorhydrique. . . .	120
Alumine et oxyde de fer.	15
Carbonate de chaux.	800
Chlorures alcalins.	18
Pertes et matières organiques.	34
	1,000
Azote pour 1,000 de matières normales. . . .	1,62
— de matières sèches.	1,64

équivalent comme engrais à 24,691. Ainsi, il faudrait cette quantité pour équivaloir à 10,000 parties d'engrais normal de Boussingault et Payen. Or, on l'emploie en moins grande quantité et avec des effets bien différents et prolongés pendant plusieurs années.

en noyaux, on trouverait d'abord que 50 de marne ne renferment que 0,175 de carbonate de chaux agissant et la proportion $0,175 : 20 :: 0,675 : x = 77$ nous donne la quantité de mètres cubes de cette marne qu'il faut employer [1].

On détermine facilement la proportion de carbonate de chaux que renferme la marne en la traitant avec l'acide chlorydrique allongé d'eau. Quand l'effervescence a cessé, on sèche le résidu et on le pèse; la perte indique le poids du carbonate de chaux. Ce procédé est suffisamment exact dans la pratique, pourvu qu'avant et après l'opération la marne soit ramenée au même degré de dessiccation.

Pour estimer la quantité de noyaux, on plonge dans l'eau une quantité désignée de marne qui ne doit pas être moindre d'un kilogramme; on laisse digérer pendant une heure, ensuite on agite, on coule, on remet de nouvelle eau, et ainsi de suite jusqu'à ce que l'eau reste claire après l'agitation; alors on sèche et on pèse le résidu qui est composé des noyaux.

Les avantages que présente l'emploi des marnes les plus actives sont immenses. Leur effet est moins long que celui des marnes à noyaux solides qui ne se délitent et n'entrent en action qu'à la longue; il ne dure pas trente ans, comme pour plusieurs de ces dernières, mais aussi il y a bien moins de charrois à faire à la fois, et on n'enfouit pas, pour n'en jouir que longtemps

---

(1) Les termes de cette proportion sont les suivants :

0,175 chaux de cette marne.

0,675 chaux de la marne normale de Gaussan.

20 nombre de mètres cubes de marne de Gaussan employés.

77 nombre de mètres cubes à employer de la nouvelle marne.

après, un capital considérable; les travaux plus rapides ne gênent pas la culture ordinaire de la ferme, tandis que quand il faut transporter de grandes masses, l'entreprise devient inabordable pour le plus grand nombre des cultivateurs; enfin, l'effet pouvant être borné à la durée des baux, le fermier, sûr d'en retirer tous les profits, s'y livre plus facilement et n'est pas obligé de recourir à des transactions compliquées avec le propriétaire pour s'assurer la jouissance du capital restant en terres à sa sortie. Quand on ne pourra se procurer que de la marne à rognons durs, le procédé indiqué pourra aussi faire apprécier les avantages que l'on doit retirer de son application; il pourra servir d'indice de la durée de ses effets et diriger dans la discussion des intérêts relatifs du propriétaire et du fermier.

M. Teillieux a prétendu avoir constaté que les marnes étaient d'autant plus fertilisantes que l'époque de leur formation était moins ancienne, et il attribuait le peu de succès que l'on avait obtenu de certaines marnes à ce qu'on avait négligé l'appréciation de cette circonstance. Ainsi les marnes de Paris, du Mans, qui reposent en couches horizontales au fond de bassins de vieux lacs d'eau douce, sont préférables à celles de la Beauce et de la Touraine, situées sur la craie; préférables à celles des terrains jurassiques moyens, qui constituent une partie de la Normandie; préférables à celles qui peuvent se rencontrer sous les couches du calcaire jurassique de Niort, et surtout à celles du Lias, qui se rencontrent seules dans un rayon de plusieurs kilomètres autour de cette ville.

Ces aperçus ne sauraient être admis sans être appuyés

d'un grand nombre de faits choisis dans des localités et des formations différentes, et soumis aux épreuves que nous venons d'indiquer. Pour mettre en défiance d'une généralisation aussi hasardée, il nous suffira de dire que les marnes les plus riches du Gers sont précisément les plus anciennes, et que leur effet peut se comparer à celui des marnes tertiaires de l'Yonne.

SECTION V. — *De la magnésie.*

La magnésie se trouve le plus souvent sous forme de carbonate, mêlée aux autres éléments des terres arables; elle se rencontre aussi en masses dans certaines localités sous le nom de magnésite (Salinelles, Gard); enfin, dans les terrains des vallées dans lesquelles débouchent des rivières qui descendent de montagnes dolomitiques ou talqueuses, comme celle de la Durance, par exemple. On trouve la magnésie sous forme de carbonate magnésien-calcique, et sous celle de sulfate de magnésie s'effleurissant sur les limons des rivières qui ont traversé les schistes magnésifères.

L'incinération des végétaux a fait reconnaître de la magnésie dans leur composition, toutes les fois que le sol en renfermait; dans le cas contraire, elle était remplacée par de la chaux[1]. En effet, le carbonate de magnésie participe à toutes les propriétés chimiques du carbonate de chaux; l'eau chargée d'acide carbonique change le carbonate de magnésie comme le carbonate de chaux en bicarbonate soluble; la ténacité du carbonate de magnésie ne diffère pas beaucoup de celle de la

_____

(1) T. de Saussure, *Journal de physique*, 1800, t. II, analyse des pins du Brevent et de Lasalle.

chaux, mais il est beaucoup plus avide d'eau : il en absorbe quatre fois et demi son poids ; il contribue donc à rendre les terrains plus frais, plus liants, plus légers, plus accessibles aux agents atmosphériques ; au tact, on le trouve doux et onctueux. Bergman avait observé que la magnésie entrait en proportion notable dans la composition des terres les plus fertiles ; et celles que nous avons été dans le cas d'examiner, et qui sont renommées par leur fécondité, confirment cet aperçu. Les terres de la vallée du Nil contiennent une forte proportion de carbonate de magnésie ; différents sols du Languedoc, réputés comme excellents, en ont de 0,07 à 0,12. Thaër (§ 506) avait remarqué les qualités améliorantes extraordinaires d'une marne qui renfermait 0,20 de carbonate de magnésie. Cependant on a observé que les terrains formés uniquement de débris dolomitiques n'ont plus qu'une végétation languissante, ressemblant encore en cela aux terrains crayeux ; une graminée dure (*nardus stricta*) s'empare alors du sol et forme des pâturages de qualité médiocre [1].

Si une proportion convenable de carbonate de magnésie constitue des sols excellents, cette substance calcinée avait paru frapper la terre de stérilité, et cette remarque de Tennant avait fait la mauvaise réputation de cette substance qui a été pendant longtemps la terreur des agriculteurs. Mais Davy et Lampadius ont prouvé que la chaux de magnésie n'avait réellement que des qualités bienfaisantes. Nous avons indiqué plus haut (page 61) les moyens de séparer la magnésie des

_____

(1) Cambessède, *Bulletin de la Société d'agriculture du Gard*, 1842, p. 282.

autres substances contenues dans le sol, et l'on devra y recourir quand on voudra constater la quantité de cette substance que renferment les terrains.

Section VI. — *Du sulfate de chaux* (gypse, plâtre).

Le plâtre est généralement indiqué en si petite quantité par l'analyse des terres arables, que pendant longtemps on n'a guère cherché à l'y trouver que dans le voisinage des minières de roches gypseuses; mais depuis que les analyses ont été plus soignées, on n'a pas tardé à s'apercevoir que sa solubilité le faisait disparaître dans les lavages, et qu'il constituait ainsi, avec quelques autres sels solubles, une grande partie de la perte que l'on trouvait à la fin des analyses. Maintenant on cherche à constater sa présence avec plus de soin.

L'attention publique a été attirée sur cette substance par la belle découverte de Mayer, pasteur de Kupferzel (Argovie). Elle marque une brillante époque dans les fastes agricoles; par le moyen magique de 2 ou 300 kilogrammes de plâtre répandu sur un hectare, les légumineuses, la luzerne, le trèfle, le sainfoin, etc., prennent un développement double, leurs feuilles sont plus larges, d'un vert plus foncé, plus nombreuses; les racines participent aussi à cet accroissement de poids. Le procédé de Mayer fut communiqué en 1765 à la Société économique de Berne; dès 1771, il se répandait et se popularisait en Dauphiné[1], mais c'est surtout aux États Unis qu'il s'est naturalisé et est devenu une pratique agricole tellement appréciée, qu'on

(1) *Journal de physique*, t. XVII, p. 287.

y importe chaque année une grande quantité de plâtre de Montmartre.

Avant d'examiner les différentes hypothèses que l'on a produites pour expliquer les effets du plâtre, avant de chercher nous-mêmes à établir celle qui nous paraît résulter des faits observés, il faut d'abord poser les données du problème et indiquer les conditions que sa solution doit nécessairement remplir. Et d'abord, le plâtre ne produit pas son effet sur toutes les espèces de plantes; celles sur lesquelles il a été constaté jusqu'à présent d'une manière indubitable sont les légumineuses, le chou, le colza, la navette, le chanvre, le lin, le sarrazin; on plâtre aussi le maïs en Amérique, mais sans résultats certains. Les céréales et la plus grande partie des graminées n'en ressentent aucun effet.

En second lieu, le plâtre n'agit pas sur tous les sols. S'il y en a un grand nombre où il suffit de tracer une ligne avec de la poussière de plâtre sur un champ de trèfle pour qu'on la distingue plus tard à la beauté de la végétation des plantes qui s'y trouvent; si Franklin a pu populariser l'usage du plâtre en Amérique en écrivant avec cette substance sur un pareil champ, ces mots : *Ceci est plâtré*, et imprimer ainsi en vert foncé la leçon qu'il écrivait avec sa poudre blanche, il est d'autres sols où ses effets sont complétement nuls. Le plâtre réussit sur des terrains argileux, sur des terrains calcaires, sur des terrains sablonneux, sur des loams, et il échoue sur d'autres terrains qui paraissent offrir la même composition. Ces données semblaient indiquer la marche à suivre pour arriver à résoudre le problème : 1° rechercher ce que présentait de particulier la composition des plantes favorisées par le plâtre; 2° rechercher celle des sols où il réussissait et la comparer à la composition des plantes et des sols où il restait sans effet. A cette marche sûre, mais laborieuse, on a substitué, comme on le fait trop souvent, des hypothèses basées sur des observations incomplètes. Le moment est venu de les passer en revue.

Rigaud de Lisle, chimiste instruit, habile agriculteur, placé au centre d'un pays où l'on se sert du plâtre, s'étant procuré un grand nombre d'échantillons de terres où le plâtre réussissait et d'autres terres où son emploi échouait, les examina avec attention et crut remarquer que les premières contenaient peu de calcaire, tandis que les autres en récelaient une grande proportion[1]. Le hasard l'avait mal servi dans le choix de ces échantillons ; Arthur Young avait déjà observé les bons effets du plâtre sur les terres calcaires[2], et nous aurions pu lui fournir des terres contenant jusqu'à 0,20 de carbonate de chaux et où ces effets étaient très remarquables.

Un assez grand nombre d'agriculteurs, frappés de l'avidité du plâtre pour l'eau, ont pensé que cette substance agissait en attirant l'humidité de l'air, en la fixant sur le sol et sur les plantes ; mais ils n'ont pas remarqué qu'alors elle devrait agir également pour tous les végétaux ; qu'elle n'absorbe pas plus d'eau que le carbonate de chaux lui-même ; qu'une fois qu'elle en est saturée, elle cesse d'en attirer ; que la quantité de plâtre employée est si minime, que le volume d'eau nécessaire à sa saturation serait toujours très peu con-

(1) *Mémoires de la Société centrale d'agriculture*, 1814, p. 455.
(2) T. XVI, p. 387 de la traduction de ses œuvres.

sidérable, et que le plâtre ne cède plus l'eau une fois qu'il s'en est emparé. Il fallait donc aussi abandonner cette explication. Il était oiseux de la chercher dans une prétendue affinité du plâtre pour l'oxygène sur lequel il n'a aucune action.

M. Socquet[1] prétend que le plâtre agit sur les feuilles par l'effet de la calcination en raison du sulfure qu'il contient, et qu'alors il se comporte comme un corps désoxygénant, secondant et suppléant l'action de la lumière sur le parenchyme vert des feuilles, et augmentant ainsi la quantité de carbone qu'elles peuvent assimiler.

M. Mathieu de Dombasle a observé[2] que cette théorie reposait sur une fausse base, savoir : la supposition que, par la calcination du sulfate de chaux, telle qu'elle s'exécute dans les fours des plâtriers, cette substance se trouve convertie en sulfure. Il est bien vrai que, lorsque le sulfate de chaux, réduit en poudre, est calciné dans un creuset avec du charbon également pulvérisé, l'acide est décomposé, et la chaux se trouve réduite à l'état de sulfure; mais il en est autrement dans la calcination ordinaire du plâtre. Il y a bien aussi alors une petite quantité de sulfate de chaux décomposée; on s'en aperçoit à l'odeur d'hydrogène sulfuré qui se développe lorsqu'on détrempe du plâtre calciné; mais cette quantité est infiniment petite, et les personnes qui savent combien est vive l'odeur que dégage le sulfure de chaux lorsqu'on l'humecte, ne douteront pas qu'il suffise d'une dix-millième partie de la masse

(1) *Mémoires de la Société d'agriculture de Lyon*, 1819.
(2) Rapport à la Société d'agriculture de Nancy sur les effets du plâtre, inséré dans les *Mémoires d'agriculture* de M. de Valcourt, p. 356 et suiv.

réduite en cet état pour que l'odeur soit aussi sensible que celle qui se développe lorsque l'on gâche du
plâtre. Si le sulfure de chaux y existait en quantité notable, le plâtre ne serait plus propre aux usages auxquels
on l'emploie dans les bâtiments, car cette substance se
comporte avec l'eau d'une tout autre manière que le
sulfate de chaux privé d'eau par la calcination.

Mais ce qui écarte péremptoirement la théorie de
M. Socquet, c'est d'une part l'emploi que l'on fait du
plâtre en le mêlant au sol par les labours, et ensuite les
effets bien constants du plâtre cru pulvérisé.

Le plus grand nombre des cultivateurs choisit pour
plâtrer les légumineuses, le moment où elles ont développé leurs premières feuilles, et celui où elles sont
baignées de rosée qui attache la poussière gypseuse
aux folioles des plantes. C'est cet usage qui a suggéré
à M. Socquet la première idée de son système ; il supposait que l'action de cette substance ne pouvait se
faire sentir que sur les organes foliacés de la plante ;
mais il a été bien reconnu par les agriculteurs les plus
habiles et les plus expérimentés que l'effet du plâtre
n'était pas moins réel quand, répandu sur la terre avec
la semaille, il y était enterré par les labours. Thaër l'a
répandu sur le seigle avant de semer le trèfle (§ 655) ;
Schwerz[1] le regarde comme tout aussi efficace quand il
est enterré que quand il est répandu sur la plante ;
M. Rigaud de Lisle qui le recouvrait par un trait de
charrue, se louait de son emploi[2] ; MM. Sageret, d'Har-

(1) *Préceptes d'agriculture pratique*, trad. par M. Schauen-
bourg, p. 315.
(2) *Mémoires de la Société centrale d'agriculture*, 1814, pag.
453 et note.

court et de la Villarmois, avaient fait les mêmes essais
avec le même succès. De telles autorités, des expériences aussi réitérées et aussi positives prouvent suffisamment que l'action du plâtre ne se borne pas aux
feuilles des plantes, mais qu'il est aussi absorbé par les
racines. La routine fait rechercher un temps humide
pour que le plâtre s'attache aux folioles de la plante, et
M. Forestier, de l'Oise, affirme que ses plâtrages ne
réussissent jamais que par un temps sec, temps pendant
lequel la poussière gypseuse tombe en plus grande
partie sur le sol [1].

Mais si, indépendamment de ces raisons, il est reconnu
que le plâtre cru produit les mêmes effets que le plâtre
cuit, on ne pourra plus conserver le moindre doute
sur l'inconsistance de la théorie de M. Socquet. En
Amérique, on considère la calcination comme diminuant les effets du plâtre ; les réponses à des questions
adressées au juge Péters de Philadelphie confirment
en partie cette opinion ; il y est dit : « Le plâtre cuit
est plus aisé à broyer : j'en ai fait emploi en même
temps que de plâtre non calciné ; semés le même jour
et à côté l'un de l'autre, ils n'ont présenté aucune différence dans les résultats [2]. » Cette opinion est celle de
tous les agriculteurs qui ont essayé comparativement le
plâtre dans ces deux états ; Schwerz [3] reconnaît qu'il a,
lorsqu'il est cru, toutes les propriétés du plâtre cuit. C'est
donc bien comme sulfate de chaux, et non comme sulfure, que cette substance agit sur la végétation des légumineuses, des crucifères et de quelques autres plantes.

(1) *Cultivateur*, juillet 1830, p. 36 et note.
(2) DeValcour, *Mémoires d'agriculture*, p. 352 et 356 et suiv.
(3) *Préceptes d'agriculture*, p. 309 et suiv.

Th. de Saussure et Pictet pensent que le plâtre agit sur le terreau dont il hâte la décomposition en faisant concourir ses éléments à la nutrition des végétaux. En effet, si l'on met de l'eau chargée de sulfate de chaux en contact avec de la fibre ligneuse, l'odeur qui s'exhale du mélange annonce les réactions qui s'opèrent. On répète facilement cette expérience en petit; en versant dans une eau mucilagineuse, sucrée ou chargée d'extrait de terreau, une solution de sulfate de chaux, il se forme de l'acide carbonique, de l'hydrogène sulfuré et des sulfures. Après une pluie, on sent l'odeur d'hydrogène sulfuré qui s'exhale d'un terrain plâtré. Mais si cet effet était le seul, ne devrait-il pas avoir lieu sur tous les terrains pourvus de terreau, et toutes les espèces de plantes ne profiteraient-elles pas des bénéfices de cette réaction qui leur fournirait des éléments utiles à leur végétation?

Si, au lieu de se trouver en présence de la fibre ligneuse seule, le plâtre était rapproché d'un corps qui produirait aussi de l'ammoniaque, comme le fumier, il y aurait formation de sulfate d'ammoniaque et de carbonate de chaux. Or, les terrains contiennent plus ou moins d'ammoniaque. C'est à cette fonction seule de fixer l'ammoniaque sous une forme moins volatile que Liebig veut borner les effets du plâtre[1]. Ce mode d'action est réel, et il faut en tenir grand compte. Point de doute que le plâtre n'agisse sur les sels ammoniacaux qui sont à sa portée, qu'il n'absorbe les vapeurs ammoniacales et se transforme de la manière qui vient d'être indiquée; que sous cette forme

---

(1) *Introduction à la chimie organique*, p. 107.

nouvelle il ne fournisse aux plantes une partie de l'acide sulfurique que l'on trouve dans leurs cendres et de l'azote qui entre dans leur composition ; mais cet effet ne peut être unique, et il doit même être assez faible dans le plus grand nombre de terrains, par exemple, dans les sables qui retiennent peu d'ammoniaque et qui cependant éprouvent l'amélioration la plus notable de l'application du gypse ; et si l'action de cette substance sur la végétation était seulement de leur fournir de l'azote, pourquoi son effet ne serait-il pas également marqué sur toutes les espèces de plantes, et en particulier sur le froment qui en est si avide ?

Il faut donc en revenir à dire que le problème ne peut être résolu par des circonstances accessoires, et qu'il faut l'appuyer sur les données fondamentales que nous avons déjà indiquées, ainsi : 1° Quelle circonstance particulière présente la composition des plantes sur lesquelles le plâtre produit tout son effet.

Ce n'est que depuis peu de temps que l'on a recherché les sulfates dans les cendres des plantes. Sprengel a cherché à constater les différents principes contenus dans les cendres, et il y a reconnu de l'acide sulfurique ; il a démontré que certains végétaux en contenaient une assez grande quantité relativement à d'autres espèces, qu'il y avait donc chez les premières une certaine élection pour les sulfates contenus dans le sol et qui sont surtout des sulfates de chaux. Ainsi la paille de blé ne contient que 0,037 d'acide sulfurique, ce qui correspond à 0,263 de sulfate de chaux ; mais la paille de pois contient 0,337 d'acide sulfurique ou 2,400 de ce sulfate ; celle de colza, 0,517 d'acide sulfurique et 3,634 de sulfate de chaux[1]; en un mot, il résulte de son travail que les plantes qui ressentent le plus les effets du plâtre, à la constitution desquelles il paraît le plus nécessaire, sont aussi celles dans lesquelles l'analyse démontre la présence d'une plus grande quantité d'acide sulfurique et de sulfate. Mais Sprengel n'a pas indiqué si le sol dans lequel étaient cultivées ces plantes contenait du plâtre, et en analysant, comme je l'ai fait, des cendres de luzerne développée sur un terrain où les effets marqués, produits par le plâtre répandu, indiquaient que le terrain n'en contenait pas précédemment, il aurait vu que ces cendres étaient complétement privées de plâtre et qu'elles manquaient ainsi d'un principe qui paraît nécessaire à la prospérité de la luzerne.

2° Quelle est la composition des sols sur lesquels le plâtre n'a pas d'efficacité. H. Davy avait deviné que son efficacité est nulle sur ceux qui contiennent déjà du plâtre[2]. Avant d'avoir senti, par l'analyse d'un grand nombre de terrains, la confirmation de cette prévision, l'observation en grand m'avait appris que dans la contrée sud-est de la France toutes les terres où le plâtre réussit appartenaient aux terrains anciens jusques et y compris les diluviums, mais qu'il était sans effet sur les alluvions récentes. Ce caractère est vrai, mais il peut subir des exceptions locales; au reste, il n'est que l'expression du même fait signalé par H. Davy, d'après un trop petit nombre d'essais. Nos terrains anciens de la vallée du Rhône ne renferment généralement pas de sulfate de chaux; toutes nos alluvions récentes en renferment une

(1) Travaux chimiques de Sprengel, *Annales de Roville*, t. VIII.
(2) *Éléments de chimie agricole*, t. II, p. 76, trad., 1819.

plus ou moins grande quantité. Mais l'analyse est venue confirmer le principe, et je pense qu'à l'avenir on ne pourra plus mettre en doute la présence du sulfate de chaux dans les terrains où le plâtrage manque son effet, et son absence dans ceux où il le produit.

Il est donc bien certain que le plâtre agit sur un certain nombre des végétaux les plus précieux, en leur fournissant un des principaux éléments de leur composition, élément qui leur est aussi indispensable que la potasse et la soude à un grand nombre d'autres végétaux, dans lesquels cependant ces deux alcalis se suppléent réciproquement, et parfois aussi peuvent être remplacés par la chaux, mais d'une manière peu favorable à la végétation de la plante dont la vie n'atteint pas alors son développement complet.

Cela est si vrai, que l'on peut suppléer le plâtre dans les terrains calcaires en les arrosant avec une solution d'acide sulfurique qui ne produit plus ses effets si le sol manque de chaux ; c'est donc le sulfate de chaux et non l'acide nu que la plante absorbe. On a aussi employé sur les mêmes terrains le soufre, qui n'agit point s'il a été soigneusement lavé et dépouillé d'acide sulfurique.

Les terrains qui contiennent beaucoup de gypse sont secs, peu cohérents, et participent des qualités physiques des sables calcaires ; soluble dans l'eau, le gypse doit passer en abondance dans les végétaux qui y croissent. Les cultures d'arbres à fruits de Montreuil et d'autres lieux des environs de Paris sont établies sur des terrains gypseux, et aidées de fumiers abondants; on sait qu'elles produisent de beaux fruits. Dans les pays méridionaux, la sécheresse du climat rend complétement stériles les terrains gypseux, de même que les terrains purement

crayeux, s'ils ne peuvent être arrosés, ou s'ils ne possèdent pas un réservoir d'humidité peu profond.

Quand on veut rechercher le gypse contenu dans une
terre, on la fait bouillir avec du carbonate de potasse ;
les sulfates se changent en carbonates, l'acide sulfurique reste libre ; on le précipite à l'état de sulfate de baryte, par le moyen du nitrate ou du chlorydrate de
baryte ; le précipité séché donne, par le moyen des
équivalents, la quantité de sulfate de chaux que renfermait la terre.

SECTION VII. — *De l'oxyde de fer.*

On trouve le fer oxydé à différents degrés dans les
terrains agricoles ; il n'y en a pas un, peut-être, qui en
soit complétement dépourvu. C'est lui qui les colore de
teintes si variées, depuis le noir jusqu'au rouge et au
jaune pâle. Le fer oxydulé titanifère, attirable à l'aimant, se trouve dans les sables de certaines rivières
(le Cèze, l'Ardèche) ; les oxydes à différents degrés,
jusqu'à l'oxyde noir, sont mêlés aux différents sols,
dont ils augmentent la pesanteur spécifique et la faculté
de s'échauffer par la chaleur lumineuse ; ils en accroissent aussi la ténacité.

On trouve aussi le fer en grain ou fer hydraté dans les
terrains maigres où les eaux ont croupi ; par sa richesse,
il constitue parfois un véritable minerai.

Quand l'oxyde de fer se trouve en abondance dans
un terrain siliceux, celui-ci s'échauffe et se dessèche si
facilement qu'il devient presque impropre aux cultures
dans les pays méridionaux ; le seigle même a de la peine
à y épier. Au contraire, dans le nord, il favorise l'é-

chauffement du sol, il le colore, et rend propres à la culture des terres qui, sans sa présence, auraient été stériles.

Il y a des terres, au contraire, qui ne renferment qu'une très faible quantité de fer : ce sont des terres blanches, froides, et où les récoltes sont toujours retardées de quelques jours. On y remarque un grand nombre de variétés blanches de fleurs naturelles rouges ; nous y avons vu dès la première génération des graines d'*anthirinums* rouges, produire des fleurs parfaitement blanches. Les vins des vignobles de ces terrains ont moins d'alcool et plus de mucilage que ceux qui viennent sur des terrains colorés ; ils ne se conservent pas facilement. Sans doute l'absence ou la présence du fer doit avoir encore d'autres effets sur la végétation et doit causer d'autres altérations qui n'ont pas encore été observées. C'est un sujet de recherche qui appelle toute l'attention des cultivateurs et des naturalistes.

Mais une des principales propriétés des oxydes de fer est, sans contredit, celle d'attirer et de fixer, sous forme d'ammoniaque, l'azote de l'atmosphère.

Vauquelin avait observé le premier que la rouille de fer qui se forme dans les habitations contenait de l'ammoniaque ; Austin annonça dans le soixante-dix-huitième volume des Transactions philosophiques qu'il y avait formation d'ammoniaque lors de l'oxydation du fer par le contact de l'eau et de l'air atmosphérique ; mais on attribuait encore cette formation aux émanations animales répandues dans l'atmosphère des lieux habités où s'étaient faites les expériences.

M. Chevallier en entreprit de nouvelles pour s'assurer de quelle source provenait cet ammoniaque. Ayant fait chauffer dans un creuset de la tournure de fer bien nette, il l'introduisit après le refroidissement dans un flacon qui contenait de l'eau, et dont il fit plonger l'entrée dans le mercure. Au bout de dix heures, du papier de tournesol rougi, introduit dans le flacon, était entièrement ramené au bleu; et quelques jours après, l'eau saturée par l'acide chlorhydrique donnait une quantité de chlorhydrate d'ammoniaque bien sensible. Cette expérience, plusieurs fois répétée, ne laissait point de doute sur la formation de l'ammoniaque lorsque le fer s'oxyde au contact de l'air et de l'eau [1].

Ayant depuis essayé une grande variété d'oxydes de fer naturels en les chauffant dans un petit tube de verre après les avoir lavés à l'eau bouillante pour enlever toute trace de matière animale, tous ont donné de l'ammoniaque. La quantité en paraît même considérable, car 150 grammes d'hématite rouge d'Espagne ont fourni 2 grammes de chlorhydrate d'ammoniaque.

Les oxydes de fer possèdent donc comme les argiles la faculté d'attirer et de retenir les gaz ammoniacaux; peut-être même les argiles doivent-elles cette faculté au mélange de ces oxydes; ce qui me le ferait penser, c'est la fertilité plus grande des argiles colorées; mais pour trancher la question il faudrait des expériences directes qui n'ont pas encore été faites, car, jusqu'alors, on pourra attribuer cette fertilité à l'action de la chaleur sur la végétation, dans des terrains d'une teinte foncée.

Section VIII. — *Du sulfate de fer.*

Les terrains imprégnés de sulfate de fer sont tout-à-

[1] *Annales de chimie*, t. XXXIV, p. 109.

fait stériles ; les bords des ruisseaux qui charrient des eaux vitriolées sont sans végétation ; seulement quelques menthes croissent à grand'peine dans les places où ce sel est moins abondant. Cependant quelques auteurs, et notamment Thaër (663), ont combattu la prévention défavorable qui s'attachait à cette substance, et ont paru lui reconnaître, dans certaines circonstances, des qualités fertilisantes.

« Des expériences dues au hasard, dit cet auteur, et qui tendaient à déterminer les propriétés qu'ont, pour l'amendement des terres, certains fossiles fortement imprégnés de vitriol, ont donné à ce sujet une importance dans la pratique qu'il n'eût pas eu sans cela. On a trouvé en Angleterre une tourbe imprégnée de vitriol, et en Allemagne, dans la terre de Reibersdorf, un charbon de terre vitriolisé, qui l'un et l'autre sont des engrais actifs lorsqu'ils sont employés en petite quantité.

« Il paraît résulter de ces expériences que le vitriol a une grande influence sur la végétation lorsqu'il est intimement combiné avec le charbon. Probablement, l'action de la lumière et de l'air opère ici la décomposition de l'acide sulfurique, dont l'oxygène se combine avec le carbone et forme de l'acide carbonique ou quelque autre substance favorable à la végétation. Il est également vraisemblable que, par le moyen de l'hydrogène qui est uni au charbon, le soufre et ce charbon lui-même entrent en combinaison et contribuent aussi à activer la végétation. »

La question des charbons et des houilles vitriolisés employés en petite quantité sur les terres, et dont le succès n'est pas douteux, n'ébranle pas d'ailleurs la certitude des mauvais effets du sulfate de fer quand il se trouve en quantité appréciable dans les sols arables.

Section IX. — *Du manganèse.*

Le manganèse se rencontre quelquefois, à l'état de bisilicate, de carbonate et d'oxyde, dans certains terrains de montagne. Nous l'avons observé jusqu'ici dans deux terres : l'une abondante en silice et assez pauvre, quoique les mûriers y vinssent bien, l'autre était un dépôt fertile du Gardon ; dans l'une et l'autre, sa petite quantité ne permettait pas d'observer le rôle qu'il jouait dans le sol ; mais évidemment il n'enrichissait pas le premier et ne nuisait pas à la fertilité du second.

Selon Sprengel[1], le manganèse serait nuisible à certaines plantes qui ne pourraient pousser dans les champs qui le contiendraient. Il a remarqué que le chrysanthème ne croissait pas sur un terrain qui en renfermait cependant à peine un centième, tandis qu'il était très abondant dans celui qui n'en contenait pas. En examinant son analyse des cendres et des terres, nous serions bien plutôt tentés d'attribuer cet effet à l'excès des chlorures du terrain qui en contenait 0,09 ; car je n'ai jamais vu cette plante sur les terres salées. Il est fâcheux que l'auteur ne nous ait rien dit de l'état de la végétation des céréales et des fourrages sur ces mêmes terrains.

Section X. — *Des phosphates.*

On sait quel rôle important jouent les phosphates dans la composition des corps animaux : leurs os en

[1] *Bulletin des sciences mathématiques,* août 1830, p. 145.

sont formés en grande partie ; leur cerveau en contient une quantité notable, et ce fait annonçait déjà qu'on devait les retrouver dans les végétaux qui sont la base de l'alimentation animale, et par conséquent dans les terres qui seules peuvent les fournir aux végétaux. En effet, toutes les plantes contiennent des phosphates, et en particulier, les graines des céréales présentent une quantité assez considérable de phosphates de chaux et de magnésie. Liebig affirme qu'elles ne peuvent se développer et parvenir à maturité sans phosphate de magnésie[1]. Cette assertion mériterait d'être vérifiée, car elle attribuerait à la présence de la magnésie dans les sols une importance qu'on ne lui a pas accordée jusqu'ici, et donnerait peut-être la clef des effets de certaines marnes magnésiennes.

Th. de Saussure observe que les phosphates terreux sont, après les sels alcalins, l'élément le plus abondant des cendres d'une plante verte herbacée ; que, lorsqu'on lave avec de l'eau un végétal, ces phosphates lui sont enlevés en plus grande proportion que tous les autres principes des cendres, si l'on en excepte les sels alcalins ; que les feuilles d'un arbre contiennent des cendres plus chargées de phosphates en sortant de leur bouton, que dans toutes les époques postérieures de la végétation ; que la proportion des phosphates diminue dans les cendres des plantes annuelles depuis l'époque de la germination jusqu'à celle de la floraison, mais qu'elle paraît augmenter à l'époque de la maturité des semences.

Le phosphate de chaux passe dans les plantes à l'état

(1) Introduction, p. 139.

de dissolution dans une eau chargée d'acide carbonique, celui de magnésie se dissout dans quinze fois son
poids d'eau. Les phosphates terreux se sont rencontrés
dans presque tous les terrains que j'ai examinés. Nous
avons indiqué plus haut (page 62) les moyens de les y
découvrir. L'effet des os pulvérisés, si puissant sur certains terrains, et nul sur d'autres, ne tiendrait-il pas à
ce que les premiers manquent de phosphates? Cette
question, comme tant d'autres, ne pourra être résolue
que quand on s'occupera d'une manière plus suivie et
plus exacte de l'analyse des sols qui présentent de
pareils phénomènes.

Un fait tendrait cependant à la résoudre affirmative-
ment. On sait combien le lait contient de phosphates;
il est donc certain que l'alimentation spéciale des vaches laitières en enlève chaque année à la terre qui ne
lui sont pas restituées par les engrais. Or, un cultivateur anglais affirme que par l'emploi des os moulus il
a rétabli ses prairies affectées à cet usage et qui étaient
ruinées, tandis que des doses abondantes de fumier ne
leur rendaient pas la fécondité perdue.

SECTION XI. —*De la potasse.*

Le rôle important que les alcalis minéraux, et en
particulier la potasse, remplissent dans la végétation,
doit surtout fixer notre attention sur cette substance;
en effet, d'après Th. de Saussure, les quantités de potasse qu'on trouve dans les cendres de différentes plantes sont les suivantes :

Graine de fèves.	22,45
Tige de fèves.	57,25

Fruit du marronnier. . .	51,00
Paille de froment. . . .	12,50
Grain de froment. . . .	15.00
Tige de maïs.	59,00
Grain de maïs.	14,00
Paille d'orge.	16,00
Grain d'orge.	18,00

Or, la paille de froment, par exemple, fournit 43 p. 1,000 de cendres qui renferment 12,5 p. 100 de potasse; il en résulterait que 100 kilogrammes de paille absorbent $0^k,54$ de potasse; et que 1,000 parties de froment fournissant 13 parties de cendre, contenant 15 p. 100 de potasse, 1,000 kilogr. de froment contiendraient $0^k,19$ de potasse. Donc, une récolte de 20 hectolitres sur un hectare produisant 1,600 kilogr. de grains et environ 3,200 kilogr. de paille, il en résulterait que le champ a dû fournir en potasse.

	kil.
Pour la paille.	17,20
Pour le grain.	3,12
	20,32

La difficulté de pourvoir indéfiniment à cette reproduction est encore plus frappante quand il s'agit de forêts dont la dépouille entière est enlevée périodiquement et n'est pas restituée en partie à la terre sous forme d'engrais, comme cela a lieu pour les récoltes céréales. Cette difficulté avait inspiré à quelques-uns la pensée que la potasse se formait de toutes pièces dans l'acte de la végétation, et que si la chimie n'était pas encore parvenue à la décomposer en ses éléments, si elle la regardait encore comme un corps élémentaire, c'était la faute de la science, et que l'ignorance où elle nous laissait encore ne pouvait faire admettre l'impos-

sibilité physique que paraissait offrir cette énorme consommation d'une substance aussi utile, sans moyen
connu de reproduction.

Th. de Saussure avait déjà démontré contre l'opinion de ces naturalistes, que les végétaux ne forment
point les différentes substances salines que fournit leur
incinération, et il avait tiré, des résultats qu'il avait
obtenus dans ses essais multipliés sur ce sujet important, la conclusion que les alcalis et les terres qu'on
trouve dans les plantes sont puisés dans le sol. Il a observé en général que plus les plantes sont isolées du
terrain dans lequel elles végètent, et moins elles fournissent de sels.

Cependant M. Schräder avait publié des expériences
qui semblaient prouver le contraire, car il annonçait
qu'après avoir fait germer des semences de froment, de
seigle et d'orge dans une boîte contenant de la fleur de
soufre humectée avec de l'eau distillée et placée dans
un jardin, préservée de la poussière et à l'abri de la
pluie, il avait trouvé que le blé qui avait poussé ainsi
contenait plus de matière terreuse qu'il n'en existait
dans les semences qui l'avaient produit.

« Des expériences, faites plusieurs années après par
M. Braconnot, se trouvaient d'accord avec celles de
Schräder. Mais M. Lassaigne, considérant combien,
d'après les connaissances plus précises que nous avons
aujourd'hui sur la nature des alcalis et des terres, il
serait impossible d'admettre qu'ils soient un produit
de la végétation, crut avoir lieu de se persuader, en
examinant attentivement le procédé employé par
MM. Schräder et Braconnot, que ces chimistes n'avaient
pas pris toutes les précautions que réclamaient des ex-

périences aussi délicates. Il se détermina en conséquence à entreprendre de nouvelles expériences à ce sujet.

« Après avoir placé, le 2 avril, 10 grammes de semence de sarrazin (*polygonum fagopyrum*) dans une capsule de platine contenant de la fleur de soufre lavée, humectée avec de l'eau distillée récemment préparée, il posa cette capsule dans une large assiette de porcelaine contenant un demi-centimètre d'eau distillée, et recouvrit le tout avec une grande cloche de verre. A la partie supérieure de cette cloche était adapté un robinet qui, au moyen d'un tube de verre recourbé en siphon et terminé par un entonnoir également de verre, permettait de verser de temps en temps de l'eau sur le soufre. Au bout de trois jours la plus grande partie des graines avait germé. On continua à les arroser tous les jours, et dans l'espace d'une quinzaine, elles avaient poussé des tiges de $0^m,06$ environ de hauteur, surmontées de plusieurs feuilles.

« Après les avoir rassemblées avec soin ainsi que plusieurs graines qui n'avaient pas levé, on incinéra le tout dans un creuset de platine. Les cendres obtenues pesaient $0^{gr},220$. Soumises à l'analyse, elles donnèrent :

Phosphate de chaux	$0,190$
Carbonate de chaux	$0,025$
Silice	$0,005$
Chlorure de potassium	traces.
	$0,220$

« Ces expériences ayant été répétées le 25 avril avec les mêmes précautions, M. Lassaigne obtint les mêmes résultats.

« Dix grammes des mêmes semences de sarrazin ayant

été incinérées, elles donnèrent exactement la même quantité de cendres, et de même nature ; d'où il suit que pendant le développement de ces graines, il ne s'était pas formé de sels alcalins.

« M. Lassaigne conclut de ces expériences, conformément à ce qui avait été déjà démontré par M. de Saussure, que les alcalis et les terres que l'on trouve dans les plantes ne sont pas formés pendant l'acte de la végétation, ainsi que MM. Schräder et Braconnot l'avaient avancé, mais bien, qu'elles sont absorbées du sol[1]. »

Après cette preuve sans réplique, c'est donc dans le sol lui-même qu'il nous faut chercher la potasse nécessaire à la végétation.

Liebig a calculé[2] que les klingsteins et les basaltes renferment de $\frac{3}{4}$ à 3 pour 100 de potasse, et de 5 à 7 pour 100 de soude ; les schistes argileux, de 2,71 à 3,31 de potasse ; la terre glaise, de 1 $\frac{1}{2}$ à 4 pour cent de potasse. Si, en partant du poids spécifique de ces diverses roches, on calcule combien de potasse est contenue dans un terrain qui provient de la désagrégation d'une couche de roche ayant une hauteur de 0m,54 et une superficie de 2,500 mètres carrés ($\frac{1}{4}$ d'hectare), on trouve :

du feldspath	576,000 kil.	
de klingstein	100,000 à 200,000	
Terrain provenant de basalte	23,750 à 37,500	
de schiste argileux	50,000 à 100,000	
de glaise	45,500 à 150,000	

Il y aurait dans de pareils sols de quoi fournir pen-

---

(1) Les alinéas guillemetés sont copiés d'une note qui nous a été remise par M. Lassaigne.
(2) Introduction, p. 135.

dant un temps indéfini à la consommation de potasse que font les végétaux, en supposant même qu'elle n'y pût être renouvelée. Nous avons vu plus haut qu'une récolte de froment en absorberait 20 kilogrammes par hectare; or, selon Liebig, un terrain de glaise en contiendrait sur la même étendue 174,000 kilogrammes, ce qui représenterait la consommation de 8,563 récoltes, en supposant que rien ne fût restitué à la terre.

Il y a cependant quelques objections à faire à ces calculs : d'abord, on ne peut comprendre dans le sol arable une profondeur de $0^m,54$: les arbres des forêts peuvent seuls y atteindre; la plupart des plantes cultivées étendent leurs racines beaucoup moins loin; mais l'épaisseur de la couche où elles se nourrissent, fût-elle réduite au tiers, il resterait encore une assez grande masse de potasse pour pouvoir rassurer les plus timides.

Mais M. Berthier a prouvé que dans l'acte de la décomposition des feldspath la potasse leur était enlevée, qu'ils perdaient le silicate de potasse qui se transformait en silicate d'alumine. M. Fournet a observé les mêmes effets sur toutes les roches ignées, et les attribue à l'action des eaux chargées d'acide carbonique qui, plus énergique que la silice, s'empare des bases les plus fortes et les plus solubles; aussi les roches à base de potasse sont-elles le plus fortement attaquées et le plus profondément altérées[1]. Il résulte de ces faits, que les roches désagrégées et rendues propres à la culture sont bien loin de contenir toute la potasse qu'elles ren-

(1) Mémoire de M. Fournet, *Annales de chimie*, mars 1834, p. 225 et suiv.

I. 8

fermaient dans leur état d'intégrité, et que c'est même
par le fait de la décomposition des silicates de potasse,
que leur désagrégation a pu avoir lieu.

Maintenant, dans quelle proportion cette soustraction de potasse s'est-elle effectuée? Elle est variable
selon les circonstances, et ce n'est plus l'état de la
roche primitive, mais celui du terrain que l'on examine
qu'il faut rechercher. Alors on sera bien loin des quantités indiquées par M. Liebig, et souvent on trouvera des
terrains qui en sont presque complétement privés. Ces
terrains sont surtout signalés par les effets énergiques
qu'y produisent les cendres employées comme engrais;
on sait combien elles sont nécessaires dans certaines
parties des Vosges, tandis qu'ailleurs, et surtout dans
les parties moins éloignées des côtes, elles ne produisent plus que des effets médiocres.

Cette observation est d'accord avec une opinion de
M. Liebig : il remarque que la vapeur d'eau a la faculté
d'entraîner les matières fixes. On a cité l'acide borique
entraîné par cette vapeur dans les lagunes de la Toscane, la vaporisation du nitre dans les fabriques de ce sel,
celle du sel marin dans les salines ; on aurait pu encore
citer la saveur salée des feuilles exposées au vent de
mer, et les miasmes des marais entraînés par la vapeur
et portant au loin leurs qualités délétères. Or, les eaux
de la mer renferment, outre le sel marin, des chlorures
de potassium et de magnésie ; ce serait donc par la voie
de la pluie et surtout par celle des orages qui, par leur
rapidité et l'isolement de leurs nuages, transportent au
loin les matières des lieux de leur formation, que le sol
recevrait habituellement ce supplément de sels alcalins nécessaires à sa production annuelle, et ce trans-

port serait d'autant plus facile et plus abondant, que les lieux seraient moins éloignés de la mer.

La potasse se trouve dans la terre, ou sous forme de sel soluble, carbonate, nitrate, chlorhydrate, ou plus souvent, surtout dans les terrains décomposés en place et dans ceux dont la décomposition est peu avancée et qui laissent encore reconnaître la nature des roches dont ils sont formés, sous forme de silicate insoluble. Il ne suffit donc pas, pour déterminer la quantité de cette substance contenue dans un terrain, de rechercher celle que l'on obtient par de simples lavages, mais il faut recourir au procédé décrit plus haut (p. 61, 3e opération), par lequel on fait disparaître la silice des silicates, et on laisse la potasse à nu.

Dans un grand nombre de sols arables fertiles, la potasse n'entre que pour une très petite partie de leur masse ; j'en ai trouvés qui en avaient à peine un millième, mais il y en a d'autres aussi qui en possèdent une quantité assez considérable et où il se forme du salpêtre. On en trouve quelques-uns de cette espèce dans le midi de la France, et les terrains d'Espagne et de l'Inde, où le nitrate de potasse s'effleurit sur le sol, doivent en être abondamment pourvus. C'est sans doute à son absence que l'on doit attribuer l'infertilité d'un grand nombre de sols, qui posséderaient d'ailleurs d'autres éléments de fécondité. On remarque sur les montagnes la vigueur avec laquelle l'herbe pousse sur la plus légère couche de terre placée sur les roches de granit et s'y conserve sans engrais dans toute sa vigueur ; on a remarqué les grands effets d'un arrosage de lessive sur des gazons qui possédaient pourtant un sous-sol bien pourvu de carbone et d'azote. Les agriculteurs ne sau-

raient donc porter trop d'attention sur la dose de potasse que contiennent leurs terres, car cette connaissance peut les diriger utilement dans les modifications
qu'ils devraient faire subir aux engrais qu'ils y enfouissent.

Section XII. — *De la soude.*

La soude remplace la potasse dans la composition
d'un grand nombre de plantes, dites marines, parce
qu'elles viennent généralement au bord de la mer. Mais
les terrains salés qui se couvrent de soudes, de salicornes et d'autres végétaux propres à ces localités, se
trouvent aussi loin des côtes : les steppes de la Tartarie,
par exemple, sont imprégnés de chlorure de sodium
qui s'effleurit à l'air. Les soudes cultivées dans un terrain privé de sel marin cessent de contenir de la soude,
et la potasse se substitue à l'autre alcali minéral ; de
même que les plantes à potasse, les céréales elles-mêmes,
cultivées dans un terrain qui contient seulement du
chlorure de sodium et peu ou point de potasse, suppléent à cette dernière par la soude qui se trouve alors
dans leurs cendres.

La beauté des récoltes de froment que l'on obtient dans
ces terrains, quand d'autres raisons ne s'y opposent
pas, prouve assez que cette substitution n'est pas défavorable aux plantes ; de même que la *salsola tragus*, qui
remonte si haut dans la vallée du Rhône, ne se montre
pas moins vigoureuse dans sa station la plus continen-
tale qu'elle ne l'était près de la mer. C'est donc une question qu'il est temps d'examiner, que celle de savoir si la
soude suppléerait toujours avantageusement à ce qui

manquerait de potasse dans un sol, car la première substance est moins chère que la dernière.

Le chlorure de sodium (sel marin) manifeste sa présence dans un terrain : 1º en s'effleurissant à la surface pendant la sécheresse ; 2º en prolongeant l'humidité du sol dans les temps humides, et en continuant à la manifester même quand les terres non salées sont déjà sèches, soit après une rosée, soit seulement quand l'air est imprégné de vapeur ; 3º en durcissant fortement en proportion de la quantité de sel qu'il contient le sol desséché, qui se tasse fortement et, après avoir été réduit en poussière par le labour, fait de nouveau un corps tenace, dès qu'il a reçu une pluie. Ces défauts sont grands et opposent de sérieux obstacles à la culture; pour les vaincre, il faut toute l'expérience des cultivateurs habitués à les combattre ; néanmoins, quand ces terres ne renferment pas au-delà de 0,02 de sel, elles sont très précieuses, soit comme donnant d'excellents pâturages pour les troupeaux, soit comme très fertiles en blé. Quand la dose de sel dépasse 0,02, le sol cesse de se gazonner et ne porte plus que quelques plantes marines qui lui sont particulières : les salsolas, les atriplex, les salicornes, le tamarisc, etc.

Quand les terrains ne possèdent de soude que celle qui résulte de la décomposition des roches qui les ont formés, il faut recourir, pour la déterminer, à la méthode indiquée pour la potasse; mais quand ce sel est très abondant, on peut négliger les faibles quantités qui résulteraient de cette opération, et alors il suffira de lessiver exactement la terre, de faire évaporer et cristalliser. On reconnaîtra alors le sel marin à la forme cubique de ses cristaux et à son goût spécial. On le dessèche en-

suite et on le pèse. Il est quelquefois mêlé dans la solution
à d'autres sels qui, étant moins solubles, restent dans
les eaux-mères quand le sel commence à cristalliser.

SECTION XIII. — *Du carbone, du terreau.*

Le végétal puise à plusieurs sources cette grande
quantité de carbone qui entre dans sa composition :
l'acide carbonique de l'atmosphère, celui qui est transporté dans le torrent séveux par les bicarbonates de
chaux et de magnésie, enfin celui qui provient du terreau, sont incessamment décomposés par la plante en
présence de la lumière ; elle s'assimile le carbone et
dégage l'oxygène superflu.

Que ces sources de carbone puissent se suppléer
mutuellement et que la plante puisse vivre et croître indépendamment du carbone qu'elle tire du terrain, c'est
ce que nous démontre l'existence de forêts sur des sols
qui ne pourraient produire que de chétives moissons.
Liebig a fait observer qu'un hectare de forêts, un hectare de prairies, un hectare de betterave, un hectare de
blé produisent à peu près la même quantité de carbone
(2,000 kil. environ) qui a été prise sur des sols et dans
des conditions bien différentes les unes des autres. Des
expériences directes et nombreuses faites par Bayle,
Vanhelmont, Duhamel, Bonnet, prouvent au reste in-
vinciblement que les plantes peuvent croître, se développer, augmenter leur masse de carbone, sans l'em-
prunter au sol, et en le puisant principalement dans
l'atmosphère[1]. Le carbone ne manque donc jamais aux

(1) Voyez le détail de ces expériences. Duhamel. *Physique des
arbres*, t. II, p. 197 et suiv.

plantes, c'est l'élément dont elles sont le mieux pourvues; mais il ne parait pas qu'il leur soit absolument indifférent de le recevoir avec plus ou moins de facilité et sous une forme plutôt que sous une autre; il est certain au moins qu'elles paraissent prospérer plus particulièrement dans les sols qui possèdent une certaine quantité de terreau soluble. Nous compléterons donc ce que nous avons à dire sur le carbone, en examinant les terreaux qui forment une partie essentielle des sols arables et qui ont tant occupé les agriculteurs depuis que l'on cherche à réduire l'agriculture en science.

§ Ier. — Des terreaux.

La plupart des terres renferment, sous le nom de terreau (humus), une substance brune ou noirâtre, mêlée aux principes minéraux du sol, et qui n'est autre chose que la partie ligneuse des plantes altérée par la fermentation, modifiée par l'action de l'atmosphère et des corps environnants. Quel est l'effet de l'atmosphère sur le ligneux? De Saussure nous apprend qu'au contact de l'eau, il se forme du gaz acide carbonique en quantité égale au volume de l'eau qui sert à l'humecter, mais en même temps il se dégage du bois une quantité d'oxygène et d'hydrogène plus considérable, de sorte que le terreau tend à conserver une plus forte proportion de carbone que de ses autres éléments, et que, si l'action se prolonge, il ne reste plus que du carbone insoluble.

Ainsi, première fonction du terreau : il fournit aux racines des plantes de l'eau chargée d'acide carbonique, ce qui est surtout important lors de la germination et du premier accroissement, quand les végétaux sont encore dépourvus de feuilles vertes propres à absorber les gaz de l'atmosphère; l'acide carbonique de la terre est d'ailleurs un puissant auxiliaire de leur nutrition aérienne à toutes les époques de leur vie.

Comme source d'acide carbonique, le terreau, en imprégnant les eaux de ce gaz, change les carbonates en bicarbonates, les rend solubles, propres à être transportés dans les plantes et à leur fournir ainsi les principes calcaires et magnésiens qui sont nécessaires pour former leur squelette.

Mais par cela même que le terreau est formé de débris de plantes dont la décomposition est plus ou moins avancée, c'est un corps qui est loin d'être uniforme; il contient, outre le carbone, des sels de potasse et de soude, et de l'azote qui se manifeste par le carbonate d'ammoniaque qu'il fournit à la distillation. Quand il est encore à cet état de richesse, c'est un véritable engrais propre à céder aux plantes la plupart des principes utiles à leur nutrition; plus tard, il se dépouille progressivement des substances les plus solubles et n'est réellement alors qu'un composé de carbone, d'hydrogène, d'oxygène et d'éléments terreux, possédant de moins en moins des principes azotés et alcalins; plus tard encore, ce n'est plus que du charbon insensible à toutes les réactions.

Cet exposé doit déjà mettre en garde contre la généralité attribuée à ce mot de *terreau,* et doit faire sentir combien il importe de s'assurer de sa nature avant de prononcer sur ses effets agricoles.

Ainsi, les principes constituants du ligneux continuent leur décomposition en présence de l'eau, et forment une matière brune, soluble dans l'eau, et à laquelle de Saussure a donné le nom d'extrait de terreau, et Berzélius celui de géine.

M. Péligot a démontré que l'extrait de terreau et les parties de ce terreau solubles dans l'eau alcaline n'étaient point identiques avec l'acide ulmique[1]; mais ils constituent certainement des corps acides, probablement de plusieurs espèces différentes, et susceptibles de former avec les bases terreuses des sels généralement peu solubles. Ces acides n'ont pas encore été examinés, car il faut mettre de côté tout ce que l'on a écrit en les supposant identiques à l'acide ulmique. Il résulte de ce que nous venons de dire, que le terreau fournit à la plante : 1° l'azote qui lui reste, provenant des végétaux dont il a été formé; 2° une matière soluble, acide, formée en plus grande partie de carbone, et devant pourvoir la plante des matériaux qui se transforment de différentes manières par les réactions opérées dans ses canaux; 3° du gaz acide carbonique qui se dégage pendant la décomposition du terreau et qui imprègne l'eau existant dans le terrain, et forme au pied de la plante et sous l'ombre de ses feuilles une atmosphère surchargée de cet acide; 4° cette eau agissant sur les silicates alcalins qui se trouvent dans le sol, tend à les décomposer et à mettre les alcalis qu'ils contiennent à la disposition des plantes ; 5° il faut se rappeler que les matières charbonneuses possèdent éminemment la faculté de s'emparer des gaz qui les entourent, et de les retenir dans leurs pores ; le terreau servira donc aussi de réservoir aux différents gaz atmosphériques et à l'ammoniaque

(1) Compte-rendu de l'Acad. des Sciences, 1839, t. IX, p. 125 et suiv.

apporté par les pluies. Nous ne tenons pas compte des sels à base calcaire formés avec les acides du terreau et dont la presque insolubilité borne l'utilité prétendue.

Ainsi, de l'azote et du carbone, tels sont les deux corps utiles à la végétation que l'on peut attendre du terreau; la proportion de l'un et de l'autre peut être déterminée. Si l'on traite la terre par les procédés indiqués page 46 pour trouver l'azote, qu'ensuite on détermine la quantité de carbonate de potasse formée dans l'opération, et que l'on déduise de l'acide carbonique trouvé celui qui appartient aux carbonates terreux du sol, la quantité qui reste sera celle de cet acide appartenant à la fibre ligneuse altérée qui constitue le terreau et forme sans contredit une partie de la richesse du terrain.

Une telle conclusion pourrait cependant être trompeuse de deux manières : 1º les terrains trop abondants en terreau, qui en contiennent, par exemple, le quart de leur poids, sont généralement peu fertiles. De Saussure avait déjà prouvé que l'eau trop chargée d'extrait de terreau était moins favorable aux plantes que celle qui en contenait une moins grande quantité[1]. Ainsi, dans les sols qui renferment une trop grande quantité de terreau, il se forme une atmosphère surabondante d'acide carbonique. Or, le même auteur a prouvé qu'une petite dose d'acide carbonique ajoutée à l'air commun était nuisible aux végétaux à l'ombre et pendant la nuit, et qu'au soleil même elle ne leur était utile qu'autant que cette atmosphère contenait du gaz oxygène libre, circonstance qui ne peut exister qu'imparfaitement, si le

(1) *Essais sur la végétation*. p. 170.

sol offre à l'oxygène de l'air un corps qui l'absorbe continuellement pour former de l'acide carbonique. Sur de pareils terrains on n'obtient de bonnes récoltes que par l'emploi de la chaux caustique, qui absorbe une partie de l'acide carbonique et dégage l'atmosphère des plantes de celui qui est superflu, ou par l'emploi d'engrais animaux qui forment avec ce même acide des carbonates d'ammoniaque et de potasse.

2° La conclusion tirée de l'analyse des gaz peut encore être trompeuse si le terrain ne contient que du terreau dont le carbone est privé jusqu'à un certain point d'oxygène et d'hydrogène. On obtiendrait la solution de ce doute en faisant l'analyse complète des gaz. Mais on peut éviter cette délicate opération, en considérant que l'azote persiste dans la fibre ligneuse jusqu'à sa complète réduction, qu'il ne se perd qu'au fur et à mesure qu'elle a lieu, et qu'ainsi, si l'analyse n'en donne pas ou en donne une quantité inférieure à ce que comporte la proportion de carbone, on peut regarder le terreau comme ayant perdu ses autres éléments et n'étant plus que du charbon presque pur.

On a reconnu généralement 5 à 8 centièmes de terreau dans les terres les plus fertiles ; elles produisent à l'analyse pour 1 gramme de terre, 4 à 8 centigrammes d'acide carbonique, avec une quantité variable d'azote. On trouve aussi des terrains fertiles qui ne renferment que des quantités insensibles de terreau ; telles sont, par exemple, en Flandre les terres de Lille, analysées par M. Berthier et citées dans l'Agriculture de la Flandre, de M. Cordier ; mais elles sont soumises à une excellente culture, et on supplée par des engrais abondants et annuels, à ceux que la nature leur a refusés ou qui ont été détruits par la continuité de cette culture elle-même; d'autres terrains sont soumis à des inondations périodiques qui leur apportent en faible dose, mais sans interruption, les substances nutritives des plantes; d'autres enfin sont placés de manière à recevoir les égouttements chargés de l'extrait de l'engrais des terres supérieures.

On peut donc affirmer, en thèse générale, que le terreau est une partie constituante des bons sols; que c'est la plus sûre garantie de la production de l'acide carbonique, qui remplit des fonctions si importantes relativement aux végétaux et relativement au sol; qu'il est d'ailleurs le dépôt de plusieurs autres principes essentiels à la végétation. Il se conserve et s'augmente par la production spontanée des plantes, aux dépens de leurs débris accumulés; c'est ainsi que les terrains qui ont été longtemps en nature de bois se recouvrent d'une couche de terreau, d'autant plus que le bois était plus fourré, que la lumière pénétrait moins dans le massif, que le terreau se décomposait moins vite; mais si après le défrichement on n'a pas soin d'enterrer profondément ce terreau et de le soustraire à l'action de l'air et de la lumière, il ne tarde pas à se décomposer tout entier, nuisant à la croissance des plantes par l'abondance du gaz qu'il exhale, et ensuite disparaissant complétement et ne laissant que des débris charbonneux. Une bonne culture tend à entretenir la provision de terreau du sol, en y enterrant les racines et des portions de tiges, par la restitution, sous forme d'engrais, des plantes qui y croissent, et par les assolements bien dirigés. Ainsi elle ne se borne pas à conserver cette richesse, elle parvient à l'accroître, en introduisant dans le cercle des rotations des plantes qui se nourrissent en grande partie des principes atmosphériques. Son résultat est donc d'enrichir la terre aux dépens de l'atmosphère. Nous traiterons plus tard de ces théories dans l'agriculture proprement dite.

Ceux qui se sont occupés de l'étude du terreau ont cherché à s'en procurer qui fût exempt, autant que possible, de mélange avec les principes terreux, et pour cela, ils ont pris celui qui, dans le creux des saules, se forme des débris accumulés de leurs feuilles et de leurs rameaux. C'est en général un terreau, dont la décomposition est bien moins avancée que celle du terreau mélangé au sol. Pour l'étudier, on a donc cherché à séparer celui-ci des éléments terreux ; la séparation mécanique est presque impossible. Eller [1] l'obtint en faisant bouillir la terre avec de la potasse. Voici alors comme on procède : on fait une forte solution de carbonate de potasse ; on fait bouillir longtemps la terre dans cette solution ; on obtient alors un liquide d'autant plus brun, que la terre contient plus de terreau. Cependant il est rare que l'on épuise la terre du premier coup ; une seconde, quelquefois une troisième solution donnent encore des liquides de moins en moins colorés, ce qui annonce qu'il reste encore du terreau uni à la terre. Si l'on sature la liqueur obtenue par l'acide chlorhydrique, elle se décolore, la géine se précipite en retenant une forte portion d'acide que l'on ne parvient qu'avec peine à en séparer par de longs lavages.

Le terreau obtenu de la sorte ne peut être étudié avec sécurité comme identique au terreau contenu dans

(1) Mémoires de l'Acad. de Berlin, t. V.

le sol; il a sans doute été modifié et par l'action de l'alcali et par celle de l'acide. C'est un corps nouveau qui ne peut avoir d'autre utilité que celle de rendre palpable et susceptible d'être évaluée, la proportion de terreau contenue dans le sol, et qui dans son état de mélange échappait à l'appréciation.

On peut aussi détacher le terreau de la terre par le moyen de la pile; si l'on soumet dans un tube à l'action de la pile une solution aqueuse de terreau, la géine se rassemble en petits flocons au pôle positif. Mais ici encore nous n'avons pas le véritable terreau, mais seulement sa partie la plus soluble; d'ailleurs, n'est-elle pas encore altérée par sa combinaison avec l'oxygène?

Si c'est la solution alcaline de la terre que l'on soumet à l'action de la pile, on obtient de plus gros flocons au pôle positif, la potasse se rend au pôle négatif. Mais dans l'un et dans l'autre cas, ce terreau n'est plus identique à celui que contenait le sol : il a subi une modification. On en est donc réduit à étudier le terreau à peine décomposé des troncs de saules, quand on veut se former une idée exacte de cette substance.

On a cru longtemps que le terreau passait en nature dans la plante, sous forme de solution aqueuse, et que le ligneux, réduit à ses derniers éléments d'organisation, était assimilé par elle et lui fournissait ses principes d'accroissement; que l'action des labours et celle des météores consistait à amener le terreau à cet état où il se dissolvait dans l'eau. Des expériences diverses sont venues réfuter cette opinion. M. Hartig a fait végéter des fèves dans des solutions aqueuses de terreau et dans des solutions de terreau et de potasse; les racines

absorbèrent l'eau à l'exclusion des matières en dissolution. Mais il a constaté aussi qu'elles absorbaient
l'eau chargée d'acide carbonique, et qu'ainsi cet acide,
formé par le terreau, sert à la nutrition de la plante [1].
Il ne peut donc plus être question de la théorie qui admettait l'absorption du terreau.

§ II. — Du terreau doux.

On désigne sous ce nom celui qui se trouve dans la plupart des terres, formé à l'air, des débris de plantes qui
n'ont pas de principes acides. Sa solution ne change
pas la couleur du papier de tournesol.

§ III. — Du terreau à tannin (terre de bruyère, de bois).

Un assez grand nombre de végétaux renferment un
principe immédiat appelé *tannin*, dont le goût est astringent, qui a des réactions acides, et qui, combiné
avec les bases terreuses et alcalines, forme des sels de
diverses natures. Son caractère le plus remarquable est
de s'unir à la gélatine et de former avec elle un sel insoluble qui fait la solidité des cuirs que l'on a traités
par les écorces tannantes. Le tannin se forme de toutes
pièces dans ces végétaux par la combinaison du carbone, de l'hydrogène et de l'oxygène; car il n'est pas
nécessaire que le sol en contienne un atome pour que
les arbres qui y croissent en renferment la même quantité que ceux qui ont cru sur des terrains contenant le
tannin en nature. Cependant ces plantes à tannin pa-

(1) Liebig, *Introduction à la chimie organique*, p. CLXVII et
suiv.

raissent mieux prospérer dans les terrains qui en contiennent; le chêne, le châtaignier, le saule, le sumac, le
grenadier, les bruyères, les fougères, etc., se plaisent dans ces terrains qui sont même absolument
nécessaires à un grand nombre de plantes cultivées
dans nos serres. Tous ces végétaux, qui renferment
beaucoup de tannin, produisent à leur tour les terreaux
tannants que l'on a appelés terres de bruyères, et qui
présentent, avec les caractères de l'acidité, ceux de la
présence d'une assez grande quantité de fer. La plupart
des végétaux, du reste, se trouvent mal de la présence de
cet acide que l'on est obligé de neutraliser par l'application de la chaux et par des engrais. On en reconnaît la
présence en faisant bouillir le terreau dans l'eau et en
versant dans la solution filtrée une solution de gélatine
qui produit un précipité blanc opaque.

On croit que c'est à la présence du tannin dans les
sables de Bordeaux que les vins qui y croissent doivent
leur acerbité dans les premières années, puis leur
bouquet particulier et leur longue conservation.

§ IV. — Du terreau formé sous l'eau (tourbe).

Dans les lieux marécageux, constamment couverts
d'une petite quantité d'eau ou qui se dessèchent en été,
il se produit une végétation spéciale dont les débris se
réduisent en une espèce de terreau d'une nature particulière; la masse augmente chaque année et finit par
former un banc de débris végétaux carbonisés dont on
se sert pour le chauffage.

Le mode de carbonisation des tourbes participe de
ce que l'on appelle pourriture sèche et pourriture

humide, selon que la masse carbonisée reste plus ou moins longtemps à découvert. On y reconnaît les restes de plus de trois cents espèces de végétaux encore bien caractérisés : des iris, des cypéracées, le ledum palustre, etc., mais principalement la conferva rivularis qui paraît être en divers lieux le principal élément de la formation des tourbes.

La tourbe, formée de diverses plantes, et dans des circonstances différentes, ne présente pas une composition uniforme. En général, les plantes qui la forment contiennent peu de sels alcalins qu'elles paraissent remplacer par des sels calcaires, comme dans la chara, qui s'en encroûte entièrement ; la tourbe qui se forme sur un fond calcaire ne contient pas d'acides. Souvent on trouve dans cette substance des acétates et des phosphates, même des acides acétiques et phosphoriques libres, et du sulfure de fer. L'existence de ces corps dans la tourbe tient à la présence, dans l'eau qui l'entoure, de principes immédiats qui éprouvent l'action désoxydante des plantes privées d'air, lesquelles puisent l'oxygène dont elles ont besoin dans tous les corps environnants : ainsi, l'oxyde de fer rouge se change en oxyde noir, le sulfate de fer en sulfure.

M. Reisch[1] a soumis la tourbe à l'action de l'eau, de l'alcool et de l'éther, et en a retiré différentes matières résineuses de consistance variable. Il a décrit les produits pyrogénés de la distillation, et a trouvé dans les produits gazeux de l'hydrogène sulfuré. Il a reconnu aussi que la tourbe contenait du tannin et une matière azotée, puisque, calcinée avec du carbonate de potasse

_____

(1) *Journal de pharmacie*, 1842, p. 34.

et de fer, elle a produit du cyano-ferrure de potassium et des traces de sulfo-cyanure de potassium.

D'autres tourbes donneraient d'autres résultats. Les tourbières qui reçoivent les eaux de la mer contiennent du sel marin. Beaucoup d'entre elles ne renferment pas de sels alcalins; mais le grand usage que les Flamands font de leurs cendres comme engrais ne porte-t-il pas à croire que dans certains cas elles contiennent de la potasse ou de la soude?

On ne peut rien dire de général sur la tourbe; chaque tourbe exige un examen et un traitement particulier, parce que chacune a sa composition spéciale.

La tourbe ne fournit pas toujours cependant des couches puissantes. Dans les terrains marécageux qui reçoivent des alluvions, les débris tourbeux se trouvent intimement mêlés au sol, comme le terreau dans les terres sèches : c'est ce qui forme les terrains paludiens. Si les dépôts sont crayeux, la tourbe est douce, le terrain a l'apparence de la richesse; mais il manque de principes fertilisants. Le terreau tourbeux est entièrement carbonisé et sans principe alcalin. C'est une formation de lignite en petit qui n'apporte aucune nourriture aux plantes. On reconnaît cette nature de terreau à ce qu'il est accompagné d'oxyde noir de fer. Le terrain qui est gris lorsqu'il est sec, paraît noir quand il est humecté; on y reconnaît aussi, à la loupe, des débris nombreux de coquilles d'eau douce.

SECTION XII. — *De l'oxygène, de l'hydrogène et de l'eau.*

Si les autres éléments des végétaux peuvent manquer tout-à-fait ou se substituer les uns aux autres, il y en a trois au moins que l'on rencontre toujours, et qui peuvent être considérés comme leur base constante, savoir : le carbone, l'oxygène et l'hydrogène ; ils ne varient dans les plantes, dans leurs différentes parties et dans leurs produits divers, que par leurs proportions. On conçoit parfaitement que les plantes puissent tirer leur oxygène de l'air, puisqu'elles absorbent ce gaz de l'atmosphère pendant la nuit, en exhalant du gaz acide carbonique ; mais quant à l'hydrogène, elles ne peuvent l'obtenir que de la décomposition de l'eau, soit de celle qui se trouve mêlée à l'air sous forme de vapeur, soit, et probablement aussi, de celle qui est aspirée par les racines et qui circule dans les vaisseaux de la plante.

En effet, cette quantité d'eau, dont s'empare la végétation aux dépens du sol, est très considérable. Nous avons montré ailleurs [1] que le mûrier laissait évaporer, en 24 heures, 155 grammes d'eau par mètre carré de la surface de ses feuilles : c'est donc pendant les six mois de sa végétation, 27^k,9 d'eau qu'absorbe chaque mètre carré de feuilles de mûrier ; Hales avait fait de semblables calculs sur plusieurs autres espèces de plantes ; et si l'on pense à la quantité de feuilles dont sont couverts les arbres de nos forêts, on jugera de l'immense évaporation qu'ils déterminent.

Pour fournir à cette évaporation, la terre reçoit les eaux pluviales, qui sont beaucoup plus abondantes que ne l'exige la consommation des plantes ; mais une partie de ces eaux s'évapore à la surface de la terre, et nous avons calculé que dans le climat venteux de la vallée

(1) *Mémoires d'agriculture*, t. III, p. 198.

du Rhône, cette évaporation terrestre absorbait le quart des eaux de pluie ; une autre partie de ces eaux descend dans les couches inférieures du sol.

Excepté dans les déserts de sable et à la surface supérieure du terrain, en été, toutes les terres renferment toujours une certaine quantité d'eau, plus ou moins grande, suivant leur hygroscopicité et les circonstances météoriques ou de gisement où elles se trouvent. On l'évalue facilement, en en pesant une portion et la desséchant complétement dans le vide sec, ou au moins dans une étuve, jusqu'à ce qu'elle cesse de perdre de son poids ; après cette dernière opération, la quantité d'eau qui reste mêlée à la terre peut être négligée, si l'on n'a pas pour but de procéder à une analyse exacte. Nous avons fait voir que la végétation est encore active, quand la couche de terre, placée à $0^m,60$ de profondeur, conserve $0^m,12$ d'eau : c'est un minimum. Dans les bons terrains où la végétation continue toute l'année, sans que les herbes se flétrissent, la terre conserve $0^m,10$ d'eau à $0^m,30$ de profondeur.

L'eau est le besoin le plus impérieux des végétaux. Ils vivent encore plus ou moins longtemps, prennent un certain développement dans l'eau distillée elle-même ; mais sans eau, c'est en vain qu'on mettrait à leur portée les matériaux les plus assimilables : ils se flétrissent et meurent. Examinons donc quels sont ses divers usages.

D'abord, comme eau, sans éprouver aucune modification, elle fait partie de l'organisation du végétal ; elle entretient la souplesse de ses organes ; elle les pénètre de toutes parts. C'est elle ensuite qui paraît entretenir le mouvement ascensionnel de la sève et le mouvement circulatoire des vaisseaux du latex, par la continuelle évaporation qui a lieu à la surface des organes foliaires, où elle est remplacée sans cesse par celle que les racines puisent dans le sol. Ce que les réactions nerveuses produisent chez les animaux, en imprimant un mouvement mécanique aux muscles, la seule force évaporatoire paraît le produire chez les végétaux dépourvus d'organes intérieurs mobiles. Elle n'a pas une fonction moins importante comme excipient de toutes les matières solubles contenues dans le sol. Elle dissout les nitrates, les chlorhydrates, les sulfates, ainsi que l'ammoniaque de l'atmosphère et celle du sol; elle absorbe un $\frac{1}{36}$ de son volume d'air atmosphérique, s'empare de l'acide carbonique du terreau en le traversant, et dans cet état elle dissout les carbonates terreux, attaque les silicates alcalins qu'elle dispose à la décomposition, et à abandonner leur potasse et leur soude.

L'importance de l'air dissous dans l'eau est si grande pour la végétation que dès qu'elle est chargée de principes en putréfaction éminemment désoxygénants, et qu'ainsi elle cesse de transporter de l'oxygène, elle cesse aussi d'être propre à la végétation. On sait que les plantes périssent dans les solutions trop chargées de terreau, dans les eaux de fumier, dans les eaux croupissantes des marais, dans les terrains abreuvés par des eaux sans mouvement; tandis qu'elles prospèrent près des eaux courantes et par l'effet des irrigations. L'eau distillée privée d'air est défavorable à la végétation.

Outre les eaux stagnantes et croupissantes, on doit se défier aussi de celles qui tiennent certains sels en dissolution. Les sulfates de fer et de cuivre annoncent

leur présence par la coloration qu'ils communiquent
au liquide ; mais la solution de sulfate de chaux constitue une eau crue, désagréable au goût et dissolvant mal
le savon. L'essai par l'acétate de baryte annonce, par
l'abondance du précipité, la nature de ces eaux séléniteuses, dont la présence est d'ailleurs indiquée par la
végétation languissante qui les entoure.

Enfin, les produits hydrogénés, d'autant plus nombreux que le climat est plus chaud et moins nuageux,
les cires, les huiles, les résines, les baumes, les essen-
ces, le caoutchouc, etc., indiquent une si grande proportion d'hydrogène séparée de l'eau par la végétation,
qu'on ne peut se défendre de l'idée que cette réaction
s'opère sur les torrents d'eau qui circulent dans le végétal, et que dès lors une partie de cette eau est décomposée et fournit une portion de l'oxygène et de l'hydrogène, qui sont deux des bases de la composition du
végétal.

Section XIII. — *De l'azote, de l'ammoniaque et des nitrates.*

Pendant longtemps, on n'a considéré la présence de
l'azote, dans les végétaux, que comme une exception ;
on en faisait l'attribut spécial du règne animal ; on
désignait par le nom de substances *animalisées* les parties des substances végétales, dans lesquelles il se trouvait : tel était le gluten, par exemple. Cependant, les
progrès de l'analyse accroissaient chaque jour le nombre de ces substances ; on avait reconnu l'azote dans
la plupart des semences ; l'analyse des jeunes organes
faisait connaître que les premiers développements de

la végétation absorbaient beaucoup d'azote; l'épuisement considérable occasionné par les semis épais des
jardiniers dans les terreaux les mieux préparés, confirmait ce premier aperçu et faisait pressentir que
c'était au sol lui-même que les végétaux prenaient
cet azote; on se confirmait dans cette opinion, en
voyant que les récoltes fourragères, que l'on enlève
avant leur fructification, épuisaient moins le terrain
que les plantes qui produisent leurs graines; mais il
fallait des faits plus concluants pour se former une
idée nette de l'importance de l'azote dans la végétation et dans le sol : Sprengel en avait conçu le soup-
çon[1]; mais les travaux de MM. Liebig, Boussingault
et Payen, sont venus dissiper tous les doutes : le
premier, par une foule de déductions et de rapprochements ingénieux; le second, par la description d'un
cours de récolte suivi pendant plusieurs années, et par
son mémoire sur les résidus des récoltes, qui montrait
que les besoins d'engrais azotés étaient proportionnels
aux parties d'azote soustraites par les produits; le troisième, par une série d'analyses qui a démontré la présence de l'azote dans presque tous les organes des végétaux. C'est ainsi qu'a été complétée la démonstration
appelée par les travaux des chimistes les plus distingués, qui signalaient chaque jour un plus grand nombre de corps azotés parmi les végétaux.

Mais il restait encore un doute important à éclaircir :
les plantes tiraient-elles du sol tout l'azote qu'elles
contenaient dans leur tissu? entourées d'une atmosphère qui en est composée en grande partie, abreuvées

(1) *Annales de Roville*, t. VIII, p. 218 et suiv.

d'eau chargée d'air atmosphérique, n'en absorbaient-
elles pas pour se l'assimiler? C'est encore aux travaux
de M. Boussingault que nous devons d'avoir appris
qu'elles s'emparent, en effet, d'une partie de l'azote de
l'atmosphère, que toutes les espèces ne sont pas aptes à
l'absorber, que parmi elles les graminées n'y puisent
rien, tandis que les légumineuses en prennent une
quantité notable; et qu'ainsi certaines plantes présentent, à la fin de leur végétation, plus d'azote que n'en
contenait le sol; tandis que d'autres tirent tout leur
azote du sol lui-même[1].

Ainsi, le nouveau point de vue qui fait aujourd'hui la
base des théories agricoles se résume dans ces trois
points : 1º l'azote est une partie constituante des végétaux; 2º c'est par leurs racines que les végétaux tirent
du sol la plus grande partie de cet azote; 3º certaines
plantes, cependant, sont aptes à s'approprier l'azote
contenu dans l'atmosphère ou dans l'eau aérée qu'elles
absorbent.

Examinons maintenant comment et sous quelles
formes l'azote se trouve dans le sol et est mis à la
portée des plantes.

Nous avons vu que les argiles et les oxydes de fer
avaient la propriété de s'emparer des gaz ammoniacaux
et de les conserver dans leurs pores, qu'il en était de
même du terreau, et qu'en outre celui-ci présentait souvent des traces de l'azote qui était entré dans la composition des plantes d'où il tire son origine; mais si ces
sources d'azote n'étaient pas sans cesse renouvelées, les
0,0004 en poids de ce gaz, que renferment les terres

---

(1) *Annales de chimie et de physique*, tome LXVII et LXIX.

fertiles, seraient bientôt épuisés, si toutefois les substances où il est caché consentaient à le céder tout entier à la végétation ; car tout l'azote d'une pareille terre ne représente que celui contenu dans environ 30 récoltes de froment.

Suivant M. Becquerel, il y a production constante d'ammoniaque dès que, sous l'influence de l'air, l'eau est en contact avec une substance oxydable. Il y a alors décomposition de l'eau et de l'air; l'oxygène s'unit à la matière oxydable, et l'hydrogène de l'eau s'unit à l'azote de l'air. Or, la plupart des terres sont remplies d'oxyde de fer, de terreau qui passe à l'état d'acide carbonique, substances qui ne sont pas parvenues à leur degré le plus avancé d'oxygénation. Il y a donc constante formation d'ammoniaque chaque fois que le sol est mouillé et que l'eau s'évapore ; cet ammoniaque est saisi en partie par l'eau surabondante qui le transporte dans l'intérieur du sol, et se dissipe en partie dans l'air.

Ces réactions sont probablement la source de l'ammoniaque qui existe dans l'atmosphère. De Saussure avait remarqué que le sulfate d'alumine pur finissait par se changer à l'air libre en sulfate ammoniacal d'alumine [1]; toutes les eaux exposées à l'air contiennent de l'ammoniaque et troublent les dissolutions de plomb et d'argent; l'eau distillée avec le plus grand soin, elle-même, qui, quand elle est récemment préparée, n'est nullement modifiée par les réactifs, indique la présence de l'ammoniaque après quinze jours d'exposition à la lumière [2]. Liebig a constaté son existence dans l'eau de

(1) *Recherches sur la végétation*, p. 207, note.
(2) *Ibid.*, p. 308, note.

pluie[1]; on s'en assure en ajoutant de l'acide sulfurique à l'eau de pluie et l'évaporant à siccité; le résidu contient du sulfate d'ammoniaque que l'on reconnaît à l'aide du bi-chlorure de platine, et plus facilement à l'odeur pénétrante qui s'en dégage quand on y ajoute de la chaux en poudre. Ce sont autant de preuves directes et certaines de l'existence de l'ammoniaque dans l'atmosphère.

On a voulu objecter que l'analyse de l'air n'avait jamais fait reconnaître cette ammoniaque atmosphérique, et à ce sujet, Liebig fait remarquer que toute l'eau de pluie contenue dans 713 mètres cubes d'air à l'état de saturation, et à 15 degrés de chaleur, se réduit à 500 grammes, qui, tombant sous forme de pluie, ramènent sur la terre toute l'ammoniaque contenue dans l'air. Or, si l'on suppose que cette masse d'air ne renferme que 53 milligr. d'ammoniaque, 24 centimètres cubes d'air n'en renferment que la millionième partie de 265 milligr., quantité absolument inappréciable, quand elle serait dix mille fois plus grande. Or, ce sont 24 centimètres d'air seulement que l'on analyse dans les eudiomètres. Mais ces 53 milligrammes peuvent être appréciés dans 500 grammes d'eau de pluie, et l'hectare de prairie qui recevra par an 2500000 kilogrammes d'eau de pluie, y trouvera 80 kilogrammes d'ammoniaque et par conséquent 65,64 kilogrammes d'azote pur, quantité qui excède ce qui est nécessaire à 2650 kilogr. de bois, à 2800 kilogr. de foin et à 20000 kilogr. de betterave, c'est-à-dire plus que le produit d'un hectare de forêt, de prairie, de bette-

_____

[1] Introduction, p. CII.

raves et autant que le produit d'un d'hectare de blé, pailles, graines et racines. Cette dose si minime d'ammoniaque devient donc immense par le volume de l'air où elle est répandue, et de même que $\frac{1}{1000}$ d'acide carbonique que renferme l'atmosphère ne peut être épuisé par toute la végétation du globe, de même aussi une quantité presque inappreciable d'ammoniaque devient sensible quand elle peut être recueillie sur la masse entière de l'atmosphère.

L'ammoniaque se trouve aussi dans les eaux de neige, et Liebig affirme que plusieurs kilogrammes d'eau de neige, prise au mois de mars à la surface d'une couche de 0^m 27 de hauteur, ont donné, par l'évaporation avec l'acide chlorhydrique, un résidu de sel ammoniac, mais la couche inférieure qui touchait au sol en contenait une proportion bien plus grande. Les eaux de source et de fontaine renferment toutes des carbonates et nitrates d'ammoniaque.

On conçoit que l'air des régions chaudes, où l'évaporation des grandes pluies se fait sur une si vaste échelle, doit renfermer l'ammoniaque en plus grande quantité. C'est peut-être à cette circonstance qu'est due la fertilité des terres méridionales et l'usage toujours moins fréquent du fumier, à mesure que l'on avance vers le midi. Sans aller chercher les régions tropicales, il y a des terres en Provence qui reproduisent tous les deux ans huit hectolitres de blé sans recevoir aucun engrais.

Parvenu sur le sol avec les eaux de pluie et de neige, une partie de l'ammoniaque est retenu par l'eau, par le terreau, par l'argile, par l'oxyde de fer; une autre passe immédiatement dans la végétation par la succion des

racines et l'absorption des feuilles; enfin une autre
partie s'évapore et se disperse de nouveau dans l'atmosphère. Les cultures bien garnies de plantes, et faisant
ombre au sol, retardent l'évaporation et augmentent
la quantité d'ammoniaque qui tourne au profit des
plantes.

Les engrais végétaux et animaux sont enfin une
source abondante d'engrais. C'est la restitution à la
terre d'une partie de l'azote enlevé au sol par les plantes, et en outre de celui qu'elles ont puisé dans l'atmosphère. Cette richesse, ajoutée à celle que le sol reçoit
gratuitement par le secours des pluies et des rosées,
tend à augmenter sans cesse la fécondité des terrains,
tandis que ceux qui ne reçoivent pas d'engrais finissent
par rester dans un état stationnaire, en rapport avec la
quantité d'ammoniaque formé annuellement dans leur
climat et ramené sur la terre par les météores. La production d'un agent aussi puissant que les engrais devra
donc fixer particulièrement notre attention dans la
suite de ce cours.

Ce n'est pas seulement sous forme d'ammoniaque que
l'azote se trouve dans les terres, mais souvent aussi
sous forme de nitrates. L'usage que l'on fait du nitre
pour les poudres de guerre a déjà depuis longtemps attiré l'attention publique sur les terres qui contiennent
les sels nitreux. On sait qu'il sort annuellement de
l'Inde et de la Chine des quantités énormes de nitrate
de potasse obtenu sans aucune préparation; Bowles
nous apprend, dans son Histoire naturelle d'Espagne, que ce sel y est fort abondant, et que près du
tiers des provinces méridionales de ce royaume contiennent du salpêtre natif; qu'il suffit de labourer deux

ou trois fois un champ, en hiver et au printemps, pour qu'en ramassant ensuite au mois d'août la couche superficielle on puisse en retirer par lixiviation une grande quantité de salpêtre. Les mêmes terres qui ont été lessivées l'année précédente, exposées à l'air, rendent l'année suivante une égale quantité de salpêtre.

On retrouve le même phénomène en Afrique, en Italie, en France, dans tous les pays qui présentent à l'acide nitrique une base salifiable. Les bancs de craie de la Touraine, de la Saintonge, de la Roche-Guyon (Oise), sont des nitrières naturelles bien connues. Le nitrate de potasse se forme dans des lieux qui sont sans doute abondants en potasse, comme les deltas du Gange et du Nil, les terres longtemps en friche de l'Espagne; en France, on trouve surtout du nitrate de chaux, mêlé d'une petite quantité de potasse; ailleurs ce sont des nitrates de soude; au Pérou, ce dernier sel existe en couches très épaisses [1].

D'où provient l'acide nitrique qui s'empare ainsi des bases terreuses et alcalines du sol? On l'a attribué longtemps aux matières azotées qui pouvaient se trouver mêlées au sol ou à la roche. Dans cette explication on insistait sur la nécessité de mêler des fumiers aux terres avec lesquelles on préparait les nitrières artificielles, sur les terres salpêtrées qui se trouvent principalement dans les écuries, les bergeries, les caves et les lieux habités; mais l'examen attentif des circonstances

(1) Tous ces faits, et un grand nombre d'autres, sont réunis dans le onzième volume des *Mémoires des Savants étrangers:* dans un mémoire de M. Longchamps, sur la nitrification (*Ann. des Sciences d'observation*, février 1829); dans un mémoire de Gautier de Claubry (*Ann. de chimie*, t. LII et ailleurs).

qui accompagnent la formation du salpêtre sur les rochers crayeux de la Roche-Guyon, a fait évanouir cette hypothèse. M. Longchamps a observé que la quantité de nitre retirée des craies supposait la présence de $\frac{1}{200}$ de gélatine pure et sèche, et que, comme cette même craie en fournirait indéfiniment la même quantité tous les ans, il en résulterait que la craie serait presque entièrement de la gélatine, ce qu'il est impossible d'admettre.

Nous verrons plus tard que les eaux d'orage contiennent de l'acide nitrique; mais il ne faut pas en conclure que ce sont ces eaux qui font passer les craies à l'état de nitrates? En effet il faut observer que le salpêtre ne se produit que sur les faces verticales des dépôts de craies exposées au midi et dans un état remarquable de porosité [1], si les eaux d'orage seules étaient la cause de la formation de ce sel, les plans horizontaux de craie, et les plans verticaux ou inclinés à toutes les expositions, devraient s'imprégner d'acide nitrique; et les roches calcaires, poreuses ou non, devraient subir la même action, ce qui n'arrive pas. Il parait donc qu'il faut, pour produire la nitrification : 1° l'action de la chaleur solaire; 2° la non permanence de l'humidité; 3° une base calcaire poreuse. Sous ces conditions, dans les circonstances qui se produisent habituellement, la combinaison de gaz, qui ne se ferait pas au simple contact, a lieu par l'intermédiaire des corps poreux; ainsi la craie se nitrifie, tandis que le marbre ne se nitrifie pas, et cette action s'exerce sur l'oxygène et l'azote de l'at-

---

(1) Gautier de Claubry, mémoire cité, p. 35.

mosphère en présence de l'air oxygéné apporté par l'eau pluviale. Les mêmes causes doivent opérer aussi la nitrification des terrains placés dans les pays où les pluies sont rares et où de légères averses procurent une évaporation rapide. Il y a alors formation d'ammoniaque et oxydation immédiate de ce corps qui produit l'acide nitrique, lequel s'empare des bases du sol.

Mais dans les contrées tropicales, il n'est pas nécessaire de chercher à expliquer la formation de l'acide nitrique au contact du sol. La fréquence des orages, le nombre et la violence des détonations électriques, pourraient seules donner l'explication du phénomène de la nitrification de leurs terres. A Riobamba, M. Boussingault remarquait que le nitre se formait de préférence dans les localités où les orages étaient les plus fréquents [1].

Dans des climats plus tempérés, Liebig ayant analysé 77 eaux de pluie, dont 17 provenaient d'orages, trouva que ces dernières contenaient toutes de l'acide nitrique et que, parmi les autres, deux seulement en offraient quelques traces. Cet auteur nous dit que la présence de cet acide dans les eaux d'orage l'avait d'autant moins surpris que Cavendish, et après lui Séguin, avaient produit de l'acide nitrique en combinant l'azote et l'oxygène par le moyen de l'étincelle électrique. Il était clair, d'après cela, que la foudre, en traversant l'air, déterminait la formation d'une grande quantité de cet acide [2].

Or, M. Boussingault nous affirme, d'après ses observations, qu'en négligeant ce qui se passe hors des tropi-

(1) *Annales de chimie*, t. LVII, p. 180, note.
(2) *Annales de chimie*, t. XXXV, p. 329.

ques, en considérant seulement la zone équinoxiale,
on peut prouver que pendant l'année entière, tous les
jours, et peut-être à tous les instants, il se fait dans l'atmosphère une continuité de décharges électriques. Il
ajoute qu'un observateur placé sur l'équateur, s'il était
doué d'organes assez sensibles, y entendrait continuellement le bruit du tonnerre, et c'est aussi à cette continuité de décharges électriques, au milieu d'un air
chargé d'humidité, que cet auteur attribue l'origine de
la plus grande partie de l'acide nitrique, qui, uni aux
bases, fournit le salpêtre qu'on trouve à la surface de la
terre [1].

Enfin, l'acide nitrique se forme aussi sous l'influence
d'un air calme et de l'humidité, dans des terres poreuses, mêlées de débris animaux qui produisent l'ammoniaque en nature; c'est par ce procédé que l'on établit
les nitrières artificielles, mais il ne faut pas méconnaître aussi que, même sans addition de matières animales,
les terres qui ont déjà été lessivées pour en extraire le
nitre, semblent avoir acquis une disposition particulière
à en former de nouveau, et qu'en se bornant à les arroser, en les exposant au soleil et les préservant du vent
qui emporte le gaz au fur et à mesure de sa formation,
elles se nitrifient avec rapidité.

Telles sont les sources qui reproduisent au profit du
sol l'azote consommé par la végétation. 1° L'ammoniaque et l'acide nitrique de l'atmosphère, produits pro-
bables de l'évaporation. 2° Ces mêmes corps retenus et
absorbés par l'eau au fur et à mesure de leur formation. 3° Les corps, les débris, les déjections animales et

---

[1] *Annales de chimie*, t. LVII, p. 180.

végétales apportées sur le sol sous forme d'engrais, ou qui y ont été laissées par les cultures ou à la suite des récoltes. 4º L'existence dans les terres de corps poreux qui condensent l'ammoniaque, et de bases qui saturent l'acide, et les tiennent en réserve pour la végétation future.

Nous avons indiqué plus haut les moyens de reconnaître ces différents éléments dans le terrain.

Nous venons de passer en revue et d'examiner sous tous leurs rapports agricoles essentiels les divers éléments dont se composent les terrains arables. Nous avons reconnu que tous, sans exception, avaient deux fonctions à remplir; la première d'offrir un appui à la plante, un milieu au développement de ses racines; la seconde d'entrer comme partie intégrante dans sa composition. Mais nous avons reconnu aussi que, sous le second rapport, ils n'avaient pas tous la même importance, soit parce que plusieurs d'entre eux peuvent se remplacer mutuellement, soit parce que les végétaux trouvent dans l'atmosphère les substances qui manquent au sol, soit enfin parce que la nature prodigue certains éléments et n'accorde les autres que d'une main avare. Il était donc facile de prévoir que l'attention se porterait principalement sur ces derniers, qui sont le plus souvent en proportion insuffisante dans les champs. En effet leur quantité décroît rapidement si elle n'est pas renouvelée, et ils disparaissent même entièrement au bout de quelque temps, par la consommation qu'en font les végétaux et à cause de leur solubilité qui permet aux eaux de les entraîner sur les pentes ou dans les couches profondes de la terre. Enfin quelques-uns de ces éléments sont si peu stables que l'action des vents ou

I.

10

de la chaleur les disperse dans l'atmosphère sous la forme de gaz.

Ainsi les alcalis, la potasse et la soude, finissent par disparaître des terrains; la chaux, dissoute par les eaux chargées d'acide carbonique, disparaît aussi presque complétement. M. Gueymard a cité des terrains de la Grande-Chartreuse, formés de débris de roches calcaires, et d'où l'élément calcaire avait été entièrement enlevé par les eaux carbonatées; on sait que la durée des marnages est limitée, et qu'au bout d'un certain nombre d'années l'analyse ne fait pas retrouver de chaux dans les terrains qui en avaient reçu une assez forte dose. Quant à l'azote, à quelque état qu'il se trouve, il disparaît aussi promptement par l'effet des cultures, de sa dissolution dans l'eau et de l'évaporation, surtout dans les pays où des causes naturelles ne le renouvellent pas constamment; d'ailleurs il est toujours en quantité insuffisante dans les champs pour déterminer une vigoureuse végétation de plantes utiles, excepté dans quelques cas trop rares pour pouvoir servir de règle. Sous le rapport de la nutrition des plantes, c'est à la recherche de ces trois précieux éléments que l'agriculteur devra surtout s'attacher; c'est à les remplacer, à les accroître dans une juste mesure, qu'il devra mettre tous ses soins.

Toujours sous le point de vue de la nutrition des plantes, on ne pourra regarder comme indifférente l'absence ou la présence d'une certaine proportion de terreau. Si l'acide carbonique de l'atmosphère peut pourvoir les plantes du carbone qui leur est nécessaire, il ne faut pas perdre de vue que, dans les premiers temps de leur développement, elles manquent des organes verts propres à l'absorption de ce gaz. En outre, le

terreau dégage continuellement ce même gaz, en charge
l'eau de pluie, qui dès lors devient propre à agir sur
les carbonates terreux et sur les silicates alcalins, et
sert à rendre ces substances solubles et à les faire passer dans la végétation. Enfin, comme corps poreux, le
terreau est éminemment propre à recevoir et à condenser les gaz ammoniacaux qui se disperseraient dans un
terrain qui en serait privé. Sous ce dernier rapport,
comme sous celui de colorer le sol et de le rendre capable d'absorber plus de calorique, on devra s'assurer
aussi de la présence des oxydes de fer.

Les différentes substances qui composent les terrains
agricoles donneront lieu à d'autres appréciations,
comme devant offrir un appui à la plante, servir de
milieu à ses racines, faciliter ou gêner les cultures;
mais ces propriétés tiennent à leurs qualités physiques
plus encore qu'à leurs qualités chimiques; et c'est sous
ce nouveau point de vue que nous allons examiner les
terres dans la deuxième partie de cet ouvrage.

DEUXIÈME PARTIE.

DES PROPRIÉTÉS PHYSIQUES DES TERRES.

Il résulte de l'assemblage des parties de diverse nature, de diverses formes, de diverses grosseurs, qui constituent les terrains agricoles, que ces terrains possèdent aussi des propriétés physiques différentes, qu'ils ont des degrés différents de pesanteur spécifique, d'hygroscopicité, de cohésion, etc. On comprend toute l'importance de ces propriétés, puisque le terrain est le milieu dans lequel vivent les racines des plantes. Si elles y rencontrent une trop grande sécheresse, elles ne peuvent en retirer ni les substances qui doivent entrer dans leur composition, ni l'eau destinée à l'abondante évaporation à laquelle elles donnent lieu; si la terre est trop peu consistante, les racines n'y trouvent pas un appui pour se soutenir contre les vents; et si elle est trop tenace, elles ne peuvent la percer pour s'étendre et aller à la recherche des sucs qui y sont dispersés. Aussi, les cultivateurs attachent-ils le plus grand prix à ces propriétés : c'est par elles qu'ils distinguent et désignent les terrains; ils ignorent s'ils sont calcaires ou argileux; mais ils savent bien s'ils sont forts ou légers, secs ou humides. La science doit compléter et régulariser les connaissances empiriques; elle doit les coordonner et les réunir à celles qu'elle peut fournir elle-même : c'est ainsi seulement qu'on arrivera à une solide connaissance des terrains agricoles, à l'aide de laquelle on pourra à la fois diriger la pratique et éclairer la théorie.

Les premières recherches scientifiques sur les propriétés physiques des terres ont été tentées sous les auspices de la Société économique, fondée à Berne, en 1758, société qui a tant fait pour constituer la science agricole. M. Otth de Zurich fut l'auteur de ces premiers travaux. Il pressentait déjà toute l'étendue que devaient prendre ces recherches. « Je crois, disait-il, qu'avec le degré de cohérence et de dilatabilité, la pesanteur spécifique des terres et la quantité d'eau qu'elles sont capables d'absorber ne contribuent pas peu à leur caractère spécifique. « Si l'on répétait ces expériences, ajoutait-il, il faudrait déterminer encore trois nouveaux caractères : le degré de dilatabilité des terres, la quantité d'eau que la terre laisse d'abord échapper de ses interstices, et qu'à proprement parler, elle n'absorbe pas; et enfin la durée du dessèchement et de l'évaporation de l'eau. Pour bien déterminer l'espèce, il faudrait rechercher, avant toute chose, de quelles parties de chaque genre cette espèce est composée[1]. » On voit que cet auteur pensait déjà à rapprocher des propriétés physiques la composition minérale pour former ses genres et ses espèces de terre.

C'est une partie de ce programme que Schübler a réalisé plus tard dans la même contrée, et probable-

_____

(1) Mémoires de la Société économique de Berne; 1761; t. II, 2e partie, p. 664.

ment sous l'inspiration des lignes que nous venons de transcrire.

La méthode de Otth était mauvaise et ne conduisait pas à des résultats exacts. Bien plus récemment, en France, M. Devèze de Chabriol a tenté aussi quelques essais pour déterminer le pouvoir hygroscopique des terres; mais l'inexactitude de ses moyens d'expérimentation n'a pu lui donner non plus des résultats comparables [1].

Schübler est donc le véritable fondateur de la méthode expérimentale pour rechercher les propriétés physiques des terres. Dès 1816, il en publia les premiers résultats [2]. Il les compléta et les publia ensuite en allemand, dans les feuilles d'Hoffwyl, en 1817. C'est ce livre que nous avons fait connaître au public français, en 1826, après avoir fait usage, pendant plusieurs années, de sa méthode dans nos études [3]. Cette méthode a été adoptée depuis par tous les agronomes qui se sont occupés de cette matière. C'est elle que nous allons reproduire ici avec les changements et les observations que l'expérience nous a suggérés.

Les expériences de Schübler, dont nous rapportons les résultats, ont été faites sur des terres, à l'état suivant : 1° sable siliceux, séparé des terres par le moyen de la décantation: il contenait de petites feuilles de mica; 2° sable calcaire, recueilli aussi par décantation de terres qui contenaient du carbonate de chaux : il se trouvait alors mêlé avec du sable siliceux. Il est difficile d'obtenir du sable calcaire par ce moyen; pour s'en

---

(1) Mémoires de la Société centrale d'Agriculture, 1819, p. 256.
(2) *Bibliothèque britannique.* Agriculture, t. XX, p. 248.
(3) Mémoires de la Société centrale d'Agriculture ; 1827, t. I.

procurer de pur, il faut décanter les débris des carrières de marbre, en se servant ensuite d'un crible fin,
qui ne laisse passer que les grains de sable de la dimension voulue; mais Schübler n'a opéré que sur un
mélange de sable calcaire et siliceux; 3° argile *pure:*
purifiée par des lavages à froid et à chaud de tout le sable
qu'elle contient. Celle dont se servait Schübler contenait 0,580 silice, 0,362 alumine et 0,052 oxyde de
fer : c'était un silicate simple qui renfermait encore environ 20 p. 100 de silice libre, qui n'avait pu être séparée par les lavages. Nous obtenons des argiles plus
pures par la décantation, en ne recueillant que la partie
supérieure du liquide dans lequel les terres ont été
délayées et fortement agitées; 4° carbonate de chaux
pulvérulent : on l'avait obtenu en le précipitant, par
un carbonate, de la dissolution d'un sel de chaux ;
5° terreau : l'auteur l'a retiré d'une terre fertile, mais
sans indiquer le procédé dont il s'est servi; 6° carbonate de magnésie : il a été également obtenu en le
précipitant de la dissolution d'un sel de magnésie;
7° sulfate de chaux (gypse) : c'était du plâtre cru,
dont l'auteur n'a pas indiqué la composition. Schübler a joint à ces terres, presque élémentaires, diverses autres natures de sol, qu'il est utile de comparer
pour juger des effets produits par le mélange , ce
sont : 8° une *glaise maigre :* argile dont on peut
séparer, par le lavage, de 30 à 60 centièmes de sable quartzeux fin; 9° *glaise grasse :* c'est une argile
dont on peut séparer 15 à 30 p. 100 de sable quartzeux
fin; 10° terre argileuse : celle-ci ne présente à la lévigation que de 5 à 15 centièmes de sable siliceux fin ; 11°
terre de jardin noire et fertile, composée de :

Argile.   52,1
Sable quartzeux.   36,5
Sable calcaire.   1,8
Terre calcaire.   2,0
Terreau.   7,2

12° Terre d'un des champs d'Hoffwyl, composée de :

Argile.   61,1
Sable siliceux.   42,7
Sable calcaire.   0,4
Terre calcaire.   2,3
Terreau.   3,4

13° Terre d'une vallée du voisinage du Jura, contenant :

Sable siliceux.   63,0
Argile.   33,3
Sable calcaire.   1,2
Terre calcaire.   1,2
Terreau.   1,2

C'est sur ces terres que Schübler fit les expériences
que nous comparerons aux nôtres dans tous les cas qui
exigeront quelque vérification.

CHAPITRE Ier.

Pesanteur spécifique et poids des terres.

Section Ire. — *Méthode de recherches.*

On pèse un vase rempli d'eau distillée à une balance
sensible; on le vide; on y verse une portion de la terre
dont on recherche la pesanteur spécifique, après l'a-
voir séchée et pesée, et on achève de remplir le vase d'eau
distillée; on le sèche bien à l'extérieur; on l'agite de
manière à ce qu'il ne reste pas de globule d'air attachée
à la terre ou au vase, ce que l'on n'obtient rigoureuse-

ment qu'en plaçant le vase dans le vide; on le pèse. La pesanteur spécifique de la terre est donnée par la formule suivante : soit a le poids de la terre, p le poids du vase plein d'eau, P le poids du vase plein d'eau et de terre, x la pesanteur spécifique cherchée : on a

$$x = \frac{a}{p + a - P}$$

Soit, par exemple,

$$a = 200$$
$$p = 1665$$
$$P = 1788$$

on aura $\quad x = \dfrac{200}{1665 + 200 - 1788} = 2,60$

Section II. — *Résultats obtenus.*

En se servant de cette méthode, Schübler a trouvé, pour les différentes terres décrites plus haut, les résultats suivants :

Sable calcaire	2,822	Carbonate de chaux fin.	2,468
Sable siliceux	2,753	Terreau	1,225
Gypse	2,358	Carbonate de magnésie.	2,232
Glaise maigre	2,701	Terre de jardin	2,332
Glaise grasse	2,652	Terre d'Hoffwil	2,401
Terre argileuse	2,603	Terre du Jura	2,526
Argile pure	2,591		

Schübler a trouvé que les sables calcaires et siliceux pesaient plus que les mêmes substances réduites en poudre très fine. C'est l'effet d'une erreur dans les pesées, provenant de ce qu'il ne les avait pas faites après avoir soumis les terres, sous l'eau, à l'action de la machine pneumatique, et qu'ainsi de petites bulles d'air restaient attachées aux parcelles de terre, et en nombre d'autant plus grand que ces parcelles étaient plus

fines. En prenant cette précaution, on ne trouve pas
non plus, ainsi que l'avait cru notre auteur, que les
mélanges des terres diverses augmentent en pesanteur spécifique, comme le font les alliages dont les molécules se pénètrent.

On se tromperait, cependant, si l'on croyait, avec
quelques personnes, pouvoir conclure de la pesanteur
spécifique d'une terre, la nature de ses composants. Dès
qu'ils sont nombreux, le problème devient indéterminé;
mais ce n'en est pas moins un moyen précieux de vérification pour les analyses : ainsi, l'on peut toujours conjecturer qu'une terre qui a une grande pesanteur spécifique (de 2,50 à 2,60) contient beaucoup de silice, et que
celle qui en a une très petite (de 2 à 2,20) est abondante
en terreau.

SECTION III. — *Poids d'une masse de terre.*

Mais le poids d'un volume quelconque de terre peut-
il être déterminé lorsqu'on connaît sa pesanteur spécifique? Un mètre cube d'eau pèse 1,000 kilogr. S'en-
suit-il qu'un mètre cube de terre, dont la pesanteur spécifique est de 2,60, pèsera 2,600 kilogr.? Cela arriverait
sans doute si l'on pouvait mettre les parcelles de la
terre en contact parfait; mais comme elles conservent
toujours un certain écartement qui varie selon le degré
de tassement qu'elles ont subies, il en résulte une diminution plus ou moins considérable dans le poids d'un volume donné de terre. Un sol ayant 2,5 de pesanteur spécifique, ayant été passé à un crible percé de trous de $\frac{1}{2}$
millimètre de diamètre, et placé au-dessus d'une mesure d'un litre, la mesure étant remplie, elle n'a pesé

que 1 kilogr., le même poids que l'eau : la terre ayant été bien pilonnée dans la mesure, elle a pesé 1^k,39. Le sable pur éprouve peu de tassement : une terre où il abonde pesait 1,39 par litre.

En pressant ainsi la terre dans la mesure, on n'obtient pas encore le plus grand degré de tassement : pour y parvenir, il faut pétrir la terre avec de l'eau, et la mouler comme pour en faire une brique. Comme la pression qu'on lui fait subir alors est inégale, nous avons cru devoir régulariser l'épreuve en versant la terre liquide dans un moule, la laissant sécher sous une pression de 1 kilogr., et la desséchant ensuite à 100 degrés. Quoique les terres acquièrent une plus grande densité encore, si elles sont corroyées, nous nous en sommes tenus là, cet état imitant mieux d'ailleurs leur état quand elles se sèchent naturellement dans les champs. Voici les résultats que nous avons obtenus :

	Pesanteur spécifique.	Poids d'un mèt. cubs.
Glaise sablonneuse du Grand-Serre (Drôme) .	2,47	2103,0
Terre siliceuse ochreuse de Bagnols (Gard). .	2,56	1838,5
Terre argilo-calcaire de Camargue, dite forte.	2,60	1683,2
Glaise micacée d'Aulas (Gard).	2,45	1661,2
Terre argilo-calcaire de Camargue, dite légère.	2,50	1638,6
Terre argilo-calcaire d'Orange (Prébois). . .	2,50	1509,6
Glaise sablonneuse de la Valoire (Drôme). .	2,63	1458,5
Loam d'Hoffwyl assez chargé de terreau. . . .	2,32	1404,5
Loam sablonneux de la vallée de Galaure (Drôme).	2,38	1374,6
Terre siliceuse des Arnas (Rhône).	2,60	1370,0
Loam d'Orange riche en terreau (Grenouillet)	2,12	1126,5

Ce tableau prouve bien évidemment que la pesanteur des terres est une propriété toute différente du poids des masses. Il fait comprendre aussi ce que les cultivateurs entendent par une terre pesante, celle qui charge beaucoup les tombereaux et les brouettes : c'est une terre qui se tasse fortement, qui a besoin de nouveaux labours si elle est surprise par les pluies, qui a le défaut d'étouffer la semence en empêchant l'accès de l'air. C'est principalement ce genre de pesanteur qui mérite d'être étudié par les agriculteurs, bien plus que la pesanteur spécifique, qui pour eux est une propriété purement abstraite. Cela sera d'autant plus facile, que la recherche de la ténacité, qui est aussi très importante, exige, comme on le verra, que l'on prépare, par le même procédé, des briquettes semblables à celles qui peuvent servir d'abord pour établir le poids d'un volume de terre, que l'on rapporte ensuite facilement, par le calcul, au mètre cube.

CHAPITRE II.

Ténacité des terres.

Nous avons vu dans le chapitre précédent ce que les agriculteurs entendaient par une terre pesante : cette propriété est sans rapport avec celle qu'ils désignent par le mot de *terre forte*. La ténacité rendant les travaux plus difficiles, c'est elle qui les frappe le plus, et la division des terres, en fortes et dures, les préoccupe avant tout dans l'examen qu'ils en font. Un coup de bêche leur apprend bientôt ce qu'ils en doivent penser; mais la connaissance qu'ils acquièrent de la sorte n'est pour eux qu'une comparaison avec d'autres terres qu'ils sont habitués à traiter : aussi, quand on est obligé de traduire cette intuition en chiffres, quand les ingénieurs, par exemple, ont à exprimer le plus ou moins de travail, le plus ou moins de frais que coûtera une excavation, proportionnellement à la nature du sol, ils ont recours à des moyens plus positifs pour évaluer sa résistance. C'est le général du génie Vaillant qui a le premier, en 1817, fait des expériences pour créer cette méthode d'évaluation [1]. Elle résulte du temps employé par un homme pour fouiller et charger sur une brouette 15,60 mètres cubes de terre. Les terres qui peuvent être chargées sans être fouillées, comme les sables et les terres végétales et calcaires, sont appelées terres à *un homme*, parce qu'un homme seul suffit pour en charger 15 mètres dans sa journée. Lorsque la dureté de la terre oblige d'employer la pioche, il est nécessaire d'adjoindre un homme au premier, qui mette la terre en état d'être facilement prise à la pelle. Lorsque ce second ouvrier suffit pour que le premier puisse charger sans interruption, la terre est à *deux hommes ;* elle est à un *homme et demi*, lorsqu'un piocheur suffit pour faire tête à deux chargeurs ; elle est à *trois hommes*, lorsque deux piocheurs sont nécessaires pour que le chargeur puisse travailler constamment, et ainsi de suite.

Pour parvenir à classer le terrain, on prend un homme de confiance, fort et habitué au travail de la terre ; on le fait piocher pendant un certain nombre de minutes ; cela fait, on fait charger dans des brouettes le travail pioché. On observe le nombre de minutes employé pour chacune de ces opérations, et leur rapport fait connaître le nombre de piocheurs que cette terre exige pour que le chargeur puisse travailler sans interruption. Il suffit d'ajouter 1 à ce rapport pour tenir

(1) *Annales des Ponts et Chaussées*, 1832, 2° semestre, p. 281.

compte du chargeur, et l'on a en nombres l'expression
de la nature du terrain. En effet, si le rapport est égal
à l'unité, c'est-à-dire si le piocheur a employé le même
temps que le chargeur, cela indique que ce chargeur
ne pourra travailler sans interruption qu'autant qu'il
sera constamment aidé par le piocheur ; par conséquent,
ces deux ouvriers ne peuvent déblayer que 15,60 mètres
cubes de cette espèce de terre en une journée. Donc
cette terre est à deux hommes.

Soit donc a le temps ou le nombre de minutes employé par le piocheur, et b le temps employé par le chargeur ; $\frac{a}{b}$ indique le nombre de piocheurs nécessaires à
un chargeur et $\frac{a+b}{b}$ indique la nature de la terre. Ainsi
le piocheur ayant travaillé pendant 8 minutes et le
chargeur pendant 4, nous aurons pour expression de la
terre $\frac{8+4}{4} = 1,5$; la terre est donc à un homme et demi. Cette formule n'est pas applicable dans le cas où la
terre n'a pas besoin d'être fouillée; elle est alors évidemment à un homme.

Cette méthode, usitée dans les travaux publics, pourrait l'être aussi avec avantage dans l'agriculture. Elle
offrirait un degré de précision assez grand, surtout si
l'on voulait s'en servir seulement pour classer le degré
de ténacité du sol; car dans la pratique agricole, on
exécuterait le travail d'une manière plus expéditive,
dans la plupart des terres franches, en se servant de la
bêche qui déblaie et charge à la fois, qu'en se servant
simultanément de la pioche et de la pelle. Dans tous
les cas, il faudrait avoir soin de n'employer ce procédé de classement des terres que dans des circon-

stances identiques relativement à la sécheresse des
terrains et à leur état de tassement. Mais c'est la difficulté de rencontrer cette identité parfaite qui a fait
penser à apprécier la ténacité des terres par d'autres
méthodes qui en soient indépendantes.

Si l'on ne veut qu'un *à peu près*, on se réduira à employer le moyen indiqué par M. Payen, qui se borne à
former avec la terre mouillée une boule de 30 millimètres de diamètre, à la laisser sécher au soleil ou sur
un poêle et à la presser ensuite avec les doigts ; si elle
provient de sols sablonneux et peu tenaces, elle s'écrase
sous une faible pression et même spontanément par son
propre poids ; les bonnes terres arables exigent un certain effort pour être brisées ; les glaises, les terres argileuses tenaces exigent le choc d'un corps dur, et forment
des fragments que la pression des doigts ne peut écraser.

Mais la méthode employée par Schübler a plus de
précision ; voici de quelle manière nous avons modifié
son procédé : on humecte la terre de manière à la réduire en pâte délayée, mais cependant encore assez liée
pour que les éléments divers ne se séparent pas ; on
la coule dans des moules quadrangulaires ; on la
charge de 1 kilogr. de poids ; quand toute l'eau s'est
écoulée et que la terre a repris sa solidité, on la retire
du moule et on fait sécher le prisme que l'on a obtenu.
Quand il ne perd plus rien à l'étuve, on le pose sur deux
supports éloignés de 40 millimètres, et, par un point
également éloigné des deux supports, on fait passer un
cordon qui soutient un vase en entonnoir. On verse
lentement et sans secousse dans ce vase un petit plomb
de chasse, jusqu'à ce que le prisme se rompe. Alors on
pèse le vase et le plomb et on trouve ainsi le poids qui a

déterminé la rupture. On mesure la surface de rupture, on la rapporte, par le calcul, à une surface normale de 15 millimètres de côté (225 millimètres carrés), et l'on obtient ainsi la ténacité de la terre.

Exemple : Un prisme présentant une surface de rupture de 19 millim. carrés sur 18 de côté, c'est-à-dire de 342 mill. carrés, a supporté 7150 grammes; quelle est la ténacité de la terre? Je fais la proportion $342 : 225 :: 7150 : x = 4701$. C'est une terre très forte.

Dans les expériences de Schübler, ses terres étaient pétries et corroyées en les mettant dans le moule; cette préparation donne aux terres ordinaires une ténacité qui surpasse environ de moitié la ténacité des terres coulées liquides dans le moule et se solidifiant sous un poids de 1 kilogr. La ténacité obtenue par ce dernier moyen est beaucoup plus en rapport avec celle que prennent naturellement les terres dans les champs, aussi ce moyen doit être préféré.

Voici les résultats que Schübler a obtenus sur ses terres d'essai corroyées :

	kil.		kil.
Sable siliceux	0,00	Glaise grasse	12,53
Sable calcaire	0,00	Terre argileuse. . . .	15,17
Terre calcaire fine. .	1,00	Argile pure.	18,22
Gypse	1,33	Terre de jardin. . . .	1,28
Terreau	1,58	Terre d'Hoffwil. . . .	6,01
Magnésie carbonatée.	2,09 [1]	Terre du Jura	4,01
Glaise maigre	10,44		

[1] Bürger, *Cours d'économie rurale* (magnésie, § 16), fait observer que Schübler doit avoir commis une erreur en attribuant au carbonate de magnésie une plus grande ténacité qu'à la terre calcaire; il a éprouvé qu'un cylindre de magnésie se brisait très facilement, tandis que la rupture d'un pareil cylindre de terre calcaire demandait une force considérable. Cette observation me paraît juste.

Il ne faut pas se dissimuler pourtant que ce genre d'expérience ne présente jamais des résultats rigoureux, à cause des différences de composition que peuvent offrir les prismes. Les uns peuvent contenir quelques grains de sable qui hâtent la rupture, tandis que d'autres sont composés d'éléments plus homogènes. Nous avons fait jadis des expériences pour avoir une juste idée des différences de ténacité que pouvaient présenter les mêmes terres. En voici le tableau : .

	Maximum.	Minimum.	Rapport du minimum au maxim.
Bolbéne d'Auch. . . .	35083	29083	0,83
Terre d'Orange. . . .	49770	40970	0,86
Terre de Tarascon . .	49353	37024	0,75
Terre d'Hoffwil [1] . . .	31571	29696	0,94

On voit que la plus grande différence est de $\frac{1}{4}$ du poids de rupture, et que souvent elle est beaucoup moindre. L'écart le plus considérable se manifeste dans les terres qui ont beaucoup de sable, qui se répartit inégalement dans les prismes; mais si grande que soit cette différence elle est encore une indication beaucoup plus parfaite que les moyens empiriques que l'on a indiqués.

La ténacité dépend du degré d'atténuation des parcelles de la terre et de la forme de ces parcelles qui influe sur leur disposition à entrer en contact, autant que de la nature elle-même de ces parcelles. Elle résulte donc de causes compliquées dont l'analyse ne rendrait pas compte, et qui peuvent seulement être indiquées par l'expérience directe.

(1) La nature de ces terres est décrite dans notre mémoire sur la garance, inséré dans le deuxième volume de nos *Mémoires d'agriculture*. Ces expériences ont été faites les terres étant corroyées.

La quantité de travail fait par les ouvriers est bien en rapport avec la ténacité trouvée; nos ouvriers d'Orange bêchent en trois jours 600 mètres de surface à 20 centimètres de profondeur, ou 40 mètres cubes par jour dans des terres de 1 à 2 kilogr. de ténacité, ils n'en bêcheraient pas 20 sur un terrain de 4 kilog., si on les forçait à faire des mottes d'une grosseur égale dans l'un et dans l'autre terrain; car il arrive que, dans les terrains d'une grande ténacité, l'on a plus d'avantages à détacher d'énormes mottes que l'hiver pulvérise ensuite, ce qui avance l'ouvrage. La charrue n'a pas le même avantage, étant obligée par sa nature à proportionner la profondeur du travail à la largeur de la bande de terre à renverser, devant trancher le fond de la bande et non la séparer par un effort de levier comme la bêche. La charrue a donc dans tous les cas à vaincre une résistance double dans les terres d'une double ténacité.

Mais tel terrain, rebelle dans son état de sécheresse, devient doux et liant dès qu'il est humecté. C'est ce qui arrive pour les terres calcaires, tandis que l'humidité rend les argiles intraitables. Cela tient à une autre propriété de la terre, qu'il nous faut aussi examiner.

CHAPITRE III.

Cohésion des terres humides.

Si la ténacité des terres est très importante pour évaluer le travail dans les terrains secs, leur plasticité, ou la force de cohésion avec laquelle elles s'attachent aux instruments lorsqu'elles sont humides, n'est pas d'une importance moins essentielle.

Pour mesurer cette force, on prend un disque de bois de hêtre d'un décimètre carré, on le met en contact parfait avec la terre complétement humide (celle qui ne laisse plus filtrer d'eau). Ce disque est attaché à un des fléaux d'une balance ; on équilibre ce disque avec le bassin opposé, l'on charge ensuite le bassin de grains de plomb versés sans secousse, et quand l'adhésion est rompue, on pèse le plomb, dont le poids représente la force employée pour vaincre la cohésion.

Si l'on répète l'expérience avec un disque de fer, on trouve la plasticité moindre dans une proportion qui se rapproche de $\frac{1}{10}$. C'est ce qui motive la préférence des instruments de fer sur ceux de bois, surtout dans les terres humides. Voici le résultat des expériences de Schübler sur les espèces décrites plus haut :

	kil.		kil.
Sable siliceux.	0,19	Glaise grasse.	0,52
Sable calcaire.	0,20	Terre argileuse.	0,86
Terre calcaire.	0,71	Argile pure.	1,32
Gypse.	0,53	Terre de jardin.	0,34
Magnésie.	0,42	Terre d'Hoffwil.	0,28
Glaise maigre.	0,40	Terre du Jura.	0,27

CHAPITRE IV.

Hygroscopicité des terres.

SECTION Ire. — Moyens de reconnaître l'hygroscopicité d'une terre.

Nous entendons par hygroscopicité d'une terre, la quantité d'eau qu'elle peut retenir entre ses molécules, sans la laisser égoutter, après en avoir été saturée. Pour constater cette propriété, on prend 20 grammes de terre desséchée à l'étuve; on les verse sur un filtre de papier Joseph, placé dans un entonnoir de verre; on les sature d'eau; on laisse filtrer, et quand les gouttes ont cessé de tomber, on pèse le filtre avec son contenu. On retranche de ce poids celui du filtre mouillé, puis les 20 grammes, poids de la terre sèche, et le reste est la quantité d'eau retenue.

Ainsi, l'on a pour le poids de la terre. . .   200
Pour celui du filtre mouillé.   50

250
Terre saturée d'eau et filtre mouillé . . .   350

Quantité d'eau absorbée.   100
------

ou 0,50 du poids de la terre.

D'après Schübler, voici dans quelles proportions les diverses terres élémentaires retiennent l'eau :

	Eau pour cent parties de terre.		Eau pour cent parties de terre.
Sable siliceux	25	Terre calcaire fine. . .	85
Gypse	27	Terreau	1,90
Sable calcaire	29	Magnésie.	4,56
Glaise maigre	40	Terre de jardin	89
Glaise grasse	50	Terre arable d'Hoffwyl.	52
Terre argileuse	60	Terre arable du Jura .	48
Argile pure	70		

Si nous étudions cette propriété sur un grand nombre de terres, nous ne tardons pas à rencontrer des difficultés de plus d'un genre. Ainsi une terre fortement fumée, contenant beaucoup de détritus animaux et végétaux, aura une hygroscopicité beaucoup plus grande que celle de même nature qui n'aura pas reçu d'engrais; nous avons trouvé un loam de la vallée de Galaure ayant, dans le même champ, avec la même composition minérale, 49 et 34 d'hygroscopicité; c'est qu'une partie du champ avait été.écobuée, et que son argile était passée à l'état de brique. La faculté de retenir l'eau varie donc selon beaucoup de circonstances et surtout selon l'état plus ou moins grand d'amaigrissement d'un champ.

On a souvent donné l'hygroscopicité d'une terre comme un caractère propre à indiquer sa valeur; mais cette valeur résulte d'une bien plus grande complication de données; et par là non-seulement je veux parler de la valeur positive d'une terre, mais aussi de sa valeur relative. Ainsi une terre qui, par sa composition, aura une grande hygroscopicité, pourra être inférieure à une autre où cette propriété sera plus faible, si la première est dans un climat humide, si son sous-sol imperméable est placé à peu de profondeur, si elle est sur un plan horizontal ne donnant pas de pente à l'eau, et qu'elle constitue le fond d'un bassin où les eaux se rendent de toutes parts, tandis que la seconde est placée dans des circonstances plus favorables.

Les cinq terres suivantes ont une valeur locative de 150 fr. l'hectare.

	Hygroscopicité.		Hygroscopicité.
Le Bordelet	0,40	Le Vistre (Nîmes)	0,475
La Piboulette	0,47	Le Thor (Vaucluse)	0,55
Anduze (alluvion)	0,45		

La sixième n'a qu'une valeur de 70 fr. l'hectare.

	Hygroscopicité.
Le Prébois (Orange)	0,49

Elle a cependant plus d'hygroscopicité que la plupart des précédentes; elle est de formation paludienne, comme celle de Thor, et comme elle abondante en calcaire, et propre à la garance; que lui manque-t-il donc pour avoir la même valeur? L'épaisseur de son sol et un sous-sol perméable.

SECTION II. — *Fraîcheur de la terre.*

Nous avons cru devoir désigner par le mot de fraîcheur de la terre, cet état où elle n'est ni trop humide, ni trop sèche, mais où elle conserve en toute saison la quantité d'eau convenable pour que la végétation y ait lieu d'une manière continue; faute d'un autre mot français qui indique rigoureusement cet état, nous avons adopté celui dont se servent nos cultivateurs.

Un terrain, quoique très hygroscopique, peut n'être pas frais; il peut être humide, quoique retenant peu d'eau. Cela ne dépend pas de ce que sa faculté de filtration est plus ou moins grande, mais plutôt de la profondeur de la couche perméable du terrain, de ses pentes, de sa situation à l'égard des terrains environnants, et enfin de l'état météorologique de la contrée. Qui n'a vu des champs sablonneux couverts de joncs et de laîches? qui n'a vu des champs argileux couverts de labiées? Ainsi les expériences de laboratoire ne peuvent fournir aucun indice certain de l'état du terrain relativement à l'humidité. Mais ne serait-il pas possible d'obtenir une synthèse de toutes les circonstances qui font varier l'état du terrain, et d'arriver ainsi d'un seul coup à préciser ce que l'on doit entendre par un terrain frais et un terrain sec, et ce que désignent par là les cultivateurs, afin de mettre de plus en plus la langue de la science d'accord avec celle de la pratique?

Pour y parvenir, je prends une portion de terre à 33 centimètres de profondeur, je la pèse immédiatement; je la fais ensuite dessécher dans une étuve à 100 degrés; la différence de poids me donne la quantité d'eau que contenait la terre. Pour qu'elle soit saine, il faut que, deux ou trois jours après les plus fortes pluies, elle ne renferme pas plus de la moitié de sa capacité hygroscopique d'eau, et qu'au mois d'août, après huit jours de sécheresse, elle en renferme au moins 0,10 de son poids. Les terres qui, à 33 centimètres de profondeur, retiennent habituellement une quantité d'eau s'élevant de 0,15 à 0,23 de leur poids, sont réputées terres fraîches; celles qui retiennent moins de 0,10 sont des terres sèches; au-dessous de cette quantité, l'herbe commence à jaunir.

Pour ne pas être obligé à faire ces essais sur le terrain même et pouvoir les réserver pour le laboratoire, on peut mettre l'échantillon de terre que l'on veut essayer dans un flacon de cristal à large ouverture, bien bouché à l'émeri. Il y conserve son humidité, pourvu qu'il remplisse à peu près le flacon. A la campagne, nous nous servons aussi, pour la dessiccation, d'une large capsule de fer-blanc à double fond; on coule du suif entre les deux fonds, et en l'échauffant, l'on élève facilement la chaleur à 100 degrés et plus.

Plus la terre est forte et l'accès de l'air difficile entre ses molécules, et plus la grande quantité d'eau est nuisible. Une terre bien labourée conserve plus longtemps sa fraîcheur dans les couches inférieures; la continuité étant rompue, la capillarité des terres de la surface ne s'exerce pas aux dépens des couches inférieures; elles peuvent être très sèches, et l'intérieur se trouver frais.

Cette recherche de l'état de fraîcheur et de sécheresse des sols rend compte d'une de leurs propriétés les plus importantes, de celle qui constitue une grande

partie de leur valeur; on ne saurait donc trop en recommander l'étude aux agronomes.

CHAPITRE V.

Aptitude des terres à attirer l'humidité de l'atmosphère.

Pour évaluer cette propriété, on étend les terres
desséchées sur des plateaux de verre, que l'on recouvre
de cloches plongeant dans l'eau par le bas. On pèse les
terres après 12, 24, 48, 72 heures. On s'aperçoit alors
1º que l'absorption diminue de vitesse à mesure que les
terres s'humectent; 2º qu'elles absorbent plus pendant
la nuit que pendant le jour, la température restant
égale; 3º que la faculté d'absorption suit le même ordre
que l'hygroscopicité, si ce n'est que le terreau a plus
d'action sur l'humidité atmosphérique que le carbonate
de magnésie, tandis que ce carbonate, complétement imbibé, retient beaucoup plus d'eau entre ses molécules que
le terreau. C'est de cette propriété que H. Davy voulait
conclure la valeur des terrains, par cette considération
que ceux qui en sont le plus doués possèdent le plus
de terreau; mais les autres différences de composition minérale rendent le problème tout-à-fait indéterminé et sans application possible; d'ailleurs il faudrait
encore prendre en considération la nature du terreau
que renferme la terre.

Voici quels ont été les résultats des expériences entreprises par Schübler, sur 5 grammes de chaque terre,
étendus sur une surface de 36 millimètres de côté :

a absorbé en 12 heures.	24 heures.	48 heures.	72 heures.
Sable siliceux. . . . 0	0	0	0
Sable calcaire. . . . 1,0	1,5	1,5	1,5
Gypse 0,5	0,5	0,5	0,5
Glaise maigre 10,5	13,0	14,0	14,0
Glaise grasse 12,5	15,0	17,0	17,5
Terre argileuse . . . 15,0	18,0	20,0	20,5
Argile 18,5	21,0	24,0	24,5
Terre calcaire fine. . 13,0	15,5	17,5	17,5
Magnésie 34,5	38,0	40,0	41,0
Terreau 40,0	48,5	55,5	60,0
Terre de jardin . . . 17,5	22,5	25,0	26,0
Terre d'Hoffwyl. . . 8,0	11,0	11,5	11,5
Terre du Jura. . . . 7,0	9,5	10,0	10,0

La grande proportion d'eau que prend le terreau et la continuité de son absorption rendent raison du gonflement des tourbes lorsque l'atmosphère se maintient pendant quelques jours dans un grand état d'humidité.

CHAPITRE VI.

Aptitude des terres à se sécher.

Les expériences faites pour constater l'aptitude des terres mouillées à se sécher à l'air, ont prouvé qu'elles suivent à peu près l'ordre inverse de leur hygroscopicité; ainsi, pour des sols semblablement situés, ce serait bien la mesure de cette dernière propriété qui serait aussi celle par laquelle on reconnaîtrait la disposition des terrains à être secs.

Pour l'évaluer, Schübler prenait des disques de fer-blanc de 73 centimètres carrés; parfaitement ronds, plats et munis d'un rebord. Il attachait ces disques au fléau d'une balance sensible, et y répandait avec égalité la terre à examiner dans son état de complète humidité (telle qu'elle est quand elle a cessé de filtrer); il notait le poids du disque humide et laissait évaporer pendant quatre heures, dans un appartement fermé, à la température de 18⁰,75 centigrades; il notait alors le nouveau poids et avait ainsi la quantité d'eau évaporée. Enfin il faisait dessécher entièrement la terre et obtenait ainsi la quantité d'eau qu'elle contenait avant l'expérience. Il réduisait ensuite, pour le total, la quantité d'eau en centièmes.

EXEMPLE:

PREMIÈRE PESÉE.		SECONDE PESÉE.	
Poids de la terre humide.	310	Poids de la terre humide.	310
Poids de la terre après 4 heures	260	Poids de la terre sèche. .	200
		Poids total de l'eau. . . .	110
Poids de l'eau évaporée. .	50		

Il faisait alors la proportion $110 : 50 :: 100 : x = 44,5$.

Cette terre évaporait donc 44,5 de l'eau qu'elle contenait. Voici les résultats qu'il obtenait.

	sur 100 parties d'eau, en 4 heures il s'évapore :		sur 100 parties d'eau. en 4 heures il s'évapore :
Sable siliceux. . . .	88,4	Carbonate de chaux.	28,9
Sable calcaire. . . .	75,9	Terreau	20,5
Gypse.	71,7	Magnésie	10,8
Glaise maigre. . . .	52,0	Terre de jardin . . .	24,3
Glaise grasse	45,7	Terre d'Hoffwyl. . .	32,0
Terre argileuse. . .	31,6	Terre du Jura. . . .	40,1
Argile pure.	31,9		

Ces chiffres présentent les facultés relatives d'évaporation de ces terres, mais elles n'ont rien d'absolu et de comparable dans d'autres circonstances, parce que l'auteur n'a pas indiqué l'état hygrométrique de l'air pendant ses expériences, et qu'il est difficile de se procurer une température exacte de 18,7. Pendant longtemps, nous avons fait nos expériences dans l'air d'une étuve à 30 degrés, et en ayant soin de le dessécher par le chlorure de calcium. Cette méthode est plus exacte ; elle l'est suffisamment pour les besoins de la pratique, mais elle n'a pas encore le degré de précision que l'on exigerait dans une opération physique, et que l'on n'obtiendrait que par le vide sec dans une température donnée. Enfin nous avons aussi opéré sans tenir compte de la température et de l'humidité de l'air, en comparant seulement l'évaporation de l'eau et celle de la terre. Voici la méthode que nous avons suivie. On place la terre de la manière indiquée sur des disques attachés au fléau d'une balance sensible ; les disques dont nous nous servons sont de verre et non de fer-blanc, ces derniers s'oxydant trop facilement. On place l'appareil dans un appartement bien fermé, à côté d'un vase évaporatoire contenant de l'eau au degré de température de l'appartement ; ce vase est construit de manière à pouvoir marquer les dixièmes de millimètres d'évaporation. Au bout de quatre heures, on note l'évaporation de la terre et l'évaporation de l'eau ; on réduit cette dernière en poids ; le rapport de ces deux évaporations ramenées à des surfaces égales, indique la faculté que possède chaque terre d'abandonner l'eau dont elle est chargée.

Voici la construction du vase évaporatoire. On a un bassin carré de fer-blanc ou de cuivre de 332 millimètres de côté (110,000 millimètres carrés) et de 5 centimètres de profondeur ; on se procure ensuite un tube de verre gradué, fermé par un bout, dont le diamètre intérieur soit de 10000 millimètres carrés (c'est-à-dire qui ait 37 millimètres de diamètre[1]) ; ce tube est percé à

---

(1) On y supplée plus exactement par un prisme de fer-blanc muni d'une glace sur un côté.

45 millimètres du fond par un petit trou rond de 3 millimètres de diamètre. Quand il est placé dans le vase évaporatoire, celui-ci n'a plus que 100,000 millimètres de surface d'évaporation, et le tube a le dixième de cette surface ; si nous le remplissons d'eau en le plaçant dans le vase, dès que l'évaporation atteindra le trou latéral qui doit affleurer la surface de l'eau du vase, celle qu'il contient s'écoulera du tube dans le vase pour le maintenir de niveau, et elle descendra de 10 millimètres dans le tube par chaque millimètre de diminution du vase.

N'ayant pas à notre disposition des substances identiquement les mêmes que celles dont s'est servi Schübler, nous ne pouvons établir de comparaison ; mais il résulte de nos expériences que l'évaporation de la terre est d'autant plus rapide par rapport à celle de l'eau que cette terre est plus complétement imbibée. C'est ce qu'avait déjà constaté M. de Saussure. Au reste, les terres élémentaires, telles que nous les examinions, gardaient bien entre elles, sinon les mêmes rapports numériques, au moins le même rang que chez Schübler.

CHAPITRE VII.

Diminution du volume des terres par la dessiccation.

Tout le monde sait que si l'on expose à un feu violent un morceau d'argile, il diminue sensiblement de volume, au point que l'on a pu fonder sur cette propriété une méthode pour mesurer les températures élevées. Le pyromètre de Wedgwood consiste dans la mesure des degrés de cette diminution de volume, ou *retrait*, diminution que l'on suppose proportionnelle à la chaleur éprouvée. Mais le retrait existe déjà quand la terre éprouve une chaleur beaucoup moins forte, et dès qu'elle se dessèche. Qui n'a pas observé, dans l'été, les larges crevasses qui se forment dans les terres argileuses par l'effet de ce retrait? Il est certain que les racines des plantes qui se rencontrent dans la direction de ces crevasses sont brisées ; mais, tout fâcheux qu'il est, cet effet ne serait pas très nuisible sur les plantes annuelles, les prismes qui se forment étant généralement assez étendus. L'effet à craindre et qui se réalise surtout dans les contrées du Midi, c'est la contraction, le resserrement de la masse sur son centre, c'est la pression exercée contre les racines, qui les étranglent, arrêtent ou gênent la circulation, et rendent la plante chétive et maladive.

Il y a deux moyens de mesurer cette propriété; le premier consiste à juger de l'extension que prennent les terres sèches, et Barthès avait proposé pour cela un instrument qu'il appelait *extensimètre*, dont nous avons la mention et non la description [1]. Le second, employé par Schübler, consiste à former des prismes carrés, de dimension convenue et également humides, de les faire dessécher à une température donnée et de les mesurer de nouveau quand ils ne perdent plus de leur poids. C'est ainsi qu'il a jugé qu'à 18 degrés, et après plusieurs semaines de dessiccation, les terres sur lesquelles il expérimentait se réduisaient de la manière suivante :

---

(1) Olivier de Serre, édit. de la Société d'agriculture, t. I, page 61.

	1000 parties perdent de leur volume		1000 parties perdent de leur volume
Carbonate de chaux.	50	Magnésie.	154
Glaise maigre.	60	Terreau.	200
Glaise grasse.	89	Terre de jardin. . . .	149
Terre argileuse. . . .	114	Terre d'Hoffwyl . . .	120
Argile pure.	183	Terre du Jura	95

Les sables siliceux, calcaires, et le gypse, ne changent pas sensiblement de volume.

L'extrême retrait du terreau explique le boursouflement des terrains tourbeux dans les temps humides, et leur abaissement par la sécheresse. Ils perdent alors un cinquième de leur volume.

On voit aussi que le retrait n'est pas proportionné à la faculté de retenir l'eau, car la chaux a peu de retrait, quoiqu'elle retienne plus d'eau que l'argile ; il dépend du nouvel arrangement de molécules, qui est spécial pour chaque nature de sol, et qui, dans les mélanges aussi, agit d'une manière particulière. Nous avons vu que c'est à cette différence de retrait entre les parties argileuses et calcaires que tient surtout la pulvérisation de la marne.

Au reste, ce que nous venons de dire suffit pour faire apprécier le *criterium* tant recommandé par les anciens agronomes pour juger des qualités d'une terre. Ils faisaient une fosse et la remplissaient de nouveau de la terre qu'ils en avaient tirée ; ils pensaient que s'il restait de la terre, c'était une marque d'un bon terrain, mais qu'il était mauvais s'il en manquait pour combler la fosse. Qui ne voit que le fond du terrain étant plus tassé que le dessus, et que ne l'est la terre que l'on remet dans la fosse, il en reste toujours dans tous les cas ; mais que si le fond du terrain est humide et que l'on laisse à la terre extraite le temps de se sécher, il pourra en manquer, et qu'au contraire il pourra en rester beaucoup, si, le fond étant sec, la terre reste exposée à l'humidité, et qu'elle contienne beaucoup de terreau et d'argile? On juge donc par là beaucoup plus de l'état de sécheresse et d'humidité des couches inférieures que de toute autre chose.

CHAPITRE VIII.

Absorption de l'oxygène par les terres.

On connaît les expériences de Th. de Saussure sur l'absorption des gaz par le terreau; M. de Humboldt les a étendues aux terres[1]. Schübler avait soumis cette propriété à de nouvelles expériences; il mettait 54^{gr},253 de chacune de ses terres à l'état parfaitement sec et parfaitement humide, dans des flacons de verre bouchés à l'émeri et renversés sous l'eau; après un certain espace de temps, il analysait l'air des flacons.

L'absorption à l'état sec était nulle pour toutes les terres; à l'état humide, il a trouvé les résultats suivants; sur 54^{gr},253 de terre humide en contact avec 297 centimètres cubes d'air, les substances qu'on va énumérer ont absorbé en 30 jours les quantités d'oxygène suivantes :

	centimètres cubes.	milligrammes.	absorption d'oxygène en poids pour cent du poids de la terre.
Sable siliceux	4,752	0,53	1,6
Sable calcaire	16,632	1,85	5,6
Gypse	7,920	0,90	2,7
Glaise maigre	17,522	3,14	9,3
Glaise grasse.	31,680	3,72	11,0

(1) Annales de Gilbert, t. I, p. 512, 1re série.

	centimètres cubes.	milligrammes.	p. o/o.
Argile pure........	45,342	3,15	15,3
Terre calcaire......	32,076	3,67	10,8
Terreau........	60,192	6,33	20,3
Magnésie........	51,084	5,34	17,0
Terre de jardin.....	51,480	5,23	18,0
Terre d'Hoffwyl.....	48,114	5,31	16,2
Terre du Jura......	45,144	5,04	15,2

Le terreau est de toutes ces substances celle qui absorbe le plus d'oxygène dont il forme de l'acide carbonique et la seule qui exerce sur lui une réaction chimique. Si le terreau est complétement recouvert d'eau, il devient noir et se change en terreau carbonisé insoluble, qu'on trouve dans toutes les terres paludiennes, et en mélange avec les tourbes.

Quant aux autres terres, elles se bornent à absorber l'oxygène sans se combiner avec lui, car, si on les dessèche ensuite à une température un peu élevée, elles redeviennent capables d'absorber les mêmes quantités d'oxygène.

L'absorption a lieu aussi quand les terres sont complétement recouvertes d'une couche d'eau; l'eau seule, sans terre, n'absorbe que des quantités très petites de gaz.

La chaleur augmente la faculté d'absorption des terres; les terres gelées n'ont presque aucune action absorbante. Le fer s'oxyde rapidement quand il est humecté, et ses oxydes sont sujets à passer sous l'eau à un degré d'oxydation plus avancée. Ainsi les terres humides ne sont aptes à se combiner avec l'oxygène de l'atmosphère qu'autant qu'elles contiennent du terreau et du fer; le terreau combiné avec l'oxygène produit immédiatement du gaz acide carbonique, propre à passer dans la végétation; le fer s'en empare et le conserve.

Les autres terres le gardent en réserve et ne le rendent que par leur dessiccation ; alors s'exhale de la terre humide un air fortement oxygéné, dont on connaît l'action énergique sur la végétation et surtout sur la germination des semences.

CHAPITRE IX.

Conductibilité du calorique.

Les expériences de Schübler sur la propriété conductrice des terres manquent de cette rigueur qui pourrait les rendre comparables; Schübler expérimentait sur des terres chauffées à 62°,5 dans des vases de 594 centimètres cubes de capacité, il y plongeait des thermomètres et observait le temps que chacune d'elles mettait à se refroidir à 21°,2, la température de l'atmosphère étant à 16°,2. Voici ses résultats, 594 centimètres cubes des terres suivantes passaient de 62°,5 à 21°,2 dans l'espace de temps indiqué ci-après :

		Faculté de retenir la chaleur pour 100 en poids
Sable calcaire.	3ʰ.30′	100
Sable siliceux.	3 27	95,6
Gypse.	2 34	73,2
Glaise maigre	2 41	76,9
Glaise grasse	2 30	71,1
Terre argileuse.	2 24	68,4
Argile pure.	2 19	66,7
Terre calcaire.	2 10	61,8
Terreau.	1 43	49,0
Magnésie.	1 20	38,0
Terre de jardin	2 16	64,8
Terre d'Hoffwyl.	2 27	70,1
Terre du Jura.	2 36	74,3

La faculté de retenir le calorique est, dans les terres, en rapport direct avec leur pesanteur spécifique, si nous comparons des volumes égaux ; de sorte qu'une pesanteur spécifique élevée dénote toujours une grande faculté de retenir la chaleur ; cette faculté est aussi en raison de la grosseur des particules. Une terre couverte de cailloux siliceux perd plus lentement son calorique qu'un sable siliceux, ce qui rend les terres caillouteuses propres à mûrir plus complétement certaines récoltes, comme celle de raisin. Les terrains crayeux, argileux et tourbeux, se refroidissent avec rapidité.

CHAPITRE X.

Echauffement des terres par la chaleur lumineuse.

Cette propriété est une des plus importantes en agriculture, mais elle dépend d'un grand nombre de circonstances qu'il faut savoir isoler : 1º de la couleur de la surface du sol ; 2º de la composition minérale du terrain ; 3º d'autres circonstances tenant à la disposition générale du sol, telle que son inclinaison et que nous examinerons plus loin. Dans chaque climat, cet échauffement dépend, de plus, de la nébulosité du ciel, mais ceci est une considération que nous réserverons pour la météorologie agricole.

SECTION Iʳᵉ. — *Couleur de la surface du sol.*

La couleur du sol est la circonstance principale à examiner pour juger de sa faculté d'échauffement ; elle fait varier considérablement la chaleur reçue par la terre. Dans une expérience, l'argile teinte en blanc marquait 41°,25 ; la même argile teinte en noir avait une température de 48°,88, celle de l'air étant de 25 degrés. Le soleil echauffait donc la première de ces terres de 16°,25, et la seconde de 23°,88.

Quand les terres blanches sont des glaises, comme elles retiennent beaucoup d'eau, on peut attribuer le retard de leur végétation à leur humidité. Mais quel est le cultivateur du midi qui n'a pu comparer le degré d'avancement des récoltes des terroirs calcaires rougeâtres avec celui des terres blanches de même nature ; l'humidité des deux terres étant égale d'ailleurs? Qui ne sait combien les vins des terrains blancs sont moins spiritueux que ceux des terrains colorés? Dans le nord, les terrains blancs sont exclusivement consacrés à la culture des raisins blancs, qui mûrissent plus facilement que les rouges. M. Creuzé Latouche, qui a fait une étude approfondie des vignobles des bords de la Loire, confirme ce résultat général. « J'avais observé, dit-il, que les coteaux du Cher, de la Creuse, de l'Indre, depuis Châtellerault jusqu'à l'embouchure de cette rivière dans la Loire, et jusqu'aux environs de Tours et de Saumur, avaient toujours pour base une espèce particulière de pierre calcaire blanche, tendre, poreuse, généralement répandue dans toutes ces contrées. On voit sur ces coteaux des intervalles plus ou moins longs où la substance calcaire se trouve à une plus grande profondeur sous la terre végétale ; cette terre n'est plus blanche, sa couleur est assez ordinairement nuancée de jaune et de rouge. C'est par ces indications

Section II. — *Effets de la composition minérale des terrains sur l'échauffement.*

La composition minérale des terrains a des effets beaucoup moins marqués que leur coloration sur leur faculté d'échauffement par les rayons lumineux. On parvient à démêler ce qui lui appartient dans ces effets en exposant les diverses natures de terres au soleil, avec des surfaces noircies par une légère couche de noir de fumée, ou blanchies par une couche également légère de magnésie très fine et très blanche.

	SURFACE		DIFFÉRENCE.
	Blanche.	Noire.	
Sable de quartz.	43°25	50°87	7°62
Sable calcaire	43,25	51,12	7,87
Gypse.	43,50	51,25	7,75
Glaise maigre.	42,35	49,75	7,40
Glaise grasse.	42,12	49,50	7,38
Terre argileuse.	41,88	49,12	7,24
Argile.	41,25	48,87	7,62
Terre calcaire.	42,85	50,50	7,65
Magnésie.	42,62	49,62	7,00
Terreau.	42,50	49,38	6,88
Terre de jardin.	42,35	50,25	7,90
Terre d'Hoffwyl.	42,00	50,00	8,00
Terre du Jura	42,85	50,50	7,65

Ainsi, de la nature de terre la plus susceptible de s'échauffer à celle qui l'est le moins, du gypse blanchi à l'argile blanchie, on ne trouve que la différence de 2°,35, et du gypse noirci à l'argile noircie 2°,38, tandis que le changement de couleur du blanc au noir produit une différence presque constante de 7 à 8 degrés. C'est donc principalement à la coloration du sol que l'on doit attribuer son plus ou moins grand échauffement.

SECTION III. — *Humidité.*

L'humidité et la sécheresse du sol influent aussi considérablement sur son échauffement. Les terres gardant leur couleur naturelle à leur surface, voici ce qu'elles acquéraient de chaleur, selon qu'elles étaient sèches ou humides, la température de l'air étant à 25 degrés.

	Terre humide.	Echauffem. solaire.	Terre sèche.	Echauffem. solaire.	Diffé-rence.
Sable de quartz, gris-jaunâ-tre clair.	27°25	12°25	44°75	19°75	7°50
Sable calcaire gris-blanchâtre	37,38	12,38	44,50	19,50	7,12
Gypse, gris-blanc clair . . .	36,25	11,25	43,62	18,62	7,37
Glaise maigre jaunâtre. . .	36,75	11,75	44,12	19,12	7,37
Glaise grasse	37,25	12,25	44,50	19,50	7,25
Terre argileuse gris-jaunâtre	37,38	12,38	44,62	19,62	7,24
Argile, gris-bleuâtre	37,50	12,50	45,00	20,00	7,50
Terre calcaire blanche . . .	35,63	10,63	43,00	18,00	7,37
Magnésie blanc de neige. . .	35,13	10,13	42,62	17,62	7,49
Terreau gris-noir.	39,75	14,75	47,37	22,37	7,62
Terre de jardin gris-noir, clair.	37,50	12,50	45,25	20,25	7,75
Terre d'Hoffwyl grise. . . .	36,88	11,88	44,25	19,25	7,37
Terre du Jura grise.	36,50	11,50	43,75	18,75	7,25

La différence d'échauffement solaire entre les terres humides et les terres sèches est presque constamment de 7 à 8 degrés; elle représente ici l'abaissement de température dû à l'évaporation; elle se maintient jusqu'à ce que les terres soient sèches. On peut conclure de ces expériences que les terres froides sont celles qui ont une couleur peu foncée et une grande faculté de retenir l'eau et de se dessécher lentement.

CHAPITRE XI.

De l'électricité.

Avant que les physiciens se fussent occupés de l'action de l'électricité dynamique sur les corps, et surtout de ses effets lents et prolongés, on s'était borné à constater que le sable, la chaux, la magnésie, le gypse, le terreau étaient des corps non conducteurs quand ils étaient secs, et que l'argile seule conduisait faiblement l'électricité, ce qui pouvait dépendre de ce qu'elle contenait ordinairement des oxydes de fer et une certaine quantité d'eau.

On s'était assuré de plus, en grattant une terre sèche et en en faisant tomber les particules sur un électromètre de Volta, muni d'un disque, qu'elles causent une divergence de 4 à 5 degrés du côté négatif; la glace agissait en sens contraire et donnait une électricité positive.

On avait aussi essayé les effets de l'électrisation du sol sur la végétation.

Bertholet, Gardini, Igenhouz, du Carmoy, Gasc, Dupetit-Thouars, avaient dirigé sur ce point de nombreuses expériences, dont les résultats étaient contradictoires, et si l'on ne pouvait pas mettre en doute l'accroissement considérable des plantes après les pluies d'orage, tout ce que nous savons de la composition de ces pluies, de l'acide nitrique et de l'ammoniaque qu'elles contiennent, nous mettrait en garde aujourd'hui contre des conclusions précipitées, qui attribueraient cet effet au fluide électrique.

Depuis que l'action universelle de l'électricité a été mieux appréciée, depuis que l'on a pu connaître cette agitation générale qui anime toutes les particules hétérogènes de matière dès qu'elles sont en contact, et qui tend sans cesse à détruire les composés les moins stables au profit de ceux qui le sont le plus, opérant de nouvelles combinaisons avec les éléments des combinaisons anciennes, on a reconnu que c'était surtout dans le sol lui-même qu'il fallait étudier l'action électrique dans ses rapports avec la végétation.

M. Pelletier[1] a présenté toute une théorie sur ces rapports. « Dans ce mélange de silice, d'alumine et de chaux, dit-il, il existe une force qui doit tendre à combiner ces substances. La silice et l'alumine sont, par rapport à la chaux, des corps électro-négatifs, et, en leur présence, la chaux doit prendre une électricité contraire. D'après cela, suivant que les mouvements extérieurs, des causes étrangères placeront les molécules à plus ou moins de distance, les grouperont de diverses manières, il s'établira des piles électriques, les tensions varieront, des décharges auront lieu et la terre se trouvera pour ainsi dire animée. Le fluide électrique qui la parcourra excitera les stomates radicellaires, et l'absorption des fluides propres à la nourriture du végétal aura lieu. Les fibrilles radicellaires, imprégnées d'humidité, deviendront des conducteurs chargés de transmettre l'électricité à la plante, électricité certainement aussi nécessaire à la vie que la lumière et le calorique. »

(1) Compte-rendu de l'Académie des Sciences, 1837, p. 596.

Plusieurs objections ont été faites à cette théorie, et
d'abord la plante n'a nullement besoin de l'électricité
étrangère pour son existence; il suffit de connaître les
transformations chimiques qui s'opèrent dans son intérieur, la variété des substances nouvelles qui s'y forment, la combinaison des éléments qui y circulent,
pour juger que le mouvement électrique n'y manque
pas. Il faut observer ensuite que la végétation a lieu
sans que plusieurs éléments terreux se trouvent en présence, ce que supposerait la théorie de notre savant
confrère, et que, par exemple, celle qui s'effectue dans
la fleur de soufre ou le quartz pur ne pourrait exister, si elle tenait aux réactions électriques des matières
qui entourent ses racines. Beaucoup de terrains manquent de l'élément calcaire, et le bon effet du mélange
des terres s'explique suffisamment par son action chimique et physique sans recourir à des causes qui resteront occultes jusqu'à ce que, par une expérimentation
exacte, on les ait séparées de toutes les autres, jusqu'à
ce qu'on les ait montrées et mesurées.

Mais sans entrer dans le chapitre des hypothèses, il
est un effet électrique que M. Fournet a entrevu[1], et
que MM. Brongniart et Malagutti[2] ont soumis à l'expérience, effet dont il faut tenir grand compte et qui
met sur la voie de tous ceux qui lui sont analogues, je
veux parler de la décomposition des feldspath et de
leur transformation en kaolins. On sait que dans cette
opération de la nature, les feldspath, perdant leurs alcalis, se réduisent à des silicates d'alumine: nous avons

(1) *Annales de chimie,* mars 1834, p. 225.
(2) Compte-rendu de l'Académie des Sciences, octobre 1841,
p. 735 et suiv.

vu que, selon toutes les apparences, cette action était facilitée, et dans certains cas peut-être complétée par la présence des eaux chargées d'acide carbonique; mais ce que l'expérience a mis hors de doute, c'est que par l'action lente de l'électricité agissant entre les éléments même du minéral, cette décomposition avait aussi lieu. Elle a pour effet de dégager les alcalis des combinaisons insolubles, et de les rendre solubles et propres à passer dans la végétation. Il est probable que quand on examinera de près les autres matières du sol, on reconnaîtra aussi des actions pareilles et qui prendront rang parmi celles dont on doit tenir compte en agriculture. On finira par se rendre compte ainsi de l'utilité de certains mélanges de terres dont l'effet est difficile à expliquer par les principes chimiques et physiques isolés des réactions électriques.

TROISIÈME PARTIE.

CIRCONSTANCES QUI MODIFIENT LES PROPRIÉTÉS PHYSIQUES · DES TERRES.

En traitant des propriétés physiques des terres, nous avons été obligés de faire pressentir souvent que l'état dans lequel leurs éléments se trouvaient, soit en eux-mêmes, soit les uns à l'égard des autres, amenait de grandes modifications dans ces propriétés. Ainsi, les dimensions des matériaux, leur forme, leur coloration, l'inclinaison du sol, son état d'humidité et de sécheresse, l'effet des météores, de la gelée, le brûlement des terrains et une foule d'autres causes font varier les qualités du sol et doivent être soumis à une appréciation détaillée, c'est le but que nous nous proposons dans cette troisième partie; elle complétera ce que nous venons de dire, sans avoir l'inconvénient d'interrompre des déductions, auxquelles il fallait laisser toute leur simplicité.

CHAPITRE Ier.

Examen de l'état des particules du sol.

Quand on examine une terre, telle qu'elle se trouve dans la nature, il est assez difficile de se rendre raison de l'état de ses particules; on n'y trouve qu'une véritable confusion : les fragments les plus gros mêlés aux plus fins, l'argile confondue avec la terre calcaire, l'une et l'autre couvrant de leur enduit les faces des cristaux et les fragments les plus caractérisés des minéraux. On ne tarde pas à reconnaître que tout examen sérieux est impossible avant d'avoir séparé les particules selon leur ordre de grandeur et de densité; alors seulement on peut juger de leur nature et de leur figure. Cette séparation se fait au moyen de la lévigation. En recommandant ce procédé, nous ne lui accordons pas le mérite de suppléer à toute autre espèce d'analyse, comme ont voulu le faire quelques auteurs; en effet, la plupart des analyses de Thaër ne sont que des lévigations qui succèdent à l'action d'un acide faible, destiné à enlever les carbonates; la lévigation toute seule a même été proposée par Cadet de Vaux et par Herpin, comme suffisante pour arriver à la connaissance des terres. Nous en avons dit assez dans la première partie de ce cours pour faire juger de cette assertion. Il faut convenir avec M. Mathieu de Dombasle[1] que le résultat de la lévigation est vague, peu satisfaisant, surtout si l'on ne bannit pas tout arbitraire sur l'époque où doit s'arrêter la précipitation; arbitraire qui rend toute comparaison impossible entre plusieurs essais complétement différents.

SECTION Iʳᵉ. — *Méthode de lévigation.*

1º On prend une poignée de terre desséchée à 30 ou

---

(1) *Annales de Roville,* t. I. p. 156.

40 degrés, on la passe par un crible dont les trous ont 1 millim. et demi de diamètre; tout ce qui reste sur le crible est l'élément pierreux de la terre, on en détermine le poids que l'on compare au poids de la partie qui a passé par le crible.

2° On prend 20 grammes de la partie criblée, que l'on fait digérer pendant quelques heures dans un vase plein d'eau. Après un temps suffisant pour que l'eau ait pénétré toutes les particules de terre, on agite vivement et circulairement le liquide avec une tige de verre; quand on a obtenu le maximum du mouvement rotatoire, on décante en versant avec l'eau toutes les parties qui y sont suspendues, mais en ayant soin de réserver celles qui se sont précipitées au fond du vase.

3° On remet de l'eau sur ce précipité, on agite de nouveau et on décante de la même manière. On renouvelle cette opération jusqu'à ce que l'eau reste claire pendant l'agitation. On fait alors sécher le précipité et on le pèse : c'est le lot n° 1 de la terre.

4° On agite alors vivement et de la manière prescrite l'eau de décantation; puis on l'abandonne à son mouvement circulaire et au moment où elle cesse de se mouvoir (ce que l'on reconnaît à l'immobilité d'un corps léger placé à la surface du vase). On décante, en laissant au fond tout ce qui s'est précipité.

5° On remet de l'eau sur le précipité et on renouvelle l'opération précédente jusqu'à ce que l'eau reste claire à la cessation du mouvement. On réunit les matières déposées, on les sèche, on les pèse et l'on a le lot n° 2.

6° On attend alors que l'eau de décantation soit entièrement claire, ce qui exige quelquefois 24 heures; on l'écoule, on sèche le dépôt qui constitue le lot n° 3.

SECTION II. — *Forme des particules.*

Avant la lévigation, les plus gros fragments étaient recouverts d'une poussière qui empêchait d'en distinguer les formes; tout prenait l'apparence grisâtre de l'argile, si ce n'est dans certaines terres composées de roches cristallines en décomposition où le quartz est très abondant relativement aux autres éléments. Maintenant, la lévigation achevée, on reconnaît, à la loupe ou au microscope, plusieurs états différents des particules. 1° Les cristaux de quartz, de mica, sont entiers ou peu usés; une partie notable de calcaire est restée en gros grains; les éléments de la terre sont à peine mêlés, surtout dans les terrains qui ont été formés en place et n'ont pas été transportés par les eaux. 2° D'autres fois les fragments de quartz sont recouverts d'une couche noirâtre ou ochreuse que l'eau n'enlève pas, mais que l'acide nitrique détache. Cette espèce de rouille est caractéristique des *diluviums anciens*. 3° L'enduit des grosses particules n'est que pulvérulent, et après la lévigation les fragments de quartz paraissent translucides. Dans les deux derniers cas ces particules sont arrondies, et on voit clairement qu'elles ont été roulées. Les silex conservent cependant encore leurs formes tuberculeuses.

Les matières pulvérulentes se comportent aussi de plusieurs manières différentes; les calcaires se groupent quelquefois en forme de stalactites, ou en masses figurées; l'argile en se séchant se prend en plaques unies et

solides. Il est impossible d'évaluer la ténuité extrême
de ses plus petites particules, parce qu'on ne parvient
jamais, avec les pointes les plus fines, à les séparer entièrement, et qu'elles paraissent toujours former un
assemblage de plusieurs particules.

Le terreau peu consommé conserve encore quelques
parties de son organisation végétale; c'est ainsi qu'on
le trouve dans les terrains modernes et les terrains paludiens, où les débris végétaux sont parvenus rapidement à la carbonisation avant d'avoir perdu leurs formes. Dans les terrains anciens le terreau apparaît sous
forme de petits grains charbonneux, roux ou noirâtres.

On distingue aussi dans certaines terres des débris
de test de mollusques, qui ont conservé leur apparence
nacrée; c'est surtout dans les terrains paludiens et dans
ceux d'eau douce qu'ils sont abondants. M. Ehrenberg,
en examinant les craies, a reconnu qu'elles étaient presque uniquement composées d'une foule de débris de
mollusques polythalames, au nombre de 12 à 1300 mille
dans 20 centimètres cubes. Pour les rendre visibles, on
passe sur une lame de verre une couche très mince de
craie, et, quand elle est sèche, on la recouvre de baume
de Canada; on l'échauffe un peu, et on l'observe sous le
grossissement de 300 fois le diamètre primitif. Les craies
du Midi renferment les tests presque entiers, tandis
qu'ils sont brisés dans celles du Nord. Ces coquilles sont
si petites qu'on les distingue, sans être brisées, dans la
craie porphyrisée.

Cette découverte indique le degré d'utilité dont peut
être l'examen microscopique des terres. Avant qu'elle
fût faite, personne ne pouvait expliquer le singulier
état de la chaux dans la craie; on ne pouvait pas par-

venir à produire artificiellement un carbonate de chaux qui lui ressemblât, qui eût comme elle le toucher âpre, qui fût craquant sous la dent, qui se divisât par les labours, à la manière du sable. Aujourd'hui que l'on sait que la craie est formée de l'assemblage d'une quantité innombrable de petites coquilles, on s'explique ce phénomène qui sépare si complétement la véritable craie des autres terrains calcaires provenant des débris de roches de cette nature.

L'examen microscopique des terres ne nous a donné jusqu'à présent que des résultats généraux ; mais il faut dire aussi qu'en nous faisant pénétrer plus intimement dans la composition et la structure des terres, cet examen forme singulièrement le coup d'œil et nous accoutume à juger de leurs qualités par les apparences extérieures. Il suffit d'un grossissement de 60 à 120 pour distinguer parfaitement toutes les parties constituantes du sol ; une goutte d'acide nitrique, mise en contact avec la terre sur le porte-objet, achève d'éclaircir tous les doutes que fait naître une première vue, et cette connaissance empirique de la forme et de la situation des différents éléments de la terre, sans pouvoir être traduite en principe, nous habitue à démêler certains caractères, qui, par la suite, analysés avec sagacité, pourront peut-être prendre une grande place dans la science.

Section III. — *Dimension des particules.*

§ Ier.— Influence de la dimension des particules sur la pesanteur spécifique.

Dans les terres que nous avons examinées, la pesanteur spécifique de la partie terreuse du sol a varié de 2,12 dans la terre de Grenouillet à Orange, à 2,63 dans une terre de la Valoire (Drôme), et voici quel était le lotissement de ces deux termes extrêmes :

Lots nos.	Grenouillet.	La Valoire.
1	20	26
2	63	64
3	17	10

Ces deux lotissements de terre, si différents par leur pesanteur spécifique, se rapprochent tout-à-fait; le poids d'un pareil volume de ces terres diffère beaucoup aussi; le mètre cube de Grenouillet pèse 1126,5 ; celui de la terre de la Valoire 1458,5.

Au contraire, la terre du Peyron (Orange) et celle de Prébois (Orange) qui toutes deux ont la même pesanteur spécifique de 2,50, ont les lotissements suivants :

Lots nos.	Le Peyron.	Le Prébois.
1	57	6
2	37	57
3	6	37

La terre du Peyron pèse 1830 kil. le mètre cube, et celle de Prébois 1509,6.

De ces deux exemples, nous concluons que la dimension des particules n'a aucune influence sur la pesanteur spécifique des terres.

§ II. — Influence de la dimension des particules sur l'hygroscopicité.

Pour nous assurer des effets de l'atténuation des particules sur l'hygroscopicité, nous avons cherché d'abord si l'hygroscopicité avait un rapport constant avec le poids du troisième lot ; nous avons obtenu alors les résultats suivants :

Noms des terres.	Poids du 3ᵉ lot.	Hygroscopicité
Solimani (Bagnols). . . .	5	0,265
Le Peyron (Orange) . . .	6	0,300
La Bussière (Loiret) . . .	7	0,250
Saint-Paul (Drôme) . . .	8	0,420
Clermont (Puy-de-Dôme)	9	0,495
Le Thor (Vaucluse) . . .	19	0,564
Le Prébois (Vaucluse). .	37	0,405

On voit bien ici qu'il existe un certain rapport entre le poids du troisième lot et la propriété de retenir l'eau, mais que ce rapport est dérangé par une autre cause qui doit être la nature des particules. Pour mieux nous assurer si la matière, déjà bien fine, du deuxième lot n'entrait pas pour une part considérable dans les anomalies que nous remarquions, nous avons réuni le deuxième et le troisième lot, et nous avons eu alors les résultats suivants :

Terres.	Lot nᵒ 2.	Lot nᵒ 3.	Somme des deux lots.	Hygroscopicité.
1. Grenouillet (Orange). . .	63	17	80	92,0
2. Bagnols jardins (Gard). .	52	14	66	57,0
3. Le Thor (Vaucluse) . . .	51	19	70	55,0
4. Bollène (Vaucluse) . . .	50	19	69	51,0
5. Le Prébois (Orange). . .	57	37	94	49,5
6. Aulas (Gard).	47	34	81	49,5
7. Clermont (Puy-de-Dôme)	36	9	45	49,5
8. Morges (Suisse)	54	40	94	49,0
9. Galaure (Vallée de). . .	29	6	35	49,0
10. Hoffwyl.	46	13	59	49,0
11. Palus au Chemin-Réal (Orange).	57	35	92	48,5
12. Montreuil (Seine). . . .	51	20	71	48,5
13. Mas d'Agon (Camargue), nᵒ 1.	63	25	88	48,5
14. Le Vistre (Nîmes) . . .	61	14	75	48,5
15. La Piboulette (Vaucluse)	61	24	85	47,0
16. Martignac (Orange). . .	45	50	95	46,0

Terres.	Lot n. 2.	Lot n 3.	Somme des deux lots.	Hygroscopicité.
17. Anduze (Gard)	65	19	84	45,0
18. Grand-Serre (Drôme) .	76	15	91	44,5
19. Mas d'Agon (Camargue), n° 2	58	12	70	43,5
20. Anduze (Gard)	45	28	73	43,0
21. Bolléne d'Auch	35	48	83	42,5
22. La Valoire (Drôme) . . .	64	20	84	42,5
23. Saint-Paul (Drôme) . . .	48	7	55	42,5
24. Villejuif (Seine)	79	19	91	40,5
25. Le Bordelet (Ardèche) .	49	18	67	40,5
26. Fauxbourguette (Tarascon)	28	57	85	39,0
27. Le Peyron (Orange) . . .	37	6	43	30,0
28. Lancy (Genève)	41	23	64	27,0
29. Bagnols (Collines) . . .	29	7	36	26,5
30. La Bussière (Loiret) . . .	21	7	28	25,0
31. Les Arnas (Rhône) . . .	22	7	29	25,0

Ici l'épreuve est complète; la réunion du deuxième lot au troisième, loin de rendre plus frappants les rapports qui existent entre la dimension des particules et l'hygroscopicité, tend à augmenter les discordances. La dimension des particules n'influe donc que d'une manière secondaire sur cette propriété.

§ III.—Influence de la dimension des particules sur la ténacité.

Après avoir essayé de ranger les terres par rapport à leur ténacité, selon l'ordre de grosseur de leurs particules, nous avons eu pour résultat le tableau suivant :

	Ténacité.	2e et 3e lots.	Ténacité par chaque unité des deux lots.
Argile du Moure Rouge (Orange).	6886 gram.	99	69,0
Prébois (Orange)	4704	91	44,0
Palus au Chemin-Réal (Orange). .	2588	91	28,3
Lancy (Suisse, Genève)	2040	87	31,0
Mas d'Agon n° 1 (Camargue) . . .	2022	88	23,0
Bolléne (Vaucluse)	1962	69	28,0

	Ténacité.	2e et 3e lots.	Ténacité par chaque unité des deux lots.
Grenouillet (Orange.	1250	80	15,6
La Valoire (Drôme).	1137	74	15,3
La Piboulette (Vaucluse).	1000	84	12,0
Bruyère de Grand-Serre (Drôme)	707	89	8,8
Hoffwyl.	612	58	11,0
Le Peyron (Orange)	540	45	12,0
Mas d'Agon 2.	331	69,5	4,8
Galaure (Drôme).	304	35	8,7
St-Paul-Trois-Châteaux (Drôme).	248	50	4,9
Aulas (Gard).	176	81	2,1
Montreuil (Seine)	172	70	2,4
Clermont-Ferrant	162	42	3,9

En examinant ce tableau, que nous prolongerions sans fruit, on est frappé d'abord de la tendance des terres à se ranger par ordre de ténacité, selon la plus grande abondance de particules fines qu'elles possèdent ; en effet, ce sont les terres qui ont le plus de parties des deuxième et troisième lots qui sont à la tête, et celles qui en ont le moins qui le terminent. Mais les fréquentes anomalies qui y règnent, les interpositions que l'on remarque, font reconnaître aussi qu'il y a un autre élément qui agit de concert avec la ténuité des particules pour déterminer la ténacité des terres. Ainsi, chaque unité de particules fines n'entraîne qu'une ténacité de 28,3 dans les terres de Chemin-Réal, et une de 44 dans les terres du Prébois, quoiqu'elles aient l'une et l'autre un même nombre de ces particules ; ainsi la terre du Grand-Serre n'a que 8,8 de ténacité par unité de particule fine, et vient s'intercaler, par sa ténacité totale, entre des terres qui en ont 12, et à la fin du tableau, à partir d'Aulas, la ténacité, déterminée par les particules fines, semble diminuer à mesure que leur nombre augmente. Il est trop évident qu'il faut cher-

cher la cause de ces irrégularités, non plus seulement
dans la masse, mais dans la nature de ces particules.

Si l'on examine attentivement au microscope les troi-
sièmes lots, la cause de cette diminution de ténacité se
discernera facilement. Au bas de l'échelle, se trouvent
les terres qui ont ce lot formé de particules plates, de débris de schistes, ou de gypse, ou enfin d'argiles brûlées,
substances qui toutes ne sont pas susceptibles de liaison:
ainsi la terre d'Aulas, à particules micacées; celle de Montreuil, à débris gypseux, et celle de Clermont-Ferrant,
formée de détritus très ténus de laves, n'ont que 2 à 4
grammes de ténacité par unité de particules fines. Vient
ensuite une autre série, dont le troisième lot est formé
de quartz plus ou moins arrondi et très fin, presque
sans mélange; c'est dans cet état que se trouvent les
terres du Grand-Serre, de Galaure, dont la ténacité est
de 8 à 9 par chaque unité de particules fines; s'il s'y
mêle une petite quantité d'argile, sans cependant que le
troisième lot puisse faire corps après sa dessiccation,
nous voyons la ténacité monter jusqu'à 11 et 15, comme
à Hoffwil, la Piboulette, le Peyron, la Valoire, et même
jusqu'à 31 à Lancy. La ténacité suit ici une progression
annoncée par le moelleux du troisième lot, qui, de sec
et rude, devient doux au toucher. Enfin, si la proportion d'argile augmente, si elle constitue entièrement ce
lot, si elle forme une plaque adhérente et solide par la
dessiccation, chaque unité de ce lot représente une
ténacité de 69, comme dans l'argile du Moure rouge.
Voilà pour les terres dont le troisième lot ne fait aucune
effervescence avec les acides.

Quant aux terres qui contiennent du calcaire, et dont
le troisième lot est effervescent, ou ce lot contient une

suffisante quantité d'argile pour qu'il forme une plaque toujours assez friable après la dessiccation, ou bien ce lot n'est formé que de calcaire et de silice, et quelquefois de calcaire seulement. Les terres qui se forment en plaques, composées d'argile et de calcaire, ont 44 de ténacité par unité de matière fine, comme au Prébois ; la ténacité descend, avec la proportion d'argile, à 28 et à 15 comme à Bolléne et à Grenouillet. Si l'argile manque dans le troisième lot, le calcaire se forme en flocons qui ne sont pas adhérents comme à Saint-Paul ou au Mas d'Agon n° 2, et alors la ténacité retombe à 4,9.

Cet examen démontre donc que si l'atténuation des matières constituant une terre est une des grandes causes de son augmentation de ténacité, la nature de ses particules modifie singulièrement cette propriété, et qu'ainsi il serait téméraire de vouloir conclure d'une manière absolue des résultats de la lévigation à ceux des expériences physiques qui établissent la cohésion des terrains. Cet examen suffit cependant pour faire entrevoir que, sur une terre donnée, les labours fréquents, qui, par leurs frottements et l'exposition des parties à l'air, tendent à atténuer les particules, peuvent en changer à la longue les propriétés physiques, en augmenter la ténacité, et accroître aussi sa faculté de retenir l'eau, de s'emparer des engrais et de fournir ses propres éléments à la végétation.

Section IV. — *Diminution de la cohésion par la gelée.*

Tout le monde a pu remarquer l'effet de la gelée sur la terre ; aucune herse ne la pulvérise aussi complétement ; les mottes les plus grosses se réduisent en poussière. Cet effet n'a lieu que sur les terres humides, car les fragments de terre desséchée et placée sous l'influence de la gelée restent parfaitement entiers, et dans le midi nous avons vu, après des hivers secs, les terres rester couvertes de grosses mottes, qui ont passé l'été suivant dans cet état et n'ont pu se réduire qu'à l'arrivée des grandes pluies d'automne. Mais c'est un cas extraordinaire, et les terres que l'on soulève en si gros fragments sont abondantes en argile, qui conserve presque toujours une humidité suffisante pour que les gelées aient action sur elles. Il y a donc une relation intime entre l'effet des gelées et la faculté de retenir l'eau que possède chaque espèce de terre ; les terres siliceuses n'en éprouvent presque aucun effet, tandis que les glaises et les argiles se délitent complétement.

Cette propriété résulte de l'accroissement du volume de l'eau qui passe à l'état de glace ; dans ce nouvel état l'eau exerce, du centre à la circonférence du bloc de terre, une pression latérale qui tend à en séparer les particules.

On n'a fait aucune expérience directe sur l'effet que produisent les gelées sur les terres humides. Schübler a bien essayé d'exposer des prismes de terre humide à la gelée, de les faire sécher ensuite, et de déterminer leur ténacité par le procédé indiqué. Il trouvait généralement que cette propriété subissait une diminution d'un tiers dans les loams ; l'argile tombait en poussière. Mais ces essais n'ont pas été faits régulièrement et sur toute la série des terres élémentaires. On avait pensé aussi à faire subir aux prismes l'épreuve que Brard conseille pour reconnaître si les pierres sont gélives, c'est-à-dire à les imbiber d'une solution de carbonate de

soude, et à rechercher la quantité de parties de ces prismes qui seraient désagrégées par la dessiccation ; mais
toutes les terres en cet état sont poreuses ; elles admettent toutes la solution entre leurs molécules, et quand elle
vient à se cristalliser par la dessiccation, elles se réduisent entièrement en poussière. Au reste, les indications
de Schübler, autant que l'expérience en grand, nous
prouvent que la diminution de ténacité par les gelées est
proportionnelle à la faculté de retenir l'eau que possèdent les terres, et à l'humidité du sol au moment des
gelées.

SECTION V. — *Diminution de la cohésion par le brûlement
de la terre.*

Quand on soumet l'argile à une chaleur rouge, elle
perd toute sa plasticité, et ne la regagne pas même
après avoir été mouillée. Elle ne fait plus dans le sol que
l'office de la silice. C'est en partie sur cette propriété que
se fonde l'amélioration déterminée par l'écobuage dans
les terres argileuses. Cette opération tend donc à introduire dans ces terres un élément moins cohérent.
L'alumine étant modifiée en grande partie, c'est seulement la portion qui n'a pas été atteinte par le feu qui
contribue à la ténacité du sol, à l'état sec, et à sa cohésion à l'état humide.

CHAPITRE II.

Influence de l'inclinaison du sol.

Section Ire. — *Influence de l'inclinaison du sol et de son azimuth sur son échauffement*

La chaleur solaire échauffe un plan, proportionnelle-ment au sinus de l'angle d'incidence que font les rayons du soleil avec ce plan. Elle est à son maximum quand le soleil lui est perpendiculaire; elle est nulle quand le soleil est abaissé au niveau de l'horizon. Il semblerait résulter de là que, pour déterminer le degré d'échauffement reçu par un terrain un jour donné, il suffirait de connaître la chaleur solaire à une heure quelconque, et de distri-buer ensuite sur toutes les heures du jour un degré de chaleur proportionnel au sinus de l'angle que fait le so-leil avec la terre à chacune des autres heures. Mais l'exactitude d'un pareil résultat tiendrait à une condi-tion, savoir : que les rayons du soleil eussent une égale intensité pendant toute la journée. Or, il est reconnu que, dans tous les climats, cette intensité est affaiblie par les vapeurs plus abondantes près de l'horizon, et par le trajet plus long que la lumière fait en traversant l'atmosphère à mesure qu'elle se rapproche de l'hori-zontale. Nous avons montré ailleurs que, dans le midi de la France, la règle des sinus proportionnels à la chaleur ne commençait à donner des résultats exacts que quand le soleil avait déjà atteint de 50 à 60 degrés d'élévation[1]. L'opération que nous venons de décrire

[1] *Mémoires d'agriculture*, t. III, p. 193.

n'est donc pas applicable d'une manière absolue. Mais elle peut l'être d'une manière relative en comparant ensemble deux terrains situés sous un même climat; et si cela est vrai, nous pouvons comparer ensemble, et par le calcul, le degré d'échauffement des différents sols ayant des inclinaisons différentes et tournées vers différents points de l'horizon, avec un terrain horizontal et plan.

Supposons, en effet, que nous ayons obtenu par l'observation directe d'un thermomètre placé horizontalement sur un plan, et dont la boule soit recouverte de 1 millimètre de terre, la chaleur reçue par ce plan d'heure en heure et pendant l'intervalle de temps qui sépare le lever du coucher du soleil. Si nous déterminons les angles d'incidence du soleil sur le plan horizontal, et ces mêmes angles sur le plan incliné pendant chacune de ces heures, l'échauffement de ce dernier sera, avec celui des premiers, dans le même rapport que le sinus des angles d'incidence. On déterminera facilement les différentes inclinaisons sur le plan horizontal, par la formule indiquée dans les cours d'astronomie[1].

Quant aux angles que fait le soleil avec le plan incliné, il suffit de remarquer que ces angles seront les mêmes que ceux qu'il ferait avec un pays dont l'horizon serait parallèle à ce plan. Supposons le plan du terrain incliné au midi, son plan sera parallèle à l'horizon d'une latitude plus méridionale; au nord, il sera parallèle à l'horizon d'une latitude plus septentrionale; à l'est, il ne changera pas de latitude, mais c'est avec l'horizon d'une longitude plus orientale qu'il se trou-

(1) Francœur, *Astronomie pratique*, 1840, p. 181 et 182.

vera parallèle ; à l'ouest, avec celui d'une longitude plus occidentale ; dans les positions intermédiaires, incliné au sud-est, par exemple, il changera à la fois de latitude et de longitude. Ainsi l'effet de chacune de ces inclinaisons sera de transporter le terrain dans un autre climat, s'il incline au nord ou au midi, et de changer les heures de son échauffement s'il incline à l'est ou à l'ouest.

Avant d'examiner les effets réels de ces inclinaisons, rappelons la méthode par laquelle on détermine la latitude et la longitude du lieu de la terre dont le plan de l'horizon est parallèle au plan incliné du terrain.

Appelons t le zénith de l'horizon terrestre parallèle au plan, z le zénith du lieu où se trouve le terrain, et p le pôle ; zt est évidemment l'inclinaison du plan et pzt l'azimuth du zénith du plan, compté à partir du nord ou l'amplitude de ce dernier ; nous aurons, d'après les principes de la trigonométrie sphérique, $\cos pt = \cos pzt \sin zt \sin zp + \cos zt \cos zp$, pour la distance du pôle au zénith du plan ou sa co-latitude ; ensuite pour la différence des méridiens $\sin zpt = \dfrac{\sin pzt \sin zt}{\sin pt}$.

Prenons un exemple pour montrer l'application de ces formules : supposons un terrain situé à Orange, à 44° 8' de latitude et par conséquent éloigné du pôle de 45° 52' ; le plan du terrain est incliné de 20° ; la déclinaison du plan est de 45°, c'est-à-dire qu'il fait face au nord-est ou au nord-ouest.

$$\text{Ainsi } pzt = 45°$$
$$zt = 20°$$
$$zp = 45° 52$$

Nous disposons le calcul de la manière suivante :

Log cos 45°. . .	9,84949		Log cos de 20°. .	9,97299
Log sin 20 . . .	9,53405		Log cos de 45 52.	9,94282
Log sin 45 52'..	9,85596			9,81581

$$9,23950$$

Nombre correspondant au 1er logarithme trouvé. . . . 0,1736
Nombre correspondant au 2e logarithme trouvé. . . . 0,6544

$$0,8280$$

dont le logarithme est. 9,1813

par conséquent la latitude cherchée est. 55°55'

c'est le cosinus de 34° 5' ou *pt*.

L'inclinaison du plan vers le nord reporte donc sa faculté d'échauffement du 44e degré de latitude au 56e.

Pour trouver, d'après la seconde formule, la différence des méridiens, nous disposerons le calcul de la sorte :

$$pzt, \text{log sin } 45° \quad . \quad . \quad . \quad . \quad 9,84949$$
$$zt, \text{log sin } 20° \quad . \quad . \quad . \quad . \quad 9,53405$$

$$9,38354$$
$$pt, \text{log sin de } 34° 5' 9'' \quad . \quad 9,74850$$

$$9,63504$$

Sin de 25° 34' c'est la valeur de *zpt*.

Ainsi le méridien du plan est transporté à 25° 34' à l'est ou à l'ouest d'Orange, selon que la déclinaison est nord-est ou nord-ouest, c'est-à-dire, en temps, à 1 heure 42 minutes.

Voulons-nous connaître maintenant ce qui arrivera quant à l'échauffement; cherchons pour un terrain plan situé à Orange et pour un terrain plan situé à 55° 55' de latitude la chaleur solaire reçue pendant tout un jour, celui du solstice d'été, par exemple; nous aurons à chercher pour chaque heure, dans les deux lieux, la hauteur du soleil; et voici la formule dont nous nous servirons, qui, si elle a l'inconvénient comme la précédente de passer des nombres aux logarithmes, a l'avantage de ne pas employer d'angle auxiliaire.

Appelons S la hauteur du soleil cherchée ; D sa déclinaison = 23° 28' au solstice d'été (au solstice d'hiver la déclinaison serait négative); A l'angle horaire ou distance au méridien qui est de 15° par heure à partir de midi; H la hauteur du pôle, qui est de 44° 8' à Orange.

$$\text{Sin} = \cos A \cos D \cos H + \sin D \sin H.$$

Nous disposons le calcul de la manière suivante pour onze heures, dont l'angle horaire est de 15° :

Log sin 23°28'	9,60012	log cos 23°28'	9,96251
Log sin 44° 8'	9,84282	log cos 44° 8'	9,85596
	9,44294	log cos 15°	9,98494
			9,80341
Nombre du 1er logarithme.			0,2773
Nombre du 2e logarithme.			0,6359
			0,9132
Logarithme de ce nombre.			9,96058 qui est le log de sin de 60° 57'

Par conséquent à onze heures la hauteur du soleil est de 65° 57'. Pour que, dans ces opérations, on ne tombe jamais dans l'erreur, il faut avoir soin de rendre négatifs les cosinus au-dessus de 90°. Un exemple éclaircira ce point. Au lieu de onze heures, cherchons la hauteur du soleil pour 5 heures du matin dont l'angle horaire est de 95°, nous aurons pour la seconde colonne de chiffres :

Log cos 23° 28'. . .	9,96251
Log cos 44° 8'. . . .	9,85596
Log cos 95°.	9,41300
	9.23147
Nombre correspondant.	0,1704

Maintenant, au lieu d'ajouter le second nombre au premier trouvé, qui est 0,2773, je l'ai retranché et j'ai

$$0,2773$$
$$0,1704$$
$$\overline{0,1069}$$

Logarithme du nombre 9,02898, qui est lui-même le logarithme du sinus de 6°8′ hauteur du soleil, à Orange, le jour du solstice à 5 heures du matin.

Ces préliminaires bien établis, nous aurons pour la hauteur du soleil, le jour du solstice d'été, à Orange (44° 8′), et au 55° 55′ les nombres suivants :

Heures.	Orange. Latitude de 44° 8′		Latitude de à 55° 55′	
4	00	0	4	30
4 ½	1	7		
5	6	8	11	21
6	20	4	22	24
7	26	36	27	34
8	37	20	35	55
9	47	20	43	53
10	57	56	50	49
11	65	57	55	43
12	69	26	57	33
1	65	57	55	43
2	57	56	50	49
3	47	20	43	53
4	37	20	35	55
5	26	36	27	34
6	20	4	22	24
7	6	8	11	21
7 ½	1	7		
8			4	30

L'observation nous ayant donné pour midi, sur le plan horizontal, une température de 53° 3′, celle du thermomètre à l'air libre étant de 27° 3′, il en résulte pour

208 AGROLOGIE.

Orange une chaleur de 26° procurée à la surface du sol
et émanant du soleil. Si maintenant, pour la série du
plan horizontal et celle du plan incliné, nous faisons
l'échauffement proportionnel au sinus des angles, nous
aurons le tableau suivant :

	Orange. Latitude de 44°8		Latitude de à 55° 55'	
4			2	0
4 ½	1	4		
5	3	1	5	5
6	9	5	10	6
7	12	4	12	8
8	16	9	16	3
9	20	6	19	2
10	23	5	21	5
11	25	4	22	9
12	26	0	23	4
1	25	4	22	9
2	23	5	21	5
3	20	6	19	2
4	16	9	16	3
5	12	4	12	8
6	9	5	10	6
7	3	1	5	5
7 ⅓	1	4		
8			2	0
Total.	251	4	245	0

Mais la longitude du plan incliné étant à 1ʰ 42ᴵ de celle
de Paris, si nous supposons que le plan incliné est au
nord-est, et que par conséquent cette longitude soit à
l'est, le soleil se couchera pour ce plan 1ʰ 42ᴵ avant
l'heure à laquelle il se couche à Orange, et il se lèvera
à la même heure qu'à Orange; s'il était tourné au nord-
ouest, ce serait le contraire. Les chaleurs solaires seront les suivantes pour ces plans :

	Plan incliné au N. E.	Plan inc'iné au N. O.
4h ½	8,0	
5 ½	11,7	
6 ½	14,5	3,7
7 ½	17,8	8,0
8 ½	20,4	11,7
9 ½	22,2	14,5
10 ½	23,0	17,8
11 ½	22,2	20,4
12 ½	20,4	22,2
1 ½	17,8	20,4
2 ½	14,5	22,2
3 ½	11,7	20,4
4 ½	8,0	17,8
5 ½	3,7	14,5
6 ½		11,7
7 ½		8,0
	215,9	215,9

Ainsi le moment le plus chaud, celui où le soleil fait
l'angle le plus grand avec ces deux plans, c'est 10ʰ ½,
pour le plan tourné vers le N.-E., et 1ʰ ½ pour celui qui
est tourné vers le N.-O. L'un et l'autre reçoivent la même
somme de chaleur solaire, mais elle est inférieure à celle
que reçoit le plan horizontal, parce que la durée de
l'éclairement solaire n'y est pas la même, l'un en étant
privé pendant 1ʰ ½ le soir, et l'autre pendant le même
laps de temps le matin. Mais l'effet calorifique reçu par
les plantes se composant à la fois de la chaleur de l'atmosphère et de la chaleur solaire, est tout différent en
réalité de ce qu'il semble devoir être par ce premier
aperçu, et le tableau suivant, où nous avons mis en regard la chaleur atmosphérique, la chaleur solaire et les
sommes de chaleur solaire et atmosphérique pour le
plan horizontal, pour le plan incliné au N.-E. et pour
celui incliné au N.-O., rendra parfaitement raison de
ce qui se passe en réalité.

J.   14

HEURES.	CHALEUR atmospheriq.	PLAN HORIZONTAL.			PLAN INCLINÉ DE 20° AU NORD EST.			PLAN INCLINÉ DE 20° AU NORD-OUEST.		
		Chaleur solaire.	Somme des chaleurs atmospherique et solaire.	Différence.	Chaleur solaire.	Somme des chaleurs atmospherique et solaire.	Différence.	Chaleur solaire.	Somme des chaleurs atmospherique et solaire.	Différence.
4 1/2	18,7	1,4	20,1	2,0	8,0	26,7	8,0			
5 1/2	20,7	6,3	27,0	7,1	11,7	32,4	5,7			5,8
6 1/2	22,8	11,2	34,0	7,0	14,5	37,3	4,9	3,7	26,5	5,1
7 1/2	23,6	14,6	38,2	4,2	17,8	41,4	4,1	8,0	31,6	4,2
8 1/2	24,1	18,8	42,9	4,7	20,4	44,5	3,1	11,7	35,8	3,7
9 1/2	25,0	22,0	47,0	4,1	22,2	47,2	2,7	14,5	39,5	3,4
10 1/2	25,9	24,5	50,4	3,4	23,0	48,9	1,7	17,0	42,9	4,3
11 1/2	26,8	25,7	52,5	2,1	22,2	49,0	0,1	20,4	47,2	2,8
12 1/2	27,8	25,7	53,5	1,0	20,4	48,2	0,8	22,2	50,0	1,6
1 1/2	28,6	24,5	53,1	0,4	17,8	46,4	1,8	23,0	51,6	0,1
2 1/2	29,3	22,0	51,3	1,8	14,5	43,8	2,8	22,2	51,5	2,4
3 1/2	28,7	18,8	47,5	3,8	11,7	40,4	3,4	20,4	49,1	2,8
4 1/2	28,5	14,6	43,1	4,4	8,0	36,5	3,9	17,8	46,3	3,9
5 1/2	27,9	11,2	39,1	4,0	3,7	31,6	4,9	14,5	42,4	4,0
6 1/2	26,7	6,3	33,0	6,1			4,9	11,7	38,4	5,8
7 1/2	24,6	1,4	26,0	7,0				8,0	32,6	8,6
Total........			658,7	65,4		574,3	52,8		585,4	58,5
Différence......				4,1			3,5			3,9

Si l'on remarque maintenant ce qui se passe dans les trois positions, on trouvera 1° que les deux plans inclinés ont un maximum moindre que le plan horizontal, parce que, outre que l'angle de hauteur du soleil est moindre pour tous les deux, le maximum de chaleur solaire arrivera pour le plan N.-E., quand la chaleur atmosphérique n'a pas atteint le sien ; aussi ce dernier plan n'arrive qu'à 49 degrés de chaleur totale, tandis que celui exposé au N.-O. atteint 51°6 ; 2° que la somme totale de chaleur est plus grande pour le plan N.-O. que pour celui N.-E., parce que les plus grandes hauteurs de soleil coïncident avec la plus grande chaleur atmosphérique ; 3° qu'il y a un passage brusque de 8 à 9 degrés au moment du lever du soleil pour le plan N.-E., passage qui n'est que de 2 degrés pour le plan horizontal, et de 5°8 pour celui N.-O., ce qui cause pour le premier une violente insolation et la perte fréquente des plantes qui ont été frappées d'une rosée ou d'une gelée matinale ; 4° que le soir ce même passage a lieu du chaud au froid pour le plan exposé au N.-O. ; 5° que la chaleur marche avec une progression plus forte d'une heure à l'autre sur le plan horizontal, où la moyenne des différences est de 4°1, tandis qu'elle n'est que de 3°1 sur le plan N.-E. et de 3°4 sur le plan N.-O. ; 6° que ce qui distingue principalement ces trois positions, c'est la progression régulière de l'accroissement et de la diminution de la température dans les terrains horizontaux et son irrégularité dans les terrains inclinés ; de manière que sur les plans que nous avons indiqués, la chaleur solaire donne pendant une heure $\frac{1}{2}$ de moins que sur le terrain plan, que la matinée est la partie la plus chaude pour le terrain à l'est, et la soirée pour le terrain à l'ouest; et enfin que la somme totale de la chaleur est plus grande sur le terrain plan que sur les terrains inclinés, et plus grande aussi sur le terraiu incliné à l'ouest que sur celui qui est incliné à l'est.

Après avoir fait ce travail pour le solstice d'été, si on le répète pour le solstice d'hiver, puis pour les équinoxes, on aura une idée complète des propriétés du terrain sous le rapport de l'échauffement.

Nous nous abstiendrons de traiter en détail de tous les autres azimuths et inclinaisons de terrain; on verrait que le terrain incliné au midi jouit de grands avantages calorifiques; que celui qui est incliné au nord plein éprouve une grande diminution de chaleur, parce qu'il ne reçoit les rayons du soleil que quand la hauteur de cet astre surpasse son inclinaison, et qu'alors même il ne la reçoit qu'obliquement. Ainsi, à la latitude de 49° et avec une inclinaison de 20°, ce dernier terrain ne verra le soleil que sous un angle de 6 degrés environ à midi, au solstice d'hiver, et au solstice d'été sous celui de 44°,8, et sa chaleur solaire ne sera alors que de 13 degrés. Un terrain exposé en plein midi et ayant une inclinaison de 20 degrés, à la latitude de 44°,8, verra le soleil, le jour du solstice, près de former avec lui un angle droit; la chaleur solaire de 27°72, et la chaleur atmosphérique étant de 27°,8, la chaleur totale sera de 55°,6. C'est sur des coteaux ainsi exposés que les raisins mûrissent le mieux et deviennent si alcooliques.

Si, après avoir indiqué la manière de déterminer numériquement les effets de l'azimuth et de l'inclinaison du terrain, nous voulons résumer ce qui résulte de ces recherches, nous verrons que les terrains exposés au levant se réchauffent dès le matin; c'est le moment de la journée où le soleil les frappe le plus directement; il élève alors les brouillards et dessèche le sol baigné par la rosée, et quand le soleil le quitte, c'est le moment où la journée est la plus chaude et où par conséquent la transition est la moins brusque. Au printemps, il fait courir de grands dangers aux plantes qu'il porte, et qui, chargées de givre, reçoivent tout à coup l'impression d'un soleil ardent; la différence de température est quelquefois alors du point de congélation de l'eau à 12 degrés en une heure.

Le terrain exposé au couchant reste plongé le matin dans l'humidité atmosphérique; la rosée y séjourne et s'y dissipe lentement; il manque de soleil pendant l'époque la plus froide de la journée, et le soir il le reçoit directement et pendant les heures les plus chaudes; de là vient un climat diurne extrême. Voici une observation qui fera mieux sentir cette différence. La vallée de l'Isère, au-delà de Grenoble, se dirige du sud au nord entre deux parois de montagnes très élevées. Le 1er juillet, à 8 heures du matin, le sol de la face tournée au levant et inclinée marquait, à un millimètre de profondeur, 36 degrés centigrades; l'air atmosphérique était à 17 degrés; sur la face tournée au couchant, le thermomètre en terre marquait 15 degrés comme celui exposé à l'air. Le soir, à quatre heures, le thermomètre de la face regardant le levant marquait 30 degrés dans la terre et 26 degrés à l'air; celui de la face tournée au couchant 27 dans l'air et 46 dans la terre. La transition de la chaleur de la terre avait été, pour le premier, de 10 degrés, et pour l'autre, de 31; aussi les habitants de la partie de la vallée exposée au levant se portent-ils bien, tandis que les fièvres, les goîtres, les

scrofules attaquent ceux de la face exposée au couchant.

Les effets d'une telle position ne peuvent pas s'apprécier sur les plantes de la même manière que sur les
hommes ; on sait qu'il y a peu d'analogie entre la santé
des unes et des autres, et que les lieux où la végétation
est la plus vigoureuse sont souvent ceux où l'espèce
humaine éprouve les plus terribles infirmités. C'est que
les plantes se trouvent bien d'un air humide, chargé
de miasmes, s'il est accompagné de chaleur, tandis que
la santé de l'homme exige de la sécheresse et un air
pur. Il suit de là que dans les pays de hautes montagnes, à pentes rapides, la face tournée vers le couchant,
plus longtemps saturée de l'humidité nocturne et matinale, plongée ensuite dans la vapeur qui ne se dissipe
que tard, porte de préférence les grands végétaux, les
arbres, les prairies, les récoltes vertes, tandis que les
arbres à fruit, les vignes, les céréales même, réussissent
mieux à celle du levant.

Dans les climats méridionaux, et quand les pentes ne
s'élèvent pas à une grande hauteur, il en est autrement. La face regardant le couchant est plus chaude,
comme le démontre le tableau ci-dessus ; elle devient
et reste brûlante pendant toute l'après-midi, et à l'exposition du levant, les plantes jouissent d'un climat plus
égal et plus favorable.

Mais, de toutes les expositions, la plus avantageuse
est celle du midi. En hiver, elle jouit toute la journée
d'un soleil direct ; en été, ses rayons ne lui arrivent
pas immédiatement à son lever ; ils la frappent obliquement pendant longtemps et l'abandonnent de bonne
heure le soir ; sa chaleur s'accroît et diminue par une

progression régulière, et ne lui vient pas ou ne la quitte pas brusquement, comme cela arrive aux deux expositions du levant et du couchant.

SECTION II. — *Influence de l'inclinaison du sol sur la culture et la stabilité des terres cultivées.*

On se fait généralement une fausse idée de l'inclinaison des pentes. Il y a peu de personnes qui s'imaginent ne pouvoir monter une hauteur inclinée de 45 degrés, mais l'œil trompe en cela comme en bien d'autres choses. Bouguer et Saussure ont constaté qu'une pente de 31 degrés est à peu près la plus rapide qu'un homme puisse monter sur un sol parfaitement dur et uni ; ce n'est qu'en formant des marches dans le talus que l'on parvient à en monter ou à en descendre de plus escarpées. M. de Humboldt a constaté que celles de 37 degrés sont inaccessibles, si le sol est un roc ou un gazon trop serré pour qu'on puisse y faire des gradins avec les pieds. Si les moutons pâturent de semblables pentes, c'est en les parcourant obliquement et en les entaillant peu à peu en escaliers.

M. Elie de Beaumont nous a rendu le service de réunir tous les détails sur les inclinaisons des pentes dans le 4e volume de ses Mémoires de géologie. Le terrain cultivé le plus incliné qu'il ait vu était un champ de sarrazin, dans le Tyrol, qui faisait un angle de 33 degrés avec l'horizon ; il a observé dans la Tarentaise une pente couverte de sapins qui avait 45 degrés d'inclinaison. Mais on jugera combien de telles pentes s'éloignent de celles qui peuvent être régulièrement cultivées, quand on saura qu'une pente de 13 degrés est à peu près la limite de l'inclinaison que les voitures ne montent qu'avec la plus grande peine, et que le maximum de pentes toléré aujourd'hui en France pour les grandes routes est de 2°51 ou 5 centimètres de hauteur perpendiculaire pour un mètre de longueur.

Le travail à la charrue, en montant et en descendant, s'arrête sur une pente plus rapide que 5 à 6 degrés, 10 à 11 centimètres par mètre ; au-delà on ne laboure plus qu'en travers, à moins que l'on se résigne à ne cultiver qu'en descendant; on perd ainsi à peu près la moitié du temps destiné à la culture, ce qui oblige au reste à faire plus tard des transports de terre de bas en haut ; au-delà de 11 à 12 centimètres on ne laboure plus du tout, mais on cultive à la pioche et on fait des terrasses horizontales partout où l'industrie est un peu développée.

Une pente modérée est une circonstance très heureuse pour un terrain ; elle permet aux eaux pluviales de s'écouler facilement. Leur cours deviendrait trop rapide et risquerait de raviner le terrain, surtout s'il recevait les eaux supérieures, si cette pente devenait trop forte. Nous pensons que l'inclinaison d'une terre ne peut dépasser 2°,55 ou 5 centimètres par mètre, pente assignée aux routes royales, sans perdre de sa valeur, soit par les efforts qu'exige le labourage en remontant, soit par les travaux qu'exige la direction des écoulements, soit enfin, quand la pente est plus forte, par la dépense qu'exigent la construction et l'entretien des terrasses.

CHAPITRE III.

Des abris.

Nous entendons par abri un obstacle qui s'élève au-dessus de l'horizon dans une certaine direction. L'abri placé au midi intercepte les rayons solaires qui parviendraient au terrain, en raison de son élévation et de son éloignement ; l'abri placé dans la direction du vent régnant en détourne le cours aussi, en raison de son éloignement et de son élévation, et, de plus, en raison de l'angle sous lequel le vent arrive à la surface de la terre.

Il faut un obstacle bien élevé et bien rapproché au midi pour que son sommet fasse avec le terrain un angle plus grand que la hauteur du soleil. Ordinairement ce sont des haies, des murs, des maisons, qui produisent cet effet sur une petite partie du champ. Les abris au levant et au couchant peuvent porter longtemps leur ombre sur le terrain, quoique moins élevés, parce que dans ces régions du ciel la hauteur du soleil est moindre.

Sous le rapport des vents, les abris ont une grande utilité, parce que les courants atmosphériques parallèles à l'horizon ne font un angle peu ouvert qu'au pied des montagnes, et qu'une élévation de quelques décimètres protége toujours un assez grand espace de terrain. L'abri est surtout important quand il est placé dans la direction du vent le plus froid, qui, en hiver, amène un courant glacial et accroît la rigueur de la saison. Le vent qui passe par-dessus la crête de l'abri ne se mêle pas immédiatement avec l'air échauffé par le soleil qui est à son pied ; ce mélange ne se fait que lentement. Ainsi, dans les plaines d'Orange, le vent du nord, qui franchit les montagnes du Dauphiné, vient fouetter les terres sous un angle de 15° environ, d'où il suit qu'une hauteur de 200 mètres préserve un espace de 2160 mètres, lisière toujours consacrée aux récoltes les plus précieuses et qui craignent le plus le froid. Sous l'influence d'un pareil abri, la température moyenne de l'année s'élève de plus de 1°. C'est ainsi que les orangers viennent en pleine terre à Ollioules et à Hyères, tandis qu'ils ne résistent pas aux hivers de Marseille ; c'est ainsi que la température des bords des lacs de Côme et de Guarda permet de cultiver l'olivier, qui n'ose se montrer dans les plaines de la Lombardie.

Une simple haie de 2 mètres d'élévation protége, dans notre vallée du Rhône, une distance de 22 mètres. C'est à des abris pareils que l'on cultive les pois, les melons, les artichauts, que la violence et la fureur des vents ne permettent pas de cultiver à découvert. Dans les plaines découvertes de la Provence on obtient des haies encore plus élevées en plantant des cyprès et des lauriers.

Dans plusieurs parties de l'Italie les plantations au midi préservent aussi de l'influence du mauvais air les maisons qu'elles abritent.

Mais il ne faut pas se dissimuler qu'en maintenant à leur pied une humidité qui n'est pas enlevée par les vents, les abris deviennent la cause des rosées qui, au printemps, dégénèrent en gelées blanches.

CHAPITRE IV.

Observations générales sur les propriétés physiques des terres.

En terminant ce que nous avions à dire sur les propriétés physiques des terres et sur les modifications qu'elles subissent, nous devons résumer en peu de mots ce qu'elles présentent d'important pour l'agriculture. Parmi ces propriétés, il en est de premier ordre qui supposent les autres et dispensent de les rechercher, savoir : la fraîcheur du sol, sa ténacité, sa faculté de s'échauffer; au moyen de ces qualités, souvent réunies aux données chimiques que nous avons indiqué comme essentielles, on approche autant qu'il est possible aujourd'hui de la solution du problème fondamental de l'agrologie. En effet, la fraîcheur moyenne de la terre nous indique si les plantes y trouveront l'humidité convenable pour fournir à leur consommation; par la faculté d'échauffement, nous jugeons si la végétation a un degré d'activité en rapport avec l'humidité; par la ténacité, nous connaissons enfin les difficultés de la culture. La recherche de ces propriétés n'a que le défaut de ne pouvoir pas être faite dans le laboratoire. La ténacité seule peut y être déterminée.

Quant a l'échauffement, il exige une observation assez longue et qui peut cependant être abrégée par des procédés que nous décrirons dans la météorologie; la fraîcheur nécessite des expériences qui embrassent au moins le cours d'une année. C'est que ces deux propriétés sont de véritables synthèses qui embrassent un grand nombre de circonstances que l'on combinerait imparfaitement, en supposant qu'elles fussent toutes bien connues. Nous les avons étudiées en détail, et cela était nécessaire pour nous rendre bien compte des causes qui produisaient l'effet total, mais dans la pratique leur combinaison deviendrait impuissante pour remonter à l'effet.

Ainsi, supposons que nous connaissions bien l'hygroscopicité d'un terrain, comment remonter à sa fraîcheur qui est la propriété qui importe surtout au cultivateur? N'avons-nous pas vu qu'un terrain peu hygroscopique, dont le sol aura peu d'épaisseur, qui aura un sous-sol imperméable, une inclinaison nulle, et qui constituera le fond d'un bassin, sera humide quoiqu'il retienne peu d'eau; et quant à la propriété de l'échauffement, le terrain aura beau être fortement coloré, s'il est incliné au nord, si un abri s'interpose entre lui et le soleil, s'il est habituellement humide, il sera froid nonobstant sa faculté énergique d'admettre la chaleur lumineuse. La connaissance de tous ces détails pourra bien donner des indices plus ou moins utiles, mais qui ne peuvent conduire à une certitude. Et voilà justement contre quels abus se sont élevés les agronomes distingués qui, jugeant de l'agrologie par l'imperfection des moyens de recherches qu'elle avait employés jusqu'ici, niaient le pouvoir de la science et lui préféraient la routine circonscrite des paysans. Mais à l'avenir, cessant de s'isoler, les savants et les praticiens sentiront la nécessité de s'éclairer mutuellement. La longue querelle qui régnait entre eux est prête à s'éteindre à l'aspect des nombreux services que tous les arts reçoivent de cette union, et que l'agriculture doit chercher à cimenter à son tour.

QUATRIÈME PARTIE.

DE LA FORMATION DES TERRAINS AGRICOLES.
GÉOLOGIE AGRICOLE.

Quand on considère l'étendue des matériaux terreux qui couvrent le squelette du globe, on se demande d'abord quelle est leur origine, et l'on cherche autour de soi s'ils ne sont pas seulement les débris des roches qu'ils recouvrent, usées par le frottement, ou décomposées par le temps et par les agents physiques et chimiques. Mais on ne tarde pas à reconnaître que ce cas, qui paraît le plus simple, est loin d'être général, et qu'il n'est même qu'une exception relativement à l'étendue des terrains qui n'ont aucun rapport avec les roches qui leur servent de base. On est donc conduit naturellement à rechercher la cause qui a amené ce vaste amas de débris, et qui les a pulvérisés de manière à rendre la végétation possible; car les roches nues, à leur état solide, n'auraient pu recevoir qu'une végétation chétive, et le monde privé de grands végétaux aurait été privé aussi des animaux qui l'habitent et de l'homme qui marche à leur tête.

Il ne faut pas croire que l'étude que nous nous proposons de faire aujourd'hui soit purement curieuse et qu'elle n'ait pas aussi son degré d'utilité; nous verrons qu'elle se lie à un grand nombre de considérations

de pratique, et que d'ailleurs en nous donnant une idée
générale de la disposition des terrains agricoles à la
surface de la terre, elle nous apprend, jusqu'à un certain point, les analogies qui existent entre les différentes contrées, soit dans les produits, soit dans les
méthodes de culture; elle vient au-devant de l'analyse
et y supplée souvent; elle indique les amendements
qui seraient utiles à ces pays, enfin elle lie l'agriculture
à une des branches les plus brillantes de l'histoire naturelle.

Les derniers progrès de la géologie ont tourné un
grand nombre de bons esprits vers l'étude de la formation des couches terreuses. C'est un complément
qui manque encore à cette science; jusqu'à présent,
ceux qui s'en étaient occupés n'avaient vu dans ces détritus superficiels qu'un *magma* informe et indigne de
les occuper. Dans leur belle description géologique de
la France, MM. Élie de Beaumont et Dufrenoy ont senti
cette lacune et ont souvent cherché à la combler; mais
une recherche de cette nature s'éloignait du but qu'ils
s'étaient proposé, celui de reconnaître les terrains solides qui forment l'écorce du globe, et ce n'est qu'accidentellement, comme pour témoigner de l'importance
qu'ils attachaient à ce sujet, qui n'était pas le leur,
qu'ils ont parlé des formations terreuses. Le succès de
leur travail a inspiré le désir d'en faire un semblable
et qui fût consacré uniquement à la couche superficielle
et meuble de la terre. M. de Caumont en a fait la pro-
position formelle au Conseil général d'agriculture; elle
a été accueillie avec applaudissement, et il faut espérer
qu'un jour elle portera ses fruits et que le gouvernement provoquera et encouragera la reconnaissance de

nos terres arables et fera exécuter une carte agricole de la France, complément indispensable de la carte géologique, et qui assurera à notre agriculture les mêmes avantages que la carte géologique présente à la métallurgie et à plusieurs autres arts.

Mais déjà cette reconnaissance a été poussée, sur une grande partie de la France, par un homme qui a rendu de nombreux services à l'agriculture, M. Puvis, correspondant de l'Institut. Déjà, en 1813, dans un Mémoire sur les sols calcaires et les sols siliceux, il se préoccupait non-seulement de leurs qualités, mais de leur position relative dans les bassins de la Saône et de l'Ain. Cette idée ne l'abandonnait pas quand il fit son *Essai sur la marne*, et alors, cherchant les terrains où l'usage de la marne était répandue, il décrivit les terrains siliceux de la Bourgogne et de la vallée du Rhône; enfin il parcourut le Gâtinais, la Sologne et le Berry, et y revit les mêmes variétés de terrains et les mêmes formations; il publia alors son intéressant ouvrage sur l'agriculture de ces pays. Les ouvrages de cet auteur sont en général remarquables par leur direction géologique, et si nous possédions sur le reste de la France et de l'Europe des travaux semblables aux siens, les grands linéaments, la grande triangulation de la carte que nous désirons seraient tout tracés. C'est un sujet d'étude proposé à l'émulation de la jeunesse studieuse qui cherche un but utile et sérieux pour ses travaux, et j'ai la ferme espérance qu'il ne sera pas longtemps dédaigné.

Si nous jetons un coup d'œil général sur la distribution des terrains agricoles dans notre Europe occidentale, nous reconnaîtrons un fait important: au sud de la barrière que le plateau central de la France élève entre le nord et le midi, les terres sont généralement calcaires et contiennent presque toujours de la chaux ; elles ne deviennent purement siliceuses que par l'évidente superposition de couches transportées, montrant encore par leurs cailloux roulés la preuve de l'événement qui les a entraînés plus récemment que le fond du terrain. Au nord et à l'ouest de cette barrière, les terres sont siliceuses ou glaiseuses ; cette disposition ne reconnaît d'exception que dans des bassins fermés qui ont été mis à l'abri de la débâcle ou dans les terres d'alluvion provenant de dépôts de montagnes voisines et d'une nature différente, dépôts dont il est toujours facile alors d'indiquer l'origine.

Ce plateau a donc bien réellement servi de barrière aux matières siliceuses qui venaient du nord et qui ont pu pénétrer plus loin vers le midi, jusqu'aux Pyrénées, par l'absence de cette barrière vers cette partie de la France. Au nord, tous les terrains participent plus ou moins de cette nature, et si la glaise ne se présente pas à la surface, c'est qu'elle a été recouverte ou enlevée par des courants partis de montagnes calcaires plus rapprochées. Une immense nappe de débris glaiseux (argilo-siliceux) a été étendue sur l'Allemagne, la Flandre, nos provinces septentrionales et occidentales ; au midi, au contraire, les dépôts siliceux n'ont pénétré que par certaines ouvertures (la vallée du Rhône, par exemple) et tout le reste de la surface du pays doit sa formation aux matières calcaires transportées par les chaînes des Alpes.

Mais dans cette même partie méridionale, et à d'assez grandes hauteurs, on retrouve cette même couche siliceuse qui semble avoir été soulevée avec la montagne elle-même, soulèvement qui aurait précédé la formation de vallées, comblées ensuite par les détritus des chaînes calcaires qui forment un massif si étendu au pied des Alpes, du côté de la France.

Quoi qu'il en soit de ces hypothèses, et en désirant vivement que de nouvelles recherches viennent confirmer ou modifier ces vues, nous devons reporter aujourd'hui nos regards de cet ensemble aux détails dont il se compose; nous devons étudier séparément les diverses formations de nos terres arables et chercher leur construction géologique et agricole.

CHAPITRE Iᵉʳ.

Des différentes formations des terres arables.

SECTION Iʳᵉ. — *Terrains formés en place.*

Les terrains formés en place par la décomposition des roches sur lesquelles ils sont placés, n'ont jamais une grande profondeur, si la surface des roches est horizontale et s'ils n'ont pas reçu des dépôts entraînés par les eaux supérieures. On reconnaît dans ces terrains tous les éléments de la roche fondamentale qui, le plus souvent, a conservé ses formes cristallines; souvent même la texture de la roche n'a pas complétement disparu, et l'on en trouve des fragments entiers. En regardant ces terrains au microscope, il semble que l'on soit au milieu d'un amas de roches fracassées dont on distingue l'espèce et l'origine. Mais l'on se tromperait beaucoup si l'on voulait déduire de l'analyse des roches celle des terrains eux-mêmes. L'acte de la décomposition, quand il n'a pas eu lieu par une force purement mécanique, s'exécute au moyen de réactions chimiques qui, mettant à nu les alcalis et les rendant solubles, facilitent leur enlèvement par les eaux pluviales. Les terrains décomposés sont donc bien moins riches que les roches elles-mêmes, surtout quand il s'est écoulé un long temps depuis la décomposition.

Les roches sont attaquées mécaniquement: 1° par la gravité qui fait tomber les parties séparées et peu adhérentes, ou par le frottement qu'exercent sur elles d'autres matières dures entraînées par les eaux; 2° par l'imbibition de leurs molécules qui, ayant des facultés hygroscopiques différentes, prennent des volumes différents, se déplacent mutuellement et éclatent au dehors; 3° par l'effet des gelées sur les roches poreuses ou fendillées, l'eau qui passe à l'état de glace occupant plus d'espace et faisant l'effet d'un coin placé dans les interstices de la roche pour en séparer les parties; 4° par l'effet des racines qui pénètrent dans les fentes et les vides des roches.

Les roches sont décomposées chimiquement: 1° par l'oxygène qui agit sur les parties oxydables qu'elles contiennent; 2° par l'acide carbonique mêlé à l'eau, qui dissout les carbonates terreux et attaque aussi, selon toutes les apparences, les silicates alcalins; 3° par l'eau elle-même qui entraîne en dissolution les sels alcalins, le gypse et la silice à certain état.

Elles sont décomposées physiquement par la réaction électrique des différents corps rapprochés et ayant des tensions électriques contraires. Ces causes n'agissent pas avec une égale activité sur tous les genres de roches. Ainsi : 1° le quartz pur, le pétrosilex, le porphyre quartzifère ne se décomposent que mécaniquement ; ces roches fournissent peu de terre et une terre siliceuse peu fertile ; ce n'est que par des chocs violents et des frottements répétés, que ces roches sont devenues pulvérulentes. Après la lévigation qui en sépare la poussière apportée par les vents, l'inspection microscopique ne fait reconnaître dans les terres qui en proviennent que des fragments anguleux et assez volumineux, et qui ne peuvent constituer un sol agraire qu'à l'aide de ces poussières, sol qui d'ailleurs reste toujours peu consistant, peu hygroscopique. Il arrive cependant qu'une certaine quantité d'argile s'y trouve mêlée, et elle peut être due aux eaux qui l'ont déposée en y traînant des matières dures.

2° Les gneiss se décomposent peu et donnent presque toujours un sol complétement stérile (Dufrenoy, *Carte de France*, p. 111).

3° Les granites sont sujets à se décomposer quand ils sont exposés à l'action de l'atmosphère, surtout dans certaines circonstances et dans le voisinage des lieux qui ont été le siége d'une action volcanique, car on a remarqué que les granites de l'Auvergne se décomposent facilement, tandis que ceux des Alpes sont à peine altérés. C'est par la décomposition du feldspath qu'a lieu la désagrégation de la roche ; le feldspath perd à la fois de la potasse et de la silice ; enfin, le fer du mica passe à son maximum d'oxydation ; le granite alors devient friable à sa surface, tandis qu'il reste entier et solide dans les parties qui sont les plus profondes.

M. Fournet[1] se rend compte de ces effets par un dimorphisme qui a chargé la texture cristalline; les eaux, chargées d'acide carbonique (ce qui au reste se présente plus fréquemment dans les terrains volcaniques), mettent en liberté la potasse des silicates et entraînent aussi la silice qui se trouve alors dans un état gélatineux. M. Becquerel a observé que les granites extérieurs de la cathédrale de Limoges étaient altérés jusqu'à la profondeur de huit millimètres, tandis qu'ils étaient intacts à l'intérieur de l'édifice[2] et que la surface extérieure des masses de granites était friable jusqu'à $1^m,60$ de profondeur.

« Le feldspath du granite, dit M. Dufrenoy[3], produit en se décomposant une terre argileuse, et suivant la proportion de cette terre et des graviers quartzeux, le sol, presque toujours de qualité inférieure, est cependant susceptible de quelque produit.

« Dans la Corrèze et dans les Cévennes, l'abondance du quartz communique une grande stérilité au pays. Le roc dur ne fournit point de terre argileuse; il ressort presque partout, à travers une mince couche de sable impropre à la végétation. Là, tout est solitude; on fait souvent plusieurs kilomètres sans trouver une habitation et l'on ne rencontre que de loin en loin des châtaigniers improductifs.

« Dans quelques cantons privilégiés, comme au nord de Pompadour, le granite presque entièrement feldspathique donne une couche de terre végétale de plus de $0^m,33$ d'épaisseur, d'une admirable fertilité; aussi

---

(1) *Annales de chimie*, mars 1834, p. 225.
(2) *Traité d'électricité*, t. V, p. 207.
(3) *Description de la carte de France*, t. I, p. 111.

la végétation y déploie toute sa splendeur; les châtaigniers et les chênes y acquièrent des dimensions généralement inconnues à ce pays, et les magnifiques prairies de Pompadour nourrissent les plus beaux bœufs du Limousin.

« La terre formée par la destruction du granite, en général très légère, est connue sous le nom de terre de bruyère. On ne peut la fertiliser qu'en lui donnant beaucoup d'engrais; il faut même la renouveler toutes les fois qu'on la destine à produire des récoltes. On ne cultive les mêmes terres que tous les dix ans, après avoir essayé de les féconder en faisant brûler les fougères, les ajoncs épineux et les genêts qui y croissent rapidement. Légère et friable, le froid soulève cette terre et déracine les plantes que l'on y sème; la fertilité des terres feldspathiques est en rapport avec la ténuité de leurs éléments, pourvu toutefois qu'elles renferment assez de gros gravier pour peser sur les racines des plantes et les retenir dans la terre quand le vent les agite et que la gelée les soulève. Si tous les éléments sont trop divisés, ils ne fournissent que des terres presque stériles.

« Le seigle, le blé sarrasin, les pois, les pommes de terre, sont les seules plantes utiles à l'homme qui puissent y réussir dans l'état actuel de la culture. On y voit cependant, çà et là, quelques champs de blé et d'avoine; mais la paille est grêle et les épis clairsemés ne portent que des graines rares et fort petites.

« Les chênes et les hêtres y deviennent vigoureux; le châtaignier y prospère presque partout, mais principalement sur les pentes des coteaux, car les sommets sont en général nus et stériles. Le châtaignier, véritable

arbre à pain de cette partie de la France, fournit la
principale nourriture du pauvre, sert en partie à celle
des bestiaux et donne le revenu le plus solide, parce
que, même sans culture, les produits en sont quelquefois très abondants.

« Le sol granitique présente fréquemment des maré-
cages ordinairement improductifs et qu'il serait presque
toujours facile de rendre à la culture; mais l'art des
desséchements comme celui des irrigations, est peu
connu dans ces contrées. Souvent même on ne sait
pas donner aux terres labourables la pente nécessaire
pour l'écoulement des eaux. Quelques-uns de ces maré-
cages pourraient donner lieu à des exploitations intéressantes de tourbes; mais l'abondance des châtaigne-
raies vient encore fournir à un des plus pressants
besoins de l'homme dans ces contrées souvent froides
et humides.

« Les vallons de ces contrées, recouverts des parties
les plus ténues des terres formées sur les montagnes
environnantes et des matières végétales et animales
qui s'y trouvent décomposées, sont généralement fertiles. Le chanvre y réussit, le seigle y produit d'abondantes récoltes lorsqu'il n'est pas atteint par le brouillard.

« Les prairies y donnent un foin abondant et de
qualité supérieure.

« Dans quelques points privilégiés, il existe des dépôts
modernes qui modifient le sol et lui donnent souvent
une grande fertilité: telles sont les vallées de la Loire,
de la Dordogne et de l'Allier. Cette dernière, surtout,
dont le sol est formé de calcaires d'eau douce, mélangés
de débris de roches volcaniques, est d'une richesse

extraordinaire dans la partie de son cours comprise
entre Brossac et Moulins, et qu'on désigne sous le nom
de Limagne. Elle produit les plus beaux blés de France;
les arbres fruitiers y déploient une fertilité vraiment
prodigieuse, et la vigne elle-même, presque inconnue
dans le centre de la France, y donne d'abondantes
récoltes. »

Nous n'avons pas voulu retrancher un mot de cette
intéressante monographie des terrains granitiques. Si
les autres terrains avaient été décrits avec le même
talent et le même détail, nous n'aurions eu qu'à copier
pour compléter la description géologique agraire. Nous
devons cependant faire observer que l'on se tromperait
si l'on attachait à l'expression de *terre de bruyères* l'idée
d'un terrain formé exclusivement de débris granitiques;
elle a une valeur plus générale et plus spéciale à la fois;
tout terrain siliceux sur lequel croît la bruyère en
abondance et qui a été mélangé au terreau formé par
les débris de cette plante, est pour nous, comme nous
l'avons dit, la *terre de bruyère.*

Nous ne pensons pas non plus que la stérilité des terrains granitiques dont les éléments sont trop ténus,
tienne à ce que ces terrains ne pèsent pas assez sur les
racines des plantes, mais bien à leur grande hygroscopicité et à leur facilité pour se soulever par les gelées
quand il sont imbibés d'eau.

4° Les schistes argileux se décomposent par l'effet
de leur hygroscopicité; la qualité de la terre qu'ils
forment dépend de la composition plus ou moins quartzeuse ou plus ou moins argileuse de la roche. Tantôt ils
se résolvent en terres argileuses, tantôt en terres sablonneuses; quand on les soumet à la lévigation, le

premier lot présente des graviers de quartz; dans le troisième, ce n'est que de l'argile fine; quelquefois, les couches de ce terrain sont assez profondes, leur décomposition pénétrant facilement au-dessous de la surface.

5° Les ardoises, rangées aussi parmi les schistes argileux, présentent des caractères particuliers qui annoncent qu'elles ont été formées dans des circonstances différentes ou qu'elles ont éprouvé des modifications depuis leur formation; probablement par l'action du feu, car on sait que leur argile a perdu la faculté de se délayer dans l'eau et de former une pâte liante. M. d'Omalius d'Halloy fait observer [1] qu'à la surface des plateaux, l'ardoise devient blanchâtre, tendre, friable, douce au toucher, d'un aspect stéatiteux, et que la terre qui s'en forme est légère, onctueuse et ne fait pas pâte avec l'eau. Quant aux ardoises qui se décomposent sans avoir éprouvé longtemps les impressions atmosphériques, elles produisent une terre bleuâtre, poreuse, légère, où l'on distingue encore les feuillets de schiste, et le premier lot fournit de nombreux débris de ces feuillets.

6° Les schistes micacés se détruisent aussi facilement à leur surface, soit par la suroxydation du fer, soit par l'hygroscopicité du silicate d'alumine, soit par l'eau qui parvient à s'interposer entre les feuillets et qui les sépare lorsqu'elle se gèle. Les débris de mica sont doux au toucher et constituent un excellent sol, ni trop sec ni trop humide; mais quand le quartz est très abondant, il peut aisément devenir trop sec et trop poreux. Le fond des vallons bordés par des montagnes de schiste micacé possède ordinairement d'excellentes terres

(1) *Journal des mines,* 1808, t. XXIV, p. 254.

composées des débris onctueux du mica qui ont été séparés du quartz par les eaux; sur les parties supérieures des pentes, au contraire, le quartz est souvent resté à nu et forme un terrain siliceux. On trouve aussi des alluvions de schiste micacé faites par des courants rapides et où il ne reste presque pas de quartz. Après la lévigation, le premier lot présente du quartz et des fragments de mica, le troisième de l'argile fine.

7° Les trachytes, les basaltes, sont d'une dureté qui les rend difficiles à altérer par une action mécanique; mais il suffit d'avoir parcouru les pays à volcans anciens pour avoir vu des basaltes profondément altérés et quelques-uns entièrement changés en une masse argileuse, et d'autres où cette modification est commencée à la surface. Faujas en cite de nombreux exemples que nous avons pu vérifier [1]. Ce genre de décomposition a lieu sans qu'on puisse indiquer l'agent qui l'a produit. On trouve aussi, dans les volcans modernes, des trachytes qui ont été attaqués par les émanations acides qui en sortent. Quoi qu'il en soit, les rivières qui coulent des pays volcaniques entraînent un sédiment noirâtre et rougeâtre qui appartient évidemment à ce genre de roches.

8° Les roches calcaires pures, primitives, jurassiennes ou néocomiennes, résistent aux agents mécaniques en raison de leur plus ou moins de dureté; mais elles sont attaquées par les eaux pluviales et terrestres plus ou moins chargées d'acide carbonique et nitrique. On trouve à leur surface une couche terreuse peu épaisse, qui contient toujours des bicarbonates et sou-

(1) *Minéralogie des volcans*, p. 582 et suiv.

vent des nitrates, et qui nourrit quelques plantes
labiées, le thym, le serpolet, la lavande; si la roche
présente des fissures qui se sont remplies de matières
terreuses, on y trouve des romarins, des genevriers et
même de grands arbres, comme des pins, des mico-
couliers. Vue au microscope, cette terre formée en
place offre dans tous ses lots la même composition;
dans le premier lot, des grains de sable calcaire; dans
le deuxième et le troisième, une poussière fine qui tend
à se réunir, à se pelotonner, et dont on a beaucoup de
peine à distinguer de fines particules.

9° Les calcaires plus ou moins sablonneux et argileux, sont plus facilement attaqués par les agents extérieurs. On trouve alors des graviers de quartz dans le
premier lot, et le troisième se présente après la dessiccation sous forme d'une plaque consistante, composée
en grande partie d'argile. Les couches terreuses provenant de ces roches sont plus profondes, mais dépassent rarement 6 à 8 centimètres dans les lieux plats;
les moindres dépressions de terrain offrent déjà des
couches cultivables. C'est ainsi que se sont formés
quelques-uns des causses des Cévennes et de l'Aveyron,
qui sont de très bonnes terres à froment.

10° Les grès purement siliceux sont durs et ne se
désagrègent pas plus facilement que le quartz; mais les
grès verts qui contiennent de la chlorite, de l'argile et
du fer oxydé, tombent facilement en poussière et forment
des couches assez fertiles pour les cultures printanières ou arbustives, et dans les lieux où l'on peut arroser pour toutes les cultures. Sur les plateaux, cependant, la terre manque de profondeur.

11° Le gypse se décompose facilement par l'action

de l'eau et par les agents mécaniques ; il forme des terres froides et humides en hiver, pulvérulentes et sèches en été.

12° Il en est de même de la craie, dont la surface se détrempe et se pulvérise en formant un sol sec et chaud, ressemblant à de la bouillie après les pluies, mais très facile à travailler, ce qui compense, jusqu'à un certain point, ses défauts.

SECTION II. — *Terrains diluviens.*

On n'a pu, jusqu'ici, faire que des conjectures sur l'irruption qui a recouvert l'écorce solide de la terre de cette masse de débris pulvérulents qui composent la plus grande partie de nos terres arables, et que l'on trouve à la fois dans les plaines et sur de hautes montagnes. C'est une cause finale admirable que celle qui a préparé le siége d'une opulente végétation et a devancé le cours des siècles qui auraient été nécessaires pour que l'efflorescence et la décomposition mécanique des roches solides fût devenue capable de produire nos grands végétaux. Une violente action a dû avoir lieu pour pulvériser ainsi et répartir ensuite sur le squelette du globe cette chair, ainsi que l'appelle Prony [1], qui devait le revêtir.

Dans son ouvrage remarquable sur le Gâtinais [2], M. Puvis a décrit une partie de ce grand dépôt argilo-siliceux qui constitue le diluvium. Il l'a observé en France ; il aurait pu le faire aussi bien dans toute l'Eu-

(1) Marais pontins.
(2) *De l'agriculture du Gâtinais.* Paris, 1833.

rope, dont il forme pour ainsi dire le sol. Cet auteur lui donne pour caractères l'absence ou une très petite proportion de calcaire, un sous-sol entièrement dépourvu de terreau, une couche de marne à une plus grande profondeur, circonstance d'autant plus heureuse que la marne est l'amendement le plus puissant pour ces terres.

Il semblerait ainsi qu'une première éruption aurait balayé les terrains calcaires et marneux supérieurs, et qu'ensuite une nouvelle débâcle aurait recouvert ces débris par ceux de terrains plus anciens et où manquent les principes calcaires.

Nous avons déjà indiqué, dans l'introduction de cette partie, la distribution du diluvium sur la surface d'une partie de l'Europe et de la France, nous n'y reviendrons pas, mais nous ferons observer que sa composition n'est pas partout identique. La proportion d'argile et de silice varie beaucoup et fait varier aussi les propriétés de ces terrains. Il paraît que suivant que le courant était rapide ou lent, il laissait déposer en plus ou moins grande quantité l'un ou l'autre de ces éléments.

On trouve souvent, à d'assez grandes hauteurs, un diluvium qui paraît d'une autre nature que celui-ci, et qui est composé d'une marne ochreuse; ce terrain est souvent très fertile. Seraient-ce les couches marneuses du diluvium qui, à cause de la hauteur des pentes, n'auraient pu être recouvertes par les couches argilo-siliceuses transportées par un courant moins élevé?

Dans l'axe et à l'embouchure de la vallée du Rhône, qui va du nord au midi, le diluvium est caractérisé par une énorme quantité de cailloux roulés que l'on trouve parfois dans des positions assez élevées (160 mètres au-

dessus du Rhône, sur le plateau de Villeneuve-d'Avignon). Il repose aussi sur un pouddingue et sur un lit de
marne. C'est ce diluvium qui constitue en partie les
terrains appelés *craux* et dont celui d'Arles est le plus
célèbre[1]. Dans le midi, là où la couche de terre est peu
épaisse, ce terrain ne sert qu'au pâturage, mais là où
elle est profonde, il vient d'excellents vignobles (Saint-
Gilles) et des plantations de mûriers; enfin, quand les
cailloux sont peu nombreux, il forme de beaux terrains
à sainfoin.

L'examen de ce dépôt méridional semble prouver
qu'il a eu lieu sous les eaux de la mer, qui en a lissé et
poli les galets, et que le grand courant avait lieu dans
la direction du nord au sud, entraînant les gros débris
dans l'axe de sa direction et déposant les sables et les
argiles dans les anses qui se trouvaient dans la partie
latérale de son cours et où se formaient des remoux.

Aussi, les particules qui le composent varient beaucoup de forme et de grosseur, selon les lieux où on les
observe. Tantôt, l'argile y domine avec un sable d'une
extrême ténuité (ce sont des bolbénes, terres blanches);
d'autres fois, c'est le sable gris ou ochreux, à particules plus grossières, qui l'emporte. En général, le gypse y
manque encore plus que le carbonate de chaux, et en
effet, le gypse en solution ne pouvait se déposer par
le repos et ne s'est manifesté que par l'évaporation;
aussi, toutes ces terres sont très sensibles à l'action du
plâtre. Ce caractère géologique des terres se lie ainsi à
un fait agricole important.

(1) Selon Cambden (*Britannia*, cap. *de primis incolis*), *crau*
vient de *craig*, *crug* ou *carreg*, qui signifie en celte une pierre ou
un rocher. Le mot grès viendrait-il de la même racine?

Il ne faut pas confondre ce diluvium avec d'autres
diluviums partiels et tout-à-fait locaux, provenant des
vallées qui s'ouvrent sur les plaines et qui, probablement, par la rupture des digues de leurs lacs, sont
venus les recouvrir de couches reconnaissables aux
minéraux qui les forment et se placer aussi quelquefois
sur les anciens diluviums. C'est ainsi que la Durance a
fait une irruption sur le diluvium de la Crau et que l'Ou-
vèze et l'Eygues ont fait auprès d'Orange le grand dépôt
qui porte le nom de Plan-de-Dieu, qui s'arrête à sa rencontre avec l'ancien diluvium, près le bois de Pécoulette.

Section III. — *Terrains d'alluvions.*

Les terrains déposés par les cours d'eau actuels,
formés d'éléments divers, suivent les vallées parcourues par les rivières qui les ont transportés, sont
composés de matières plus ou moins volumineuses,
depuis le caillou jusqu'à la plus fine argile, en proportion avec la pente plus ou moins torrentueuse, plus ou
moins tranquille que la rivière conserve dans cette partie de son cours. Là où la rivière court avec rapidité
et où par conséquent elle a beaucoup de force d'impulsion, elle ne dépose que des pierres et des sables.
Mais quand elle a perdu de sa pente et de sa force, elle
laisse déposer d'abord des sables et ensuite un mélange
de sable fin, d'argile et de carbonate de chaux; enfin il
ne reste presque plus que ces deux dernières matières
pour ses dépôts tranquilles et qui sont aussi les plus
compactes; ainsi, par une loi remarquable, les sols hygroscopiques sont accordés de préférence aux pays qui
ont le climat le plus chaud.

Les alluvions n'ayant lieu qu'à l'époque des crues, chaque crue n'apporte qu'une faible couche de dépôt qui diffère du dépôt précédent selon que tel ou tel affluent de la rivière, apportant de préférence telle ou telle nature de terre, a dominé dans la crue. Il en résulte que le terrain d'alluvion est formé de couches minces successives et différant les unes des autres, soit par leur épaisseur, soit par leur nature; de plus, comme les ruisseaux en coulant sur les gazons, les terres cultivées et dans les bois, entraînent toujours du terreau, chacune de ces couches est pourvue de cette substance. Ainsi, ce qui caractérise les alluvions, outre leur position qui manifeste clairement leur origine, c'est leur séparation en couches d'épaisseur inégale, de composition différente et toutes pourvues de terreau, et leur ténacité d'autant plus grande, qu'elles sont plus éloignées du lieu de départ de l'alluvion ou de l'axe de son courant.

Cette répartition des particules selon la force du courant résulte, comme nous l'avons dit, de la vitesse nécessaire pour les entraîner et les tenir en suspension. Nous avons vu dans la lévigation qu'avec le mouvement que nous pouvons apprécier à $0^m,773$ par seconde[1] (vitesse de la Seine entre Surêne et Néuilly, la rivière étant à $1^m,26$ au-dessus de l'étiage[2]), l'eau laissé déposer le gravier et le gros sable, mais tient encore en suspension l'argile et les matières fixes. Dubuat prétend qu'à cette vitesse un courant peut entraîner des galets de $0^m,027$ de diamètre et des pierres grosses comme

(1) Dans la lévigation, l'eau fait, en 26 secondes, cent fois le tour d'un verre de 201 millimètres de circonférence.
(2) Gauthey, *Construction des ports*, p. 177 et 178.

des œufs de poule; mais il suffit de voir l'effet produit sur le cours de la Seine pour juger de l'exagération de cette donnée. L'eau ne soutient plus alors même le gros sable; ce n'est donc que quand les rivières débordent sur la surface du sol avec une vitesse de 1^m,50 à 7 mètres (le Rhône dans ses crues), qu'elles peuvent le couvrir de cailloux et de gros sable. Mais comme dans leurs débordements les courants perdent de leur vitesse en s'étendant sur les plaines, les rivières déposent d'abord à leur bord immédiat des graviers et des sables, en devenant moins rapides, du sable fin, et enfin, là où le courant s'arrête, de l'argile. C'est par le même mécanisme que le long de leur cours elles ont déposé les graviers à la partie supérieure et l'argile à leur embouchure.

M. Gorsse, ingénieur des ponts et chaussées, estime qu'à l'étiage le Rhône charrie 1 mètre de limon sur 7,000 mètres cubes de fluides, 1 mètre sur 230 pendant les grandes crues, et 1 mètre sur 2,000 en moyenne [1]. M. Plagniol, professeur de physique et de chimie à Nîmes, ayant analysé ce limon, a trouvé que, dans les basses eaux, il était composé de 0,25 carbonate de chaux et 0,75 argile avec sable très fin; dans les eaux moyennes, 0,3516 de carbonate de chaux et 0,10 sable micacé, 0,5484 argile; et dans la crue extraordinaire de novembre 1825, de 0,3974 carbonate de chaux, 0,2426 sable micacé, 0,36 argile [2]. Ce sont ces matériaux qui sont apportés par les alluvions du Rhône et

---

(1) Mémoire de M. Poulle, sur *la Camargue*. Les expériences avaient été faites à Arles.

(2) Mémoire de M. de Rivière, sur *la Camargue; Nouvelles Annales d'agriculture*, t. XXXIV, p. 78.

qui constituent les terrains de ce genre, abondants en sable là où les courants sont très forts et ayant une forte proportion d'argile là où ils sont modérés.

Il résulterait d'expériences faites à Bonn, par M. Hevaz, que le Rhin étant très bas au mois d'avril, l'eau ayant une couleur jaunâtre, la proportion de la matière solide sèche à l'eau serait seulement de $\frac{1}{20734}$, et qu'en novembre, après plusieurs jours de grandes pluies, les eaux étant jaune foncé, cette proportion serait de $\frac{1}{12500}$ en poids. Cette énorme différence des matières transportées par le Rhin et le Rhône provient-elle de ce qu'après avoir déposé les parties terreuses dans le lac de Constance, le premier fleuve ne reçoit plus de courant venant de hautes montagnes déboisées, ou y a-t-il erreur de part ou d'autre dans les observations ? C'est ce qu'il faudra constater.

De semblables recherches, faites sur les différentes rivières, auraient un grand degré d'utilité en montrant ce que l'on peut espérer des retenues de leurs eaux pour combler les terrains bas et les améliorer.

Il y a aussi des alluvions formées par des rivières au cours tranquille, et qui, à l'œil, paraissent claires. Elles déposent à la longue une argile d'une ténacité extrême qui forme des terres très difficiles à cultiver.

Les terres les plus fertiles que l'on connaisse sont des terres d'alluvion. La basse vallée du Nil en est toute formée, celle du Gange, celle du Pô, celles du Rhône, du Rhin, de la Garonne, offrent des exemples remarquables des sols les plus riches du monde qui appartiennent à cette formation.

Comment se fait-il que, par une erreur que l'on ne peut trop déplorer, les efforts des riverains aient sou-

vent tendu à diguer ces rivières bienfaisantes, de manière à prévenir tout débordement de leurs eaux sur
les terres? Ne devait-on pas se borner à prévenir leur
abord direct qui, par la vitesse du courant, leur amène
des sables et des graviers, et ne devait-on pas continuer à les recevoir à reculons, en laissant leurs digues
ouvertes à la partie la plus basse? C'est ainsi que l'on a
agi dans la plaine qui borde le Rhône d'Orange à Donzère, et elle est restée fertile. Partout où l'on a fermé tout
accès à l'eau, l'appauvrissement n'a pas tardé à se faire
sentir. En effet, plus de nouveau principe fertilisant,
plus de nouveau terreau amené par les crues annuelles,
et dès lors nécessité de consacrer à la culture des quantités toujours croissantes d'engrais.

Le véritable motif d'une conduite si imprudente n'est
pas difficile à trouver; il y a quelquefois des crues à la fin
du printemps et en été qui enlèvent une récolte au moment de la moisson. La perte est patente, facile à calculer, et on ne la met pas en balance avec un avenir
obscur, incertain. On veut s'y dérober sans calculer les
pertes annuelles que l'on se prépare, soit par la diminution de fertilité, soit par l'entretien toujours plus
coûteux des digues qui doivent être d'autant plus fortes
et plus élevées, que l'on resserre les eaux dans un canal
étroit; par les ruptures de digues alors beaucoup plus
fréquentes, et qui dans les années extraordinaires,
comme celles de 1841 et 1842, ravagent tout le pays;
enfin, par l'exhaussement progressif du lit du fleuve
qui passe au-dessus des campagnes à un niveau élevé,
entretenant les terres au-dessous de lui dans un état
humide et marécageux, et menaçant toujours de se
frayer un nouveau lit à moins d'un entretien coûteux et

incessant, comme on le voit dans la partie inférieure du cours du Pô et de l'Adige.

SECTION IV. — *Terrains d'attérissement.*

C'est sous le nom de terrains d'attérissement que l'on désigne ceux qui sont formés sur la côte de la mer par les courants marins et par les flots. Sur les côtes, la mer ne cesse d'attaquer et de battre en brèche certaines parties saillantes, dont elle transporte les débris dans les anses enfoncées où son mouvement s'est ralenti ; les courants littoraux s'emparent aussi des matières transportées par les fleuves à leur embouchure ; il se forme ainsi graduellement des plages que le fleuve finit par ne plus pouvoir recouvrir, si ce n'est dans les plus hautes marées ou dans les tempêtes, et qu'on ne peut soustraire à l'inondation que par le moyen de travaux d'art. C'est ainsi que les Belges et les Hollandais ont conquis sur la mer de vastes étendues de terrain.

Sur les côtes de la Méditerranée, où les marées sont peu sensibles, les attérissements sont nécessairement plus mêlés de sable, parce que n'ayant lieu que par l'effet des vents et des courants, et non par l'apport journalier des marées, les flots qui les apportent soulèvent toujours par leur violence une plus grande quantité de particules pesantes. Voici de quelle manière se forment les attérissements dans cette mer. Dans les golfes et les lieux où le courant littoral diminue l'action directe des flots venant du large, il se forme peu à peu des bancs qui finissent par enfermer dans leur digue et séparer de la haute mer une certaine étendue d'eau qui devient un étang. Si celui-ci reçoit les affluents

ou les alluvions de l'intérieur des terres, il se comble peu
à peu, passe à l'état de marais, et finalement à celui de
maremme. C'est purement une alluvion favorisée par
l'attérissement; mais longtemps abreuvées par les eaux
de la mer qui franchissent souvent la digue, les terres se
pénètrent de sel. Si les eaux de l'intérieur n'arrivent pas
dans l'étang ou n'y apportent pas de dépôts suffisants,
il reste alors dans l'état où il se trouvait quand le dépouillement complet des montagnes a fait cesser le travail de l'alluvion des rivières. C'est ainsi que les marais
Pontins sont restés dans cet état de demi-comblement;
c'est ainsi que dans l'île de Camargue, à l'embouchure
du Rhône, une première partie septentrionale est com-
blée, une partie intermédiaire reste à l'état de marais
depuis que l'île, entourée de digues, ne permet plus
aux eaux du Rhône de l'attérir, et enfin, une troisième
partie, la plus voisine de la mer, le Valcarès, est restée
un étang. On dit qu'il se forme actuellement, au large,
une nouvelle barre qui deviendra bientôt une digue et
formera un étang au sud du Valcarès.

Quant aux maremmes ou parties comblées des anciens étangs, ce sont des terrains malsains à cause du
voisinage de ces flaques d'eau isolées qui se remplissent
et se dessèchent alternativement; mais il n'est pas sûr
qu'après leur desséchement ils cessent tout-à-fait d'être
malsains. Il existe encore pendant longtemps dans
ces terrains des décompositions de matières organiques
que retient le sol et qui s'en exhalent quand la sécheresse succède à la saison des pluies. Il faut probablement longtemps pour que la source de ces émanations
soit complétement tarie. La culture de la surface et
peut-être son écobuage, souvent renouvelé, sont les

meilleurs moyens pour accélérer le moment où elles cessent de nuire.

La fertilité des polders, des lais et relais de la mer et de toutes ces terres nouvellement apportées par les eaux, prouve combien ce remaniement est favorable à la végétation quand la surabondance du sel n'y met pas obstacle.

SECTION V. — *Terrains paludiens.*

Les marais intérieurs ne reçoivent pas ordinairement leurs eaux des rivières limoneuses qui y apporteraient un tribut abondant de terres; ils sont alimentés ou par des eaux pluviales qui coulent sur les déclivités de leur bassin, ou par des sources qui jaillissent près de leur bord ou au centre même de leur étendue. Ce sont des eaux peu rapides, qui ne se chargent que du limon le plus ténu et qui même quelquefois paraissent entièrement claires. Aussi le sol des marais est-il formé alors de particules très fines, d'une nature analogue au terrain des environs quand ce sont des eaux pluviales qui l'entretiennent, ou au sous-sol qui porte les terres arables, si ce sont des sources et quelquefois enfin seulement de tourbe provenant des plantes qui croissent dans les eaux claires; mais dans tous les cas, la tourbe est mêlée en particules plus ou moins discernables aux terres de marais; et quand on en fait l'analyse par les acides, les débris charbonneux se retrouvent en grande quantité avec la silice, même quand ils n'étaient pas visibles à l'œil.

Dans la lévigation, le premier lot renferme des débris de coquilles terrestres ou fluviatiles, du terreau carbonisé dans lequel on distingue quelquefois la forme des plantes; on trouve du terreau non décomposé à la surface de l'eau qui a servi à la lévigation. Le sous-sol est nécessairement un terrain qui retient l'eau et ne peut être traversé par les racines des plantes. La valeur du terrain est donc en raison de la profondeur de la couche perméable.

Parmi ces natures diverses de sol, variables autant que les circonstances de leur formation, on distingue surtout les terrains paludiens formés par les dépôts provenant de la couche marneuse, si étendue sous nos terres arables et d'où elle a été amenée à jour par les sources. Cette nature de sol, si longtemps dédaignée, a pris une grande importance depuis qu'elle est devenue le siége de la riche culture de garance que l'on fait dans le département de Vaucluse. Ces terrains sont très productifs au moyen de fréquents engrais quand leur couche est profonde et quand le sous-sol est frais sans retenir des eaux stagnantes; car, dans ce dernier cas, le marais souterrain devient une cause d'infertilité et d'insalubrité.

Section VI. — Dunes.

Les dunes sont formées de sables mobiles transportés par les vents; leur présence est un véritable danger pour l'agriculture: c'est le typhon des anciens, qui des déserts de la Libye ne cesse de menacer la fertile Egypte. En effet, quand elles ne rencontrent pas d'obstacles, l'action du vent ne cesse de leur faire gagner du terrain aux dépens des terres labourables. Les sables mobiles du Sahara sont composés de grains de quartz

translucide qui ont, en terme moyen, 7/10 de millim.
de diamètre, sans mélange d'aucune autre substance[1].
Quand rien ne les arrête ils s'avancent de 3 à 4 mètres
par an. Les sables qui composent les dunes de Bordeaux
sont aussi quartzeux ; ils règnent sur une longueur de 24
myriam. sur une largeur moyenne de 5,000 mètres. Cette
mer de sable, à laquelle rien ne résiste, s'avance imper-
turbablement de l'ouest à l'est dans la direction des
vents dominants, avec une vitesse moyenne de 24 mètres par an, couvrant les terres, les villages, les bois,
comblant les rivières et les forçant à s'étendre en étangs
et en marais à la surface du sol. En Hollande, on
plante les dunes d'*arundo arenaria* pour les recouvrir et
dérober le sable à l'action du vent ; en Guienne, Brémoutier imagina de fixer les dunes par de grandes plantations de pins qu'il parvint à faire croître par d'in-
génieuses précautions. Cette opération se continue
annuellement.

Les arbres, une fois enracinés et préservés par leurs
voisins du ravage que fait dans leur feuillage et leurs
jeunes branches le sable siliceux poussé par la violence
du vent, réussissent bien grâce à la fraîcheur de l'intérieur de ces dunes, entretenue par l'humidité des
vents de mer[2].

Aussi M. de Candolle[3] s'étonne que l'on n'ait pas
songé plus souvent à utiliser le sol des dunes ; il parle

(1) Costaz, *Mémoire sur l'Egypte*, t. II, p. 264.
(2) *Voir* les Mémoires de Brémoutier et le Rapport de Chassiron
dans le tome IX des *Mémoires de la Société d'agric. de la Seine*,
p. 414.
(3) *Mémoire sur la fertilisation des dunes; Mémoires de la
Société d'agric. de la Seine*, t. V, p. 440 et 443.

du village de Lataan, entre Dunkerque et Furnes, dont les habitants s'étaient formés au milieu des dunes un petit territoire où le seigle, la pomme de terre, la carotte, venaient à merveille; mais surtout il cite un exemple remarquable de ce que peut l'industrie dans des terrains de ce genre ordinairement si dédaignés. « Qu'on me permette, dit-il, d'entrer dans quelques détails sur un établissement formé en 1798. Le premier soin d'Heitfeld (c'est le nom de l'industrieux cultivateur) a été de bâtir sa chaumière auprès d'une source d'eau douce; cette chaumière est très basse et l'entrée en est au sud-ouest, afin d'être à l'abri des vents du nord-ouest, fréquents sur cette côte. En creusant pour avoir de l'eau, il a trouvé un banc de tourbe qu'il exploite et dont il se sert pour brûler... Dès qu'Heitfeld a eu bâti sa chaumière, il s'est occupé à protéger sa future possession des vents du nord-est. Dans ce but, d'après la méthode reçue, il a d'abord placé sur les hauteurs qui l'environnent l'arundo arenaria. Ce gramen se transplante sans difficulté lorsqu'on l'arrache avec de longues racines. Mais pour se préparer de l'ouvrage pour l'avenir, les planteurs hollandais qui sont chargés d'en garnir les dunes avancées, le coupent avec des racines très courtes, de manière qu'il périt la première ou la seconde année et ne pousse pas de nouvelles racines. Ce sont cependant les racines qui par leurs entrelacements retiennent le sable mobile. Heitfeld ne plante plus d'arundo et préfère employer des arbres pour arrêter le vent. Le peuplier blanc et le peuplier d'Italie réussissent bien dans ce terrain dont le fond est humide. Il a établi des haies assez épaisses pour résister aux efforts du vent; c'est derrière cet abri

que cet industrieux paysan a commencé à cultiver.
L'humidité dont le sol des dunes est imprégné le dispense d'arroser pendant l'été. Faute de secours pécu-
niaires, il n'a jamais mis d'engrais, et malgré cela,
l'avoine a réussi dans ce sable comme dans un terrain
ordinaire; le blé sarrazin s'est élevé à un mètre, le
seigle et le trèfle réussissaient très bien, mais ils ont
gelé cet hiver; la spergule vient à merveille, le chanvre
atteint 13 décimètres de hauteur; le lin s'est élevé à
12 décimètres et a fourni la graine la plus grosse et la
plus nourrie que j'aie encore vu; le *somerhat*, variété
du colza, et la moutarde, y ont aussi prospéré; les diverses variétés de lentilles, de fèves, de pois, de haricots, y ont parfaitement réussi; mais la culture qui est
la plus avantageuse est celle des racines tubéreuses et
charnues. Je l'avais soupçonné en voyant la grosseur
que la racine de la moindre plante sauvage acquiert
dans les dunes... L'agriculture a confirmé ces indications de la botanique; les pommes de terre, les raves,
les carottes, les scorsonères, la betterave, ont prouvé,
par leur prospérité et par leur saveur, qu'elles ne se
refusaient point à croître dans les dunes. Outre tous
ces essais, j'ai vu chez Heitfeld des ognons, des laitues,
des épinards, de l'oseille, du persil et du céleri naissant
et bien portant. Le maïs qu'il a semé cette année ne paraît pas réussir aussi bien.

« Tel était l'état de la plantation de Heitfeld en prai-
rial an VII (mai 1799). L'hiver cruel qu'il avait eu à
supporter a augmenté les difficultés de son entreprise,
mais aussi a rendu ses résultats plus certains; car toute
plante qui n'a pas gelé pendant l'hiver de l'an VII peut
certainement supporter ce climat. Le sol des dunes gèle

très profondément, mais se dégèle avec la même promptitude, » à cause de la porosité des sols sablonneux.

Les terrains des dunes ne sont donc pas complétement improductifs quand ils sont bordés par les eaux de l'océan occidental et humectés par ses vents d'ouest. Sous d'autres conditions, les dunes ne peuvent pas être utilisées par des cultures annuelles; mais si elles ne sont pas battues par des vents violents, on les voit se couvrir d'arbres tels que les pins, les genevriers, etc. En Languedoc, la clématite y abonde et les habitants la récoltent pour en faire un bon fourrage sec. Les dunes ne repoussent donc pas toute végétation et présentent à côté de leurs immenses inconvénients un certain degré d'utilité.

Section VII. — *Terrains volcaniques.*

Si les laves scoriacées, les basaltes, les trachytes, sont d'une décomposition difficile et ne fournissent pas de nombreux contingents aux terres arables; en revanche, les vaques, les argilolites, les produits boueux des volcans, se réduisent facilement en terres propres à la culture; ce sont eux qui forment les sols argileux dans les terrains volcaniques, et qui, par leur mélange avec les produits plus siliceux, composent les meilleures terres qui s'y trouvent. Mais on trouve aussi des sols composés seulement de fins débris de ponce que l'on a appelés tufs ponceux. Ils sont de couleur rougeâtre ou grisâtre; ils ont un éclat soyeux, et contiennent des parcelles de fer oxydulé. Quand les fragments de ponce sont fort atténués, ils donnent à la terre l'apparence et quelques-unes des qualités des terresargileuses. Ces tufs ponceux composent une grande partie du sol de la riche campagne de Naples.

Ce que l'on appelle *lapilli* et *cendres volcaniques*, ne sont que deux degrés différents d'atténuation des laves compactes lancées par les volcans. Les *lapilli* sont des petits fragments de lave de 1 à plusieurs millimètres de diamètre; les cendres volcaniquesne sont que cesmêmes fragments réduits à de plus petites dimensions; ils constituent des terrains secs et inconsistants, et il est à peine croyable que la végétation puisse y exister. Cependant, c'est sur des terrains pareils que viennent les vignes qui produisent le *lacryma christi* au pied du Vésuve. M. Webb remarque que les pommes de terre qu'on cultive à Ténériffe dans des amas de ponce entièrement dépourvus de terreau acquièrent en peu de temps un développement extraordinaire[1], et nous avons vu ce même sol mis en culture entre Nicolosi et l'Etna. Ce sont des *lapilli* pyroxéniques, constituant un terrain sec et filtrant, d'une grande profondeur, où la vigne, le figuier, l'amandier, ont assez bien réussi, et où la *genista juncea* devient un véritable arbre[2]. Quand on met en culture les laves récentes, il s'en élève, surtout en hiver et dans les temps pluvieux, une odeur désagréable, annonçant des réactions chimiques et qui, attaquant les organes respiratoires des ouvriers, leur cause une véritable orthopnée[3].

La fertilité de ces terrains qui viennent d'être soumis

---

(1) *Bibliothèque universelle de Genève*, t. LII , p. 359.

(2) *Coup d'œil sur l'agriculture de Sicile; Journal d'Agriculture pratique*, t. III, p. 433.

(3) Mémoire de Galvagni dans les *Actes de l'Académie géodésique de Catane*.

à une chaleur incandescente et privés par conséquent
de toute substance organique, s'explique par la présence de la potasse et de la soude dans toutes les laves
et par celle de sels ammoniacaux que l'on trouve auprès
des volcans et dans les pseudo-volcans (chlorhydrate
et sulfate d'ammoniaque). Sans être obligé de tirer les
substances nécessaires à leur nutrition de la décomposition des corps organisés, ou de l'avare distribution
qu'en fait l'atmosphère, les plantes trouvent donc immédiatement dans les terrains volcaniques deux des éléments les plus importants et les plus rares, les alcalis
fixes et l'ammoniaque. Ce fait explique l'opulente végétation de ces terrains, surtout quand il s'y joint l'humidité procurée par l'irrigation.

CHAPITRE II.

Disposition des couches des terrains agricoles.

Les terrains meubles qui couvrent la surface de la
terre et qui sont le domaine de l'agriculture, sont formés de plusieurs couches superposées les unes aux autres, mais que nous devons ranger sous deux divisions
principales, les couches perméables à l'eau, les couches imperméables. Nécessairement, pour qu'il puisse
y avoir culture, les couches supérieures sont plus ou
moins perméables; car une argile pure ou une roche
aride ne seraient pas susceptibles de nourrir des végétaux. C'est à partir de la couche imperméable et en
remontant vers le sol, que se trouvent les terres qui

peuvent être pénétrées par les racines et dont nous aurons à nous occuper.

Nous appellerons le *sol* la couche supérieure du terrain jusqu'à la profondeur où elle conserve la même nature minérale. Le sol se divisera en : 1° *sol actif*, celui qui est mêlé de terreau, qui reçoit les impressions de l'atmosphère, les sels solubles, dans lequel se passent les phénomènes de la végétation, et qui est atteint par les labours; 2° au-dessous de cette première couche et quoique conservant la même composition minérale, si le sol est profond ; nous appellerons *sol inerte* la seconde couche qui n'est pas entamée par les cultures.

Au-dessous du sol, au moment où une nouvelle couche de composition minérale différente se présente, nous avons le *sous-sol* qui peut être formé lui-même de plusieurs couches variables aussi dans leur composition jusqu'à ce qu'on atteigne dans la profondeur la couche imperméable.

Si le sol est placé immédiatement sur la couche imperméable, il n'y a pas de sous-sol. La profondeur du terrain est la distance qui sépare la surface de la couche imperméable; ainsi, par exemple, ces terres peuvent être composées d'une des manières suivantes :

		mètres.	
Terre calcaire silicate. .	1	$0_m,33$	sol actif.
		$0^m,67$	sol inerte.
Terre siliceuse.	2		sous-sol.
Argile.			couche imperméable.
Profondeur. . .	3		

ou

Terre siliceuse. . . .		$0^m,30$	sol actif.
Roche de grès. . . .			couche imperméable.
Profondeur. . .	$0^m,30$		

ou encore

	mètres.	
Terre argilo-siliceuse.....	2	sol actif.
Terre argilo-calcaire.....	1	sous-sol.
Roche calcaire.........		couche imperméable.
Profondeur....	3	

SECTION Ire. — *Du sol actif.*

La profondeur du sol actif dépend entièrement, d'après la définition que nous en avons donnée, de celle des labours. En effet, leur effet étant de presser la terre piétinée par les chevaux et corroyée par le sep et de la rendre ainsi très compacte, il se forme artificiellement à cette profondeur un sous-sol presque imperméable qui s'imprègne difficilement d'eau et qui n'est jamais en contact avec l'atmosphère. Il dépend donc du cultivateur d'avoir un sol actif, profond ou mince. Dans un sol profond, les racines s'enfoncent sans peine et vont chercher l'humidité et les sucs nourriciers dans un plus grand cube de terre. Aussi, tous les cultivateurs sont d'accord, maintenant, sur les avantages d'un sol actif profond, et dans des contrées entières on l'entretient en cet état par des minages périodiques très coûteux et que l'on ne croit pas acheter trop chèrement.

Souvent et surtout dans les terres d'alluvion, le sol actif se trouvant épuisé de certains principes, on renouvelle sa fertilité en le mêlant au sol inerte qui les possède et qu'on lui substitue. C'est ainsi que nous voyons des terres cultivées en garance améliorées par le défoncement profond nécessaire pour extraire la racine de cette plante ; c'est qu'alors le sol inerte est d'une excellente nature et que, n'ayant jamais été épuisé par l'action de la végétation, il a conservé le dépôt des substances nutritives que les eaux avaient entraînées. Mais si le sol actif est devenu tel, seulement par le mélange des engrais, et que le sol inerte soit devenu presque imperméable par le tassement et ne contienne aucun principe fertilisant, quand il se trouve par cette opération substitué au sol actif, il en résulte une série de mauvaises récoltes jusqu'à ce qu'on l'ait de nouveau fertilisé par des engrais.

SECTION II. — *Du sol inerte.*

La prolongation du sol actif en sol inerte n'est pas toujours avantageuse. Quand le sol actif a des qualités excessives, soit en ténacité ou en légèreté, ou en sécheresse, ou en humidité, il est bien préférable d'arriver immédiatement à un sous-sol d'une qualité opposée et que l'on puisse mélanger avec le sol par le moyen des labours profonds. Mais dans les sols de bonne qualité, et surtout dans les alluvions, un sol d'une bonne profondeur est chose très désirable. Quand le sol inerte repose sur la couche imperméable ou sur une couche filtrante abreuvée d'eau, il ne peut pas dépasser un mètre de profondeur sans inconvénient, parce que, dans cette dimension, il transmet encore l'humidité du fond à la surface, s'il est composé de substances hygroscopiques. Dans le cas où la couche d'eau serait très profonde ou que le sous-sol fût d'une mauvaise qualité, la grande épaisseur du sol inerte est un avantage puisqu'on peut toujours, par le moyen des labours profonds, en faire un utile récipient d'humidité en permettant aux racines d'aller la chercher profondément.

SECTION III. — *Du sous-sol.*

La nature du sous-sol acquiert beaucoup d'importance quand il est situé à une petite profondeur et peut être atteint par les labours. Alors, on peut considérer : 1º s'il est suffisamment filtrant ; 2º s'il est d'une nature meilleure ou pire que le sol, et s'il peut ou non lui servir d'amendement ; 3º si sa couche supérieure est d'une grande ou petite épaisseur, et, dans ce dernier cas, quelle est la nature de la couche immédiatement inférieure.

1. *Sous-sol filtrant.* Cette nature de sous-sol est très avantageuse pour les terres fortes et pour celles qui sont situées sous un climat pluvieux, ou encore pour celles qui peuvent être arrosées. Un sous-sol bien perméable à l'eau l'est aussi aux racines, et les arbres y prennent un développement admirable. C'est sur un sous-sol formé de terres graveleuses que viennent les magnifiques noyers et châtaigniers des vallées, de même que l'opulente végétation de mûriers de quelques parties des Cévennes. Les luzernes et le sainfoin y donnent de belles récoltes, parce que ces plantes recherchent surtout leur nourriture dans la profondeur ; mais aussi il peut rendre le sol trop aride pour les plantes annuelles dans les climats méridionaux.

2. *Sous-sol peu filtrant.* Si ce sous-sol est trop près de la surface de la terre, il retarde l'écoulement de l'eau en hiver, il se charge d'extrait de terreau, absorbe l'oxygène et en prive les racines des plantes qui s'y

macèrent et souffrent ou meurent. L'inconvénient diminue avec la profondeur de ce sous-sol, parce qu'alors le sol cesse d'être complétement imbibé. Les terrains argilo-calcaire pesant 16, tandis que l'eau pèse 10, et recevant 0^m,50 d'eau dans leur complète imbibition, une pluie d'un centimètre n'imbibera complétement que 12$^{mill.}$,5 de terre; mais quand les pluies sont fréquentes et abondantes, et que la terre n'a pas de pente, ce n'est pas trop de 0^m,30 de profondeur pour que les plantes restent toujours dans un état moyen d'humidité pendant la saison des pluies.

3. La nature du sous-sol contribue à augmenter la valeur de la terre quand elle est meilleure que celle du sol lui-même. Ainsi, il arrive dans les alluvions que d'excellents limons ont été enterrés sous des couches de graviers qui constituent le sol. On peut utiliser ceux-ci par des plantations d'arbres si la couche inférieure est assez peu profonde pour qu'ils puissent l'atteindre en quelques années; ces arbres, qui languissaient d'abord tant que leurs racines étaient encore dans la couche de gravier, se raniment en atteignant le riche sous-sol et prennent un beau développement. C'est sur ce principe que nous avons pu rendre à la production une partie du domaine du Bordelet, au confluent de l'Ardèche et du Rhône, qui avait été couverte de sable et de gravier par l'inondation de 1827, et qui maintenant est une véritable forêt de mûriers plantés sur un mètre d'épaisseur de ce nouveau sol aride.

4. Si le sous-sol est situé près de la surface et qu'il n'ait pas une grande épaisseur, il est essentiel de connaître la nature de la couche immédiatement inférieure et de calculer si, en brisant le sous-sol et le mêlant avec

I.   17

le sol, on parviendra à se procurer un nouveau sous-sol de meilleure qualité. Ainsi, quelquefois, sous les sols de sable et de gravier, se trouve une couche peu épaisse de sable ou de cailloux agglutinés par un ciment calcaire ou ferrugineux ; c'est ce qui arrive par exemple dans les Landes. En rompant ce sous-sol, si cela est économiquement possible, on se procurera un nouveau sous-sol plus profond, plus perméable, plus frais. Il m'a été rapporté que des plantations qui ne pouvaient réussir, à cause de la petite épaisseur du sol, avaient eu un grand succès et avaient produit de très beaux chênes dans ces mêmes landes, quand on avait percé le pouddingue inférieur avec une aiguille de mineur pour introduire leur pivot sous la couche peu épaisse du sous-sol. Quel travail faudrait-il, dans quelques situations favorables de la contrée, pour miner et rompre cette couche et avoir un sous-sol excellent pénétrant jusqu'au réservoir des eaux inférieures ?

D'autres fois, c'est une couche d'argile imperméable qui forme le sous-sol, et quand elle est mince elle peut aussi être rompue, et avec les mêmes avantages que dans le cas précédent. Dans la plaine centrale de Vaucluse, un sous-sol d'argile de quelques centimètres d'épaisseur suffisait pour retenir les eaux à la surface en hiver, pour ôter aux plantes en été le bénéfice de l'humidité souterraine, pour gêner le développement des racines, pour constituer enfin un terrain détestable et maudit ; le brisement de cette couche, opéré pour cultiver la garance, a décuplé la valeur des terres en mettant le sol en communication avec le réservoir permanent des eaux.

Il se présente aussi quelquefois des phénomènes qui

sont inexplicables si l'on n'examine pas la nature et la constitution du sous-sol. Ainsi, en Camargue, on remarque des places où le sel remonte à la surface par la capillarité, à côté de places où il ne surabonde jamais. C'est que le sous-sol imperméable qui empêche la communication entre le sol et les terrains imprégnés de sels inférieurs au sous-sol vient à manquer, et qu'il se trouve là remplacé par une veine de terre filtrante et capillaire.

Ces exemples, que nous pourrions multiplier, prouvent la grande importance que l'on doit attacher à étudier et à bien connaître la stratification du terrain que l'on cultive. Ordinairement, on acquiert cette connaissance en observant la succession des couches lorsqu'on creuse des puits qui se poussent jusqu'au réservoir des eaux. Quand nos paysans veulent cultiver ou acheter un sol qu'ils ne connaissent pas, ils ne manquent jamais de l'ouvrir profondément avec la bêche; mais il est plus commode et plus expéditif de se servir d'une petite sonde dont on peut pousser le travail à plusieurs mètres en quelques heures.

SECTION IV. — *De la couche imperméable et du réservoir des eaux.*

Le réservoir inférieur des eaux n'est pas partout à 500 mètres de profondeur comme à Grenelle; il arrive au contraire, souvent, qu'il n'est pas assez éloigné de la surface pour que les longues racines ne puissent y aller puiser l'eau nécessaire à une belle végétation, ou que par l'effet de la capillarité, s'il n'y a pas de couches intermédiaires interposées, son humidité n'entretienne la fraicheur du sol; quelquefois même il se trouve trop près de cette surface et l'entretient dans un état constant d'humidité très nuisible aux plantes.

Les racines qui se dirigent horizontalement sous la surface du sol, quand le sous-sol est sec et imperméable ou quand il ne porte qu'une eau désoxygénée, plongent verticalement au contraire quand le sous-sol est filtrant et qu'au-dessus de lui passe sur un lit de sable ou de gravier une eau courante et aérée. C'est la condition de la vallée du Nil où les dépôts limoneux du fleuve sont superposés à un sable filtrant et abreuvé d'eau[1]. Nous avons vu sur les bords éboulés du Rhône et de l'Ardèche des mûriers, des luzernes et des *blés* étendre leurs racines à 3 mètres de profondeur, pour atteindre le réservoir inférieur de l'eau filtrant à travers les graviers; sur les bords de la Sorgue le sous-sol argileux ayant été défoncé, comme nous l'avons expliqué dans l'article précédent, le sol a été mis en communication avec des masses tourbeuses, constamment lavées par la filtration de la rivière et par le moyen desquels l'ascension de l'humidité entretient la fraîcheur du sol. A Nîmes, le sous-sol de la plaine de Vistre est un pouddingue au-dessous duquel est le réservoir des eaux courantes; en le perçant en plusieurs points, les eaux sont montées au-dessus des pouddingues, là où leur niveau le permettait, et ont été mises en communication avec le sol.

Quand les eaux du réservoir, au lieu d'être courantes, sont stagnantes comme dans les terres concaves, il y a

---

(1) Girard, *Observations*, p. 289, dans la grande description de l'Egypte.

non une rivière, mais un marais intérieur ; les eaux sont désoxygénées et il est important que leur réservoir ne soit pas trop près de la surface ; mais à une certaine profondeur, à un mètre, par exemple, elles n'auront plus d'effet que par leur ascension capillaire, pendant laquelle elles se mettent en communication avec l'air et reprennent l'oxygène qu'elles ont perdu.

Mais il arrive trop souvent que ces réservoirs stagnants ne sont entretenus que par les eaux pluviales et que dans la saison chaude ils se dessèchent complétement après s'être remplis outre mesure pendant l'hiver. Ce genre de réservoir intérieur est donc plutôt fâcheux qu'utile.

Quand le réservoir intérieur des eaux n'est pas à plus de quatre mètres de profondeur, on peut toujours se procurer avec facilité, par le moyen de la machine à vapeur, l'eau nécessaire à l'irrigation pour une somme moindre que celle que l'on paie aux canaux d'irrigation existants dans le midi, en supposant la houille au prix qu'elle a le long des lignes navigables et en employant une force *minimum* de 5 chevaux-vapeur ; on pourrait atteindre à une plus grande profondeur avec le même déboursé, relativement à l'étendue du terrain, si l'on employait des machines plus fortes. Les norias bien construits et mus par des chevaux ne produisent le même résultat économique qu'à $2^m,5$ de profondeur au plus. Nous apprécierons mieux encore l'utilité d'un réservoir d'eau placé à cette profondeur, sous une couche imperméable, en traitant de la valeur des terres sèches comparée à celle des terres arrosées.

Quand le réservoir inférieur des eaux se trouve à une profondeur telle qu'il ne peut être utilisé ni par la capillarité naturelle du sol, ni par les machines, on est soumis à la rigueur de toutes les variations des saisons, il faut obéir à la loi météorologique, heureux quand elle n'est pas sujette à de grandes variations annuelles dans la distribution des pluies. On doit donc chercher à constater l'existence, la situation et la profondeur du réservoir des eaux et la constance ou l'inconstance de son niveau, soit pour se rassurer par la certitude que l'hygroscopicité des terres suffira pour entretenir la fraîcheur du sol, soit pour s'approprier par les moyens mécaniques les eaux d'un réservoir trop profond; soit enfin pour diriger la culture et le choix des assolements, selon les circonstances où l'on se trouve, et se résigner aux alternatives des saisons.

Section V. — *Défauts de parallélisme (non concordance) des couches des terrains.*

On serait loin de connaître complétement la stratification d'un terrain un peu vaste, si l'on se bornait à l'observer sur un seul point; le résultat ne serait exact que dans le cas où le sous-sol et la couche imperméable seraient parallèles, mais il en est très souvent autrement. Ainsi, il arrive, surtout dans les diluviums, que le sol a été déposé sur une surface déjà ondulée et formée, par exemple, d'une partie concave sur laquelle des argiles auront été déposées horizontalement, puis sur des roches inclinées qui forment le bord du bassin. Si le sol a une pente qui se rattache à la roche, il se trouvera qu'au point A (*fig.* 2) il aura un sous-sol rocheux qui ira toujours en s'approfondissant en s'approchant de B; qu'en B il aura un sous-sol argileux qui ira en diminuant de profondeur vers C, et qu'enfin en D le sol changera de nature, que ce ne sera plus le diluvium, mais l'argile qui le constituera.

Fig. 2.

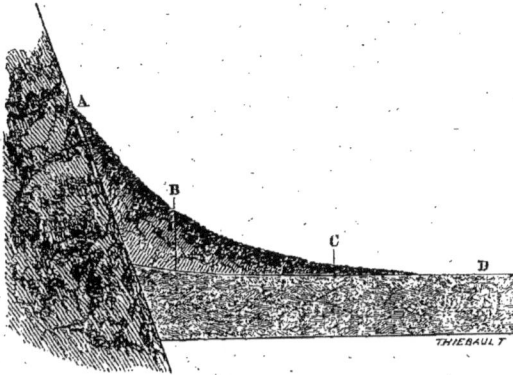

Dans les terrains d'alluvion, on trouve les mêmes variations qui se manifestent aussi par l'absence et la présence successives du réservoir d'eau ; car les eaux courantes entassent quelquefois certaines couches aux places où elles trouvent des obstacles et n'en laissent pas trace là où elles ont toute leur impétuosité. Ainsi, dans l'exemple ci-dessous, le niveau de l'eau étant G

Fig. 3.

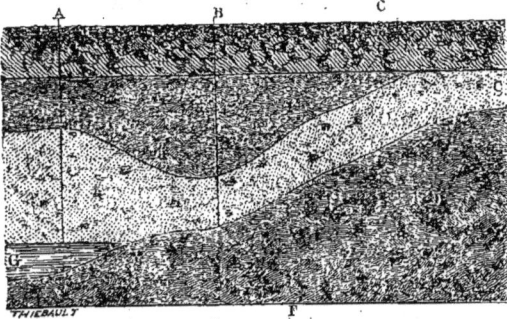

(*fig.* 3), le sol aura de A en C un sous-sol argileux ; mais en A on trouvera le niveau de l'eau après avoir percé une

mince couche d'argile ; en B on percera une forte couche
d'argile, mais on arrivera au gravier qui se trouve au-
dessus du niveau de l'eau et par conséquent à sec ; le réservoir de l'eau n'existe plus pour le sol ; en C, l'argile
manque et le sous-sol est du gravier. Rien n'est plus variable que la stratification des alluvions. C'est encore
au défaut de concordance dans la stratification des couches des terrains, que l'on doit la possibilité d'atteindre
quelquefois à de si grandes profondeurs, au-dessous d'un
sol à peine incliné , des amas d'eau considérables qui
peuvent remonter à la surface et produire ce que l'on
appelle les puits artésiens. En effet, on sait que diverses
formations à couches perméables ou imperméables ont
été soulevées de leur position horizontale , inclinées à
l'horizon de manière à former les montagnes ; ces couches se rattachent au noyau de la montagne, à différentes hauteurs, et les eaux qui coulent sur les pentes
s'infiltrent nécessairement dans les couches perméables,
les suivent, et contenues par les couches imperméables
supérieures et inférieures, forment sous les plaines des
réservoirs d'eau comprimée par la pression qu'exerce
la hauteur de l'eau depuis son point de départ. Si l'on
vient donc à percer la couche imperméable supérieure,
l'eau jaillit dans le trou de sonde pour se mettre de
niveau avec le point le plus élevé de sa charge, et souvent assez haut pour venir arroser la plaine située au-
dessous. S'il existe plusieurs étages de couches perméables venant se rattacher à la montagne à différentes
hauteurs , il y aura plusieurs réservoirs d'eau inférieurs
que l'on trouvera successivement en approfondissant le
trou de sonde ; la profondeur à laquelle on rencontrera
l'eau variera à la fois selon l'éloignement des monta-

gnes qui lui servent de point de départ et selon l'é-
paisseur des bancs imperméables qui la recouvrent. La
fig. 4 montrera la constitution de pareils terrains. E,

Fig. 4.

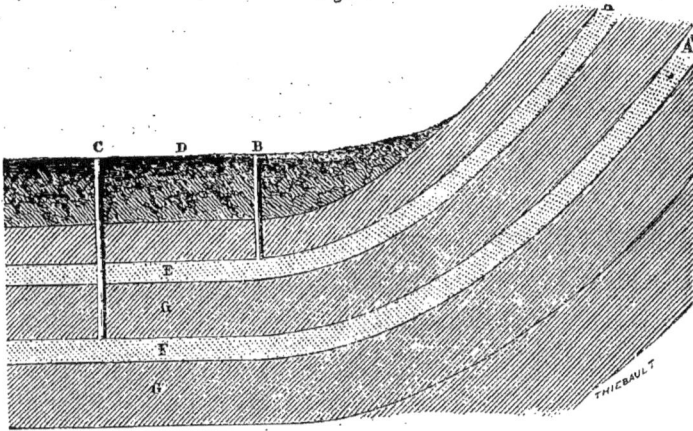

est une couche filtrante, premier réservoir d'eau; F, une
couche filtrante, second réservoir d'eau; GG, des couches imperméables; BC, des trous de sonde.

L'eau s'infiltre dans les couches filtrantes en A et A';
elle descend avec ces couches au-dessous du sol de la
plaine ; selon que l'on creusera en B ou en C, l'on trouvera l'eau plus profondément, soit que l'on veuille atteindre le premier ou le deuxième réservoir, et si les
couches continuent à plonger sous le terrain, on peut
arriver à un point où cette profondeur serait si grande
que les efforts humains ne pourraient l'attendre [1].

Ce qui se passe en grand pour les dépôts susceptibles

(1) Voyez Garnier, *l'Art du fontainier sondeur*, et toute la
théorie des puits artésiens, exposée clairement dans une note de
M. Héricart de Thury insérée dans les *Mémoires de la Société centrale d'agriculture*, 1828, t. l, p. 6.

de former des puits artésiens, se passe en petit pour les sources, et il suffit d'une lacune dans la couche imperméable qui leur sert de toit, il suffit d'un percement qui y aura été fait pour qu'une terre soit habituellement humide. Elkington reçut une gratification du Parlement pour avoir appliqué cette théorie à l'art des dessèchements et avoir compris qu'il s'agissait d'atteindre l'eau dans la couche filtrante, vers la partie la plus haute du terrain et de la conduire dans des fossés hors du champ pour le dessécher complétement, ce que l'on ne faisait qu'imparfaitement en cherchant à réunir les eaux déjà parvenues à sa partie la plus basse.

CHAPITRE III.

De la végétation naturelle du sol.

Si nous considérons la propriété qu'ont les plantes de substituer, dans un grand nombre de cas, un principe constitutif à un autre, par exemple, la soude à la potasse; et l'existence de la plupart des principes minéraux, soit dans le sol, soit dans la poussière atmosphérique, soit dans les eaux de pluie; nous penserons qu'un germe déposé dans un terrain quelconque pourra y prendre un certain développement et y exister plus ou moins longtemps, quoiqu'il n'y trouve pas tous les éléments nécessaires à sa vie complète et facile. On a été même plus loin, et l'on est parvenu à faire végéter des plantes sur du quartz pilé, dans du charbon; mais alors les seuls éléments puisés dans l'atmosphère concouraient à leur nutrition, et leur développement était incomplet et peu considérable. Il semblerait donc, d'après ce raisonnement, que les plantes devraient être indifférentes aux terrains sur lesquels elles vivent, et qu'ainsi la végétation d'un sol ne peut être qu'un indice trompeur si l'on veut juger d'après elle de sa nature et de ses propriétés.

A l'appui de cette conclusion on rapporte les faits qui se passent dans les jardins de botanique, où toutes les plantes de la terre sont également admises ; mais il faut observer qu'au milieu des éléments si divers qui les composent, il n'est pas étonnant qu'elles trouvent ceux qui conviennent à leur nature. Il ne faut pas oublier non plus que leurs jardiniers savent varier les terres selon les différentes plantes, et qu'il y en a des séries entières qui ne prospèrent que quand on leur fournit de la terre de bruyère.

Ce qui prouverait davantage, c'est que les botanistes trouvent à peu près les mêmes plantes sur les montagnes calcaires et sur les montagnes schisteuses et granitiques. De Candolle dit qu'il ne saurait citer un seul végétal qu'on puisse affirmer n'avoir été trouvé que dans des terrains calcaires et dans des terrains granitiques, mais il ajoute qu'on trouve plus habituellement sur les terrains calcaires le buis, la *potentilla rupestris* et *caulescens*, le *polypodium calcareum*, la *gentiana cruciata*, l'*asclepias vincetoxicon*, le *cyclamen europœum*, le *trifolium montanum*, l'*adonis vernalis*; plusieurs espèces d'orchis, des bupleuvres, des lichens, etc. ; et sur les terres plus ou moins siliceuses, les châtaigniers, le *digitalis purpurea*, *sedum villosum*, *pteris crispa*, *polystrachium orcopteris*, *saxifraga stellaris*, *achillœa moschata*, *ca-*

rex pyrenaica[1]. M. Théod. de Saussure indique le
chrysanthmum alpinum comme se trouvant uniquement
sur les terrains granitiques.

Cependant M. de Candolle admet des exceptions
à l'énumération que nous venons de transcrire; ainsi,
il a trouvé le buis en abondance dans un terrain schisteux, à Gédres (Hautes-Pyrénées), dans les terrains granitiques du Morbihan, dans les terrains volcaniques des
environs de Coblentz; le châtaignier se trouve entre
Nîmes et Alais, dans un terrain calcaire où il est mélangé à l'olivier.

Et en effet, les influences météoriques, l'abondance
des pluies, l'évaporation, les abris, l'épaisseur du sol,
la situation du réservoir des eaux, sont, en général,
des causes bien plus influentes sur la végétation que la
présence ou l'absence de telle espèce minérale qui peut
souvent être suppléée. C'est ainsi que M. T. de Saussure[2]
trouvait dans l'analyse des cendres de pin que ceux de
Breven, crus sur un terrain granitique, renfermaient
13,43 de silice et 6,77 de magnésie, tandis que ceux du
Reculey, venus sur un sol calcaire, ne renfermaient ni
l'une ni l'autre de ces substances, et que tous les autres
principes y étaient dans des proportions très différentes.

M. de Caumont a observé en Normandie que telle
plante qui croît spontanément sur les granites et sur
les terrains primordiaux, ne se rencontre plus du tout
dans les plaines de calcaire secondaire; mais M. Payen
a trouvé en Bretagne que le calcaire n'avait de plantes particulières à sa surface que parce qu'il s'échauffe

---

(1) *Physiologie végétale.* p. 1239.
(2) *Journal de physique*, 1800. t. II. p. 10, note.

plus facilement que les schistes environnants; car il en a d'autant plus qu'il est plus friable, et toutes celles qu'il y a rencontrées spécialement se retrouvent dans les schistes, surtout au midi de la province et sur les côtes[1].

Cependant, il ne faut pas avoir beaucoup voyagé pour se rappeler que les différents terrains présentent un ensemble particulier de végétation qui constitue leur physionomie végétale et qui, dans nos souvenirs, se lie indissolublement avec les lieux que nous avons visités. D'où vient donc ce fait général en opposition avec les faits particuliers que nous venons de citer? C'est que les botanistes, en cherchant leurs plantes, ne s'enquièrent que de leur présence ou de leur absence, et que l'œil apprécie aussi leur nombre relatif, leur groupement, leur développement. C'est cette intuition qu'il faudrait réduire en chiffres pour apprécier réellement l'influence des terrains ; il faudrait prendre quelques mètres carrés du sol et compter le nombre de plantes de chaque espèce qui s'y trouvent, les peser même et comparer ce résultat à celui que l'on aurait obtenu ailleurs et sur des terres différentes. C'est ainsi que, souvent, nous avons fait l'analyse botanique des prairies pour apprécier leur qualité.

Dirigées de la sorte, nos recherches nous apprendraient qu'en général la statistique des plantes indique plutôt la disposition relative des couches de terre et leur état d'atténuation, que leur composition minérale, qu'ainsi le *tussilaga farfara*, le *cichorium intybus*, l'*inula*

(1) *Compte-rendu de l'Académie des Sciences*, 30 août 1841, p. 483.

dyssenterica annoncent plutôt un sous-sol imperméable et humide, qu'une véritable argile, et que la nombreuse série des plantes des sables croît sur les sables calcaires comme sur les sables siliceux.

Il ne faut cependant pas méconnaître que beaucoup de plantes sont loin d'être indifférentes à la composition minérale du sol, que l'abondance des sainfoins, des trèfles, des mélampyres, des coquelicots, de l'ononis, indique un sol calcaire, tandis que la petite matricaire, l'oseille, la bruyère, l'ajonc, la fougère annoncent généralement un sol qui en est dépourvu ; et quel est l'agriculteur, ayant devant les yeux les miracles de la marne, de la chaux et du plâtre, qui pourrait nier les effets d'une substance ajoutée au terrain où elle manque?

Après l'existence ou la fréquence des plantes sur tel ou tel sol, vient une autre question, celle des qualités spéciales que les sols communiquent aux plantes qui y croissent. M. de Caumont affirme que les acheteurs ne craignent pas de payer 3 fr. de plus le double décalitre de blé d'une localité, parce qu'une augmentation dans le poids viendrait correspondre à cette augmentation de prix. Le fait de cette augmentation de poids et de prix est vrai, quoique renfermé dans des limites moindres que celles que cet auteur annonce, mais il tient bien moins, pour les pays dont j'ai connaissance, à la constitution géologique du sol, qu'à une meilleure exposition et à une plus grande sécheresse du terrain. En général, les grains venus sur des pentes exposées au midi, dans des sols graveleux et secs, compensent, jusqu'à un certain point, par leur densité, la faiblesse des récoltes qu'ils y donnent.

Le même auteur a constaté aussi, dit-il, d'une manière non moins certaine des différences dans la saveur, les qualités relatives de l'alcool, et la propriété de se conserver plus ou moins bien, des cidres de Normandie, suivant qu'ils sont provenus d'arbres plantés sur des terrains géologiquement différents. M. de Caumont a pu arriver à dresser ainsi une carte à la fois agronomique et géologique, où sont indiquées les distinctions du sol de Normandie, par rapport aux quantités et à la qualité des cidres que le pommier y donne relativement, et à la manière plus ou moins heureuse dont il y pousse et s'y plaît.

Dans le congrès de Lyon[1], M. l'abbé Croizet rapportait avoir observé à cet égard, en Auvergne, que les vins récoltés sur les sols granitiques sont un peu plus alcooliques que ceux récoltés sur les sols volcaniques. D'autres membres de ce congrès appuyaient cette observation en déclarant l'un, que les terrains calcaires produisaient un vin plus léger et moins alcoolique que les terrains primitifs; un autre, qu'en Savoie les vins les plus alcooliques et qui se paient le plus cher sont ceux des terrains granitiques; viennent ensuite les vins des sols calcaires; puis, enfin, ceux qui sont fournis par les vignobles plantés dans les alluvions essentiellement argileuses.

Toutes ces observations ne sont vraies que relativement. Il serait facile de citer une foule d'observations contraires. Les vins les plus alcooliques de la côte du Rhône, ceux de Roquemaure et de Tavel viennent sur des terrains entièrement calcaires. Tous les vins à eau-

(1) T. I, p. 45.

de-vie du Languedoc croissent sur des terrains pareils.
Les vins les plus spiritueux de la Sicile, ceux de Syra-
cuse, proviennent aussi de terrains calcaires; ceux
de Madère et de Ténériffe de terrains volcaniques.
On ne doit voir dans toutes ces nuances que des phénomènes d'exposition et d'hygroscopicité, et non des
phénomènes tenant à la nature géologique du terrain,
jusqu'à ce que l'on ait donné des preuves plus fortes et
plus dégagées des circonstances accessoires.

On ne peut cependant nier l'influence des sols, surtout l'influence de leur composition minérale, bien plus
que celle de leur âge géologique. Les observations que
nous venons de citer devront être recueillies avec soin,
mais seulement comme des éléments et non comme la
solution du problème. Elles sont une précieuse indication qui nous prouve qu'il y a quelque chose à chercher.
Le blé et le vin, par la grande extension de leur culture, nous semblent en effet les meilleurs sujets à observer. Si l'on parvenait à prouver, par exemple, que
sur les terrains de telle ou telle formation ou de telle
ou telle composition minérale, les céréales ont constamment plus de gluten, plus de fécule, plus de poids;
que sur d'autres terrains les raisins ont plus de parties
sucrées, ou plus de bouquet; si les observations
étaient nombreuses et faites sous des climats différents,
on aurait éclairci une matière qui, quant à présent,
nous paraît loin de présenter ce degré de certitude qu'on
voudrait lui attribuer. Néanmoins, la carte agronomique du Calvados, que prescrit M. de Caumont, aura
un degré d'utilité que l'on ne peut méconnaître, puisqu'elle offrira au moins un point de comparaison aux
observations futures.

Quant à présent, moins avancés, nous ne pouvons porter que des conclusions plus modestes; il faut donc en revenir à ce point, que si toutes les plantes peuvent végéter misérablement sur du quartz pilé, elles ne prennent tout leur développement que là où elles trouvent toutes les conditions de leur existence complète; que quelques germes peuvent bien s'égarer et croître loin de la station qui leur convient, mais qu'ils y restent comme des exilés, et qu'ils n'y multiplient pas; que la végétation d'un terrain prise en grand a une véritable signification, et que quand elle sera étudiée de cette manière, elle conduira à un résultat tout autre que celui auquel nous conduisent les catalogues botaniques dressés par la méthode actuelle. C'est encore une étude à laquelle nous convions les jeunes botanistes qui veulent apporter un utile tribut à la science agricole.

CINQUIÈME PARTIE.

CLASSIFICATION DES TERRAINS AGRICOLES.

En tous temps les agriculteurs ont senti le besoin d'une nomenclature pour nommer et désigner les terres qu'ils cultivent, et celles dont ils veulent rendre compte de vive voix ou par écrit. Partout on a créé une telle nomenclature, mais elle n'a pu être basée dans chaque lieu que sur le petit nombre d'objets de comparaison qui se présentaient à l'observation. Ainsi, dans certains pays, on a admis des terres rouges et blanches; ailleurs, des terres fortes et légères. La pratique a fait ses classifications sur un caractère unique qui renfermait pour elle tous les autres caractères des natures de sol que l'on considérait; mais l'idée complexe que représentait chacun de ces mots n'était pas la même à quelques kilomètres plus loin : ici, les terres rouges étaient aussi des terres légères; ailleurs, des terres fortes; l'utilité de ces nomenclatures ne pouvait donc s'étendre plus loin que le champ de l'observation.

Quand on a voulu étudier scientifiquement l'agriculture, quand on a voulu comparer les cultures et les résultats de deux pays éloignés, des aperçus aussi superficiels n'ont plus suffi. Les descriptions, les préceptes devenaient vagues et inexplicables sans une langue qui traduisit les perceptions des sens, qui retraçât à tous les yeux les mêmes images ; sans elle chacun se trouve réduit à son expérience individuelle, et les Arthur Young, les Schwertz, les Bürger, les Lullin de Châteauvieux ne transmettent plus qu'incomplétement à notre esprit le résultat de leurs courses instructives.

Au milieu du mouvement scientifique actuel qui s'est fait aussi sentir à l'agriculture, il était impossible que la nécessité ne produisît pas quelque chose de pareil à ce qui s'est passé dans toutes les sciences naturelles, et qu'une pareille langue ne se formât pas spontanément ; mais le travail individuel se fait trop sentir dans la nomenclature adoptée ; faute de s'être entendu et d'avoir fixé, par de bonnes définitions, la valeur des mots, tous les écrivains sont loin d'attacher le même sens aux mêmes termes. La classification entière est à refondre, et il faut le faire en ne perdant pas de vue les propriétés agricoles des terres, et sans se laisser dominer par des notions scientifiques d'un autre ordre. Nous allons l'essayer dans cette cinquième partie. Mais nous commencerons par jeter un coup d'œil rapide sur les divers systèmes de classification proposés jusqu'ici, et, après avoir reconnu leur insuffisance, nous essaierons d'établir les principes qui doivent dominer un pareil travail, et d'en faire nous-mêmes l'application.

CHAPITRE Ier.

Examen des divers systèmes de classification.

Les classifications proposées jusqu'ici pour les terrains agricoles ont pour base, ou la composition minérale, ou les propriétés physiques, ou le genre de culture auxquels ils sont propres, ou enfin un mélange plus ou moins judicieux de ces différents éléments. Il serait trop long et assez inutile de recueillir dans tous les traités d'agriculture les classifications diverses que les auteurs ont cru devoir proposer; nous nous bornerons à choisir quelques exemples dans chacune des divisions que nous venons d'indiquer; ce que nous en dirons pourra s'appliquer aux classifications faites sur les mêmes principes.

Section Ire. — *Classification fondée sur la composition minérale du sol.*

Parmi les anciens, Varron est le premier qui ait proposé un système de classification, fondé sur la composition minérale du sol. Il divise ses terres : 1° en crayeuses; 2° sablonneuses; 3° argileuses; 4° graveleuses; 5° ochreuses; 6° charbonneuses. Il admet ensuite les combinaisons deux à deux de ces différentes terres, et les divise en trois degrés, en disant qu'elles sont fortement, médiocrement, faiblement crayeuses, sablonneuses, argileuses, etc.[1]. Rien de plus vaste que ce cadre : il possède, en vertu de l'association de mots qu'il autorise, une élasticité qui se prête à la formation de tous les groupes imaginables; mais qui ne voit qu'il n'est qu'une véritable abstraction fondée sur des principes étrangers à l'agriculture, un travail de cabinet, un de ces systèmes que l'on construit si aisément à l'aide d'un caractère donné, et de quelques accolades?

[1] Varron, cap. IX.

Si nous l'examinons en détail, nous remarquons d'abord que ses trois premières classes sont en effet très naturelles, qu'elles indiquent des natures déterminées, connues, et qui annoncent le tact de l'auteur ; mais les trois dernières ne sont plus de même ordre; du gravier dans une terre n'est qu'une circonstance accessoire, le principal c'est la nature de la terre qu'accompagne le gravier. Dire d'une terre qu'elle est graveleuse, sans ajouter qu'elle est argileuse, crayeuse et sablonneuse, ce n'est pas en donner une idée suffisante. Il en est de même de la terre ochreuse et de la tourbeuse, chargée de terre charbonneuse. Varron n'a donc réellement admis que trois classes primordiales, qui peuvent se trouver plus ou moins affectées, comme épithète, par le titre des trois dernières. Mais il y a plus, les terres peuvent n'être décidément d'aucune des trois classes de premier ordre, même modifiées par les épithètes de second ordre ; elles peuvent être un mélange des trois premières classes prises deux à deux et trois à trois, et tel qu'il soit impossible de leur assigner une place fixe dans le tableau ; suffira-t-il alors de dire qu'elles sont fortement, médiocrement peu sablonneuses, crayeuses ou argileuses, sans exprimer la qualité mixte du composé? Ainsi, on peut sans injustice regarder cette classification comme insuffisante pour rendre compte de toutes les modifications que nous présente la nature.

Pendant longtemps nos modernes ont moins bien fait ; ainsi, Monnet[1] proposait de diviser les terres agricoles : 1º en argiles, 2º marnes, 3º terres tuffacées, 4º terres bolaires, 5º terres à porcelaine ; sans parler de l'in-

(1) *Journal de physique*, 1774, t. II, p. 180.

complet d'une telle nomenclature, qui ne renferme ni les terres sablonneuses, ni les glaises, ni les craies, et qui propose les variétés d'argile sous plusieurs divisions, nous ne trouvons ici de nouveau que la classe de la marne qui est distinguée des véritables argiles.

Chaptal, venu plus tard, divisait les terres : 1o en glaise, 2º calcaire, 3º marne, 4º sables[1] ; il négligeait les terres tourbeuses qui occupent d'assez vastes étendues ; mais, quoique très rationnelle, sa division était encore toute minéralogique, et ne reposait sur aucune considération agricole. Thaër l'adopta dans son grand ouvrage[2].

Pontier[3] adoptait les trois classes de Varron, et les associant entre elles deux à deux et trois à trois selon la prédominance des éléments qui les constituaient, il formait le tableau suivant.

I. Classe argileuse.	1. Argilo-calcaire.
	2. Argilo-siliceuse.
	3. Argilo-calcaire, siliceuse.
II. Classe calcaire.	4. Calcaire-argileuse.
	5. Calcaire-siliceuse.
	6. Calcaire-argileuse-siliceuse.
III. Classe siliceuse.	7. Silico-argileuse.
	8. Silico-calcaire.
	9. Silico-calcaire, argileuse.

Nous ferons observer que l'auteur ne dit pas ce qu'il entend par la prédominance d'une de ces terres. Est-ce un plus grand poids, un plus grand volume de cet élément? Mais une terre peut passer pour argileuse, et peut être très forte, quoiqu'elle contienne moins d'argile que de calcaire. D'ailleurs, combien n'aurait-il pas

(1) *Chimie agricole*, t. 1, p. 115.
(2) *Principes d'agriculture*, § 530.
(3) *Mémoire sur la connaissance des terres agricoles*, Aix, 1826.

été difficile d'appliquer exactement ces dénominations, sans une analyse assez avancée des terrains? On passe dans ce système par des nuances si fines, que la détermination serait sans cesse sujette à contestation.

M. Oscar Leclerc[1] a complété ce cadre, mais en même temps il l'a compliqué par de nouvelles considérations. Voici le système de classification qu'il propose :

I. Terre argileuse.
- Argilo-ferrugineuse.
- Argilo-calcaire.
- Argilo-sablonneuse.
- Argilo-ferrugino-calcaire.
- Argilo-ferrugino-siliceuse.
- Argilo-ferrugino-calcaire.
- Argilo-sablo-calcaire.

II. Terre sableuse.
- Sableuse-argileuse.
- Quartzeuse et graveleuse.
- Granitique.
- Volcanique.
- Sablo-argilo-ferrugineuse.
- Sables de bruyère.
- Sables purs.

III. Terre calcaire.
- Sables calcaires.
- Sables crayeux.
- Sables tuffeux.
- Terres marneuses.

IV. Terre magnésienne.

V. Terre tourbeuse.
- Tourbeuse.
- Uligineuse.
- Marécageuse.

La première classe n'est que la reproduction du système de Pontier, et mérite les mêmes reproches; la seconde confond les notions minéralogiques et les notions géologiques; plusieurs de ses genres ont une double et une triple place dans le cadre. Ainsi, les sables granitiques peuvent être rangés par les uns dans

---

[1] *Maison rustique du XIXe siècle*, t. I, p. 24.

les terres sableuses-argileuses, ou dans les quartzeuzes-graveleuses ; les terres argilo-ferrugino-siliceuses sont bien près des sablo-argilo-ferrugineuses et des argilo-ferrugino-siliceuses ; la magnésie ne se trouve jamais constituer un terrain assez étendu pour pouvoir être élevée au rang de classe ; enfin, les terrains tourbeux, par opposition aux terrains tourbeux-uligineux et marécageux, ne font que reproduire plusieurs fois la même espèce de terrain avec des caractères tous différents.

M. Deveze de Chabriol [1] avait classé les terrains en : 1° granitique, 2° schisteux, 3° d'alluvion sableuse, argileuse, calcaire ; 4° volcanique, 5° tourbeux. Il avait fait ses observations dans un pays où les terrains formés en place étaient nombreux ; aussi pour lui étaient-ils la règle, et les terrains transportés l'exception. Ceux-ci qui, chez lui, formaient seulement la troisième classe, composent réellement la plus grande masse des terrains agricoles.

SECTION II. — *Classification fondée sur les propriétés physiques du sol.*

Pendant que les savants étaient occupés, dès les temps les plus anciens, à classer les sols d'après leurs principes composants, le vulgaire s'en tenait toujours à leurs propriétés physiques. Varron fut l'expression de la première tendance, Columelle le fut de la seconde. Il distinguait les terres de la manière suivante : 1° grasses, 2° maigres, 3° meubles, 4° fortes, 5° humides, 6° sèches, et il en formait huit classes principales :

(1) *Mémoires de la Société centrale d'agriculture*, 1819. p. 260.

1° Grasse, meuble, humide. (Quand elle était médiocrement humide, c'était la terre qu'il appelait *pulla*, la terre par excellence.)
2° Grasse, forte, humide.
3° Grasse, meuble, sèche.
4° Grasse, forte, sèche.
5° Maigre, forte, humide.
6° Maigre, forte, sèche.
7° Maigre, meuble, sèche.
8° Maigre, meuble, humide.

On n'a rien fait de mieux ni de plus complet, depuis cet auteur, pour classer les terres selon leurs propriétés physiques, isolées de toute autre considération. Ceux qui ont voulu retoucher à cette classification, qui reproduit si bien le langage populaire, n'ont fait que la mutiler.

Elle pouvait suffire dans ce sens à l'agriculture quand elle ne connaissait pas les propriétés attachées à la composition minérale des terrains, les propriétés des terres calcaires, par exemple, en opposition avec celles des terrains qui ne possèdent pas l'élément calcaire. Les progrès de la science et ceux de l'observation agricole elle-même exigent que l'on fasse entrer de nouvelles considérations dans la formation d'une nomenclature.

SECTION III. — *Classification fondée sur les genres de cultures convenables aux terres.*

La plus ancienne classification de ce genre est celle de Caton, car elle est entièrement relative aux cultures déjà établies sur le sol. Selon lui, on distingue les terres : 1° en vignes, 2° jardins, 3° saussayes, 4° olivettes, 5° prairies, 6° terres à blé, 7° bois, 8° vergers, 9° chenevières. C'est la division d'un cadastre, mais nullement celle qui est propre à donner une idée de la nature des terres, car l'erreur du cultivateur qui planterait une vigne sur une terre de jardin la classerait parmi les terres fort différentes des autres vignobles.

Mais les Allemands, qui ont aussi adopté une classification tirée des cultures, ne sont pas tombés dans cet empirisme; ainsi Thaër divise les terres : 1° en terres à froment, 2° terres à orge, 3° terres à seigle, 4° terres à avoine, mais en même temps, il joint à ces dénominations des analyses chimiques qui, dans son esprit, se lient intimement aux propriétés agricoles qu'il leur attribue. Les analyses de Thaër ne sont que de simples lévigations, précédées de l'action d'un acide pour enlever la chaux, et c'est d'après le résultat d'une telle opération qu'il a présenté un tableau de la valeur relative des terrains, et leur a assigné la culture qui leur convenait[1], sans songer que le troisième lot de la lévigation peut, au lieu d'argile, ne contenir que de la silice très divisée. Au reste, Burger[2] a déjà fait justice de cette prétention en nous donnant l'analyse suivante de deux terrains selon la forme adoptée par Thaër :

Parties constituantes.	Terre A.	Terre B.
Parties solubles dans l'eau froide.	0,001	0.000
Parties combustibles.	0,666	0,069
Parties terreuses impalpables (lot n° 3). . .	0,178	0,192
Sable fin (lot n° 2).	0,071	0,216
Gros sable mêlé de gravier (lot n° 1). . . .	0,681	0,523

A l'examen de ce tableau, on trouve les lots numéros 2 et 3 de la terre A, égaux à 249, et ceux de la terre B, à 408; qui ne croirait que la terre B est plus tenace,

---

(1) *Principes d'agriculture,* § 554.
(2) *Cours d'économie rurale,* traduit par Noirot, Dijon, 1836, p 23 et 24.

moins légère? et cependant c'est le contraire qui est vrai : A forme des mottes dures, B se pulvérise facilement. Nous avons déjà montré plus haut et par expérience, qu'il en devait être ainsi toutes les fois que le troisième lot n'était pas formé uniquement d'argile dans deux terres que l'on compare. Selon Thaër, A serait classé comme un bon terrain à avoine, B comme une terre à orge de deuxième classe, et cependant A est une terre extrêmement fertile, qui convient au maïs et au froment, et B est d'une maigreur et d'une aridité presque absolue. Ce seul exemple prouve le danger des classifications par culture, quand elles sont basées sur un seul caractère et non sur un ensemble de caractères qui se rapportent aux besoins des plantes. Ainsi, l'on pourrait sans danger définir une terre à froment, celle qui, n'étant pas trop humide lors de la semaille, conserve $0^m,12$ de son poids d'eau à 33 centimètres de profondeur jusqu'à la maturité du froment, et terre à seigle celle qui ne conserve cette humidité que jusqu'à la maturité du seigle. Hors de ces caractères synthétiques qui sont le résultat et la combinaison d'une foule de données diverses, on n'agit plus avec sûreté.

La classification de Kreissig est aussi fondée sur les cultures qui conviennent aux terres. Cet auteur a cherché à se garantir de la faute que Thaër avait commise en donnant un ensemble de caractères pour signaler ses classes, au lieu d'un seul caractère tiré de la lévigation. Il divise les terres en terres à céréales d'hiver et terres à céréales de printemps. Les terres à céréales d'hiver sont celles qui ne sont pas trop humides dans cette saison ; les terres à céréales de printemps sont celles qui se dessèchent de bonne heure au printemps et peuvent être ensemencées après être restées tout l'hiver dans l'humidité. Ces considérations annoncent que le système a été fait pour un pays où l'on se préoccupe peu de la sécheresse précoce de l'été ; il n'a donc pas le degré de généralité que l'on peut désirer sous le point de vue scientifique.

Les terres à céréales d'hiver sont divisées en trois classes, auxquelles Kreissig assigne les caractères suivants :

1° Terres à froment, celles où l'argile prédomine, qui se crevassent par la sécheresse et se divisent en grosses mottes difficiles à rompre ;

2° Terres à seigle, peu argileuses, qui ne se crevassent pas et dont les mottes se divisent facilement ;

3° Terres à céréales de printemps.

Ces ordres sont divisés en classes ; mais ici les caractères cessent d'être précis ; ils sont fort multipliés, tiennent à des modifications ambiguës et qui, n'étant pas complètes, laissent le plus grand nombre des terrains en dehors du cadre.

On peut en outre objecter que, borné au point de vue de la culture des céréales, considéré seulement dans les circonstances qui conviennent à l'Allemagne, ce cadre manque d'universalité, et que son utilité se borne, comme l'a voulu son auteur, à servir de base aux opérations cadastrales de son pays.

Mais cependant, on ne peut trop louer ces tentatives vraiment agricoles. Leurs auteurs se sont séparés, en grande partie, de l'école purement minéralogique ; ils ont cherché à faire une classification en rapport avec les besoins de l'agriculture, sans apprécier assez, peut-être, les rapports que cette science conserve avec la minéralogie. La spécialité de leurs sols allemands ne leur a pas permis de s'apercevoir de ceux qu'ils excluaient de leurs cadres, et qui cependant auraient eu toutes les propriétés qui, selon eux, sont propres aux cultures qu'ils ont admises. C'est ainsi qu'un grand nombre de terrains calcaires, qui ne se crevassent pas, sont des terres à froment de première qualité.

SECTION IV. — *Classification mixte.*

Après avoir constaté si souvent l'impuissance d'un principe unique pour présider à la classification des terrains, il était naturel d'essayer de réunir plusieurs principes différents. Mais peut-être que, pour réussir dans cette entreprise, il aurait fallu que l'analyse des terres fût plus avancée qu'elle ne l'était quand la Société économique de Berne proposait la classification suivante [1] :

I. Terres fortes.	Argile.
	Marne.
	Terre de marne.
II. Terres légères.	Mélangées.
	Sables.

Ici les principales divisions étaient tirées de la ténuité des terres et les divisions secondaires de la nature minérale. Mais d'abord les terres de marais sont bien éloignées d'être toutes des terres fortes ; celles qui sont fortement calcaires, comme les terres du Trentin (Vaucluse), ont à peine quelque ténacité. Malgré ce défaut, on voit combien le bon sens pratique des membres

(1) T. X, p. 15.

de la Société économique se rapproche de la bonne route.

Plus tard, Arthur Young s'en écartait visiblement quand il donnait dans son *Guide du fermier* [1] le plan de classification suivante :

I. Terres compactes.	Motteuses. Friables. Loam compacte.
II. Sols graveleux.	Sains et chauds. Humides et froids.
III. Sols sablonneux.	Légers. Compactes.
IV. Crayeux.	
V. Marécageux.	

Ici les éléments physiques se trouvent mêlés aux éléments minéralogiques ; mais sans ordre, sans logique, puisqu'on admet des terres compactes friables, des terres crayeuses qui ne seraient pas graveleuses, des sols sableux compactes qui ne seraient pas placés parmi les terres compactes.

L'examen rapide que nous venons de faire des divers systèmes de classification de terres proposés jusqu'ici, doit nous faire sentir que ce qui leur manque, c'est d'avoir été précédés d'un examen sérieux des principes sur lesquels doit être basée une telle classification ; nous allons nous efforcer de les établir.

_____

(1) T. XI, p. 2 de la traduction de ses œuvres.

CHAPITRE II.

Principes de la classification des terres.

Si nous étudions les corps pour les connaître en eux-mêmes, et sans but prochain d'application, c'est dans leur être intime, dans les rapports de leurs parties, dans leur ressemblance et leur dissemblance que nous trouvons les moyens de les grouper entre eux, sans aucun égard aux circonstances étrangères à leur existence propre; c'est ainsi que Jussieu a établi ses familles de plantes, Cuvier celles des animaux; chacune de leurs coupes réunit les êtres qui se ressemblent le plus entre eux, sous tous les rapports de leur organisation, sans aucun mélange de l'idée étrangère de leur utilité : c'est de l'histoire naturelle pure.

Mais si nous changeons de point de vue, si ce n'est pas l'être et le corps en lui-même que nous voulions étudier, mais seulement telle ou telle de leurs proprié-tés, dès lors la classification cesse d'être une *méthode naturelle*, et devient une *méthode usuelle*. Ainsi, quand nous voulons étudier les plantes sous le point de vue agricole, la considération des familles ne pourrait que nous égarer, nous ne trouverons aucun principe agri-cole commun à une famille entière. Celle des grami-nées, par exemple, nous présente le blé, le seigle, l'orge, le riz, la canne à sucre, le fromental, le ray-grass qui exigent des soins, et servent à des usages différents. D'ailleurs, le nombre des familles cultivées est peu considérable, et en suivant l'ordre des familles

dans un cours d'agriculture, on n'aurait plus que des
lambeaux de ces familles, qui, séparées de leur ensemble, ne formeraient plus qu'un chaos, quand on aurait
fait disparaître les chaînons intermédiaires qui établissent l'ordre de leur enchaînement. Que ferions-nous
donc dans ce cas? Nous rapprocherions entre elles les
plantes dont le genre de culture a le plus d'analogie, et
nous aurions, par exemple : 1° les arbres forestiers;
2° les arbres et arbustes récoltés annuellement (mûriers, vignes, arbres à fruit); 3° les plantes à grains
féculents (blé, avoine, sarrasin); 4° les plantes à graines
huileuses (colza, pavot); 5° les plantes fourragères
(luzerne, ivraie vivace, spergule); 6° les plantes textiles
(chanvre, lin); 7° les plantes à tige tinctoriale (in-
digo, gaude, pastel); 8° les plantes oléracées (épi-
nard, chicorée); 9° les racines (pomme de terre, betteraves, carottes, garance, etc.). Nous formerions ainsi
des classes dans lesquelles les affinités des plantes sont
brisées, mais qui nous offre un autre genre d'affinité,
celui qui résulte de leur genre de culture, qui est devenu
l'objet principal de nos études. Ce sont des classes naturelles sous le rapport agricole, tandis qu'elles cessent
de l'être sous celui de la botanique.

C'est ce qui a été fait aussi pour les matières médicales, alimentaires, etc. La chimie elle-même a classé
les êtres naturels dans un autre ordre que la minéralogie. Ainsi, non-seulement les sciences d'application
(sciences technologiques), mais les sciences pures elles-
mêmes, modifient leur classification selon l'objet quelles se proposent, en la faisant dériver de celles des
propriétés des corps qui importent à leur objet.

En agrologie, ce ne sont déjà plus des substances

simples, des corps dans leur état individuel, comme une plante, un cristal, que nous avons à examiner; ce sont des mélanges de plusieurs substances dont on ne forme des individus que par abstraction, ainsi que cela a lieu pour les roches, et formées comme celles-ci de la réunion de plusieurs minéraux simples. Mais cette opération intellectuelle, qui saisit la réunion habituelle de plusieurs substances pour en former un être collectif, est bien plus naturelle dans la pratique que celle qui ne considérerait dans un granite que les trois minéraux qui le composent, sans avoir égard à leur mode d'agrégation, ou mieux encore à celle qui décomposerait ces minéraux en leurs derniers éléments chimiques, rayant ainsi le granite des nomenclatures, pour ne plus y placer que l'oxygène, le silicium, l'aluminium, le potassium, le magnesium, et le fer.

Il en est ainsi des terres, soit qu'elles ne présentent qu'une seule espèce minérale, la silice, par exemple; soit, comme cela arrive le plus souvent, qu'elles en présentent plusieurs, et qu'on les trouve associées à des débris végétaux et animaux, nous pouvons considérer abstractivement chacun de ces mélanges comme une roche pulvérisée, et agir sur lui comme l'on a agi sur les roches pour en former un ensemble systématique.

Après avoir montré que la raison et l'usage nous autorisent à proposer une classification des terres sous le point de vue spécial de l'agriculture, nous devons examiner : 1º quels sont les caractères que l'agriculture doit rechercher dans les terres ; 2º la valeur relative de chacun d'eux ; 3º leur application à la classification.

SECTION Iʳᵉ. — *Caractères des terres relativement à l'agriculture.*

Quand un agriculteur s'attache à l'étude d'une terre, il lui est fort indifférent qu'elle soit composée d'alumine, de silice, ou que ces substances soient à l'état de quartz ou de feldspath, ou que dans leur agrégation elles soient les débris d'un granit, qu'elles appartiennent aux terrains primitifs ou d'alluvion ; ce qu'il demande, c'est de savoir quel genre de plante la terre qu'il observe portera avec le plus d'avantage, la force qu'exigera sa mise en culture, les amendements qu'elle exigera pour acquérir son maximum d'effet ; voilà les vrais caractères agricoles, ceux qui s'adaptent au plan de l'agrologie, ceux qui portent la lumière dans ses recherches.

Or, ce que nous avons dit en parlant de la composition des sols nous prouve que certains éléments sont en rapport avec les propriétés recherchées par les agriculteurs. Ainsi, les terrains qui contiennent en certaine proportion les carbonates de chaux et de magnésie sont éminemment propres à la culture du froment ; si l'on y ajoute du gypse, les légumineuses y prospèrent aussi ; les glaises qui abondent en silice sont le sol spécial des forêts.

Les propriétés physiques des terres les rendent aussi plus ou moins convenables à certains végétaux ; les terres constamment fraîches portent de belles prairies, les terres sèches en été sont propres au froment ou au seigle, selon l'époque de leur dessiccation ; les terres humides en hiver veulent des récoltes de printemps, si à cette époque elles ont perdu une partie de leur humidité; les terres sèches à la surface et à sous-sol frais s'utilisent pour les arbres et les arbustes; les terres inondées produisent de précieuses récoltes de roseaux servant aux litières.

Sous le point de vue de la facilité et de la difficulté des travaux, les terres siliceuses et sablonneuses s'ouvrent sans effort, ainsi que celles de nature organique; les terres argileuses, les glaises et les terres mélangées, offrent des degrés assez différents à cet égard selon la quantité d'argile propre à faire pâte qu'elles renferment.

Sous le rapport des amendements, les terres sablonneuses et calcaires, plus perméables à l'air, décomposent plus facilement les engrais et demandent des fumures fréquentes, tandis que les argileuses retiennent le fumier, ne le cèdent qu'après s'en être saturées, et peuvent ainsi être fumées à de plus longs intervalles et avec plus d'abondance; les terres abondantes en principes organiques exigent l'emploi de la chaux; celles où cette substance manque s'améliorent par son addition, etc.

Ainsi, nous retrouvons tous les caractères minéralogiques et physiques des terres en certains rapports avec les caractères agricoles. Il y a des groupes entiers de terres dont les caractères naturels répondent à un caractère agricole. Voyons maintenant quelle est leur importance et leur généralité.

SECTION II. — *Valeur des caractères.*

Pour apprécier la valeur relative des caractères

agricoles, il faut rechercher quels sont les plus indispensables, ceux qui, s'ils n'existaient pas, apporteraient le plus de perturbation dans l'agriculture. Le degré de cette nécessité indiquera leur subordination.

La physiologie végétale nous a appris que les semences peuvent germer, les tiges et les feuilles s'accroître par le seul secours de l'eau et de l'air atmosphérique. Cette végétation est sans doute imparfaite, elle absorbe le carbone de l'air, elle puise de l'oxygène et de l'hydrogène dans l'eau, mais elle ne peut augmenter la dose que ses semences renfermaient déjà, de l'azote et des sels alcalins et terreux. Cependant, c'est une végétation, et sans eau la terre la plus fertile ne développerait pas le germe. On peut donc affirmer qu'un degré convenable d'humidité dans le terrain est le premier de tous les caractères agricoles.

Mais nous ne pouvons concevoir l'action de l'eau dans la culture sans l'intermédiaire de la terre; c'est elle qui a conservé et cédé à l'eau les éléments qui doivent composer la plante et permettent sa reproduction; ces éléments sont disposés de manière à favoriser l'accroissement de certaines plantes de préférence à d'autres. Or, cette appropriation des terres aux diverses cultures nous semble, après leur humidité, le caractère qui a le plus de valeur. En effet, c'est par cette considération que commence toute tentative d'exploitation agricole. Ce n'est qu'après avoir destiné telle ou telle terre aux cultures qui lui sont appropriées, que l'on pense aux travaux et aux amendements qui lui sont nécessaires; ces travaux, ces amendements seraient sans but, si l'on ignorait à quelles plantes ils doivent servir. La force nécessaire pour exécuter les travaux a aussi une grande importance ; si l'appropriation du sol décide le côté physiologique d'une culture, le travail qu'elle exige s'adresse à son côté économique ; il modifie le plan d'assolement, que l'on arrêterait trop légèrement sur la première considération isolée ; il a une influence décisive sur le choix des moyens à employer pour vaincre la résistance, sur le nombre, le genre de forces à appliquer aux machines, sur les machines ou les outils que l'on doit choisir.

Enfin, quant aux amendements nécessaires aux plantes sur un sol donné, ils sont sans doute le signe et le couronnement d'une bonne agriculture, mais leur usage est loin d'être général, le plus grand nombre des terres se cultive presque sans leur secours ; on ne pourrait donc considérer l'usage intelligent des engrais, qui malheureusement n'est encore qu'une exception, comme un caractère aussi général que les précédents.

Section III. — *Subordination des caractères.*

En cherchant le caractère qui doit être pris pour dominer la classification des terres, qui doit en faire la division primordiale, nous remarquons que leur humidité, qui est le premier caractère physiologique, n'est pas complétement dépendant de la nature et de la composition des terrains. C'est une propriété trop souvent variable, qui s'applique selon le cas aux mêmes natures de sol ; elle est essentiellement locale, s'étend à tous les genres de terrains quand elle provient d'une qualité excessive du climat ; d'autres fois elle tiendra à sa disposition topographique, et elle embrassera toute une section de territoire, quelle que soit la nature des terres. Ainsi, en Arabie, on n'aura que des terres sèches qui seront argileuses, sablonneuses, calcaires ; en Irlande, on n'aura que des terres humides, argileuses, sablonneuses, calcaires ; ailleurs, une partie du territoire située sur un plateau sera sèche, tandis que les pentes et les vallées formées des mêmes terrains seront humides. Il y a plus, un canal d'arrosage, un fossé de dessèchement changeront complétement l'état du sol sous le rapport de l'humidité, sans affecter nullement la nature des terres, et sans rien avoir de permanent, car la clôture du canal, le comblement du fossé changeront sur-le-champ la qualité de la terre. Ainsi, l'humidité du sol, qui est la propriété physique la plus importante, celle dont le cultivateur doit surtout se préoccuper, n'est pas propre à régir une classification, et ne ferait que la rendre confuse. Elle marche en première ligne dans l'*appréciation* des terrains, elle doit être écartée dans leur classification.

Il n'en est pas de même de l'appropriation des terres aux différentes cultures. Celle-ci présente ce premier avantage, qu'elle s'allie à la classification la plus naturelle du sol ; sous le rapport minéralogique, elle rompt le moins d'affinités, et par conséquent rend plus satisfaisante et plus facile la détermination des terrains. Ainsi, en supposant l'existence de la quantité d'humidité nécessaire, toutes les terres calcaires sont propres au froment et aux légumineuses ; elles portent toutes indéfiniment des récoltes médiocres sans engrais. On n'obtient d'une manière complète ces mêmes récoltes sur les glaises (terres argilo-siliceuses) qu'en leur fournissant, par le moyen de la marne ou de la chaux, l'élément calcaire qui leur manque; ces terres ont besoin d'engrais ou d'un long repos pour pouvoir rester soumises à la culture. Les sables permettent aux racines de s'étendre pour aller chercher leur nourriture au loin; ils sont secs de bonne heure au printemps, et, par conséquent, s'échauffent plus facilement en cette saison que les autres natures de terre; ils sont donc propres aux récoltes de printemps. Les terreaux ont pour caractère général de se tuméfier à l'humidité, de s'affaisser par la sécheresse, d'exiger l'ombre en été pour être maintenus dans un état moyen d'humidité, et alors d'être propres à un grand nombre de cultures, avec l'aide de la chaux. Voilà donc les coupes minérales qui se trouvent coïncider parfaitement avec un grand nombre de propriétés agricoles.

Il est remarquable que, sous le rapport des amendements, ces mêmes groupes restent aussi presque dans leur entier. Ainsi l'azote, qui généralement est en trop petite quantité ou manque dans les terres, nécessite, pour toutes, l'emploi d'engrais animaux, si l'on veut en obtenir de pleines récoltes; mais les engrais sont suppléés en partie par les nitrifications dans les groupes calcaires qui présentent aux influences atmosphériques une base salifiable. Les amendements calcaires sont propres aux glaises, aux terres siliceuses et aux terreaux; le gypse convient aux mêmes terrains, et quelquefois aussi aux terres calcaires qui ne l'ont jamais contenu ou qui en ont été dépossédées par la succession des temps; les phosphates manquent rarement aux terrains calcaires, aussi les os en poudre y font-ils moins d'effet que sur les terrains glaiseux et siliceux; sous le rapport des amendements, il n'y aurait donc, dans l'i-

dentité des coupes minérales et des coupes agricoles,
qu'une exception, celle qui exigerait l'emploi du gypse
pour quelques terrains calcaires.

Il n'en est pas de même de la ténacité des terres;
son application à la classification romprait ces groupes
naturels, car toutes les espèces minéralogiques sont susceptibles d'un degré plus ou moins grand de ténacité.
Si les sables à gros grains n'offrent aucune résistance,
la silice elle-même, quand elle est très atténuée, se
réunit en masse, et présente quelque ténacité; et quant
aux terres mélangées, qui sont les plus nombreuses, les
glaises très abondantes en silice sont peu tenaces, celles
chez lesquelles l'argile domine le sont beaucoup; les
calcaires purs ou seulement siliceux sont peu consistants, mais leurs mélanges avec l'argile produisent des
sols très tenaces. Ainsi, tous nos groupes formés par
l'accord d'un caractère minéralogique et de deux caractères agronomiques (l'appropriation des plantes et
les amendements) cessent d'être d'accord avec les
caractères économiques tirés de la ténacité des terrains.

Il ne s'agit donc plus que de décider lequel des deux
premiers ou du dernier devra prédominer. Mais d'a-
bord, quant à l'importance agricole de ces caractères, il est facile de juger qu'une plus ou moins grande
facilité de travail séparée de la faculté de produire les
plantes les plus utiles est une qualité tout-à-fait négative,
et qu'entre deux terres d'une égale ténacité, on choisira toujours la plus fertile; que la marne grasse et
difficile à travailler sera préférée au sable aride et sans
cohésion; et qu'enfin, dans l'examen d'un domaine,
c'est l'aspect des plantes que l'on interroge, avant de

calculer la force qu'elles ont coûté ; que si ce n'est dans certains sols exceptionnels, une bonne récolte sur un sol tenace compense toujours, et au-delà, la dépense qu'elle occasionne, comparée à une mauvaise obtenue avec un travail moindre sur un sol favorable.

La ténacité des terrains nous semble donc moins importante à considérer que leur appropriation aux récoltes, et ne devra servir que comme caractère du second ordre, pour différencier les genres dans chaque division de la classification.

CHAPITRE III.

Classification primordiale du terrain.

D'après ce que nous avons dit précédemment, il ne nous sera pas difficile maintenant de choisir les caractères qui devront former la première division de notre tableau. Une propriété très remarquable nous présente d'abord deux coupes primordiales. Les terres calcaires qui offrent une base salifiable aux principes répandus dans l'atmosphère ont, avons-nous dit, la propriété de pouvoir porter indifféremment et sans engrais des récoltes médiocres, sans doute, mais qui admettent déjà dans la partie méridionale de la France la possibilité d'une agriculture sous la rotation biennale du blé et de la jachère, propriété qui va se renforçant en marchant vers le sud, et qui, dès les temps les plus anciens, a fait le fondement de la culture de l'Italie, de la Sicile, de l'Espagne et de l'Inde. Les

terres qui ne renferment que des quantités presque
inappréciables de chaux ne supportent pas un tel traitement, il leur faut des engrais, ou la longue permanence
des pâturages, qui ne sont eux-mêmes qu'une manière
de fournir des engrais, ou enfin des chaulages et des marnages qui leur donnent le principe qui leur manque
pour pouvoir continuer à être cultivées avec fruit. De
plus, la végétation des deux groupes est complétement
différente, et outre les plantes adventices caractéristi-
ques pour l'un et pour l'autre, on remarque, pour les
plantes cultivées, que le froment double de produit dans
les terrains non calcaires, même les mieux fumés,
quand on y ajoute la chaux, et que le produit des
fourrages légumineux y augmente dans la même proportion. Ainsi ces deux coupes sont parfaitement naturelles et agricoles à la fois.

Si c'est l'élément organique, le terreau, qui domine,
il constitue une nature de terrain qui, quelles que soient
les substances minérales qui lui sont associées, a des
propriétés particulières : celle de changer de volume
par les variations hygroscopiques, celle de se dessécher promptement, et par sa couleur sombre de s'échauffer beaucoup, celle enfin d'offrir un mauvais appui aux
plantes. Nous avons donc cru devoir en faire une troisième division de notre tableau.

Dans les deux premières divisions, ce qui nous importe surtout, c'est la proportion des différents éléments minéraux qui entrent dans la composition des
terres et qui indique à quel point elles participent aux
propriétés agricoles que nous recherchons. Ainsi, dans
la première division, les trois principaux éléments, la

silice, la chaux, l'argile, sont-ils dans une espèce d'é-
quilibre, nous aurons les *loams*, qui sont les meilleurs
sols-connus ; la silice est-elle en quantité moindre du
dixième, nous avons les terres argilo-calcaires ; l'argile
est-elle moindre du dixième, la chaux forme-t-elle la
plus grande partie des principes constitués, nous avons
les *craies* ; et si c'est le sable siliceux ou calcaire qui
domine, nous avons les *sables*.

Dans la division des terres non calcaires, si la silice
prédomine, nous avons les terrains *siliceux* ; si c'est
l'argile, ce sont les *glaises*.

Enfin, dans le terreau, nous trouvons le terreau *doux*
n'ayant pas de réactions acides, le *terreau ferrugineux*
ou terre de bruyère, et le terreau *acide*.

Les qualités exceptionnelles du terrain, comme d'être
salifère, ochreux, caillouteux et graveleux, forment des
espèces particulières difficiles à faire entrer dans une
classification qui ne doit renfermer que les grandes gé-
néralités.

Les sections de chaque division seront déterminées
par leur ténacité et leur hygroscopicité, d'autant plus
facilement, que leur lévigation et leur lotissement nous
fournissent, comme nous l'avons vu, des données très
approximatives pour ces propriétés.

Le tableau synoptique qui va suivre est la réalisation
de la théorie que nous venons d'exposer. Nous avons eu
le soin d'adopter les noms les plus usités, ceux qui sont
déjà dans la bouche et les écrits des agriculteurs, pour
les appliquer à nos ordres de terrains agricoles ; mais
nous les avons définis et caractérisés par des signale-
ments univoques, faciles à vérifier, et nous espérons
qu'après un petit nombre d'essais, il sera presque inutile

de recourir aux expériences indiquées et que le coup
d'œil les remplacera en grande partie.

Terrains renfermant l'élément calcaire	loams	inconsistants. meubles. tenaces.
	argilo-calcaires	argileux. calcaire.
	craies	fraîches. sèches.
	sables	meubles. inconsistants.
Terrains ne renfermant pas l'élément calcaire	siliceux	secs. frais.
	glaiseux	inconsistants. meubles { micacés. schisteux. volcaniques. sablonneux. } tenaces.

Argiles.

| Terreaux | doux. |
| | acides { terre de bruyère. terre de bois. tourbe. } |

Nota. La vérification des caractères des terres exige
le petit nombre des réactifs et des instruments suivants :

1° Un trébuchet ;
2° Un crible de fer-blanc percé de trous de $0^m,0005$ de diamètre ;
3° De l'acide nitrique ;
4° Du nitrate d'argent ;
5° Du carbonate de potasse ;
6° Du papier de tournesol.

Section Ire. — *Terres calcaires ou magnésiennes.*

Caractères. L'acide produit avec ces terres une effervescence plus ou moins vive. Si l'on verse dans la

solution de l'eau saturée de carbonate de potasse, il se forme un précipité de chaux et de magnésie.

§ Ier. — Les loams.

Caractères. Après l'action de l'acide nitrique, le résidu présente de l'argile et de la silice libre, qui, séparées par la lévigation, donnent au moins chacune un dixième du poids de la terre.

Observations. Cette section représente en partie les loams anglais. J'ai dû adopter ce nom et le préciser; la langue française n'en offre pas qui embrasse ce mélange des trois principaux éléments des terres arables. Ainsi, toute terre qui, contenant de la chaux et de la magnésie, ou de l'une et de l'autre en quantité appréciable, aura en outre au moins 0,10 de silice et 0,10 d'argile, sera un *loam*.

Ainsi l'on pourra avoir un loam composé comme suit :

Terreau.	4
Carbonate de chaux. . . .	43,5
Argile.	32,5
Silice libre..	20
	100

C'est une excellente terre d'alluvion formée par le Rhône, à Gabet, près Orange, facile à travailler, produisant de beaux blés, de beaux légumes et de beaux mûriers. On pourra aussi avoir un loam composé ainsi qu'il suit :

Terreau.	4
Carbonate de chaux. . . .	2
Argile.	58
Silice libre..	36
	100

Thaër qualifie cette terre de riche terre argileuse. La présence de la chaux, quoique en petite quantité, la modifie au point de la retirer de la classe des glaises, où elle serait d'une moins grande valeur, car cet auteur l'estime à 77, tandis qu'une terre semblable à laquelle manquait la chaux n'était plus portée par lui qu'à 65 de valeur relative.

H. Davy cite comme des sols riches ceux de la vallée de l'Avon, de la vallée de Tiviot, qui sont des loams de différentes proportions.

	Vallée de l'Avon.	Vallée de Tiviot.
Alumine.	35	42
Silice.	41	42
Carbonate de chaux.	14	4
Oxyde de fer.	3	4
Matière organique.	7	8
	100	100

Les loams se couvrent naturellement d'herbes ; les bonnes graminées, le petit trèfle dominant parmi les plantes adventices ; ils sont la base de la culture la plus riche ; ils allient le mieux une ténacité modérée et une suffisante disposition à retenir une humidité convenable ; ils n'exigent pas des marnages et des chaulages coûteux pour être portés à leur maximum de produit ; d'un autre côté, ils ont assez de liant pour que les racines trouvent un ferme appui, et pour que l'air échauffé et refroidi ne pénètre point sans intermédiaire jusqu'aux racines des plantes, comme cela a lieu dans les craies et dans les sables.

1. *Loam inconsistant.* Si l'argile est en trop petite quantité, et que la chaux et la silice dominent beaucoup, on a des terres légères qui se remuent à la pelle, et dont la culture coûte peu de travail : mais leur té-

nacité n'est jamais nulle, comme dans les terrains sablonneux et siliceux, car un dixième d'argile suffit pour leur donner un liant suffisant.

2. *Loam meuble.* Quand les proportions des différents éléments sont mieux équilibrés, le loam a une ténacité moyenne qui dépasse 800 grammes et ne dépasse pas 1500, et alors il n'est pas seulement une bonne terre à blé, mais les fourrages légumineux y prennent tout leur développement; la terre s'émiette facilement, on peut la travailler pendant la sécheresse sans crainte de former des mottes difficiles à briser, ce qui favorise beaucoup les secondes semailles.

> Nigra fere et presso pinguis subvomere terra
> Et cui putre solum namque hoc imitatur arando
> Optima frumenti.
> VIRGILE, *Georg.*, l. II.

Ce genre de terrain offre en Russie, par son étendue et son uniformité, un exemple très remarquable. M. de Meyendorff l'a signalé le premier à l'attention publique en 1841[1]; puis M. Murchisson l'a fait connaître plus en détail à la Société géologique de Londres[2]. Une terre noire, fertile, qu'à la première vue on pourrait croire formée d'un terreau végétal, occupe une étendue immense de pays (80,000,000 d'hectares), limitée par une ligne courbe tirée du 54° de latitude au sud de Lichwin au 57° sur la rive gauche du Volga; cette même formation apparaît près de Kasan et sur le flanc asiatique de l'Oural à Crasnoi-Glasnova s'étendant beaucoup en Sibérie, où ses limites septentrionales ne sont pas

(1) *Compte-rendu de l'Académie des Sciences*, t. XII, p. 1223.
(2) *Annales des sciences géologiques*, mai 1842, p. 457.

encore définies. On le rencontre à tous les niveaux jusqu'à une hauteur de 122 mètres.

Ce genre de terrain prend, en Russie, le nom de
tchernoyzen. « C'est le champ et le potager de la Russie,
dit M. Meyendorff, région agricole qui nourrit au-delà
de 20,000,000 d'habitants, et qui déverse annuellement
sur l'étranger et sur les autres parties de l'empire au-
delà de 20,000,000 d'hectolitres de céréales. »

M. Philips, chimiste au muséum de géologie britannique, ayant fait l'analyse de cette terre, elle s'est
trouvée composée ainsi qu'il suit :

Silice.	69,8
Alumine.	13,5
Oxyde de fer.	7,0
Carbonate de chaux. . . .	1,6
Terre végétale.	6,4
Acide humique.	
— sulfurique.	*Traces.*
Chlore.	
Perte.	1,7
	100,0

C'est donc un *loam meuble*, d'après la théorie; et en
effet, M. Murchisson nous apprend qu'étant humide,
cette terre présente une masse tenace, mais que quand
elle est sèche, elle se réduit en poudre impalpable, qui
s'élève dans l'air par la simple pression des pas des chevaux au-dessus des gazons. Elle se compose de particules très fines de couleur noire et mélangées de grains
de sable. Partout où se présente le tchernoyzen, le sol
est riant, couvert de champs de blé et de prairies, et
n'exige généralement qu'une année de jachère pour re-
couvrer ses qualités productives premières.

Cette vaste formation, dont on ne connaît pas l'origine, n'est pas l'analogue des diluviums de l'Allemagne et des autres pays, ni même des terrains de transport superficiels, car elle recouvre ces derniers en certains endroits; elle ne contient aucun testacé fluviatile ni terrestre. Elle ne présente non plus aucun débris des troncs, des branches ou des fibres des végétaux, même dans les points où ce dépôt acquiert 5 et 7 mètres d'épaisseur. M. Murchisson en ayant égard à ces circonstances et à sa position particulière jusque sur le sommet et les flancs des coteaux, à ses caractères uniformes sur de grandes étendues, croit lui reconnaître des signes non équivoques d'une accumulation sousmarine, déposée tranquillement loin des courants et des autres agents perturbateurs, et conséquemment au-delà du cercle d'opération de la grande formation de transport du nord de la Russie. Il pense que sa couche uniformément noire est due à la décomposition de la matière végétale qui se trouvait mêlée au limon et au sable fin.

Après le grand diluvium argilo-siliceux et les steppes salines, c'est sans contredit une des formations les plus étendues où l'on remarque l'uniformité de nature du sol.

3. *Loam tenace.* Quand l'argile est prédominante, le loam peut avoir une assez grande ténacité. Ce genre de loam est réputé la terre à froment par excellence, parce qu'il conserve mieux son humidité au retour des chaleurs, et parce qu'il tient en réserve dans le tissu de son argile des sels ammoniacaux que le blé semble plus propre que toute autre plante à lui enlever.

§ II. — Terres argilo-calcaires.

Caractères. Après l'action de l'acide qui enlève du

poids de la terre plus d'un dixième de chaux, il reste de l'argile dont la lévigation ne sépare pas un dixième de sable siliceux libre.

Observations. Des terrains considérables formés des débris de calcaires argileux se trouvent dans des formations géologiques différentes, dans les bassins dominés par le calcaire jurassique, la craie, les formations d'eau douce, ou dans les alluvions des rivières qui en découlent. Le fonds de la vallée du Rhône, bordée de chaînes calcaires, en est pleine. Ce sont des terres assez fortes, mais fertiles en blé, et propres aux prairies artificielles. Les prairies naturelles y donnent d'excellents foins, et deviennent d'autant meilleures qu'elles sont plus vieilles, ce qui n'a pas lieu dans d'autres terrains, où il faut les défricher de temps en temps. L'action des fumiers, plus lente que dans les craies, y est plus active que dans les glaises ; en général, ce sont des terres tenaces, formant, quand on les travaille par la sécheresse, de grosses mottes qui se brisent par la gelée. Le tussilage, la lupuline, la ronce, le chardon hémorroïdal (*serratula arvensis*) sont les plantes qui annoncent ces terrains.

Quoique ces terres soient comme la marne un composé d'argile et de chaux, nous n'avons pas cru devoir leur conserver ce nom. Le mélange qui constitue la marne est un corps *sui generis*, où les molécules diverses sont croisées et juxta-posées d'une manière intime, qui provoque sa pulvérisation à la moindre humidité. Rien de pareil dans beaucoup de terrains argilo-calcaires ; les mottes persistent à l'humidité et sans se déliter. La marne n'est qu'un cas particulier, un genre, si l'on veut, de ces terres.

A. — *Terres argilo-calcaires, argileuses.*

Caractères. Terres ayant au moins 0,50 d'argile.

Ce genre de terrain n'offre jamais une terre meuble. Il se rapproche des loams tenaces, dont il ne diffère que par une moins grande quantité de silice libre et en a toutes les propriétés, tout en étant plus difficile à travailler et exigeant plus de soin pour l'écoulement des eaux.

B. — *Terres argilo-calcaires, calcaires.*

Caractères. Ayant au moins 0,50 de carbonate de chaux ou de magnésie.

1. *Tenaces.* Ce genre se rapproche du précédent, et fait comme lui de bonnes terres à blé.

2. *Meubles.* La quantité de calcaire augmentant, la terre devient plus friable, et la ténacité ne dépasse pas 2 kilog.

3. *Inconsistantes.* La ténacité diminue encore avec l'accroissement de la quantité de chaux; elle ne dépasse pas 1^k,5. L'argile y est en faible quantité. Ces terres sont généralement des terrains paludiens, formés au fond des étangs. Elles sont blanches, ce qui les rend difficiles à échauffer, mais leur légèreté et leur porosité ne permet pas aux engrais de s'y conserver longtemps. Les récoltes-racines y prospèrent. Les meilleures terres à garance de Vaucluse appartiennent à ce genre ou au genre suivant, qui n'en diffère que par la disparition presque complète de l'argile.

§ III. — Les craies.

Caractères. Ne laissant pour résidu, s'il y en a un, après l'action de l'acide, que des grains de silice libre ou un peu d'argile, dont la quantité ne monte pas pour chacun à 0,10.

Observations. Les terrains de craie proviennent de deux natures différentes de formation. Les uns sont paludiens et proviennent de dépôts de matière calcaire atténuée au fond des étangs d'eau douce; les autres sont formés en place des débris de la roche qui constitue le sous-sol, et l'on voit une grande étendue de ces derniers en Champagne. Quelle que soit la différence de la structure de leurs particules, les premiers sont formés de chaux pure, les seconds paraissent être souvent composés d'une immense quantité de débris de coquilles microscopiques, comme nous l'avons indiqué plus haut; leurs propriétés agricoles sont cependant les mêmes, si ce n'est que le plus souvent le sol des craies formées en place manque de profondeur, ce qui ne permet pas d'y faire les riches récoltes de racines dont les craies sont susceptibles avec des engrais et un sol profond.

Les terrains de craie ont trois défauts prédominants: 1º quand ils ont été mouillés, leur surface se couvre d'une croûte qui intercepte l'air aux racines des plantes et aux semences, et qui empêche celles-ci de pousser, faute de pouvoir briser l'obstacle qu'elle leur oppose; 2º la couleur blanche de leur surface les rend froids et tardifs; 3º les gelées de l'hiver les soulèvent, déracinent les plantes, et dans cet état de pulvérisation, la terre elle-même est emportée par les vents; 4° les engrais s'y décomposent avec rapidité.

Quand ces terres n'ont pas un sous-sol frais, elles se dessèchent presque complétement en été, et la stérilité y est complète. Quand on a des terres de cette nature, il est donc bien essentiel d'étudier leur état dans les différentes saisons, pour ne leur confier que des récoltes qui ne craignent pas les effets de ces extrêmes. Dans le midi de la France, un terrain de craie peu profond est desséché avant l'époque de la maturité du seigle, et il est tout-à-fait improductif. En Champagne, on sème de bonne heure pour éviter les effets du déchaussement des jeunes plantes, et l'on obtient des récoltes; mais l'on observe qu'à moins d'engrais abondants, il ne faut labourer que superficiellement, et ne pas ramener à la surface la terre du fond. En effet, celle de la surface seule profite des amendements atmosphériques. On a observé dans ce pays que les arbres qui y réussissent sont le saule marceau, le mahaleb, le mérisier, l'aubépine, le rosier et le buis ; mais ces arbres restent toujours grêles; le peuplier de Virginie est celui qui y vient le mieux. On y a planté des pins sylvestres qui y vivent difficilement d'abord, mais qui cependant ont fini par y croître. Les semis de ces arbres n'ont pas résisté au déchaussement, et il a fallu faire des plantations coûteuses[1].

La facilité du travail de ces terres rend leur culture possible, et même avantageuse. Les fermiers de Champagne ensemencent des espaces immenses de terres dans

(1) *Voir* les notes de Bosc, insérées dans le 33e volume de la 2e série des *Annales d'agriculture,* p. 60 et suiv.

le même temps que leurs voisins qui cultivent des glaises ne peuvent ensemencer que le quart de la même
étendue. Si leurs terrains ne sont pas très abondants
en fourrages, d'un autre côté leurs bêtes de travail
peuvent être moins nombreuses et moins fortes.

1. *Fraîches.* Nous appelons craies fraîches, celles
qui ont un sol profond en communication avec le réservoir d'eau, et qui conservent 0,10 de leur poids d'humidité, en été, à $0^m,30$ de profondeur.

2. *Sèches.* Si le sous-sol imperméable est rapproché
de la surface, les craies seront sèches, et alors elles ont
tous les inconvénients de leur nature, sans autre compensation que la facilité du travail.

§ IV. — Les sables calcaires (terrains sablonneux).

Caractères. Le sol contient 0,50 de sable siliceux et
calcaire qui ne passe pas par un crible dont les trous
ont un demi-millimètre de diamètre.

Observations. Ces terrains se trouvent au bas des
montagnes de grès vert, et le long des rivières qui en
découlent. Moins difficiles à traiter que les terres
crayeuses, parce que la pluie ne les réduit jamais en
bouillie, que les plantes ne déchaussent pas en hiver, et
qu'on peut y entrer par tous les temps, ce sont de très
bons terrains pour les arbres et les légumes, pourvu
qu'ils aient de la profondeur. Ils sont ordinairement
colorés et sont aussi moins froids que les craies. Les
sables des dunes de la Méditerranée, qui sont souvent
de cette nature, se couvrent de pins d'Alep, de gené-
vrier de Phénicie, et de clematis flamula, que les ha-

bitants récoltent pour fourrage sec, quoique cette plante soit vésicante étant fraîche[1].

1. *Meubles.* Quand la craie fine et l'argile se trouvent dans ces terrains en certaine quantité, ils prennent une consistance convenable, et qui les rend propres à la culture des froments et des autres plantes qui mûrissent au commencement de l'été.

2. *Inconsistantes.* Si le sable est prédominant, le terrain n'est plus propre qu'au seigle, parce qu'alors il se dessèche de bonne heure. Mais les vignes et les mûriers y prospèrent, pourvu qu'il y ait de la profondeur.

Section II. — *Terres non calcaires.*

Caractères. Terres ne faisant pas effervescence avec les acides; leur solution par l'acide ne donne aucun précipité par le carbonate de potasse.

§ Ier. — Terres siliceuses.

Caractères. La lévigation fournit au moins 0,55 de silice libre.

Observations. On trouve ces terres dans diverses situations géologiques : formées en place des détritus de roches qui ne contiennent pas de carbonates insolubles, ou qui en ont été dépouillés par l'action du lavage par les eaux de pluies chargées d'acide carbonique, comme on le voit à la Grande-Chartreuse, on les trouve sur les grèves de la mer, les bords des rivières, à la surface

(1) *Mémoires de la Société d'agriculture de Paris*, 1787, hiver, p. xxviij.

des terrains glaiseux où le principe siliceux a dominé, enfin transportés par les vents et formant des dunes sur les bords de la mer et des rivières. La facilité de la culture de ces terres, en réduisant les frais, en rend souvent la culture possible dans les climats pluvieux.

1. *Sèches.* Quand les terres siliceuses sont dans un climat sec, et qu'elles ne peuvent être arrosées, elles sont peu riches. Le chiendent y pullule, mais les pins sylvestres, maritimes, le laricio, le cèdre y prennent un grand développement dans des terres qui portent à peine du seigle, pourvu qu'elles aient une certaine profondeur. On y voit aussi de beaux bois de bouleaux et de chênes. Si elles ont un sous-sol glaiseux qui retienne l'eau, la lande, la bruyère, les genêts sont les plantes les plus communes.

Quand ces terres possèdent une certaine quantité d'argile, elles deviennent très propres à la vigne. C'est dans des terres de schiste micacé avec prédominance de quartz que viennent les vins de Lamalgue, près de Toulon. Ces terrains contiennent de la potasse et de la soude, mais manquent de principes charbonneux, aussi les amende-t-on avec les sarments de la vigne elle-même.

2. *Fraîches.* Quand les terrains siliceux sont naturellement frais ou peuvent être arrosés, ils sont propres à toutes les cultures, au moyen des engrais et des amendements. L'expérience que l'on fait en ce moment à La Teste prouve tout le parti que l'on peut tirer de ces terrains par le moyen de l'eau. Dans les climats humides, le spergule est le fourrage qui s'accommode le mieux avec les terrains siliceux. M. Oscar Leclerc a observé sur la Loire, aux environs de Chalonne, un sable sili-

ceux très fin et presque pur, et qui est d'une grande fertilité, grâce au climat et à la fraîcheur du sous-sol[1].

§ II. — Glaises (varènes, puisayes, bolbenes, terres blanches).

Caractères. Donnant par la lévigation au moins 0,45 d'argile et 0,10 de silice libre.

Observations. Les glaises sont un mélange d'argile avec une quantité plus ou moins grande de silice libre, mais qui ne peut dépasser 0,55 ; sans quoi l'on arrive aux terrains que nous avons désignés sous le nom de *siliceux*. Elles composent le sol d'une grande partie de l'Europe, couverte par le *diluvium*.

Les qualités des glaises varient selon la proportion des deux éléments qu'elles contiennent. Jusqu'à un certain degré, celles qui contiennent le plus d'argile sont les plus estimées, pourvu que l'on ait assez de pente pour se procurer l'écoulement des eaux pluviales, parce que, conservant mieux leur fraîcheur, le froment y vient bien, et que les trèfles y donnent une seconde coupe ; elles conservent aussi mieux le fumier. La grosseur des particules de sable est aussi à considérer. S'il est fin et abondant, on a des terres très compactes quand elles sont tassées par les pluies ; si au contraire la silice est en gros grains et abondante, la terre devient plus sèche, perd de sa consistance, et reprend les qualités des terres siliceuses.

Après les pluies, les glaises, en se séchant, prennent à leur surface une consistance qui, sans ressembler à

(1) *Comptes-rendus de l'Académie des Sciences*, 1837, novembre, p. 756.

la croûte superficielle des craies, oppose les mêmes obstacles à la sortie des germes. On ne peut bien les cultiver ni dans l'arrière-saison ni au printemps, car quand elles sont fraîches, elles se pétrissent, et forment des mottes difficiles à briser; pour les labourer avec avantage, il faut qu'on puisse compter sur une série de beaux jours, car elles se tassent par la pluie, et deviennent très compactes; et après les labours il ne faut pas trop herser et émietter la terre, il vaut mieux que la surface reste un peu inégale, car dès que les particules sont en contact, elles tendent à se lier et à faire corps de nouveau.

Celles des glaises qui ne contiennent pas des oxydes rouges, mais des oxydes noirs de fer, prennent une couleur noirâtre par la pluie, et redeviennent blanches par la sécheresse.

Les glaises abondantes en sable sont généralement pauvres en principes nutritifs; elles deviennent meilleures en prenant de l'argile, sans cependant pouvoir se passer d'engrais.

1. *Inconsistantes.* Quand les glaises renferment beaucoup de silice, elles ont peu de ténacité, surtout si la silice est en gros grains; elles sont sèches en été, et se réduisent en bouillie en temps de pluie. En été, leur sol est peu adhérent et se pulvérise. Ce sont ces terres que les paysans appellent *vaines* et *creuses*, dans lesquelles toutes les cultures trouvent des inconvénients. Remettre de pareilles terres en bois me semble le parti le plus avantageux.

2. *Meubles* Celles-ci ont une ténacité de $0^k,5$ à 1 kilog.; elles offrent plusieurs variétés, dont quelques-unes constituent des sols excellents.

a. Meubles micacées. Ces terres, formées de débris de schistes micacés, quand il n'est pas trop abondant en quartz, sont douces, liantes, retiennent bien l'humidité, et s'égouttent convenablement. Quand le quartz domine, elles sont maigres, légères, et rentrent alors dans la classe des terres siliceuses. Les arbres et surtout les châtaigniers viennent admirablement dans ces terres.

b. Meubles schisteuses, formées de débris de schistes argileux et d'ardoises. Quand le quartz y est très abondant, ou les débris d'ardoises non décomposés, ce terrain devient inconsistant ; mais si la silice à gros grains ou les débris d'ardoise ne dominent pas, il est frais, perméable aux racines, et ayant en partie les avantages de l'argile sans avoir sa ténacité. Sa couleur noire le rend plus facile à échauffer et à sécher que les autres glaises.

c. Meubles volcaniques. Ce terrain, composé de débris de basalte, de vaques et de lapilles, est perméable, et cependant retient suffisamment l'humidité. Sa couleur est grisâtre, rougeâtre, ou noirâtre ; généralement il renferme beaucoup de potasse et de soude qui doivent être la source de sa grande fertilité. Les campagnes de Naples en sont un témoignage. La Limagne d'Auvergne est mélangée de beaucoup de débris volcaniques, et peut être rangée en partie dans ce genre.

d. Meubles sablonneuses. Ce genre de glaise présente à la lévigation cette particularité, que chaque lot contient une assez grande quantité de sable, de plus en plus fin, de sorte que le troisième lot lui-même a quelquefois de la peine à faire corps.

3. *Tenaces.* La ténacité surpasse 1 kilogr.

Quand ces terres sont mouillées, elles forment une pâte grasse où la charrue ne peut marcher; lorsqu'elles sont sèches, elles sont très dures et résistent au labour. La gelée les ameublit. Lors des semailles de printemps, il faut se défier de l'apparence de sécheresse de la surface, et si le fond est encore humide, il vaut mieux faire les semailles de cette saison sur un hersage que sur le labour, qui pétrirait ensemble la terre sèche et la terre humide et formerait un ciment dont les germes des plantes ne pourraient se dégager. Ces terres se fendent profondément en été et retiennent l'eau en hiver. Elles sont aussi d'une culture difficile, et quand elles n'ont pas une pente suffisante, il faut les disposer en billons ou en ados. En général, ce sont des terres à blé et à trèfle; la luzerne et le sainfoin n'y prospèrent pas; les fèves y viennent particulièrement bien. On a remarqué que les blés durs y venaient mieux que les tendres. Quand ces terres sont ochreuses, fortement colorées, on y plante la vigne dans le midi; le vin en est gros, épais et peu spiritueux.

§ III. — Argile.

Caractère. Plus de 85 d'argile, et de la silice libre.

Ce sont des terres d'une ténacité si grande qu'elles sont tout-à-fait impropres à la culture et ne peuvent servir qu'à faire des briques et de la poterie. Dans une terre qui a 15 kilog. de ténacité les frais de culture excéderaient la valeur de tous les produits, si toutefois on pouvait espérer que les germes pussent y pousser.

SECTION III. — *Terres à bases organiques*
(terreau, humus).

Caractère. Terre qui, étant préalablement desséchée, perd au moins un cinquième de son poids par la combustion.

§ Ier. — Terreaux doux.

Caractère. L'eau dans laquelle cette terre a digéré ou bouilli ne rougit pas le papier de tournesol.

1. Terre de jardin (marais). Ces terrains se forment des débris de végétaux au fond des étangs et des marais et sur un sol calcaire. Ils sont généralement accompagnés de débris de coquilles d'eau douce.

C'est dans ces terrains que les maraîchers se plaisent à placer leur culture, mais l'engrais animal en abondance ou la chaux y sont nécessaires pour neutraliser l'acide carbonique superflu qui nuirait à la végétation.

§ II. — Terreaux acides.

Caractère. L'eau dans laquelle les terres ont été mises en digestion, ou dans laquelle elles ont bouilli, rougit le papier de tournesol.

1. *Terre de bois.* Les défrichements récents de bois présentent une couche de feuillages peu consommés, et contenant du tannin qui donne à la terre pendant longtemps des qualités acides. Une dissolution de

gélatine détermine un précipité blanchâtre dans l'eau qui a bouilli ou infusé sur cette terre ; la présence du tannin et la production d'une quantité surabondante de gaz acide carbonique nuisent à la végétation de ces terres. On combat ces vices par le chaulage, le marnage, les fumiers, les cendres, l'écobuage. On a remarqué que le colza réussit bien sur ces terres novales, et brave des influences qui nuisent aux autres plantes.

2. *Terre de bruyère.* Ce terreau se forme, dans les terrains secs, du détritus des bruyères, des genêts, des fougères ; sur les Alpes, des rhododendrum, vaccinium et d'autres plantes qui contiennent beaucoup de tannin et de fer ; à la loupe, on y reconnaît des débris entiers de plantes dicotylédones. C'est par la présence d'une quantité plus considérable de fer et par sa nature siliceuse qu'il diffère de la terre des bois, provenant du détritus d'autres espèces de végétaux et ayant pour base toute espèce de terrain. Un grand nombre de végétaux dont les débris concourent à sa formation se plaisent dans ce terrain, et les jardins de botanique l'exportent quelquefois de fort loin pour la culture de ces plantes.

Quand on veut utiliser les champs qui en sont formés, par la culture des végétaux qui sont étrangers au sol de bruyère, on peut en tirer encore un grand parti au moyen de la chaux ou de l'écobuage ; on peut alors y cultiver des arbres et des vignes, et même du seigle et des racines, mais il faut y ajouter du fumier animal, car la base terreuse de ce terrain étant la silice, il est généralement maigre.

3. *Terre tourbeuse*, formée dans les terrains ma-

récageux ou inondés, non calcaires, des débris de plantes monocotylédones ou agames, dont on reconnaît les débris à la loupe. Dans la décomposition des végétaux, les principes acides ne trouvant pas de base à laquelle ils puissent s'unir, restent libres; on y trouve donc de l'acide acétique, de l'acide phosphorique, et plus tard du tannin

La tourbe employée comme combustible est aussi cultivée en grand dans les marais et étangs desséchés. Le défaut de stabilité des terrains qui en sont formés, quand ils ne renferment pas une dose suffisante de matières terreuses, ne permet pas à la plante d'y prendre un appui stable. La présence de matières acides y rend nécessaire l'emploi de la chaux ou de la marne et celui des engrais animaux; mais même, avec ce secours, il reste à remédier à un grand inconvénient des terrains tourbeux, c'est la rapidité de leur dessiccation en été, soit par la nature même de la terre, soit à cause de sa coloration et de sa grande porosité. Alors la couche supérieure du sol où végètent les plantes manque bientôt de l'humidité nécessaire, et quelquefois jusqu'à plus de 18 à 20 centimètres de profondeur, la dessiccation est presque absolue. Mais le remède est le plus souvent à côté du mal; les fossés d'écoulement produisent des roseaux, des typhas, et il suffit d'en recouvrir la terre pour la dérober aux effets du soleil et y maintenir l'humidité nécessaire. C'est ainsi que dans les marais de Donges, près Nantes, on est parvenu à se procurer de belles récoltes de seigle et de chanvre, dans des tourbes que l'on croyait stériles.

CHAPITRE IV.

Des caractères spécifiques.

Il faudrait plutôt appeler caractères *individuels* que caractères *spécifiques* ceux qui ne s'appliquent qu'à un terrain donné, qui n'a d'analogue complet nulle part. Après être parvenu, au moyen de la classification que nous venons de donner, à rapprocher ce terrain, autant qu'il est possible, de ceux qui lui ressemblent le plus, il ne nous reste plus qu'à donner son signalement particulier, qui établisse son individualité et non pas réellement son espèce; mais on conçoit toute l'importance de ces caractères, qui vont achever de peindre le terrain dont nous voulons raisonner, en le séparant de ceux de la même division, de la même section, du même genre.

Certaines modifications peuvent affecter tous les genres de terre qui n'ont pas été pris pour base de la classification générale, quelle que soit d'ailleurs leur importance agricole. Nous allons les indiquer et les analyser successivement.

SECTION Ire. — *Fraîcheur de la terre.*

Nous avons déjà fait ressortir l'intérêt agricole que présente cette propriété, elle ne devra donc jamais être négligée quand on décrira un terrain. On indiquera : 1° si la terre est fraîche en été et fraîche en hiver; 2° ou fraîche en été, humide en hiver:

3º ou sèche en été, humide en hiver; 4º ou sèche en été et sèche en hiver. Toutes ces modifications peuvent être saisies à la simple inspection
avec un peu d'habitude; mais pour l'acquérir, il sera
utile de réitérer souvent l'expérience qui sert d'é-
preuve à ce jugement empirique, et qui est basé
sur les principes suivants :

1º Nous appelons terre fraîche, en été, celle qui, au
milieu de cette saison, du 10 au 20 août, huit jours au
moins après une pluie, possède encore 0,10 de son
poids d'humidité à 33 centimètres de profondeur.

2º Nous appelons terre humide, en toute saison,
celle qui devra, trois jours après la pluie, conserver
plus de 0,23 d'eau.

3º Les terres qui, huit jours après la pluie, contiennent moins de 0,10 d'eau, sont des terres sèches.

SECTION II. — *Terres caillouteuses, graveleuses, etc.*

Nous appelons terres rocheuses, celles à la surface et dans le sein desquelles on trouve des roches
ayant plus de 20 centimètres de diamètre; 2º terres
caillouteuses celles qui portent des fragments de
pierre de 1 à 20 centimètres de diamètre; 3º terres
graveleuses, celles qui sont remplies de particules de
2 à 10 millimètres de diamètre; 4º terres sablonneuses,
celles dont les particules les plus grosses ont de un
demi-millimètre à 2 millimètres de diamètre.

En décrivant une terre, on indique autant que
possible la proportion des différentes parties qui se
trouvent dans cette terre, et de cette manière, par
exemple : terre ayant 0,25 de roches, pour indi-

quer que le quart de sa surface est couvert de
roches; terre 0,75 caillouteuse, pour indiquer que sur
un poids donné de terre, les trois quarts se trouvent être
de cailloux; terre 0,50 graveleuse, pour indiquer enfin
que la moitié du poids de la terre est formée de menus
graviers. Nous avons indiqué plus haut, à l'article
de la lévigation, de quelle manière on sépare ces
différentes parties.

Les roches, en occupant une partie de la surface, ne
se bornent pas à réduire l'étendue cultivable du sol,
elles mettent encore obstacle aux labours par l'irrégularité de leur dissémination; quelquefois, cachées
en terre, elles brisent la charrue qui les rencontre.
Quand on peut vendre les débris de ces roches comme
matériaux à bâtir, ou qu'on peut en profiter soi-même
pour enclore le terrain, c'est une bonne opération que
d'en débarrasser le champ.

Les terres caillouteuses sont très chaudes en été,
et les arbres et arbustes qui s'enracinent profondément peuvent seuls y venir avec profit, outre que
les cailloux couvrent une partie du sol et le rendent
inutile. Quand Arthur Young blâmait ces propriétaires du Languedoc qui faisaient épierrer, il n'a-
vait pas l'expérience des effets du soleil de ce climat,
et sa pensée le rappelait au souvenir des champs d'Angleterre que ces cailloux auraient si bien réchauffés.
Les terres graveleuses sont encore plus sèches que le
sable, et quand les graviers sont abondants, ce sont
encore des terres à plantes frutescentes.

> Nam jejuna quidem clivosi glarea ruris
> Vix humile apibus cæsias roremque ministrat.
>
> *Georg.*, II.

Section III. — *Terres ochreuses, ferrugineuses.*

Les terres renferment presque toutes, une plus ou moins forte dose d'oxydes de fer ; quelquefois ils sont à l'état de protoxyde noir, plus souvent à celui de peroxyde rouge, brun, jaune. Le caractère de ces terres est de tacher par le contact. Leur couleur foncée les rend plus chaudes que ne le comporterait leur nature, et les récoltes y sont plus précoces que dans les autres fonds. Ainsi l'on indiquera soigneusement la nuance de coloration ; on dira : une terre ferrugineuse, rouge, brune, jaune, noire. L'analyse fera connaître la proportion de fer qu'elles contiennent.

Section IV. — *Terres salifères.*

Les terres salifères occupent de si vastes étendues de terrain, non-seulement sur les côtes, mais dans l'intérieur des continents, où elles constituent les steppes de l'Asie, que nous avions cru d'abord devoir en faire une division de la classification générale. Cependant en y réfléchissant, nous avons vu que cette qualité pouvait affecter tous les genres de terrains, et qu'ainsi pour subdiviser les terres salifères, nous serions conduits à reproduire toutes les sections des autres divisions ; nous aurions donc eu des terres salifères, calcaires, argilo-calcaires, glaiseuses, etc., faisant descendre ainsi au rang de simple épithète les mots qui avaient servi auparavant à caractériser des ordres de notre classification. De plus, la même considération qui nous avait porté à créer un ordre de terres salifères nous conduisait à tenir compte des autres circonstances accessoires et à former aussi un ordre de terres graveleuses, par exemple. Le sel que renferme les terres n'a donc plus été pour nous qu'un caractère spécifique, et c'est ainsi que nous le considérons en ce moment.

En mettant une pincée de terre sur la langue, le goût avertit, avant toute analyse, de la présence du sel qui peut y exister. C'est ordinairement le sel marin, plus rarement le sulfate de soude, de magnésie ou de fer, ou le nitrate de chaux et de potasse. On connaît la saveur du sel marin; celle du sulfate de fer est styptique, celle du sulfate de soude est d'abord fraîche et puis amère, le sulfate de magnésie est amer; la saveur fraîche et ensuite d'une amertume particulière des nitrates de chaux et de potasse est aussi remarquable.

Les terres qui contiennent une quantité de sulfate de fer appréciable aux sens, sont complétement infertiles.

Quant aux terres qui contiennent du sel marin, un simple essai vient aider le jugement du goût; leur solution dans l'eau donne un précipité avec le nitrate d'argent. On peut s'assurer de la proportion de ce sel en faisant évaporer l'eau dans laquelle on aura mis à digérer une quantité donnée de terre. Quand la dose de ce sel dépasse 0,02, elles sont impropres à la culture, et ne portent plus que les plantes qui sont spéciales à ces terrains : les salicornes, l'atriplex maritime, le tamarisc, les soudes, l'inula crithmoïdes, etc. Elles cessent elles-mêmes d'y croître si la dose s'en élève à 0,05. Quand ces terrains sont sablonneux et profonds, ils ne tardent pas à se dessaler par l'action des eaux pluviales; d'ailleurs ayant peu de capillarité, ils ne ramènent pas à la surface le sel qui est dans les couches infé-

rieures. Ces terrains sont alors assez fertiles dans les
contrées humides, d'autant plus qu'ils sont généralement mêlés à des débris calcaires et animaux. On s'en
sert comme engrais pour les terres fortes des environs.

Les terrains salins tenaces sont mous, glissants,
noirs quand ils sont humides, durs quand ils sont secs,
et alors le sel se montre en efflorescence à leur surface. On les reconnaît de loin à une humidité superficielle qu'ils conservent par l'effet de la déliques-
cence du sol marin, qui attire sans cesse l'humidité de
l'atmosphère et celle du sol.

Cultivés à l'état humide, ces terrains salés se cor-
roient et forment des mottes très difficiles à briser ;
on ne peut les cultiver que pendant la sécheresse,
et la présence du sel ajoute beaucoup alors à la dureté du terrain. Aussi sont-ils coûteux à travailler.
Les récoltes y sont chanceuses, dans tous les pays où
l'atmosphère habituellement humide n'entretient pas
une certaine fraîcheur dans le sol ; car si le printemps
est sec, le collet des plantes se trouve tellement serré
par le durcissement de la terre, qu'elles souffrent et ne
profitent pas ; mais aussi, quand les années sont favorables on y obtient de superbes récoltes de blé. On a trouvé
le moyen de maintenir artificiellement l'humidité nécessaire en couvrant de roseaux les semis de blé.
Cette pratique, généralement adoptée dans les terres
salifères du midi de la France, a rendu très précieuse
la récolte de roseaux (arundo phragmites, typha, spar-
ganium, etc.). Les pâturages des terrains salants sont
estimés et très favorables aux moutons ; les prairies
y sont excellentes quand on peut les arroser avec de
l'eau douce, à condition de n'y pas faire entrer l'eau

quand elles sont sèches, pendant les grandes chaleurs; mais on peut les arroser aussi en été, quand on y entretient constamment la fraîcheur. Comme, en général, le sous-sol est plus salé que la surface, les arbres y viennent mal, à moins qu'ils ne soient placés dans le voisinage de courants d'eau douce. Le sel de l'intérieur est sujet à remonter à la surface à la suite des grandes pluies, ce qui empêche que, par l'effet du temps et des météores, le sol finisse par s'adoucir complétement.

CHAPITRE V.

Description des terrains.

La description d'un terrain est le tableau fidèle de toutes les propriétés générales et de toutes les circonstances particulières qui lui assignent un rang dans la classification et qui le distinguent de ceux qui lui ressemblent le plus. Elle doit en donner une idée distincte, elle doit le mettre sous les yeux du lecteur. Voici l'ordre dans lequel nous croyons qu'elle doit être faite :

1º La situation topographique du terrain ;

2º Son altitude, ou son élévation au-dessus de la mer ;

3º La place que le terrain occupe dans la classification ;

4º Sa place géologique, le genre de formation des terrains agricoles dont il dépend ;

5º Sa pesanteur spécifique ;

6º Sa ténacité ;

7º Son hygroscopicité ;

8º Sa fraîcheur ;

9º Sa couleur à l'état sec ou humide ;

10º Son lotissement :

11° Son analyse complète ou abrégée ;

12° L'épaisseur du sol, la nature du sous-sol ; la profondeur du réservoir d'eau intérieure ;

13° L'inclinaison de la surface ;

14° Son exposition ;

15° Ses abris, leur direction, leur hauteur ;

16° Circonstances accidentelles prévues : inondations, gelées blanches, etc. ;

17° Plantes adventices les plus communes ;

18° Etat de la végétation des arbres et des plantes cultivées ;

19° Les notes historiques que l'on aura pu se procurer, le prix de fermage, l'assolement, l'état des communications et des débouchés, l'impôt, les charges.

EXEMPLE D'UNE DESCRIPTION COMPLÈTE :

1° Terre dite de Bordelet, commune de Saint-Just, département de l'Ardèche ; échantillon pris au sud des bâtiments ;

2° 48 mètres au-dessus du niveau de la Méditerranée ;

3° Loam meuble ;

4° Alluvion de l'Ardèche ;

5° Pesanteur spécifique, 2,25 ;

6° Ténacité, 0^k,750 ;

7° Hygroscopicité, 40,5 ;

8° Frais en hiver, frais en été ;

9° Légèrement rougeâtre ;

10° Lotissement ;

EXAMEN MICROSCOPIQUE.

Lot n° 1.	45,7	Quartz, feldspath, mica en lames, comme s'il provenait d'un granite décomposé ; grenats, olivines et autres minéraux volcaniques, petits fragments de carbonate de chaux.
Lot n° 2.	27,1	Mêmes débris, ceux de mica proportionnellement plus nombreux.
Lot n° 3.	27,2	Mêmes débris réunis en plaque après la dessiccation par un ciment argileux.

100,0

11° Analyse :

Azote, 0,0003.

PARTIE SOLUBLE.

Sulfate de magnésie.	0004	
Carbonate de chaux.	0006	
Carbonate de magnésie.	0002	0020
Nitrate de potasse.	0005	
Matières organiques.	0003	

PARTIE INSOLUBLE.

Silice.	660	
Alumine.	80	
Oxyde de fer.	40	
Carbonate de chaux.	120	990
Carbonate de magnésie.	20	
Terreau.	70	
		1010

12° Les sols actif et passif peuvent se confondre à cause de la nature sablonneuse de la terre qui ne se tasse pas sous le poids des chevaux. Le sous-sol est à 3 mètres de profondeur, formé par une couche de cailloux roulés. Dans ce lit de cailloux coule une eau qui filtre de l'Ardèche et du Rhône ;

13° La surface est sensiblement plane, mais réellement inclinée de quelques degrés du nord au midi ;

14° L'exposition est au sud ;

15° Il y a au nord un abri formé par une chaîne de hauteurs qui s'élèvent jusqu'à une centaine de mètres au-dessus de la plaine, vers Saint-Marcel-d'Ardèche ;

16° Les accidents que l'on peut redouter proviennent tous des crues de l'Ardèche qui descend avec impétuosité des montagnes du Vivarais et qui, en 1827, ont emporté le pont et couvert une partie des terres de sable et de graviers. Mais dans ses crues habituelles, cette rivière apporte un limon excellent qui fertilise tous les terrains où il se dépose ;

17° Les plantes adventices les plus communes sont : les adonis, fumaria, saponaria, panicum, paspalum et le chiendent ;

18° La végétation des arbres et des vignes est magnifique et citée par tous ceux qui la voient ; la luzerne y vient sans fumier, le maïs, le millet, le blé, les pommes de terre, les betteraves y croissent bien et donnent de bonnes récoltes ;

19° Le prix de fermage actuel est de 350 fr. l'hectare ; le débouché des denrées est le Pont-Saint-Esprit, Bagnols et Bourg-Saint-Andéol ; on peut les transporter aussi aisément à Avignon par le Rhône.

1° Terre située à Orange (Vaucluse), quartier du Prébois, section de Couavedel ; domaine appelé la Tour du prévôt ; échantillon pris au nord des bâtiments ;

2° 60 mètres d'élévation au-dessus de la mer ;

3° Argilo-calcaire, *calcaire;*

4° Paludienne ;

5° Pesanteur spécifique, 2,5 ;

6° Ténacité, 2^k,40 ;

7° Hygroscopicité, 49,5 ;

8° Sèche en été, humide en hiver ; possibilité d'arroser une partie du domaine ;

9° Couleur : grisâtre étant sèche, noirâtre étant humide ;

10° Lotissement :

Lot n° 1.	6
Lot n° 2.	52
Lot n° 3.	42
	100

11° Analyse abrégée :

Silice.	24
Alumine.	22
Fer.	3
Carbonate de chaux. .	51
Sulfate de chaux. . .	4
	104

12° Sol actif, 0^m,13 à 0^m,16 ; sol passif, 0^m,16 à 0^m,48 ; sous-sol, argile compacte ; profondeur des eaux, 120 mètres ; des sources traversent la masse d'argile et viennent se rendre à la rivière sur plusieurs points de ses bords ; les puits qui atteignent ces sources sont peu profonds, de même que ceux où filtrent les eaux de la rivière à travers le sol ;

13° Surface inclinée de peu de degrés du nord-est au sud-ouest ;

14° Exposée à l'est ;

15° Un léger coteau à l'est, mais le terrain est exposé en plein aux vents du nord qui y soufflent avec violence ;

16° Les gelées pulvérisent la surface du sol, qui alors est emporté par les grands vents ; les plantes se déchaussent ; la terre manque souvent de profondeur, et les blés pourrissent en hiver ;

une culture profonde, comme celle que l'on donne pour la garance, fait disparaître cet inconvénient ;

17° Plantes adventices : ammi glaucifolium, adonis æstivalis, juniperus phœnicæa ;

18° Arbres venant mal, excepté les ormeaux, les saules et les peupliers blancs, dans les parties voisines des arrosages ; récoltes chanceuses, belles prairies arrosées ;

19° Prix de fermage, 64 fr. l'hectare ; débouchés : marchés d'Orange, route départementale d'Orange à Carpentras.

Ces exemples, en indiquant la marche que l'on doit suivre pour décrire les terres agricoles, montrent comment on peut les individualiser et en donner une idée nette à celui qui en lit les descriptions. On supprimerait même une partie de ces données faute de temps pour les recueillir, on ne donnerait qu'une analyse incomplète, on se bornerait à un simple lotissement, qu'encore ce qui resterait d'une description faite sur ce modèle aurait une tout autre importance que les termes vagues par lesquels nos auteurs agricoles désignent les terres dont ils nous signalent la culture. Le nom systématique seul de la terre, pourvu qu'il fût bien établi d'après les principes que nous avons indiqués, serait seul plus positif. Désormais nous pourrons comparer facilement et sûrement tous les terrains ; une nomenclature saine et précise fera pénétrer dans la pratique l'habitude de les juger et d'apprécier leurs besoins. Les récits de voyages agricoles ne seront plus d'éternelles énigmes ; ils dépouilleront leur étrangeté, leur merveilleux quand la nature du sol que l'on aura parcouru sera bien connue, et l'on y démêlera de plus en plus, au milieu de si grandes diversités apparentes, l'uniformité réelle qui résulte de la nécessité d'obéir partout aux lois du sol, du climat et des débouchés.

SIXIÈME PARTIE.

TENTATIVES FAITES POUR APPRÉCIER LA VALEUR DES TERRAINS.

Les hommes ont dû chercher de bonne heure les moyens de connaître la valeur relative des terrains; mais cette connaissance n'est devenue un véritable besoin que quand les terres, se subdivisant, sont devenues un objet de commerce. Avant cette époque, les familles qui partageaient une propriété en connaissaient les produits par expérience; les vastes étendues qui composaient les domaines des seigneurs ne pouvaient les intéresser que sous le rapport de leurs produits, et ce produit, quand l'espace ne manque pas, se mesure plus encore sur la population et sur son industrie que sur la valeur intrinsèque du fonds; mais quand cette population s'est pressée sur le sol, quand chaque pièce de terre a acquis son prix réel, quand la civilisation a permis et facilité le mouvement des hommes d'un lieu à un autre, quand les capitaux éloignés ont cherché des placements territoriaux, quand les propriétaires ont voulu proportionner leur rente aux produits, et les gouvernements l'impôt à ces mêmes produits, alors le propriétaire, le fermier, l'État ont été intéressés à trouver un juste mode d'appréciation des terres. La méthode historique dont nous parlerons plus loin, et qui consiste dans la discussion des faits accomplis, et l'évaluation des récoltes précédentes pour en faire une moyenne de produits, doit avoir été employée la première comme la plus simple et la plus sûre, et elle l'est encore aujourd'hui avec les mêmes avantages partout où l'agriculture est stationnaire, car partout où elle avance, les progrès de quelques terres influent sur toutes les autres en élevant leur prix ; cependant on connaissait aussi divers procédés empiriques pour juger de la bonté d'une terre.

Nous avons déjà dit que pour connaître si une terre était propre au blé ou seulement à la vigne, si elle était grasse ou légère, Virgile conseillait de faire creuser une fosse profonde, d'y remettre ensuite toute la terre qu'on aurait tirée ; si cette terre ne suffisait pas pour combler le fossé, c'était un signe qu'elle était légère et seulement propre à la vigne ; que si au contraire il restait de la terre après avoir comblé le fossé, le champ était fort, gras, les mottes grosses, difficiles à rompre, et la terre était une terre à blé. Nous avons expliqué ce qu'il fallait entendre par cette expérience.

Le même poëte enseigne à se défier des terres amères, et il appelle de ce nom celles qui communiquent une saveur amère aux eaux qui les traversent.

La tradition des terres amères subsiste encore parmi nos paysans du midi ; pour eux, certaines terres appauvries, qui ne répondent plus aux soins du cultivateur, sont des terres amères, sans cependant qu'ils aient jamais essayé de les déguster. Cependant j'ai trouvé enfin des terres vraiment amères ; elles contenaient du sulfate de magnésie, qui par la chaleur s'effleurissait même à leur surface, et la végétation ne paraissait pas là où ce sel était surabondant. On voit de vastes espaces de terrains de ce genre dans les alluvions de la Durance. Y a-t-il donc assez de sols pareils dans les terrains volcaniques de l'Italie, pour qu'ils y soient un objet de remarque?

La végétation naturelle du sol paraissait à Olivier de Serre le véritable *criterium* des bons terrains : « Si vous ne pouvez savoir ce que rapporte une terre, année commune, regardez les arbres de toutes sortes, sauvages et cultivés, leur grandeur, leur petitesse, leur beauté, leur laideur, leur abondance, leur rareté vous serviront à juger solidement de la fertilité ou de la stérilité de la terre, sur tous lesquels les poiriers, les pommiers, les pruniers sauvages assurent le terroir être propre pour tous les blés; sous cette particularité que la terre à froment est propre aux poiriers, et celle à seigle où le pommier est abondant. Demeurent les pruniers de facile venue presque en tous bons lieux, soit argileux et sablonneux; servent aussi à telle adresse les chardons qui marquent les poiriers, et la fougère les pommiers. Ces plantes-là supportent, les premières l'argile, les secondes le sablon, selon les diverses natures des blés. Les bons et menus herbages croissant naturellement ès champs, vous aideront beaucoup à ceci; car jamais bonnes et franches herbes ne viennent abondamment aux terres de peu de valeur[1]. »

Enfin, ce père de notre agriculture complète en deux distiques ses conseils agrologiques :

> Tu n'emploieras ton labeur
> En terre de bonne senteur.
> En terroir pendant
> Ne mets ton argent.

[1] Olivier de Serre, liv. I, chap. 1.

Il y a quelques observations à faire sur ces signes diagnostiques donnés par Olivier de Serre; il est certain qu'au moins dans notre midi, où il écrivait, le poirier réussit mieux dans les terres argilo-calcaires et le pommier dans les glaises; que les chardons sont plus abondants dans les premières, et qu'on n'y voit pas de fougère, tandis qu'elles abondent dans les secondes, et qu'ainsi il a raison de dire que les poiriers sauvages et les chardons sont des indices des terres à froment; les pommiers et la fougère, des terres à seigle. Cette règle est-elle assez générale pour être admise partout sans contestation, et en Normandie, par exemple, les pommiers ne viennent-ils pas aussi bien sur les terres calcaires?

Des terres de très chétive qualité, à cause de leur peu de profondeur et de leur sécheresse, les plaines cailouteuses de la Crau portent d'excellentes herbes pour les bestiaux; le petit trèfle, la fétuque ovine croissent au milieu de ses cailloux; il est vrai qu'elles n'y croissent pas abondamment, mais cette terre est excellente partout où elle acquiert de la profondeur et où on peut l'arroser. Le fait ne contredirait donc pas le principe, les glaises froides, dépouillées de calcaire, ne présentent que les oseilles, les oxalides, la matricaire et d'autres plantes peu agréables aux bestiaux; la règle se trouverait encore exacte sous ce rapport.

Les terrains secs, cailouteux et peu profonds abondent en thyms, serpolet, lavande, romarin et autres herbes odoriférantes; Olivier de Serre ne veut pas qu'on y perde son travail.

Enfin les terrains qui ont trop de pente sont difficiles à travailler, les terres sont entraînées par les pluies; il faut les abandonner à la production du bois, ou faire des travaux constants pour les maintenir en terrasses. Il a donc encore raison en thèse générale pour ne pas en conseiller l'achat.

Au reste, les herbes qui croissent naturellement sur un terrain peuvent réellement aider à juger de sa qualité. On raconte qu'un aveugle voulant acheter un champ, monta sur son âne et s'y fit conduire par son fils ; ses voisins se riaient de lui, ne comprenant pas comment un homme privé de la vue pourrait juger de la qualité d'un champ. Mais lui, y étant arrivé, dit à son fils : « Attache l'âne aux yèbles (*sambucus ebulus*) qui sont au bord des fossés. — Mon père, répond celui-ci, il n'y a pas d'yèbles ici. — Cela étant, reprend le vieillard, retournons chez nous, je n'achèterai pas la terre. » Ce conte est fondé sur la prédilection de cette plante pour les terres fraîches et grasses.

Nous sommes tous portés à juger de la valeur des terres par leur végétation, et il ne manque à ce procédé, fondé sur la véritable nature des choses, que d'avoir été réduit en principes par l'observation et l'analyse. En attendant que les botanistes aient fait cette étude et en aient communiqué les résultats, nous dirons qu'il ne faut pas toujours juger d'un terrain par le mauvais état des récoltes annuelles qui peuvent avoir éprouvé des saisons contraires, mais qu'une belle récolte de blé, haute et très bien grainée, par exemple, annonce un bon sol ; que la grosseur du chaume, le nombre des tiges qui sortent d'une même racine, est aussi un excellent signe quand on examine le terrain après la récolte, comme il faut alors se défier des chaumes minces et des tiges isolées sur chaque racine. Mais il faut se garder de négliger l'examen des plantes pérennes. Ainsi, l'on conclura qu'un terrain est bon et profond si les rameaux des arbres sont allongés, les feuilles écartées les unes des autres, les branches rapprochées de l'horizontale ; si les cercles qui séparent les couches concentriques du bois sont écartées ; si l'écorce des jeunes arbres est unie, peu gercée, point couverte de mousses et de lichens.

Quand la terre est gazonnée, on remarquera si le gazon est composé de dactyle pelotonné, de fléole des prés, de pâturin trivial, de fétuque et de vulpin des prés ; si les bords des champs montrent le chardon lancéolé, le mille-feuille, la bardane, l'ortie, l'yèble, la saponaire ; ce sont des plantes qui affectent toutes le terrain gras.

Si au contraire les arbres présentent un aspect rabougri, que les pousses annuelles soient courtes, ainsi que les espaces interfoliaires, que les couches de bois soient pressées, que l'écorce des jeunes arbres soit gercée, couverte de mousse et de lichen ; si la végétation du gazon est composée de nard resserré, d'agrostis vulgaire, d'eriophorums, de caille lait, d'airas, d'arenaires, d'oseilles, de joncs, d'euphraises ; que les bords des champs présentent la bruyère, le genêt, l'epervière piloselle, le cnique des marais, on pourra juger que les terres sont de qualité inférieure.

Un grand nombre d'auteurs ont cherché ensuite à donner un caractère général auquel on pût reconnaître les bonnes terres. M. Symonds[1] regardait comme

_____

[1] *Annales d'agriculture* d'Arthur Young, traduction de ses œuvres, t. XV, p. 117.

une preuve de leur excellence qu'elles se pulvérisent après une longue pluie; nous en avons dit assez pour montrer que ce signe peut être équivoque. Comme, après chaque découverte, les imitateurs cherchent à s'en emparer par quelque bout, M. Ross cherche à appliquer les recherches d'Erhenberg sur les craies, et prétend que les terres fertiles renferment des milliards d'animaux infusoires; sans doute elles renferment un grand nombre d'animaux vivants et de dépouilles d'animaux, mais quant à des infusoires, nous avons soumis au microscope des terres d'une grande fertilité, et soit que nous observions mal, soit que l'observation de M. Ross ne soit qu'un cas particulier dont il a fait une règle générale, nous n'avons rien vu de ce qu'il annonce, quoique nous ayons suivi la méthode indiquée par M. Erhenberg.

Enfin plusieurs autres agriculteurs ont voulu nous donner des formules de composition normale des terrains. Ainsi Giobert indiquait, dans les environs de Turin, un sol qui contiendrait :

Pour un terrain fertile.		Pour un terrain stérile.	
Silice.	48 à 80	Silice.	42 à 88
Argile.	7 à 22	Argile.	20 à 30
Chaux.	6 à 11	Chaux.	4 à 20

L'un et l'autre de ces terrains, dont les limites sont d'ailleurs si mal définies, peuvent être excellents ou mauvais, selon le sous-sol et l'humidité.

Pour montrer le peu de cas qu'il faut faire de pareilles formules isolées de ces circonstances, nous opposerons à celles de Giobert celles que donne *Le Bon Jardinier*, ouvrage très remarquable de notre savant confrère M. Vilmorin; elle est intitulée composition de la terre normale, ou franche de Clamart, avec cette note que, non-seulement cette terre est très fertile sur le lieu, mais qu'elle est encore la seule estimée et la seule employée par les plus habiles jardiniers de Paris pour faire la base de toutes leurs compositions :

Argile sableuse.	57,0
Argile fine.	33,0
Sable siliceux en gros grains.	7,4
Carbonate de chaux en fragments.	1,0
Carbonate de chaux en poussière.	0,6
Débris ligneux.	0,5
Terreau.	0,5
	100,0

Malheureusement nous n'avons ici qu'une analyse incomplète et une lévigation de cette terre ; mais telle qu'elle est, elle nous suffit pour voir qu'avec 1,6 de carbonate de chaux, dont 1 en gros grains, Giobert l'aurait rangée parmi ses plus inférieures. Nous avons lieu de croire que la plus grande partie de ce que l'on y appelle argile sableuse et argile fine, n'est que de la silice à un assez grand état de ténuité, car 90 d'argile réelle constitueraient une terre des plus fortes, et l'emploi que l'on en fait nous porte à penser qu'elle a peu de ténacité.

M. Girardin, dans ses leçons de chimie agricole[1], nous fait connaître des expériences plus récentes de M. Drapier sur des mélanges de sable, d'argile et de calcaire, pris dans le plus grand état de pureté ; elles donnent ce résultat : que ce qui est le plus favorable aux plantes, c'est un mélange par parties égales de ces trois substances ; mais faites trop en petit, ces expériences présentent des faits que la pratique en grand rend inadmissibles. Par exemple, le défaut de réussite du mélange

---

(1) *Du sol arable*, p. 37.

de parties égales de sable et d'argile, ne s'explique que par la privation absolue de toute substance organique dans la terre, car il y a un grand nombre d'excellents terrains qui ne contiennent pas de calcaire. D'ailleurs, qui ne connaît la difficulté d'opérer un mélange intime de substances pures? Nous n'attachons donc pas un grand prix à ces expériences; mais celles qui suivent, faites aussi par M. Drapier, nous paraissent en avoir davantage. Elles étaient faites, non plus sur quelques kilogrammes de terre et quelques graines de semences, mais sur un demi-hectare de terrain et 25 kilos de froment, de seigle et d'avoine par chaque demi-hectare.

PREMIÈRE TERRE.

Composition : sable, 60 ; argile, 25 ; calcaire, 15.

		Froment.	Seigle.	Avoine.
Récolte. . . .	Grains. . .	54 kil.	172 kil.	57 kil.
	Paille. . . .	258	842	163

DEUXIÈME TERRE.

Composition : sable, 15 ; argile, 20 ; calcaire, 65.

Récolte. . . .	Grains. . .	47	104	53
	Paille. . . .	27	782	167

TROISIÈME TERRE.

Composition : sable, 52 ; argile, 10 ; calcaire, 38.

Récolte. . . .	Grains. . .	52	201	57
	Paille. . . .	262	1,420	142

QUATRIÈME TERRE.

Composition : sable, 20 ; argile, 65 ; calcaire, 15.

Récolte. . . .	Grains. . .	108	162	123
	Paille. . . .	446	1,302	380

CINQUIÈME TERRE.

Composition : sable, 45 ; argile, 35 ; calcaire, 30.

Récolte. . . .	Grains. . .	290	458	246
	Paille. . . .	1,080	1,280	810

Ces expériences confirmeraient donc le principe, que le meilleur des sols serait un *loam* composé de doses à peu près égales des trois parties constituantes principales des sols. Quoique nous n'élevions aucun doute sur des résultats attestés par une autorité aussi grave que celle de M. Girardin, nous ne pouvons nous empêcher de manifester quelque étonnement sur les anomalies que présentent ses récoltes de paille et surtout de paille de seigle. Le rapport ordinaire de la paille de seigle au grain est de 100 : 31 (Bürger), et il serait ici de 100 : 12 pour la première terre et de 100 : 36 dans la cinquième seulement. Nous avouons aussi que nous ne saurions reconnaître une aussi grande différence dans les récoltes, sans soupçonner que plusieurs de ces terres se trouvaient dans un état de fertilité bien plus grand que les autres. M. Girardin pourra éclaircir ces doutes, si, quand on répétera ces expériences, il veut bien faire l'analyse de l'azote de chacune de ces terres.

Pour choisir une terre modèle, dont la fertilité reconnue de tous temps trancherait la question, si elle pouvait être tranchée, et si elle ne dépendait pas d'autres conditions que de la composition minérale, nous citerions ici les limons du Nil qui se composent ainsi :

Eau.	11
Terreau.	9
Oxyde de fer..	6
Silice.	4
Carbonate de magnésie. .	4
Carbonate de chaux. . . .	18
Argile.	48
	100

Ce loam ne présente plus les parties égales de ses éléments constituants, et il possède au plus haut degré toutes les qualités que l'on a recherchées jusqu'ici dans les terres.

D'autres travaux ont encore été produits; ils ont attaqué la question par plusieurs faces, et méritent que nous nous y arrêtions. Pour juger de la fertilité des terres, on pouvait considérer : 1º la nature des productions; 2º le produit des cultures; 3º la terre en elle-même, sa composition et ses propriétés physiques. Ici ce ne sont plus des considérations vagues, comme celles que nous venons d'exposer à la hâte, pour arriver à des détails plus sérieux; ceux-ci méritent de nous arrêter quelque temps.

CHAPITRE II.

Caractères de la valeur des terres tirés de la nature de certains produits.

La valeur des terres assignée d'après leur produit n'est autre chose que le procédé historique que nous décrirons plus tard; mais quelques agronomes ont cru trouver dans certains de ces produits une base suffisante et plus facile à déterminer, et ils ont cru pouvoir négliger les autres. Borgstède, le premier, a cherché cette base dans la production du fumier, ou, pour mieux dire, dans celle de la paille de litière combinée avec le produit du foin et la durée du pâturage. C'est de ces trois données qu'il tire son principal caractère [1], dont il forme les classes suivantes :

(1) *Graendsœtzen ueber die general Verpachtungen der domainen*, Berlin, 1785.

A. Il y a des fourrages en quantité suffisante, en sorte que chaque vache a au moins 8 quintaux de foin ;

B. Il y a des fourrages en surabondance ;

C. Il n'y a pas la quantité suffisante de fourrages.

Sous le rapport du pâturage, il a les subdivisions suivantes :

a. Le bétail n'entre au pâturage qu'à la mi-mai et en sort à la mi-novembre ;

b. Le bétail va au pâturage à la fin de mars et rentre à la mi-décembre ;

c. Le bétail reçoit toute sa nourriture à l'étable ;

d. 100 bêtes à laine qu'on ne fait pas parquer ;

e. 100 bêtes à laine qu'on fait parquer pendant 5 mois, et qui pendant 7 autres mois passent la nuit à la bergerie.

Sous le rapport de la litière :

a' On a de la paille en surabondance, savoir : de 1,465 à 1,781 kil. par hectare ;

b' On a de 1,338 à 1,465 kil. de paille par hectare ;

c' On a moins de 1,338 kil. de paille par hectare, et par conséquent on manque de paille de litière ;

d' On peut suppléer à la paille par d'autres substances ;

e' On peut acheter de la paille à bon compte.

En combinant ces trois ordres de considération on arrive à la table suivante, où le chiffre en litres exprime le chiffre de la semence de blé que l'on met dans l'espace de terrain que l'on peut fumer avec les ressources de la ferme, et le fumier d'une vache et de dix bêtes à laine. Mais il faut remarquer que l'auteur admet des qualités différentes d'engrais, pour ce qu'il appelle terrain froid ou chaud ; nous pensons que le premier est une glaise et que le second est siliceux ou calcaire.

	A. FOURRAGES en quantité suffisante.		B. FOURRAGES en quantité surabondante.		A. FOURRAGES en quantité insuffisante.		
	Terre froide.	Terre chaude.	Terre froide.	Terre chaude.	Terre froide.	Terre chaude.	
	litres.	litres.	litres.	litres.	litres.	litres.	
a' Paille surabondante.	61,57	68,41	73,41	82,09	48,56	54,73	a. Le bétail entre au pâturage à la mi-mai et en sort à la mi-novembre.
b' de 1,338 à 1,465 kil. de paille.	49,24	54,73	61,57	68,41	45,49	51,30	
c' moins de 1,338 kil. de paille.	34,47	41,04	43,09	47,88	34,20	37,62	
d' Paille suppléée par d'autres subst.	37,86	44,46	48,90	54,73	41,04	47,88	
e' Paille achetée.	49,25	54,73	61,57	68,41	44,46	51,30	
a' Paille surabondante.	49,24	54,73	54,73	61,57	47,88	51,30	b. Le bétail entre à pâturage à la fin de mars et ne rentre qu'à la mi-décembre.
b' de 1,338 à 1,465 kil. de paille.	34,47	41,04	41,04	47,88	32,49	37,63	
c' moins de 1,338 kil. de paille.	27,36	34,20	30,78	37,62	23,94	30,78	
d' Paille suppléée par d'autres subst.	37,86	44,46	49,25	54,73	41,04	47,88	
e' Paille achetée.	49,24	54,73	61,57	68,41	44,46	51,30	
a' Paille surabondante.	73,88	82,69	82,69	95,77	68,41	71,83	c. Le bétail nourri à l'étable toute l'année.
b' de 1,338 à 1,465 kil. de paille.	65,99	71,83	71,83	68,41	61,57	65,99	
c' moins de 1,338 kil. de paille.	agriculture impossible, selon l'auteur.			"		"	
d' Paille suppléée par d'autres subst.	49,25	54,73	54,73	61,57	41,04	47,88	
e' Paille achetée.	61,57	68,41	68,41	71,83	61,57	65,99	
a' Paille surabondante.	32,49	41,04	39,34	47,90	25,99	34,20	d. 10 moutons qu'on ne fait pas parquer.
b' de 1,338 à 1,465 kil. de paille.	25,99	32,83	32,59	38,31	24,30	27,36	
c' moins de 1,338 kil. de paille.	19,50	24,62	22,58	28,73	17,79	20,52	
d' Paille suppléée par d'autres subst.	18,45	26,68	25,99	34,13	19,15	25,31	
e' Paille achetée.	25,99	32,83	32,49	38,31	24,30	27,36	
a' Paille surabondante.	19,06	23,94	23,19	31,15	15,22	19,94	e. 10 moutons qu'on fait parquer pendant 5 mois.
b' de 1,338 à 1,465 kil. de paille.	15,22	19,15	18,95	22,34	14,23	16,01	
c' moins de 1,338 kil. de paille.	11,44	14,43	13,24	16,76	10,36	12,04	
d' Paille suppléée par d'autres subst.	12,40	15,62	15,22	18,15	11,22	13,03	
e' Paille achetée.	15,22	19,15	18,95	22,34	14,30	16,01	

Nota. On compte que 10 bêtes à laine ou porcs peuvent fumer l'espace où l'on répand 27,36 litres de semences; cet engrais est regardé comme suffisant par l'auteur, quand il revient tous les trois ans.

Ce travail mérite une grande attention, car il est fait par un homme expérimenté, et représente bien les rapports qu'ont entre elles les différentes situations de tous ces genres d'exploitation agricole, fort usités en Allemagne. On désirerait sans doute qu'il fût plus généralement applicable. La situation pour laquelle il est fait est une situation pauvre, et que le pays où elle existait a sans doute dépassé depuis les écrits de Borgstède; en effet, le maximum de produits en paille de 1,781 kilogr. par hectare ne représente guère qu'une récolte de blé de 11 hectolitres, et il la considère comme fournissant une quantité surabondante de litière; ce qui ne serait pas vrai pour des terrains où l'on récolterait parallèlement 5 à 6,000 kilogr. de trèfle et 12 à 13 kilogr. de luzerne par hectare. Il faudrait donc agrandir le cadre de ce tableau et le rectifier au moyen d'observations faites dans d'autres climats. C'est une heureuse idée que celle de prendre les engrais produits pour mesure de la valeur relative des domaines, mais c'est à la condition de comparer des terrains de nature identique. Il y a tels sols du midi de la France, de l'Italie et de la Sicile, qui ne fournissent pas un atome de fourrage, ne nourrissent pas une tête de bétail, et qui, par la force du climat et des principes nutritifs qu'ils renferment, donnent des récoltes supérieures à celle des meilleurs terrains compris dans ce tableau.

Il est évident que l'auteur a considéré le nombre de vaches, bien ou mal entretenues, comme constant; sans quoi, la quantité de fourrage, insuffisante pour un certain nombre, deviendrait suffisante et surabondante pour un nombre moindre. On peut aussi affirmer qu'il n'apprécie pas à sa juste valeur l'industrie des bêtes à laine. Enfin on voit que ce système suppose que le produit des terres est proportionné aux quantités d'engrais dont on dispose ; en admettant que cela fût complétement vrai, et se bornant à comparer des terrains de la même nature et dans une même position, encore faudrait-il tenir compte et déduire de chaque terme les frais de culture. Supposez, pour le moment (et cette hypothèse devrait être remplacée par la réalité dans la pratique), que ces frais soient représentés par le produit donné par une terre où l'on appliquerait seulement du fumier à l'espace propre à être ensemencé de 10 litres 36 par chaque tête d'animal existant dans la ferme, c'est le moindre terme de nos tables. Ainsi, à 10,36 le produit net serait nul ; à 95,77, terme le plus élevé, la valeur relative de la terre serait représentée par 85,41 ; ce serait, d'après l'auteur, une terre chaude, ayant surabondamment de fourrage et de paille, et où le bétail serait nourri à l'étable ; elle serait de 71,73 pour une pareille situation, où le bétail resterait six mois au pâturage ; de 51,21 pour celle où il y resterait huit mois et demi ; de 37,54 là où l'on aurait des moutons qu'on ne ferait pas parquer ; de 20,79 si les moutons parquaient six mois de l'année. Voilà dans quel esprit ces tables sont applicables.

M. Royer, professeur d'économie rurale, a pris le même point de départ, l'abondance du fourrage et par conséquent de l'engrais, mais il n'a pas cru pouvoir s'en servir pour faire une appréciation rigoureuse ; il s'est borné à assigner des rangs aux terres, et à en former différentes catégories, sous forme d'échelle ascendante, ne prétendant pas assigner la valeur relative des différents degrés.

Sans entrer dans les considérations de la nature des terres, qu'elles soient siliceuses, calcaires, glaiseuses, l'auteur de ce système les classe selon six périodes de fécondité de la manière suivante : 1° période forestière; 2° pacagère; 3° fourragère; 4° céréale ; 5° commerciale; 6° jardinière. Il est bien évident qu'il y a des terres qui par leur fertilité intrinsèque ne se trouvent jamais dans les périodes inférieures, mais qui sont dès leur défrichement dans la période céréale ou commerciale, comme au contraire il en est d'autres qu'il ne faut jamais faire sortir de la période forestière, et d'autres, comme les steppes, les garigues, les terres salées ou manquant de fonds, qui seront dans une période pacagère inférieure à la période forestière et d'une moins grande valeur, et y resteront toujours ; ce serait une période à ajouter à celles de M. Royer. Examinons maintenant les définitions de celles qu'il a indiquées.

1° La période forestière est celle où les terres manquent de principes végétatifs et ne portent qu'un pâturage à peu près nul. Il ne faudrait pas juger cependant de cette faculté productive par une seule saison de l'année; ainsi, on trouverait dans les pays méridionaux d'excellentes terres qui paraissent absolument sèches en été. C'est donc sur l'état d'enherbement du sol, dans la saison humide, qu'il faut seulement les juger.

Selon l'auteur, les terres qui sont dans la période forestière ne paient que le quart, ou au plus la moitié du travail qui leur serait consacré ; pour les faire passer à un état meilleur, il faudrait employer des masses d'engrais qui surpasseraient de beaucoup la valeur des terres; aussi le moyen d'exploitation le plus sûr est

encore de les semer ou planter en bois, laissant aux
siècles à venir et à la nature le soin de les porter à la
période suivante.

2° La période pacagère est caractérisée par la
pousse chétive des luzernes, trèfles, sainfoins qui
n'y deviennent pas susceptibles d'être fauchés, et
forcent à les consacrer au pâturage. Dans cette période le prix de ferme dépasse 10 fr. par hectare, et
les terres donnant une production annuelle possèdent
en elles-mêmes les moyens de production d'engrais et
d'avancement. Il n'est pas rare qu'un marnage ou un
chaulage fassent passer immédiatement à la période
suivante les glaises tenaces de cette période, en favorisant le développement des légumineuses. Cette espèce
de puissance cachée des glaises, si facile à mettre en
action, tandis que les terres calcaires manifestent spontanément toute leur fertilité, justifie l'auteur qui met
les premières, parvenues à l'état pacager, au-dessus
des calcaires qui se trouvent dans la même période.

3° La période fourragère est indiquée par la réussite
à peu près complète de l'un de ces trois fourrages, luzerne, sainfoin, trèfle, dont on obtient le produit moyen
de 1,500 à 2,000 kil. par hectare. Ce faible produit
indique l'inégalité de richesse des terres dont certaines portions ne peuvent encore se faucher, et la
nécessité de consacrer la plus grande partie du terrain
à la production exclusive du fourrage, à l'effet de multiplier les engrais nécessaires pour arriver à un plus
haut degré de fertilité.

4° La période céréale. Le produit moyen des fourrages étant arrivé de 3,000 à 5,000 kil. par hectare,
la production céréale peut marcher de pair avec celle

des fourrages et lui fournir la paille pour les litières. Alors s'introduit la nourriture à l'étable.

5° La période commerciale commence quand les engrais sont surabondants. Les céréales exposées à verser par trop de richesse ne sont plus le produit le plus avantageux de la ferme, si on ne les intercale pas avec des récoltes épuisantes, comme les plantes oléagineuses, textiles, tinctoriales, etc.

6° Enfin la période jardinière ne diffère de la précédente, qu'en ce qu'une nombreuse population permet de substituer la bêche à la charrue, et que la possibilité d'acheter des engrais dispense de les créer sur le domaine. Telle est la classification naturelle que nous présente M. Royer [1]. Elle annonce l'habitude de bien voir et de réfléchir, celle de classer les faits synthétiquement, et elle peut être d'un grand usage quand on voudra considérer les terres d'une manière générale. Cependant, c'est plutôt un moyen d'aider la mémoire que celui d'évaluer les terres; l'auteur n'a pas osé assigner la valeur du produit net de chacune de ses périodes, et il a bien fait, car il diffère selon les pays; mais il a beaucoup fait en établissant des divisions solides, prises dans la culture, et qui indiquent le rang relatif des terres. Nous nous servirons souvent de cette ingénieuse classification dans la pratique.

Nous avons vu que la base dont part M. Royer est la production des fourrages; s'il avait vécu dans les contrées méridionales, il aurait pu ajouter quelques traits à son tableau. Ainsi après les terres qui produisent de

---

(1) Dans un excellent mémoire intitulé : *De l'acquisition, de la propriété et de l'évaluation du sol;* dans l'*Agriculture de l'Ouest,* de M. Rieffel, p. 465 et suiv.

beau sainfoin et au-dessus d'elles, il aurait trouvé celles qui produisent de belles luzernes, et ce sont deux degrés différents de fertilité; il aurait trouvé enfin des alluvions qui portent ces luzernes sans engrais. Nous aurions encore un reproche à faire à cette classification ; préoccupé de la grande culture des céréales et des fourrages, M. Royer a complétement oublié la possibilité de tirer des terres de ses trois premières divisions un autre parti que celui que l'on en tire dans le nord. La vigne, l'olivier, le mûrier, élèvent quelquefois le produit de ces terres négligées au niveau de celui des meilleures terres. L'exposition et la profondeur du sol jouent ici un rôle qui ne peut être passé sous silence. Il y a donc un nouveau perfectionnement à faire à ce tableau, c'est d'y introduire la considération des arbres et arbustes qui résument les qualités du sol, du sous-sol et celles du climat.

CHAPITRE III.

Caractères de la valeur des terres tirés des produits annuels. Système de Thaër.

Le régénérateur de la science agricole, Thaër, ne fut pas plus tôt lancé dans l'exploitation rurale, qu'il sentit le besoin de se rendre compte du rapport qui existait entre les produits des terres et les moyens de reproduction. Sans méconnaître les effets des agents atmosphériques, en les admettant positivement, au contraire, comme nous le verrons plus loin, il comprit que dans une culture active, les moyens réparateurs fournis par

les engrais étaient d'une bien autre importance que
les principes nutritifs inhérents au sol, que la nature
dispense d'une main avare, parce qu'elle n'a pour but
que le maintien des espèces et non le luxe de leur végétation. En cherchant donc la proportion selon laquelle
une dose d'engrais augmente le produit d'une plante,
il arriva en même temps, et par le même moyen, à
trouver des caractères pour estimer la valeur des terrains. Mais en prenant ses premières données dans des
analyses chimiques imparfaites, il aurait pu être entraîné dans de graves erreurs, si son tact agricole n'y
avait suppléé, et s'il n'avait abandonné à temps ces vues
à priori, pour en revenir aux résultats de la pratique.

Voici les données dont il est parlé. Einhoff a trouvé
que dans diverses espèces de grains, la quantité de
principes nourriciers (selon lui, le gluten, l'amidon, le
mucilage sucré), étaient dans la proportion suivante :

Dans le blé-froment. . .   0,78
  le seigle.   0,70
  l'orge. . . . .   0,65 ou 0,70 selon la bonté.
  l'avoine.   0,58
  les lentilles.   0,74
  les pois.   0,755
  les haricots.   0,85
  les fèves de marais.   0,685
  les féveroles. . . .   0,73

Ainsi, un hectolitre de

Blé pesant **78** kil. contiendrait 60,84 de sucs nourriciers.
Seigle. . . **73**   —   51,10
Orge. . . . **65** kil. contiendrait 39,65 de sucs nourriciers.
Avoine. . . **41**   —   23,78
Pois. . . . **84,8**   —   64,02
Féveroles. . **87,3**   —   63,73

(1) Selon Thaër, l'hectolitre de blé pèserait 78ᵏ,15 puisqu'il

Thaër, partant de ces données et les modifiant, dit-il lui-même, d'après *quelques* différences dans la nature des sucs nourriciers, dans la quantité de paille, et d'après des *expériences* faites sur la matière, en conclut enfin que les plantes suivantes ont la faculté d'épuiser le sol dans les rapports suivants :

Blé-froment. 13
Seigle. 10
Orge. 7
Avoine. 5

De manière que 6 hectolitres de seigle sont égaux, quant à l'épuisement qu'ils occasionnent :

A 4,61 de froment ;
A 8,58 d'orge ;
A 12,00 d'avoine.

Maintenant, si l'on suppose qu'un hectolitre de seigle appauvrisse le sol de $9^0,15$,

Chaque hectolitre de froment l'appauvrira de 11,89
—   d'orge. 6,40
—   d'avoine 4,57

Après la récolte, les champs ne restent pas dépourvus de tout principe nutritif, puisque l'on peut immédiatement en tirer une récolte nouvelle. Les plantes ne s'emparent donc que d'une partie de la fertilité de la terre, proportionnée à leur vigueur et à l'activité du sol. Thaër admet, d'après des expériences dont il ne donne pas le détail, que :

contient 1 décimètre cube, et que le scheffel, qui ne contient que 55 millimètres cubes, pèse $45^k,56$. Les poids donnés par Thaër aux différents grains diffèrent de ceux qu'ils ont en France, mais nous avons conservé les siens.

Le froment appauvrit le sol de 0,40 de sa fertilité.
Le seigle. 0,30
L'orge. 0,25
L'avoine 0,25

Il faut ajouter encore que Thaër admet, comme résultat de ses expériences, que la jachère restitue à la terre une certaine dose de fertilité proportionnelle à sa fertilité déjà acquise, et qu'ainsi :

10 degrés de fertilité reçoivent de la jachère   4 degrés.
20. 6
30. 8
40. 10
50. 11
60. 12
70. 13
80. 14
90. 15

Maintenant, il nous sera facile de juger ce système et d'en faire voir les erreurs. D'après lui, toute terre peut être réduite par une courte série de récoltes à une valeur presque nulle. Ainsi, une terre partant d'un produit de 20 hectolitres ne porte plus que 5 hectolitres un tiers à sa troisième récolte de blé, ce qui est contraire à toute expérience dans nos régions du midi, où l'on sème trois fois du blé après la luzerne, sans que le produit tombe au-dessous de 12 à 14 hectolitres. Selon ce système, la valeur d'une terre consisterait uniquement dans cette fertilité acquise, et rien ne pourrait être plus avantageux que de l'enlever d'un seul coup et par une seule culture. Supposons que ce cas extrême pût se réaliser ; un sol qui porterait 20 hectolitres de blé, et qui aurait 595° de fertilité, aurait donc seulement une valeur totale de 50 hectolitres de blé, déduction faite des frais de cultures. Nous trouve-

rons aussi à critiquer son échelle croissante de la fertilité reçue par le sol au moyen de la jachère. Nous avons
déjà parlé des terres calcaires du midi qui, au moyen
d'une année de jachère alternant avec une année de
blé, produisent indéfiniment et sans engrais 8 hectol.
Selon Thaër, les 8 hectolitres supposent un épuisement
de 95⁰,11, avec un résidu de 237⁰ de fertilité, en totalité 332⁰,11 ; or, l'échelle croissante de Thaër ne s'é-
tend pas au-delà de 90⁰, et il est difficile d'imaginer
comment il l'a conclue de l'expérience, car il ne doit
jamais avoir eu à traiter des terrains aussi pauvres, et
surtout des terrains ne possédant que 10⁰. Si en suivant la même loi de progression nous voulions pousser
les nombres de la deuxième colonne jusqu'au chiffre
correspondant à 332⁰, nous arriverions beaucoup plus
bas que 95⁰. Aussi, tout en convenant que le bon état
du terrain doit contribuer pour beaucoup à la fertilité
que procure la jachère, parce qu'elle met en contact
avec l'air un plus grand nombre de débris organiques à proportion que le terrain en est plus saturé,
nous admettrons aussi que cette loi se modifie d'après
la nature des terrains, et que l'on ne peut la poser
d'une manière aussi absolue que l'a fait notre auteur.

Mais si, sous les rapports théoriques, le système exposé par Thaër nous paraît manquer de vérité, voyons
jusqu'à quel point il peut nous indiquer la valeur relative des terrains.

Prenons le sol qui produit 20 hectolitres avec 595⁰
de fertilité ; sa culture est payée avec 5 hectolitres,
plus un hectolitre de semence, reste 14 hectolitres de
produit net ; un sol produisant 10 hectolitres ne re-

présente pas la moitié de la valeur de celui-ci , car il ne rend que 4 hectolitres net; or ce sol aura pour formule 297º, moitié de 595º, et cependant la valeur relative est de 14 à 4. Il est donc bien évident que si l'on voulait se servir des formules de Thaër pour l'évaluation des terrains, il faudrait ne les prendre que pour ce qu'il les a faites, c'est-à-dire comme un moyen d'indiquer le produit brut, et c'est sous cette réserve seulement qu'on pourrait, en les supposant rectifiées, les appliquer à un objet auquel l'auteur ne pensait pas en les rédigeant, car son but unique était de chercher à représenter l'épuisement du terrain, de manière à faire juger des effets des assolements. Mais nous avons dû y chercher à notre tour les éléments qu'il y avait mis et qui étaient aussi ceux de la question qui nous occupe.

CHAPITRE IV.

Continuation du même sujet. Système de M. de Woght.

M. de Woght, célèbre philanthrope allemand, en se livrant à l'agriculture, chercha à appliquer la méthode de Thaër, mais il ne tarda pas à reconnaître qu'elle ne tenait pas compte de l'état et de la nature du sol, que les engrais n'agissaient pas de la même manière dans tous les terrains et après toutes les cultures; il imagina alors que cette propriété complexe à laquelle il donne le nom de *fécondité*, et qui est la source des produits, était le résultat de deux facteurs, l'un la *puissance* du sol ou la faculté actuelle qu'il a de mettre en action les

ment une valeur à la puissance. Elles sont indéterminées, puisqu'il y a deux équations, mais trois inconnues, et c'est ce que nous lui avons objecté autrefois; mais en examinant de près ses autres travaux, on suit de l'œil le tâtonnement qui l'a conduit à son résultat. Il a sans doute augmenté et diminué successivement le chiffre de la puissance et celui de la richesse, jusqu'à ce qu'il ait trouvé le produit d'accord avec les résultats pratiques; il s'est arrêté à fixer à 8 degrés le chiffre de la puissance de son sol et dès lors il a obtenu les résultats $R = 75$ pour 1,614 k. de blé, et $r = 15$ degrés (r richesse ajoutée pour 6,000 kilogr. de fumier).

Il n'a pas tardé à voir que la puissance augmentait ou diminuait selon les saisons et les circonstances météorologiques. Ainsi un champ qui avait 5 degrés de richesse, lui produisait quelquefois 2,130 kil. de blé, ce qui supposait 792 degrés de fécondité, et 8,8 degrés de puissance, au lieu de 8. C'était donc alors 0,8 de puissance qui étaient ajoutés par l'influence de l'année.

De plus, les différentes cultures faisaient aussi descendre ou monter le chiffre de la puissance. Ainsi la présence prolongée du blé en terre, la prive pendant ce temps des influences atmosphériques, elle se durcit et perd 0,10 de puissance, et seulement 0,05 dans les étés humides, ou si du trèfle était semé sur le blé. Les pommes de terre en épuisant la richesse augmentaient la puissance de 0,01 à 0,02, à cause des sarclages et de l'humidité entretenue sur le sol par les feuilles de cette plante. Le trèfle augmentait la puissance et la richesse; le marnage augmentait la puissance de 3 degrés dans la première année, de 4 dans la seconde, de 3 dans la troisième; au bout de quinze ans la terre revenait à sa puissance première. Au reste, ces derniers chiffres devaient être relatifs à la qualité de la marne employée, et l'auteur du système avait tort d'attribuer à la seule puissance une bonification qui tournait aussi au profit de la fertilité.

Quant à la richesse, elle diminuait de la manière suivante, selon les récoltes faites sur un hectare :

	degrés.
Pour 100 kil. de blé.	2,46
pommes de terre. .	0,21
colza.	3,30
seigle.	2,21
orge.	2,21
avoine.	2,46

Ces mêmes produits consommaient la fécondité ainsi qu'il suit :

	degrés.
100 kil. de blé.	19,68
pommes de terre. . .	1,68
colza.	26,40
seigle.	17,62
orge.	17,68
avoine.	19,68

Ils indiquaient dans la terre la fécondité suivante :

	degrés.
100 kil. de blé par hectare.	44,2
pommes de terre. . . .	4 à 5
colza.	41,2
seigle.	44,2
orge.	44,2
avoine.	49,0

Au moyen de ces trois tableaux, on peut appliquer le système de M. de Woght à toutes les situations où l'on cultive les plantes qui ont été le sujet de ses expériences. Ainsi, nous savons qu'une terre a rapporté

18 hectol. de blé par hectare (1,440 k.), qu'elle a
reçu une fumure de 4,000 kil. ; une autre terre de
même qualité, mais fumée depuis longtemps, a produit
12 hectol. 8 (1,023 kilog. de blé). La fécondité après
la fumure est de 604,80 degrés ; la fécondité naturelle
de 544 degrés ; le fumier a produit une augmentation
de 60 degrés.

La fertilité est donnée par les proportions :

$$1440 - 1023 = 417 : 60 :: 604 : x = 86,9 \text{ dans le 1}^{\text{er}} \text{ cas.}$$
$$417 : 60 :: 544 : x = 78,2 \text{ dans le 2}^{\text{e}} \text{ cas.}$$

La puissance par la division :

$$\frac{604}{86,9} = 6,9 \text{ dans le 1}^{\text{er}} \text{ cas.}$$
$$\frac{544}{78,2} = 6,9 \text{ dans le 2}^{\text{e}} \text{ cas.}$$

On voit donc qu'il s'agit, pour pouvoir se servir de
cette méthode, d'avoir les résultats de deux expériences, l'une qui donne la fécondité naturelle du terrain,
l'autre l'effet du fumier sur le terrain, afin de pouvoir
déterminer la puissance ; ces expériences doivent être
faites sur la même espèce de terrain et après les mêmes
cultures. Alors on aura une base d'évaluation, la fertilité à un prix relatif à la valeur de l'engrais dans le
pays ; mais en achetant une terre, c'est la puissance,
qualité inhérente à la terre, qu'il faut surtout payer.
Ainsi dans les cas que nous avons cités, la première
terre, plus la valeur de 4,000 kil. de fumier, vaudrait
exactement la seconde.

Mais l'usage de ce système est loin d'être aussi sûr et
aussi exact qu'il le paraîtrait par cet exemple. Dans
une année sèche, par exemple, le fumier ne déploiera

pas toute sa fertilité, et alors on risque d'avoir des chiffres très différents pour exprimer la puissance dans la terre fumée et dans la terre non fumée, tout l'avantage sera alors pour cette dernière qui paraîtra avoir une puissance plus considérable que l'autre. Tout cet appareil d'hypothèses, auxquelles il faudrait retoucher sans cesse, comme l'a fait l'auteur pendant toute sa vie, pour les ramener dans la voie de la vérité, ne pourrait qu'égarer ceux qui y mettraient trop de confiance. J'admets cependant que la fécondité pourrait être évaluée au moyen de ces formules, avec une certitude au moins égale à celle des formules de Thaër; mais quand on voudra les décomposer en leurs éléments, on éprouvera toujours une difficulté réelle qui naîtra de l'indétermination des bases du calcul, et de ce que, pour les adapter à un sol quelconque, il faut se résoudre à passer par les mêmes tâtonnements qui ont rempli la fin de la carrière de M. de Woght.

Au reste, le but de cet estimable auteur, pas plus que celui de Thaër, n'a jamais été de faire servir ses échelles statiques à la détermination de la valeur des terrains, il les destinait aussi à apprécier les assolements et les effets des différentes cultures sur le sol; mais il en a tiré des conclusions pratiques intéressantes qui pour nous, au moins, ont besoin d'autres preuves que celles tirées de ses calculs. Cependant il est évident que si les éléments de puissance et de fertilité se fondaient sur des données positives, on aurait résolu le problème de l'agrologie, résultat immense qu'il ne nous est pas encore donné d'atteindre par des moyens aussi simples.

CHAPITRE V.

Caractères tirés de la composition de la terre. Système de Thaër.

Nous ne nous arrêterons pas à une foule de tentatives superficielles que l'on a faites pour essayer de lier la valeur relative des terres à leurs caractères minéralogiques et physiques. A quoi bon rappeler ces essais malheureux, fruit d'une demi-science, et qui n'ont pu résister aux moindres épreuves? C'est en Italie, surtout, qu'ont abondé les travaux de cette espèce; plus l'art des experts du cadastre y était avancé, plus la pratique y avait développé ce tact admirable qui leur fait juger si vite et si bien le produit brut et le produit net d'une terre; plus cette profession a été répandue par l'introduction déjà ancienne de cadastres territoriaux exacts dans la haute Italie, plus aussi il s'est trouvé de ces experts qui ont cru pouvoir formuler les inspirations de leur tact intime, réduire leur art en science, et qui malheureusement l'ont fait sans avoir les connaissances qui leur eussent été nécessaires pour y parvenir. Nous nous bornerons donc à décrire deux de ces tentatives faites en Allemagne, l'une par Thaër et l'autre par Kreyssig.

Après avoir fait l'examen et l'analyse d'un grand nombre de sols, Thaër crut pouvoir les classer et les estimer, comme on va le voir dans le tableau suivant. La dernière colonne suppose que le terrain de première classe a une valeur de 100, et les autres terrains sont estimés en centièmes de cette valeur.

DENOMINATION méthodique des terres.	DENOMINATION de Thaër.	DENOMINATION usuelle.	PROPORTION DES ELEMENTS.				VALEUR relative.
			Argile.	Sable.	Chaux.	Terreau.	
1. Argilo-calcaire argileux.	Argile fortement imprégnée de terreau.	Riche terre à froment.	74	10	4,5	11,5	100
2. Idem.	Terre très tenace imprégnée de terreau.	Idem.	81	6	4	9	98
3. Idem.	Idem.	Idem.	79	10	4	7	96
4. Loam.	Riche terre marneuse.	Idem.	40	22	36	4	90
5. Terreau.	Terrain léger imprégné de terreau.	Terrain de prairies.	14	49	10	27	79
6. Terrain siliceux.	Idem.	Riche terre à orge.	20	67	3	10	78
7. Loam.	Riche terrain argileux.	Bon terrain à froment.	58	36	2	4	77
8. Idem.	Terrain marneux.	Terrain à froment.	56	30	12	2	75
9. Glaise.	Terrain argileux.	Idem.	60	38	»	2	75
10. Idem.	Terrain glaiseux.	Idem.	48	50	»	2	65
11. Idem.	Glaise.	Idem.	68	30	»	2	60
12. Terrain siliceux.	Terrain glaiseux.	Terre à orge de 1re classe.	38	60	»	2	60
13. Idem.	Glaise sablonneuse.	Terre à orge de 2e classe.	33	65	»	2	50
14. Idem.	Idem.	Idem.	28	70	»	2	40
15. Idem.	Sable argileux.	Terrain à avoine.	23,5	75	»	1,5	30
16. Idem.	Idem.	Idem.	18,5	80	»	1,5	20
17. Idem.	Terrain sablonneux.	Terre à seigle.	14	85]	»	1	15
18. Idem.	Idem.	Idem.	9	90	»	1	10
19. Idem.	Idem.	Terre à seigle tous les 6 ans	4	95,25	»	0,75	5
20. Idem.	Idem.	Terre à seigle tous les 9 ans	2	97,5	»	0,5	2

L'esprit qui préside à cette table est de regarder l'union de l'argile et du terreau comme donnant à une terre le prix le plus élevé, et le manque d'une de ces substances comme réduisant cette valeur. Dans les terres argilo-calcaires chacune des unités de l'argile paraît entrer dans les calculs pour environ 0,78 et le terreau pour 3,7 ; ainsi, nous avons pour la terre n° 1 $74 \times 0,78 + 11,5 \times 3,7 = 100,27$; pour la deuxième $81 \times 0,78 + 9 \times 3,7 = 96,48$, ce qui ne s'éloigne pas du rapport admis par l'auteur ; mais alors la troisième devrait n'avoir que la valeur de 87,52, et l'on ne s'explique pas trop bien la raison qui a porté Thaër à l'élever presque à l'égal de la précédente.

Dans les loams, on ne reconnaît plus de loi, le n° 4, qui a 40 d'argile et 4 d'humus, est taxé beaucoup plus haut que le n° 7 qui a 58 d'argile et également 4 d'humus ; et qu'on ne dise pas que c'est le calcaire qui établit cette différence, car le n° 8, qui a 12 de calcaire tandis que le n° 7 n'en a que 2, descend au-dessous de lui, mais d'une si petite différence, qu'elle n'est pas expliquée par la réduction de moitié du terreau. Il semble évident que l'auteur a peu observé les terres calcaires.

Dans les glaises, l'argile acquiert une valeur plus grande que dans les terres argilo-calcaires et dans les loams, elle varie de 1,25 à 1.30 ; mais l'auteur a eu tort de ne pas expliquer la cause qui fait descendre le taux de la terre n° 11 qui possède une plus grande quantité d'argile que les précédentes.

Le même avantage reste à l'argile dans les terrains siliceux ; sa valeur est de 1,50 tant que la quantité de terreau reste la même, mais si elle vient à descendre, et se réduit à presque rien, la valeur de l'argile n'est plus que de 1,0.

Ainsi, en résumé, Thaër estime avant toutes choses les terres argileuses riches en terreau, ensuite les loams riches en argile ; enfin les glaises et les silices n'ont de prix à ses yeux qu'en raison de l'argile qu'elles contiennent. Cette préférence, ce second rang assigné aux terres calcarifères par les agronomes du Nord, tient sans doute à des effets de climat ; la nitrification s'y fait moins bien, la chaux n'y a pas cette propriété fécondante qui la fait estimer dans le midi. Bürger a raison de refuser sa confiance au système d'appréciation de Thaër[1], système basé sur des analyses imparfaites, où l'on s'est borné à séparer la prétendue argile de la silice par la lévigation. Nous avons déjà fait voir que l'argile était loin de pouvoir être obtenue par ce procédé, que ce n'était pas d'ailleurs une substance identique à elle-même, que sa composition variait infiniment, et que, selon ces variations, elle donnait aux terrains des propriétés différentes. Bürger cite deux terres dont la ténacité était en raison inverse de l'argile qu'elles contenaient, et dont celle qui en avait le moins se rapprochait par conséquent davantage des terres à froment de Thaër. Mais de quelle argile s'agissait-il ? Était-ce seulement le résidu de la lévigation, le troisième lot ? Mais qui assure qu'il n'était pas composé presque entièrement de fine silice, dans la terre la moins tenace ? C'était par la recherche seule de l'alumine qu'on pouvait prononcer avec certitude sur l'état de ces terrains. Nous pensons donc qu'on ne peut avoir

(1) *Traité d'économie rurale*, § 11.

qu'une confiance conditionnelle aux évaluations de Thaër en ce que, d'abord elles sont faites pour le climat de l'Allemagne et pour le genre de culture usité dans ces terres, dont la principale base était les céréales, et ensuite à cause de l'incertitude attachée à son mode d'analyse.

CHAPITRE VI.

Méthode historique.

Ce que nous appelons la méthode historique dans l'évaluation des terrains, consiste à se servir de tous les renseignements que l'on a pu recueillir sur leurs produits bruts, sur les frais et sur les produits nets; de composer un produit moyen à l'aide des résultats d'une série d'années la plus longue que l'on puisse se procurer, et d'obtenir ainsi non plus la valeur relative, mais la valeur positive du sol que l'on veut connaître. Nous avons déjà exposé cette méthode dans le Guide des propriétaires de biens ruraux affermés [1], et nous ne pouvons mieux faire que de reprendre ici cette exposition.

Section Ire. — *Estimation en bloc.*

L'estimation en bloc a lieu, ou par la comparaison de la cote d'imposition du domaine à celle des terres voisines, ou par celle du montant de leurs baux.

Dans les pays où le cadastre a été fait passablement,

(1) Recueil de nos Mémoires, t. I.

on peut se servir de la première méthode, mais cependant toujours avec quelque défiance. Dans ceux, au contraire, où il n'y a pas de cadastre, ou bien où le cadastre a été fait avec négligence, on ne peut nullement compter sur cette base ; car fort souvent c'est au moyen du bail que les anciennes matrices de rôle ont été faites, et les circonstances de culture ayant tout-à-fait changé les proportions des terres entre elles, les mêmes rapports n'existent plus.

Nous citerons un fait. Avant le cadastre, nous avions une terre qui était cotisée 200 fr. et une autre 48 fr. ; la seconde, qui était autrefois humide et de peu de valeur, ayant été convertie en prairie depuis cinquante ans, la cotisation était restée immobile. A la confection du cadastre, la première de ces terres est restée à 200 fr. ; la seconde est montée à 210 fr., et sans qu'il y ait dans ce changement une injustice criante. Quelques années encore, et ces défauts des anciennes matrices deviendront sensibles pour le cadastre, et il faudra aussi se défier de ses indications. En attendant, on peut s'en servir comme d'un auxiliaire ; mais c'est un allié d'une fidélité douteuse.

Voici la manière d'opérer au moyen de la cote des impositions : on s'informe des terres affermées aux conditions les plus équitables, et qui sont de la nature la plus analogue à celles que l'on veut louer ; du revenu réel qu'elles donnent et de leur revenu estimatif dans le cadastre : on établit ainsi le rapport entre le revenu de la matrice de rôle et le revenu réel ; on multiplie le revenu présumé du domaine que l'on veut évaluer par ce rapport, et l'on a le revenu réel qu'il doit donner.

Ainsi prenons pour point de comparaison trois domaines :

	Revenu de la matrice de rôle.	Revenu réel.
1°.	2,000	2,600
2°.	1,750	2,400
3°.	1,420	2,000
Total. .	5,170	7,000

Le rapport entre le revenu cadastral et le revenu
réel étant de 5,170 : 7,000, nous multiplions par 7,000,
et nous divisons par 5,170 le revenu cadastral du domaine à évaluer, qui est de 3,100 : nous trouvons
4,197 fr. 29 c. pour le revenu réel cherché.

Si l'on en obtenait davantage, on pourrait l'attribuer
ou au mauvais choix que l'on aurait fait des points de
comparaison, ou à une erreur du fermier, erreur qui
finit toujours par tomber au préjudice du propriétaire, si elle est trop considérable, ou à une augmentation dans la concurrence, qui réduit la portion que le
fermier s'attribue sur les récoltes de la ferme pour
paiement de son travail.

Outre ce premier moyen d'estimation, on doit aussi
employer l'estimation en bloc, en comparant les baux
à ferme des terres de la nature la plus analogue possible à celle dont on cherche le prix ; on évalue alors
le prix de location de l'hectare de terre, et l'on multiplie ce prix par le nombre d'hectares de terre de pareille qualité que l'on possède.

	hectares.		fr.
Ainsi, 1° un premier domaine de. .	100	donne de rente	5,000
2°.	75	—	4,000
3°.	50	—	2,700
Totaux.	225	—	11,700

Ce qui donne 52 fr. par hectare. Le domaine à évaluer étant de 85 hectares, le prix proportionnel de sa rente doit être de 4,420 fr.

Mais ces estimations en bloc ne peuvent guère se faire que dans les pays où les terres ont une grande uniformité : si la nature du sol varie beaucoup, ou que les genres de culture soient très différents et exigent des terrains qui aient des qualités spéciales pour chacune d'elles, on ne pourrait se prévaloir de ce genre d'estimation qu'en risquant de commettre de très grandes erreurs. Il vaut mieux alors recourir à l'estimation parcellaire, dont nous traiterons plus loin.

Mais quand cette estimation est possible, c'est celle où l'on se rencontre le plus souvent avec les fermiers, parce qu'alors ils ne font pas autrement leur compte.

Dans les cas où les terres ont le plus d'uniformité, il y a cependant quelques circonstances qui peuvent élever ou abaisser l'appréciation qui résulte de la comparaison dont nous venons de donner des exemples. Ainsi, récolte-t-on des fourrages au-delà des besoins, ou est-on réduit à en acheter? Les transports au marché sont-ils plus aisés ou plus difficiles que ceux des terres prises pour point de comparaison? Quand le fourrage manque à un fermier, tandis qu'il suffit dans les autres fermes, il faut retrancher du prix de location la valeur du fourrage supplémentaire, plus les frais de transport. Les prairies, au contraire, surabondent-elles? Il faut faire entrer en considération la valeur des fourrages qui peuvent être vendus ou consommés en sus de la consommation des fermes de comparaison.

Le mauvais état des communications ou l'éloignement des marchés est aussi une circonstance qui peut diminuer beaucoup la valeur d'une terre, comme une situation contraire peut aussi l'augmenter. Dans son *Guide des Fermiers*, Arthur Young calculait que quand le marché était éloigné de 50 kilomètres, il en coûtait au fermier 24 fr. pour porter 29 hectolitres de blé au marché, en comprenant un retour de charbon à porter en déduction, ce qui n'a pas lieu chez nous ; c'est à peu près 80 c. par hectolitre. Il voulait, avec raison, qu'une partie de ces frais fût portée en déduction du prix de ferme.

En France, on peut dire qu'en général un pareil transport, qui exige deux journées de charroi, coûterait 30 fr., ou 1 fr. 10 c. par hectolitre, soit en loyer ou usé des harnais et chariots, soit en conducteurs et faux frais.

Supposons donc que les autres fermiers, qui servent de point de comparaison, pussent faire ce trajet en une seule journée, la moitié du prix de ce transport devrait être déduite de l'évaluation première ; et si l'on avait à vendre 500 hectolitres de blé sur une pareille ferme, ce serait une somme de 225 fr. qu'il faudrait rabattre du prix de ferme.

Si l'éloignement du marché est si préjudiciable aux intérêts du propriétaire, d'un autre côté son voisinage augmente le fermage dans une proportion plus forte que l'on ne saurait le croire, quand on est fort rapproché d'une ville considérable. C'est qu'alors le fermier peut se livrer à des cultures jardinières qui rapportent un grand profit, et dont on aurait tort de rapprocher le produit des terres à blé. On doit donc se garder de prendre un pareil domaine pour régulateur, si l'on ne possède que des terres à blé ; de même que si l'on en possède une de cette nature, on ne doit pas l'évaluer d'après le prix de domaines plus éloignés.

On voit donc que, quoi qu'on fasse, il règne toujours quelque vague dans une estimation fondée sur ces genres de comparaison, parce qu'il est impossible de trouver des objets semblables à comparer ; sa justesse dépend beaucoup du jugement et de l'expérience de celui qui l'opère, rien ne supplée, à cet égard, à l'habitude de voir les champs et d'en faire souvent l'objet de ses conversations avec ses fermiers, ses voisins, ses ouvriers. Si tout se cache quand il s'agit d'un marché, tout se dit dans l'épanchement d'un entretien que l'on croit désintéressé, et l'on en retire des lumières précieuses quand on sait les mettre à profit.

SECTION II. — *Estimation parcellaire.*

L'estimation parcellaire, ou celle qui consiste à estimer séparément les différentes portions de terre d'un domaine, est utile surtout quand les cultures et les produits en sont variés. Dans ce cas, une estimation en bloc ne pourrait être qu'erronée.

Un fermier se tire beaucoup mieux d'une estimation parcellaire dans le canton qu'il est accoutumé à cultiver, que le propriétaire lui-même ; mais l'éloigne-t-on de son sol d'habitude, il y sera tout aussi novice. Il paraît, par la lecture des auteurs agronomiques anglais, que l'esprit de détail et d'exactitude de cette nation se retrouve dans l'estimation des terres comme ailleurs. Un fermier anglais, en parlant d'une pièce de terre, dira : C'est une terre de 25 schellings de rente ; c'est une terre de 2 livres de rente, etc.

Cette habitude lui permet de former avec exactitude des estimations parcellaires, et c'est ce genre d'estimation que conseille Arthur Young dans son *Guide du Fermier;* mais cette exacte appréciation tient beaucoup à l'habitude qu'ont ces fermiers d'écrire leurs comptes dans un meilleur système que l'informe brouillard de ceux qui écrivent quelque chose chez nous, et aussi de ce que, contradictoirement à l'opinion générale, les fermiers y changent beaucoup plus souvent que chez nous. Les baux à longs termes y sont rares, les baux à volonté très communs, et le changement de fermier à la fin d'un bail presque habituel : aussi, parviennent-ils à connaître leur marchandise beaucoup mieux que les nôtres, qui, dans la plupart des provinces, sont presque inamovibles, quoique vivant et travaillant sur la foi incertaine d'une tacite reconduction.

On conçoit donc que, dans les pays où l'on n'a pas la coutume d'affermer des terres en détail, où les changements de fermiers sont rares, et où l'on ne tient pas des notes exactes du produit de chaque terre en particulier, il est très difficile d'acquérir l'habileté propre à une estimation parcellaire. Les notes qui seraient nécessaires pour y parvenir ne peuvent même pas être tenues régulièrement par un propriétaire qui ne réside pas sur sa ferme ou qui n'y fait pas de visites très fréquentes. Ainsi, par exemple, son application exige que pendant de longues années on ait connu la valeur des récoltes de chaque nature de terrain, ce qui suppose que l'on a vu ces différentes récoltes sur les champs ; que l'on sait quelle est la quantité moyenne de gerbes, de raisins, de fourrages produite par chacun d'eux.

Quand on a longtemps suivi ces détails, on finit par se former une certaine habitude de juger le produit d'une terre, en voyant le blé en herbe, le chaume, la force des souches d'une vigne, etc., mais seulement dans le canton où l'on a observé : c'est ainsi que, dans les Cévennes, on juge, au milieu de l'hiver, la quantité précise de feuilles que produira un mûrier.

Si à cette première notion on joint celles des frais de travail pour chaque étendue de terre donnée, on pourra estimer, avec beaucoup de certitude, le véritable produit net des parcelles; mais, sans ces connaissances indispensables, nous ne conseillons à personne de s'y hasarder : car ce genre d'estimation, qui est le plus exact de tous quand on sait le faire, risque de devenir le plus fautif quand on n'a pas les connaissances exigées pour s'y livrer.

Dans les pays où l'on loue beaucoup de terres à petites parties, comme dans le midi, on connaît aussi fort bien la valeur de chaque mesure de terrain; les paysans ne s'y trompent pas et la voix publique en instruit le propriétaire; mais s'il partait de ces données, il risquerait encore beaucoup de se tromper quand il voudrait estimer un corps de domaine. En voici les raisons : dans les pays où l'amodiation parcellaire est introduite, tous les champs qui en sont susceptibles ont fini par être soumis à cette pratique, qui est, sans contredit, la plus avantageuse de toutes; ces champs sont ceux qui sont à la proximité des villes ou des noyaux de population; or, si le domaine que l'on veut estimer n'est pas dans cette position, et qu'il ne soit pas réellement susceptible de l'amodiation parcellaire, c'est à tort qu'on croirait pouvoir en retirer le même prix. Une diminution d'un quart n'est quelquefois pas suffisante pour exprimer la différence qui existe entre ces deux positions de terres de même nature.

La culture à la bêche et l'emploi du temps perdu des ouvriers font cette énorme différence. Ce n'est donc qu'avec la plus grande précaution que l'on emploiera les données fournies par ce genre d'exploitation.

Tout en désirant donc aux propriétaires qui liront ceci l'instruction nécessaire pour pouvoir pratiquer l'estimation parcellaire, nous les engageons à s'en abstenir s'ils ne possèdent pas parfaitement tous les éléments que nous avons exigés pour ce genre d'estimation.

SECTION III. — *Estimation détaillée par les récoltes et les frais.*

L'estimation par le produit des récoltes est la plus sûre et même la plus facile quand on a su se préparer d'avance les matériaux nécessaires. Muni de ces données, possédant le tableau des récoltes successives, on pourra en déduire le produit de la ferme de la manière dont nous l'indiquerons dans les différents articles qui vont suivre.

§ 1er. — Évaluation des récoltes par les semences.

Quand la masse des terrains d'une ferme consiste en terres en blé, on peut arriver à des résultats assez positifs par la connaissance de la quantité de grains semée sur la ferme. M. de Morel de Vindé, qui attachait beaucoup de valeur à cette méthode, l'a recommandée dans son *Mémoire sur les troupeaux de progression.*

auxquelles nous sommes obligés de nous livrer quand nous manquons de base fixe ont toujours leur part d'incertitude, et qu'il suffit que nous soyons prévenus que les erreurs ont des limites qui ne sont pas trop éloignées.

Nous verrons plus tard l'usage que nous devons faire de cette appréciation.

§ II. — Estimation des récoltes moyennes par les produits d'une ou de plusieurs récoltes de la ferme.

Nous continuerons à être ici dans le vague, et nous y resterons tant que nous n'aurons pas un état exact, et tenu pendant plusieurs années, du produit des récoltes diverses. Cependant, comme il importe de s'aider de toutes les lumières, quelque faibles qu'elles soient, quand des renseignements positifs viennent à nous manquer, nous ne négligerons pas ici d'indiquer le moyen d'évaluer approximativement les récoltes moyennes quand cet état circonstancié vient à nous manquer.

Ayant examiné un grand nombre de résultats de produits, nous avons vu qu'en général si l'on appelle 1 le produit d'une année moyenne, les récoltes les plus fortes d'une terre étaient 1,5, et les plus faibles 0,66. Or, si les fermiers ne gardent guère le souvenir des récoltes annuelles médiocres, ils se rappellent parfaitement les termes extrêmes, et il n'est pas très difficile de savoir d'eux ou des gens du pays le maximum et le minimum des récoltes d'une ferme.

Supposons que le minimum soit de quatre-vingts hectolitres, la récolte moyenne s'obtiendra par la proportion $66 : 100 : : 80 : x = 121$ hectolitres.

D'un autre côté, sachant que la récolte maximum a été de cent quatre-vingts hectolitres, nous avons $150 : 100 : : 180 : x = 120$. La récolte moyenne serait donc de 120 à 121 hectolitres.

Le plus souvent on ne tombe pas aussi exactement sur le même résultat en partant du maximum et du minimum, c'est que les récoltes désignées alors comme telles ne sont pas un minimum et un maximum absolus; mais il suffit que les deux termes se rapprochent, pour que, prenant un terme moyen, on ne s'éloigne guère de la vérité.

On sent toute l'imperfection de ce moyen; nous ne le donnons ici que pour ce qu'il vaut, nous nous en sommes servi souvent avec succès; mais il peut se présenter des cas où il soit très fautif : ce n'est donc que comme auxiliaire, comme moyen de vérification, plutôt que pour parvenir à un résultat définitif, que nous le conseillons ici.

§ III. — Estimation des récoltes moyennes par des résultats positifs de plusieurs années.

Nous arrivons à des résultats beaucoup plus sûrs quand nous avons des notes exactes sur un assez grand nombre de récoltes. Ils deviendront d'autant plus exacts, que le nombre de ces récoltes sera plus grand, et quand on en réunira douze ou quinze, on pourra espérer de n'avoir que des changements insensibles à leur faire subir, tant que la culture ne changera pas notablement.

En général, on prendra dans ces notes un nombre d'années qui soit multiple de la durée de l'assolement, puisque, à la fin de chacune de ses rotations, toutes les terres de la ferme, quelle que soit leur qualité, ont fourni toutes les natures de produit; si les terres étaient d'une nature fort égale, on pourrait, sans inconvénient, s'écarter de cette règle. Ainsi l'assolement étant de trois ans, on prendra six, neuf, douze et quinze années.

Si l'on n'avait qu'une seule rotation à soumettre au calcul, on risquerait de commettre des erreurs considérables, à moins que l'assolement ne fût très long. En effet, on voit souvent trois bonnes ou trois mauvaises récoltes de suite; il ne faudrait pas manquer alors de s'informer soigneusement de l'opinion que l'on a des produits de ces récoltes dans le pays, et de vérifier le résultat moyen que l'on aurait obtenu par les deux méthodes indiquées ci-dessus.

Le domaine présente souvent plusieurs natures de récoltes; mais il en est, dans le nombre, dont il est facile de connaître le produit. Ainsi l'on saura toujours le produit d'une récolte d'huile au moulin à huile, d'une récolte de vin par une visite dans le cellier et le nombre des tonneaux et des foudres pleins.

Pour le produit des bestiaux, il y a ordinairement des formules toutes faites dans chaque pays, et il est facile de les appliquer; mais ces produits sont si variables, que nous ne pouvons donner ici aucune règle à cet égard.

Au reste, ce qui facilitera les recherches que l'on aura à faire, c'est qu'il ne s'agit ici que de produits bruts. Ainsi, quand on saura le nombre de veaux, la quantité de fromages, de beurre, on aura toutes les données nécessaires pour une exploitation de vaches:

pour les bœufs à l'engrais, il suffira de savoir le poids moyen auquel on les achète, et celui auquel on les porte dans le pays. Cette approximation est suffisante pour le but qu'on se propose.

§ IV. — Du loyer des bâtiments.

Il se présente ici un problème qu'il est important de résoudre. Doit-on faire entrer dans les produits du domaine la valeur locative des bâtiments, et sur quel pied doit-on la compter? Pour le résoudre, il suffit de considérer qu'en faisant un tout autre emploi de son temps, le fermier devrait se pourvoir d'un logement pour lui et sa famille; que, d'ailleurs, ce logement est le fruit d'un travail avancé par le propriétaire, et l'on ne mettra plus en doute que cette jouissance ne doive être portée en recette. Mais le fermier ne peut être soumis qu'à un loyer en rapport avec sa position sociale, et ne doit entrer pour rien dans les dépenses de luxe qu'on aurait pu être tenté de faire pour embellir ces constructions.

La valeur réelle des bâtiments n'est donc pas la base dont nous devons partir; mais celle-ci n'est autre que la proportion ordinaire qui existe entre la richesse et le loyer. Cette proportion variera selon les pays, les climats, les habitudes, et elle ne sera certainement pas la même à Naples qu'en Angleterre. C'est donc un calcul différent à faire pour chaque localité.

Dans le midi de la France, le prix du loyer d'une famille qui ne s'élève pas jusqu'à l'opulence est en général le douzième de son revenu. Ainsi, le fermier qui dispose d'un capital de 6,000 francs qui doit lui rapporter 10 pour 100, (taux moyen actuel des entreprises industrielles), paiera un loyer de 50 francs environ. Cette rente et ce loyer sont ceux des familles d'ouvriers qui ne disposent que de leur travail.

Le fermier qui, outre son travail et celui de sa famille, peut encore disposer de quatre bêtes de travail et d'un valet, se trouve avoir un capital d'au moins 12,000 francs; ce qui porte sa rente à 1,200 francs, et son loyer à 100 francs : or une ferme suffisante pour lui, coûtera dans le pays au moins 6,000 francs de construction et un entretien annuel de 20 francs; ainsi la rente réduite à 100 francs ne représente pas tout-à-fait 2 p. 100 de la valeur de cette construction. D'où l'on voit que les bâtiments de ferme sont une charge pour le propriétaire qui, au reste, ne porte que la peine commune à tous ceux qui font bâtir dans une situation qui, faute de concurrence, n'est pas favorable aux loyers.

SECTION IV. — *Continuation de l'estimation par les produits et les frais.*

La portion attribuée à l'ouvrier pour paiement de son travail n'est pas une aliquote fixe du produit. Elle est proportionnée à la concurrence des locataires de fermes, et n'a souvent qu'un rapport éloigné avec la valeur plus ou moins grande du sol et la quantité plus grande ou plus petite de denrées que l'ouvrier peut en obtenir par son travail.

Le minimum en est la subsistance de l'ouvrier et de sa famille, et ce minimum n'est pas susceptible de grandes variations dans un même pays, quoiqu'il soit fort différent d'un pays à l'autre, selon le genre de nourriture et le climat; mais le maximum n'a d'autre borne que le produit total du sol, qu'il est bien près d'atteindre quelquefois. Ainsi, l'Américain qui donne 50 fr. de la propriété de 10 acres de terre sur le Missouri ne paie en réalité que 3 fr. du fermage d'une terre qui rapporte le triple de sa subsistance. Quand la concurrence sera aussi étendue dans ce pays que sur les bords de la Seine ou de la Tamise, au lieu de recevoir trois fois sa subsistance de son travail annuel, il lui restera à peine de quoi vivre, lui et sa famille, qui l'aidera dans son travail.

Dans les pays où il n'y a pas de capitaux nombreux en proportion de l'étendue des fermes, on voit donc les produits des fermiers s'élever; tandis qu'ils sont nuls et se réduisent au strict nécessaire dans les pays bien peuplés, et où les fermes n'ont d'étendue que celle des forces d'un ouvrier et de sa famille. C'est la circonstance sociale qui porte au maximum le taux du fermage, parce que c'est celle aussi où la concurrence est la plus grande.

Mais cette concurrence ne peut se mesurer par elle-même, elle n'a d'autre expression numérique que le taux des profits eux-mêmes; ainsi, nous ferions une entreprise inutile, si nous cherchions le taux des profits en voulant évaluer la concurrence; il faut chercher à le connaître directement.

Nous appellerons profit de l'ouvrier ce qui reste à la famille de l'ouvrier au-delà de sa subsistance, après paiement de la rente du propriétaire. On sent que ce profit est parfaitement distinct ou plutôt opposé à ce que l'on nomme profit du fonds, qui est le revenu qu'en tire le propriétaire.

Ce profit n'est pas égal pour toutes les classes d'ouvriers. Ainsi, dans un pays à grandes fermes, les fermiers sont ceux seulement qui ont le capital nécessaire à leur exploitation : il y a un taux de profit pour ceux-ci; mais il n'est pas nécessairement le même que celui des prolétaires qu'ils emploient. Il peut être plus grand si les ouvriers sont nombreux, il peut être plus petit s'ils sont insuffisants. Ainsi, dans les pays malsains de la côte de la Méditerranée, le profit de l'ouvrier est proportionnellement plus considérable que celui du fermier, tandis que, dans la Picardie et la Brie, le profit du fermier est beaucoup plus considérable que celui de l'ouvrier.

Pour trouver le profit de la classe de fermiers que nous devons employer, c'est donc ce profit lui-même qu'il faut observer; il a ses limites dans la nature des choses, et en connaissant celui de plusieurs fermiers on ne manquera guère de connaître celui de tous.

La dépense du fermier se distribue en plusieurs parties : 1° le paiement du travail fait, soit par les hommes, soit par les animaux; 2° l'intérêt du capital d'exploitation; 3° les profits qu'il fait dans la ferme; 4° le fermage du propriétaire. C'est pour arriver à cette dernière valeur que nous voulons connaître les trois autres éléments, c'est-à-dire que nous avons cette équation : le produit brut = le travail + le profit du fermier + le fermage du propriétaire. Ici, nous connaissons le produit brut par les investigations auxquelles nous nous sommes livré dans le chapitre précédent; il nous reste à chercher les autres éléments, c'est ce que nous allons tâcher de faire.

§ Ier. — De la valeur du travail fait sur une ferme.

La masse de travail au moyen de laquelle une terre est mise en état de production n'apparaît pas toute sous la même forme ; il y a du travail actuel et du travail accumulé : le premier seul retient le nom de travail ou de capital circulant ; les auteurs agronomiques donnent au second le nom de capital de cheptel. Que celui-ci ne soit en dernier résultat, aux yeux de l'économiste, que du travail accumulé, c'est ce dont il sera facile de se convaincre au moyen de quelques observations.

Le capital de cheptel du fermier consiste en outils et en bestiaux : il est assez évident que les outils ne sont que le produit du travail des ouvriers qui les ont confectionnés, mis en réserve par le fermier. Quant aux bestiaux, ils ne sont également que la représentation des fourrages qu'ils ont consommés, et sans lesquels ils n'auraient pu vivre ; la valeur du germe animé de l'animal n'est elle-même qu'une partie de la valeur de la nourriture de la mère, et peut-être cette valeur est-elle négative pour le fermier, qui perd une partie du travail ou du produit de la mère pendant qu'elle porte son fœtus. Ainsi le capital de cheptel tout entier n'est que du travail appliqué à l'exploitation de la ferme.

On sent donc qu'il n'y a qu'une nuance légère entre le capital circulant et le capital de cheptel : l'un paie un travail actuel, qui doit être renouvelé chaque année, ou du moins chaque fois que l'on prépare de nouveau le champ qui doit porter une plante ; l'autre paie un travail fait, dont la durée doit être de plusieurs années ;

mais que de nuances insensibles entre l'un et l'autre !
Pour semer une luzerne, il faut accumuler un travail
dont les résultats doivent s'étendre à cinq ou six années ; si nous plantons une vigne, l'effet de ce travail
durera cinquante, cent ans. Le premier travail est-il
compris dans le capital circulant, le dernier dans le
capital de cheptel ou dans celui du fonds ? Le bœuf
acheté pour l'engrais est revendu au bout de quelques
mois, une vache n'est vendue qu'après quelques années.
On voit donc que cette classification des capitaux est
purement artificielle, et qu'il est difficile de tracer une
ligne bien tranchée entre eux. D'ailleurs, quant à leurs
effets économiques sur l'estimation du bail, une loi générale les régit : c'est que les fermiers, pour pouvoir
continuer à perpétuité l'exploitation du sol, doivent
se trouver, à l'expiration du bail, quant à leurs capitaux, dans la même position, au moins, ou ils étaient à
son origine : ainsi les produits du sol doivent entretenir le capital en état de service, et le reproduire à
mesure qu'il éprouve une déperdition ; ce qui exige,
pour le capital de cheptel, un renouvellement annuel,
que l'on ne peut pas fixer au-dessous d'un douzième
de sa valeur.

La quantité de travail employée sur une terre est en
rapport avec le genre d'exploitation auquel elle est
soumise ; ainsi, une faible étendue de jardin occupe un
homme toute l'année : dans le système avec jachère, il
cultive commodément 10 hect. à l'aide de deux bêtes
de travail seulement. Pour nous faire une idée nette
de ce que les différentes positions agricoles exigent
d'avance en main-d'œuvre, il nous semble donc que le
meilleur moyen sera d'établir cette proportion dans

plusieurs classes principales d'exploitation, qui comprennent les principales situations agricoles que l'on rencontre sur notre continent; il sera facile ensuite au propriétaire de se classer dans une de ces positions ou entre les limites qui les séparent. Nous aurons ainsi fait tout ce qu'il est possible de désirer dans les bornes que nous nous sommes prescrites.

Nous allons donc examiner la valeur du capital circulant (travail annuel) et du capital de cheptel (travail accumulé) du fermier : 1° dans les pays où la terre est employée à des cultures sarclées de végétaux de commerce (plantes tinctoriales, oléagineuses, maraîchères, etc.); 2° dans ceux où les prairies artificielles occupent au moins un quart de la ferme, tandis que les récoltes sarclées de commerce n'y occupent qu'un espace insignifiant, et où, si l'on fait des récoltes sarclées, ce sont encore des récoltes de plantes propres à être consommées dans la ferme (assolements avec fourrages et racines); 3° dans ceux où l'on a conservé le système de la jachère, et où les prairies artificielles, quand il en existe, n'occupent qu'une partie peu considérable du terrain de la ferme; 4° dans ceux des fermes à pâturages où les terrains cultivés ne sont qu'un accessoire de la ferme.

A. — *Culture sarclée des végétaux de commerce.*

Les jardins maraîchers qui avoisinent les grandes villes sont peut-être les terrains où la culture est poussée avec le plus d'activité; mais l'on attend encore des renseignements exacts, soit sur les détails de leur culture, soit sur l'ensemble et les rapports de leur économie, sur la proportion des capitaux et des terrains, et sur la rapide circulation de ces capitaux.

La Flandre est certainement le pays de la France et peut-être de l'Europe où la culture des plantes sarclées a été poussée le plus loin. Un tiers de l'étendue des fermes est consacré, dans les environs de Lille, aux cultures de lin, de colza, de tabac ; le capital du fermier, qui doit, aux prix actuels, représenter ce travail disponible sur la ferme, y est de 256 fr. 60 c. par hectare, sans y comprendre la partie qui sert à payer le fermage [1]. Cette somme est répartie de la manière suivante :

Travaux annuels.	112 fr.	10 c.
Achats d'engrais.	124	50
Cheptel, 240 fr. par hectare, qui demandent un entretien annuel d'un douzième au moins.	20	00
	256	60

A l'autre extrémité de la France, dans le midi, on trouve aussi des exemples frappants de culture des végétaux de commerce. Le département de Vaucluse, dans sa partie cultivée spécialement pour la garance ; celui des Bouches-du-Rhône, dans celle qui reçoit les arrosages de la Durance ; les environs de Marseille, de Nîmes offrent, à cet égard, des positions agricoles très riches et très curieuses à étudier.

Dans l'assolement de garance, luzerne et blé, qui est le plus perfectionné de tous ceux où l'on intercale cette racine tinctoriale, et quand la culture a toute son activité, les capitaux du fermier sont distribués ainsi qu'il suit [2] :

---

(1) Ces données sont tirées de l'ouvrage de M. Cordier sur l'agriculture de la Flandre.

(2) *Mémoires d'agriculture*, par M. de Gasparin ; *Culture de la garance*, tom. II, p. 189 et suiv. Chez madame Bouchard.

Travaux et récoltes.	158 fr.
Fumier.	135
Cheptel, 200 fr., dont le douzième. . . .	17
Par hectare, annuellement. . .	310

Un cultivateur, M. Quenin, a donné une description très intéressante de la culture de Château-Renard [Bouches-du-Rhône] [1] : les détails en sont exacts. La multiplicité et la perfection des cultures introduites dans cette commune industrieuse doivent frapper d'étonnement toute personne versée dans l'agriculture : c'est la Flandre transportée en Provence, au moyen des arrosements, qui suppléent au ciel d'airain du climat.

Nous voyons dans ce mémoire que le capital du fermier est réparti ainsi qu'il suit :

Travail.	206 fr.
Engrais.	61
Cheptel, 200 fr., dont le douzième. . .	17
	284

On observera, dans ce compte, que le travail y devient l'article principal, tandis que la valeur de l'engrais l'égale ou le surpasse dans les deux autres; mais c'est un avantage de la localité, qui est rapprochée d'Arles, où les fumiers ont moins de valeur : d'ailleurs, le transport des produits du jardinage dans les marchés des environs entre pour une très grande partie dans les frais de travail.

En Alsace, les cultures jardinières sont aussi soignées qu'en Flandre; et cependant la scène semble changer complétement quant à la distribution des ca-

(1) *Mémoires de la Société d'agriculture de la Seine*, t. XVI, p. 199.

pitaux. Dans ce pays, il existe de vastes communaux
où chaque propriétaire peut conduire ses vaches toute
l'année. Ces terrains sont leur fabrique d'engrais; les
cultivateurs sont presque tous propriétaires; les fermiers sont en plus petit nombre, et les grandes fermes
sont peu productives. La raison en est que la petite
ferme entretient, proportion gardée, une plus grande
quantité de bétail que la grande. Tout ce bétail est
faible, maigre et de peu de produit; mais il fournit
complétement aux besoins d'engrais de ces petits propriétaires et fermiers. Ce qui est surtout remarquable
dans ce système, c'est que les bêtes de travail y sont
plus nombreuses que le bétail de rente, parce qu'une
vache nourrie sur le terrain communal rend très peu
de lait et donne par conséquent peu de profit; les chevaux étant nécessaires, et leur faible nourriture ne
leur donnant pas beaucoup de force, il faut suppléer
à la qualité par le nombre : voilà le secret de ce grand
nombre de juments de l'Alsace.

Il faut considérer maintenant que cet état de choses
tient à l'existence de pâturages et de prairies dans la
proportion d'un hectare sur deux hectares un tiers de
terre labourable. Ces pâturages ne sont pas du tout des
terres de qualité inférieure, très souvent, au contraire,
ils sont les meilleurs fonds du territoire : d'où il suit
que le propriétaire, en louant un hectare de terre,
y joint 43 ares de pâturages : c'est là le capital
qui fournit le fumier; il est ici avancé par la commu-
nauté. Voilà ce qui ne permet pas de comparer cette
économie à celles dont nous venons de parler. On peut
voir, au reste, des détails sur cette culture dans l'ouvrage de Schwerz *sur l'Agriculture de l'Alsace*.

B. — *Assolement avec prairies artificielles.*

Cette agriculture perfectionnée est celle qu'adopte tout fermier qui, voulant sortir de l'aveugle routine, se trouve dans une position où les achats d'engrais à des prix convenables ne sont pas possibles; c'est à ce système que conduit aussi la préférence accordée dans un pays à la nourriture animale sur la végétale; enfin, l'éloignement des villes où se fait la consommation des légumes, celle des manufactures et du commerce, qui facilite la vente des produits tinctoriaux ou industriels, la difficulté des transports, nécessitent aussi son adoption, qui permet d'envoyer au loin, à peu de frais, les bestiaux qui en sont le principal produit. On trouve donc une multitude de circonstances favorables à ce genre d'exploitation, fondé sur la multiplication et l'élève des animaux : c'est lui, en effet, qui domine en Angleterre, et qui s'étend rapidement en Allemagne. Il s'est introduit aussi en France; mais il n'y a fait encore que des progrès trop bornés. Les auteurs agronomiques lui ont consacré de nombreux développements; c'est à son exposition que sont principalement destinés les ouvrages d'Arthur Young, de Thaër, de Pictet, de Crud, de Morel de Vindé, d'Yvart, de Bosc, etc.; c'est lui, enfin, dont on cherche à étendre une des formes en France sous le nom d'assolement quadriennal, et que la ferme expérimentale de M. de Dombasle a eu pour but d'acclimater dans les départements du nord-est.

C'est en me servant des données de ces différents auteurs que je crois pouvoir établir de la sorte la répartition des capitaux annuels du fermier dans ce genre d'exploitation :

Travaux.	100 fr.
Cheptel, 300 fr., dont le douzième. . .	25
Par an, pour un hectare. . . .	125

non compris une année de fermage.

C. — Culture avec jachères.

La pénurie de capitaux, l'ignorance, des moyens défectueux de communication, retiennent encore une partie de l'Europe dans cette déplorable routine. Ici, le cheptel ne consiste proprement qu'en bêtes de travail et en instruments d'agriculture ; on y joint un petit nombre de bêtes de rente, destinées à augmenter la faible quantité de fumier que produit ce système, et cet engrais ne profite en général qu'à quelques terres voisines de la ferme et privilégiées par leur qualité.

Dans le nord de la France (je prends les environs de Provins pour exemple), sur une terre de 216 hectares, plus 10 hectares de prairies, partie nécessaire de ces exploitations, le cheptel est composé comme il suit :

450 moutons à 8 fr.	3,600 fr.
10 chevaux à 350 fr.	3,500
Charrettes et instruments aratoires.	2,000
Instruments divers et meubles.	2,000
15 vaches et 1 taureau.	2,400
	13,500

qui donnent, par hectare de terre labourable, 62 fr. ; mais ce calcul, fait sur des terres de première qualité, se réduit à 45 ou 50 fr. sur les terres moyennes ; nous aurons, dans ces exploitations, la répartition suivante de capitaux :

Travaux et semences..	65 fr.
Cheptel, 60 fr., dont le douzième. . . .	5
	70

Dans le sud-est de la France, le capital de culture se trouve élevé par l'effet de la concurrence des cultures industrielles qui occupent beaucoup de bras et renchérissent le prix du travail ; le nombre des charrettes et chariots se trouve augmenté, afin que le fermier profite de la saison de l'hiver pour faire des charrois sur la route, menant ainsi de front deux genres d'industrie ; mais la quantité de bétail de rente se trouve réduite. Ayant sous les yeux l'inventaire d'un fermier de 40 hectares de terre, je trouve que son cheptel est ainsi qu'il suit :

7 mules..	1,806 fr.
160 brebis.	1,280
Basse-cour.	85
Charrettes ou instruments divers. . .	3,189
	6,360

ou, par hectare, 159 fr.

Son capital se trouve réparti ainsi qu'il suit :

Travaux et semences.	80 fr.	» c.
Cheptel, 159 fr., dont le douzième. . .	13	25
	93	25

D. — *Ferme en pâturages.*

Ici, il n'y a pas un chiffre fixe de capital ; il dépend beaucoup de la nature et de la richesse des pâturages, qui permettent d'y nourrir un nombre plus ou moins grand de bestiaux. Le genre de ces bestiaux décide aussi des soins qu'ils doivent recevoir, et qui varient même beaucoup selon les pays. Ainsi, en Suisse on trouve un vacher pour dix à douze vaches, tandis qu'en Auvergne, où l'on ne s'en occupe guère que pour les traire, un homme peut en soigner un plus grand nombre ; ce genre de calcul ne sera jamais embarrassant pour le propriétaire, parce que rien n'est plus invariable et mieux connu que ce qui se passe à cet égard dans chaque pays ; mais ce n'est plus par hectare, c'est par tête d'animal qu'il faut faire ici le compte des travaux.

M. de Fellenberg les estime comme il suit, par vache :

Travaux, soins du vacher, travail du fromager.	37 fr. 50 c.	
Fauchage, fanage et charroi de 50 quintaux métriq. de foin à 35 fr.	35 .	72 fr. 50 c.
Cheptel, 240 fr., dont le douzième.	20 .	
	92 50	

C'est le maximum des soins que l'on puisse donner à cet animal, et le plus haut prix moyen qu'il puisse avoir[1] ; si l'on se figure que le produit brut d'une vache d'Auvergne n'est pas de plus de 72 fr.[2], on jugera quelle peut être la part de travail qui lui est consacrée.

Le capital affecté aux moutons varie de la même manière, depuis le misérable troupeau qui vit des herbes de la jachère jusqu'au mérinos traité avec opulence dans l'étable. Il serait trop long d'insister ici sur toutes ces variations, et probablement nous n'indiquerions que très insuffisamment les différentes situations agricoles,

(1) Rapport de M. Crud, p. 81.
(2) Yvart, *Excursions agronomiques en Auvergne*, p. 78.

en y consacrant un grand nombre de pages. Nous ne pouvons donc que renvoyer aux ouvrages qui en traitent spécialement, et principalement à ceux qui se sont occupés de la partie économique de cette éducation[1].

E. — Conséquences.

Dans les paragraphes qui précèdent, nous avons tâché d'indiquer des termes-limites des frais de travail de chaque genre d'exploitation; nous les avons indiqués en argent, et nous sentons ici qu'en adoptant cette mesure commune, nous n'avons peut-être montré que d'une manière imparfaite la quantité absolue de travail exigée par chacune d'elles; nous n'avons pas cru cependant devoir prendre une autre marche, et nous pensons nous être plus rapproché de la vérité qu'en choisissant tout autre procédé.

En effet, supposons que nous eussions adopté, pour mesure commune, des journées de travail, croit-on donc que cette expression soit toujours un terme identique? Voudrait-on, par exemple, mettre en comparaison la valeur du travail d'un Français et celle d'un Indien? Nous aurions donc pris un terme de comparaison très inexact, et jusqu'à ce que l'on ait estimé au juste la force déployée par les ouvriers de chaque pays, on doit éviter de s'en servir. Nous n'en sommes qu'aux plus simples éléments de cette connaissance, et ce que nous en savons tendrait à nous faire présumer que la quantité absolue de force déployée par les ouvriers est en

(1) *Voir les Mémoires sur l'éducation des mérinos, comparée à celle des autres bêtes à laine, par M. de Gasparin.*

raison de la valeur réelle de leur subsistance. Or, la valeur vénale mesure assez bien cette valeur réelle dans le cas d'un commerce libre : d'où il suit qu'en partant de cette valeur vénale, nous avons pris encore pour base de calcul le terme le plus près de la vérité.

Mais dans l'usage que l'on pourra faire de ces données, il ne faut jamais perdre de vue que l'on trouve rarement, dans l'application, des cas aussi simples que ceux que nous avons pris pour modèles ; que presque toujours plusieurs genres de culture se trouvent combinés ensemble, et que pour opérer les déductions convenables, il faut d'abord faire l'analyse exacte du domaine que l'on veut juger, pour appliquer à chacune de ses parties les éléments que nous venons de trouver.

Enfin, nous avons considéré chaque système dans un état moyen, et on doit éviter d'en rien conclure de trop absolu pour ces pays, où l'agriculture n'est pratiquée qu'avec beaucoup de négligence : on pourrait quelquefois s'y tromper d'un quart et même de moitié. L'habitude de voir rectifiera, à cet égard, comme en tant d'autres choses, les données absolues que la théorie est forcée d'admettre, parce qu'elle n'est jamais dans les sciences d'application que la peinture d'un état moyen qui n'existe nulle part, mais autour duquel oscillent, à de plus ou moins grandes distances, toutes les situations réelles.

§ II. — De l'intérêt du capital d'exploitation.

Toute entreprise de culture suppose l'avance d'un capital. Le simple cultivateur qui, armé de sa bêche, entreprend de mettre sa terre en valeur, doit posséder

au moins sa subsistance assurée pendant le temps de
ce travail , qui ne lui rapportera un produit qu'après
un certain laps de temps. Le fermier doit avoir en
avance la somme nécessaire pour payer sa subsistance,
celle de sa famille, de ses ouvriers, et les avances du
fermage, jusqu'à la vente de la prochaine récolte. Cette
somme serait susceptible de lui rapporter un intérêt
dans tout autre emploi, et c'est avec juste raison qu'il
doit ne pas en être privé quand il l'avance sur des travaux agricoles qu'il n'entreprendrait pas, s'il n'y trouvait un avantage au moins égal à celui de tous les autres emplois qu'il pourrait faire de son capital.

Le fermier peut prétendre à cet intérêt ou cette rente
de son capital , parce qu'il ne fait en cela que ce que
que fait aussi le paysan qui cultive son champ, et qui
préférerait offrir son travail pour cultiver celui des
autres, s'il ne trouvait pas un avantage quelconque à
user ainsi des avances qu'il a faites, et qui le mettent
en état d'attendre jusqu'à la récolte suivante la rentrée de son salaire, grossi d'un certain intérêt qu'il
voit en perspective.

Dans tout ce que les auteurs d'économie et d'agriculture ont écrit sur ce sujet, même dans l'ouvrage de
Thaër, on a confondu ici sous le titre de rente ou d'intérêt deux éléments extrêmement distincts. Le premier est la prime d'assurance pour le paiement du capital au terme fixé; le second est l'intérêt lui-même,
qui représente seulement le dédommagement que l'on
offre au prêteur pour la non-jouissance de ce capital.
Dans les placements très solides, faits à court terme,
et, où par conséquent, les chances de non-solvabilité
sont presque nulles, la prime d'assurance peut être re-

gardée comme très petite et même inappréciable; le taux de l'intérêt donne alors réellement la véritable mesure de ce dédommagement. Il varie beaucoup selon les époques et les emplois plus ou moins profitables que les emprunteurs peuvent faire des fonds; mais il est toujours facile d'en connaître le taux dans chaque pays en particulier.

Quant à la prime d'assurance, ce n'est autre chose, dans notre cas, qu'une certaine somme que le fermier doit économiser chaque année sur les produits, pour pourvoir aux remplacements des pertes de son capital circulant et de cheptel, de manière à ce qu'à la fin du bail, il ait la certitude de se retrouver dans la position où il était en commençant. Sa fixation dépend donc d'une juste estimation des risques que peuvent courir ces capitaux. Essayons de nous en former quelque idée.

Le capital destiné aux travaux est perdu pour le fermier quand il ne recueille pas, outre le prix de son fermage, un produit égal à ses frais. Après la récolte, la terre se trouve dans l'état où elle était avant les cultures et tout est à refaire; il faut un nouveau capital pareil pour préparer la terre à une autre récolte.

Mais si, au lieu d'une simple culture annuelle de blé avec jachère, nous parlions d'une culture plus soignée, de celle avec fourrages, par exemple, nous verrions que les risques diminuent, parce que la culture qui a été perdue pour les grains peut profiter aux fourrages semés avec eux; s'il était question de la culture soignée des plantes de commerce, nous trouverions que, le travail n'étant que la plus petite partie des frais et les engrais restant dans le sol, la perte n'est jamais totale; on voit combien les circonstances diverses mettent de différence dans les risques que court le capital de culture. Les chances fatales se réunissent en plus grand nombre sur la culture la plus pauvre, tandis que la plus riche en est presque à l'abri. Nous ne pouvons donc pas attribuer une même prime d'assurance à ces différents capitaux, quoique réunis sous une même dénomination.

Mais ce n'est pas tout encore, et en prenant pour exemple les fermiers de la culture avec jachère, on verra que, selon les climats, les chances sont très différentes. Dans tel pays, une récolte moyenne est presque assurée; dans tel autre, on est fréquemment exposé à une perte totale de récolte. Ceci est alors une question de localité, et comme l'attention n'a pas encore été appelée sur cette matière importante, il n'existe aucun travail qui puisse l'éclaircir dans les différents pays.

Il n'est guère possible d'avoir des données exactes sur les risques que courent les récoltes d'un pays, sans posséder des relevés de l'état annuel des récoltes depuis une longue suite d'années : car on voit souvent des séries assez prolongées de bonnes ou de mauvaises récoltes, et l'on ne peut se faire une idée des chances moyennes qu'en réunissant au moins les détails des récoltes de vingt années. Quand on peut avoir des renseignements positifs, il faut regarder comme une perte totale des frais de culture toutes les récoltes qui ne s'élèvent pas à quatre hectolitres de blé par hectare dans les bonnes terres, à trois dans les moyennes et à deux dans les mauvaises. Cette quantité ne représente en général que la rente, dans l'état actuel des choses en France. C'est d'après ce procédé que nous avons trouvé que, dans le sud-est de la France, la perte du capital de culture avait lieu en moyenne tous les six à sept ans, et que par conséquent la prime d'assurance des fonds devait se porter dans ce pays à 16 p. 100 des frais pour les terres cultivées avec jachère. Je ne doute pas que dans le nord et l'ouest, moins exposés à ces sécheresses redoutables du sud-est, cette déduction ne doive être beaucoup moindre; en Allemagne, Thaër ne l'estime qu'à 8 p. 100, puisqu'il porte à 12 l'intérêt total du capital circulant, auquel il réunit la prime d'assurance.

Le capital employé en achats d'engrais est beaucoup moins exposé que celui des cultures, soit qu'on l'emploie en cultures variées qui se succèdent rapidement, et dont la seconde culture profite de l'excédant d'engrais non consommé par la première, soit qu'on le destine à des cultures d'une longue durée, à la garance ou à la luzerne, qui, ayant plusieurs années de végétation, font, dans une année favorable, des progrès qui dédommagent des pertes de l'année précédente; on peut dire que l'argent employé en engrais est de tous les capitaux le moins compromis.

Cependant on peut encore estimer les risques qu'il peut courir dans un assolement donné. Pour que le capital entier destiné aux engrais fût perdu, il faudrait supposer que, pendant la durée de l'activité de l'engrais, toutes les récoltes que l'on aurait tentées sur le sol qui l'a reçu auraient manqué. Cette durée est en rapport avec la perméabilité du sol, qui permet aux eaux pluviales de l'entraîner dans les couches inférieures, à mesure que ses parties deviennent solubles, et cette même disposition du sol favorise sa décomposition. Le temps nécessaire pour cet effet est très bien connu des cultivateurs dans chaque pays. Supposons donc qu'au bout de quatre ans, tous les effets du fumier aient disparu, il y aurait une déperdition d'un quart environ chaque année; mais la chance de non-réussite des deux récoltes de blé que l'on fait en quatre ans est très petite, et au plus d'un vingt-quatrième dans les pays qui ont un non-succès tous les six à sept ans : ainsi, dans les cas les plus défavorables, on ne pourrait pas accorder une assurance de 4 p. 100 à ce capital.

La partie du cheptel destinée à acheter du bétail de rente peut être employée de plusieurs manières, ou à l'achat de vaches et de brebis, ou à l'achat de bœufs et moutons à l'engrais. Les premières fournissent chaque année leur propre remplacement, les seconds doivent représenter dans leur prix de vente la valeur de l'achat et celle des denrées qu'ils consomment. Dans l'un et l'autre cas, on doit imputer au capital les chances de mortalité qui menacent chaque espèce de ces animaux : elles varient selon les pays. Quand une contrée est affligée du mal de sang (gastro-enteritis charbonneux), on voit périr quelquefois des troupeaux entiers en une année, et alors on peut regarder la spéculation comme très mauvaise. Dans les situations saines, on laisse peu mourir de vaches et de brebis dans une ferme, on les vend et on les remplace quand elles avancent en âge; mais il y a une dégradation annuelle dans leur prix, que l'on peut estimer à un douzième tout au plus : c'est donc 8 p. 100 d'assurance à passer à ce capital; et quant aux bêtes à l'engrais, comme on choisit des bêtes en santé, que leur régime est très bon, et que, d'ailleurs, elles passent peu de temps sur la ferme, on ne peut guère en estimer l'assurance qu'à un vingt-cinquième ou 4 p. 100.

Quant aux bêtes de travail, les lois de mortalité varient aussi selon leur âge et leur espèce; mais en général l'expérience nous apprend qu'il suffit de les renouveler par douzième, et que ce que l'on retire des vieux animaux couvre la perte de ceux qui meurent avant cette époque.

On ne peut faire aucune exception pour les juments poulinières, en raison des élèves qu'elles peuvent produire, parce que l'on tire moins de travail de ces animaux pendant l'allaitement, et que cette perte compense et au-delà le bénéfice que l'on pourrait faire sur les poulains. Et quant aux veaux, il est bien prouvé que le lait qu'ils ont consommé est plus que l'équivalent de leur valeur à l'époque du sevrage.

L'entretien des charrues et harnais se porte de 20 à 25 fr. par bête d'attelage, plus ou moins, selon que le terrain est plus ou moins caillouteux. Les cailloux parsemés dans le sol usent avec rapidité le fer des socs. La fréquence des charrois rend aussi le renouvellement des chariots plus onéreux; mais si l'on ne fait que ceux qui sont nécessaires à une ferme, on peut en porter la dépense à un huitième des frais d'établissement, ou à environ 15 fr. par tête d'attelage. Ainsi, en comptant en bloc huit pour cent d'assurance pour le capital de cheptel, nous sommes évidemment au-dessus de la proportion requise; et quand on voudra atteindre à plus d'exactitude, on distinguera dans le cheptel ces différents emplois, et l'on attribuera à chacun d'eux le taux d'assurance convenable.

Ce que nous venons de dire prouve à l'évidence que

les déductions à faire pour assurance du capital sont d'autant plus fortes que la culture sera plus mauvaise : en effet, dans une bonne culture, le capital est employé principalement en engrais, dont l'assurance est de 4 p. 100, ou en cheptel, où elle est de 8 p. 100; dans les terres avec jachère, il est employé en bêtes de travail, dont l'intérêt est à 8 p. 100; en instruments, où il est de 12 p. 100, et en travaux annuels, qui coûtent jusqu'à 16 p. 100 d'assurance.

Tels sont les tristes effets de la pauvreté volontaire à laquelle se condamnent tant de terrains susceptibles d'acquérir une plus grande valeur.

§ III. — Profit du fermier.

Le profit du fermier est partout un secret, peut-être pour lui-même; car il est bien peu d'hommes de cette classe qui sachent, au moyen d'une bonne comptabilité, se rendre un compte exact des résultats de leur culture.

Ce que quelques-uns appellent profit n'est pas autre chose que le salaire de leur propre travail et de celui de leur famille; ce que d'autres entendent par ce nom, c'est le bénéfice des bonnes années, que l'on n'a pas balancé avec les pertes des mauvaises. Dans la plupart de nos provinces, le profit réel, celui qui reste après le paiement du fermage, des travaux, et le solde de l'intérêt du capital, est presque nul; je n'en veux pour preuve que l'état stationnaire de la plupart des familles de nos fermiers; mais dans d'autres pays, il peut être porté en ligne de compte, et c'est principalement dans ceux à grandes fermes, où la concurrence des fermiers étant moindre il n'y a pas autant de chaleur dans les enchères, et où les agriculteurs, recevant une éducation plus soignée, parce qu'ils sont possesseurs de capitaux plus forts qu'ailleurs, savent mieux calculer leur position.

Nous avons eu l'occasion de faire le compte d'un fermier qui prospérait, et son profit moyen n'était pas au-delà du dixième de son capital. Je n'oserais pas dire qu'en comprenant dans ce calcul les mauvaises années qui viennent de passer, il lui restât beaucoup des bénéfices des quinze années précédentes ; mais certainement, en tout comptant, il n'a pas doublé son capital en vingt ans.

Les exemples que l'on citerait et qui paraîtraient contraires à notre opinion ne seraient guère pris que de domaines loués depuis longues années, à un bas prix, et par des propriétaires négligents, qui n'ont pas suivi les variations du cours des fermages, et jamais, nous osons l'assurer, sur des fermes exposées à la concurrence.

Nous savons qu'avec de l'activité, un bon système, un long bail, un domaine très étendu, il est possible de porter le profit plus haut ; mais ce n'est pas ce cas qui se présente généralement ; et ici il faut parler des réalités. Nous pensons donc que l'on sera beaucoup au-dessus de la vérité dans les pays que nous connaissons, en portant les profits aux taux ci-après :

	Du capital total de l'exploitation.
Pour les domaines de 100 hectares et au-dessus.	10 p. 100
De 50 à 100	8
De 25 à 50.	6
De 10 à 25.	5
De 1 à 10.	3

Ceci est une de nos inconnues, que nous ne pouvons déterminer que par une espèce d'empirisme et de tâtonnement.

Au reste, pour ne pas s'en tenir à ce que nous avons pu observer dans un pays où les fermages sont assez élevés et les grandes fermes rares, il est nécessaire de répéter ces observations, et de s'informer, par exemple, de la situation ancienne et des progrès de la richesse de plusieurs familles de fermiers des environs. On pourra mieux juger ainsi de leurs profits quand on connaitra les accroissements de leur fortune et le temps qu'ils ont mis à les réaliser, et que l'on aura retranché de ces accroissements les intérêts annuels des capitaux. Toutes ces opérations sont délicates, et le hasard seul, ou la bonne foi de quelques fermiers, peut en apprendre quelquefois à cet égard plus que des recherches pénibles et toujours un peu douteuses.

Section V. — *Évaluation du fermage.*

Tous les éléments nécessaires pour résoudre la question que nous nous étions proposée étant maintenant rassemblés, il ne s'agit plus que de montrer la manière de les mettre en œuvre, et c'est ce que nous allons faire, en employant les différentes méthodes indiquées dans les articles qui vont suivre.

§ Ier. — Ferme à cultures industrielles.

Nous avons vu que, dans ce genre de ferme, la variété des produits ne nous permet pas d'adopter la marche d'une évaluation détaillée. En effet, quand même

J.   26 nous parviendrions à obtenir le total des produits bruts, il serait très difficile d'apprécier leur valeur moyenne pour les réduire à la mesure commune du numéraire : cette méthode donnerait lieu à de graves erreurs. C'est donc par le montant des impositions et par la comparaison des fermages à ceux des fermes environnantes que l'on doit opérer.

1° Supposons un domaine situé près de Lille (Nord), composé de 25 hectares 50 ares de terres labourables : il paie 433 fr. 50 c. d'impositions directes, qui sont en général dans le canton le cinquième du fermage, ce qui nous donne 2,167 fr. 50 c. pour prix de ce fermage.

2° Ce domaine peut être comparé à deux autres domaines, qui sont approximativement de la même étendue et de la même valeur; le second est plus rapproché, le troisième plus éloigné du marché que le premier. Celui-ci peut envoyer au marché quatre fois dans une journée; son prix de location est de 100 fr. par hectare y compris le pot de vin, du neuvième, ce qui fait, pour 25^{hect},5, un fermage de 2,550 fr.

Le second ne peut envoyer au marché que deux fois en un jour, les frais de transport sont donc doublés. On fait, dans le premier domaine, 30 journées de charroi à deux chevaux, valant 10 fr. (ci 300 fr.); c'est donc la moitié de la valeur des transports du domaine à retrancher de son fermage; et en supposant que leur nombre soit le même que dans le domaine de comparaison, ces transports reviendront à 600 fr., dont la moitié (300 fr.), déduite de 2,550 fr., nous donne 2,250 fr. pour le prix de ferme que nous pouvons demander.

Le troisième domaine de comparaison ne fait qu'un

voyage par jour; son prix de ferme est de 75 fr. l'hectare; ce qui fait, pour les 25$^{hect.}$,5, un fermage de 1,912 fr. 50 c.; mais les frais de transport sont quadruples de ceux de la première ferme de comparaison : ils valent ici 1,200 fr.; en supposant que le nombre de ces transports soit aussi de cent vingt voyages, ils sont le double de ceux du domaine que nous lui comparons; c'est donc 600 fr. à ajouter à son prix de location, ce qui nous donne 2,512 fr. 50 c.

Ainsi, par la première comparaison, nous avons.	2,250 fr.	» c.
Par la deuxième.	2,512	50
Total.	4,762	50

Prix moyen, 2,381 fr. 25 c.

En opérant ainsi sur des bases différentes, on trouvera souvent des écarts dans les résultats, et nous n'avons pas voulu les dissimuler dans notre calcul : ils viennent de ce que telle ou telle base est trop élevée; de ce que, par exemple, le fermier de la troisième ferme de comparaison paie trop cher son fermage, en raison de l'excessive quantité de charrois dont il est chargé et proportionnément au premier, qui paie trop bon marché. En général, en agriculture, on doit soupçonner que plus on part d'une position défavorable, et plus le résultat comparatif que l'on obtient est en excès. Les terres les plus chères sont toujours celles où le fermier fait le mieux ses affaires.

Quoique le nombre des moyens que nous avons ici pour estimer les fermages soit borné, il faut convenir que, dans cette situation agricole, ils sont beaucoup plus sûrs. Dans ces petites fermes à industrie, dans ces pays où les hommes croissent en masses aussi serrées

que les légumes de leurs champs, la concurrence est
ordinairement très grande et éclaire parfaitement le
propriétaire : il suffit donc d'avoir un point de départ
quelconque pour être assuré que l'on louera sa ferme
à sa véritable valeur.

§ II. — Estimation d'une ferme soumise à la jachère à Provins (Seine-et-Marne).

Les données de cette estimation nous ont été fournies par le procès-verbal d'une séance publique de la
Société d'agriculture de Provins ; on y trouve des
détails récents sur la culture d'un pays qui peut servir
de type à une vaste contrée qui avoisine Paris. Cette
circonstance nous l'a fait choisir entre plusieurs autres
localités, pour lesquelles nous avions des renseignements qui nous étaient propres. D'ailleurs, les documents ne manquent pas pour ce genre d'exploitation,
mais ils ne peuvent pas tous être employés sans précaution. Plusieurs auteurs, en nous les donnant, ont
eu pour but de faire valoir de nouvelles méthodes de
culture, et ont présenté leurs résultats d'une manière
trop défavorable à l'ancienne ; d'autres ont rendu
compte de leurs résultats sans avoir une idée nette de
ce qui devait les former. Nous nous en tenons donc à
l'exemple que nous allons développer.

Estimation du fermage du domaine de Champcenetz (canton de Villiers-Saint-George, arrondissement de Provins).

Cette ferme est composée de 216 hectares de terre labourable et de 10 hectares de prés, qui sont consommés par les bestiaux de la ferme.

1. Évaluation par les impositions.

Mille francs d'imposition, qui sont, dans le pays, un sixième environ du produit net ou fermage. . . . . 6,000 fr.

2. Évaluation par la comparaison.

Ici les données nous manquent entièrement.

3. Évaluation des produits.

1° Saison des blés froments, 72 hectares, qui produisent 152 décalitres, donnant pour la totalité 1094$^{hectol.}$,4, qui, à 15 fr., prix moyen des trois dernières années, donnent.	16,416 fr.
2° Saison des grains de mars, 72 hectolitres, qui produisent 729$^{hectol.}$,6 de grains, à 6 fr. 25 c.	4,560
450 moutons, donnant pour leur tonte 450 kilogr. de laine, à 4 fr. le kilogramme.	1,800
50 moutons et brebis de réforme.	600
15 vaches et un taureau produisant, outre leur recrutement, 10 veaux de vente à 35 fr.	350
15 vaches produisant, par une formule usitée dans le pays, du lait et du beurre pour.	1,000
2 vaches de réforme.	240
20 cochons de lait.	200
4 porcs.	360
Basse-cour.	200
	25,726

DÉDUCTION.

PREMIER CHAPITRE.

Grains pour semence, 2$^{hectol.}$,8 par hectare, ci : 201$^{hectol.}$,60, à 15 fr.	3,024 fr.
Semence de mars, 172$^{hectol.}$,8 d'avoine.	1,080
	4,104

DEUXIÈME CHAPITRE.

Frais de culture.

Un premier charretier..	300 fr.	
Deuxième charretier..	250	
Troisième charretier..	200	
Un berger.	250	
Première et deuxième servantes.. . . .	200	1,710 fr.
Quatrième charretier.	150	
Deux garçons de ferme.	160	
Deux filles de laiterie.	200	

(Ces cinq derniers sont les enfants du fermier.)

Nota. La moyenne du salaire des valets est de 225 fr. ; le prix des journées de travail, dans le pays, est de 1 fr. 50 c., qui, multipliés par 280, nombre des jours occupés dans l'année, donnent 420 fr. ; d'où il résulterait que la nourriture vaudrait 195 fr., ce qui, multiplié par 16, nombre des personnes de la ferme, compris le fermier et sa femme, donnerait 3,120 fr. L'auteur de cette notice ne porte cette nourriture qu'à 1,800 fr., attendu, dit-il, qu'une portion en est prise sur la ferme et n'est pas portée en recette : c'est ainsi, sans doute, qu'il faut opérer quand on ne compte pas tout dans les produits, mais qu'on ne fait état que de ce qu'on vend. Nous observons donc qu'on ne doit plus compter ici que le blé, le sel et le vin

consommés : ainsi.	1,800
Ouvriers auxiliaires, pour récolte.	2,600
Entretien de la ferme et soins pour 10 chevaux. .	200
Avoine et grains pour la nourriture.	3,580
Fauchage des prés.	119
	10,009

Nota. Le montant de ces deux chapitres est de 14,113 fr. Si on s'était servi de la formule indiquée pour les terres en jachère de première qualité, on aurait trouvé 65 fr. $\times$ 216 hect. $=$ 14,113 fr.

TROISIÈME CHAPITRE.

Intérêts du capital.

1° Assurance des frais de culture à 8 p. 100, plus intérêts à 4 p. 100, ci 12 p. 100. . . . . 1,685 fr. 80 c.

A reporter. . . . . . 1,685 fr. 80 c.

Report. . . . 1,685 fr. 80 c.

2° Intérêts et assurance du capital de cheptel,
12 p. 100 valant pour :

Instruments.. . . . . . . 2,000 fr.		
Bêtes de travail. 3,500	14,900 fr. 1,788 "	
Meubles, semences, etc. 2,000		
Bêtes de vente. 7,400		

3,473   80

QUATRIÈME CHAPITRE.

Profit du fermier sur 26,924 fr. de capitaux, au
10 p. 100.. . . . . 2,901 fr. 30 c.

RÉCAPITULATION.

DOIT.

Le fermier doit pour récoltes. . . . . 25,726 fr. " c.
Pour loyer de bâtiments sur un revenu de, sa-
voir :

Pour intérêt. . 3,473 fr. 80 c. } 6,375 fr. 10 c.
Pour profit. . . 2,901   30 }
dont le douzième est de.   531   25

26,257   25

AVOIR.

Le fermier doit retirer pour remboursement de
son capital circulant. . . . . . 14,113 fr. " c. }
Pour intérêt du cheptel et as-   } 20,488   10
surance des frais de culture. . . 3,473   80 }
Pour profit. 2,901   30 }

Reste pour solde de fermage au propriétaire. . . 5,769   15

Somme égale. 26,257   25

L'auteur du mémoire ne portait le fermage qu'à
5,228 fr. ; mais il faisait un double emploi de 1,080 fr. ;
où, après avoir compté cette somme pour semence de
mars, il la comptait une seconde fois dans le total, et
ces 1,080 fr., ajoutés aux 5,228 fr., donnaient 6,308 fr.,
terme qui s'élève au-dessus du nôtre.

La différence, s'il en existe réellement, doit consister dans ce que les risques du capital de culture sont moins grands que nous ne les avons évalués, ou que les profits du fermier sont moindres.

Quoi qu'il en soit, nous n'avons prétendu ici que tracer un modèle de la manière d'opérer pour fixer le produit net, c'est à ceux qui s'en serviront à se rendre très circonspects dans le choix des éléments de leur calcul.

En Allemagne et ailleurs on a abusé de la méthode historique en cherchant à substituer de simples formules aux faits que l'on peut recueillir ; c'est ce qu'a fait en particulier Kreyssig dont le système est décrit dans le quatrième volume de la *Maison rustique du XIXe siècle*. Nous n'avons pas besoin de dire que ces formules sont basées sur un certain ordre de cultures, sur des faits spéciaux à une contrée, et qui ne peuvent se reproduire avec exactitude ailleurs. Tout en reconnaissant l'utilité de pareils travaux pour le pays à l'usage duquel ils sont faits, nous ne pouvons en recommander l'usage ailleurs, et l'on agira prudemment en employant de préférence la méthode historique qui est toujours la plus sûre toutes les fois que l'on pourra obtenir les renseignements qu'elle exige. Il y a cependant quelque chose de plus à désirer dans l'intérêt de la science, c'est une théorie qui embrasse et discute tous les éléments de ces calculs, et permette de les appliquer à toutes les situations, en se servant de l'observation des faits actuels et sans se préoccuper du passé. Nous allons tracer l'ébauche d'une pareille méthode dans la partie qui va suivre.

SEPTIÈME PARTIE.

DÉTERMINATION DE LA VALEUR RELATIVE DES TERRAINS.

Nous avons beaucoup hésité avant de livrer au public cette partie de notre travail; l'exposition des principes de l'agrologie, celle des travaux auxquels elle avait donné lieu, était terminée, et nous pensions nous arrêter, sans crainte d'être accusé d'avoir laissé cette tâche incomplète; si nous nous sommes décidé à poursuivre, c'est dans le seul but de provoquer des recherches dans cette direction. Nous ne doutons pas qu'on ne parvienne à fonder une méthode sur des faits inébranlables quand l'on s'en occupera avec suite; c'est elle seule qui couronnera l'édifice de l'agrologie. Les recherches physiques et chimiques que nous transmet cette science sont sans doute d'une grande valeur pour éclairer les faits de la culture; nous nous en apercevons à chaque page de ce travail, mais elle ne résout pas le problème fondamental que nous avons posé au début; elle ne nous éclaire pas sur la valeur relative des terres. A cet égard, nous sommes encore livrés à l'empirisme de la méthode historique, qui se sert d'autres moyens que ceux qui seraient tirés de l'agrologie elle-même, qui n'a rien de scientifique et qui se borne à dire : si vous voulez savoir la valeur d'un terrain, demandez-le à ceux qui le savent. Voilà les motifs qui nous ont décidé à risquer nos faibles essais, tout en prévenant que les chiffres qu'ils contiennent ne sont la plupart que des approximations plus ou moins exactes, que nous nous empresserons de remplacer par ceux que nous fournira une expérience plus avancée. C'est sous le bénéfice de ces réserves que nous allons entrer en matière.

TYPE IDÉAL D'UNE TERRE PARFAITE.

Que devons-nous entendre par ces mots : *terre parfaite?* Selon nous, c'est celle où les plantes, trouvant un ferme appui, soustraites aux alternations de sécheresse et d'humidité, conservant constamment la quantité d'eau nécessaire à leur végétation, et pas au-delà, rencontrent tous les éléments de nutrition qu'elles doivent trouver dans le sol; c'est en outre celle qui, par son exposition et ses abris, est soustraite autant que possible au froid de l'hiver, seule modification atmosphérique qu'il nous soit impossible de conjurer sans des moyens artificiels coûteux; enfin c'est celle qui, à ces qualités, joint une faible ténacité, et qui, par conséquent, peut se cultiver aux moindres frais possibles.

Les botanistes préparent du mieux qu'ils peuvent cette terre parfaite dans leurs serres; avec des terres mélangées, de l'engrais, des arrosements, de la lumière, de la chaleur, ils procurent aux plantes un développement qui surpasse quelquefois celui de leur pays natal : mais les agriculteurs ne peuvent approcher de cette perfection presque absolue que pour un certain nombre de ces conditions; ils ne peuvent ni modifier parfaitement la température de l'atmosphère, ni augmenter la quantité de lumière solaire. Sous ce rapport, la perfection des terres est toujours relative au climat où elles sont situées, et nous en étudierons plus tard les influences.

Mais ils peuvent presque partout se procurer de l'eau pour la distribuer aux plantes, selon les différentes saisons; la seule question qui puisse les arrêter est celle de la dépense. Ainsi, pour nous, l'idéal d'une terre parfaite ne se sépare pas de la possibilité de l'irrigation.

En second lieu, il faut que l'eau surabondante puisse descendre au-dessous des racines, pour que celles-ci ne macèrent pas dans cette eau croupissante, si elle était retenue par un sous-sol imperméable. L'idée d'une terre parfaite s'unit donc encore pour nous à celle d'un terrain profond. Toutes les autres qualités que nous avons assignées à un sol parfait sont secondaires et relatives à des circonstances particulières que nous examinerons plus loin.

Après ces terres parfaites, qui possèdent, dans un climat sans hiver rigoureux, une fraîcheur toujours proportionnée aux besoins des plantes, viennent en seconde ligne les terres naturellement fraîches, c'est-à-dire celles qui, par le bénéfice du climat ou de la position du réservoir inférieur des eaux, ont en moyenne, pendant la sécheresse, $0^m,10$ au moins de leur poids d'eau à $0^m,30$ de profondeur, et jamais plus de $0^m,23$ en hiver. Mais quand on parle d'un état moyen, on suppose qu'il est constitué par des oscillations entre un maximum et un minimum. Les terres naturellement fraîches sont quelquefois, selon les années, des terres sèches et des terres humides; elles s'éloignent donc toujours plus ou moins du degré de perfection qu'un agriculteur habile sait entretenir par le moyen des irrigations.

Viennent enfin les terres sèches et les terres humides, qui sont encore plus éloignées de notre idéal, et qui, malheureusement, constituent la plus grande masse des terrains. Ce sont ces trois divisions qu'il nous faut parcourir.

CHAPITRE Iᵉʳ.

Qualités des terres arrosées.

Dans les climats chauds et secs, les terres qui jouissent des bienfaits de l'irrigation ont des avantages immenses et bien appréciés des peuples du Midi, si l'on en juge par les sacrifices qu'ils ont fait en tous temps pour se les procurer. Les débris de la canalisation souterraine de la Perse, les traces des canaux de la Mésopotamie et de l'Égypte, le système de conduite des eaux sur la côte orientale de l'Espagne, dans le Milanais, dans la Provence, à la Chine, en sont d'éclatants témoignages. Soleil, plus humidité, égale végétation; c'est par cette expression que mon frère a résumé ces avantages dans deux petits ouvrages où l'on trouve les faits appréciés dans un style plein de mouvement[1].

Les terres arrosées produisent seules d'une manière certaine, dans ces pays, les fourrages nécessaires aux

---

(1) *Des machines. Du plan incliné*, chez madame Bouchard.

bestiaux; seules elles bravent les retours de sécheresse qui y rendent les récoltes de foin si chanceuses, même dans les terres fraîches, et qui arrêtent les progrès de l'agriculteur incertain sur la reproduction des engrais. Le haut prix auquel ces circonstances y maintiennent le fourrage constitue par contre-coup l'élévation de celui des terres arrosées.

En second lieu, les récoltes de la fin du printemps sont soustraites aux dangers de la sécheresse. Un printemps sec détruit les espérances que l'on fondait sur les céréales elles-mêmes. Le pouvoir de l'irrigation les ranime, et si les terres sont maintenues en bon état d'engrais, on s'assure des récoltes constamment abondantes.

Immédiatement après la moisson, une irrigation met la terre en état d'être travaillée et ensemencée, et cette seconde récolte de millet, de pommes de terre, de haricots, etc., a souvent une valeur qui approche de celle de la récolte principale.

Enfin quand des récoltes-racines sont en terre au commencement de l'automne et que la sécheresse de la terre empêche de les en extraire sans des dépenses énormes, une irrigation ameublit la terre et permet de faire les travaux avec des frais réduits de plus de moitié. Les cultivateurs de garance connaissent bien cette propriété des irrigations; ils donnent un prix de faveur pour les terres qui en jouissent et qui, à l'avantage de l'économie de main-d'œuvre, joignent celui de pouvoir envoyer les premières leurs produits sur le marché.

Toutes ces considérations donnent une grande valeur aux terres arrosées, dans toutes les régions méridionales du globe; mais devraient-elles être sans effet

hors de cette ligne que nous avons tracée[1], et qui sépare les pays à pluies d'automne des pays à pluies
d'été? Pour être souvent favorisées par les saisons, ces
contrées du nord de l'Europe n'ont-elles pas souvent appris par de funestes expériences le prix de l'irrigation? Nous croyons pouvoir affirmer, sans crainte
d'être démenti, que pour toutes les terres sèches de
toutes les régions de l'Europe, elle est d'une nécessité
indispensable quand on veut y faire une agriculture régulière, et que la recherche des moyens de disposer des
cours d'eau en faveur de la terre est au nombre des
devoirs les plus importants du gouvernement, et des
besoins les plus urgents des peuples.

SECTION Ire. — *Caractères qui font la perfection des terres arrosées.*

De l'eau à discrétion et à bon marché, c'est là le premier et le principal caractère qui met de la différence
entre les terres complétement ou incomplétement arrosées; car l'eau peut être assez rare et distribuée à
des intervalles de temps tels, que les principaux avantages de l'irrigation seraient fort affaiblis. On doit donc
faire entrer d'abord l'abondance de l'eau dans la considération de la valeur d'une terre arrosée. L'eau peut-
elle être prise à volonté, soit pour le temps, soit pour
la quantité? la terre approche de la perfection, sauf
les autres *desiderata*, dont nous parlerons plus loin.
Alors la terre est, pour nous, dans cet état que
M. Royer a appelé la période jardinière.

(1) Des climats par rapport aux pluies; *Bibliothèque universelle de Genève*, 1829.

L'eau peut-elle être prise tous les huit jours au plus ? la terre cesse de pouvoir porter une grande variété d'hortolages, il faut se réduire à une culture plus symétrique ; mais pour le plus grand nombre des produits ruraux et dans la plupart des terrains, nous ne mettrons pas de différence entre cet intervalle et la faculté illimitée.

Si l'intervalle s'accroît, et si l'eau ne s'obtient plus que tous les quinze jours, il y a beaucoup de terrains qui peuvent souffrir ; ceux qui sont fortement siliceux sont de ce nombre.

Le prix d'achat de l'eau entre comme second élément dans l'appréciation du terrain. Si l'eau vient d'une source abondante dont on soit possesseur, elle ne coûte que le travail des hommes chargés de la diriger ; si elle vient d'un canal creusé par le propriétaire, elle coûte en outre les intérêts de la construction et l'entretien du canal ; si on la prend dans un canal appartenant à autrui, et qui en vende les droits de jouissance, elle peut avoir une valeur assez variée. Celle que l'on obtient par le moyen des machines mues par la force des animaux est beaucoup plus chère, et ne peut servir utilement que pour les cultures jardinières qui n'exigent que peu d'eau, ou pour celle des jardins ; mais quand on a de vastes terrains à arroser, et que l'on dispose d'une masse d'eau considérable, on l'obtient à un prix beaucoup inférieur par le moyen de la pompe à vapeur, pourvu que le réservoir de l'eau ne soit pas trop profond et le charbon trop cher.

Mais le calcul de l'eau nécessaire à l'irrigation est modifié par la nature du sol que l'on doit arroser, et qui exige des irrigations plus ou moins répétées. C'est ici qu'entre comme élément la composition des terrains.

SECTION II. — *Des effets de la composition du terrain sur la valeur des terres arrosées.*

La succession rapide de récoltes que l'on exige des terres arrosées indique que l'on doit peu compter sur les seuls matériaux nutritifs qu'elles possèdent, et que ce n'est que par une succession continuelle de nouveaux engrais que l'on peut en espérer des produits, à moins que l'irrigation n'ait lieu au moyen d'eaux chargées de principes fécondants qui équivalent à des engrais. Comparée aux doses d'éléments de fertilité que ces engrais apportent, la fertilité naturelle des terrains disparaît, et peut être éliminée du calcul, si ce n'est pour les gazons perennes des prairies, qui gardent en réserve une provision considérable d'azote, mais qui ne se reproduit que quand on défriche la prairie pour les terres en culture annuelle. Il ne reste plus d'autre différence entre les terres arrosées que celle de leur ténacité et de leur desséchement plus ou moins rapides.

La ténacité de la terre peut toutefois être modifiée quant à son action sur les instruments de culture, par une irrigation faite quelques jours avant les labours; mais quand la terre est trop abondante en argile, sa plasticité la rend plus adhérente aux outils, et force à attendre un desséchement assez avancé pour la travailler. Il y a donc une limite, passée laquelle l'augmentation de l'alumine dans le sol pourrait être préjudiciable; nous ne croyons pas qu'elle puisse dépasser sans inconvénient 12 à 14 (24 à 30 d'argile); passé ce terme, le terrain est difficile à traiter, et il devient plus opportun de le laisser en prairie permanente, que d'y introduire des cultures annuelles.

La rapidité du desséchement des terrains, et la nécessité d'y renouveler fréquemment les irrigations, méritent une attention plus particulière, et dépendent aussi, toutes les autres circonstances étant égales, de la composition du sol.

En observant l'effet des irrigations sur des terres de différente nature, on reconnaît que la cause principale de la rapidité de ce desséchement est la quantité de sable siliceux et calcaire qu'elles contiennent. Cette quantité nous est donnée par la lévigation. Dans la Lombardie comme en Provence, il suffit d'arroser tous les quinze jours les prairies d'un terrain qui ne contient pas plus de 0,20 de sable (premier lot de la terre); quand il en contient 0,40 elles doivent être arrosées tous les huit ou dix jours, pendant les chaleurs de l'été; au-delà de 0,60 elles devraient l'être tous les cinq jours, et quand la terre contient beaucoup d'oxyde de fer, est fortement colorée, et a 0,80 à 1,00 de sable, on ne pourrait se dispenser de l'arroser tous les trois jours; pour ces différentes terres et leur besoin relatif d'eau, nous trouvons une différence de 0,12 jours pour chaque centième de sable ajouté. Si l'on part de cette base, que nous croyons assez exacte pour les climats du midi de l'Europe, il sera toujours facile de calculer la valeur relative et les frais que coûtera chaque terrain pour son irrigation. Soit la rente d'un hectare de 300 fr., la valeur de l'eau 5 fr. les mille mètres cubes (arrosage d'un hectare); nous avons pour le midi

I.   27

d' e la France, où les arrosages commencent au 1ᵉʳ avril et finissent le 3 septembre.

Pré permanent.	Avec 20 de sable.	40 de sable.	60 de sable.	80 de sable.
	Tous les 15 jours à 5 fr.	Tous les 11 jours.	Tous les 6 jours.	Tous les 3 jours.
Arrosage......	60	85	150	180
A retrancher de la rente......	300	300	300	300
Reste...	240	215	150	130

Ce qui nous donne la valeur relative de ces différents terrains arrosés ; elle est descendue de moitié de 20 à 80 de sable. Ces calculs devront être modifiés s'il y a un changement dans le prix de l'eau, ou dans le genre de culture ; ainsi, dans la culture de la luzerne, par exemple, il suffit d'une irrigation par mois ou à chaque coupe dans les terrains à 0,20 de sable ; il en faudrait une tous les vingt jours à 0,40 de sable ; une tous les 16 à 0,60, ou deux par coupe ; une tous les dix jours, ou 3 par coupe à 0,80. Nous ne posons donc ici que les bases approximatives de ce calcul. Il serait encore tout autre en changeant de climat. L'évaporation est très forte dans le département de Vaucluse, où ont été faites les observations agricoles sur lesquelles ces bases sont établies. La chaleur, mais surtout les vents, y dessèchent rapidement la terre. Il faudrait donc de nouvelles formules pour un autre climat, et dans celui qui serait plus humide, la valeur des terrains sablonneux décroîtrait moins rapidement.

SECTION III. — *Consommation des engrais dans les terres arrosées.*

Nous avons dit que nous comptions pour peu de chose l'état de fertilité où se trouvent momentanément les terrains arrosés. La rapide succession des cultures y crée des besoins qui ne peuvent être satisfaits que par des engrais abondants et réitérés, et si ces cultures sont bien dirigées, leurs produits marchent d'un pas égal avec l'engrais, et laissent toujours le terrain à peu près épuisé de principes azotés. Une irrigation trop abondante, faite avec imprudence et par submersion, entraîne même une partie de l'engrais sans profit pour le champ. Les habiles irrigateurs savent obvier à cet inconvénient; nos paysans s'y laissent prendre trop souvent, ne croyant jamais saturer leur terrain d'assez d'eau. Mais une faute dans la pratique d'un bon procédé ne peut jamais infirmer en rien son excellence.

Ce qui est vrai pour les terres arrosées en culture annuelle doit être modifié quand il s'agit des prairies. Celles-ci forment, par les nombreuses racines qui composent leurs gazons, une espèce de tissu, dans lequel se dépose et se conserve un terreau riche en azote, qui, une fois parvenu à son maximum, reste dans un état à peu près stationnaire, jusqu'à ce que l'on défriche la prairie; alors il profite aux cultures qui lui succèdent. Mais tant que le pré dure, cette portion d'engrais reste latente, et l'on n'obtient de récolte de foin qu'à l'aide des quantités supplémentaires d'engrais qu'on y ajoute. Nous traiterons en détail de ce phénomène en parlant des prairies; dans ce moment nous dirons seulement

que le gazon d'une prairie en bon état de production
retient environ l'équivalent de 250,000 kilogr. de fumier par hectare[1]. C'est donc le capital qu'il faudra
ajouter à la valeur de la terre, quand on comparera
un pré arrosé à un terrain arrosé et nu; quand on
comparera deux prairies entre elles, on pourra en faire
abstraction.

Les terrains arrosés et les prés eux-mêmes, une fois
pourvus de leur avance d'engrais, sont donc une matière propre à transformer perpétuellement et rapidement l'engrais en denrée, sans laisser chômer ce précieux capital. Ce n'est donc pas sur l'azote que contient
un tel terrain qui n'est pas en prairie qu'il faut le
juger; cette quantité pourrait être surabondante sur
un terrain inférieur dont on n'aurait pas exigé tous les
produits, et après l'avoir épuisée on se trouverait en
présence de ses seuls défauts.

Mais si les terrains arrosés consomment rapidement
les principes azotés de l'engrais, il n'en est pas de même
des principes charbonneux; ceux-ci se décomposent
plus lentement, et quand on se sert de fumiers d'étable,
de nouvelles doses de paille viennent s'ajouter sans
cesse aux débris non encore consommés de la culture
précédente. Aussi, tous ces terrains bien traités ten-
dent-ils sans cesse à devenir plus légers et plus propres
aux hortolages et aux cultures herbacées. Cet effet est
sensible dans tous les terrains anciennement soumis
aux irrigations et à une bonne culture; la proportion du
terreau y augmente, à moins que les eaux qui les ar-

_____

(1) Voir notre mémoire sur les engrais dans le *Recueil de la
Société centrale d'agriculture*, 1842.

rosent ne soient chargées de dépôts terreux qui rétablissent l'équilibre. Les terres fortes profitent le plus
de cet ameublissement, et leur valeur s'accroît avec les
années; un ancien jardin, une ancienne prairie dans
des terrains de cette nature ont d'autant plus de prix
qu'ils sont soumis depuis plus longtemps à cette riche
culture.

CHAPITRE II.

Des terres fraîches,

Rappelons d'abord ce que nous entendons par *terre
fraîche*, cette heureuse et rare combinaison de toutes
les qualités du terrain qui ne permet pas qu'à trente
centimètres de profondeur il ait jamais moins de 0,10
d'humidité dans les plus grandes sécheresses de l'été,
ni plus de 0,23 dans la saison des pluies. S'il existait une terre qui réunît complétement ces qualités, elle aurait une valeur plus grande que les terres
arrosées, puisque sans frais, sans peine, elle posséde-
rait les propriétés que nous cherchons à leur donner
par l'irrigation. Mais l'examen des conditions qui constituent une terre fraîche nous prouvera que ce que
nous pouvons appeler de ce nom ne remplit pas toujours parfaitement l'idée que nous nous en sommes
formés.

Comment une terre sera-t-elle fraîche? Il faut qu'elle
reçoive une quantité d'eau suffisante, qu'elle la laisse
écouler avec facilité, que sa surface soit évaporante,
son intérieur filtrant et cependant absorbant, de ma-

nière à ce que la profondeur se mette rapidement en communication avec la partie supérieure.

Quelle sera la source de l'humidité? Ou un climat à pluies fréquentes et modérées, ou un réservoir d'eau placé à une petite profondeur sous un terrain doué de beaucoup de capillarité. Quelle sera la condition du prompt écoulement de l'eau reçue par la surface? Un sol profond et filtrant. Celle du desséchement de la surface? Un terrain coloré et assez chargé de silice ou de sable calcaire. Reprenons une à une toutes ces conditions.

Si les terres sont fraîches par le bénéfice du climat, il faudra que les pluies soient tellement réparties, qu'elles se balancent sans cesse avec l'évaporation et l'écoulement des eaux. Cette condition se rencontre dans les parties occidentales, et souvent aussi dans l'intérieur de notre continent, dans les pays habituellement nébuleux et peu ventilés. Il y a des terres fraîches en Normandie, en Bretagne, en Flandre, en Hollande, dans la Grande-Bretagne et aussi en Allemagne. En traitant de la météorologie agricole, nous établirons mieux encore ces conditions de climat.

Un réservoir des eaux à niveau constant ne peut dépendre des infiltrations des eaux pluviales sur un sous-sol imperméable. Ces sortes de nappes d'eau se dessèchent en été après avoir noyé les terres en hiver; il tient uniquement à l'existence de sources ou de rivières souterraines coulant à travers les cailloux, les graviers et les sables sur un lit imperméable. La terre qui est placée au-dessus s'humecte au contact de l'eau et de sa vapeur, et l'humidité gagne de proche en proche jusqu'à une hauteur déterminée par la nature du sol.

Dans un terrain composé moitié de silice, moitié d'argile et de chaux, le réservoir des eaux étant à 2^m,50 de profondeur, le sol se maintient pendant la sécheresse de l'été à 0,10 d'humidité, et à 0^m,30 de profondeur. Dans le midi de la France, dans les terrains tourbeux, l'ascension de l'eau est encore plus forte; dans un terrain de silice pure, elle se fait sentir à peine à 0^m,30.

Si le terrain reçoit toutes les eaux de la pluie, le degré de perméabilité du sol doit être proportionné à la durée et à la fréquence de ce météore, pour que le terrain reste frais et ne devienne pas humide; mais comme un terrain n'est frais par la vertu du climat que dans un pays pluvieux, on conçoit que la perméabilité y est d'une plus grande importance; de même que la capillarité ou la force ascensionnelle est plus à rechercher quand la fraîcheur du sol dépend d'un réservoir inférieur d'eau. Aussi, les terres fraîches des pays secs sont-elles moins siliceuses que celles des pays à pluies d'été.

La rapidité de l'évaporation de la terre est diminuée par les labours qui rompent la continuité de la surface et de l'intérieur; elle est diminuée aussi par la grosseur des particules de la terre qui empêche leur facile communication; ainsi, la surface d'un terrain sablonneux se dessèche avec rapidité, mais les couches inférieures perdent plus lentement leur humidité, que si elles étaient composées de fines particules calcaires ou argileuses. La composition sablonneuse du terrain qui est un obstacle à l'ascension de l'eau inférieure, s'oppose donc aussi à sa propre évaporation par la surface. Nous ferons sentir au reste, en passant, combien il importe aux cultivateurs de maintenir leur terrain en culture superficielle pendant les chaleurs de l'été, pour qu'il ne perde pas de son humidité intérieure.

Nous avons vu que la coloration du sol accroissait prodigieusement l'absorption de la chaleur lumineuse, et par conséquent l'évaporation. Les terrains chargés de terreau attirent fortement l'humidité du réservoir inférieur, ou absorbent celle qu'ils ont reçue de l'atmosphère; mais d'un autre côté, ils évaporent considérablement par leur surface, au point qu'elle est quelquefois entièrement desséchée, tandis que l'on trouve la fraîcheur à $0^{m},30$ de profondeur. L'équilibre ne se rétablit pas assez promptement pour que les plantes à racines superficielles n'aient beaucoup à souffrir.

Pour obtenir une terre qui ait toutes les qualités des terres fraîches, il faut donc une coloration qui aide à l'évaporation, mais qui la maintienne en équilibre avec les proportions d'eau que la terre reçoit. Cette coloration doit être plus forte dans les climats pluvieux que dans les climats secs, et dans ceux-ci d'autant plus que le réservoir des eaux est plus près de la surface; quand il est peu profond, nous avons dans le midi des terres fraîches qui sont complétement blanches, et qui deviendraient sèches si leur surface était colorée.

On sent assez que jusqu'ici nous n'avons pu donner que des indications. Les circonstances varient au gré de tant d'éléments divers qu'il y aurait de la témérité à vouloir les réduire en chiffres. C'est l'expérience seule, l'expérience qui, faisant une synthèse de tous ces éléments, pourra nous apprendre si telle terre est fraîche, et à quel degré elle l'est. On parvient à s'en rendre compte exactement si l'on peut consacrer plusieurs années à ces expériences, si l'on peut pendant chacune de ces années essayer la terre en hiver et en été. On peut aussi juger instantanément de l'humidité ou de la sécheresse en examinant la terre en hiver ou en été, et en comparant son état avec la qualité connue de la saison, qui passe pour humide ou pour sèche; mais ces moyens sont rarement à la portée de ceux qui font de semblables recherches; ordinairement ils veulent connaître immédiatement la nature du sol qu'ils cherchent à connaître; la synthèse dont nous parlons ne peut alors être obtenue qu'au moyen de quelques observations : 1° la luzerne réussit-elle dans la terre? combien de coupes y fait-on? quel est le produit comparé des différentes coupes? celles des mois de juillet et d'août ne sont-elles pas sujettes à manquer ou à donner de très faibles produits? Telles sont les données que l'on peut obtenir facilement dans les pays où cette excellente plante est cultivée. Son introduction dans la culture annonce un terrain qui n'est pas trop humide en hiver; le nombre de ses coupes, leur proportion, le manque de coupes d'été indiquent si la terre est sèche ou fraîche dans cette saison. Dans une terre fraîche, la somme de 600° de chaleur moyenne, depuis l'époque où la luzerne a été fauchée, amène de nouveau la terre à la floraison; ainsi, dans notre midi, elle se coupe environ tous les mois jusqu'au moment où la température moyenne descend au-dessous de 13°; dans les terres sèches la luzerne ne repousse pas immédiatement après la coupe si elle manque d'humidité, elle attend une pluie pour repousser; ainsi les coupes d'été sont plus retardées que celles de printemps et d'automne. Le nombre des coupes d'un terrain comparé à celui des coupes d'une terre arrosée, est donc un très bon moyen pour juger de la sécheresse du sol que l'on examine. La proportion de fourrage obtenu par les différentes coupes n'est pas un moyen moins sûr. Dans les terres arrosées ou fraîches toutes les coupes sont à peu près de la même quantité. Le rapport des coupes entre elles est donc un excellent indice du défaut d'humidité à l'époque où elles se font. Le manque complet des coupes de juillet et d'août n'en est pas une moins certaine.

Malheureusement ce *criterium* excellent n'existe pas partout, il manque quelquefois dans les circonstances où on le désirerait le plus ; il faut alors recourir à d'autres indices. Dans tous les pays où l'agriculture est avancée, et où le climat le permet, on ne manque pas de faire chaque année deux récoltes consécutives dans les terres fraîches. La possibilité de voir prospérer des semis faits après la moisson est une preuve certaine de la fraîcheur de la terre en été. Quant à l'humidité en hiver, elle s'annonce par la tendance à faire de préférence des semis printaniers, à relever en billons les terres où l'on fait les semis d'automne. C'est à ces remarques que l'on est forcé de se borner, en les aidant toutefois de l'expérience directe sur la quantité d'eau que renferme la terre au moment où on les fait, si l'on ne peut pas s'aider d'une série plus longue d'observations.

Nous ne serions pas éloignés d'admettre qu'une terre dont l'état moyen, toute oscillation compensée, peut être réputé comme celui d'une terre fraîche, équivaut à une terre arrosée pour sa valeur, partout où l'eau occasionne une dépense de 5 fr. par 1,000 mètres cubes ; au moins le prix de fermage des terres de

cette catégorie que nous connaissons tend à leur attribuer ce rang.

CHAPITRE III.

Des terrains secs.

Nous répétons ici que nous entendons par terrains
secs ceux qui, au milieu de l'été, ne conservent pas
0,10 de leur poids d'humidité, et qui n'en ont jamais
plus de 0,23 en hiver, trois jours après la pluie. Ils
composent la grande masse des terres agricoles; ils résultent d'un climat qui laisse de longs intervalles entre
les pluies en été, et d'un sol qui est assez profond en
filtrant pour recevoir et répartir à ses couches inférieures l'eau tombée en hiver. Cette profondeur du
sol peut être assez médiocre dans les terres planes,
en calculant sur la moyenne des pluies et non sur les
orages qui imbibent profondément la terre, mais dont
l'effet est passager. Mais il en est autrement dans les
terrains concaves et qui reçoivent les eaux supérieures,
l'expérience seule peut apprendre s'ils ne deviennent
pas humides en hiver.

Par leur nature propre les terrains secs ne sont pas
favorables aux cultures herbacées qui végètent pendant l'été; leurs produits sont bornés aux plantes dont
la fructification est achevée à la fin du printemps,
comme les céréales et les légumes; parmi les récoltes
fourragères, le sainfoin et le trèfle leur sont speciale-
ment affectés; la luzerne y vient, mais y donne la moitié
moins de foin que sur les terres fraiches, par le man-

que des coupes d'été. Les arbres et les arbustes qui
s'enracinent profondément leur conviennent principalement; les récoltes-racines qui peuvent supporter
pendant quelque temps la sécheresse y réussissent aussi,
même dans les pays méridionaux où la terre ne s'humecte que tard, parce qu'elles y trouvent encore dans
l'arrière-saison, après les pluies, une température suffisante pour leur développement.

Ainsi, dans les pays chauds, le climat permet de
faire des secondes récoltes dans les terres fraîches; les
terres sèches sont privées de cet avantage, en outre
elles ne retiennent que la moitié de la quantité de fourrage que produisent les premières; enfin, les récoltes
de céréales y sont moins assurées, et d'autant moins
abondantes qu'outre les fâcheux effets des variations
du climat, elles ne fournissent pas en paille et en fourrages des moyens réparateurs aussi abondants. Elles
ne compensent ces désavantages que par la propriété
d'être propres aux cultures arbustives, les vignes, les
mûriers, les oliviers; mais, dans l'état actuel de la culture, leur valeur n'en reste pas moins du tiers environ
de celle des terres arrosées, pour les bonnes terres, et
pour les terres sablonneuses ou graveleuses, quelquefois d'un dixième à peine.

Si après les avoir comparées aux terres d'une autre
classe, nous voulons les comparer entre elles, nous
trouverons que leur valeur relative dépend de trois
circonstances principales : 1° la richesse en azote de la
terre; 2° la durée de son état de sécheresse; 3° la facilité ou la difficulté des travaux. Nous verrons que c'est
de la combinaison de ces trois éléments que dépend
leur évaluation.

SECTION Ire. — *Faculté de conserver l'engrais.*

Nous avons parlé, dans la première partie de cet ouvrage, de la faculté qu'a l'argile de s'emparer d'une partie des éléments de l'engrais et de s'en saturer ; dans cet état elle le conserve à l'abri de la décomposition, et ne le cède en partie que quand elle est humectée ou chauffée. Cette partie ainsi conservée a été le sujet constant des observations des agronomes allemands, qui la désignent sous le nom de *vieille graisse*. De cette propriété vient que, quand on fume une terre argileuse maigre, le fumier ne paraît produire aucun effet, l'argile s'en est emparée, et ce n'est quelquefois qu'après plusieurs fumures consécutives que les récoltes paraissent en ressentir l'influence. Rien n'est donc moins avantageux que d'entreprendre la culture d'une terre argileuse maigre, comme rien ne l'est davantage que d'avoir à traiter une argile riche. Il est par conséquent de la dernière importance de connaître précisément la richesse de la terre en azote, puisque si la terre est argileuse, l'absence presque complète de l'azote annoncerait qu'il faut consacrer un capital considérable pour la mettre en état de porter de pleines récoltes.

Ayant pris des terres qui étaient en divers états de fertilité et en ayant dosé l'azote, nous avons trouvé que celles qui donnaient un produit proportionnel à l'engrais qui leur était fourni contenaient 0,0001 d'azote pour chaque centième d'alumine (non d'argile) du sol ; tout ce qui manquera à cette quantité sera donc une mise hors, un capital nécessairement consacré à le mettre en état de produire ; mais ces mêmes ter-

rains, une fois mis en état, donnent quelquefois d'excellentes récoltes sans engrais, quand l'humidité de la
saison végétative force l'argile à restituer une partie
de son trésor. L'argile saura le reprendre plus tard, et
cette bonne fortune ne peut être regardée que comme
une avance dont il faudra la rembourser. Ce n'est donc
que quand la terre est longtemps cultivée sans fumier
que l'on rentre dans cette mise de fonds, par une succession de circonstances qui permettent aux plantes de
s'emparer de l'engrais mis en réserve, quand il se
trouve dissous par l'eau, et c'est ce que savent trop
bien faire les fermiers qui ne quittent pas de pareilles
terres sans les avoir épuisées.

Dans les terres siliceuses, sablonneuses ou calcaires,
au contraire, il ne se fait pas d'accumulation ; mais la
partie de l'engrais qui n'a pas servi immédiatement à
la végétation se trouve dissipée dans l'atmosphère
en se résolvant en gaz, ou entraînée dans les couches
profondes par la pluie. C'est donc ici une perte sèche
que l'on subit. Aussi vaut-il mieux ici fumer souvent
et à petites doses, tandis que les terres argileuses peuvent être fumées plus largement.

En effet, outre l'emmagasinement de l'engrais par
l'argile, ces terres compactes laissent moins pénétrer
l'air entre ses pores.

On peut donc jusqu'à un certain point estimer que
dans les terres inconsistantes près de la moitié de l'engrais est perdue, et que cette déperdition diminue à
proportion que la terre devient plus forte. Il nous est
impossible en ce moment d'assigner le rapport qui
existe entre ces deux circonstances ; cependant, pour
la commodité de la pratique, et sans craindre une

grande erreur, si l'on suppose qu'une terre complète-
ment argileuse renfermant 0,48 d'alumine mette l'engrais à l'abri de toute perte, et qu'à l'état inconsistant
il s'en perde la moitié, on pourra admettre que chaque
centième d'alumine assure la conservation de 0,014
parties de l'engrais; et cette hypothèse pourra servir à
établir la valeur relative des terrains.

On conçoit maintenant tout l'avantage des terres
sèches un peu chargées d'argile, et pourquoi, surtout
quand elles tiennent beaucoup de terreau qui remplit
en partie le même office, Thaër et les autres agronomes leur ont attribué un si haut rang; nous allons en
trouver encore d'autres raisons.

SECTION II. — *Durée de l'état de sécheresse de la terre.*

Plus la terre est siliceuse ou sablonneuse, moins elle
est disposée à retenir l'humidité, et plus tôt elle perd
au printemps, et plus tard elle reprend en automne la
dose moyenne d'eau nécessaire à une bonne végétation.
Il s'ensuit que les plantes dont la végétation est la plus
longue peuvent se trouver exclues de ces terrains, si
l'époque de leur dessèchement devance celle de la maturité de leurs fruits. Ainsi le froment exigeant 2140
degrés de chaleur depuis le renouvellement de sa végétation au printemps jusqu'à sa maturité[1]; si la terre n'a
plus l'humidité nécessaire quand la somme des degrés

(1) Nous ne donnerons ici que des exemples; nous ne discuterons pas la manière de compter la température nécessaire à la
végétation des diverses plantes, nous réservons ce sujet pour la
météorologie agricole, et nous adoptons le chiffre de M. Boussingault, sauf à le discuter plus tard, ainsi que ceux d'Adanson.

accumulés n'est encore que de 1700, le froment séchera
sur pied sans mûrir ; mais l'orge aura pu mûrir, et le
terrain sera un terrain à orge à l'exclusion du froment.

Cette disposition des terrains combinée avec les besoins d'eau de chaque plante les classera relativement
aux cultures qui leur conviennent ; ainsi le seigle ne
mûrit qu'avec 1864° de chaleur, mais évaporant moins
que l'orge, il continuera sa végétation dans un terrain
où l'orge aurait séché sans fructifier. Au-dessus de 0,50
de sable, Thaër n'admet pas que les terrains de l'Allemagne soient propres au froment ; de 0,60 à 0,70, ce
sont des terres à orge ; de 0,75 à 0,80 des terres à
avoine, et au-dessus de 0,80 des terres à seigle. On
sent que ces proportions doivent varier selon les climats et les situations, et avant nous les cultivateurs
ont su destiner leurs terres aux plantes auxquelles ils
sont propres. Ainsi les terres sèches propres au froment
auront une valeur plus considérable que celles qui ne
portent que du seigle, dans la proportion de la valeur
nette des récoltes de ces champs.

Mais ce n'est pas seulement sur les céréales que se
feront sentir les effets d'un prompt dessèchement ; les
fourrages printaniers seront seuls possibles sur les
terres de cette nature, et on ne pourra en espérer de
secondes coupes ; les récoltes-racines elles-mêmes y
souffriront beaucoup ; si le terrain a du fond, c'est donc
principalement par le moyen des arbres et des arbustes
que ces terrains peuvent être mis en valeur. Les médiocres récoltes de vin que donnent les terrains sablonneux et secs, font assez connaître combien la vigne
elle-même, un des plus robustes végétaux, souffre de
cette privation d'humidité.

SECTION III. — *Composition des terres relativement aux engrais.*

En combinant son système d'agrométrie, Thaër ne tarda pas à s'apercevoir d'une circonstance qui dérangeait tous ses calculs. Une année de jachère accompagnée de ses cultures ordinaires rétablissait la fertilité de la terre dans une certaine proportion. « L'épuisement causé par une récolte de grains se répare entre autres, dit-il (§ 256), par une jachère morte d'été avec les cultures convenables, laquelle non-seulement nettoie le terrain, mais encore lui procure de véritables sucs nutritifs, tant en soumettant successivement ses différentes parties au contact des éléments fertilisants des gaz de l'atmosphère, qu'en favorisant la putréfaction des plantes et des racines enterrées par les labours... Au reste, sans aucun doute, la jachère absorbe et attire des sucs fertilisants de l'atmosphère, et la quantité de particules nutritives ainsi absorbées est d'autant plus grande que le sol est dans un état plus prospère... Si le terrain a 40° de fécondité, la jachère en ajoute 10 ; si cette fécondité est poussée à 50, l'augmentation est de 11 ; si elle arrive à 60, l'augmentation est de 12 ; et ainsi de suite. »

Nous avons vu, dans la première partie, que, pour les terres qui contenaient des carbonates, cet effet était dû à la transformation de ces carbonates insolubles en bicarbonates solubles et en nitrates ; pour celles qui contenaient de l'argile, du fer et du terreau, cela tenait à l'absorption des gaz ammoniacaux et à leur conservation. Ainsi, dans la plupart des cas, c'est de l'azote

I.   28

qui se produit au profit de la végétation future. Cette production peut être comptée pour peu de chose dans les terres arrosées, et nous en avons dit les raisons, mais dans les terres sèches, traitées d'une manière plus économique, elle doit être prise en considération.

Que devons-nous entendre par les 40, 50, 60° de fécondité de Thaër? c'est la fécondité acquise qui produit $3^h,40$, $5^h,30$, $7^h,50$ de froment, et qui est représentée par 4,000 5,000 6,000 kilogr. de fumier selon Thaër; mais selon nous[1], par 5317,6-8289,2 et 11730 kilogr. de fumier normal de MM. Boussingault et Payen, et dont une partie seulement est consommée par la première récolte. C'est donc cette quantité d'engrais qui, selon Thaër, serait acquise par la jachère aux terres dans différents états, et en raison inverse de la silice que contient la terre, mais aussi en raison directe de la chaleur humide du climat et du calme de l'air.

La propriété d'absorber l'azote de l'atmosphère résulte donc d'éléments très complexes, et qui ne peuvent être réduits en chiffres, au moins dans l'état actuel de la science. On ne peut entrevoir ici que des moyens d'approximation.

Dans les pays où l'on a conservé la jachère, et où l'on cultive un grand nombre de terres sans engrais, on trouve une de ces données qui consiste à prendre la moyenne de plusieurs récoltes successives, à en retrancher la semence et à calculer la quantité d'engrais que représente le produit moyen.

Dans la vallée du Rhône, les terres sèches qui ne renferment pas plus de 10 à 20 p. 100 de silice, produisent sans engrais 11 hectolitres de froment par hectare; défalquant 2 hectolitres pour semences, il reste 9 hec-

tolitres qui sont produits par l'accroissement annuel
de fertilité provenant de la jachère, et qui résultent de
l'équivalent de 14,076 kilogr. de fumier ou de 56,^{k}30
d'azote, valant 59 fr. 68 c., au prix actuel du fumier,
à Orange[1].

Les terres renfermant plus de 50 de silice, mais
moins de 70, produisent sans engrais 8 hectolitres de
blé, réduit à 6 par la distraction de la semence, résultant de 9,384 kilogr. de fumier et 37^k,54 d'azote, ayant
une valeur de 60 fr.

Chaque centième de silice ajouté de 10 à 50, aurait
donc produit ici une réduction moyenne de 117 kilogr.
d'engrais atmosphérique et de 0,48 d'azote, et une valeur de 76 c. d'engrais. Nous sentons combien ces calculs
manquent de précision à cause de l'incertitude des termes
extrêmes qui servent de point de départ, et parce qu'il
aurait fallu poursuivre les recherches sur des séries
plus nombreuses entre ces termes extrêmes. Il est
probable aussi que cette augmentation n'est pas en
progression arithmétique, mais c'est encore l'incomplet
de la science qu'il faut en accuser, et il ne faut pas trop
blâmer les efforts de ceux qui indiquent ces difficiles
problèmes sans avoir la prétention de les avoir résolus[2].

(1) Mémoire cité sur les engrais, *Société centrale*, 1842. Il faut
remarquer que le fumier de ferme, appelé normal par M. Payen,
n'a que la moitié de la valeur de celui dont il est question dans ce
mémoire.

Le prix du fumier est assez constamment le même dans les différents pays de l'Europe où la culture est développée ; il ne diffère
qu'à cause de son état plus ou moins humide. A Orange, où il s'en
fait un grand commerce, on peut évaluer sa valeur moyenne à 1 fr.
30 c. les 100 kilogr., et à 1,16 le kilogr. d'azote qu'il contient.
Nous traiterons cette matière plus au long en parlant des engrais.

(2) Selon nos expériences la consommation du fumier pour la

SECTION IV. — *Facilité et difficulté des travaux.*

Mais si les terrains peu consistants ont tant de désavantages, ils ont aussi une compensation : la facilité des
travaux qui s'y exécutent.

M. Morin a fait avec son ingénieux dynamomètre
des expériences sur le tirage des charrues ; mais pour
les rendre comparables aux nôtres, il nous manque
l'analyse des terres qu'il a labourées, sans doute dans
cet état moyen d'humidité qui s'éloigne de l'état sec
pour lequel nos expériences sont faites ; il a bien voulu
nous les communiquer, mais nous n'avons pu, pour les
raisons que nous venons de dire, en tirer des conclusions satisfaisantes. Seulement, si nous en jugeons par
ce qu'il appelle terre légère, en comparaison des autres, terre qui s'écarte le moins dans l'état humide de
ce qu'elle est dans l'état sec, nous voyons que la surface de rupture étant de $4^m,16$ (il labourait à $0^m,16$
de profondeur sur $0^m,28$ de largeur), il a fait avec la
charrue Dombasle un effort de 289 kilogr.; ce qui
donne $1^k,022$ sur la surface de 225 millimètres, en

première récolte étant comme 1546 à 1000 ou à peu près comme
3 : 2, et l'ammoniaque de l'atmosphère pouvant céder plus promptement son azote que le fumier ; si nous supposons que cet azote
est réduit dans la même proportion de 56,30 à 37,54, qui repré-
senteraient 31,54 kilog. d'ammoniaque, et si cet ammoniaque
provient de l'atmosphère, comme tout tend à le faire supposer,
voici ce qui arrivera : il tombe annuellement à Orange 750 millimètres d'eau de pluie ou 7,500 mètres cubes par hectare, ou
7,500,000 kilogr. d'eau qui ramèneraient à la surface du sol chacun
seulement $\frac{1}{100000}$ d'ammoniaque, quantité encore inférieure à $0^g,11$
par kilogr. que M. Liebig trouvait impossible de découvrir par
l'analyse.

supposant encore environ 4 centièmes d'alumine dans
ce sol.

En faisant abstraction de toutes les autres résistances
qu'éprouve une charrue, et ne considérant que l'effort
nécessaire pour ouvrir le terrain, effort qui est de
beaucoup le plus énergique, l'expression de cette résistance est égale à la ténacité multipliée par la surface
de rupture de la terre, ou autrement au produit de la
ténacité par la profondeur du sillon, multiplié par sa
largeur et divisé par 225 millimètres, qui est la surface normale des expériences de ténacité.

Si maintenant nous appelons T, la ténacité, p la
profondeur du sillon, l sa largeur, R la résistance
opposée à la charrue par le terrain, nous aurons :

$$R = \frac{T \times (p \times l)}{0,225}$$

Ainsi, si nous labourons à $0^m,20$ de profondeur, que
le sillon ait $0^m,25$ de largeur, et que la ténacité de la
terre soit $0^k,75$, nous aurons R $= 166,6$.

Supposons un premier terrain qui ait $166^k,6$ de ténacité et un second qui ait 700 kilogr.

La force d'un cheval moyen étant de 90 kilogr. avec
une vitesse de $1^m,60$ par seconde[1], un cheval labourerait
le premier terrain avec une vitesse de 0,85 mètres par
seconde ; il parcourra ainsi 24580 mètres dans sa journée de huit heures, en faisant un sillon de $0^m,25$ de largeur et labourant par conséquent 61,45 ares. Dans le
second terrain deux chevaux marchant avec une vitesse
de $0^m,40$ par seconde, parcourront 11520 mètres, en

(1) Coulomb., *Mémoires de l'Institut.*

labourant 28 ares. Le rapport des frais de ces deux terrains est donc de 61 à 14.

Mais il faut observer que l'on n'obtiendrait pas des chevaux de labour une vitesse constante de 0^m85, et que ceux qui parcourraient seulement $0^m,40$ seraient trop chargés. La vitesse moyenne des chevaux de labour, pour en obtenir le maximum du travail, est de $0^m,67$ par seconde; c'est sur elle qu'il faut régler la charge, plutôt que de régler la vitesse par la charge. A cette allure, le cheval parcourt, en huit heures de travail, 19296 mètres, et laboure 48,2 ares. Avec cette vitesse normale de $0^m,67$, la charge d'un bon cheval peut être de 215 kilogr. Ainsi, le cheval qui laboure la première terre ne fera pas toute sa tâche à cette allure; en donnant plus d'entrure au soc il y aurait possibilité de mettre mieux sa force à profit. Les deux chevaux qui labourent la deuxième terre auraient beaucoup plus que leur charge, et il faudrait la force de trois chevaux pour accomplir cette tâche [1].

Si l'on voulait approfondir le sillon et le porter à $0^m,30$ de largeur sur $0^m,30$ de profondeur, nous aurions :

Pour la résistance de la première terre. $\dfrac{0,75 \times 900}{225} = 300$

Pour celle de la seconde. . . . . $\dfrac{3,15 \times 900}{225} = 1260$

Le premier terrain sera labouré trop facilement par deux chevaux, le second ne pourra l'être que par six chevaux marchant aussi à l'aise.

_____

[1] Nous supposons qu'on laboure en ligne droite, sans interruption, car il faut retrancher trois quarts de minute sur la durée de la journée pour chaque fois que l'on tourne au bout du sillon.

Ainsi, les résistances des terres sont entre elles comme les surfaces de rupture, multipliées par la ténacité; d'après ces bases, on pourra calculer ce que la ténacité pourra ajouter de frais et diminuer par conséquent de la valeur.

Mais ces calculs ne sont exacts que pour les terres travaillées dans un état voisin de la sécheresse, ce qui n'est presque jamais le cas des labours ordinaires.

Section V. — *Des terres sèches dans le midi.*

Nous n'avons comparé jusqu'ici les terres sèches entre elles que sous le rapport des produits obtenus par les cultures herbacées; mais elles sont aussi susceptibles de porter des arbres qui changent les conditions de leurs évaluations; à mesure que l'on avance vers le midi, le nombre des arbres productifs augmente, et tandis qu'au nord ceux des forêts seuls peuvent être comparés à la production des céréales, au sud la vigne, le mûrier, l'olivier, et plus loin le dattier, s'accommodent des terrains secs sous certaines conditions. L'olivier peut continuer à vivre dans des terrains peu profonds et très secs; mais, comme les autres arbres dont nous venons de parler, il ne donne de bonnes récoltes qu'autant qu'il trouve dans le fond du terrain l'humidité qui lui est nécessaire. La vigne produit d'excellents vins, mais en très petite quantité dans des terrains très secs; elle ne produit en abondance que quand elle peut s'y enraciner profondément; il en est de même du mûrier, et le dattier ne donne de belles récoltes que dans les oasis où coulent des eaux qui rafraîchissent le terrain.

On peut donc dire en général que, quant aux arbres,

la valeur des terres sèches est en proportion de la profondeur de leur sol, toutes choses égales d'ailleurs, et que, jusqu'à celle d'un mètre, cette valeur ne cesse de s'accroître rapidement pour les arbres dont nous venons de parler ; cette augmentation est sensible à de plus grandes profondeurs pour les noyers et les châtaigniers. Elle dépend de la fraîcheur du fond qui remplace celle de la surface ; plus cette fraîcheur normale constante de 0,10 du poids de la terre est près de la surface, et plus la terre a de valeur. Les terres sèches qui maintiennent cette humidité pendant le mois d'août à $0^m,60$ de profondeur sont très propres au mûrier et à la vigne, quoique la sécheresse de la surface ne permette pas d'y attendre de bonnes récoltes herbacées. Leur prix s'élève alors à celui des terres à froment dans les pays où les récoltes du mûrier et de la vigne sont productives. Tout approfondissement ultérieur de la couche humide leur fait perdre de cette valeur, et à $0^m,90$ elles n'ont plus que la valeur des terres à seigle. Voilà les seules données fournies jusqu'ici par l'expérience locale.

SECTION VI. — *Compensation des divers éléments d'appréciation.*

Nous trouvons donc dans les terres sèches deux espèces d'éléments d'appréciation qui agissent en sens contraire : 1° la proportion de sable augmentant les inconvénients de la sécheresse de la terre, et causant une déperdition d'engrais, 2° l'augmentation de la ténacité.

Pour évaluer une terre sèche, il faut mettre en présence et balancer ces deux influences opposées. Le résultat de cette comparaison dépend évidemment du prix de l'engrais et de celui du travail dans la localité où on le fait ; nous nous bornerons à donner un exemple de la manière de l'établir.

Comparons la valeur de deux terres sèches prises à Orange, l'une dont la valeur nous est connue, et l'autre dont nous cherchons à apprécier la valeur. La première à 20 d'alumine, 30 de carbonate de chaux et 30 de silice libre ; la seconde à 5 d'alumine, 30 de carbonate de chaux et 60 de silice libre.

1° La première terre renferme 70 de matière étrangère à la silice et a une faculté de reproduction de. . . $70 \times 0{,}76 =$ 53,20[1]

2° La deuxième n'en ayant qu'une de. $30 \times 0{,}76 =$ 32,80

               Différence.   30,40

La ténacité de la première terre est de 3,2 ; celle de la seconde de 0,8 ; la première a 711 kilogr. de résistance, avec un labour de $0^m,20$ de profondeur sur $0^m,25$ de largeur ; la seconde, 178 kilogr. ; si nous supposons la charge d'un cheval de 215 kilogr., nous aurons pour la première 3,3 journées ; pour la deuxième 0,8 seulement ; de part et d'autre il faudrait ajouter une journée de conducteur que nous retranchons ; la journée de cheval étant à 2 fr., nous aurons donc 6 fr. 60 c. pour un labour de la première terre, et 1 fr. 60 c. pour celle de la seconde, et pour les trois labours 19 fr. 80 c. pour la première, 4 fr. 80 c. pour la seconde. Retranchant de la fertilité acquise, cette valeur du

(1) Nous disons que cette terre est apte à retenir 0,76 d'engrais atmosphériques, d'après les déductions que nous avons posées dans la section troisième de ce chapitre.

travail, il nous reste 33,40 pour la première, et 18 pour la seconde[1]. Voilà la valeur de l'engrais naturel diminué du travail, en ne comptant que les ressources de la nature, et faisant abstraction de ce que l'industrie humaine y ajoute; mais ce sont les qualités naturelles seules de la terre que nous devons apprécier ici.

3° La première terre est propre au froment, la deuxième se séchant de bonne heure, n'est propre qu'au seigle; la différence entre ces deux produits également bien traités est de 15 à 9. Ainsi l'expression de la première terre deviendra $33,4 \times 15 = 501$, et celle de la seconde $18,0 \times 9 = 162$.

Si la première vaut 3,000 fr. l'hectare, la seconde vaudra 970 fr.; mais si la seconde est fraîche à $0^m,60$ de profondeur, la différence de la nature des productions s'efface; alors elles restent entre elles dans le rapport de 33,4 à 18,0, et la première valant 3,000 fr., la seconde vaudra 1,600 fr., dans les contrées où l'on cultive des arbres à produits commerciaux.

Nous avons supposé dans ces calculs que les terres n'avaient point de fertilité acquise; cependant on ne peut se dispenser d'en tenir compte, et ce n'est que l'analyse de l'azote qui peut nous en donner les moyens. La quantité d'azote étant obtenue, nous en soustrairons 0,0005 d'azote pour chaque centième d'alumine que renferme le sol, le reste sera l'azote libre et disponible pour les récoltes. Ainsi, si la première terre donne 0,0002 d'azote comme elle contient 20 d'alumine, l'azote représente seulement la dose de ce gaz nécessaire pour

(1) En refaisant ce calcul pour une terre qui a 36 d'alumine, on voit qu'il n'est plus avantageux d'y faire des cultures annuelles. Il faut la réserver pour des pâturages.

saturer l'argile, et il n'en reste point de libre ; que si, au contraire, la deuxième terre présente 0,00015 d'azote n'ayant que 5 d'alumine, il restera 0,0001 d'azote libre provenant des fumiers reçus, et donnant. pour $0^m,165$ de profondeur du sol, ou 1,666 mètres cubes de terre, pesant 1,600 kilogr. chacun, ou 2,665,600 kilogr.; une quantité d'azote de 2666 kilogr. d'azote représentant 66600 kilogr. de fumier normal qui a $0^m,65$ donnera 439 fr. 90 c. d'augmentation de valeur pour la deuxième terre.

Nous sommes partis de la supposition que les deux terres à comparer étaient dans les mêmes circonstances, ainsi elles avaient toutes les deux un sol qui atteignait au moins $0^m,33$ de profondeur. Il y aurait une réduction à faire sur celles dont le sol n'atteindrait pas à cette profondeur, mais cette réduction serait indiquée par le peu de durée de la fraîcheur au printemps, et par conséquent par la nécessité de se borner à des cultures toujours de moins en moins lucratives, nécessité qui entre dans notre formule.

CHAPITRE IV.

Des terres sèches en été et humides en hiver.

Quand le sol manque de profondeur, et surtout quand il reçoit les écoulements des terrains supérieurs, il se forme, en hiver, sur le sous-sol imperméable, une espèce de marais souterrain, et le sol entier devient bourbeux, ou au moins humide. C'est une disposition très fâcheuse, en ce qu'elle doit faire renoncer à toute production d'hiver, et borne le cercle des cultures à celle des plantes qui peuvent croître et mûrir à partir de l'époque quelquefois très avancée où le terrain est suffisamment desséché, et jusqu'à celle où il est trop sec.

Les blés semés en automne dans ces terres jaunissent, leur racine se pourrit en partie, et ne pousse au printemps que quelques fibrilles échappées à cette macération; la terre se soulève par la gelée, et en été toute humidité manque aux plantes, les arbres y viennent mal, faute de profondeur. Ces terres ne peuvent donc donner quelque espoir de récolte d'hiver qu'au moyen de billons relevés qui accumulent le sol sur certaines lignes, y maintiennent les racines des plantes au-dessus du niveau de l'humidité excessive, et facilitent l'écoulement des eaux. Malgré ces précautions, le nombre des années pluvieuses où l'humidité de l'hiver surmonte ces obstacles, combiné avec celui des années où la sécheresse de l'été est précoce, est assez grand pour rendre une telle culture très chanceuse.

Nous ne reproduirons pas ici ce qui a été si bien dit par M. Mathieu de Dombasle[1] sur les labours en billons en général; dans le cas particulier qui nous occupe, celui des terres sèches en été et humides en hiver, on voit qu'il y a double chance d'insuccès, et qu'elles ne peuvent jouir ni des avantages spéciaux des terres humides, ni de ceux des terres sèches; que dès qu'elles ont le défaut bien constaté de retenir en hiver 0,23 d'eau à $0^m,30$ de profondeur, et d'en avoir moins de 0,10 en été, les plantes y souffrent également quelle que soit la composition du sol, et celle-ci n'entre plus dans

_____

(1) *Annales de Roville*, t. III. p. 124 et suiv.

la question que pour le plus ou moins de facilité des travaux qui doivent se faire dans la saison sèche.

Pour évaluer ces terres, il importe de constater d'abord si leurs fâcheuses qualités tiennent à des obstacles tellement insurmontables qu'il ne soit pas possible de les vaincre. Car il est quelquefois moins difficile qu'il ne le semble d'arroser ces terres en été, et de les dessécher en hiver. Nous avons vu les affaires les plus lucratives résulter d'achats de terrains pareils que l'on transformait ensuite en excellents sols. Si de telles ressources ne sont pas possibles, nous croyons que l'on obtiendra la valeur approximative en faisant le calcul comme pour les terres sèches, et en diminuant la valeur de moitié, relativement aux terres sèches de même nature. Ainsi, dans l'exemple cité dans l'article précédent, si la terre n° 1, sèche, vaut 3,000 fr., elle ne vaudra plus que 1,500 fr. étant aussi humide en hiver, et la terre n° 2 ne vaudra plus que 485 fr. Si au lieu d'être seulement humide, le terrain était inondé en hiver, la valeur se réduirait encore, puisque la culture devrait se borner aux légumes de printemps, et que même au moyen de billons on ne pourrait plus y cultiver des céréales.

CHAPITRE V.

Des terres humides.

Les terres constamment humides peuvent avoir une valeur assez considérable, si le fonds en est calcaire, que par conséquent les eaux qui y séjournent ne soient pas acides et puissent nourrir des roseaux (*arundo phragmites*), au lieu des typha et des carex. C'est dans nos étangs du midi, dans les pays où le fourrage est rare, que l'on a compris combien cette nature de terrain consacrée aux roseaux devenait précieuse. Le roseau employé comme litière et même comme fourrage, coupé avant la maturité des graines, y rend les plus grands services; en outre son usage en couverture sur les blés semés dans les terrains salants, sur les terrains secs et sur les terrains tourbeux, en consommera des quantités énormes, au grand avantage du propriétaire de semblables terres. Toute la question de leur appréciation consiste dans l'éloignement où se trouvent les roseaux des lieux où se consomment leurs produits, et dans les difficultés du transport. Au centre des pays cultivés, quand les transports sont faciles et à quelques kilomètres de distance seulement, les terrains bien garnis de roseaux s'afferment à raison de 33 fr. l'hectare. On trouvera la valeur de ceux qui sont éloignés en faisant la défalcation des frais nécessaires pour arriver aux centres des consommations.

Si les terrains n'ont pas un degré extrême d'humidité, on peut y faire des oseraies; si on peut les inonder une partie de l'année, ils pourraient devenir des rizières et prendre ainsi une très haute valeur. Nous parlerons en détail de ces spécialités en traitant des cultures.

CHAPITRE VI.

Des circonstances qui affectent la valeur des terres.

Dans les chapitres qui précèdent, on aura vu que nous avons toujours assigné aux terrains des valeurs relatives, et jamais des valeurs absolues. Nous avons toujours pris pour terme de comparaison, pour module, une terre d'une valeur déjà connue, et c'est de celle-ci que nous avons déduit la valeur des autres. Nous ferons voir plus loin les raisons qui empêchent d'avoir un module universel, perpétuel; pour le moment, nous nous bornerons à montrer dans quelles limites et sous quelles modifications nos applications demeurent exactes.

En choisissant des caractères qui embrassent toutes les propriétés principales des terres et les sources de leur fertilité, nous avons écarté de grandes causes d'erreur; si, par exemple, nous avions cherché à apprécier séparément les modifications qu'apportaient à la valeur du sol sa profondeur, la nature de son sous-sol, sa composition, et la pluviosité du climat, sa nébulosité, sa ventilation, il est probable qu'outre l'incomplet des éléments d'une pareille recherche, nous aurions trouvé de telles complications dans leurs réactions réciproques, que tout calcul serait devenu impossible. Au lieu de cela, en partant du résultat complexe de ces éléments divers, de la sécheresse et de l'humidité du terrain, nous avons simplifié à la fois et les recherches de la théorie et l'usage qu'en fera la pratique. Nous avons agi de même pour les autres bases de notre appréciation.

Mais ce ne sont pas seulement les qualités de la terre considérée en elle-même qui constituent sa valeur, il existe encore une foule de circonstances extérieures qui agissent avec une grande puissance; nous en signalerons spécialement quatre : 1° le mode et l'activité de la culture ; 2° la richesse locale ; 3° la répartition de la population ; 4° l'éloignement des terres des habitations et des marchés ; et sans entrer dans tous les détails que comportent de tels sujets, qui appartiennent à l'économie politique, nous nous bornerons, dans les articles suivants, à faire ressortir leurs effets sur la valeur des terrains.

SECTION Ire. — *Activité de la culture.*

Un jour, notre digne et excellent confrère, M. Huzard, consulté sur la convenance d'acheter une terre dans certain canton de la France, répondit : « Prenez garde, vous ne tirerez pas de cette terre ce qu'elle paraît valoir : je connais les hommes de ce pays; ils manquent d'activité, les élèves des écoles vétérinaires qui en viennent ne frappent pas dur sur l'enclume. » Quelle juste et fine appréciation ! là où les bras de l'homme sont énervés, soit par la débilité physique provenant d'un mauvais régime, ou par de longues habitudes de paresse; là où ils ne frappent pas dur sur l'enclume, la valeur des terres se ressentira de leur mollesse. Il y a longtemps que nos pères l'ont dit : « Tant vaut l'homme, tant vaut la terre. »

Cette activité de l'homme rejaillit sur la culture, et elle se traduit par le capital employé, mais il faut se garder de croire que la rente soit toujours proportionnelle à ce capital, cela n'est vrai que jusqu'à un certain point, comme nous allons le voir. Supposons une terre négligée qui, avec 80 fr. par hectare de capital de culture produise 120 fr. de produit brut, la rente sera de 40 fr. ; on met ce terrain en meilleur état, on extirpe les mauvaises herbes, on approfondit les labours, on marne, on fume, les frais de culture s'élèvent à 200 fr., le terrain rapporte 360 fr., la rente est de 160 fr. On ne se borne pas là : on porte les frais à 300 fr., les produits bruts sont de 500 fr., la rente est de 200 fr. Voilà ce qui aura lieu dans le développement progressif de l'industrie agricole de tout un pays, et remarquons que dans ces différents cas le rapport de la rente au capital employé se trouve comme 50, 80, 66. Il est d'abord évident que la rente n'est pas proportionnelle au capital de culture, mais qu'il y a un certain maximum que l'on peut atteindre, et jusqu'auquel les efforts du cultivateur sont secondés par la fécondité de la terre et par la force d'absorption des plantes ; jusqu'alors, pour chaque franc déboursé pour la culture, il semble que le sol rende deux francs ; mais quand on dépasse cette limite, quand par l'activité de la culture et le choix des plantes cultivées, toute l'action du sol sur l'engrais a été mise en mouvement, il n'y a plus de produit dépendant directement de cette action, tout accroissement résulte d'une addition de l'engrais lui-même, et ne fait qu'en rembourser la valeur ; arrivé à ce point culminant, le produit brut peut s'accroître, mais le produit net s'arrête, toutes les dépenses excédantes ne sont

I. 29

plus qu'un placement de capitaux qui doit rentrer en entier au fermier, au même taux et au même titre que pour toute autre espèce d'industrie. Le fermier peut s'enrichir, mais la rente reste stationnaire comme le produit net.

Il est donc très avantageux pour les propriétaires d'atteindre ce maximum (et combien ils en sont loin presque partout!), il leur est indifférent qu'il soit dépassé.

Dans l'évaluation des terrains prendra-t-on pour type, pour module ce point de perfection? mais il n'est pas le même pour tous les terrains, pour tous les climats; mais peut-être l'état de la civilisation s'oppose à ce qu'il puisse être atteint de longtemps. A quelle époque les terres de la Nouvelle-Zélande, celles du Texas seront-elles cultivées avec la riche activité de celles de Flandre? A quel point s'arrête la série croissante de la rente aux Antilles? A quel taux des frais de culture doit-on se borner pour les sables de Provence et pour ceux de la Prusse? Nous ne pourrons répondre de longtemps à toutes ces questions. On ne peut donc espérer de faire des évaluations exactes qu'en se réglant sur l'état des terres et sur l'emploi des capitaux fait dans le pays même dont on veut évaluer le sol. Nous sommes donc ramenés ici à la nécessité des types locaux, et à celle de ne faire que des évaluations comparatives, à l'exclusion des évaluations absolues qui n'auraient aucun résultat pratique.

On ne doit pas même étendre trop loin le cercle de ces comparaisons. D'une commune à l'autre, que dis-je, d'une section de commune à l'autre, les procédés de culture diffèrent quelquefois. Ainsi, ils sont ordinairement plus parfaits, plus soignés, plus actifs autour du centre des habitations. Là, on consacre plus de travail, plus d'engrais aux terres qui semblent fertilisées, comme disent les habitants, par la fumée de la ville, mais qui le sont en réalité par l'œil et le bras du maître[1]. C'est donc autant que possible dans les situations analogues que l'on prendra les types de comparaison.

Section II. — *Richesse locale.*

La richesse immobilière d'un pays n'agit pas toujours de la même manière sur la valeur des terres. Les capitalistes se saisissent bien dans tous les cas des terrains voisins des villes pour les transformer en parcs et en jardins, mais ils affectionnent ceux qui sont dans la position la plus agréable, qui ont la plus belle vue, le meilleur air ; ce n'est pas à la nature et aux produits du sol que s'adressent leurs préférences, mais à certaines qualités extérieures, indépendantes de la valeur agricole. Ces besoins satisfaits, le reste des terres demeure sous d'autres influences. Tant que l'intérêt de l'argent est élevé au-dessus de celui que procurent les terres, il est consacré aux spéculations commerciales et industrielles ; mais dès qu'il tombe au même niveau, dès que son abondance le rend d'un placement difficile dans l'industrie, alors la valeur des terres augmente dans un rayon plus ou moins étendu, proportionné à la masse des capitaux disponibles, et les sommes em-

(1) Il ne faut pas méconnaître cependant que l'atmosphère des villes paraît avoir un effet fertilisant réel sur les terres qui sont soumises à son influence.

ployées à cet achat tendent à la diminuer en faisant remonter l'intérêt de l'argent.

On peut faire deux objections à cette théorie, que nous croyons l'exacte représentation des faits; ainsi l'on nous dira d'abord que l'argent employé en achats de terre ne fait que changer de mains, qu'il ne diminue pas la masse des capitaux, et que par conséquent il ne peut avoir aucun effet sur le taux de l'intérêt. L'effet que nous avons signalé tient à une distinction importante que l'on a négligée; c'est celle qui existe entre la grande et la petite circulation. Ceux qui vendent leurs terres ne les vendent pas généralement pour placer l'argent qu'ils en retirent, mais pour se libérer de leurs dettes. Cet argent, qui dans les mains du capitaliste acheteur circulait sur la place, est dispersé dans un grand nombre de mains qui arrêtent ou ralentissent sa circulation, qui l'emploient à solder des comptes de diverse nature, et lui font faire un circuit, pendant lequel il se trouve soustrait au mouvement des capitaux disponibles. Les acheteurs eux-mêmes ne manquent pas de consacrer des sommes considérables en réparations et améliorations, et les jettent ainsi dans la petite circulation qui paie le maçon, le manouvrier, d'où l'argent va au boulanger, du boulanger au marchand de farine, au meunier, au propriétaire, et reste quelquefois un an entier hors du cercle de la grande circulation, où seulement il est disponible pour les emprunteurs. Il y a donc chômage d'assez grandes sommes quand les capitaux sont employés en achats de terre, chômage accru encore par les formalités, les délais de purge hypothécaire, etc., chômage qui est d'autant plus long et plus obligé que l'organisation financière d'un pays est moins avancée, et ce chômage ne manque pas de réagir sur l'intérêt des capitaux. Et qu'on ne croie pas que cet effet a lieu dans de petites proportions; chaque année, en France, il se fait pour 12 à 1500 millions de vente à titre onéreux, qui, par les modes de paiements et les autres inconvénients que nous avons signalés, dans un pays où l'argent circule avec difficulté, doivent occasionner une augmentation sensible de l'intérêt.

La seconde difficulté consiste à nier qu'il soit nécessaire que l'argent descende au taux du produit net des terres pour qu'il y ait tendance à réaliser les capitaux en achats de biens territoriaux. Supposons l'argent dans le commerce à 4 p. 100, on achètera peut être des terres à 2 et demi, et on ne taxe pas d'absurdité et d'ignorance ceux qui feront cet échange de placement. On restera persuadé qu'ils ont calculé le taux de l'assurance de l'argent placé chez les banquiers, et qu'ils ont bien vu qu'il s'élevait à 1 et demi par an. En effet, quand l'intérêt s'élève sur la place, non parce que les affaires deviennent plus brillantes et plus nombreuses, mais à cause de leur difficulté qui les rend plus chanceuses et fait resserrer les fonds, ne voit-on pas les ventes de terres devenir plus nombreuses, et se faire à des prix plus élevés? La tendance à acheter, la valeur que l'on attribue aux terres est donc en raison des risques que courent les capitaux placés dans l'industrie; la différence qui existe entre la rente des terres que l'on achète et l'intérêt des fonds placés dans le commerce n'est donc que la prime d'assurance de ces derniers.

Nous conclurons donc que les terres augmentent de valeur toutes les fois que les capitaux excèdent les be-

soins du commerce, et que l'intérêt des capitaux mobiliers se rapproche toujours de celui des capitaux im-
mobiliers, augmenté de la prime d'assurance qui
représente l'état de sécurité relatif de ces deux
placements; que cet état de choses dépend de certaines circonstances qui ne peuvent être prévues *à
priori*, que par conséquent il ne peut y avoir de module de la valeur des terres fixé à l'avance, et qu'il
faut en choisir un pour chaque époque, dans les faits
accomplis à l'instant même pour lequel on opère.

Section III. — *Richesse de la population agricole.*

Si l'abondance des capitaux des villes a une influence
aussi marquée sur la valeur de la propriété rurale,
celle qu'exerce l'aisance des agriculteurs eux-mêmes
est encore plus considérable dans les pays où les terres
sont librement commerçables. Jamais cet effet n'a été
plus marqué qu'il ne l'est en France, depuis la révolu-
tion de 1789. Avant ce temps, les paysans étaient propriétaires dans le sud-est de la France, et cherchaient
à étendre leurs propriétés; mais depuis lors cette tendance s'est manifestée au loin, et rien n'indique que les
succès de ces compagnies de commerce de bien-fonds,
que l'on a désignées sous le nom de *bandes noires*, soient
prêts à s'arrêter. Ces compagnies, en vendant en détail
les domaines qu'elles ont achetés en gros, ont fait faire
des miracles de travail et d'économie aux paysans qui
prennent des engagements considérables avec elles,
et qui parviennent tous les jours à les remplir. Nous
savons tout ce que l'on peut dire en politique et en économie sur cette vaste opération; mais nous laissons ces

discussions pour un autre moment, et nous nous bornerons à constater ses effets sur la valeur des terres.

Quand un fermier ou manouvrier se trouve dans des circonstances telles qu'il peut réaliser des économies sur le prix de son travail, ce qui lui manque pour que ces petites sommes lui profitent, c'est un placement dans lequel il ait confiance. Une armoire fermant bien, une cachette bien secrète, tels ont été pendant longtemps les dépositaires de son petit trésor ; et dans le mystère dont il environnait sa propriété, l'exemple du progrès de sa fortune était perdu pour ses pareils. Le plus grand nombre, moins prévoyant, dissipait des économies à peine formées, pour de prétendus besoins, ou pour des satisfactions d'amour-propre et de vanité. Les caisses d'épargne sont la véritable solution de la difficulté ; espérons que leurs bienfaits ne se renfermeront pas toujours dans les villes : déjà ils se font sentir sur les classes agricoles qui les habitent, et si les administrateurs de ces caisses placées dans des centres de culture créaient des bureaux dans les communes rurales, si le clergé prenait à cœur les vrais intérêts de ses ouailles, s'il voulait devenir l'intermédiaire entre les caisses d'épargne et les villageois, s'il se rendait le promoteur de cette bienfaisante institution, il leur rendrait le plus grand service en travaillant efficacement à les éloigner des vices qu'ils contractent par la fréquentation des cabarets, cafés et billards [1].

Quand les habitants économes des campagnes sont

(1) Un de nos évêques les plus respectables, et qui concevait tout le bien que pouvait faire son intervention, s'y est refusé avec regret, à cause des *intérêts* que portaient les sommes placées et qui étaient contraires à ses principes !

parvenus à rassembler un certain capital, ils ne peuvent en suivre le mouvement à leur gré sur la place, il leur reste donc deux moyens de l'employer, ou en augmentant leur capital de cheptel et de culture ou dans l'achat d'une propriété. Le premier moyen n'est pas à l'usage des métayers, qui verraient leurs propriétaires entrer en partage de leurs mises de fonds; les fermiers ne sont pas assez sûrs de la continuation de leurs baux pour changer leur mode de culture; reste donc l'achat des terres. En devenant propriétaires ou en augmentant leur propriété, ils satisfont à la fois leur intérêt et leur vanité. Ils achètent presque toujours pour des sommes supérieures à celles qu'ils possèdent, mais on leur donne du temps, et alors, par des efforts de travail, d'industrie, d'économie, ils parviennent à se créer cette petite fortune qu'ils n'auraient jamais su acquérir sans le puissant aiguillon du créancier, prêt à les dépouiller de cette propriété qui fait leur gloire et leur bonheur. Voilà comment la propriété se divise, et comment cette division devient à la fois la source de la fortune du paysan, et la grande école de cette agriculture qui donne des produits immédiatement réalisables.

Les qualités propres à cette école sont sensibles : 1° elle sollicite à mettre en activité les plus forts capitaux possibles; or, le seul capital qui reste au paysan, après avoir payé les premiers à-comptes de son acquisition, ce sont ses bras. La terre reçoit alors des cultures profondes, soignées, qui doivent suppléer à l'engrais, en allant chercher dans le sein de la terre tous les principes de fertilité qui y sont cachés, en la pulvérisant, en exposant à fréquentes reprises ses particules à l'ac-

tion de l'atmosphère ; 2° elle se préoccupera surtout de
la culture du froment et de celle des végétaux de commerce, qui les uns et les autres se réalisent promptement en argent ; sous ce rapport, elle vient en aide à
l'industrie manufacturière, elle donne une vive impulsion au commerce intérieur des denrées, elle créc dans
le pays des besoins d'activité, des rapports d'action
qui pourront plus tard prendre une autre direction.

Ses défauts ne sont pas moins visibles : 1° la fécondité de la terre résultant de deux éléments, le travail
et les engrais, si l'on excède dans l'un ou l'autre, on
n'obtient que des résultats temporaires ; si c'est le travail qui surabonde, il arrive un moment où les sucs
mis en réserve dans le sein de la terre sont épuisés ;
si ce sont les engrais, la ténacité du sol, son peu de
profondeur, l'abondance des mauvaises herbes annu-
lent leurs effets. Or, dans cette culture exigeante, ta-
lonnée par le créancier, l'équilibre est rompu entre
ces deux puissances, le travail doit suppléer à tout ;
2° l'argent manque pour acheter du bétail, le temps
manque pour faire croître des herbages qui le nour-
riraient et dont il faudrait attendre les rentrées.
Il s'agit de trouver dans les produits du sol et dans
un temps donné non-seulement l'intérêt, mais une
partie du capital de sa valeur. La durée des journées de
travail n'a plus de limite pour le cultivateur qui s'est
enchaîné à cette galère ; il travaille le jour, il travaille
la nuit, soutenu qu'il est dans cette carrière laborieuse
par la perspective de devenir enfin propriétaire de ce
terrain. Ainsi plus de culture qui ne produise pas dans
l'année même l'argent qui est nécessaire pour solder le
terme échu ; le lin, le colza, la garance, le blé, se suc-

cèdent sans interruption. Plus tard, quand on aura payé, ne sera-t-on pas à temps de réparer les pertes du terrain, ou plutôt ne se fait-on pas illusion? Ne se figure-t-on pas que ces produits s'éterniseront sous le même système de culture? L'expérience est déjà venue : déjà les mines de garance sans engrais sont épuisées en beaucoup de lieux, et bientôt la nécessité amènera un grand changement dans le système agricole. Il faudra en venir à adopter une forte proportion de récoltes fourragères ; mais alors le prix d'achat des terres sera liquidé en partie, et ne sera-t-il pas vrai de dire que l'introduction d'un bon assolement aura été provoqué par la culture forcée qui l'a précédé, par le réveil de l'industrie agricole, amenant les cultivateurs, sous peine de déchoir, à une culture qui multiplie les engrais, et que le trésor trouvé dans la terre par le travail, le désir de l'y voir s'y renouveler aura été le véhicule de cet important progrès.

Que l'on se figure maintenant toute cette population animée d'une telle ambition, et arrivant aux enchères des terres que l'on met en vente en détail; qui ne conçoit la vive concurrence qui va se déclarer, la surenchère qui en sera le résultat, et enfin l'augmentation du prix des terres, non-seulement de celles qui sont en vente, mais, par contre-coup, de toutes celles qui restent encore indivises, et dont on a appris à connaître la véritable valeur ?

Cet accroissement de prix est dans chaque pays en raison directe de l'étendue des terres à vendre et du nombre d'habitants qui s'empressent de les acquérir. Il est immense dans les vallées resserrées, où la population s'est accrue par l'exercice de l'industrie manufacturière ; il est moins considérable dans les plaines où le nombre des habitants est moins grand en proportion de la surface. L'art des *bandes noires* est de ne pas multiplier coup sur coup les ventes, de les proportionner aux facultés et au nombre des enchérisseurs, et le nombre de ces compagnies étant assez limité, elles se sont partagé le territoire, ayant soin de ne pas empiéter les unes sur les autres, pour se conserver un prix de monopole.

La progression de valeur des terres vendues en parcelles continuera tant que la grande culture n'aura pas trouvé le secret de faire produire aux terres un revenu net égal à celui des parcelles. Mais ici se présente une autre difficulté : à mesure que la masse des cultivateurs devient propriétaire, le nombre des manouvriers à la journée diminue, et le prix de leur travail augmente ; par contre-coup, il devient toujours plus difficile de conserver de grandes exploitations sous la grande culture ; la lutte n'est pas égale entre un petit propriétaire qui cultive son champ sans se rendre compte du prix de son travail, ni du nombre d'heures de sa durée, qui y met cette ardeur que l'on voit aux tâcherons, et le riche propriétaire qui paie un travailleur à journée, à année, travailleur qui se trouve souvent être de ceux qui, à cause de leur faiblesse ou de leur inconduite, n'ont pas su inspirer assez de confiance pour devenir propriétaires. Ainsi, il y a à la fois réduction dans le nombre des ouvriers, réduction dans la quantité du travail, et cependant augmentation du prix de ce travail; il faut donc chercher les moyens d'en réduire l'emploi, ou vendre des propriétés onéreuses. Le premier moyen existe, il est connu d'un petit nombre d'agriculteurs qui ont réfléchi sur leur position ; nous le développerons dans le cours de cet ouvrage.

SECTION IV. — *Distance des marchés; état des communications.*

La distance où une terre se trouve des lieux où l'on doit faire de fréquents charrois, des marchés où l'on vend les denrées, de ceux où l'on achète les engrais, des minières où l'on va chercher la marne, des fours où l'on cuit la chaux, est aussi une cause qui a une grande influence sur la valeur d'une terre; le bon ou le mauvais état des communications n'est pas moins important à considérer, et nous en avons donné le détail plus haut, en traitant de la méthode historique.

Quelquefois, l'éloignement et l'état des chemins sont tels que toute agriculture qui nécessite des transports devient impossible. Nous connaissons bien des positions en Corse et en Sicile qui sont dans ce cas; mais nous ne pouvons pas en citer d'exemple plus frappant que celui que nous donne Ramon de la Sagra dans son excellente histoire économique de l'île de Cuba [1].
« Un grand obstacle aux progrès de l'agriculture dans cette île, dit-il, vient de la rareté des chemins et du mauvais état de ceux qui existent. Beaucoup de propriétaires sont obligés de renoncer aux riches cultures et de se borner à celles des vignes, du maïs et des autres vivres consommés sur place, parce que les frais de transport augmentent le prix de leurs produits de telle

(1) En espagnol, p. 85.

sorte qu'il est impossible de les vendre au marché. Ces frais paraissent incroyables en Europe. Une caisse de sucre qui vaut, prix moyen, 100 francs, coûte au propriétaire de la vallée de Güines jusqu'à la Havane, trajet de 48 kilomètres, la somme de 20 francs, et 25 francs dans la saison des pluies, c'est-à-dire 20 et 25 p. 100 de sa valeur. Une pipe d'eau-de-vie distribuée en barils, dont le prix est de 75 francs, coûte 50 francs de voiture, ou 67 p. 100 ; le café, à la distance de 44 kilomètres, coûte 12 p. 100 de frais de transport, etc. Quelques produits volumineux et de peu de valeur coûtent plus qu'ils ne valent, comme la mélasse, qui paie 300 p. 100 de sa valeur. »

De tels exemples font comprendre combien dans l'évaluation des terres il importe de ne pas négliger l'état des communications ; ils montrent toute la grandeur du bienfait de l'établissement des chemins praticables en toute saison. Nous avons vu cependant des cultivateurs murmurer contre les dépenses que l'on exigeait d'eux pour les construire, et tel d'entre eux se remboursait en une seule semaine des journées de prestation qu'il avait faites pour leur établissement avant la loi d'expropriation de 1833. Nous avons vu un chemin vicinal fait avec soin et dans des pays coupés, valoir aux habitants, chaque année, en économie de transport, le capital qu'il avait coûté ; nous avons vu un propriétaire lutter six ans entiers contre l'expropriation d'un coin de terre dont on lui offrait trois fois la valeur et qui devait amener à sa porte une route départementale au moyen de laquelle il a pu retrancher la moitié de ses bêtes de transport, tant il est vrai que l'ignorance est le plus grand ennemi de nos intérêts.

Nous pourrions multiplier les différents points de vue dont nous venons de nous occuper, qui influent sur la valeur des terres ; nous pourrions rechercher les effets de la fréquence des grêles, des inondations et des autres fléaux naturels sur les appréciations. Nous pourrions aussi, avec Thaër, faire envisager comme une cause défavorable la position d'un territoire sur une frontière qui est exposée à devenir le théâtre de la guerre ; insister sur ce que l'esprit processif des habitants apporte de dommages à la valeur du sol ; ces points de vue ne peuvent être niés quand il s'agit d'une estimation absolue ; mais nous n'avons pas pensé qu'elle fût possible, nous avons toujours pensé que l'on ne pouvait évaluer les terres que relativement à une valeur connue, et dès lors il est bien entendu que l'on doit choisir l'étalon dont on se sert dans les conditions les plus semblables possibles avec la terre à apprécier.

CHAPITRE VII.

Des circonstances qui affectent les produits de la valeur des terres.

Nous avons vu dans le chapitre précédent que nous ne pouvions établir une valeur absolue des terres, et qu'elle changeait selon les lieux, nous allons rechercher maintenant si cette valeur est plus constante selon les temps, ou, en d'autres termes, quelles sont les variations que la valeur d'une même terre éprouve d'un siècle à l'autre. Il est bien aisé de voir, d'après ce que nous avons dit, que les changements dans la richesse du pays, dans sa population, dans ses voies de communication, dans son mode de culture, amènent aussi des changements corrélatifs dans la valeur. « Le prix des denrées change aussi; en partant du treizième siècle jusqu'à nous, les choses qui sont du superflu de la vie, dit Dupré de Saint-Maur [1], comme les amandes, les figues, les raisins ont monté de 1 à 16; les choses qui sont d'un plus grand usage, mais qui ne sont pas d'une nécessité indispensable, comme les bœufs, les moutons, etc., ont monté de 1 à 18; les choses absolument nécessaires à la vie, que tout le monde consomme, comme le blé, et les grains, ont monté de 1 à 20. Mais les denrées exotiques ont singulièrement baissé de prix : ainsi le sucre se vendait 20 sols la livre en 1595, quoique la valeur de l'argent fût beaucoup plus grande qu'aujourd'hui; la livre de poivre coûtait un quart du poids d'un setier de froment; la livre de cannelle valait en 1313 la moitié du prix d'un setier de froment. »

A mesure que les pâturages se sont défrichés et que l'on a consacré plus de terrain à la culture des céréales, le rapport du prix du foin à celui du blé s'est aussi élevé; la plus grande circulation sur les routes a contribué à cet effet, en augmentant la consommation des fourrages. Il n'y a donc rien de fixe dans le rapport des valeurs des choses; bientôt les prairies auront un avantage qu'elles perdront plus tard; des droits de douanes, des droits d'octroi sur les vins sont autant d'atteintes portées à la rente des vignobles, et par conséquent à leur valeur capitale; le changement de nourriture des habitants d'un pays change aussi ces

(1) *Essai sur les monnaies*, p. 37.

rapports. En Lombardie, où le peuple se nourrit principalement de maïs, sa valeur relativement au blé est plus forte, et dans les années où le maïs ne réussit pas, il se paye quelquefois plus cher que le blé[1]. »

Au milieu de cette variation perpétuelle des prix relatifs des choses, on chercherait en vain une base stable qui servît de point de repère pour les comparer dans les différents temps. On vient de voir que le blé lui-même n'en est pas une, et que s'il l'était pour les pays où il fait une partie essentielle de la nourriture, il ne le serait plus pour ceux où il n'est que d'un usage secondaire ; l'argent, que l'on a cru longtemps être la mesure invariable des valeurs, donna un démenti frappant à ceux qui lui attribuaient cette qualité après la découverte de l'Amérique. Rien n'est donc plus difficile que de mesurer à travers les siècles les accroissements ou les dépréciations qu'ont subis les terres.

Après avoir cherché un terme de comparaison qui pût nous donner cette mesure, et qui fût d'une application agricole, nous croyons en avoir trouvé une beaucoup plus fixe que toutes les autres dans le travail des ouvriers qui cultivent la terre ; profession qui n'exige pas d'apprentissage coûteux. Nous n'entendons pas par là le prix vénal de la journée, mais le prix d'un mètre cube de déblai. Le manœuvrier dans chaque pays, hors de circonstances extraordinaires, reçoit exactement pour son salaire et celui de sa famille ce qui lui est nécessaire pour leur nourriture, leur entretien ; mais leur entretien est proportionné à

---

(1) Bürger, *Agriculture du royaume Lombard-Vénitien*, traduction française, p. 54.

la force et à l'activité de l'ouvrier, et son travail effectif représente partout son salaire. C'est donc un prix à peu près constant que celui du déblai d'un mètre de terre, et ce serait celui que l'on pourrait prendre le moins arbitrairement pour module de la valeur. Il nous donnerait le moyen de trouver la valeur de la qualité de terre la plus inférieure mise en culture : 1° s'il y avait partout des terres d'une qualité assez inférieure pour ne produire que l'entretien de l'ouvrier et de sa famille; 2° si dans chaque exploitation plusieurs qualités de terre n'étaient pas mêlées, de sorte qu'avec des terres produisant plus que l'entretien de l'ouvrier, il ne s'en trouvait pas, qui, cultivées abusivement, produisent moins que cet entretien. Il est donc rarement possible de prendre pour base les terres de qualité inférieure, quoique leur valeur en général ne dépende que de ces seuls éléments, le prix de l'entretien de l'ouvrier et l'étendue et l'intensité de sa culture. Il serait encore plus difficile d'établir ce module sur des terres de qualité supérieure, plusieurs de celles-ci rendant un revenu élevé et demandant peu de travail : telles sont les bonnes prairies, les terres d'alluvion légères. Tout ceci achève de confirmer ce que nous avons dit, que le moyen le plus simple, le plus sûr d'évaluer les terres de qualités différentes, consiste à prendre pour type un terrain qui se trouve sous l'empire des mêmes circonstances extérieures, et dont la rente soit bien déterminée.

HUITIÈME PARTIE.

DES AMENDEMENTS.

Nous avons cherché jusqu'ici à connaître les terrains agricoles en eux-mêmes, à déterminer leurs qualités et leurs défauts; nous avons cherché à traduire en nombre leurs propriétés physiques et leurs propriétés agricoles. Nous ne nous sommes pas borné là; après avoir fait cet examen analytique, nous avons voulu déterminer les conditions qui constituaient les meilleurs sols agricoles et les rapports de valeur qu'ils acquièrent par leur possession ou leur privation. Ces recherches nous ont conduit à définir ce que nous entendons par un sol parfait, bon, médiocre, mauvais. Cette étude préliminaire d'un des instruments de l'art agricole n'était pas encore de l'agriculture proprement dite, qui met en œuvre ces instruments, c'était, comme nous l'avons dit dans l'introduction, une science nécessaire, absolument nécessaire pour commencer utilement l'étude de la science principale.

Après avoir reconnu ce qui manque aux terres pour être aussi propres que possible à l'agriculture, il semble qu'il ne reste plus qu'à rechercher les moyens par lesquels on peut remédier à leurs défauts, et rapprocher chacune d'elles de l'état de perfection que nous avons indiqué. Ce sujet découle directement de celui que nous avons traité jusqu'ici, il en est le corollaire immédiat, et tient aux mêmes principes. C'est le complément naturel de l'agrologie ; mais l'ordre logique que nous nous sommes prescrit exige que nous nous bornions à décrire ici les amendements et les engrais en eux-mêmes, réservant pour l'agriculture proprement dite l'application, la mise en œuvre de ces ressources qui viennent compléter, pour ainsi dire, la terre qui devient le théâtre des travaux agricoles. Nos lecteurs voudront bien se rappeler tout ce que nous avons dit sur l'acquisition, la préparation, la valeur relative et absolue des amendements et des engrais, quand, plus tard, nous leur décrirons la préparation des terres pour la culture des plantes.

Nous avons vu, dans la septième partie, ce qui constitue une terre parfaite, et nous avons dit combien il est rare d'en trouver. Les terres s'éloignent de cet état de perfection, ou par leurs propriétés physiques, ou par leurs principes constitutifs. Si elles ont trop ou trop peu d'humidité, de ténacité, de coloration, et si elles manquent de principes azotés, charbonneux, alcalins, on peut rechercher les moyens de les compléter sous ces différents rapports ; ce que nous avons à faire en ce moment c'est l'étude de ces *compléments* des propriétés physiques, de ces *compléments* des principes composants. Ce sont deux grandes classes de moyens auxquels nous donnons les noms d'*amendement* et d'alimentation végétale.

Ceux qui nous ont précédé, égarés, à ce qu'il nous semble, par le mot d'engrais, qui semble indiquer une matière grasse et le plus souvent azotée, ont répugné à

appliquer ce nom aux substances minérales d'apparence sèche. Ils ont exclu ces dernières de leurs engrais, et ont cru devoir créer pour elles une nouvelle
classe à laquelle ils ont donné le nom de *stimulants*. Ils
ont donc eu des amendements, des stimulants et des
engrais; ces deux dernières divisions comprennent la
classe que nous désignons sous le nom d'aliments végétaux; ils ont été aussi conduits à cette division par une
théorie que nous ne croyons pas exacte, et qui ferait
consister l'alimentation des végétaux uniquement dans
l'assimilation du carbone, de l'oxygène, de l'hydrogène
et de l'azote. Dans la neuvième partie, nous discuterons
cette opinion et nous montrerons que si la vie végétale
peut exister sous ces conditions, elle reste imparfaite et
ne prend son développement complet, tel que le demande l'agriculture, que par l'intervention de substances fixes.

Mais dans ce moment, nous n'avons à nous occuper
que des amendements; or, les amendements ne s'adressent qu'aux propriétés physiques du sol; ils ont pour
but de modifier ces propriétés au profit de la culture.

La marche que nous suivrons en parlant des amendements est toute tracée par ce que nous avons dit en
commençant notre septième partie, et en traçant l'idéal
d'une terre parfaite; la fraîcheur, alliée à une faible ténacité, tel a été pour nous ce type dont il fallait chercher à se rapprocher; et quant aux terres décidément
sèches, nous avons vu qu'il y avait un équilibre à chercher entre les avantages de la conservation des engrais
et de l'humidité pour les terres fortes et la facilité de
travail des terres légères. Le but des amendements est
donc de ramener les terres à un de ces deux types;

ainsi augmenter l'humidité des terres sèches, diminuer celle des terres humides, augmenter la ténacité des terres légères, diminuer celle des terres fortes, c'est sur ces quatre points principaux que roule ce que nous aurons à dire sur les amendements. Il y a encore cependant à considérer les moyens d'accroître la surface des terres rocheuses et caillouteuses pour l'enlèvement des roches et des cailloux qui en occupent une partie, et les moyens de rendre dans certains cas les terrains plus aptes à absorber la chaleur et la lumière.

PREMIÈRE DIVISION.

MOYENS D'AUGMENTER L'HUMIDITÉ DU SOL.

Quand un terrain conserve moins de 0,10 de son poids d'humidité en été, à $0^m,30$ de profondeur, nous avons dit que la végétation y souffre, et que le nombre des plantes que l'on peut y cultiver est nécessairement limité par l'arrivée trop précoce de l'époque d'une maturation forcée. Cette sécheresse provient ou du défaut de pluie dans cette saison, ou de la trop grande profondeur du réservoir intérieur des eaux, ou d'un soussol imperméable qui s'oppose à ce que cette humidité intérieure ne remonte à la surface par l'effet de la capillarité. Ainsi, suppléer à toutes ces causes de sécheresse par l'irrigation, détruire l'obstacle opposé à la communication du sol avec le réservoir des eaux, tels sont les deux moyens qui se présentent pour combattre ces fâcheuses dispositions du terrain.

CHAPITRE Ier.

Des irrigations.

SECTION Ire. — *Qualité des eaux.*

La qualité des eaux que l'on emploie à l'irrigation est loin d'être indifférente. Les paysans les plus grossiers savent que certaines eaux ne produisent aucun effet fécondant, que d'autres paraissent au contraire stériliser les terres, tandis que l'on en trouve qui semblent porter la fécondité sur les champs qu'elles arrosent. Les premières sont généralement des eaux peu aérées et peu oxygénées qui s'emparent de l'oxygène du sol et des plantes ; les secondes sont des eaux qui contiennent en notable quantité des sels carbonatés de chaux ou de fer, ou des sulfates de chaux, car les carbonates en perdant à l'air une partie de leur acide carbonique se précipitent, encombrent les plantes, et ferment les pores de la terre, et les sulfates de fer en trop grande abondance sont de véritables poisons pour les plantes ; enfin il y a des eaux fertilisantes, ce sont des eaux aérées, contenant des sels de potasse, de soude, ou d'ammoniaque, des matières organiques, ou de l'acide carbonique en solution. Il est donc bien essentiel de s'assurer de la nature des eaux avant d'entreprendre de les dériver ou de les élever pour l'irrigation. On pourrait quelquefois avoir à se repentir des dépenses que l'on aurait faites pour se les procurer.

Les eaux surchargées de sulfate de fer se décèlent immédiatement par leur goût astringent et métallique. Nous ne nous en occuperons donc plus.

Pour déterminer la quantité d'air contenue dans l'eau, on remplit de cette eau un ballon auquel on adapte un tube recourbé plein d'eau bouillie, et on engage le bout du tube sous une cloche à mercure. On fait bouillir doucement; quand il cesse de passer des bulles d'air, on s'arrête. On mesure le gaz obtenu; on fait les réductions selon la pression et la température, comme on l'a indiqué à l'analyse de l'azote, dans la première partie. L'eau complétement aérée dissout un trente-sixième de son volume d'air. Cet air est plus oxygéné que l'air atmosphérique. On trouve dans les eaux moyennement aérées deux litres d'air par cent litres d'eau. Mais au-dessous de cette quantité, et surtout si on est loin de l'atteindre, on doit regarder l'eau comme peu favorable à la végétation; les eaux de puits, dont l'eau est stagnante, sont souvent dans ce dernier cas, ainsi que les eaux de neige fondue. M. Boussingaut attribue au défaut d'aération de ces dernières la production des goîtres dont sont affectées les populations qui s'en abreuvent. La végétation n'en éprouve pas de meilleurs effets.

On peut s'assurer si une partie de l'air obtenu ne consiste pas en gaz acide carbonique, en prenant une portion du gaz dans une éprouvette, et l'agitant avec de l'eau de potasse; ce qui manquera à son volume après cette agitation, sera de l'acide carbonique. Les eaux fortement chargées d'acide carbonique sont légèrement aigres; le goût peut, dans ce cas, suppléer à l'analyse.

En portant l'eau à l'ébullition dans un vase ouvert, on force le gaz acide carbonique excédant à abandonner

les matières terreuses. Celles-ci se précipitent au fond
du vase. On constate ainsi la présence ou l'absence des
sels carbonatés.

Le chlorhydrate de baryte détermine dans les eaux
contenant des sulfates un précipité qui est ordinairement du chlorhydrate de chaux. Les eaux gypseuses,
autrement dites séléniteuses, que le vulgaire appelle des
eaux crues, sont mauvaises pour la boisson, et aussi
pour la végétation, quand le gypse s'y trouve en quantité suffisante pour former un précipité susceptible
d'être pesé [1].

Le nitrate d'argent, en présentant des flocons blancs,
annonce des chlorhydrates ou des chlorures. Le goût
avertit s'ils sont assez abondants pour être nuisibles à
la végétation.

Après l'ébullition, les eaux chargées de carbonate
de potasse ou de soude verdissent le sirop de violette.

Si l'on met de l'eau dans une cloche recourbée, un
papier de tournesol à son entrée, et que l'on chauffe,
on s'aperçoit de la présence de gaz ammoniacaux si le
papier rougit.

Une solution d'acétate acide de plomb ou de nitrate
de plomb donne un précipité noir si l'eau contient des
hydro-sulfures. Les émanations de gaz hydrogène paraissent être nuisibles aux plantes, soit qu'elles les atteignent à l'état de vapeur, soit qu'elles soient mêlées
à l'eau; on l'a remarqué à Paris depuis qu'on y a introduit l'éclairage au gaz. D'un autre côté, l'hydrosul-
fure d'ammoniaque parait avoir agi favorablement sur
les plantes.

(1) *Voir*, dans la première partie, la méthode d'opérer l'analyse de l'azote.

L'acétate de plomb précipite aussi les matières organiques contenues dans l'eau, et qui sont si utiles à la végétation.

On doit toujours se défier d'une eau dans laquelle le savon se dissout mal, ou dans laquelle du savon dissous dans l'alcool se précipite en flocons. C'est le caractère des eaux crues et mal aérées. Les légumes restent durs quand ils sont cuits dans de pareilles eaux, comme dans les eaux séléniteuses, à moins qu'on ne les aiguise avec un alcali minéral.

L'analyse des matières tenues en suspension dans l'eau n'est pas moins essentielle. Après les avoir laissé déposer on décantera, et l'on procédera comme nous l'avons indiqué dans la première partie pour les terres. En rapprochant les résultats obtenus de la composition minérale du terrain à amender, on verra si l'eau lui apporte des principes qui lui manquent, où s'il lui en apporte d'autres dont il est déjà surabondamment pourvu, et si l'irrigation ne fait ainsi qu'aggraver ses défauts. Il ne faudrait pas cependant pousser trop loin ces conclusions, mais avoir toujours devant les yeux que les défauts d'un terrain sec sont souvent palliés ou détruits quand on peut le maintenir dans son état de fraîcheur.

SECTION II. — *De l'irrigation.*

L'irrigation se pratique de deux manières : ou en faisant courir l'eau à la surface du terrain, c'est l'irrigation par immersion ; ou en la faisant circuler dans des rigoles ouvertes de distance en distance, de manière à ce que le terrain compris entre les rigoles se pénètre

d'eau sans que la surface en soit couverte, l'eau s'infiltre dans la terre, l'abreuve et la pénètre jusqu'au centre de la planche ; c'est l'irrigation par infiltration.

L'un et l'autre procédé exigent que l'on dirige les
eaux dans un canal principal qui suit la ligne de faîte
du terrain ou les différentes lignes de faîte si, à partir
de la prise d'eau, le terrain présentait plusieurs plans
diversement inclinés. Ainsi, dans le terrain représenté
fig. 5, la prise d'eau se trouvant en A, et le terrain

Fig. 5.

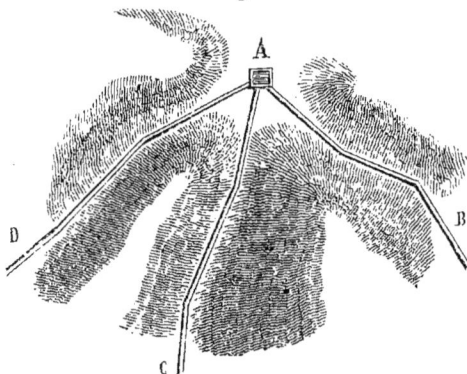

présentant deux vallons et trois crêtes principales, on
dirigerait un canal de A à B, un second de A à C, un
troisième de A à D ; la plus grande quantité d'eau pas-
sera par le canal AC qui a deux pentes à arroser, tandis
que les deux autres en ont une seule. C'est seulement
dans l'hydraulique appliquée à l'agriculture que l'on
peut traiter des moyens de régler la quantité d'eau qui
doit s'écouler par chaque canal, proportionnellement
à la charge d'eau, à la pente et aux dimensions des ouvertures des canaux.

Chaque terrain à arroser sera nivelé de manière à
former un plan incliné, à partir du canal principal jus-

qu'à la partie la plus déclive, où devra se trouver un canal d'écoulement propre à recevoir les eaux super-flues et à les diriger hors de la propriété.

La surface à arroser sera divisée en planches plus ou moins larges, au moyen de petites digues en dos d'âne de $0^m,60$ à $0^m,80$ d'élévation, qui viendront se rattacher au bord du canal principal. Ces digues prennent le nom de *coussinets* AA (*fig.* 6); au point d'attache

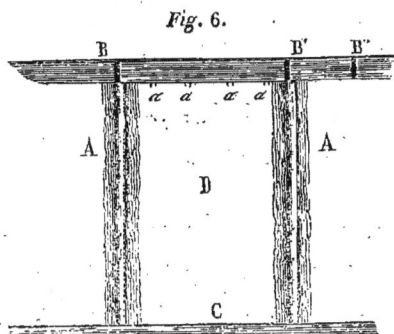

Fig. 6.

de chaque coussinet avec le canal, on construit un barrage fermant au moyen d'une planche. La disposition du terrain est alors celle qu'on représente ici. Quand on veut arroser, on ouvre le barrage supérieur B qui retenait les eaux pour l'arrosement de la planche A, et l'on tient fermé le barrage B' pour empêcher que l'eau ne suive la pente du canal; alors on ouvre sur les bords de la digue du canal les petits émissaires *a a a* par lesquelles l'eau s'introduit sur la planche D, en couvre la surface, s'y imbibe, l'eau superflue s'écoulant dans le canal de décharge inférieur C. Quand l'eau est parvenue à la porte inférieure de la planche, on ouvre le barrage B'; on tient fermé le barrage B″ pour procéder à l'irrigation de la planche suivante.

Si la pente du terrain à arroser était très forte, et que l'on pût craindre que l'eau d'irrigation n'agît torrentiellement sans s'étendre sur la planche, on en réduirait la largeur, on multiplierait les émissaires *a a a* (*fig.* 7),

Fig. 7.

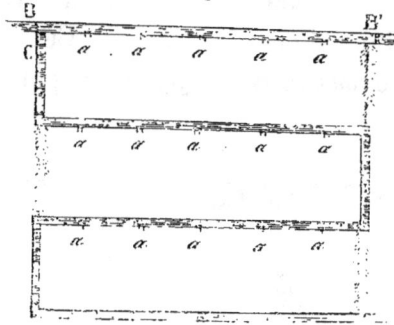

l'on diviserait l'eau du canal de manière à en diminuer le volume, et on la conduirait ainsi divisée aux différents étages du terrain ; quand on ouvrirait le barrage, l'eau prendrait la direction du canal en zigzag, et arroserait en peu de temps, au moyen des ouvertures *a a a*, les différentes divisions de la planche, sans se creuser un lit irrégulier dans le terrain. La planche étant arrosée, on ferme le barrage C qui conduit l'eau dans les canaux secondaires, et l'on arrose la planche suivante en ouvrant le barrage B'.

Dans les terrains en pente, il arrive très souvent que l'on ne peut disposer que de l'eau d'une source peu abondante ; alors on laisse couler l'eau fort longtemps entre les deux barrages, et elle se répand en petits filets par les ouvertures sur la surface du pré ; ce n'est que quand on s'aperçoit qu'une planche est suffisamment arrosée qu'on ouvre le barrage suivant, en fermant, comme on doit le faire dans tous les cas, les ouvertures *a a a* des planches qui ont reçu assez d'eau.

L'irrigation par infiltration se conduit de la même manière, excepté qu'au lieu des larges planches de la disposition précédente, où elles ne sont bornées que par la quantité d'eau dont on peut disposer, elles doivent l'être par le plus ou moins de perméabilité et de capillarité du sol. L'expérience règle cette largeur mieux que tous les principes que l'on pourrait donner; chaque planche est bordée latéralement d'une rigole peu profonde tracée avec la houe, et qui tient la place du coussinet de la disposition précédente, les émissaires *a a a* n'existant pas. Quand on a ouvert le barrage B, l'eau s'écoule par la rigole jusqu'au bout de la planche; cette rigole est fermée par son extrémité; il faut donc que l'eau pénètre et s'imbibe dans le terrain à droite et à gauche. La largeur des planches doit être réglée de manière que, quand l'eau est parvenue à l'extrémité de la rigole, elle ait aussi pénétré jusqu'au centre de la planche, vers son entrée et à $0^m,1$ ou $0^m,2$ de profondeur.

Ainsi, dans tous les cas particuliers que l'on peut décrire avec plus ou moins de détail, sans parvenir à les épuiser, toute la théorie des arrosements se réduit à ce petit nombre de principes : 1º diriger un canal principal sur la crête du terrain la plus élevée que le permettra le niveau de l'eau; 2º avoir à la partie la plus déclive de ce même terrain un canal de décharge, où se rendent les eaux excédantes; 3º niveler le terrain à arroser de manière à ce qu'il forme un plan incliné du canal principal au canal de décharge; 4º diviser le terrain en planches plus ou moins larges, suivant la quantité d'eau dont on dispose. Cette largeur doit être telle

que toute la longueur de la planche puisse être arrosée sans temps d'arrêt dans le mouvement de l'eau. Si
le volume que débitent les émissaires pratiqués dans le
bord du canal était trop faible, l'eau ne marcherait pas,
s'infiltrerait dans la terre et s'y perdrait; c'est pour se
procurer le volume suffisant que l'on arrête l'eau à chaque
planche jusqu'à ce qu'on ait fini de l'arroser; 5° quant
aux arrosements par infiltration, la largeur des planches est relative aussi à la porosité du terrain et à sa capillarité; il faut que la planche entière puisse s'imbiber
à peu près dans le temps que l'eau met à parcourir et
remplir la rigole latérale. L'arrosement à la main par
le moyen des arrosoirs n'est propre qu'à l'horticulture,
et ne peut être admis dans l'agriculture, si ce n'est quelquefois pour favoriser la reprise de plantes précieuses.

SECTION III. — *Quantité d'eau nécessaire pour l'irrigation.*

Après avoir observé à plusieurs reprises la quantité
d'eau qui était employée pour les irrigations, dans la
Lombardie et en Provence, nous avons reconnu que
l'on donnait au terrain 1 décimètre de hauteur d'eau
sur toute la surface, ou 1000 mètres par hectare pour
chaque arrosage. Nous pensons que cette quantité est
partout nécessaire sur les terrains qui ont besoin d'être
arrosés, et que la diversité des terrains entraîne le besoin d'un renouvellement plus ou moins fréquent de
cette opération, mais non une diminution dans la masse
d'eau employée, et qui, quand elle est trop faible, se
perd dans les pores et les fentes des terrains en sortant
des émissaires, sans pouvoir progresser vers le bas
du plan incliné.

A moins que le terrain n'ait un sous-sol imperméable
à une très petite profondeur et sans inclinaison, circonstance qui pourrait rendre l'arrosage nuisible en
faisant séjourner et croupir l'eau au pied des racines,
la fréquence des arrosages se règle sur la texture du
sol, et en raison de la quantité du sable, ou du premier lot de la lévigation qu'il contient. D'après les
observations rapportées plus haut [1], nous trouvons que
les terrains qui possèdent 0,20 de sable, ont besoin, sous
le climat de la Provence et de la Lombardie, d'un arrosage tous les quinze jours, pour que les prés n'y souffrent pas ; et ceux qui ont 0,80 de sable, d'un arrosage
tous les trois jours. Ainsi, nous voyons que chaque centième de sable exige environ une réduction de 0,5 jours
dans l'intervalle qui sépare les irrigations. Il en résulte
donc pour ce climat la nécessité de douze arrosages,
du 1er avril au 30 septembre, pour les terrains qui ont
0,20 de sable, ou 12,000 mètres cubes d'eau ; de trente-
six arrosages, et 36,000 mètres cubes d'eau pour ceux
qui ont 0,80 de sable, et enfin 400 mètres cubes d'eau par
centième de sable que contient le terrain au-dessus de
0,20. Dans un autre climat la durée du temps où l'arrosage est nécessaire, l'intervalle entre les irrigations
augmenterait ou diminuerait, selon les circonstances
atmosphériques qui favoriseraient ou entraveraient l'é-
vaporation, et il faudrait en tenir compte. C'est en
comparant la quantité d'eau dont on dispose avec les
qualités du sol, que l'on pourra juger s'il est possible
de le convertir en terrain arrosé ; comme aussi en comparant la quantité d'eau nécessaire, le prix de cette

(1) *Voir* pag. 417.

eau et le revenu que l'on en attend, on reconnaîtra s'il convient économiquement de se procurer ce genre d'amendement. Le prix de l'eau dépend des moyens employés pour se la procurer, que nous devons aussi examiner rapidement.

Section IV. — *Moyens d'obtenir l'eau.*

L'eau dont on peut disposer se trouve ou à un niveau supérieur à celui du terrain ou à un niveau inférieur. Si c'est à un niveau supérieur, il ne s'agit que de la conduire à portée du terrain par des canaux d'irrigation; si elle est à un niveau inférieur, il faut commencer à l'élever à un niveau supérieur pour pouvoir s'en servir. Dans l'un et l'autre cas, ce sera l'hydraulique qui fournira les méthodes d'opérer; ici nous ne devons examiner la question que sous le point de vue de la possibilité et de l'économie.

§ 1er. — Canaux.

Si la prise d'eau pouvait toujours être placée en tête de la propriété, la convenance de se servir uniquement de canaux pour conduire les eaux ne pourrait être la matière d'un doute; mais il en est trop souvent autrement. Si l'on veut dériver les eaux d'une rivière qui a peu de pente, il faut souvent aller chercher fort loin le niveau supérieur, et alors il y a une grande longueur de canal à creuser, et une grande quantité de terrains à acheter; et quelles chances ne court-on pas de ne pouvoir acquérir ces terrains à l'amiable, jusqu'à ce que l'on ait obtenu une loi réclamée par les besoins de l'agriculture, et qui a existé ou existe dans tous les pays où l'on a sérieusement apprécié les avantages de l'irrigation, une loi qui assimile tous les travaux faits dans ce but à ceux d'utilité publique, et leur applique la loi d'expropriation. Ainsi, le calcul des frais qu'entraînerait le canal de dérivation, la possibilité de son exécution, telles sont les premières difficultés à envisager.

Ces difficultés sont encore plus grandes lorsque l'on veut entreprendre seul la dérivation. Il faudrait que le domaine à arroser fût d'une bien grande étendue pour que l'eau pût être prise au loin ; autrement les frais dépasseraient les ressources d'une petite propriété. On ne profitera donc réellement des eaux des grands fleuves qui, par leur peu de pente, exigent que l'on prenne les eaux à de grandes distances, qu'au moyen d'associations ou de compagnies qui exécutent les canaux pour en vendre les eaux. Nous en avons de beaux exemples dans la Lombardie ; la Provence en présente de non moins frappants dans les canaux de Caponne, de Boisjelin, de Crillon et de Donzère ; mais les trois premiers ont pris l'eau à une petite distance, favorisés en cela par la pente énorme de la Durance, dont ils ont dérivé les eaux ; le dernier a pris les siennes au Rhône, mais à un point où il forme une cataracte, et où, par conséquent, la nature avait préparé le barrage qui permettait de les porter sur des terres peu éloignées. Quand on a projeté un canal qui portât les eaux du Rhône dans l'île de Camargue, on a déjà été obligé d'indiquer la prise à Aramon, c'est-à-dire à 33,000 mètres de la pointe de l'île.

Il est évident qu'une canalisation générale du sol,

dans le but de l'irrigation, est maintenant une des entreprises les plus utiles pour la fortune publique et
particulière que puisse entreprendre le gouvernement. Bientôt la multiplication des chemins de fer
rendra les voies navigables moins nécessaires, et les
fleuves couleront presque inutiles sur le sol, si on ne
les emploie pas à en doubler le fécondité ; cette heureuse découverte aura donc mis enfin à la disposition
de l'agriculture une ressource que la préférence donnée
de tout temps aux autres industries lui avait enlevée.
L'agriculture semble n'être appelée qu'à recueillir
les miettes qui tombent de la table des riches. Un
exemple frappant fera voir pourtant qu'elle sait utiliser
les eaux autrement que les autres industries, au profit
desquelles on l'en privait.

A Orange, une petite rivière, la Meyne, a été destinée,
par d'anciens statuts, à desservir les moulins et les
usines pendant six jours de la semaine ; seulement, pendant vingt-quatre heures, du samedi soir au dimanche
soir, ces eaux sont consacrées à l'irrigation. L'étendue
des terrains arrosés par ces eaux est de 258 hectares ; si
l'on pouvait les employer pendant les six autres jours,
on arroserait donc en plus 1,548 hectares, qui, au lieu de
124 fr. par hectare, produirait 250 fr. ; c'est une augmentation de 195,048 fr. de revenu. Ces eaux mettent
en mouvement sept usines, dont le revenu moyen n'est
pas de 30,000 fr. ; voilà les avantages que l'agriculture
peut tirer des eaux, mis en parallèle à ceux qu'en retirent les industries auxquelles on l'a sacrifiée. M. Aug.
de Gasparin a donc eu raison de le dire, c'est par cen-
taines de millions que les gouvernements doivent compter la masse d'eau qu'ils laissent se perdre dans la mer

sans avoir su en profiter. Au reste, les esprits sont déjà
éveillés sur cette grave question, et il faut espérer
que mieux éclairés à l'avenir, nos travaux publics prendront cette noble direction.

§ II. — Réservoirs artificiels.

Quelquefois ce n'est pas d'un fleuve ou d'une rivière qu'il s'agit de diriger les eaux, mais on peut pratiquer dans un vallon fermé par le moyen de digues con-
struites à cet effet, un réservoir artificiel pour y réunir
les eaux de pluie de l'hiver et du printemps, ou celles qui
coulent, dans cette saison, de sources peu abondantes,
pour s'en servir pendant l'été. Les Romains connaissaient ce genre de retenue, on en voit un exemple près de
Saint-Remi, en Provence ; il paraît, d'après les récits des
voyageurs, que la Perse en était couverte, et que c'est
de leur abolition, suite des guerres et des révolutions,
que date la ruine de ce pays ; nos grands canaux sont
entretenus par des bassins où l'on retient les eaux courantes et les eaux pluviales à leur point de partage,
mais pour un autre usage que celui de l'irrigation. Tel
est le bassin de Saint-Ferréol, à la tête du canal du
Languedoc, qui a une capacité de près de 7,000,000 de
mètres cubes, et qui reçoit par jour 87,000 mètres cubes
d'eau. L'agriculture n'a pas élevé si haut ses prétentions,
et nous ne comptons que des réservoirs artificiels d'une
bien moindre étendue. Le plus grand de ceux que cite
Carena[1], est celui de Ternevasio, près de Turin, qui
occupe un espace de 23 hectares, où l'eau s'amasse à

_____

(1) *Réservoirs artificiels*, Turin 1811.

la hauteur de 5 mètres, et qui peut arroser 57 hectares de prairies. Le réservoir ne contient que 115,000 mètres cubes, et l'irrigation de 23 hectares exigerait 570,000 mètres cubes; on voit qu'il faut qu'il se remplisse plus de cinq fois pendant la saison des arrosages; il réunit les eaux pluviales d'une vaste étendue de terrains boisés. Dans le courant du siècle dernier, une petite commune du département de Vaucluse, celle de Caromb, donna un exemple remarquable qui n'a pas été suivi : elle barra à ses frais l'entrée étroite d'un vallon où coulait un petit ruisseau; elle forma, en élevant un mur de 50 mètres de hauteur sur 80 de largeur et 8 d'épaisseur, un réservoir qui peut contenir 400,000 mètres cubes d'eau, au moyen duquel elle donne le mouvement à ses moulins, et arrose une partie de ses terres. Partout où un vallon recevant les eaux d'une vaste surface de collines laisse échapper, lors des pluies et des orages, un torrent passager qui souvent dégrade les terres inférieures; partout où un ruisseau trop peu abondant pour être utile peut être retenu, et ses eaux mises en réserve pour le besoin, la création d'un réservoir peut devenir une source de richesse. Il suffit de calculer et la quantité d'eau que l'on peut recevoir, et l'étendue du bassin que l'on doit former, et les frais que coûtera sa construction, et de mettre la somme de ces dépenses en balance avec l'accroissement de valeur qu'acquerront les terres à arroser.

Quant à la quantité d'eau à obtenir, s'il s'agit de barrer un ruisseau dont le cours est permanent, il est facile de le jauger; si ce sont des eaux pluviales s'écoulant par un vallon, le calcul est plus difficile, car il dépend non-seulement de la quantité d'eau de pluie qui

tombe dans la contrée, de la surface des terrains tri-
butaires du vallon, mais encore de la nature du sol de
ce terrain, de son inclinaison, etc.; un terrain de
sable faiblement incliné, par exemple, ne laissant arriver qu'une faible partie des pluies qu'il recevrait,
tandis qu'un terrain argileux, gazonné en absorberait
une moins grande quantité; plus les pentes seront
fortes, et plus aussi cette quantité sera grande. On
compte en moyenne sur le septième de l'eau tombée
qui s'écoule par les rivières et torrents; mais cette valeur moyenne ne peut pas être admise aveuglément
partout : elle est dépassée dans les pays où les pluies
tombent avec abondance, et où l'eau peut couler à la
surface du terrain avant d'être absorbée; elle n'est pas
atteinte, au contraire, là où il ne tombe que des
pluies fines, quoique fréquentes. En multipliant le septième de la hauteur de l'eau tombée, par la superficie
des terrains qui penchent vers le vallon, on aura approximativement le cube de l'eau qui se rendra dans
le réservoir; il faudra en retrancher l'évaporation qui
a lieu relativement à la surface de ce réservoir, et cette
considération doit faire sentir l'importance de rendre
cette surface aussi petite que possible par rapport à
la profondeur. L'évaporation est aussi un élément très
variable, selon les climats plus ou moins chauds et venteux. Cotte a trouvé que l'évaporation enlevait, à Mont-
morency, 812 millimètres d'eau; à Orange, dans l'atmosphère agitée et chaude de la Provence, elle est de
2286,3; enfin, il faut bien tenir compte des filtrations;
comme elles dépendent de la construction des bassins,
elles ne peuvent être données que par l'expérience. Le
canal du Midi perd en moyenne par cette cause 3 à 4 cen-

timètres par jour; M. Comoy estime à 35 millimètres
la perte, par jour, du canal du Centre dans les terrains
argileux, et à 25 millimètres dans les terrains sablonneux pendant les jours d'été[1].

Toutes ces déductions faites, on aura le nombre
d'hectares susceptibles d'être arrosés, en divisant le
nombre de mètres cubes qui restent dans le bassin par
1000 multiplié par le nombre d'arrosages nécessaires
au terrain[2]. Alors, si l'on fait un devis exact de ce
que coûtera le nivellement du terrain, les canaux de
conduite et de décharge, les écluses, etc.; et si l'on
connaît approximativement le revenu de ce terrain
ainsi transformé, on pourra juger du mérite de l'o-
pération.

§ III. — Puits en étages.

La partie orientale de l'Asie, au sud de l'Hymalaya,
reçoit pendant quatre mois de l'année, par la mousson
du sud-ouest, des pluies si abondantes qu'une agriculture régulière et riche y est possible, même sans le secours des irrigations, parce que le réservoir des vapeurs qui alimentent les pluies de ce pays consiste en
une mer étendue, sujette à une grande évaporation par
sa position tropicale, et qui n'est séparée de ce pays par
aucun obstacle intermédiaire dans la direction du vent
du sud-ouest au nord-ouest. Il n'en est pas de même
à mesure que l'on s'approche de l'ouest, et déjà,

---

(1) Comoy. Mémoire sur l'alimentation du canal du Centre,
Annales des ponts et chaussées, mars et avril 1841, p. 162.
(2) Tous les détails de construction sont réservés pour l'architecture et l'hydraulique appliquées à l'agriculture.

dans l'Afghanistan et en Perse, la mousson qui parcourt des mers étroites et de vastes espaces de terre ne produit plus des pluies suffisantes, et la culture n'y devient profitable qu'au moyen des irrigations. On sait les soins que l'on mettait, en Perse, à recueillir et à mettre à profit les moindres filets d'eau, et à diriger les rivières par des canaux, mais on connaît moins les procédés employés dans ce pays et dans l'Afghanistan, pour utiliser toute l'eau qui circule et se rassemble au-dessus des couches imperméables de terrains ; ils méritent une attention particulière. Le mode de conduite employé prend le nom de *cariz* en Perse, et celui de *kanat* dans l'Afghanistan.

Quand les terrains que l'on veut arroser se trouvent sur la pente d'une colline, et que l'on a reconnu les points qui peuvent renfermer des sources ou des dépôts d'eau, on creuse au bas de la pente un puits très peu profond ; puis, en remontant la pente, un autre puits plus profond ; on creuse ainsi une file de puits que l'on met tous en communication par une voie souterraine. La profondeur de ces puits augmente en remontant la colline, et on a soin de les disposer de façon que le canal souterrain ait une déclivité vers la plaine. La communication entre ces puits n'est ouverte définitivement que quand le puits supérieur est entièrement creusé. Alors les eaux trouvées au fond de chaque puits se dirigent par le canal dans le puits inférieur. Si elles le surmontent, on arrose directement le sol, sinon on y puise l'eau au moyen de machines pour la verser dans un conduit qui la transmet aux champs. La distance entre les puits varie de 10 à 100 mètres ; elle est plus communément de 50 mètres. Les dimensions du canal de jonction des puits sont telles qu'un homme peut y passer, mais quelquefois elles sont beaucoup plus grandes. Le nombre des puits est en rapport avec le nombre des sources, et on l'augmente jusqu'à ce qu'on trouve la quantité d'eau dont on a besoin. La longueur d'un câriz varie de 3 à 58 kilomètres. Un pareil travail, nécessairement très coûteux, est fait par de grands propriétaires, mais aussi quelquefois par l'association d'individus moins riches.

Cette opération est fondée sur le besoin de rechercher les eaux souterraines qui se perdraient en s'enfonçant dans la terre, et de profiter de toutes celles qui se trouvent dans les terrains supérieurs à ceux que l'on veut arroser, comme aussi sur la nécessité de les réunir toutes ensemble, parce que l'on sait bien que les petits filets d'eau isolés manquent d'impulsion, et se perdent par infiltration pendant un trajet un peu long, ce qui n'arrive pas à une masse d'eau plus considérable [1].

§ IV. — Puits forés.

Quand la stratification du terrain peut faire présumer qu'à une certaine profondeur se trouve une couche d'eau contenue entre deux couches imperméables, et alimentée par des niveaux supérieurs à la surface du sol, on peut pratiquer un forage qui amène cette eau à la superficie, et permette de s'en servir pour les irrigations. Nous avons décrit plus haut cette disposition du terrain [2]. Cette opération comporte une grande incer-

---

(1) Elphinstone. *Account of kingdom of Caboul.*
(2) Quatrième partie, chap. II, sect. 5.

titude soit pour la réussite, soit pour la difficulté et la dépense de l'opération. On n'a une probabilité un peu forte d'avoir de l'eau que quand des forages qui ont réussi ont été faits dans des terrains semblables du voisinage; la profondeur à laquelle on l'atteindra ne peut être prévue que dans des bassins à stratification très régulière comme celui de Paris, où M. Héricart de Thury annonça, par l'épaisseur des couches observées ailleurs, que l'on trouverait l'eau du puits de Grenelle de 550 à 560 mètres; elle fut trouvée à 548. Enfin, quant à la dépense, elle dépend non-seulement de la profondeur, mais des obstacles que la sonde rencontre sur sa route, des accidents qui surviennent et qui peuvent arrêter le travail plus ou moins longtemps. L'histoire du puits de Grenelle offre une grande partie de ces péripéties, et fait grand honneur à l'habile mécanicien, M. Mulot, qui a su les surmonter.

Les puits forés ont été usités dès la plus haute antiquité; les sources qui coulent dans les oasis de l'Egypte proviennent de puits forés, comme l'a reconnu M. Aymé; la pratique en était générale en Artois, où l'eau se trouve à une petite profondeur. Les fontaines de Modène proviennent aussi d'un forage; et quant à la théorie, elle avait été pressentie, devinée par ce prodigieux esprit de Bernard de Palissy, quand il disait : « Ma tarière percerait aisément les bancs de pierre et trouverait au-dessous des marnes, voire même des eaux pour faire des puits, lesquels, bien souvent, pourraient monter plus haut que le lieu où le point de la tarière les aurait trouvés, et cela se pourrait faire moyennant qu'elles viennent de plus haut que le fonds du trou. » L'art du fontainier-sondeur, par Garnier, et les considérations géologiques sur le gisement des eaux souterraines de M. Héricart de Thury, contiennent des détails, que nous sommes obligé d'omettre ici, sur le mécanisme de l'opération et sur les moyens de recherches. Mais ce que nous ne devons pas omettre, c'est qu'en général le forage a bien fourni des eaux qui peuvent passer pour abondantes, s'il s'agit d'alimenter une fontaine publique, ou les bassins d'un jardin d'agrément, mais que très souvent elles ont été au-dessous des besoins d'une irrigation étendue. Le département des Pyrénées-Orientales paraît être un de ceux où l'on a obtenu les plus grands volumes d'eau; le forage de M. Durand, à Bages, produit 2,000 mètres cubes d'eau par jour; à Tours on en a obtenu, à 0^m,50 du sol, 4,000 mètres cubes par jour; à Grenelle, par minute, 2,400 litres à la surface du sol, et 1,140 litres à 33 mètres de hauteur. Mais le succès n'a pas été partout aussi brillant, et les forages produisant de 50 à 100 mètres cubes pur jour sont de beaucoup les plus nombreux. Ces considérations suffiront pour avertir les agriculteurs des chances aléatoires d'une pareille entreprise. Nous n'en détournerons pas sans doute ceux dont la fortune peut en supporter les frais; nous leur dirons de consulter avant tout les hommes versés dans la géologie, dans la connaissance positive de la structure de leur localité; mais quand les probabilités seront pour la réussite, nous croyons qu'ils peuvent la tenter en s'adressant, pour se diriger, à des mécaniciens habiles dans l'art du sondage.

Aujourd'hui le prix de ces travaux est fixé proporportionnellement à la profondeur : chaque mètre de plus d'approfondissement augmente de prix, de sorte que l'on ne peut pas prévoir d'avance les frais de l'opération, et à plus forte raison le prix auquel reviendra le mètre cube d'eau.

§ V. — Machines à élever l'eau.

Quand le niveau de l'eau dont on peut disposer est inférieur à celui du terrain, il faut employer une pour l'élever à ce niveau. Si cette eau coule avec rapidité dans une rivière, on peut se servir de la force du courant lui-même pour monter l'eau à une certaine hauteur qui ne dépasse pas cependant le diamètre de la roue garnie de godets tout autour ; sur l'Adige, en Allemagne, en Egypte, on donne une hauteur considérable à ces roues.

Les roues à aube et à godets ne sont avantageuses que dans les rivières dont le cours est réglé, et qui n'ont pas des crues fréquentes, car celles-ci, en noyant la roue, opposent un obstacle à sa marche et peuvent même la renverser. La manière de se servir utilement des eaux courantes était donc encore un problème mal résolu jusqu'à l'invention des turbines qui utilisent cette force de la manière la plus complète et la plus constante.

On a imaginé une foule de machines pour profiter de la force d'un cours d'eau ; nous aurons occasion de les décrire et de les discuter ailleurs ; elles ont toutes l'avantage de ne coûter que les frais de leur érection et ceux de leur entretien, puisque la force est donnée gratuitement. Quand on se trouve dans la position d'en profiter, on ne saurait donc mieux faire que de l'employer de préférence à toute autre force mécanique.

Le vent est encore une force naturelle et gratuite ;

mais il n'a pas dans sa direction, dans sa vitesse, la constance des cours d'eau. Si certains pays placés près des
côtes de la mer ont des vents assez réguliers, dès qu'on
s'avance dans l'intérieur des continents, ces vents
deviennent de plus en plus inconstants; et l'époque
des plus grandes sécheresses, l'été, est celle où leur
action cesse souvent complétement. Ainsi, excepté
dans les pays dont nous venons de parler, on ne
peut employer le vent à une grande irrigation bien réglée qu'en associant au moulin à vent un réservoir capable de contenir une réserve de un ou deux arrosements. C'est donc la dépense d'un pareil réservoir qu'il
faut joindre à celle de la machine et de son entretien,
pour juger de la convenance d'un pareil moyen. Ou
bien si l'eau est peu profonde, on peut associer au
moulin à vent un noria prêt à fournir, au moyen de la
force des animaux, le supplément d'eau que le vent refuse de donner. Ce choix est le résultat d'un calcul
où l'on met en balance les frais de l'un et de l'autre
parti.

Après avoir épuisé le champ des forces gratuites, il
faut bien finir par aborder celles qui ne le sont pas.
Celles-ci sont des forces animées ou la vapeur. Laissons
de côté la force de l'homme, elle est trop coûteuse
pour pouvoir être employée à cet usage ailleurs que
dans les jardins; celle des animaux s'utilise par le
moyen de manéges qui mettent en mouvement des roues
à godets (norias). Depuis que l'on a perfectionné ces
roues en substituant les engrenages en fonte aux grossières roues en bois que l'on voit encore dans les pays
arriérés, on est parvenu à leur faire produire infiniment plus que par le passé; elles donnent 1,180 mètres

cubes d'eau à la hauteur de 4 mètres, et par conséquent 4,720 mètres cubes à la hauteur d'un mètre dans huit heures de travail; c'est 41 litres par seconde à la hauteur de 4 mètres, et 164 à la hauteur d'un mètre. Les norias ordinaires n'élèvent pas plus de 20 litres par seconde à la hauteur d'un mètre. D'après Coulomb, la force du cheval étant de 180 kil. à la hauteur d'un mètre, les nouvelles machines consomment en frottements 16 kil. seulement. Au reste, la mécanique a considérablement varié les moyens d'employer cette force : on l'a appliquée à des pompes, à des roues à chapelets, etc. ; mais les godets sont encore la manière la plus simple et la plus productive, celle où il y a le moins de frottement et celle qui est le moins sujette à perdre l'eau, qui, avec le temps, dans les autres espèces de machines, s'échappe par l'usure des pistons et le contact des eaux limoneuses.

L'emploi des animaux ne dispense pas de la construction d'un réservoir pour l'arrosement de petits espaces, et lorsqu'on n'emploie qu'un seul animal; car un ruisseau alimenté par 41 litres par seconde, et par beaucoup moins si la source est plus profonde, n'aurait pas la force d'impulsion nécessaire pour parcourir rapidement un terrain un peu étendu, et se perdrait par infiltration dans la terre à peu de distance. Si la source est très abondante, on augmente la force du noria, la dimension des godets, et alors on peut se passer de réservoir. Mais il arrive beaucoup plus souvent que ces eaux souterraines ne fournissent pas une si grande abondance d'eau, et qu'on est même obligé d'interrompre le travail du cheval pour attendre que la source ait rempli de nouveau son puits, ce qui augmente les frais de ce travail de toute la valeur du temps perdu.

L'emploi de la vapeur l'emporte de beaucoup sur celui de toutes les autres forces coûteuses quand le réservoir d'eau peut fournir à son débit, et que l'on opère avec des machines d'une assez grande puissance pour que les frais de leur service deviennent insensibles pour chaque masse d'eau obtenue. C'est dire assez qu'on ne peut s'en servir utilement que pour arroser de vastes surfaces de terrains, et quand on a un réservoir d'alimentation qui peut suffire à la consommation. Nous avions proposé cette application aux terres de la Camargue en 1824[1]. M. Peyret-Lallier l'a exécutée le premier sur le domaine de Laisselle, près d'Arles, tout en résolvant le problème de puiser dans le réservoir alimenté par les eaux du Rhône, dont le niveau varie continuellement. Une machine à haute pression de la force de cinq chevaux *vapeur*, lui donne, pendant les cinq mois que durent les arrosages, un produit de 2,916,000 mètres cubes d'eau en faisant aller la machine pendant vingt-quatre heures, et 1,701,000 en la faisant travailler quatorze heures ; c'est dans le premier cas la quantité d'eau nécessaire pour arroser 291, et dans le second 170 hectares[2]. Cette application peut être réalisée dans tous les cas où l'on se trouve riverain d'un fleuve, et où l'on peut en dériver un canal d'alimentation. Si la division des propriétés s'oppose

(1) *Annales de l'agriculture française,* 2ᵉ série, t. XXVIII, p. 145 ; 1824.
(2) *Voir* les deux mémoires de M. Peyret-Lallier, intitulés : *Coup d'œil sur le delta du Rhône* et *Des irrigations dans le delta du Rhône.* Ce dernier fait partie des Annales de la Soc. d'agricult. de Lyon.

souvent à ce qu'elle soit exécutée par un particulier dont les terres sont trop peu étendues pour justifier l'application d'un tel moyen, le temps n'est pas loin sans doute où l'abondance des capitaux, l'esprit de spéculation secondant les besoins si bien sentis de se procurer ce premier de tous les amendements pour les terres, inspirera la pensée d'établir de puissantes machines à vapeur propres à élever des eaux que l'on vendra aux propriétaires environnants. Il serait facile de prouver que, presque toujours, s'il s'agit d'un fleuve qui a peu de pente, et dont il faut aller chercher au loin la dérivation, l'eau élevée par la machine à vapeur coûterait moins cher que celle qui serait amenée par le canal.

SECTION II. — *Du prix de revient de l'eau.*

Il est souvent facile et peu coûteux de se procurer l'eau par un canal de dérivation ouvert sur une rivière qui a une grande pente ; tout propriétaire qui se trouve dans le voisinage peut pratiquer cette opération. Il n'en est pas de même quand il s'agit d'amener l'eau de loin ; une association de propriétaires, de capitalistes, ou l'administration elle-même, peuvent seuls l'entreprendre. Outre les difficultés d'exécution, il faut observer que le plus souvent les eaux du canal ne sont pas demandées immédiatement. Pour mettre une terre à l'arrosage, il faut des dépenses de première mise, telles que le nivellement, les conduits, les écluses, que tous les propriétaires qui pourraient en profiter ne se trouvent pas toujours disposés à faire ; ce n'est donc qu'avec le temps que la contrée traversée par le canal emploie la totalité de son eau, et en attendant les intérêts du capital de construction s'accumulent et rendent l'opération moins lucrative. En outre, le prix de l'eau une fois réglé, il devient très difficile de le hausser. Il dépend le plus souvent des fixations de l'ordonnance de concession, qui n'ont pas pris en considération l'abaissement de la valeur monétaire. Ainsi l'arrosement d'un hectare sur le canal de Craponne est de 5 à 6 fr. par hectare à Salon, et de 22 fr. à Arles, point le plus éloigné. Sur le canal Crillon il est de 24 fr. ; ce dernier canal, qui a coûté plus de 600,000 fr., vient de se vendre 300,000 fr. quoiqu'il ait l'emploi de toutes ses eaux. La redevance du canal des Alpines a été fixée par une loi à 1 litre et demi de blé par are, ou 15 décalitres par hectare ; cette fixation en nature est une bonne précaution, mais au prix moyen du blé à 22 fr., le prix de l'arrosage d'un hectare ne sera encore que de 33 fr. On peut affirmer que ces prix ne sont nullement en rapport avec les frais de construction de la plupart de ces canaux, ni avec la bonification qu'en reçoivent les propriétés arrosées. Dans le Milanais, le prix moyen d'une *once* d'eau pouvant arroser 13 hectares et demi environ, est de 400 fr. par an, ou 29 fr. 63 c. par hectare ; en Piémont, une *rota* d'eau propre à arroser 40 hectares de prairie a une valeur annuelle de 1,500 fr., ou 37 fr. 50 c. par hectare. Les eaux de la Lombardie et du Piémont représentent une rente de 50,000,000, ou un capital de 1,000,000,000 *emprunté au fleuve et consolidé sur le sol*[1].

En Espagne, les canaux d'irrigation sont des ouvrages publics, dont quelques-uns datent du temps des

(1) Peyret-Lallier, *Des irrigations.*

Maures, et leur jouissance n'est assujettie qu'à des droits qui représentent les frais d'entretien et d'administration[1].

On conçoit que la véritable valeur d'une eau dérivée est variable comme les dépenses qu'occasionne la construction des canaux, et nous voyons, par l'exemple du canal de Crillon, que, pour couvrir les intérêts de cette dépense primitive, l'arrosage de l'hectare devrait être porté à 48 fr., et probablement au-delà si l'on considérait les accumulations d'intérêts pour les temps de non-jouissance ou de jouissance incomplète pour les constructeurs du canal.

Les frais de construction du moulin à vent et des réservoirs, ainsi que des turbines et de toutes autres machines qui emploient les forces de la nature, peuvent être évalués par des hommes de l'art, et fixent la valeur de l'eau que l'on aura par leur moyen.

La valeur de l'eau élevée par les norias dépend de la profondeur du réservoir. Si nous supposons la journée d'un cheval de la valeur de 3 fr., nous trouvons que le prix de l'eau sera le suivant :

Profondeur.	Valeur de l'eau par mètre cube.	Prix de l'arrosage d'un hectare.
2 mètres.	0,0128	12,80
4.	0,0256	25,60
6.	0,0384	38,40

On voit qu'à 6 mètres un seul arrosage coûte déjà autant que l'arrosage de toute l'année par les canaux. L'application de la force des chevaux n'est donc utile que pour de petits espaces que l'on ne peut arroser autrement, et où l'on fait des cultures précieuses qui

(1) Jaubert de Passa, *Voyage en Espagne.*

donnent un produit élevé ; ou bien dans le cas où la nourriture et l'entretien de ces animaux sont presque gratuits.

Quant aux machines à vapeur, leur dépense dépend en grande partie du prix de la houille, dans le pays où l'on veut employer ce moteur. Nous ne pouvons donner un modèle plus exact du compte de revient de l'eau que l'on obtient par leur moyen, qu'en transcrivant ici celui qu'a donné M. Peyret-Lallier de la dépense de sa machine, dans les environs d'Arles[1]; on pourra le refaire pour d'autres localités, en substituant les prix de chaque chose à ceux que nous allons transcrire :

DÉPENSES CAPITALES.

Achat d'une machine à haute pression de la force de 5 chevaux, laquelle fonctionne à basse pression . .	10,000 f.
Construction de la roue à tympan pour élever l'eau . .	2,000
Transport, pose, bassin d'alimentation, logement du mécanicien.	8,000
	20,000

DÉPENSES ANNUELLES.

1° Intérêts à 5 p. 100 de ce capital.	1,000
2° Entretien et dépréciation des machines et construction, à.	1,200
3° Un mécanicien et un aide pendant 6 mois.	800
4° Houille brûlée, 5 kilogr. par heure et par force de cheval, 600 kilogr. par jour, et 90,000 kilogr. en 150 jours, à 2 fr. les 100 kilogr.	1,800
	4,800

(1) *Coup d'œil sur le delta du Rhône*, p. 38. Dans l'autre mémoire cité, M. Peyret modifie ce compte en en retranchant les frais de prise d'eau, qui, dit-il, servent à d'autres usages; mais comme probablement ces travaux accessoires feront partie du principal dans les autres cas, nous avons dû les conserver.

On obtient avec cette machine 2,382,000 mètres cubes d'eau qui ont une valeur de 0,00201 par mètre cube, un arrosage d'un hectare revient à 2 fr. 01 c. Il reviendrait à 1 fr. 31 c. avec une machine à dix chevaux et à 1 fr. 02 c. avec une de quinze. Remarquez que déjà avec cinq chevaux vapeur l'eau est à meilleur compte qu'en la prenant dans les canaux d'irrigation dont le prix est le moins élevé, s'ils ne sont pas construits aux frais du gouvernement, ou que l'on ne continue pas le paiement d'un prix nominal ancien.

SECTION III. — *Valeur de l'amélioration comparée au prix de l'eau.*

L'amélioration que l'on obtient en amendant les terres au moyen de l'eau dépend entièrement du besoin qu'elles ont de cet amendement. Ainsi, sur les bords du désert de Sahara, les terres entièrement et constamment sèches, n'ont aucune valeur agricole par elles-mêmes, mais une source d'eau leur en donne une très grande, qui est due tout entière à la source, car tout le revenu lui est dû. Au contraire, une terre naturellement fraîche n'éprouvera le besoin de l'irrigation que dans certains moments, dans des printemps secs qui suivent des étés secs; après la moisson, pour rafraîchir la surface du sol, toujours plus sèche que le fond, et mettre les semences d'une seconde récolte en position de germer et de pousser. Ces circonstances extraordinaires se représentent peut-être pour ces terres une fois tous les quatre ou cinq ans, et le loyer annuel d'une irrigation ne pourrait être couvert par l'avantage éventuel que l'on en tirerait.

Dans les cas intermédiaires entre la sécheresse absolue des déserts de sable et les terres naturellement
fraîches, la valeur de l'irrigation s'accroît en raison
de la sécheresse des terres. Ainsi, à Pierrelatte
nous avons vu, ces dernières années, 14 hectares de
terrains graveleux et sablonneux, provenant d'un
bois défriché, et ayant coûté 18,000 fr., produire en
une seule année, par le moyen des irrigations du canal
de Donzère, 350,000 kilogr. de luzerne, d'une valeur de 18,000 fr., prix d'achat du terrain ; et d'un
autre côté les terres de la plaine d'Orange, terres argilo-calcaires, qui ont un prix de ferme de 136 fr. se
louent 323 fr. quand elles sont transformées en prairies
par les arrosages, mais après avoir fait une avance de
3,250 fr. en engrais et travaux pour opérer cette transformation, capital dont l'intérêt de 162 fr. 50 c. retranché de 323 fr., ne laisse que 60 fr. 50 c., représentant
le loyer des eaux et le bénéfice.

Ce dernier exemple ne prouve pas, au reste, que l'a-
mendement des eaux fût une mauvaise entreprise sur
ces terres, mais seulement qu'il n'y a pas d'avantages à
les employer à arroser des prairies permanentes, car
il serait facile de montrer qu'avec l'assolement de blé,
luzerne et sainfoin usité dans la plaine de Nîmes, le
bénéfice serait beaucoup plus considérable, ce qui résulte du compte suivant :

		Terre non arrosée.			Terre arrosée.	
5 années, luzerne.	360 q. m. à 5 f.	1,800 f.		720 q. m.	3,600 f.	
2 années, sainfoin,						
une coupe. . . .	132	4	520	200		800
			2,320			4,400
Différence.			1,080			
divisée par 7 ans			154 fr. 39 par an.			

Cette différence résulte du plus grand produit des fourrages arrosés avec modération, une ou deux fois au plus par coupe, suivant la nature du terrain. On a une récolte pleine de luzerne arrosée dès la première année de semis, tandis qu'on ne recueille à peu près rien de celle qui ne l'est pas ; dans les terres sèches, les troisième et quatrième coupes qui se font en été sont presque nulles, à moins de circonstances extraordinaires ; elles sont assurées avec l'irrigation ; les sainfoins donnent une seconde coupe presque égale à la première. Et qu'on ne dise pas que ces fourrages ont moins de durée, et que le fumier s'y conserve moins, ces effets n'ont lieu que dans le cas où l'on arrose fréquemment et par immersion ; mais si l'on pratique l'arrosage modérément et par infiltration, on ne les éprouvera pas.

Nous n'avons tenu compte dans ce calcul ni de l'avantage de sauver une récolte de blé menacée par la sécheresse du printemps, ni de celui de pouvoir obtenir, si le climat le permet, de secondes récoltes, après celle du blé, et avant l'époque des nouvelles semailles, récoltes de haricots, de millet, de pommes de terre dont la valeur s'élève à plus de moitié de celle du froment.

Si on ne s'en tient pas à cette culture fourragère, si l'on est à portée des marchés d'une ville, ou que, comme à Cavaillon, on sache se créer un véritable commerce d'exportation de végétaux plus rares, si l'artichaut, le melon, les fruits entrent dans la spéculation, alors les bénéfices croissent encore. Il ne suffit donc pas, pour évaluer les avantages de l'irrigation, de connaître la terre et le climat, il faut encore comparer la culture possible sans irrigation avec la meilleure culture que l'on pourra adopter avec l'irrigation.

CHAPITRE II.

Communication du sol avec le réservoir inférieur des eaux.

Quand le sol est privé de communication avec le réservoir inférieur des eaux par l'interposition d'un sous-sol imperméable, ce n'est que des eaux pluviales qu'il reçoit la portion d'humidité nécessaire à la végétation ; et dans beaucoup de pays les pluies sont distribuées de manière, qu'après avoir été abreuvé d'une manière excessive, le terrain se trouve complétement desséché par l'évaporation, sans pouvoir ni répartir ses excédants d'humidité sur les couches inférieures, ni leur en retirer une partie par la capillarité quand il vient à en manquer.

On change la nature du sol si l'on parvient à rétablir sa communication avec le réservoir inférieur, communication interceptée par la couche imperméable, et pour cela il y a deux moyens à prendre, ou détruire cette couche, ou la perforer.

Un trou peu profond fait avec la bêche nous apprendra bientôt s'il est possible de la détruire, car il faut pour cela deux conditions : 1° que cette couche soit peu profonde ; 2° qu'elle soit peu épaisse. Après avoir constaté la situation du terrain, l'existence du réservoir des eaux, après s'être assuré qu'il est permanent en été et qu'il n'est pas enfoncé de plus de 2 mètres, il ne s'agira plus que de comparer la dépense du défoncement du sol et le mélange du sous-sol au sol, avec la plus-value de la terre quand elle aura passé de l'état de terre sèche en été, et humide en hiver, à celui de terre fraîche. Dans la plaine de Trenten (département de Vaucluse), la couche imperméable argileuse de quelques décimètres d'épaisseur qui prive le sol de la communication avec un réservoir permanent d'eau courant sur des cailloux a été brisée par la culture de la garance, et les terres ont sur-le-champ octuplé de valeur, de 468 fr. à 3,750 fr. l'hectare.

Au reste, les labours profonds seuls, en augmentant la masse du terrain qui peut s'imbiber d'eau pendant les pluies, et en la soustrayant à l'action de l'évaporation, accroissent la fraîcheur des terres, de même qu'ils diminuent leur humidité.

Si le réservoir des eaux n'est pas à une trop grande profondeur, et que cependant l'épaisseur du sol ou de la couche imperméable soit telle qu'il y eût perte à entreprendre son défoncement, ou que l'on craignît de mêler en trop grande proportion cette couche argileuse avec le sol de bonne qualité, on pourrait encore se procurer la communication du sol avec l'eau par le moyen de forages très répétés à travers la couche imperméable. L'humidité remonterait par les trous de sonde, et pénétrerait jusqu'au sol par la capillarité des parties de ce sol qui combleraient le trou de sonde. On a proposé de remplir ces trous au moyen de cordes qui transmettraient à la surface l'humidité prise au fond. Mais, dans tous les cas, nous doutons que si l'eau elle-même n'est pas comprimée sous la couche imperméable et ne remonte pas par la force de son niveau, ces communications, quelque fréquentes qu'elles soient, puissent être d'un grand effet.

Notre confrère, M. Bory de Saint-Vincent, nous a assuré que son grand-père était parvenu à faire croître de superbes chênes sur le sol aride et peu profond des landes, en perçant avec un fleuret de mineur la couche de conglomérat ferrugineux (*alios*) qui forme la croûte imperméable, et en insérant dans le trou de fleuret le pivot du jeune chêne qui allait s'enraciner dans les sables humides qui sont au-dessous de l'alios. Cette méthode peut être suivie dans un grand nombre de cas semblables.

DEUXIÈME DIVISION.

MOYENS DE DESSÉCHER LES TERRAINS HUMIDES.

Quand les terrains sont trop humides ou habituellement couverts d'eau, dessécher un étang, un marais, c'est transformer le sol et non l'amender ; c'est en traitant de l'hydraulique que cette opération peut être décrite ; quant au terrain seulement humide, c'est-à-dire qui conserve habituellement plus de 0,21 de son poids d'eau, l'amendement qui lui convient dépend de la cause qui entretient l'humidité ; si le terrain a de la pente et qu'on puisse en faire écouler les eaux, il suffit d'ouvrir un fossé principal BB(*fig.*8) se rendant au niveau inférieur d'où les eaux peuvent s'écouler dans un ruisseau ou une rivière A, de faire aboutir à ce fossé principal d'autres fossés tirés obliquement (éperons) CCC, le terrain se trouve ainsi desséché et propre à la culture.

Fig. 8.

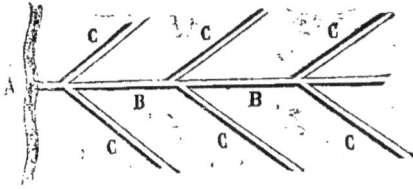

La multiplicité de ces fossés est très gênante pour la marche des charrues, et ne peut être admise que dans les terrains soumis à la petite culture; pour éviter cet inconvénient, on substitue des tranchées couvertes aux fossés; ces tranchées sont ou comblées de pierres et de cailloux à travers lesquels l'eau s'infiltre, ou formées d'un conduit avec deux murailles en pierres sèches, et recouvertes de pierres plates, ou enfin creusées en se rétrécissant par le bas et remplies de fascines qui ne peuvent pénétrer jusqu'au fond à cause de leur diamètre plus large que le fossé, laissant un conduit au-dessous d'elles. Nous avons vu des tranchées de cette nature, remplies par des fascines de saules, servir pendant une dizaine d'années dans une terre argileuse. Mais avec le temps elles ont besoin d'être renouvelées; il en est de même, au reste, de presque toutes les autres espèces de conduits.

Si l'humidité ne provient pas seulement d'une source que l'on aura pu saisir et conduire dans les fossés d'écoulement ou des eaux pluviales, si elle est causée par des filtrations nombreuses qui ont lieu sur la ligne où se rencontre une couche imperméable supérieure au sol, comme on le voit dans la figure 9, où l'eau coule à travers une mince couche de sable C, entre la couche argileuse A supérieure, et le sol B, il faut entourer le terrain par un fossé de ceinture, creusé ou

dans le sol, ou dans la couche d'argile, et dans ce dernier cas, il faut en creuser le fond jusqu'à ce qu'on rencontre l'eau, et si cela n'est pas possible, le percer au
moins de nombreux coups de tarière, pour que l'eau
pénètre dans le fossé, et ne puisse pas continuer à couler
au-dessus de la couche d'argile, jusqu'à ce qu'elle rencontre le sol à découvert.

Fig. 9.

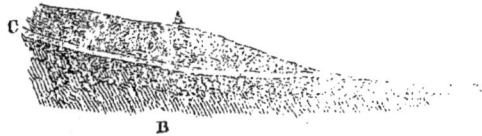

Quand le terrain à dessécher est un bassin fermé
sans moyen naturel d'écoulement, il faut examiner si
les bords du bassin ne peuvent être percés, ou à jour, ou
souterrainement pour faire écouler les eaux dans une
rivière placée à un niveau inférieur. C'est par un canal
souterrain à travers une montagne que, dans le midi de
la France, on a desséché : à Orange, l'étang d'Aglan ; à
Courthézon, l'étang salé ; à Sérignan, l'étang de Rut, et
qu'on a mis à la disposition de l'agriculture les terrains
que les eaux recouvraient. Si le *tunnel* nécessaire pour
faire écouler les eaux présentait trop de difficultés, il
ne resterait que le moyen de faire un forage au point
le plus bas du terrain, d'atteindre avec la sonde les
couches perméables inférieures, et d'y précipiter
les eaux qui se perdraient alors dans l'intérieur de la
terre. Ce moyen a pu être suggéré par les *embucs* naturels qui se trouvent dans quelques bassins fermés,
comme à Cujes, près Marseille ; mais depuis longtemps
l'art a imité la nature ; on peut citer entre autres le des-

séchement du marais de Larchant en Gâtinais. Depuis peu d'années, un puits a été foré, à Bondy, à 74 mètres de profondeur, pour y faire écouler les eaux vannes des vidanges de Paris ; il absorbe environ 133 mètres cubes en vingt-quatre heures[1]. Il y a une foule de circonstances, surtout quand il s'agit de se mettre à l'abri des eaux pluviales, où un puits absorbant ou *boittout*, est le moyen le plus simple et le moins coûteux pour préserver un terrain de l'humidité ; mais il ne fandrait pas se faire une idée trop exagérée de sa puissance ; malgré son embuc naturel qui a un diamètre et une puissance incomparablement plus grande que celle des puits forés, la plaine de Cujes est quelquefois inondée dans les grandes pluies. Quand dans le midi de la France, par exemple, il tombe en vingt-quatre heures 140 à 150 millimètres d'eau, un puits semblable à celui de Bondy n'absorberait pas l'eau tombée sur 2 hectares, il faudrait donc multiplier beaucoup de pareils forages ; ensuite il ne faut pas avoir une confiance absolue dans la possibilité de trouver près du sol des couches absorbantes ; la sonde peut entrer dans des masses d'argile, dont quelques-unes que nous connaissons ont jusqu'à 400 mètres de puissance ; mais comme ce dernier cas est rare et que le forage des puits absorbants ne présente pas des chances aussi graves de non-réussite qu'un puits jaillissant, nous pensons qu'on fera bien d'essayer de ce moyen avant de recourir à d'autres procédés qui seraient plus coûteux. Des succès obtenus en Allemagne et en Angleterre[2] doivent encourager ces tentatives.

(1) *Annales des ponts et chaussées*, t. IX, p. 128.
(2) *Encyclopédie britannique*, art. **Draining**.

Quand on a un vaste terrain à préserver des filtrations d'eau et des invasions de celles qui proviennent des terrains environnants, ou des rivières dont le niveau est supérieur, on doit commencer par s'entourer d'une digue fondée sur l'argile (si on les fondait sur le terrain tourbeux supérieur, l'eau filtrerait au-dessous de la digue), et élevée un peu au-dessus du maximum d'élévation des eaux extérieures. La partie intérieure de la digue est bordée d'un fossé de ceinture auquel viennent aboutir des fossés partant des différents points du terrain et y amenant les eaux. Sur le fossé de ceinture sont établies des machines d'épuisement d'une force proportionnée à l'eau à élever, et propres à les jeter par-dessus la digue. C'est ainsi que les Hollandais sont parvenus à dessécher et à mettre en état de culture des terrains surmontés par les hautes marées. Tous les travaux dont nous avons parlé, ainsi que les machines qui y sont employées, sont décrites dans l'hydraulique et l'architecture agricole.

Mais le moyen le plus sûr de garantir à perpétuité le sol de l'humidité consiste à l'exhausser au moyen de terres rapportées. Il serait trop coûteux, s'il était question de faire les transports par des moyens mécaniques, et ne saurait être proposé en pareil cas que pour de petits espaces qui déparent un plus grand terrain ; mais on parvient à ce but pour de très vastes surfaces, pour des pays tout entiers, et on y parvient avec économie par le moyen des colmatages.

Cette opération consiste à amener des eaux troubles sur le terrain que l'on veut attérir, à les y laisser déposer, à évacuer l'eau claire, et à la remplacer par de nouvelles eaux troubles. Elle suppose que l'on a dans le voisinage,

et à sa disposition, une rivière qui charrie beaucoup
de matières terreuses. Il faut d'abord s'assurer du volume de terre que l'on peut obtenir de la sorte chaque
année, ce qui résulte de la quantité qui est trouvée en
suspension par l'eau pendant le temps des crues et de
la durée des crues. Nous avons vu plus haut que le
Rhône charriait 1 mètre de limon par 2,000 mètres
cubes de fluide, en moyenne; supposons que l'on voulût
colmater un terrain par le moyen de ses eaux, on recevrait l'eau trouble dans des enceintes de petites digues qui auraient par exemple 5 décimètres, et où l'eau
arrivant à 4 décimètres de hauteur, chaque hectare de
superficie recevrait alors 2,000 mètres cubes d'eau,
contenant 1 mètre de limon qui, réparti sur 10,000
mètres de surface, donnerait un dixième de millimètre
de dépôt; chaque jour l'eau pourrait être renouvelée,
on aurait ainsi un millimètre tous les dix jours et 36
millimètres par an. On obtiendrait en élevant davantage les digues, un limonage d'un mètre en un peu plus
de vingt-sept ans.

Mais en faisant entrer à la fois une hauteur d'un mètre
cube d'eau trouble sur le terrain, et en l'y maintenant
deux jours pour opérer le dépôt, on aurait 5 mètres cubes
de limon, deux mètres et demi par jour, et par conséquent
on achèverait l'opération à 1 mètre de limonage, en dix
à onze ans. On voit qu'avec un fleuve qui charrie une
quantité moyenne aussi faible de limon, le temps est un
grand élément de la question. Dans d'autres circonstances on profite des crues de rivières bien plus abondantes en limon; l'eau est susceptible de transporter
jusqu'à quatre cinquièmes de son propre poids de ma-

tières terreuses, et c'est alors que les colmatages sont prompts et profitables.

Enfin, si l'humidité du sol ne tient qu'à un excès d'argile dans un climat pluvieux, on peut y apporter des matières sablonneuses et calcaires, quand on peut les trouver près du champ et les mélanger à la terre arable ; mais il ne faut pas se faire illusion sur ce procédé, conseillé dans tous les traités d'agriculture ; bien qu'il semble le plus simple, il est le plus coûteux. Supposons, en effet, que la terre ait 60 p. 100 d'argile, et qu'on veuille ramener la proportion à 40, il faudra ajouter 20 centièmes de sable, ou le cinquième de la couche labourable, ou 2,000 mètres cubes ; la fouille et le transport d'une pareille masse peuvent excéder le prix de la terre amendée, et remarquons que c'est toujours dans de grandes proportions que doivent se faire ces mélanges pour produire un effet remarquable.

Ce n'est pas tout, rien n'est plus difficile que de mêler, d'incorporer ensemble le sable avec l'argile ; celle-ci faisant corps, ne se séparant que par masse, laisse le sable arriver dans ses fentes, sans qu'il puisse se mêler mécaniquement particule à particule avec l'argile ; il s'entasse au fond des sillons, et ce n'est qu'à la longue que s'établit un mélange imparfait. Cependant, une partie de l'effet est obtenu quant à l'humidité, et la présence du sable ménage à l'eau certaines issues pour s'écouler. Toutes ces difficultés nous font préférer en pareil cas l'emploi des menus graviers qui ne se rassemblent pas par l'action de l'eau, et que l'on parvient par les labours à bien mélanger au sol.

On obtient un effet plus sûr par le brûlement de l'argile, qui n'est pas l'écobuage dont nous parlerons plus loin. Le brûlement de l'argile n'exige pas que l'on pèle, pour ainsi parler, le terrain en enlevant la couche superficielle garnie de fibres végétales; mais dans ce cas, on divise l'argile par mottes, on en construit de grands fourneaux, on les remplit de bois, et quand la masse est incandescente, on ne cesse d'y jeter de nouvelle argile qui se brûle à son tour. On produit ainsi une assez grande masse d'argile brûlée qui a perdu sa plasticité, sa faculté de retenir l'eau, et le terrain devient plus poreux et plus sec. Ce procédé exige seulement que l'on puisse se procurer du bois à bon marché.

Mais un moyen de dessiccation des terres humides qui ne doivent leur humidité qu'à la nature de leur sol et à l'atmosphère pluvieux, moyen qui est à la portée de tous, et qui s'allie avec tous les autres procédés d'une bonne culture, consiste dans les labours profonds. Il n'arrive que trop souvent que le sol arable est limité inférieurement, moins par un sous-sol réellement imperméable que par le terrain sans cesse durci, comprimé par le talon du soc de la charrue, et par le piétinement des animaux, lors des labours faits à une profondeur invariable et ordinairement trop faible. Augmenter la profondeur du labour, c'est augmenter le récipient où peuvent s'écouler les eaux surabondantes; rompre le glacis formé par la pression de la charrue, c'est détruire le sous-sol artificiel, et permettre à ces eaux de descendre plus avant. Nous avons vu nombre de terrains humides perdre ce défaut par la seule application des labours profonds; dans notre midi, surtout, où depuis quelques années tant de terres ont été soumises à la culture de la garance, qui exige qu'on aille chercher fort avant les racines qui forment son produit, nous avons vu des terres que l'on ne pouvait tenir égouttées qu'au moyen de fossés et de coulisses, devenir d'excellents sols d'une fraîcheur modérée, et propres à porter de la luzerne, tandis qu'auparavant cette plante ne pouvait pas y vivre plus d'un an ou deux. Dans le cas que nous avons posé, c'est donc aux labours profonds que nous conseillerons d'abord de recourir. Nous avons sous nos yeux de pareils travaux, où loin de se contenter de toute l'entrure que l'on pouvait donner à une charrue, un de nos voisins a fait faire à bras, au moyen d'un coup de houe et de deux profondeurs de bêche, un minage de $0^m,73$, où l'on employait 289 journées à 2 fr. par hectare, et y a trouvé un grand avantage pour la suite de ses opérations agricoles. D'autres fois le minage se fait en ouvrant des tranchées dans toute la longueur du champ, la terre extraite de la seconde tranchée servant à remplir la première; quand la terre supérieure est meilleure que celle du fond, on a soin de la réserver pour la replacer à la superficie du fossé que l'on vient de combler. Sans aller si loin, nous pensons que d'autres travaux, que nous décrirons en parlant des labours, pourront suffire, et seront moins coûteux.

TROISIÈME DIVISION.

CHAPITRE Ier.

Neutralisation des matières nuisibles au sol.

Les substances qui, dans certains cas, font partie des éléments constituants de la terre, et qui nuisent à la végétation, sont certains sels, comme le sel marin (chlorure de sodium), le sulfate de fer, et certains acides qui se trouvent dans les terrains tourbeux et dans ceux qui abondent en terreau tels que l'acide acétique, phosphorique et carbonique, et enfin certains principes tels que le tannin. Ce sont là les cas les plus communs, car l'abondance des oxydes de fer, qui fait dégénérer le terrain en minerai, et le préjugé qui attribue tant d'effets fâcheux au mercure, quand on ne sait pas donner d'autre raison de la pauvreté de la végétation, ne peuvent être pris en considération par l'agriculteur.

Pour se délivrer de ces principes nuisibles, il y a deux moyens : les enlever ou les neutraliser. On ne peut espérer de dépouiller la terre de ces principes, tous solubles dans l'eau, que par l'irrigation, et c'est ainsi en effet qu'on dessale les terrains salants, complétement quand les couches inférieures ne renferment pas de nouvelles doses de sel, momentanément quand elles en contiennent ; le sulfate de fer, les acides, le tannin, peuvent être enlevés par ce moyen. Mais quand on ne peut pas s'en servir, il devient impossible de remédier entièrement aux inconvénients produits par les sels ; on pallie la mauvaise disposition d'un terrain salant qui ne contient pas une dose de sel assez forte pour rendre la végétation impossible en y entretenant l'humidité par des couches de paille ou de roseaux ; le terrain infesté de sulfate de fer est intraitable ; quant à ceux qui contiennent des acides ou des tannins, on obtient un plein succès par leur marnage ou leur chaulage. Le carbonate de chaux, qui fait partie de la marne, suffit pour les acides acétiques et phosphoriques ; mais pour l'acide carbonique ou le tannin, c'est la chaux caustique qu'il faut employer pour obtenir un effet décisif. Dans l'un et l'autre cas, on obtient la neutralisation des acides nuisibles aux végétaux, tout en donnant au sol le principe calcaire qui lui manque ; nous parlerons de l'application de ce moyen dans la partie suivante.

CHAPITRE II.

Soustraction de matériaux nuisibles au sol.

Quand le sol se trouve composé en grande partie de graviers et de cailloux, une partie de sa surface se trouve soustraite à la végétation, et la chaleur du terrain s'en trouve fortement augmentée, ainsi que sa sécheresse. Il ne convient donc pas toujours d'en débarrasser le sol. Il faut examiner avant tout si la ténacité et l'humidité du terrain n'en seront pas trop fortement augmentées, s'il n'a pas besoin de cet excédant de chaleur dont on le priverait. Quand on se trouve dans un climat chaud et sec, l'épierrement offre des avantages qu'il est loin de présenter dans un climat qui a des qualités opposées. En Languedoc et en Provence, on voit un grand nombre de terres environnées d'immenses clapiers produits de l'épierrement du reste du champ ; on reconnaît ainsi d'anciennes cultures maintenant abandonnées, et qui remontent à des temps fort reculés, peut-être jusqu'à la domination romaine. Quand la nature de ces pierres est propre à la confection des routes, qu'on se trouve dans le voisinage des grandes communications, on s'en débarrasse facilement, et

l'on n'encombre pas une partie de la surface du terrain, autrement on en construit des murs en pierre
sèche pour abriter et garantir le champ. Les travaux
d'épierrement se font en hiver, et l'on y emploie les
femmes et les enfants. Ces champs ainsi épierrés et mis
à l'abri des vents par les abris que l'on construit sont
surtout propres à la culture de l'olivier ; et c'est depuis
la diminution de cette culture que l'épierrement est
devenu moins fréquent, et que ces terrains secs et
peu profonds ont perdu de leur valeur.

Quand le sous-sol est formé de rochers friables, on
y fait aussi des fouilles pour le briser et approfondir le sol ; et on y plante des arbres et surtout des
mûriers.

QUATRIÈME DIVISION.

MOYENS POUR MODIFIER LA TÉNACITÉ DU SOL.

On modifie la ténacité du sol en y mêlant des matières de ténacité moindre ; ainsi, dans les terres argileuses on transporte des sables, des marnes, des
terres calcaires, du gravier, des pierrailles, enfin, on en
brûle les argiles. Nous avons déjà parlé de ces moyens
qui tendent à diminuer l'humidité du sol en même
temps que sa ténacité, et nous n'avons rien à ajouter ici.

On augmente la ténacité du sol qui est trop inconsistant par le mélange de matériaux plus tenaces ; c'est
alors la marne, ou la terre calcaire que l'on emploie de
préférence comme se divisant mieux et se mêlant plus fa-

cilement avec le sable ; mais quand on peut faire arriver
sur ces champs de sable de l'eau chargée de particules
argileuses, le dépôt se mêle particule à particule avec
le sable du champ, et en renouvelant souvent cette immersion, on parvient à améliorer considérablement la
terre. Cet effet est produit à la longue par les irrigations faites avec les eaux qui paraissent les plus claires,
mais qui ne laissent pas de retenir l'argile en suspension,
et à plus forte raison quand on peut amener des eaux
troubles sur le champ. Cela est souvent d'autant plus
facile, que ceux qui sont en possession des eaux pour les
irrigations n'en font aucun usage pendant l'hiver, et
qu'ils en cèdent volontiers l'usage pendant cette saison,
qui est celle où elles contiennent le plus de limon.
Quand cette opération se fait d'une manière régulière,
et au moyen d'une rivière chargée de matières terreuses, elle devient, sous le nom de *colmatage*, une des opérations les plus importantes de l'agriculture, car non-
seulement elle améliore, mais elle change complète-
ment le sol que l'on veut modifier. On sait les succès
obtenus par de telles opérations en Toscane, où le val
de *Chiana*, jadis marécageux et infertile, est devenu
le théâtre de la plus belle agriculture. C'est par le
moyen de terres transportées par les eaux que dans ce
même pays on est parvenu à régulariser la pente des
collines, à niveler le fond des vallées dans la province
de Sienne, et que maintenant on cherche à soustraire
plusieurs parties des maremmes aux influences délétères
qui les dépeuplent. Dans le midi de la France, nous
avons sous nos yeux des exemples frappants des succès
de cette opération sur les bords de la rivière d'Ouveze,
aux territoires de Sablet et de Seguret (Vaucluse). En

Provence, les terres arrosées par le canal de Craponne ont aussi été fertilisées par les dépôts, soit que les eaux d'irrigation les y aient transportés, soit que ces mêmes dépôts, auxquels on donne le nom de *nite*, aient été reçus dans des fosses creusées dans le voisinage du canal, d'où on les transporte sur les champs où ils produisent des effets remarquables[1].

Dans ces deux derniers cas, il ne s'agit pas d'un colmatage régulier, mais bien plutôt d'une alluvion pareille à celle que les grands fleuves déposent lors de leurs débordements. Nous avons déjà essayé d'apprécier ces alluvions, c'est un moyen très efficace, mais nécessairement un peu lent. L'exhaussement du terrain produit par les eaux du Nil n'est pas de plus de $0^m,132$ par siècle[2]. Le Gange, qui entraîne aussi beaucoup de limon, puisqu'il forme la cinq-cent-vingt-huitième partie de sa masse[3], n'exhausse pas plus rapidement ses vallées, mais c'est que, dans ces différents cas, les dépôts se font dans une eau en mouvement; le colmatage a lieu dans une eau en repos. Voici comment cette opération doit être conduite:

Il faut d'abord s'assurer que la rivière où l'on doit prendre les eaux peut arriver par son niveau sur le terrain à colmater, et qu'on peut l'y maintenir à une assez grande hauteur; car pour que l'opération s'accomplisse en un espace de temps raisonnable, il faut opérer sur une grande masse de liquide. On doit ensuite dé-

(1) *Voir* le mémoire de M. de Belleval dans le t. **XIV** de la 2° série des *Annales de l'agriculture française*, p. 261.

(2) Girard, *Observat. sur la vallée du Nil*. Mém. de l'Académie des Sciences, 1819, t. II, p. 265.

(3) *Observ. sur le Gange et l'Indus*. Bibl. univ., t. LV, p. 49.

terminer avec précision le nombre de jours de crue trouble que l'on peut se promettre en moyenne par an, et la durée dé ces crues; la quantité de limon contenu dans un mètre cube d'eau, et enfin la nature de ce limon.

On ne trouvera pas sans doute partout le limon fertilisant du Nil, dont nous avons indiqué plus haut la composition, mais il suffira qu'un limon offre un mélange suffisant des principaux éléments des terres, de manière à posséder à la fois une ténacité médiocre et une suffisante hygroscopicité, pour qu'on puisse s'en promettre du succès. D'ailleurs, la nature des limons varie dans les diverses crues, selon les parties des bassins dans lesquels les pluies sont le plus abondantes, et le mélange de ces diverses couches ajoute souvent aux qualités du terrain artificiel. Mais le plus sûr moyen de constater la valeur du colmatage est de faire évaporer l'eau filtrée, et d'analyser les parties solubles qu'elle contient, car il ne faut pas perdre de vue que c'est surtout ces parties solubles qui constituent l'aliment des plantes.

La fréquence des crues, leur durée et la quantité de matière qu'elles transportent, décideront de la possibilité de l'opération, car on ne devrait pas l'entreprendre avec des eaux trop claires, avec une rivière qui n'aurait qu'un petit nombre de crues peu durables, ce qui prolongerait indéfiniment l'opération. Mais supposons une rivière qui ait par an six crues d'une durée moyenne de quatre jours et portant en moyenne un cinq-centième de limon, ce qui est très peu, surtout quand le cours en est torrentiel. Si nous introduisons l'eau à la hauteur d'un mètre, chaque introduction nous

donnera 2 millimètres de dépôt ; chaque crue quatre introductions, ou 8 millimètres, et chaque année
vingt-quatre introductions, ou 48 millimètres ; on voit
qu'avec ces conditions on obtiendrait en deux ans 96
millimètres de dépôt, près d'un décimètre. En faisant
varier ces éléments de calcul, on aurait un espace de
temps différent pour l'opération.

Quand on s'y est décidé, il faut entourer le terrain
à colmater d'une levée en terre qui dépasse un peu
l'exhaussement que l'on veut lui donner. Si le terrain
était incliné, il faudrait faire des digues transversales
fréquentes, pour éviter de leur donner trop de hauteur. S'il était très étendu, il faudrait l'enclore de levées qui le diviseraient en plusieurs parties communiquant entre elles par des coupures, afin de rompre la
vague causée par les vents, et qui est d'autant plus forte
que la surface de l'eau est plus étendue ; cette agitation
de l'eau empêche le dépôt de se faire promptement.

A la partie la plus basse du terrain, on ouvrira dans
la levée une ou plusieurs ouvertures que l'on fermera
par des poutrelles placées horizontalement l'une sur
l'autre, quand on voudra retenir les eaux ; ces parties
communiqueront avec le canal destiné à l'écoulement des
eaux clarifiées, que l'on fera évacuer en enlevant successivement chaque poutrelle, de manière à ce que
l'eau s'écoule par la surface et sans apporter de trouble
dans le fond.

On fera entrer sur le terrain la plus grande masse
d'eau possible pour hâter l'opération ; deux mètres et
plus si l'on peut, et si les frais des levées ne dépassent
pas le bénéfice d'une jouissance plus hâtive. L'expérience fera connaître le temps qu'il faut pour que le

limon se précipite, mais l'on n'attendra pas que l'eau
ait déposé ses plus fines particules. Pour juger du point
où il faut s'arrêter, on puise de l'eau près du fond avec
un instrument qui s'ouvre et se referme à volonté; on
la place dans un verre, on l'agite circulairement comme
pour la lévigation; s'il n'y a pas de dépôt sensible
quand le mouvement circulaire de l'eau est arrêté, il
est temps d'ouvrir l'écluse de décharge. Aussitôt que
l'eau est écoulée, on ouvre les écluses d'entrée, et l'on
recouvre de nouveau le terrain, et ainsi de suite, tant
que l'eau de rivière reste trouble. Telle est la marche de cette opération.

M. Ridolfi a cherché à la hâter, en démolissant à la
bêche les bords des ruisseaux sur le flanc des collines,
et les jetant dans le courant qui se charge ainsi de matières terreuses.

Il y a une foule de situations où l'on ne peut disposer
de l'eau en été pour l'irrigation, soit parce qu'alors les
torrents sont à sec, soit parce que l'eau est déjà la propriété d'autres individus, et où cependant il serait facile
d'utiliser les cours d'eau pour le colmatage; des canaux
creusés dans ce but, en donnant le moyen de régénérer
les terres, auraient le plus grand degré d'utilité. Il arrive
souvent aussi que les propriétés riveraines des terrains,
dégradés par leurs inondations, couverts de graviers,
pourraient être réparées par ces mêmes torrents dévas-
tateurs. Au lieu de travaux coûteux pour épierrer
les champs, pour enterrer profondément les graviers
dont ils sont couverts, il serait souvent moins pénible
de les entourer d'une levée et d'y faire entrer les eaux
troubles des crues qui recouvriraient les débris que les
crues précédentes y ont laissés.

CINQUIÈME DIVISION.

MOYENS DE MODIFIER LA CHALEUR DU SOLEIL.

Un terrain est trop chaud, ou par l'intensité de sa coloration, ou parce que le sol n'est pas assez profond et qu'un sous-sol pierreux accumule et conserve la chaleur qui lui est transmise, ou parce qu'il est trop sec, ou parce que son exposition et ses abris y concentrent les rayons solaires. On peut remédier à la coloration excessive en y transportant de la marne grise, ce qui est d'autant plus à propos que le plus souvent ces terrains fortement colorés sont des terrains siliceux et ochreux, auxquels manque le principe calcaire, et que la marne retient bien plus l'humidité que la silice ; toute autre terre blanche déposée en petite quantité à la surface du champ après les semis, même la glaise, produira, au reste, le même effet quant à la diminution de la chaleur de la terre.

On remédie au défaut de profondeur du sol par des labours profonds ou des minages ; enfin, si l'on peut arroser la terre, on remédie directement à l'inconvénient que l'on redoute. On peut aussi, au moyen de rideaux d'arbres, diminuer l'action du soleil sur le sol ; mais s'il est peu profond, les racines, qui ne manquent pas de s'étendre sous sa surface, détruisent les avantages que l'on prétendait tirer de l'ombre.

Le terrain est très froid, parce qu'il est peu coloré, humide, ombragé, communiquant avec un réservoir d'eau trop voisin. On peut alors colorer les terres blanches en les couvrant de sable ochreux ou d'une couche de schistes noirâtres, comme font les habitants de Chamouni pour provoquer la fonte de la neige; ces opéra tions doivent être renouvelées chaque année après les semailles, car on ne met ordinairement pour remplir ce but qu'une couche légère de ces matériaux.

Si le terrain est trop humide, on cherche à le dessécher par les moyens que nous avons indiqués plus haut. Enfin, s'il est trop ombragé, on peut couper les haies et les arbres qui s'opposent à l'action du soleil. Si l'ombre provient de l'interposition de murs ou de montagnes, il faut se soumettre à ces inconvénients que l'on ne peut éviter.

NEUVIÈME PARTIE.

ALIMENTATION VÉGÉTALE

(ENGRAIS, AMENDEMENTS STIMULANTS).

———————

Nous venons de traiter des moyens de modifier les propriétés physiques des terrains de manière à les rendre plus propres à la végétation; désormais les plantes y trouveront un milieu meuble, et pourtant ayant un degré de consistance suffisant pour donner un appui convenable à leurs racines, une matrice favorablement disposée pour recevoir et transmettre les influences atmosphériques, et l'humidité nécessaire pour fournir à l'évaporation de la plante, premier mobile de la végétation. Si dans un pareil sol réduit aux matières minérales les plus fixes, les moins solubles, les plantes peuvent vivre en puisant dans l'atmosphère les matériaux qui leur sont indispensables, ce qui n'est pas douteux, il est certain aussi qu'elles ne vivraient pas d'une vie complète et suffisamment développée pour répondre à l'attente des cultivateurs; ce n'est qu'à l'aide des substances solubles du sol qu'elles prennent leur développement normal, et si le sol n'en contient pas, ou n'en contient qu'une quantité insuffisante, l'art doit chercher à y suppléer, en les lui fournissant. Ces substances supplémentaires, véritables aliments végétaux,

et auxquelles on a donné le nom d'engrais et de stimulants, selon le point de vue sous lequel on les a considérées, doivent faire l'objet de nos études actuelles. Après
avoir fourni aux plantes un domicile convenable, nous
devons leur donner maintenant une nourriture suffisante. Semblables en cela aux animaux, ce sont leurs
deux besoins les plus pressants ; mais pour affermir nos
pas dans cette route, il ne sera pas inutile de récapi-
tuler brièvement les principes de physiologie qui font
la base de notre doctrine.

Si nous rappelons à notre mémoire le mécanisme de
la végétation, nous trouvons que l'eau mélangée de
toutes les substances qu'elle tient en solution pénètre
par endosmose dans les vaisseaux des racines, s'élève
ensuite par l'effet de la capillarité dans l'intérieur de
la tige, où elle prend le nom de sève ; arrivée jusque
dans les feuilles, elle éprouve une évaporation considérable qui rapproche les substances dissoutes ; sous
l'action de l'air lumineux, l'acide carbonique libre
qu'elle contient est décomposé, le carbone est fixé dans
la plante, et l'oxygène exhalé dans l'air ; pendant la
nuit, au contraire, l'oxygène de l'air est absorbé par les
feuilles, combiné avec les éléments de la sève qui contient du carbone, et l'acide carbonique formé par cette
combinaison, décomposé de nouveau au retour de la
lumière. Les matières solides apportées par la sève sont
déposées, selon leur nature, autour des cellules végétales et des vaisseaux qu'elles épaississent et finissent
même par oblitérer tout-à-fait [1], ou à la surface des
feuilles, ou à certains points déterminés de l'organisa-

(1) Mémoire de M. Payen sur la cellulose.

tion, et selon quelques-uns[1], ceux de ces matériaux superflus ou inutiles à la végétation sont rapportés par la sève descendante, et éliminés par les racines comme des excréments.

Nous ne suivrons pas la sève dans tout son cours pour y observer les transformations qu'y subissent ses éléments; les réactions successives qui créent du sucre, du mucilage, du gluten, de l'albumine, des acides, etc., ces importantes études appartiennent à la physiologie végétale, et nous devons ici bien limiter l'objet que nous avons en vue. Toutes les matières solubles étant absorbées par les végétaux (fait bien constaté par l'expérience et surabondamment prouvé par les absorptions de véritables poisons qui ont lieu par les procédés de M. Boucherie; dans le but de durcir et de colorer les bois), quelles sont celles des substances solubles qui sont essentielles à la végétation, dont tous les végétaux en général ne peuvent être privés sans en souffrir; et en second lieu, chaque espèce végétale ou quelques espèces végétales exigent-elles pour vivre, et accomplir pleinement et facilement l'acte de la végétation, la présence de certains éléments particuliers qui ne sont pas nécessaires à d'autres espèces? En un mot, y a-t-il pour les végétaux une nourriture générale, et de plus, pour chacun d'eux, une nourriture spéciale? Telles sont les questions qu'il nous faut résoudre avant de pousser plus loin l'examen de notre sujet.

(1) *Plenck physiologic.* Macaire, Mém. de la Soc. de physique de Genève.

CHAPITRE Ier.

Aliments nécessaires à tous les végétaux.

On a souvent tenté des expériences pour déterminer les substances essentielles à la végétation, celles au moyen desquelles le végétal pouvait vivre et s'accroître, quoique privé de toutes les autres. On a d'abord constaté que la vie des plantes ne pouvait s'entretenir dans un air dépouillé d'oxygène.

Si, au moyen de la chaux vive, on prive d'acide carbonique un air pourvu d'oxygène, et que l'on absorbe, par le même moyen, celui qui est dégagé par la plante, elle n'y vit que quelques jours sous l'action de la lumière; et si on plonge ses racines dans de l'eau distillée, sans qu'elle puisse recevoir de l'acide carbonique du sol, elle se flétrit, vide ses sucs extractifs dans les parties qui se développent et ne tarde pas à périr. Ainsi la végétation exige impérieusement de l'oxygène et de l'acide carbonique.

Mais dans une atmosphère sèche et avec ces deux gaz les plantes ne sauraient vivre non plus; l'eau est donc aussi un élément indispensable; outre qu'elle est le dissolvant de l'acide carbonique puisé dans le sol par les racines, elle semble le principal moteur du végétal par l'évaporation qu'elle subit dans les feuilles, et enfin, un de ses éléments, l'hydrogène, se retrouve uni au carbone dans le ligneux, ainsi que dans une foule de produits végétaux, et ce n'est guère que par la décomposition de l'eau que l'on peut conjecturer qu'il est fourni aux plantes.

Quant à l'acide carbonique, celui qui est absorbé par les feuilles, suffisant pour l'entretien de la vie, ne paraît pas suffire pour le développement normal des plantes, car celles dont les racines plongent dans l'eau distillée prennent très peu de développement. Duhamel a élevé pendant trois ans des marronniers dans l'eau distillée, et il a constaté que leur vie était languissante et manquait d'aliments nécessaires[1]. L'expérience suivante mettra ce fait hors de doute, et montrera l'importance que l'on doit attacher au carbone qui, contenu dans le sol, est passé à l'état d'acide carbonique.

Nous avons pris deux caisses : nous avons rempli l'une de sable siliceux, après l'avoir calciné pour détruire toutes les substances organiques qu'il pouvait encore renfermer; la seconde a été remplie de terreau. Nous avons semé six grains de pois dans chacune d'elles; on a arrosé avec la même eau. Les plantes ont été faibles dans les deux caisses, mais beaucoup plus dans celle qui ne renfermait que de la silice. Quand les plantes ont été en fleurs, nous les avons arrachées, desséchées, et nous avons soumis successivement à trois analyses 2 grammes de la matière sèche pulvérisée de chaque caisse. La moyenne des trois opérations a donné, pour les plantes cultivées dans la silice, 0,46 du poids en carbone; dans celles cultivées dans le terreau, 0,57. La végétation ayant eu lieu dans la

---

(1) Mém. de l'Acad. des Sciences, 1748; De Saussure, *Recherches sur la végétation*, p. 245.

même atmosphère, c'est la nutrition par les racines qui, seule, a pu donner une si grande différence de carbone aux plantes cultivées dans le terreau et celles cultivées dans la silice.

Dans toutes les expériences que l'on a faites pour constater les aliments nécessaires de la végétation, et qui avaient toutes pour but de les faire agir un à un en éliminant successivement tous les autres, il est un élément qui est toujours resté en présence du végétal soumis à l'expérience, c'est l'azote. Il se trouve dans l'air ambiant, dans celui qui est dissous dans l'eau absorbée par les racines; l'eau distillée elle-même contient de l'ammoniaque après quelques jours de distillation. On ne pouvait donc pas affirmer d'une manière absolue que la végétation aurait lieu sans le concours de l'azote. Mais quand ensuite on a retrouvé ce gaz dans la composition de tous les végétaux, quand on a constaté qu'il s'y trouve en proportion de leur vigueur; enfin quand on n'a pu douter que la présence des éléments azotés dans les terrains ne fût un des principes d'une végétation développée et complète, il a bien fallu admettre que l'azote était au nombre des substances alimentaires les plus importantes pour la vie végétale.

Ainsi l'oxygène, l'eau, l'acide carbonique et l'azote sont les éléments primaires et indispensables de la végétation, mis en action par deux agents impondérables également essentiels, la chaleur et la lumière, auxquels il faut ajouter sans doute l'électricité.

Les analyses des végétaux démontrent la justesse de ces déductions. Au milieu d'une foule de substances toutes variables selon les espèces, les climats, les terrains, elles nous montrent constamment les substances gazeuses que nous avons indiquées comme étant indispensables à la vie végétale, dans des proportions déterminées qui annoncent assez qu'elles sont la base de l'organisation des végétaux. On y trouve des matières hydro-carbonées dans lesquelles le carbone et l'eau entrent comme composants ; ce sont : 1° les fécules, les gommes, les sucres, la manne, le ligneux, les acides ulmique, gallique, acétique, etc. ; 2° des matières sur-oxygénées qui présentent à l'analyse le carbone, l'eau ou ses éléments, et l'oxygène excédant, ce sont les acides citrique, kinique, malique, oxalique, tartarique et le tannin ; 3° des matières sur-hydrogénées, où entrent le carbone, l'eau ou ses éléments, et de l'hydrogène excédant, comme l'acide benzoïque, la mannite, la glycérine, les résines et les huiles essentielles ; 4° des matières azotées qui présentent le carbone, l'eau ou ses éléments, et l'azote excédant, savoir : les acides aspartique, hydrocyanique, indigotique, et une foule de substances neutres ou alcalines dont le nombre augmente chaque jour, et parmi lesquelles le gluten est le plus remarquable à cause de ses propriétés nutritives.

Ainsi l'analyse chimique est parfaitement d'accord avec l'expérience et l'induction pour démontrer que les matériaux dont nous venons de parler sont les bases véritables de l'alimentation végétale, et qu'ils ne peuvent être suppléés pour produire des végétaux complets dans leur développement.

CHAPITRE II.

Aliments spéciaux des plantes.

On peut concevoir que les éléments gazeux, dont nous avons parlé dans le chapitre précédent, puissent suffire pour donner à la plante la solidité nécessaire, puisque le carbone se fixe dans son tissu et en forme la plus grande partie. Cependant, le squelette végétal n'est pas uniquement composé de carbone, et l'on y trouve aussi constamment des matières terreuses et alcalines; mais ces matières s'y trouvent en proportion très diverse, non-seulement selon les différentes espèces de plantes, mais encore selon les sols où elles ont crû; elles se substituent les unes aux autres, et ainsi ne paraissent pas indispensables à la vie des plantes. De même qu'on pourrait concevoir un mammifère vivant après que ses os auraient été ramollis complétement et privés du phosphate de chaux qui leur donne la solidité, on pourrait concevoir un végétal vivant, sans posséder dans son tissu aucun de ces matériaux terreux et alcalins. Dans l'un et l'autre cas, la vie existerait, mais la vie incomplète et telle que ni l'animal, ni le végétal, ne pourraient remplir leur véritable destination. Outre les matériaux nécessaires à l'existence, il y en a donc d'autres, inférieurs dans l'ordre physiologique, mais tout aussi importants, pour que ces êtres accomplissent leur destinée. Rappelons de quelle manière ils sont amenés dans la végétation.

Le végétal vit et croît en combinant les éléments gazeux qu'il puise dans l'atmosphère et dans le sol; mais l'eau absorbée par les racines tient en outre en dissolution une quantité assez considérable de sels terreux et alcalins. Aspirée vers le sommet de la plante par l'effet de la capillarité, qui tend à mettre en équilibre d'humidité toutes les cellules de la plante du bas en haut, elle se vaporise dans les parties vertes en y perdant son oxygène; la sève s'épaissit donc de plus en plus dans les parties supérieures de la plante, et dans toutes celles où s'opère l'évaporation; et les substances terreuses et alcalines, après avoir subi différentes transformations par leur réaction réciproque et la perte de leur oxygène, la décomposition de l'eau, etc., parvenues à l'état solide, se déposent dans divers organes préparés à les recevoir et selon des lois que les physiologistes tendent de plus en plus à éclaircir. Maintenant ces substances doivent-elles être considérées seulement comme une excrétion qui n'a pu être poussée au dehors, ou sont-elles essentielles à l'organisation de la plante? Telle est la question que l'on a à résoudre.

Si les matériaux dont nous parlons ne sont qu'une excrétion, qu'un départ fait par les organes qui se débarrassent des substances qui les encombrent sans leur être utiles, il faut s'expliquer comment l'addition de la potasse ou de la soude, dans un sol qui manque d'alcalis, favorise si puissamment la végétation de toutes les plantes. Il faudrait donc admettre au moins l'utilité de ces substances, soit comme fournissant un aliment nécessaire, soit comme favorisant les combinaisons chimiques qui se passent dans les plantes.

Pour certains autres végétaux, il faudrait aussi admettre l'utilité de la chaux, car non-seulement la marne fournit le carbone de son bi-carbonate, mais encore elle produit ses effets sur des terrains qui possèdent dans leurs terreaux une quantité suffisante d'acide carbonique, et où elle agit évidemment par sa base et non par son acide. Il en sera de même pour le gypse, qui favorise si merveilleusement le développement de certaines plantes, et que par conséquent l'on ne peut ranger parmi les matières indifférentes et excrémentitielles.

Si l'on considère ensuite que la silice, l'alumine, les phosphates ne sont pas déposés par la sève dans la portion quelconque de végétal où elle se trouve épaissie et desséchée, mais dans des organes spéciaux, déterminés, qu'il y a donc de la part de ces organes élection, action vitale pour s'en emparer exclusivement à d'autres, on se persuadera difficilement que la nature, si ingénieuse pour se débarrasser des matières nuisibles ou gênantes, eût si bien préparé la place de ces substances, les eût fait concourir à la formation des tissus, sans leur assigner un rôle physiologique important.

Ces réflexions nous conduisent à affirmer qu'un grand nombre de matières terreuses ou alcalines transportées par le torrent de la circulation sont utiles pour compléter les plantes, pour leur donner toute leur vigueur, leur taille, leurs propriétés diverses ; mais nous ne prétendons pas dès aujourd'hui assigner une fonction particulière à chacune de ces substances ; peut-être même parviendra-t-on à montrer que les plantes, comme les animaux, s'assimilent certains principes immédiats tout formés et existant dans les substances organiques du sol et des engrais ; nous savons trop que les études de chimie végétale sont encore imparfaites, et qu'on a commencé à peine à les aborder sérieusement. Un brillant avenir est promis à ces recherches.

Après avoir résolu ainsi la première question que nous nous sommes posée, il s'en présente une nouvelle : Toutes les plantes font-elles une égale consommation des matériaux solubles renfermés dans la terre, ou ont-elles la faculté de choisir, de s'assimiler ceux qui leur conviennent le mieux ? En un mot, les différentes espèces de plantes ont-elles une nourriture différente ?

Les plantes fixées sur le même sol, puisant leur humidité dans le même réservoir, n'y pompent pas toutes une sève identique. M. Th. de Saussure a constaté d'une manière positive qu'il y avait pour leurs racines une faculté d'élection[1]; mais ses expériences sur l'inégale absorption des différents sels par le bidens et le polygonum sont loin d'être entièrement satisfaisantes. On y voit que les poisons, comme le sulfate de cuivre, dans lesquels les plantes mouraient en peu de temps, étaient aspirés en plus grande abondance que les sels sous l'influence desquels elles continuaient à vivre. M. de Saussure l'explique[2] en montrant par la section des racines qu'elles étaient décomposées, et qu'ainsi elles n'agissaient plus que mécaniquement dès le commencement de cette absorption ; mais ce qu'il a bien constaté, c'est la proportion différente des substances dissoutes que les racines transportent dans le torrent séveux, absorbant une substance préférablement à une autre dans le même liquide, quand ces substances ne sont pas vénéneuses. Ainsi les deux plantes citées, mises en expé-

(1) *Recherches sur la végétation*, p. 247 et suiv.
(2) *Ibid.*, p. 256.

rience, ont absorbé les sels dissous dans les proportions suivantes :

	Bidens.	Polygonum.
Chlorure de potassium	16	14,7
Chlorure de sodium	15	13
Nitrate de chaux	8	4
Sulfate de soude	10	14,4
Chlorure d'ammoniaque	17	12
Acétate de chaux	8	8
Sulfate de cuivre	48	47
Gomme	32	9
Sucre	8	29
Extrait de terreau	6	5

Si cette expérience peut ne pas compléter la démonstration, elle rend au moins très probable l'opinion que les plantes s'approprient les substances solubles dans des proportions très différentes ; mais à défaut de preuve directe, l'analyse des végétaux qui ont crû sur le même terrain vient nous le confirmer. Ainsi, quant à leurs éléments essentiels, les matières oxygénées, hydrogénées, carbonées varient entièrement dans leurs rapports de quantité d'une plante à l'autre, et une longue série d'analyses pour déterminer leur azote nous montre aussi qu'elles ont une aptitude très diverse pour fixer ce gaz ; enfin, l'analyse des cendres végétales nous indique la prodigieuse diversité des éléments alcalins et terreux que les différentes plantes se sont assimilés. Les unes, comme les soudes, par exemple, se chargent de sel marin sur le même sol où le froment n'en prend qu'une petite quantité ; les autres, comme la pariétaire, l'ortie, la bourrache, avides de nitrates, savent les choisir à côté d'autres plantes venues sur le même terrain, et qui en présentent à peine des traces. Il ne semble donc pas possible de nier que les végétaux possèdent une propriété d'élection pour admettre ou au moins pour retenir certaines substances de préférence à d'autres, et qu'ainsi les plantes n'ont pas toutes une même nourriture.

Outre les résultats de l'analyse, l'expérience agricole est toute en faveur de cette opinion. On sait que certains engrais semblent plus spécialement favorables à certaines plantes, comme le gypse, par exemple, aux légumineuses; que certains végétaux affectionnent certaines natures de sol en raison des principes qu'ils contiennent, comme la fougère et le châtaignier qui se plaisent dans les sols abondants en potasse, dans les schistes, les terrains volcaniques, et non dans des terres calcaires, ou dans celles qui sont moins abondamment pourvues de sels alcalins; que l'association de deux espèces de plantes dans une même culture, comme dans celle du méteil, produit une récolte totale plus considérable que si l'on avait cultivé chacune de ces plantes séparément; qu'il en est de même du mélange de deux espèces d'arbres, le tremble et l'orme, qui, réunis sur le même espace de terrain produisent plus de bois que lorsqu'on n'a planté que des arbres d'une seule espèce[1]. Ces faits multipliés prouvent que ce n'est pas une certaine quantité d'un principe nutritif uniforme, mais un choix de principes nutritifs différents qui est nécessaire aux plantes.

Duhamel, qui s'est prononcé pour l'opinion contraire, la discute dans sa physique des arbres[2], mais son argumentation ne résiste pas aux nouvelles lumières acquises sur ce sujet. Ainsi, il objecte qu'un

(1) Schwerz, introduction, p. 93.
(2) T. II, p. 209.

jeune citron, greffé par la queue sur une branche d'oranger, conserve ses qualités de citron, sans participer en
rien de l'orange , ce qui prouve, dit-il, que les sucs de
l'oranger se sont modifiés, et passent par la queue du
citron. Mais cette modification ne provient-elle pas de
ce que les vaisseaux du citron n'ont pas admis indifféremment les substances contenues dans la sève de
l'oranger, et qu'il y a eu élection? Pour que l'argument
fût valable, il faudrait analyser la sève du sujet et celle
de la greffe, en choisissant les espèces les plus différentes possibles. L'expérience ne serait pas difficile,
car on sait que des greffes hétérogènes réussissent quelquefois pour quelque temps. Duhamel ajoutait que le
goût de terroir, communiqué par certains terrains et
certains engrais à tous les fruits d'espèces différentes
qui y croissent, prouvait que leurs sucs étaient aspirés indifféremment par tous les végétaux. On ne nie
pas que les végétaux admettent dans leur circulation
toutes les substances solubles ; on conteste seulement
qu'elles les admettent, et surtout qu'elles les assimilent
toutes dans la même proportion. Il y a d'ailleurs des solutions indifférentes comme certains liquides colorés
qui passent également dans les vaisseaux de toutes les
plantes. L'analyse seule des plantes et de leurs cendres
peut faire apprécier ce que chacune d'elles a retenu des
principes qu'elles ont assimilés, et l'expérience comparative au moyen de plantes diverses placées dans les
mêmes solutions peut faire juger de la proportion
qu'elles en ont admise.

La grande objection de Mariotte n'a pas plus de force
aujourd'hui. « Prenez, disait cet auteur, un pot où il y
ait sept à huit livres pesant de terre, et semez-y une

plante telle que vous voudrez, elle trouvera dans cette terre et dans l'eau de pluie avec laquelle on l'arrosera tous les principes dont elle sera composée, étant arrivée à son perfectionnement ; or, comme on peut y semer 3 à 4,000 plantes différentes, si leurs sels, leurs huiles, leurs terres, etc. étaient différentes les unes des autres, il faudrait que tous ces principes fussent dans ce peu de terre et dans l'eau de pluie, ce qui est impossible ; car chacune de ces plantes venant à maturité, donnerait au moins un gros de sel fixe, deux gros de terre, etc., et tous ces principes ensemble, mêlés avec de l'eau distillée, pèseraient au moins deux ou trois onces, qui, multipliées par le nombre de plantes que l'on suppose être de 4,000, feraient un poids de 50 livres, au lieu que toute la terre du pot et l'eau des arrosages pendant quatre mois ne pèserait pas 20 livres. »

Le vice de ce raisonnement consiste d'abord à supposer que pendant quatre mois on pourrait obtenir 4,000 plantes dans la terre d'un pot qui pèserait 8 livres. Nous avons obtenu dans une caisse de $0^m,60$ au carré, sur $0^m,40$ de profondeur, qui contenait $38^k,4$ de terre, quatre plantes de tourne-sol (helianthus annuus) qui pèsaient fraîches 12 kilogr. avec les graines. D'après la formule de Th. de Saussure[1], elles auraient donné 1,116 grammes de cendres contenant :

	gram.
Sels solubles	574,740
Phosphate terreux	251,100
Carbonate terreux	4,464
Silice.	41,848
Oxydes métalliques.	0,556
Substances négligées.	243,292
	1116,000

(1) *Recherches sur la végétation*, tableaux des incinérations.

La terre soumise à l'expérience était composée ainsi qu'il suit :

		donnant pour 38k.4 de terre ou 38,400 grammes.
		gram.
Sels solubles.	30	1152,0
Carbonate de chaux	463	17779,2
Phosphate de chaux.	20	768,0
Silice libre.	120	4608,0
Argile.	301	11558,4
Terreau.	66	2534,4
	1,000	38400,0

On voit que la terre a pu fournir surabondamment des sels solubles et des matières terreuses pour cette récolte; cependant une seconde récolte y a été chétive, sans doute par la difficulté qu'avaient les plantes à atteindre les sels de potasse et les phosphates qui restaient dans le sol, et qui peut-être ne s'y trouvaient pas immédiatement dans un état de solubilité suffisant.

Ainsi, tous les faits concourent à prouver que les différentes plantes ne prennent pas sur le même terrain les mêmes doses des éléments qu'ils y rencontrent, en un mot qu'elles ont une alimentation différente.

CHAPITRE III.

Recherches des aliments convenables aux diverses plantes.

Les difficultés que nous avons rencontrées pour résoudre la question générale se multiplient ici en raison du petit nombre d'analyses que nous possédons, et des circonstances bornées dans lesquelles elles ont été entreprises.

Nous pouvons rarement déterminer par une épreuve directe l'effet de tel ou tel engrais sur les plantes; pour en bien juger, il faudrait pouvoir employer les substances alimentaires isolées les unes des autres; or, comme les végétaux s'emparent d'une foule d'éléments, il faudrait pouvoir les éliminer les uns après les autres, et juger de l'effet de leur privation sur la végétation. Admirable sujet d'étude qui s'offre à ceux qui auront l'honorable ambition de contribuer à établir solidement les principes de la science agricole! Mais ces longues et difficiles expériences n'ont pas encore été tentées, et nos connaissances dans ce genre sont purement empiriques. Il ne faut pas cependant les dédaigner en attendant que nous puissions en avoir qui soient fondées sur une observation mieux dirigée, car c'est par elles seules que nous pouvons indiquer, jusqu'à nouvel ordre, le genre d'aliment qu'il faut préférer dans la culture des différents végétaux. Ainsi, nous savons dès à présent, d'une manière à peu près certaine, tellement les opinions des praticiens sont concordantes à cet égard, que le principe calcaire est utile dans la culture des graminées, les sulfates dans celle des légumineuses et des crucifères, le carbone dans celle des pommes de terre, de la vigne; mais ces notions ne s'étendent qu'à un très petit nombre de végétaux. Les engrais composés dont on se sert renferment un plus ou moins grand nombre des éléments de la végétation, et on n'a pu bien distinguer pour chaque espèce ceux qu'elle s'approprie de préférence, et ceux qu'elle laisse intacts, à la disposition des végétaux qui doivent lui succéder.

En attendant que les expériences directes que nous recommandons aient été faites, nous n'avons pour nous guider que l'analyse des plantes ; l'examen de la quantité d'azote, de carbone et de matériaux fixes qu'elles contiennent. Cette analyse nous indique les matériaux qu'elles s'approprient. Mais ce ne sera qu'après avoir soumis les végétaux vivants à la contre-épreuve des effets des différents éléments nutritifs, que nous parviendrons à établir la théorie de la nutrition végétale sur une base fixe; quand on sera arrivé aux résultats par les deux voies, par l'analyse qui retrouvera les matériaux dans la composition des plantes, par la synthèse qui leur offrira ces matériaux, et s'assurera des effets de leur présence sur les fonctions de la vie, la science sera réellement complète.

L'analyse elle-même, en nous présentant les éléments qui entrent dans les plantes, ne nous apprend pas distinctement ceux qui lui sont essentiels et ceux qui ne sont qu'adventifs, qui, dans d'autres circonstances du sol, pourraient ne pas exister sans nuire à la vigueur de la végétation. Pour qu'elle soit complétement instructive, il faut qu'elle soit faite sur des plantes venues sur des sols bien analysés eux-mêmes, et qui manqueraient successivement des différentes substances, et sur un grand nombre des plantes venues simultanément sur le même sol. Des résultats aussi complets que ceux que nous venons d'indiquer nous manquent encore, mais les fragments que nous en possédons peuvent cependant conduire à quelques conclusions. Nous ne nous servirons pas des analyses de M. Berthier, qui n'ont eu

	SUBSTANCES SOLUBLES			FIBRES LIGNEUSES ET EAU	POTASSE.	SOUDE.	CHAUX.	MAGNÉSIE.
CRUCIFÈRES.	dans l'eau.	d. l'eau alcal.	dans l'alun.					
Paille de colza.	14,800	29,800	0,500	54,900	0,883	0,550	0,810	0,120
Pl. de Brassica orient., herbe. .	9,800	6,551	0,459	83,200	0,288	0,025	0,728	0,070
GRAMINÉES.								
Froment.	7,600	40,431	0,469	51,500	0,020	0,029	0,070	0,052
Seigle.	2,800	49,080	0,520	47,600	0,032	0,011	0,178	0,012
Pailles. . { Orge.	11,530	38,275	0,780	49,655	0,180	0,048	0,076	0,554
Avoine.	20,666	31,625	0,772	46,939	0,870	0,000	0,152	0,022
Millet.	42,266	19,437	0,777	37,520	0,623	0,086	0,590	0,370
Maïs.	17,000	57,054	1,740	24,226	0,189	0,001	0,652	0,256
LÉGUMINEUSES.								
Fèves.	10,666	37,424	0,910	51,000	1,656	0,050	0,624	0,209
Pois.	46,600	23,236	1,544	28,620	0,235	0,000	2,730	0,342
Pailles. . { Vesces.	26,000	30,690	1,320	41,990	0,810	0,052	1,955	0,324
Lentilles.	27,466	34,162	1,266	37,106	0,420	0,055	2,040	0,119
Ornithop. perpusillus	7,170	8,180	0,180	84,470	0,761	0,055		0,101
Genista pilosa. . . .	9,000	15,482	3,680	71,837	0,150	0,059	0,298	0,148
Genista tinctoria. .	10,000	15,850	1,500	72,790	0,450	0,042	0,182	0,061
Herbes.. { Lotus uliginosus..	3,460	9,924	0,160	86,456	0,235	0,067	0,116	0,022
Lotus corniculatus..	9,100	10,625	0,757	89,520	0,375	0,086	0,665	0,101
Medicago lupulina. .	1,460	14,432	0,720	83,388	0,169	0,078	0,644	0,094
Lathyrus pratensis.	4,467	19,295	0,946	75,292	0,313	0,025	0,707	0,097
Herbe. . Polygonum fayopyr.	22,600	25,614	0,900	52,886	0,352	0,062	0,704	1,292
COMPOSÉES.								
Achillæa millefolium	5,960	2,780	0,281	90,980	0,425	0,152	0,513	0,072
Bellis perennis. . . .	12,780	4,591	0,105	82,740	0,056	0,050	0,223	0,021
Herbes . { Hieracium pilosella.	6,460	7,800	0,040	85,700	0,211	0,044	0,180	0,064
Leontodon taraxac.	9,140	5,091	0,100	82,331	0,300	0,080	0,181	0,003
Herbe. . Plantago lanceolata.	6,420	11,490	0,270	82,000	0,717	0,067	0,427	0,025
Herbe. . Poter. sanguisorba.	6,600	17,552	0,680	75,168	0,550	0,030	0,555	0,234
Herbe. . Juncus bothnicus.	10,658	17,112	0,150	87,900	1,258	0,345	0,436	0,083
OMBELLIFÈRES.								
Pimpinella saxifraga.	15,468	12,600	0,764	75,168	0,409	0,038	0,758	0,123
Pimpinella magna.	11,900	12,334	0,525	75,511	0,535	0,040	0,554	0,115
Heracleum spondylium. . . .	5,620	4,590	0,200	89,650	0,501	0,078	0,400	0,097

	CHLORE.	SILICE.	PARTIES COMBUSTIB.	OBSERVATIONS.
17	0,440	0,080	96,127	beaucoup d'album.; ainsi le colza produit de l'amm. et se décompose en beaucoup de pot., de soude, de chaux.
34	0,021	0,075	98,485	la quantité de chaux, de potasse et d'acide sulfurique de cette plante est remarquable.
37	0,030	2,870	96,482	principalement de la silice et du phosphate de chaux.
70	0,017	2,297	97,207	principalement de la silice; plus riche en potasse et en acide phosphorique que le froment.
18	0,072	3,856	94,756	plus de potasse, de chaux, de magnésie, d'acide phosphorique que le seigle et le froment.
79	0,005	4,588	94,266	gr. quant. de pot. et de silice. Les mont. de Sollingen en Hanovre, qui cont. beauc. de pot., sont renom. p. cette cult.
75	0,130	2,186	95,145	abondance d'acide sulf.; peu de phosph., de chaux et d'alb.
06	0,006	2,708	96,015	prédominance de la silice, comme dans les autres graminées; peu d'acide phosphorique et de chlore.
34	0,080	0,220	96,879	peu d'acide sulf.; abond. de chlore, d'ac. ph. et de potasse.
37	0,004	0,996	95,029	abondance de potasse, chaux, magnésie, acides ph. et sulf.; pauvre en soude et en chlore.
22	0,084	0,442	94,899	riche en alb., en pot., chaux, magn.; ac. sulf. et ph., et chl.
38	0,049	0,686	96,101	pauvre en ac. sulf., au contraire des autres légumineuses; beaucoup de phosphore, de chaux.
70	0,052	0,118	98,468	exige un sol riche en potasse, ainsi que la petite oseille qui indique la convenance de sa culture.
75	0,955	0,286	98,859	abondante en substances solubles.
67	0,042	0,120	98,565	très abondante en substances solubles.
79	0,194	0,086	99,223	croît sur les sols marécageux.
95	0,090	0,115	98,372	vient sur les terrains calcaires. Comparez son analyse à celle de la précédente.
17	0,117	0,048	98,506	plante des sols calc., remarq. par son abondance d'acide sulfurique.
27	0,058	0,032	98,492	riche en principes solubles; peu d'acide sulf. sur une légumineuse.
47	0,095	0,140	96,757	peu d'album.; riche en acides phosph., sulf.; chlore, soude et sulfate de magnésie.
28	0,102	0,393	98,575	assez abondante en potasse.
47	0,025	0,298	99,119	très abondante en parties solubles; beaucoup de gypse, de fer et d'albumine.
56	0,170	0,129	99,009	plante des sables.
61	0,104	0,362	98,820	très riche en parties solubles.
15	0,066	0,304	98,187	abondante en parties solubles. La quantité de chaux qu'elle contient explique les effets du marnage sur cette plante.
40	0,046	0,120	98,460	vient spont. s. l. terr. calc. Les mout. qui le mangent bien dans le N. le dédaignent d. le M., à cause de l'ac. gal. qu'il contient.
76	0,025	0,298	99,119	jonc faisant except. à sa famille par l'abond. des mat. solub. et des sels; aussi ne se plaît-il que dans les terrains salifères.
39	0,056	0,040	97,884	plantes des roches calc., une des plus riches matières nutritives.
95	0,065	0,054	98,496	excellent fourrage, à cause de la quantité d'albumine et de gomme qu'il contient.
79	0,117	0,084	98,496	la potasse est la substance prédominante.

Le tableau de Sprengel est rapporté ici en entier; nous l'avons seulement disposé dans l'ordre des familles naturelles des plantes; les observations qui y sont jointes ne sont que l'analyse de son mémoire. Le but de cet auteur était seulement de rechercher les qualités nutritives des plantes comme fourrages, c'est pourquoi il insiste surtout sur leurs parties solubles. Il est à regretter qu'il n'ait pas étendu ses analyses à un plus grand nombre de celles qui sont cultivées; mais tel qu'il est, ce travail présente déjà un grand intérêt, et démontre la tendance de chaque espèce à s'emparer, à des degrés différents, des substances contenues dans le sol.

Si on le considère de plus près, on y remarque que le caractère spécial de la composition des graminées c'est l'abondance de silice qu'elles contiennent.

Parmi les légumineuses, on trouve les plantes qui ont la plus grande tendance à s'approprier les sulfates, tels sont les pois, les vesces, la luzerne; mais il y en a aussi qui en contiennent peu; elles conservent aussi beaucoup de phosphore; en revanche, si l'on en excepte les vesces, elles ne sont pas avides de potasse.

Les crucifères ne sont qu'au nombre de deux dans le tableau, le colza et le chou oriental; elles montrent une grande prédilection pour les sulfates, pour les phosphates, pour la potasse, pour la chaux; mais prennent peu de silice.

Les ombellifères, au nombre de trois, riches en chaux et en potasse, n'admettent pas une grande quantité de silice.

En général, on peut remarquer qu'il serait imprudent de vouloir assigner, d'après ce travail, des caractères généraux de composition pour les familles des plantes ; le nombre de celles qui sont analysées est trop petit pour permettre des conclusions générales, et même on peut voir dans ce petit nombre, qu'il y a des tendances spécifiques qui restreignent les conclusions plus étendues que l'on voudrait tirer.

CHAPITRE IV.

Méthode à suivre pour l'application de ces principes.

Nous nous sommes efforcé de démontrer, dans les chapitres précédents que les plantes avaient besoin d'aliments généraux nécessaires à leur existence, et d'aliments spéciaux indispensables à leur complet développement, l'application de ces principes exige d'abord que nous analysions les plantes que nous soumettons à la culture, que nous les analysions dans leur état de plus grand développement et de plus grand produit, et dans des circonstances locales et climatériques différentes pour nous assurer de la nature de leurs éléments, et par conséquent de celle des aliments qui doivent leur être fournis. Cette analyse est une opération indispensable pour établir cette mesure sur des bases solides ; c'est par elle que doit commencer toute recherche sur l'alimentation végétale.

Il faut ensuite constater ceux de ces éléments d'alimentation qui manquent au terrain, et ici se présentent deux méthodes : la première consiste à faire l'analyse exacte et détaillée du sol pour déterminer les substances qui lui manquent, et qu'il faut lui fournir ; la seconde est fondée sur l'analyse des récoltes que l'on enlève au sol pour constater les matières qu'il faut lui restituer pour le remettre dans l'état où il était avant la récolte. La première va directement au but ; mais elle exige, pour chaque terrain, une opération qui devrait être répétée chaque année, si on ne la combinait avec la seconde. Celle-ci a l'avantage de pouvoir se réduire en formule, car une fois les plantes de la culture usuelle analysées, on peut penser que leur composition dans les différentes années ne s'éloigne pas beaucoup d'une composition normale et moyenne qui est à déterminer. Mais c'est aux savants à rédiger ces formules, et une fois à la disposition du public, il semble que le choix des engrais nécessaires n'est plus que l'affaire d'un calcul très élémentaire. On se tromperait cependant si l'on croyait à l'exactitude rigoureuse d'un pareil moyen. Déjà nous avons plusieurs analyses de plantes faites par des chimistes habiles et dans les différentes circonstances de climat et de sol ; elles sont loin de donner des résultats identiques ; les éléments constituants des plantes y varient selon des proportions très diverses. On n'aura donc de la sorte qu'un à-peu-près si l'on ne fait pas à chaque récolte l'analyse des plantes. Or, cette analyse est encore plus délicate et plus longue que celle du sol. On parviendra à une approximation satisfaisante si, quand on aura des analyses moyennes des plantes, on commence à analyser le sol ; qu'ensuite, pendant un certain nombre d'années, on se serve des formules qui indiquent la composition des plantes ; mais que plus tard on en revienne à l'analyse du sol. Cette marche est d'autant plus nécessaire, que les terres perdent ou acquièrent des éléments nouveaux par d'autres voies que les récoltes et les engrais, et qu'il faut bien vérifier de temps en temps ces gains et ces pertes qui s'opèrent à notre insu.

Après avoir déterminé la nature et la quantité de substances complémentaires à ajouter au sol, il restera à faire l'étude de ces substances elles-mêmes, et ce sera le sujet de nos recherches actuelles.

Mais avant d'entrer dans cette discussion détaillée, nous devons nous arrêter un moment sur l'ordre que nous aurons à suivre, et qui est loin d'être indifférent, car il peut faciliter ou compliquer l'étude que nous devons faire; il peut éclairer et diriger les applications tout en rendant la théorie plus facile à saisir, ou jeter du trouble dans les esprits et de l'incertitude dans les pratiques, selon qu'il sera bien ou mal choisi. Supposons, par exemple, que nous adoptions l'ordre suivi par tous les auteurs qui nous ont précédé; celui qui divise les engrais en minéraux, végétaux, animaux, qui ne voit qu'en transportant ici une division empruntée à l'histoire naturelle, nous manquons notre but, qui n'est pas de faciliter la recherche de l'origine de l'engrais, origine toujours bien connue, mais d'éclairer l'agriculteur sur la convenance de son emploi pour laquelle cette classification ne nous apprend rien. Nous avons donc pensé que l'ordre à suivre dans cette matière devait dépendre surtout du degré d'importance des substances propres à la nutrition, combinée avec la difficulté de se les procurer. En suivant cette méthode nous aurons déjà beaucoup fait pour établir la valeur comparative des engrais. Comme elle se base sur des considérations générales relatives à cette importance, relatives à la constitution et à l'action de ces substances, c'est par leur exposition que nous allons commencer.

CHAPITRE V.

Considérations générales sur les matières alimentaires des plantes (engrais).

En exposant la nature des principes des plantes, nous avons signalé en première ligne plusieurs de ces principes, l'eau, l'acide carbonique et l'azote, comme étant indispensables à l'existence des plantes. Nous assignons par là leur degré d'importance relativement à l'alimentation végétale. Si nous voulons ensuite assigner un rang à ces trois éléments, tous les trois nécessaires, il faudrait partir d'une autre considération, celle de la facilité ou de la difficulté de se les procurer.

Dans un grand nombre de pays, la nature fournit elle-même l'eau nécessaire à l'alimentation des plantes; dans d'autres, ce principe est surabondant, et ailleurs il est en défaut habituellement, ou dans certaines saisons de l'année. Nous avons déjà indiqué, en parlant des amendements, les moyens de rétablir, dans ces deux derniers cas, l'équilibre nécessaire à une bonne végétation; nous ne nous en occuperons donc plus ici.

Restent donc l'acide carbonique et l'azote. Le premier résultant de la décomposition des débris végétaux que renferme la terre, et sursaturant souvent les éléments calcaires du sol, se rencontre le plus souvent en quantité suffisante, et quelquefois même il existe en excès, ce qui oblige à le neutraliser par le moyen de la chaux; fourni d'ailleurs aux plantes par l'atmosphère, il ne manque guère que dans des cas assez rares, dans

des terrains secs où le terreau a été épuisé, ou entièrement converti en matière charbonneuse. Dans ce cas
même, l'abondance et le bas prix des matières qui peuvent le fournir, comme la marne, les débris végétaux
épuisés, le ligneux, n'offrent que l'embarras du choix.

Il n'en est pas de même de l'azote; les plantes en
soutirent une très petite quantité de l'atmosphère,
plusieurs familles entières de végétaux, comme les graminées, sont tout-à-fait impropres à l'y puiser; c'est
dans les végétaux, dans leur état d'intégrité de composition, et dans les débris des animaux qu'il se trouve
en abondance. Les matières minérales, la chaux, l'argile ne sont que des excipients propres à retenir la petite
quantité de celui qui flotte dans l'atmosphère sous
forme d'ammoniaque ou d'acide nitrique. En outre, plusieurs des composés azotés sont volatils, et laissent
perdre une partie de cette base sans profit pour la végétation. Enfin, le besoin de substances azotées est tellement senti, que, sans analyse préalable, par un accord
général et spontané, fruit de l'expérience de tous les
peuples, le prix de chacune des substances qui le contiennent est presque relatif à la quantité d'azote qu'elles
renferment, dans chacun des emplois que l'on peut en
faire. C'est donc cette substance la plus rare, la plus
chère, la plus nécessaire que nous devons rechercher
la première; c'est elle qui doit surtout nous préoccuper
dans le choix des engrais. Quand nous aurons pourvu
nos terres d'azote, il sera facile ensuite de trouver les
autres suppléments nécessaires à la végétation.

Si nous passons aux aliments spéciaux, nous trouverons les alcalis minéraux, principes qui se présentent constamment, quoique en proportions très

variables dans les analyses végétales, et parmi ceux-ci
la potasse occupe le premier rang, soit par le plus grand
nombre de végétaux où elle domine, soit aussi par sa
rareté et son prix. La soude remplace fréquemment la
potasse dans la végétation comme dans les arts ; nous
la trouvons dans les plantes qui ont crû sur des terrains
salifères sans que la réussite des récoltes en ait souffert.
Elle s'y rencontre à des doses qui rappellent celles de
la potasse dans d'autres terrains, tandis que cette dernière a pris un rôle secondaire, et un grand nombre
d'arts qui se servaient exclusivement de potasse emploient maintenant, à cause de l'économie qui en résulte,
la potasse factice, qui n'est autre chose qu'un mélange
de sels de soude fondus ensemble.

Le phosphore se trouve ordinairement dans toutes
les terres calcaires sous forme de phosphate ; il manque
souvent aux terres non calcaires, et on peut le lui fournir au moyen des os pulvérisés, des coquillages, du
falun ou du noir animal ; le prix des os est tel qu'en
payant l'azote qu'ils contiennent, on obtient gratuitement le phosphate de chaux ; on peut aussi l'avoir à bon
compte en employant les coquillages, le falun.

Le sulfate de chaux marche sur la même ligne, à
cause de la petite quantité que l'on en emploie sur les
terres, et de son bon marché dans la plupart des pays.
Quoique plus cher, le chlorure de sodium, partout où
il serait nécessaire, ne devrait être fourni qu'à faible
dose, et probablement son application la plus utile ne
serait pas celle que l'on ferait directement au sol. Si
l'on nourrissait des bestiaux, il conviendrait d'arroser
le fourrage de sa solution, pour le retrouver ensuite
dans les fumiers. Il aurait ainsi, dans la nourriture du

bétail, un effet avantageux qui compenserait sa dépense sur le sol.

La chaux, la magnésie, quand on peut se les procurer, ne coûtent presque que des frais d'extraction et de transport.

Après avoir ainsi parcouru tous les aliments des végétaux à leur état de simplicité, et indiqué les moyens de se les procurer, nous aurons à nous occuper des aliments composés qui constituent réellement ce que l'on doit appeler engrais; ce sont les excréments et les urines des animaux domestiques, recueillis par un excipient quelconque, excipient sec et spongieux comme la paille ou tout autre végétal sec qui s'emparent de leurs sucs, ou excipient liquide comme l'eau, avec lesquels on les mêle dans des réservoirs.

CHAPITRE VI.

De l'état dans lequel les aliments doivent être fournis aux plantes.

Le carbone ne devient soluble dans l'eau, et propre à être absorbé par les plantes que sous la forme d'acide carbonique. C'est sous cette forme qu'il doit être offert aux plantes, soit que leurs feuilles le puisent dans l'atmosphère, soit que l'eau météorique ou l'humidité du sol s'en emparent quand il se dégage des matières organiques qui fermentent, ou quand, uni à des bases salines ou terreuses, il forme avec elles des sels solubles.

L'oxygène est fourni à la végétation par l'eau atmosphérique qui le contient presque toujours en excès, ou par l'acide carbonique qui, en se décomposant et déposant son carbone, abandonne l'oxygène qui concourait à le former. L'hydrogène paraît résulter aussi de la décomposition de l'eau.

Quant à l'azote, si l'on en excepte celui qui provient directement de l'atmosphère, et dont l'histoire n'est pas encore bien éclaircie, il paraît que celui que les racines puisent dans le sol n'est éminemment propre à la nutrition végétale que quand il a été combiné sous l'influence de la vie, et qu'il constitue des composés organiques ou organisés.

Nous savons qu'on essaierait vainement de nourrir un animal en lui administrant les substances pures qui font la base de son organisation, et qu'il faut qu'ils trouvent dans les produits végétaux qu'ils consomment ces matériaux déjà combinés et organisés. Nos savants confrères, MM. Boussingault, Dumas et Payen, vont même plus loin encore, et ils cherchent à prouver que la graisse qui s'accumule dans les tissus des animaux est recueillie toute formée, ou du moins sous une forme analogue à la vraie graisse dans les aliments végétaux dont ils se nourrissent; quant aux plantes, on les reconnaît aptes à combiner entre elles des principes élémentaires; mais quand elles trouvent dans le sol des produits quaternaires déjà formés, leur végétation luxuriante en montre les bons effets; M. Chevreul a déjà indiqué qu'il se pourrait que le sang appliqué comme engrais ne fût pas complétement décomposé en passant dans le torrent séveux, et qu'une partie pourrait bien être absorbée sous une forme moins altérée. On pourrait peut-être en dire autant des excréments qui communiquent leur odeur propre aux végétaux, et non pas seulement une odeur d'ammoniaque ou d'hydrogène sulfurée ou carbonée qui proviendrait de leur entière décomposition.

Nous sommes en présence de ces problèmes, mais nous n'en avons pas la solution. Toujours est-il que les engrais provenant des débris de l'organisation se sont montrés les plus puissants, et que si l'on ne peut nier que la végétation peut s'accomplir en leur absence, il faut convenir aussi qu'ils paraissent lui être plus avantageux, se mieux prêter à l'assimilation, épargner à l'organisation un travail qu'elle trouve tout fait.

L'azote, sous la forme que nous connaissons la plus propre à l'alimentation végétale, fait partie de combinaisons quaternaires, qui sont-elles-mêmes emprisonnées dans des tissus plus ou moins résistants. Il ne peut être mis à découvert et à portée des organes végétaux, qu'autant que ces tissus sont décomposés par la fermentation. Il n'est donc pas indifférent de s'assurer du degré de réclusion où il se trouve, pour savoir à quelle époque, prochaine ou éloignée, la végétation pourra en profiter. Ainsi, le corps azoté qui consisterait en ammoniaque pure s'évaporerait avec rapidité, et toute l'activité d'absorption de la plante n'en pourrait recueillir qu'une faible partie, tandis que, s'il était renfermé dans le tissu d'un os entier, il faudrait des siècles pour que la végétation pût s'en saisir, puisqu'on a constaté la présence de la gélatine et de l'albumine dans des os dont l'antiquité était indubitable, dans des os trouvés dans les fouilles de Pompeï. Nous devrons donc nous préoccuper beaucoup de l'état des corps considérés comme engrais.

Il y a déjà bien des années, M. Payen ayant eu à s'occuper des moyens d'utiliser les débris des animaux, avait entrevu un principe qu'il a définitivement formulé ainsi :

« *Les engrais ont d'autant plus de valeur que la proportion de substance organique azotée y est plus forte et y domine, surtout relativement à celle des matières organiques non azotées, et que la décomposition des substances quaternaires s'opère graduellement et suit mieux les progrès de la végétation.* »

Après la dose absolue de l'azote, c'était donc sa quantité relative et son mode d'agrégation avec les matières non azotées qu'il fallait considérer, et le plus ou moins de facilité de la désagrégation. L'expérience seule pourrait prononcer sur ce dernier point ; mais on n'a pu encore faire d'expériences régulières et directes. On est obligé de s'en remettre à celles qui résultent de la pratique agricole, et l'on sait que celles-ci, soumises à des influences diverses de sol et de climat, recueillies jusqu'ici par tradition plus que par une observation préconçue, ne nous donnent que des à-peu-près dont il faut bien se contenter. Dans les expériences plus directes que nous avons tentées, et que nous rapportons plus loin, nous avons trouvé que le fumier d'écurie prolonge ses effets pendant trois ans dans les terrains frais du midi de la France, et agit sur deux récoltes de froment, de manière que, sur 1,000 parties d'azote de l'engrais, la première récolte en prend 639, et la seconde 361 sur un terrain sec ; mais que si l'on arrose et que l'on fasse une double récolte dans l'année, la décomposition s'accélère, et les 1,000 parties d'azote disparaissent dans ce laps de temps.

Si l'on se sert des os, leur broiement hâte beaucoup aussi le dégagement des matières azotées emprisonnées dans leurs cellules. Les matières fécales desséchées perdent leur ammoniaque avec rapidité; mais si on les mêle avec des matières poreuses, telles que le charbon, celles-ci s'emparent des vapeurs ammoniacales et ne les cèdent qu'avec plus de lenteur. Ainsi, dans le premier cas, la présence de l'eau, dans le second la division mécanique, ont été les agents dont nous nous sommes servi pour entrer plutôt en jouissance des matières azotées; dans le troisième, au contraire, nous les avons mêlées à des matières qui les ont retenues dans leurs pores, pour nous opposer à l'excès de leur volatilité. Il y a donc des préparations nécessaires pour accélérer ou ralentir l'action des substances destinées à l'alimentation des végétaux, et qui font partie de la science des engrais.

En général, un engrais sera d'autant plus profitable que son action sera accomplie dans le cours d'une récolte, puisque alors les avances des cultivateurs rentreront immédiatement, et les engrais tardifs perdront de leur valeur en proportion de la durée de leurs effets, puisqu'on sera obligé de leur faire supporter l'intérêt d'une partie de leur prix d'achat pendant cette durée. Mais ce principe absolu n'est pas toujours vrai, car si les intempéries s'opposent au succès de la récolte semée avec l'engrais hâtif, il sera entièrement perdu, tandis que l'engrais tardif profitera encore aux récoltes subséquentes. Cela explique pourquoi dans les contrées méridionales, exposées à la sécheresse printanière, on préfère les fumiers tardifs, et l'on fume rarement en couverture sur les plantes, si ce n'est les terrains arrosés, tandis qu'il en est tout autrement dans les pays plus septentrionaux, où la distribution des pluies est plus favorable aux récoltes.

Les principes que nous venons d'exposer relative-

ment aux engrais azotés ne sont plus applicables pour
les substances terreuses et alcalines qui entrent comme
auxiliaires puissant dans l'organisation végétale : les
alcalis minéraux, la chaux, les sulfates, les chlorures,
les phosphates. Ici, l'expérience est décisive, et elle
nous prouve que les végétaux les absorbent et se les
approprient le plus souvent sous la forme minérale
qu'ils ne doivent pas quitter. On applique directement
ces sels et ces oxydes, ou on les mêle avec les autres
engrais ; dans l'un et l'autre cas, ils produisent également leurs effets.

CHAPITRE VII.

Aliments des végétaux considérés comme contenant de l'azote.

Nous allons avoir à pourvoir aux besoins très divers
des terres, à leur apporter les éléments de nutrition
qui leur manquent, à compléter ceux qu'elles possèdent
en quantité insuffisante. Ce n'est que par le choix judicieux des substances qu'on devra leur appliquer que
l'on parviendra à remplir le but que se propose l'agriculture. Jusqu'à présent on a agi un peu au hasard, ou
plutôt l'emploi des fumiers, qui eux-mêmes contiennent
la plupart des éléments de la végétation, ont suppléé à
l'intelligence du cultivateur. En employant à doses inconnues un pareil mélange de substances, on avait la
chance que la substance réclamée par la terre s'y rencon-
trerait. C'est ainsi que dans l'ancienne matière médicale
on entassait une foule de médicaments différents dans la

thériaque, espérant qu'il s'en trouverait quelques-uns qui
conviendraient à la maladie, et que les organes mala-
des sauraient bien y choisir. Aujourd'hui il y a quelque chose de plus à faire : c'est d'ajouter à ces fumiers
eux-mêmes les éléments dont ils manquent ; c'est d'y
rétablir les proportions en rapport avec les besoins
des terres que l'on traite ; c'est enfin, dans bien des cas,
de profiter d'une foule de corps qui présentent isolément
un ou plusieurs de ces éléments que la pratique dédai-
gne faute d'en connaître les propriétés, et qui peuvent
être d'un grand secours pour l'agriculture.

D'après ces idées, l'ordre qui convient le mieux à
notre étude, est celui qui classe les corps susceptibles de fournir des aliments aux plantes, selon l'ordre
de l'élément qui y domine ; nous allons commencer
cet examen par ceux qui renferment l'azote en quantité notable, et par les substances où l'azote se trouve
en simple état de combinaison, sans être engagé dans
des corps non azotés ; nous continuerons en suivant
l'ordre des composés les plus simples, et nous terminerons par les engrais les plus composés, les fumiers. Nous
devons reconnaître ici hautement que la plupart des
matières de ce chapitre, et toutes les analyses appartiennent à MM. Boussingault et Payen, dont les travaux
ont été si utiles aux progrès de la science agricole.

SECTION Ire. — *Sels.*

§ Ier. — Nitrates.

Les nitrates de potasse, de soude et de chaux ont été
soumis à l'expérimentation agricole, et ont donné de

bons résultats. Le nitrate de potasse en particulier a été souvent essayé. Nous-même nous en avons éprouvé de bons effets, en le mêlant avec du terreau dont nous recouvrions les graines de betteraves au moment du semis.

M. de Woght dit que l'effet de 5^k,5 de salpêtre égale celui de 1,000 kilogr. de fumier [1]. Le nitrate de potasse renfermant 13,78 p. 100 d'azote, 5^k,5 en renferment 0,76 ; c'est-à-dire moins que n'en renferment 200 kilogr. du fumier de ferme de MM. Boussingault et Payen. Il nous paraît donc qu'il y a ici une erreur évidente dans l'application des effets de cette substance. M. Lecoq [2] dit, au reste, que c'est celui de tous les engrais salins qui jouit des propriétés les plus énergiques, et qu'employé à petites doses, il agit toujours et paraît favoriser la végétation des céréales, des légumineuses et du sarrasin. Malheureusement il ne l'a pas expérimenté de manière à pouvoir traduire en chiffres les impressions qu'il nous transmet.

La cherté de ce sel, quand il est purifié, a toujours empêché d'en étendre l'usage. Il vient maintenant de l'Inde en grande quantité. Il coûte 50 fr. par 100 kilogrammes, et apporté par vaisseau français il coûte en outre 15 fr. de droit. Si l'on fait abstraction du droit d'entrée, maintenu pour protéger les insignifiants produits des ateliers français qu'il serait si facile de rétablir en temps de guerre, et qui pendant la paix, ne peuvent que gêner l'agriculture, on voit que 100 kilogr. de sel contenant 13,78 d'azote, chaque kilogramme de ce gaz reviendrait à 3 fr. 62 c.

(1) *Sammlung landwithschaftliche*, t. I ; 1825.
(2) *Mémoire sur les engrais salins*, p. 76.

Mais il n'est pas nécessaire de recourir à l'achat direct du nitrate de potasse pour s'en assurer les effets. On sait que les terres poreuses se chargent naturellement des nitrates quand on les place dans des circonstances favorables. C'est ainsi que l'on faisait des nitrates artificiels en Prusse et en Suède, avant l'importation du salpêtre de l'Inde, c'est ainsi qu'on en fait encore en Espagne.

Il suffit de construire de petits murs, peu épais, avec de la terre calcaire poreuse, contenant peu d'argile, mêlée et gâchée avec des cendres, de la paille, et même des fumiers; de les couvrir d'un toit et de les arroser de temps en temps, pour que ces terres soient chargées de salpêtre au bout de l'année. Si l'on n'a pas employé de cendres, on n'a qu'un nitrate de chaux qui est un engrais tout aussi bon. Comme le cultivateur n'est pas obligé de lessiver ces terres pour en obtenir le salpêtre, mais qu'il les transporte immédiatement dans les champs, les principaux frais sont évités, et l'on obtient des nitrates à un bon prix. L'emploi du fumier n'est pas indispensable, on pourrait le suppléer en arrosant la terre avec une solution de potasse ou de soude, pour activer la nitrification au moyen d'une base plus énergique que la chaux carbonatée. Ce que nous avons dit à la page 140 sur la nitrification explique suffisamment ce qui se passe dans cette opération. Les essais en grand que l'on fera de cette méthode pourront seuls nous apprendre ses résultats économiques. Mais il est évident que c'est là le meilleur moyen de fixer à notre profit une grande masse de l'azote répandue dans l'atmosphère, que la végétation y puise avec peine et en petite quantité, et que des familles entières de plantes parmi les plus utiles, les graminées par exemple, ne savent pas s'approprier.

La chaux et la marne répandues sur la surface des terrains agissent aussi en partie par les mêmes principes, en fournissant une base salifiable aux acides qui, à la faveur de l'évaporation aqueuse, se forment dans l'atmosphère ou au contact de la terre.

Les nitrates de soude que l'on trouve en masses énormes au Pérou, sur une étendue de plus de 200 kilomètres, sont préférés maintenant par les fabricants d'acide nitrique, et devraient l'être par les cultivateurs à cause de leur plus bas prix, et de la plus grande quantité d'azote qu'ils contiennent, si ce prix n'était encore de beaucoup trop élevé pour l'agriculture; 100 kilogr. de ce sel coûtant 40 fr. sans les droits de douane, contiennent 16,42 d'azote, qui revient ainsi à 2 fr. 43 c. le kilogr.

M. Vilmorin vient de montrer l'efficacité de ce sel en répétant l'expérience que Franklin avait faite avec le gypse. Les figures tracées sur le terrain avec le nitrate de soude en poudre ont été reproduites par une plus grande énergie de la végétation. M. Vilmorin remarque que les graminées semblent avoir mieux profité de cet engrais que les légumineuses; ce qui s'explique aisément si l'on réfléchit que ces dernières savent puiser de l'azote dans l'atmosphère, ce que les graminées ne peuvent faire.

L'usage du nitrate de soude dans l'agriculture paraît s'étendre beaucoup en Angleterre, si l'on en juge par

(1) *Voir* le *Voyage en Angleterre* de M. de Gourcy, et le *Journal d'Agriculture pratique*, t. IV, p. 489.

une note communiquée par M. David Barclay à la Société royale d'agriculture de Londres. On sème ce sel pulvérisé à la dose de 125 kilogr. par hectare ; son effet n'est sensible que sur la première récolte. Voici les résultats que l'on assure avoir été obtenus d'une expérience directe.

Le terrain de l'expérience était de 328 mètres carrés. Le nitrate de soude fut employé à raison de 187 kilogr. par hectare. On a récolté :

	kilogrammes.
Froment....................	104
Paille.....................	116

Sur la même étendue de terrain sans nitrate, on a récolté :

Froment...................	74
Paille.....................	87
Différence. { Froment......	30
Paille.......	29

Ainsi, d'après l'auteur,

	kilogr.
30 kilogr. de fumier renfermant.......	0,639 d'azote.
29 kilogr. de paille................	0,696
	1,325

résulteraient de 6k,1336 de nitrate de potasse renfermant.................... 1,004

Pour expliquer ce résultat, il faut supposer ou que l'on a excédé un peu la quantité du nitrate appliqué, ou qu'il y a eu erreur dans les pesées de la récolte, ou que le froment et la paille produits étaient moins riches en azote que celles dosées par nos chimistes, et enfin que tout le nitrate a eu un effet utile sur la végétation. Cependant les résultats ne sont pas assez éloignés pour

qu'on ne puisse regarder l'expérience au moins comme
d'un favorable augure·pour l'effet du nitrate de soude.

En partant de ce compte, le résultat en argent serait
par hectare :

	fr.	c.
911 kilogr. de froment à 20 c. le kilogr. . .	182	20
878 kilogr. de paille à 3 c.	26	24
	208	44
Prix d'achat de 187 kil. de nitrate de soude.	93	50
Bénéfice.	114	94

Tel serait le résultat réel en refaisant le compte de la
note citée. Il fait ressortir tous les avantages des engrais hâtifs, en admettant la certitude des faits annoncés, faits qui ont besoin d'être confirmés par des
expériences plus nombreuses et plus étendues.

Au reste, on obtient ce sel comme le précédent et le
nitrate de chaux, par le moyen que nous avons indiqué;
il existe aussi tout formé dans le sol des bergeries et
des caves. Ces sels sont le principe de la fertilité que
communiquent à la terre les débris des vieux murs qui
s'en chargent, surtout dans leur partie inférieure, au-
dessus de la limite de l'humidité constante.

§ II. — Sels ammoniacaux.

Les carbonate, sulfate, chlorhydrate, nitrate d'ammoniaque sont des sels que l'on rencontre dans les terres
et dans les engrais. Quand la base est unie à l'acide
carbonique, elle s'évapore avec rapidité et le sel s'appauvrit d'ammoniaque au grand détriment de l'engrais.

Les effets du carbonate et du sulfate d'ammoniaque
sur la végétation ont été l'objet d'expériences directes.

(1) *Recherches sur l'emploi des engrais salins*, p. 73.

distillée (dans le rapport de 10 à 6,8 pour le blé, de 7,1 à 5,1 pour le chou).

M. Rigaud de Lisle ayant arrosé avec du sulfate d'ammoniaque des plantes de blé croissant dans une terre, il s'opéra en peu de jours un changement sensible dans leur couleur et leur vigueur [1]. Nous-même nous avons en ce moment sous nos yeux une touffe de plantes qui a crû sur du coton, et a été arrosée d'une eau fortement chargée de carbonate d'ammoniaque ; elle se développe remarquablement bien. Ces expériences n'ont rien qui soit assez positif sous le point de vue agricole, elles ne présentent que des aperçus qui ne peuvent être traduits en chiffres ; nous avons cru cependant devoir les rapporter pour ne pas laisser peser sur les sels ammoniacaux une grave accusation de M. Bouchardat, qui vient d'annoncer à l'Académie des expériences desquelles il résulterait que les sels ammoniacaux, même à des doses très faibles, sont contraires à la végétation.

Il a essayé le sesqui-carbonate, le bicarbonate, le sulfate, le chlorhydrate, le nitrate d'ammoniaque. Ayant placé des branches de *mimosa pudica* dans des flacons remplis d'eau de Seine filtrée, où il faisait dissoudre un millième de leur poids de carbonate d'ammoniaque, les feuilles perdirent leur sensibilité après vingt-quatre heures, et au bout de trois jours les branches étaient mortes. Dans la solution de nitrate d'ammoniaque, elles résistèrent six jours. Il en fut de même pour des branches de *mentha aquatica* et *sylvatica*, et de *polygonum orientale*.

Il arrosa ensuite, avec des solutions de ces sels,

_____

[1] *Mémoires de la Société centrale d'agriculture*, 1814, p. 467.

des choux plantés en terre; l'expérience fut continuée pendant trente jours, les choux profitèrent, mais ne se distinguèrent pas de ceux qui étaient arrosés d'eau pure.

D'après ces assertions, on sent combien il est nécessaire que des expériences sur l'effet des sels ammoniacaux soient reprises avec soin. On peut se confier, pour obtenir des résultats positifs, à la commission de l'Académie des Sciences, nommée pour vérifier les faits annoncés par M. Bouchardat. L'existence de ces sels dans les fumiers ne permet pas de croire qu'ils soient nuisibles aux plantes, il est même certain qu'ils en sont les parties les plus utiles.

Le sulfhydrate d'ammoniaque avait été regardé jusqu'ici comme un poison pour les plantes, M. Ed. Solly a communiqué à la Société d'horticulture de Londres des expériences qui sembleraient infirmer cette opinion, et le feraient considérer, au contraire, comme un bon engrais. L'auteur a opéré sur la laitue et le haricot : on a arrosé ces plantes avec un mélange d'une partie de solution saturée de ce sel et de 50 parties d'eau. Cette liqueur avait une odeur des plus nauséabondes; on donnait chaque jour à chaque plante 16 gram. de cette solution; ces plantes n'ont pas tardé à devenir plus robustes et plus vigoureuses que celles qui n'étaient pas soumises au même traitement. Les feuilles étaient d'un vert foncé, les espaces interfoliaires plus courts et les tiges plus fortes. Des plantes, devenues languissantes parce qu'on leur avait administré une dose trop considérable de nitrate de potasse et de soude, arrosées avec une solution qui contenait 4 p. 100 de la solution saturée de sulfhydrate d'ammoniaque à la dose de 16 grammes par jour, ont recouvré plus rapidement la santé que celles auxquelles on a distribué de l'eau pure.

Le chlorhydrate d'ammoniaque n'a pas été expérimenté.

Au reste, aucun de ces sels, pris dans le commerce, ne peut servir habituellement d'engrais à cause de son haut prix. En effet, ils sont rarement purs ; en supposant qu'ils le fussent, le carbonate d'ammoniaque contient 17,22 p. 100 d'azote, et se vend 60 fr.; son kilogr. d'azote reviendrait donc à 3 fr. 47 c.; le sulfate d'ammoniaque ayant 21,24 d'azote et valant 50 fr., son azote reviendrait à 2 fr. 35 c. seulement, à peu près le même prix que celui qui provient du nitrate de soude. Mais la véritable valeur de leur azote dépend entièrement de leur dosage qui varie beaucoup dans les sels de commerce. On entrevoit cependant qu'il ne serait pas impossible d'en tirer parti dans un grand nombre de cas pour augmenter le titre des autres engrais.

§ III. — Emploi des sels azotés.

La grande solubilité des sels dont nous traitons dans cet article et la volatilité du carbonate d'ammoniaque, ne permettent pas de déposer en terre l'alimentation nécessaire à plusieurs récoltes. Leur application doit être répétée pour chaque culture ; on doit donc en proportionner la dose à ce qui est exigé pour la consommation des plantes, et à ce qui manque d'azote à la terre. Pour simplifier, supposons que l'on se borne à une simple fumure telle qu'elle est pratiquée ; celle de 10,000 kilogr. de fumier de ferme contenant 0,40 d'azote p. 100 par hectare, c'est 40 kilogr. d'azote que l'on trouvera au moyen de

	fr.	c.
297 kilogr. de nitrate de potasse coûtant. .	163	35
232 kilogr. de carbonate d'ammoniaque. . .	139	20
243 kilogr. de nitrate de soude.	97	20
188 kilogr. de sulfate d'ammoniaque. . . .	94	»
10,000 kilogr. de fumier de ferme.	65	»

Mais il faut remarquer que l'on n'aurait que 0,03 de nitrate de potasse, c'est-à-dire une pincée à répandre par mètre carré. On conçoit l'impossibilité de bien répartir une si petite quantité; c'est donc seulement après les avoir fait dissoudre dans l'eau et sous une forme liquide que ces sels peuvent être appliqués, même en supposant que l'on doublât ou quadruplât la fumure et si les plantes en culture devaient être espacées, c'est seulement à leur pied que l'on devrait répandre la solution pour qu'elle leur profitât immédiatement. On pourrait aussi mélanger les sels avec du terreau pour le semer à la main.

On a cru remarquer qu'après l'emploi de ces sels, le terrain restait dans une position moins fertile qu'avant d'en avoir fait usage. Il le faut attribuer principalement à l'abondance même des récoltes qu'ils procurent, et faire attention que les plantes ne se bornent pas à absorber de l'azote, mais qu'en même temps elles s'emparent des phosphates, des alcalis et du carbone du terrain; substances qui ne se trouvent, dans le sol, qu'en quantités limitées. C'est toujours l'inconvénient que l'on rencontre en faisant usage des matériaux simples de nutrition, tandis que l'alimentation végétale exige un grand nombre de substances. Il sera donc toujours plus utile de se servir des sels en combinaison avec d'autres engrais, si l'on veut éviter ce genre d'épuisement relatif.

L'usage des sels azotés dans l'agriculture a encore été trop restreint pour que nous puissions proposer d'en faire immédiatement l'emploi en grand, et ce que nous venons de dire s'adresse jusqu'à présent, plutôt aux recherches des savants qu'à la pratique des cultivateurs.

Section II. — *Débris d'animaux.*

§ 1er. — Chair musculaire.

La chair musculaire des animaux est rarement à la disposition des cultivateurs en assez grande quantité pour qu'elle puisse être mise au nombre de leurs ressources en engrais. Près des grandes villes même, où on la desséchait et on la réduisait en poudre après l'avoir fait cuire, on commence à l'utiliser pour la nourriture des porcs. Nous nous bornerons donc à faire connaître ses propriétés pour le cas où on pourrait en trouver facilement. A son état normal elle renferme plus de la moitié de son poids d'eau, séchée à l'air elle en contient encore 8 à 9 centièmes. Complétement desséchée, elle a 14,25 p. 100 d'azote. Dans les fabriques où on la réduit en poudre, on la vend jusqu'à 20 fr. les 100 kilogr , contenant 13,04 d'azote. Le kilogramme de ce gaz coûte donc seulement alors 1,54. Ce serait à ce prix l'engrais le moins coûteux de tous.

§ II. — Poissons.

Les poissons qui ont un commencement de putréfaction sont aussi employés comme engrais dans les pays de pêche. La morue complétement sèche contient 10^k,86 d'azote; le hareng 10^k,54 p. 100, mais ce dernier, quand il est frais, renferme 0,91 d'eau, et par conséquent n'a que 0^k,09 d'azote p. 100.

On peut utiliser les débris musculaires sans les préparer en les découpant en petits morceaux et les enterrant au pied des arbres; les poissons peuvent être séchés et réduits en poudre, ou répandus en nature sur le champ après avoir été divisés; on les enterre ensuite à la charrue. M. de Woght se servait de harengs frais dans ses cultures, mais il ne paraît pas en avoir retiré de grands avantages. Il les employait à trop petite dose, se trompant apparemment sur leur valeur réelle, qui, dans cet état, n'est guère que quatre fois et demie celle du fumier d'auberge, poids pour poids.

§ III. — Sang.

Le sang, que l'on a qualifié à juste titre de *chair coulante*, est très riche en éléments azotés et en alcalis ; à ce titre il constitue un engrais très énergique. Quand après son émission on le laisse en repos, il se sépare en deux parties : l'une solide, composée de fibrine et de globules qui constituent chez les animaux domestiques de 83 à 108 millièmes de son poids; et la partie liquide, le *serum*, qui en forme la 900 millième partie environ.

Le poids de la fibrine et des globules desséchés se réduit des trois quarts et ne conserve plus que 0,25 de son poids, qui retiennent 19,93 p. 100 d'azote, mais point d'alcali, si ce n'est celui qui résulte de la séparation imparfaite du serum.

Le serum composé d'environ 900 parties d'eau, de 76 d'albumine et de 24 de sels alcalins, contient, quand il est desséché, 15,70 p. 100 d'azote.

Le sang desséché devrait donc contenir en totalité, 18,73 d'azote p. 100 [1].

La difficulté que l'on éprouve à dessécher le sang est une cause qui s'oppose le plus souvent à la diffusion de son emploi. Quand on n'en a qu'une petite quantité, on peut le répandre immédiatement sur la terre après l'avoir étendu d'eau, ou en arroser les fumiers; on peut aussi conserver le sang à l'état liquide en y mêlant une lessive alcaline; enfin, ce qui vaut mieux, on peut le mêler à de la terre desséchée, en le gâchant comme quand on fabrique du mortier. M. Hayward, auteur de la science de l'horticulture, conseille de n'employer que le serum, et pour cela d'attendre quelques jours, pour que la séparation se fasse naturellement. Il se sert ensuite de cet engrais à la dose de 3,000 kilogr. par hectare, delayé dans cinq à six fois son poids d'eau. Il en a obtenu des effets décisifs, mais il perd par là le quart de la valeur de l'engrais total.

M. Payen conseille de faire coaguler le sang par l'é-bullition, de le sécher à l'étuve ou à l'air. Dans cet état il peut se conserver indéfiniment, mais il est très peu soluble et sa décomposition en terre est assez lente. Ainsi préparé, on l'obtient à Paris à 20 fr. les 100 ki-logr. Il renferme alors 14,87 d'azote, qui coûte 1 fr. 34 cent. le kilogr. Mais tout le sang ainsi préparé et desséché à l'air, passe maintenant aux colonies et on ne trouve plus à en acheter à Paris.

(1) M. Payen a trouvé 17 par l'analyse directe.

§ IV. — Noir des raffineries.

Dans le raffinage du sucre, on se sert de charbon d'os en poudre très fine, pour dépouiller le sirop de l'albumine du sang que l'on emploie pour sa clarification. Le mélange qui en résulte contient une plus ou moins forte dose d'albumine. Les noirs des environs de Paris n'ont présenté à l'état sec, à M. Payen, que 2,04 d'azote, pour une quantité de noir représentant 12 kilogr. de sang sec. Ce résultat n'expliquerait pas le produit de 4,5 hectolitres de froment que M. Rieffel obtient de 100 kilogr. de noir, quand la récolte réussit bien [1], car il résulterait de 5,67 d'azote par 100 de noir sec, puisque cette substance à l'état normal renferme toujours près de moitié de son poids d'eau. Or, si à l'état normal le noir a seulement 1,06 d'azote, comme cette substance se paie jusqu'à 7 fr. et 7 fr. 50 cent., le kilogr. d'azote reviendrait au prix énorme de 7 fr.; mais s'il a 2,82 p. 100 d'azote, comme nous le croyons d'après la récolte, il ne coûterait que 2 fr. 76 cent. Les noirs de Hambourg que l'on vend dans l'ouest ont-ils un titre beaucoup plus fort que ceux de Paris, ou bien quelque autre cause influe-t-elle sur les produits que l'on obtient de l'emploi des noirs? La première question doit être résolue avant de décider la seconde, et elles méritent toutes deux un examen attentif, car on fait monter à plus de 3 millions de kilogr. les noirs qui entrent chaque année par la Loire pour l'usage de l'agriculture; et celle-ci ne persisterait pas dans un

(1) Série de documents sur le guano (*Journal d'Agriculture pratique*, novembre 1842, p. 209).

usage aussi étendu et aussi constant, si elle n'y trouvait
pas un avantage réel. Or, ce n'est pas par la présence
des principes du charbon d'os que l'on peut expliquer
ce fait ; isolé du sang, il produit très peu d'effet ; c'est
donc ou dans la présence d'une plus grande quantité
de principes azotés, ou dans le mystère de la combinaison des deux substances, l'azote et le charbon, qu'il
faut en chercher l'explication. En adoptant cette dernière hypothèse, on a dit : que le charbon d'os, corps
poreux, s'emparait de l'albumine et de ses gaz, et ne le
cédait aux plantes que peu à peu, par les effets alterna-
tifs de l'humidité et de la sécheresse ; qu'il y avait ainsi
un aménagement des substances nutritives qui suivait
le cours de l'alimentation, et ne permettait pas qu'il
s'en perdît autant que quand ces substances étaient
exposées à nu aux effets de l'atmosphère.

Pour juger cette explication, il faut d'abord se rendre compte des parties azotées des autres engrais, du
fumier ordinaire, par exemple, qui sont perdues pour
la végétation. Des expériences, que nous rapporterons
plus loin, nous en donnent le moyen ; nous choisirons
pour cette recherche les effets des engrais sur la culture du blé qui, comme on le sait par les expériences
de M. Boussingault, ne prend pas d'azote à l'atmosphère. L'analyse du blé et de la paille faite par ce savant confrère, nous indique pour un hectolitre de blé
la quantité d'azote suivante :

	kilogr.
80 kilogr. de froment à 0,0213 d'azote.	1,70
160 kilogr. de paille à 0,0240.	3,36
	5,06

Dans nos expériences cet hectolitre ou son équivalent provient de deux récoltes successives, faites la même année, sur le même terrain arrosé, dépourvu naturellement d'azote et fumé avec 792 kil. de fumier des auberges du midi, renfermant 0,079 p. 100 d'azote ou de 6^k,2568 d'azote; il s'est donc perdu seulement 1^k,1968 d'azote, environ la sixième partie. La perte de ce sixième n'expliquerait pas la différence du prix de l'azote dont la partie passée dans la végétation ne coûterait que 2 fr., tandis qu'on le paierait 7 fr. dans le noir animal.

Allons plus loin; prenons un terrain sec, ne pouvant porter qu'une récolte par an et subissant une jachère l'année suivante pour porter une récolte la troisième année, terrain où les intervalles de végétation sont des plus courts, puisqu'il y a seize mois occupés par les récoltes et seize mois de jachère, celle-ci embrassant deux étés, c'est-à-dire deux saisons où l'évaporation est la plus forte. Dans ce terrain on a obtenu l'hectolitre de blé avec 2,300 kilogr. de fumier ou avec 18^k,70 d'azote; il y a donc eu une perte de 13^k,11 d'azote, ou environ des deux tiers. Or le fumier dont nous avons parlé, étant payé à 1 fr. 30 cent., son azote valant 1 fr. 64 c., la partie de celui qui serait passée dans la végétation reviendrait à 4 fr. le kilogr. Le plus mauvais emploi possible du fumier, celui où il y a le plus de gaspillage, n'expliquerait pas encore le prix de 7 fr. attribué à l'azote du noir des raffineries. Nous pensons donc que c'est dans le dosage inexact de l'azote que l'on doit trouver la raison de ces différences; sans nier cependant les effets de la consommation plus ou moins rapide de l'azote des engrais, comme nous le verrons plus loin.

§ V. — Os.

Usités de temps immémorial par les cultivateurs d'oliviers et d'orangers de la rivière de Gênes, pays qui manque d'engrais, les os sont devenus d'un usage beaucoup plus général, depuis que les cultivateurs anglais ont pris le parti de les broyer et les réduire en poudre à l'aide de machines puissantes. Les effets des os ont été fort controversés, MM. Wrède, Körte, M. de Dombasle, n'en ont obtenu aucun bon résultat; au contraire, dans le duché de Bade, dans le Wurtemberg, en Angleterre, on y a attaché tant d'importance que les os y sont devenus l'objet d'un grand commerce. L'importation anglaise est immense, elle a mis à contribution tout le nord de l'Europe et jusqu'aux débris glorieux de la bataille de Waterloo ; elle charge des vaisseaux d'os à Buenos-Ayres. La ville de Thiers, en Auvergne, où l'on reçoit beaucoup d'os pour faire des manches de couteaux, et celle de Strasbourg, ont établi des moulins pour les pulvériser. M. Darcet a trouvé dans la poudre d'os de Thiers 43,86 de matière animale combustible, et 56,14 de phosphate de chaux; on mêle souvent du nitrate de potasse à la poudre d'os fabriquée à Strasbourg, pour en augmenter la valeur [1].

M. Darcet, qui s'est beaucoup occupé des os sous le rapport alimentaire, a été un des premiers qui ait cherché à définir leurs effets comme engrais : « J'ai vu souvent, dit-il, [2] des tas d'os exposés à l'air dans le voisinage d'une

(1) *Bulletin de la Société d'encouragement*, septembre et décembre 1826.
(2) *Annales de chimie*, t. XVI, p. 36.

fabrique de soude factice, se couvrir, toutes les fois que
les vapeurs acides étaient portées de ce côté, d'un nuage
blanc très épais, formé de sels ammoniacaux en vapeur et
suspendus dans l'air. Ayant ensuite essayé des os soumis à l'influence de l'air, je les ai toujours trouvés légèrement alcalins, et donnant, avec l'eau distillée, une
eau de lavage contenant de la matière animale en dissolution. J'ai exposé des os sur un pré pendant un an,
ils étaient devenus blancs ; toute la graisse qu'ils contenaient s'était infiltrée de proche en proche, et avait
été absorbée par le sol, ou décomposée ; ces os n'avaient
perdu que 0,02 de gélatine environ.

« Je pense d'après ce qui précède que, lorsqu'on emploie les os comme engrais, la graisse qu'ils contiennent se liquéfie par la chaleur du soleil, est en partie
absorbée par la terre ; que les os ainsi dégraissés mécaniquement, deviennent plus facilement attaquables par
l'action de l'air et de l'eau ; qu'alors des réactions chimiques ont lieu ; qu'une partie de la graisse et de la
gélatine se convertit en ammoniaque ; que cette ammoniaque saponifie la gélatine, la rend soluble dans l'eau
de pluie, qui, entraînant cette espèce de savon, le répand sur le terrain où il agit comme engrais. Les mêmes causes ramènent les mêmes effets, tant qu'il reste
de la graisse et de la gélatine dans les os. Mais cette
action devient d'autant plus lente qu'elle a lieu sur des
os plus compactes, plus épais, plus vieux ; c'est parce
que les os n'éprouvent ainsi qu'une décomposition
presque insensible, et parce qu'ils contiennent, terme
moyen, près de 0,40 de matière animale, qu'ils forment un engrais si durable et dont les effets sont si
sûrs et si constants. C'est ainsi probablement qu'agis-

sent une foule d'autres engrais, tels que la corne, les
poils, les vieux cuirs, les débris d'animaux, etc. « J'ai
mis il y a huit mois au pied d'un oranger, 200 grammes de corne en petits morceaux; je suivrai d'année en
année l'altération de cette matière animale et je verrai
de cette manière, si mon idée est juste ou s'il faut la
rectifier. »

C'est précisément cette lenteur des os à céder les
matières grasses et gélatineuses qu'ils contiennent, qui
a fait naître l'idée de les réduire en poudre fine ; on
dégage ainsi , on met à nu les matières fécondantes, emprisonnées dans une si forte proportion de
phosphate de chaux. Alors en effet, les os s'épuisent
bien plus rapidement et livrent plus aisément à la terre
les substances azotées qu'ils contiennent. M. Payen a
constaté que les os entiers et anciens n'avaient perdu en
quatre ans que 0,08 de leur poids, tandis que, quand
ils sont traités par l'eau bouillante, ils en cèdent 0,25
à 0,30. L'eau bouillante, en pénétrant les tissus, agit
comme l'atmosphère sur l'os broyé et dont les éléments graisseux sont mis à découvert.

Au reste, les os et la poudre que l'on en fabrique sont
loin d'avoir toujours la même valeur. Souvent on ne les
livre au commerce qu'après les avoir épuisés en grande
partie de leur matière grasse, et l'on ne peut y avoir
une entière confiance qu'après avoir dosé leur azote. La
poudre des os non épuisés contient, à l'état sec, 7,58 p.
100 d'azote. Dans l'état normal, où on la livre au commerce, elle contient 0,30 d'eau et se vend 12 fr. les 100
kilogr.; elle possède alors 5,30 p. 100 d'azote qui revient
à 2 fr. 27 c. le kilogr. On assigne dix à vingt-cinq ans
à la durée totale de cet engrais; cependant, il paraît que

l'effet en est sensible surtout les deux premières années. Dans les pays où il est usité, on emploie de 15 à
40 hectolitres de poudre d'os par hectare.

Il reste à examiner la nature des terres qui se refusent
à son action et celle des terres qui s'en trouvent bien.
Il paraîtrait que le phosphate de chaux entrerait pour
une part notable dans ses effets, si l'on pouvait ajouter
confiance à une assertion du docteur Johnson de
Durham, qui rapporte que des prairies de Cheshire,
dont tout le phosphate de chaux avait été épuisé et
absorbé par le fromage préparé avec le lait des bestiaux
qui s'y nourrissaient, ne purent retrouver leur fertilité
spéciale qu'après avoir été amendées avec une certaine
quantité d'os pulvérisés [1].

On utilise aussi les plumes, les sabots, les cornes et
les débris, dont on trouve la valeur relative dans le tableau qui termine cette partie.

§ VI. — Pain de créton.

Les résidus que laissent dans les chaudières les
graisses des animaux que l'on convertit en suif sont un
engrais très riche en azote ; il faut, avant de s'en servir,
briser et pulvériser cette matière qui est très dure, et
même la faire tremper dans l'eau. Telle qu'on la livre
au commerce, elle contient 11 à 12 pour 100 d'azote.

§ VII. — Suint.

On se sert aussi avec beaucoup d'avantages du suint,
provenant du lavage des laines. On fait écouler les eaux

---

(1) *Revue britannique,* mars 1842, p. 205.

des lavoirs sur des terres poreuses ou dans des fossés remplis de paille qui s'en imbibent. Le titre d'un tel engrais, dépendant de la proportion de suint qui entre dans sa composition, ne peut être assigné d'avance et doit être déterminé par l'analyse pour chaque cas particulier.

§ VIII. — Chiffons.

Les chiffons, provenant des débris des étoffes de laine, offrent des ressources d'engrais assez importantes. On compte en moyenne, par année, en France, sur une consommation de draps qui s'élève à un poids de 43 millions de kilogr. [1]; or, comme les chiffons qui en résultent contiennent à leur état normal 17,98 p. 100 d'azote, il en résulterait une masse totale de 7,731,400 k. d'azote, représentant plus de 1,938,500 kilogr. de fumier de ferme pouvant produire plus de 241,606 hectolitres de blé. Mais il s'en faut beaucoup que cette richesse agricole soit toute recueillie et utilisée ; la plus grande partie en est gaspillée dans les campagnes, et ce n'est que dans les grandes villes qu'on peut en réunir une quantité un peu considérable.

En Angleterre, on en importe beaucoup du continent et de la Sicile pour la culture du houblon ; en Provence, on se sert de chiffons pour toutes sortes de cultures, principalement dans les terrains secs. L'ouvrier a son tablier retroussé rempli de chiffons, et, à chaque coup de bêche, il insinue une loque dans la terre, qu'il recouvre ensuite par le coup de bêche suivant.

---

(1) *Voir* notre mémoire sur l'éducation des mérinos. Paris, chez madame Bouchard.

MM. Boussingault et Payen[1] citent l'économie que M. Delongchamp réalise, près de Paris, sur une terre de 183 hectares, par l'emploi des chiffons. Il achète cet engrais à raison de 180 fr. les 3,000 kilogr. qui suffisent pour fumer un hectare. L'effet s'en fait sentir au-delà de la troisième année. Il remplace ainsi 45,000 kilogr. de fumier qui lui auraient coûté 315 fr. ; il alterne tous les trois ans l'emploi des chiffons et celui du fumier; il diminue notablement les frais de transport par cette méthode judicieuse. Les chiffons doivent être divisés le plus possible pour être répandus facilement et également.

Les chiffons de laine retiennent quelquefois assez d'humidité. Ceux que MM. Boussingault et Payen ont analysés, et qui, sans doute, étaient plus secs que ceux du commerce, contenaient encore 12,28 p. 100 d'eau. La matière sèche donnait 20,26 d'azote.

Nous venons de voir qu'à Paris on obtient le chiffon à 6 fr. les 100 kilogr.; ce qui ferait revenir le kilogr. d'azote à 0,33 seulement. En Angleterre, on le paie 17 fr. 65 c., et, par conséquent, l'azote revient à 1 fr. Si l'on considère que, dans l'exemple cité plus haut, on remplace 450 quint. de fumier, renfermant 355 kil. d'azote, par 300 quint. de chiffons qui en contiennent 540 kilogr., on verra que probablement l'effet s'en prolonge sept à huit ans.

(1) Mémoire sur les engrais, *Annales de chimie*, 3ᵉ série, t. III, p. 86.

Section III. — *Matières excrétées.*

Le corps des animaux ne contribue qu'une fois à l'accroissement des engrais, tandis que leurs excréments offrent journellement de riches matériaux à l'alimentation végétale. On se sert ordinairement des matières fécales et des urines réunies dans le fumier, mais on les emploie aussi séparément dans un grand nombre d'exploitations rapprochées des grandes villes. Il faut donc les étudier d'abord en particulier.

§ 1er. — Urine.

L'urine est un liquide très composé, formé de plusieurs acides, de divers sels de potasse, de soude et d'ammoniaque, d'urée et de certaines matières grasses. L'urine a des propriétés qui varient selon l'espèce des animaux, mais elle contient toujours une forte proportion d'azote.

Les différentes urines analysées pourraient se représenter par le tableau suivant [1] :

	Lion.	Homme.	Cheval.	Vache.
Eau.	84,600	93,300	94,000	65,000
Matières organiques.	13,752	4,856	0,700	5,000
Matières salines.	1,648	1,844	5,300	30,000

Mais la quantité d'eau est très variable, selon le genre d'alimentation des animaux. Ainsi, M. Lassaigne a trouvé 87,50 d'eau dans l'urine d'un cheval; M. Payen 79 seulement dans un cheval qui buvait

(1) Girardin, *des Engrais*, et Berzélius.

très peu; M. Boussingault a trouvé 88,3 d'eau dans
l'urine d'une vache nourrie aux pommes de terre et au
foin, mais qui buvait considérablement. On ne peut
donc rien établir de certain sur la proportion absolue
des éléments des urines, mais si l'on se borne, d'après
ces analyses, à chercher les proportions relatives des
matières animales et salines, on trouvera :

	Lion.	Homme.	Cheval.	Vache.
Matières animales....	866	833	116	143
Matières salines.....	134	167	884	857

Si l'on fait ensuite le dosage de l'azote de ces extraits, les quantités n'en sont plus concordantes avec
celles des matières animales trouvées ; il est donc évident que celles-ci ne représentent pas des substances
identiques, et qu'on aurait tort de juger de la valeur
d'une urine comme engrais sur le seul aperçu des extraits ainsi groupés.

Ces extraits desséchés ont présenté à l'analyse les
quantités d'azote suivantes :

L'extrait de l'urine humaine. . . .   17,556 et 23,108 p. 100.
L'urine de cheval.   12,50
L'urine de vache.   3,80   et 2,94

Ainsi quand on voudra déterminer la valeur des urines,
on devra constater la quantité d'extraits parfaitement
secs que l'on obtiendra d'un volume donné (l'extrait
séché au bain-marie retient encore 25 à 26 p. 100 d'eau;
il faut donc sécher à 150° au bain d'huile et même dans
le vide), et ensuite analyser l'extrait à l'appareil indiqué page 50 de la première partie.

On voit d'ailleurs par ce qui précède que les urines
des herbivores, et principalement des vaches, sont très
riches en matières salines.

On emploie généralement l'urine putréfiée en l'allongeant d'eau et on en arrose les terres; mais, dans cet état, on est exposé à perdre une grande partie de l'ammoniaque qui se forme pendant la fermentation. Il est donc préférable d'employer l'urine à l'état frais et mélangée de quatre parties d'eau; ou, si l'on est obligé de la conserver, il faut arrêter la déperdition de l'ammoniaque en faisant dissoudre dans le liquide 6 à 7 kilogr. de sulfate de fer pour 100 d'urine.

On a prôné longtemps, sous le nom d'urate, un mélange, par parties égales, de plâtre pulvérisé et d'urine; on réduisait ensuite en poudre le mélange solidifié. On en avait établi des fabriques qui sont bientôt tombées, par l'abus qui s'était glissé dans la fabrication, où l'on faisait entrer une masse considérable de plâtre et de terres. Quant à l'urate régulièrement fabriqué, on voit qu'il faut 100 kilogr. de plâtre en poudre pour absorber 100 kilogr. d'urine, lesquels ne contiennent que 0,36 d'azote. Ainsi l'on aurait la valeur des urines, l'achat de plâtres, les frais de fabrication, celui des transports, pour représenter un engrais qui, à poids égal, aurait moins de valeur que le fumier de ferme. Aussi, la fabrication de l'urate a-t-elle cessé.

§ II. — Excréments humains.

Les excréments humains analysés par Berzélius renferment 0,75 d'eau; d'après M. Payen, ceux de vache 0,86, ceux de cheval 0,75, ceux de mouton seulement 0,68, selon Berzélius. Le résidu sec des excréments est formé en grande partie de matières organiques et d'une certaine quantité de sels. On peut comparer ces différentes matières au moyen du tableau suivant :

	Hommes (Berzélius).	Bêtes à cornes (Ménier).	Cheval (Lassaigne).
Eau.	75,3	70,00	76,50
Matières solubles dans l'eau (bile, albumine, matières extractives).	4,5	2,60	1,65
Sels.	1,2	»	0,60
Matières insolubles des aliments.	7,0	24,00	20,20
Matières insolubles qui s'ajoutent dans le canal intestinal (mucus, résine, graisse, matières animales).	12,0	3,40	1,05
	100,0	100,00	100,00

Les excréments de mouton n'ont aucune action sur le papier de tournesol; ils sont composés de débris de végétaux, agglutinés et mêlés à des mucosités colorées par les principes de la bile. Ainsi, dans les mammifères, la masse des matières alimentaires non digérées, les fibres ligneuses, augmentent à mesure qu'ils se nourrissent plus exclusivement de végétaux, et surtout d'herbes; les matières insolubles, ayant déjà reçu une transformation, sont au contraire plus abondantes dans les animaux carnivores ou granivores.

L'on n'a pas cherché à doser l'azote des excréments humains, si ce n'est quand ils ont été réduits en poudrette. On conçoit, au reste, que le peu d'uniformité de la nourriture des différentes classes d'hommes doit entraîner de grandes différences dans la composition des matières excrétées. Mais ce qui reste encore d'azote dans la poudrette, après une déperdition considérable, nous annonce que ces excréments sont au nombre des engrais les plus riches, et l'expérience agricole confirme cette conclusion.

On emploie ces excréments, tels qu'ils sortent des

fosses, aux environs de Grenoble, pour la culture du chanvre ; à Lyon, on les délaie dans l'eau, et l'on en arrose les champs, et surtout les luzernes ; à la Chine, on les pétrit avec de l'argile, et l'on réduit ensuite ces masses en poussière ; ailleurs encore on les stratifie avec de la terre pour les dessécher et les rendre susceptibles d'être étendus sur les champs ; à Paris, on les convertit en poudrette.

Pour faire la poudrette, on construit des bassins peu profonds en pierre ou en argile, on les dispose en étages, de manière à ce qu'ils puissent s'écouler les uns dans les autres. Le produit des fosses étant déposé dans les bassins supérieurs, on fait écouler la partie liquide dans celui qui est immédiatement inférieur, aussitôt que les matières solides se sont déposées ; on opère de même pour le second bassin, dont les liquides se versent plus tard dans le troisième, et ainsi de suite. Les dernières eaux se perdent dans des égouts. C'est par ce procédé que l'on finit par n'avoir dans chaque bassin que des matières pâteuses que l'on extrait avec des dragues, pour les placer sur un terrain en dos d'âne, où à mesure qu'elles se sèchent on les retourne à la pelle. Quand elles sont parvenues à l'état pulvérulent, c'est-à-dire au bout de quatre ou six ans, selon les saisons, on a ce que l'on appelle de la *poudrette*. Cette substance, telle qu'on la fabrique près de Paris, renferme 41,4 d'eau, 1,56 d'azote p. 100 à l'état normal, et 2,67 à l'état sec. Elle pèse environ 70 kilogr. l'hectolitre, et coûte 7 fr. 15 c. les 100 kilogr. L'azote revient donc à 4 fr. 50 c. le kilogr.

La poudrette donne une grande activité à la végétation, mais ses effets sont promptement épuisés ; on croit s'apercevoir quelquefois qu'ils ne se prolongent même pas jusqu'à l'époque de la fructification des céréales. Elle donne une grande vigueur aux herbages, mais on lui reproche de leur communiquer un goût qui répugne aux animaux. C'est par cette raison aussi que les jardiniers se refusent à employer des engrais qui, comme celui-ci, émettent en peu de temps une grande quantité de vapeurs ammoniacales, retenues et absorbées par les feuilles. On répand 1750 kilogr. de poudrette par hectare pour une fumure.

Nous parlerons plus loin de l'engrais flamand, qui est un mélange des excréments liquides et solides.

§ III. — Engrais désinfectés.

Sous les différentes formes que nous avons indiquées, les excréments sont ou difficiles à employer, ou bien ils perdent avec rapidité les principes fertilisants, et communiquent aux plantes une fort mauvaise odeur. On connaissait les propriétés absorbantes du charbon, et les effets du noir animal, il n'était donc pas difficile d'imaginer que si l'on mêlait la matière fécale avec une quantité suffisante de charbon, on aurait un engrais puissant et sans odeur. Mais le prix d'un tel véhicule devait éloigner l'idée de s'en servir. En 1833 M. Salmon pensa qu'il serait possible de se procurer, à bas prix, une matière charbonneuse qui remplirait le but que l'on se proposait. Il la trouva dans le terreau carbonisé. On prend une terre calcaire chargée de terreau, on la calcine à vase clos, et on obtient ainsi un mélange de carbonate de chaux divisé et de charbon, mélange très poreux et très absorbant. Jeté et brassé dans les fosses, il s'empare de tous les gaz volatils, fait disparaître la mauvaise odeur, et fournit un engrais contenant tous les principes des excréments, et ne les cédant qu'avec lenteur, ayant par conséquent plus de durée dans ses effets sur la végétation. On emploie en ce moment ce procédé dans les fosses des camps autour de Paris (1843).

Le charbon lui-même absorberait moins que la terre charbonneuse, son éclat métallique annonce assez qu'il est peu poreux. Le charbon de tourbe est aussi compacte et brillant, et offre le même inconvénient. La valeur réelle de l'engrais désinfecté dépend de la quantité de terre mélangée ; elle varie donc selon les fabricateurs. Celui des camps, analysé par MM. Boussingault et Payen, contient 0,42 d'eau, et il offre 2,96 d'azote p. 100 à l'état sec, et 1,24 à l'état normal.

Les excréments de la vache renferment 2,30 p. 100 d'azote à l'état sec ; ceux de cheval 2,21. Au reste, ces matières ne s'emploient jamais isolément, mais seulement à l'état de fumiers, dont nous parlerons plus loin.

§ IV. — Excréments des bêtes à laine.

Il en est autrement des excréments solides des brebis qui contiennent 2,99 p. 100 d'azote à l'état sec, et 1,11 à l'état normal ; on les emploie souvent sans autre préparation. Dans les grandes bergeries du midi, on balaie chaque matin le sol uni de la bergerie, on met les crottins en tas, et on les vend à la mesure à raison de 1 à 2 fr. l'hectolitre de 70 kilogr., ou de 1 fr. 50 c. à 2 fr. 60 c. le kilogr. d'azote.

Mais la manière la plus usitée de se servir de crottins de brebis et des urines de cet animal, c'est le parçage. Cette méthode consiste à réunir le troupeau pendant le temps de la chaleur du jour et pendant la nuit, intervalles où il cesse de manger, sur un espace de terrain resserré que l'on enclot au moyen de claies. Le parcage a plusieurs avantages notables. Il dispense de l'emploi de la litière, il ne laisse perdre aucune partie des excrétions, et ainsi dispersées sur le sol, la volatilisation en entraîne moins que quand elles sont excitées à la fermentation par leur entassement et la chaleur des bergeries ; enfin, on économise les transports.

Cette dernière considération indique clairement la convenance du parcage pour les terres éloignées ou d'un abord difficile. Dans les terres labourables, le parcage doit avoir lieu après un labour, et être suivi d'un autre labour peu profond. On s'en sert aussi sur les récoltes languissantes que l'on ranime en les faisant parquer, et enfin sur les prairies sèches. Quant à celles qui sont arrosées, il y aurait à craindre que l'eau courante n'entraînât une grande partie des crottins. Le parcage doit toujours avoir lieu par un temps sec, pour éviter que la terre ne se pétrisse sous les pieds des moutons.

On calcule les dimensions du parc à raison d'un mètre carré par mouton. Si on l'élargissait, on ne parviendrait pas à fumer un plus grand espace de terrain, car les moutons se réunissent et se serrent toujours les uns contre les autres. On compte qu'une nuit donne une forte fumure, et qu'on a une demi-fumure en déplaçant le parc au milieu de la nuit.

Schmalz assure n'avoir jamais obtenu un si grand effet du fumier recueilli pendant une nuit à la bergerie que d'une nuit de parc. Selon lui, le blé venu sur le parcage donne plus de paille que l'engrais ordinaire, les terrains sont plus exempts de mauvaises herbes. Il a obtenu jusqu'à vingt fois la semence de beau froment sur un chaume de trèfle parqué. La seconde coupe de trèfle devenait magnifique quand on avait parqué après la première.

Un parc de 100 moutons pour une nuit équivaut à 0,56 d'azote ou à 140 kilogr. de fumier de ferme, ce qui représente 14,000 kilogr. par hectare. On voit que c'est une fumure très légère, et son grand effet ne s'explique que par sa rapidité et son peu de durée, qui ne dépasse pas un an. On doit renouveler un tel engrais à chaque récolte.

Certaines grottes, entre autres celle d'Arcis-sur-Eure, près d'Auxerre, fournissent une quantité assez considérable d'excréments de chauve-souris, considérés comme un très bon engrais. Nous nous rappelons avoir marché sur une couche épaisse de ces excréments dans les caves du château de Vigevano (Piémont).

§ V. — Excréments des oiseaux.

Les déjections fécales des oiseaux sont mêlées avec les urines par l'effet de la structure de ces animaux, et elles ont, comme engrais, une valeur plus grande que celle des mammifères. Au premier rang de ces produits nous devons mettre le *guano* pour son importance agricole. Cette substance se trouve dans un grand nombre de petits îlots de la mer du Sud, sur la côte du Pérou et du Chili. Elle y est déposée par couches qui ont jusqu'à 20 mètres d'épaisseur, et d'où on l'extrait comme on ferait du minerai de fer. Ces îles sont habitées par une multitude d'oiseaux, surtout des ardea et des phénicoptères qui s'y réunissent la nuit, et dont les excréments sont entièrement identiques aux produits les plus anciens de ces couches. En supposant la surface de ces îles entièrement couverte de ces oiseaux, le calcul ne donnerait, après trois siècles, qu'une épaisseur de 9 à 12 millimètres d'excréments, et l'imagination est confondue par la puissance des couches existantes.

De temps immémorial, et bien avant la découverte de l'Amérique, les côtes stériles du Pérou ne doivent leurs récoltes qu'à l'emploi du guano, que les habitants appliquent surtout à la culture du maïs, maïs à petite dose, car sa trop grande abondance ferait périr les plantes [1]. Depuis quelques années, on importe du guano en Europe. On assure que le gouvernement péruvien vient d'en prohiber l'exportation, mais le Chili peut aussi en fournir des quantités considérables, et la nature des terres de ce pays, qui sont naturellement plus fertiles que celles du Pérou, n'exige pas que son gouvernement établisse dans leur intérêt le monopole de cet engrais.

Le guano, analysé par M. Girardin, lui a présenté 18,4 d'acide urique sec, qui renfermait 6,13 d'azote, et 13,0 d'ammoniaque présentant 10,73 d'azote. Ce serait donc 16,86 d'azote que contiendrait le guano [2]. M. Payen a trouvé 15,73 p. 100 d'azote pour le guano sec, et 13,95 pour celui à l'état normal; mais aussi il a

(1) Humboldt, *Annales de chimie*, an XIII.
(2) Girardin, *Note sur le guano, Journal d'Agriculture pratique*, tome VI, page 388 (mars 1843).

éprouvé d'autres guanos qui ne donnent que 6 à 7 p. 100 d'azote à l'état sec; et cela s'explique aisément, soit par la diversité des couches exploitées, soit par l'altération qu'éprouve la substance par la transformation de l'urate d'ammoniaque en carbonate d'ammoniaque dont la volatilité est très grande. Cette volatilité explique aussi le peu de durée des effets du guano, qu'il faut renouveler à chaque récolte.

Quant à la diversité des guanos venus d'Amérique, nous trouvons dans le *Philosophical magazine*[1], deux analyses faites par M. G. Towner sur deux échantillons dont l'un, odorant, contient 66,2 d'oxalate d'ammoniaque, un peu de carbonate d'ammoniaque, d'acide urique et de matières organiques, tandis que l'autre ne contient que 44,6 d'oxalate d'ammoniaque presque pur et d'eau, sans acide urique, et est complétement inodore. Il est donc évident que l'on ne peut pas regarder le guano comme une matière toujours semblable à elle-même, et que chaque qualité nécessitera un essai pour déterminer son titre.

D'après M. de Humboldt, le guano coûte sur les lieux 14 à 15 fr. la fanègue de 56,33 litres, ou les 40 kilogr. environ, qui renferment alors moins de $6^k,8$ d'azote, revenant à 2 fr. 20 c. le kilogr. A Londres, le prix du guano est de 60 fr. les 100 kilogr. qui, à 13,95 p. 100 d'azote, le font ressortir à 4 fr. 30 c. le kilogr. Des avis plus récents nous apprennent que huit navires du port de 2,145 tonneaux, ont été chargés pour Liverpool à Cobija, sur la côte de la Bolivia, et que, rendu en Angleterre, cet engrais revient,

(1) Novembre 1842.

Frais d'extraction et de chargement. . . . 30 fr.
Fret. 150
Frais de débarquement. 20
$$\overline{}$$
200

pour une tonne de 1,000 kilogr., ce qui ferait revenir à 1 fr. 40 c., seulement le prix d'un kilogr. d'azote. Que l'on juge d'après cela des avantages agricoles de la côte de l'Amérique où l'on peut obtenir cette précieuse substance à moins de 5 c. le kilogr., et par conséquent où l'azote coûte 35 c. le kilogr.

Les effets du guano ont été comparés en Angleterre à ceux des autres engrais, on a trouvé que

	hectol. de froment.
90k,6 de guano répandus sur 41 ares ont produit.	18,30
36,3 litres de noir animal des raffineries (36k,3). .	13,8
Différence en faveur du guano.	4,5

La valeur relative de ces deux engrais serait donc $\frac{18,3}{90,5} : \frac{13,8}{36,3}$ ou :: 28 : 37.

Dans d'autres expériences on s'est borné à constater la grande efficacité du guano que l'on mêle généralement à de la cendre avant de le répandre; cependant un des expérimentateurs ayant répandu par égal volume, sur la même étendue de terrain, du noir animal, du nitrate de soude et du guano, a trouvé que le guano était supérieur aux deux autres engrais. Or, le guano pèse 75 kilogr. l'hectolitre, le noir des raffineries 98 kilogr, et le nitrate de soude 130 kilogr., d'où il s'ensuivrait que 218 kilogr. de guano, auraient plus d'effet que 285k de noir animal et 378k de nitrate de soude; ce qui serait contradictoire aux expériences précédentes et aux données théoriques. Toutes ces

contradictions viennent le plus souvent de la grande
diversité de valeur des engrais que l'on reçoit sous ces
différents noms, et prouve que l'on ne pourra attribuer
quelque confiance aux expériences qu'autant que les
matières dont on se sert auraient été préalablement analysées.

En France, le ministre de l'agriculture et du commerce ayant reçu un envoi de guano, en a confié
l'essai à d'habiles agriculteurs ; voici les résultats obtenus.

M. Bodin, directeur de la ferme-modèle de Rennes,
sur un sol argileux ; année 1842 très sèche.

	Dose par hectare.	Produit.	p. 100 de guano.	Moyenne.
Blé de mars......	1,000 kil.	51 hect.	2,1	
	500	44	2,8	2,43
	250	34	2,4	
	0	30		
		Foin.		
Prairies.:.....	1,000	8,700 kil.	410	
	500	6,300	440	433
	250	4,600	450	

La dose la plus convenable paraît être de 250 à 500
kilogr.; car quand les blés dépassent un produit de
35 kilogr., ils sont sujets à verser, si l'année n'est pas
très sèche.

Les graines de betteraves mises en contact avec le
guano n'ont pas levé ; l'action du guano a été trop violente. Les betteraves ont poussé avec vigueur quand le
guano a été semé à la volée.

M. Rieffel (glaise siliceuse et sol des landes), à Grand-
Jouan (Loire-Inférieure).

Dose par hectare.	Produit.	p. 100 de guano.
600	15,60	2,6

On voit que le produit se rapproche sensiblement de celui de M. Bodin. Le noir animal placé dans les mêmes circonstances a produit 10 hectol. ou 1ʰ,66 p. 100 du noir animal. Dans l'expérience anglaise citée plus haut, ces deux engrais étaient dans les rapports de 20 à 37; ici, ils se trouvent comme 20 : 13, nouvelle preuve de la nécessité de constater le titre des engrais avant de les expérimenter.

M. Rieffel ne croit pas avoir atteint le maximum de produit du guano; il se fonde sur ce que le noir animal dans les années communes lui donne 18 hectol. p. 600, et dans les bonnes 27 hectol.; dans le même rapport le guano devait produire 28 et 42 hectol. p. 600 de guano, ce qui le ferait ressortir, le blé étant à 18 fr., au prix excessif de 120 fr. les 100 kilogr. Le produit de 15ʰ, 60 lui donne une valeur de 46 fr. 80 c. inférieur au prix de Londres qui est de 60 fr.; mais le produit moyen de 18 hectol. p. 600, indiqué par M. Rieffel, donne 83 fr. 88 c., qui serait supérieur à ce prix.

§ VI. — Colombine.

Les excréments de pigeons mêlés aux débris de plume et de graines qui couvrent le sol des colombiers ont pris le nom de *colombine* qui, à l'état normal, contient 9,6 d'eau et 8,30 p. 100 d'azote, et à l'état sec 9,02 d'azote. Ce puissant engrais n'est abondant que dans les pays où existent encore de grandes fermes, partout ailleurs il a disparu. Dans le département du Pas-de-Calais on achète à raison de 100 fr. par an la colombine de 6 à 700 pigeons qui donnent une

I.		38

forte voiturée d'engrais. Si l'on suppose son poids de 1,200 kilogr., on obtient par cette somme 9^k,96 d'azote qui revient à environ 1 fr. le kilogr.

Les EXCRÉMENTS DES POULES, quoique encore très actifs, ont, d'après l'expérience des cultivateurs, moins de valeur que ceux des pigeons : ils n'ont pas encore été analysés. Ces deux genres d'engrais sont surtout recherchés dans le Midi par les jardiniers; en Flandre, on s'en sert pour la culture du lin; ils entrent aussi dans la composition des engrais liquides. On a la mauvaise habitude de laisser séjourner toute l'année ces excréments dans les colombiers et les poulaillers; il s'y engendre une multitude d'insectes qui tourmentent les volatiles; en outre, l'amoncellement provoque une fermentation qui cause une grande déperdition de gaz ammoniacaux. Il serait donc utile d'enlever souvent ces engrais, de les déposer dans un lieu sec, et si l'on voulait en faire usage soi-même, de les mêler avec une terre charbonneuse ou avec du plâtre.

Quand on veut employer ces engrais, on les pulvérise au fléau et on les répand par un temps calme et sec, à la dose de 2,500 kilogr. par hectare.

§ VII. — Excréments de poissons.

La fertilité que manifestent les étangs empoissonnés lorsqu'on les met à sec, quoiqu'ils soient généralement établis sur un sol argileux et stérile, met hors de doute la valeur des excréments des poissons. Nous l'avons éprouvée directement et à plusieurs reprises, en faisant transporter sur nos champs le dépôt qui se trouvait au fond de bassins bien peuplés de poissons. Les luzernes

qui recevaient cette fumure étaient remarquablement
belles.

§ VIII. — Excréments des insectes.

Chacun connaît et apprécie dans le midi les bons
effets des litières chargées des excréments des vers à
soie, des vers morts et des débris de feuilles de mûrier.
Dans les magnaneries bien tenues on applique rarement
ces litières à fumer les champs; mais après les avoir fait
sécher, on les emploie à engraisser des moutons. Cependant, quand par négligence on n'a pu parvenir à
une bonne dessiccation, et qu'on est forcé de les faire
servir aux cultures, il est bon de connaître la valeur de
cet engrais. MM. Boussingault et Payen ont analysé les
litières du cinquième et du sixième âge de ces insectes.
Les premières contenaient à l'état sec, 3,483 d'azote
p. 100; les secondes, 3,709.

SECTION IV. — *Substances végétales.*

Les substances végétales, si riches en carbone, recèlent cependant une quantité d'azote assez grande pour
qu'elle puisse expliquer les bons résultats que l'on obtient des engrais verts, des récoltes enterrées, et de
toutes ces pratiques qui ont été trop négligées jusqu'ici pour qu'il ne soit pas utile de les rappeler à la mémoire des cultivateurs.

On emploie les végétaux transportés de la place où
ils ont crû, sur la place que l'on veut améliorer; ou
bien on les fait croître sur la place même à améliorer
et on les y enterre; ou bien, soit à l'état sec, soit à l'état

frais, on les soumet préalablement à la fermentation avant de les enfouir. Nous allons énumérer ces différents procédés.

§ Ier. — Végétaux transportés pour être enfermés.

Les frais de ce genre d'engrais consistent dans la valeur des végétaux pris sur place, dans les frais de transport et dans ceux d'enfouissement. C'est la balance de ces frais et de la valeur de l'engrais qui doit décider si l'opération est utile.

Quand on transporte des débris secs de végétaux, comme des feuilles tirées des forêts, les écorces épuisées des tanneries, etc., on ne les emploie généralement qu'après les avoir fait fermenter; mais on enterre souvent en vert les fougères et les bruyères qui sont abondantes dans certaines localités. Nous ne savons pas encore la quantité d'azote fourni par la fougère, mais nous savons qu'elle renferme beaucoup de potasse et que sous ce rapport elle peut être très avantageuse aux terres qui en manquent. Les feuilles de bruyères sèches renferment jusqu'à 1,74 d'azote. Si on enfouissait la tige en même temps, on aurait un engrais bien moins riche; mais comme les feuilles se séparent bien de la tige par la simple percussion après la dessiccation, on aura plus d'avantage à employer la tige au chauffage.

A. Buis. Le buis est un engrais d'une grande ressource dans les pays entourés de montagnes calcaires, qui en sont quelquefois couvertes. A Bouquet (Gard), commune surmontée par le puy de Bouquet, la culture repose entièrement sur l'engrais de buis. On veille attentivement à ce qu'on n'en arrache pas les racines, et tous les communistes ont droit d'aller en couper pour leur provision. C'est à qui, par son activité, en recueillera une plus grande quantité. Mais quand on considère l'exiguïté du territoire de cette commune en comparaison de la vaste surface qui produit le buis nécessaire à sa fertilisation, on ne peut regarder cette ressource comme applicable à de vastes territoires. L'exemple que nous venons de citer se reproduit dans quelques communes de la Drôme, des Basses-Alpes, de l'Ain, etc.

Les rameaux feuillés de buis apportés de la montagne sont placés pendant quelque temps dans les rues du village et sur les chemins qui y aboutissent, où ils sont foulés et écrasés par les pieds des chevaux. On les dispose de la sorte à la fermentation. Ils possèdent à l'état vert 1,17 p. 100 d'azote, avec près de 0,60 d'eau, à l'état sec ils présentent 2,89 d'azote ; c'est donc un engrais végétal très riche puisqu'il dépasse de beaucoup le titre du fumier lui-même.

En Provence et dans les pays de montagne, on emploie aussi au même usage les tiges feuillées des pins qui n'ont pas encore été analysées.

B. ROSEAUX. L'emploi des roseaux (*arundo phragmites*) à l'état frais et sec est si considérable dans le voisinage des étangs du midi, cette plante y est l'objet d'un si grand commerce et a tellement élevé le prix des terrains inondés qui la produisent, qu'il est important de bien fixer sa valeur comme engrais. A notre prière, M. Payen a bien voulu se livrer à cette recherche.

Le roseau coupé au moment de sa floraison et séché sur place, tel qu'on le livre au commerce, contient encore 0,20 d'eau, plus'ou moins, selon le degré de dessic-cation. Desséché complétement, il donne 1,10 de son poids de cendres. A l'état normal, il renferme 0,75 d'a-zote p. 100, près de trois fois autant que la paille de froment, et à l'état sec 1,0678; c'est-à-dire qu'à l'état normal il représente, poids pour poids, presque le double du fumier de ferme non desséché. Réduit par la macé-ration au même degré d'humidité que le fumier, sans y ajouter un mélange animalisé, il a 0,267 d'azote p. 100; c'est-à-dire un peu plus de la moitié du fumier de ferme qui en a 0,40. C'est sur cette valeur relative que l'on doit calculer pour fixer la convenance de l'em-ploi des roseaux. Il faut que, rendu sur les lieux, son prix soit à celui du fumier de ferme : : 267 : 400, ou que, complétement desséché ainsi que le fumier (ce qui sera plus exact), son prix soit à celui-ci : : 1,0678 : 0,950.

On fume souvent les oliviers en Provence en plaçant à leurs pieds des gerbes de roseaux; cet engrais dure deux ans avant d'être entièrement consommé. On s'en sert pour litière, et on les soumet à la fermentation pour obtenir un engrais plus soluble.

C. SARMENTS. On a aussi éprouvé de bons effets de l'en-fouissement des sarments frais au pied des souches. Nous n'avons pas d'analyse de cette substance; il est probable qu'elle est supérieure à la sciure d'acacia dont il faut 513 parties à l'état sec pour équivaloir à 100 par-ties de fumier également sec. Le prix auquel les sar-ments se vendent comme chauffage, comparé à celui du fumier, en desséchant complétement l'un et l'autre, ré-soudra la question de convenance de leur emploi.

D. GOEMON. Le goëmon, que l'on emploie en si grande

abondance sur les côtes pour l'engrais des terres, est un mélange des différentes plantes de la famille des algues, que l'on renouvelle, soit quand elles ont été détachées par les flots du fond de la mer, soit par une récolte régulière que l'on obtient en labourant la surface des roches et le fond de la mer au moyen de grands râteaux. Des règlements fixent ordinairement pour chaque localité l'époque et le mode de la récolte[1].

Ces plantes entraînent avec elles un grand nombre de coquillages, des corallines. Elles sont d'ailleurs riches en sel de soude et de potasse qui accroissent leurs vertus fécondantes.

On les emploie soit à l'état frais, soit après qu'elles ont été entassées et qu'elles ont subi un commencement de putréfaction, soit enfin brûlées au moins en partie. Cet engrais a l'avantage de ne pas souiller la terre de semences nuisibles.

Les différents fucus sortant de l'eau et simplement égouttés retiennent 0,75 d'eau; desséchés à l'air, ils en contiennent encore 0,40. Leur richesse en azote varie en cet état de 1,38 p. 100 (fucus saccharinus), à 0,86 (fucus digitatus). On n'a pas analysé le zostera, la plus commune des plantes recueillies sur les bords de la Méditerranée. Complétement desséché, le fucus saccharinus contient 2,29 d'azote p. 100; le fucus digitatus 1,41. Dans cet état, ce dernier a, poids pour poids, une valeur triple de celle du fumier de ferme à l'état normal.

Le goëmon brûlé contient 0,40 p. 100 d'azote. La combustion lui fait donc perdre une grande partie de

(1) *Recherches pour servir à l'histoire naturelle du littoral*, par Audouin et Milne-Edwards, t. 1, p. 217 et 223.

cette substance, mais d'un autre côté elle rapproche les matières solides et diminue les frais de transport.

§ II. — Engrais verts cultivés sur place.

A. — Prairies.

Les frais qu'occasionnent les engrais verts cultivés sont ceux de culture, de semence, d'enfouissement, et la rente de la terre pendant la durée de leur végétation. Le rapport de la somme de ces frais à la valeur propre de l'engrais détermine l'opportunité économique de leur usage.

Quoique les prairies permanentes n'aient pas été semées et conservées dans le but d'en faire un engrais, elles rentrent cependant tout-à-fait dans le sujet qui nous occupe. Il arrive même assez souvent que la nature du sol ne permet pas de garder éternellement une prairie en bon état, et qu'il faut la défricher de temps en temps pour la remettre plus tard en nature de pré. Cela arrive principalement dans les terres plus favorables à la croissance des légumineuses qu'à celle des graminées perennes.

La richesse du gazon dépend beaucoup de la manière dont la prairie a été traitée, et par conséquent elle est en rapport très direct avec les récoltes de fourrages que l'on a obtenues. Dans les prés qui rapportent 15,000 kilogr. de foin par hectare et par an, on trouve dans le gazon un engrais qui équivaut à 668 kilogr. d'azote par hectare, et qui est propre à fournir trois récoltes de froment, donnant ensemble 72 hectolitres.

Les prairies qui ont été traitées sans engrais, et dont

on a seulement recueilli l'herbe croissant naturellement, si elles produisent seulement 500 kilogr. de foin, donnent 167 kilogr. d'azote propre à produire 18 hectolitres de blé en trois récoltes.

On peut donc évaluer la fertilité des gazons à 0,044 d'azote pour chaque kilogramme de foin recueilli sur la prairie par récolte moyenne.

Il faut observer encore que la terre qui a été longtemps en prairie conserve, même après avoir perdu son azote, une grande supériorité sur les terres de même nature qui n'ont pas été soumises au même traitement, à cause de la quantité de carbone qu'elles conservent, et qui, outre qu'il colore le sol, l'ameublit, le rend plus léger, plus poreux, plus hygroscopique, et enfin lui fournit un élément qui est certainement utile à la végétation.

B. — *Lupin.*

L'usage du lupin comme engrais vert date de l'antiquité. Pline nous apprend[1] que les Romains le semaient en septembre pour l'enterrer à la charrue au mois de mai suivant, ou bien qu'ils le ramassaient, le déposaient au pied des vignes et des arbres, et le recouvraient avec la terre.

Déjà, dans le midi de la France, le lupin souffrirait du froid dans les hivers rigoureux, et on ne le sème qu'au mois de mars pour l'enterrer aussitôt qu'il est en fleurs. On a le temps de préparer convenablement la terre pour les semailles d'automne. Les semences de cette légumineuse ne mûrissent pas en Allemagne, et on les tire du midi. Bürger croyait que son usage était

---

(1) *Hist. nat.*, lib. XVII, cap. 9.

borné aux pays qui peuvent cultiver la vigne ; cependant elle s'est répandue depuis quelques années dans
l'Eiffel, où elle remplace le fumier sur toutes les pentes
de montagnes qui n'avaient pu être cultivées, parce que
le transport du fumier y était impossible. De vastes
étendues de terrains, autrefois abandonnées, sont mises
en culture tous les dix ans, grâce au lupin. Il prospère
sur les points les plus élevés et les plus froids, au milieu des bruyères, sur un sol tout-à-fait ingrat, comme
dans les contrées basses, entourées de brouillards épais,
et malgré le froid de la nuit [1].

Cette plante se sème assez épais, de 2 à 2 hectolitres
et demi par hectare, sur un labour, à la volée ou dans
les lignes de labour ; on recouvre à la herse, ou par un
nouveau trait de charrue. Quand le lupin a sa troisième
fleur, on fait passer un rouleau qui couche la plante,
et on fait un labour assez profond pour l'enterrer.

Le lupin réussit mal dans les sols calçaires. Il préfère
ceux qui ne le sont pas, surtout s'ils sont un peu ochreux.
Il est assez bizarre dans ses exigences relatives au terrain, et jusqu'à présent on ne s'est pas bien expliqué,
faute d'observations assez étendues, pourquoi il réussissait bien dans certaines situations, dans des terres qui
paraissaient épuisées, tandis qu'il semblait manquer de
vigueur, dans d'autres qui manifestaient leur fertilité par
la bonne croissance des plantes d'une autre nature. Cette
plante mérite d'être étudiée très attentivement, parce
qu'outre le problème économique, elle pourrait présenter des phénomènes physiologiques propres à faire
faire un pas à la science.

(1) Jacquemin, *Allemagne agricole*, p. 17.

Nous n'avons pas encore d'analyse de la plante de lupin, mais si l'on en juge par ses effets énergiques sur la végétation des céréales, elle doit être riche en azote. Ces effets paraissent être plus permanents que ceux d'autres engrais verts, car, aux environs de Nîmes, on fait deux récoltes consécutives de blé sur les terres qui ont reçu cette préparation. Nous aurons besoin de nouveaux détails sur la quantité d'herbes de lupin fournie par le sol et enterré, et sur le véritable produit des récoltes qui ont suivi, pour pouvoir prononcer définitivement sur sa valeur.

En Italie, on emploie aussi la semence de cette plante après l'avoir ébouillantée, pour fumer les oliviers et les orangers, au pied desquels on la dépose. Cette semence a été analysée par M. Payen, et renferme 3,49 d'azote p. 100 à l'état normal et 4,35 à l'état complétement sec, c'est donc un engrais fort riche, mais qui serait fort cher dans les pays où la culture du lupin n'est pas généralisée; au contraire, quand on cultive beaucoup de lupin et que, faute d'attention, on laisse un certain nombre de pieds monter en graine, il y a une production accidentelle qu'on trouve aussi avantageuse à employer comme engrais, qu'à la faire macérer longtemps dans l'eau, pour enlever son amertume et la faire manger aux moutons. Aucun bétail ne touche à la plante sur pied.

C. — *Autres végétaux cultivés pour engrais.*

A. Fèves. Dans les environs de Bologne, on sème des fèves comme engrais sur les terrains destinés à porter du chanvre, après les avoir préalablement fumés. La fève est à fleur et propre à être enterrée au moment où l'on donne la dernière façon pour le chanvre[1]. On considère l'herbe de la fève en fleur comme une demi-fumure.

B. Vesces. Les vesces ont été employées comme engrais vert, mais la cherté de leur graine rend cet engrais très coûteux ; on se sert aussi de maïs dans le Milanais. François de Neufchâteau a beaucoup prôné le tabac pour l'extrême fertilité qu'il apportait aux terres où l'on enterrait sa plante. On dit l'avoir employé autrefois dans les environs de Florence. La petite quantité de graine qui est nécessaire et son bas prix aurait rendu cet engrais fort utile. Mais le tabac ne prend un grand développement que sur des terres déjà très riches, quand même le monopole du gouvernement n'en aurait pas fait prohiber la culture dans certains pays et accru la valeur de sa plante dans d'autres.

C. Seigle. M. Giobert, de Turin, préconisa, il y a quelques années, l'emploi du seigle enterré en vert pour servir à l'engrais[2]. Il prétendait qu'à l'époque de sa floraison, cette plante produisait un engrais égal à celui d'une fumure complète avec le fumier de ferme, et qu'en l'alternant avec d'autres récoltes, le maïs et le froment, par exemple, on pouvait avoir indéfiniment le même résultat que si l'on employait ce fumier. L'agriculture était ainsi réduite à un grand état de simplification, et le règne animal, qu'un préjugé injuste fait considérer comme si onéreux, était banni de l'agriculture.

Les expériences du comte Verri[3] prouvèrent que la légère augmentation de récolte que l'on obtenait ne

(1) Crud, *Économie de l'agriculture*, art. Chanvre.
(2) *Del Sovercio*, Turin, 1819.
(3) *Del Sovercio*, 2e édit., Milan, 1821.

compensait pas les frais. Dès la seconde année, le produit du champ fumé avec le seigle descendit au niveau de celui qui n'avait pas reçu d'engrais. Toute la puissance du seigle était consommée. Nous nous expliquons très bien ce résultat, aujourd'hui que nous savons que les graminées sont tout-à-fait impropres à s'approprier l'azote de l'atmosphère. D'ailleurs les analyses viennent à l'appui de cette présomption. En effet, supposons une pleine récolte de seigle de 18 hectolitres; avec la paille nous aurons 3,816 kilogr. de matière, contenant 15,44 d'azote, et équivalant à 1,900 kilogr. d'engrais de ferme; c'est, comme on voit, un fumure assez légère.

D. SPERGULE. M. de Woght s'est beaucoup servi de la spergule, et il n'est pas inutile de l'examiner ici sous le point de vue de l'engrais. M. de Dombasle a donné, dans ses *Annales*[1], la traduction de l'ouvrage spécial où cet agriculteur zélé a rendu compte de ses essais. Il y affirme que si l'on sème consécutivement un champ de spergule pour être enterré en vert en mars, juin et août, on peut compter que l'effet de ces trois herbages équivaudra à celui de 29 voitures de fumier ou de 2,900 kilogr. par hectare, ce qui, dit-il, enrichit plus le sol qu'une récolte de seigle ne l'épuise.

Le produit de la spergule, semée et récoltée dans la saison, ne va pas au-delà de 3,000 kilogr. par hectare; les trois récoltes successives donnent sans doute une quantité moindre; mais supposons qu'elle soit égale, et que nous ayons à enterrer l'équivalent de 9,000 kilogr. de fourrage sec qui nous donnent 1,062 kilogr. d'azote, ou 26,550 kilogr. de fumier de ferme capables de pro-

(1) 1830,

duire 17 hectolitres de seigle. C'est en effet la quantité moyenne que M. de Woght récoltait dans ses expériences. Reste à déduire de ces avantages, la dépense des cultures nécessitées pour ce triple ensemencement.

Au reste, cette plante ne réussit bien que dans les terrains sablonneux et frais, et dans les climats humides. Quand on sème la spergule pour engrais, on répand 60 kilogr. de semence par hectare sur un labour, et on passe un rouleau après avoir jeté les graines.

E. SARRASIN. On a parlé aussi de cultiver le sarrasin pour engrais vert. Schwerz nous dit qu'en Allemagne on n'enterre le sarrasin que quand la récolte de la graine ne laisse plus d'espoir. Dans le midi de l'Europe on pourrait essayer de le semer au premier printemps sur les guérets, pour l'enterrer quand il serait en fleurs. Il faudrait employer 10 à 11 décalitres de graines par hectare pour que les plantes fussent assez épaisses ; mais nous ne trouvons pas de résultat connu de cette opération. La paille de sarrasin renferme 0,54 d'azote p. 100 à l'état sec, et 0,48 après la dessiccation à l'air.

F. MADIA SATIVA. On a introduit depuis peu le madia sativa dans la culture. La facilité de sa sortie et sa croissance rapide sur toutes sortes de terrains ont attiré l'attention des cultivateurs, et plusieurs d'entre eux l'ont essayé comme engrais vert. MM. Boussingault et Payen pensent qu'en raison des exsudations résineuses qui couvrent cette plante, il conviendrait de lui faire subir une macération avant de l'enterrer comme engrais. Les fanes de *madia* sont assez riches en azote, elles en possèdent 0,66 p. 100 à l'état sec, et 0,53 après la dessiccation à l'air, c'est-à-dire que dans ce dernier état elles surpassent poids pour poids la valeur du fumier de ferme. Toute la question économique réside donc dans la quantité de ces fanes que l'on pourrait récolter par hectare sur un sol donné. Ce n'est qu'après des essais répétés que l'on pourra prononcer sur la convenance de cet engrais vert.

G. NAVETTE. Enfin, la navette est plus anciennement et plus fréquemment employée à cet usage. Schwerz cite l'excellent usage qu'en font sur un sol de sable les habitants de Hœrdt, en Alsace. Après la récolte des pois, ils sèment la navette sur un seul labour ; ils l'enfouissent par un autre labour avant les gelées, et elle profite à la récolte du blé de printemps qui la suit. Ils sèment aussi de la navette après les pommes de terre printanières, de manière à pouvoir l'enterrer en automne au profit du seigle. Cette plante a l'avantage de ne pas exiger une grande dépense pour achat de semences ; car il suffit de 10 à 12 kilogr. de graines par hectare.

H. DÉBRIS DIVERS. On conçoit que tous les débris de plantes, les feuilles de betterave, de carotte, de pomme de terre, peuvent être considérées comme des engrais verts ; il en est de même des chaumes des céréales, et l'on s'en aperçoit bientôt quand on substitue la faux à la faucille, la première coupant la paille bien plus ras que la seconde ; les champs s'en trouvent appauvris, si l'on ne compense pas cette soustraction par une augmentation d'engrais ; les feuilles tombant des arbres enrichissent aussi le sol dans les forêts, et ce n'est pas sans dommage pour elles qu'on les en retire pour les porter sur les champs où elles sont d'ailleurs un très bon engrais ; celles de chêne, par exemple, donnent à l'état normal, en automne, 1,175 p. 100 d'azote, et à l'état

sec 1,565[1]; cependant, il faut les faire fermenter avant
de s'en servir pour détruire le tannin qu'elles contiennent. Enfin, les prairies artificielles ont beaucoup plus
d'importance, et constituent, au moyen de leur chaume
et de leurs racines, un des engrais verts les plus usités
et les plus puissants. Un hectare de luzerne défrichée,
dont nous avons recueilli tous les débris et les racines
pour nous assurer de leur quantité, nous a donné un
poids de 37,021 kilogr. à l'état normal qui contenait
0,80 p. 100 d'azote; par conséquent, 296,168 d'azote, représentant 74,400 kilogr. de fumier de ferme, quantité
susceptible de produire 32 hectolitres de blé. On a reconnu depuis peu la valeur nutritive de ces racines
cuites données aux moutons. Ce sera un avantage, sans
doute, si les fumiers qui en proviennent sont bien ad-
ministrés, sans quoi les terres pourraient s'en trouver
très mal.

D. — *Réflexions sur les engrais verts.*

On peut apprécier maintenant tout ce qu'on doit attendre des engrais verts; leur efficacité est bien constatée
et par leurs résultats agronomiques et par leur analyse.
Ceux que l'on obtient par le défrichement des prairies
artificielles sont les plus abondants et les moins coûteux, parce qu'ils résultent d'une culture qui a déjà
payé ses frais. La convenance de l'emploi des autres
plantes enfouies est entièrement subordonnée à leur
réussite sur les terrains auxquels on les destine, et leur

(1) *Voir* le tableau à la fin du volume, pour les autres espèces
de feuilles.

succès dépend d'ailleurs des chances des intempéries atmosphériques. D'ailleurs, la possibilité de leur culture est subordonnée à la distribution des autres travaux de la ferme, qui peut souvent ne pas comporter des travaux extraordinaires venant se contrecarrer avec ceux qu'exige l'assolement adopté. Nous croyons donc que ce n'est que dans des situations spéciales que l'on peut baser sur l'usage des engrais verts les combinaisons d'une économie rurale. Il sera préférable, dans le plus grand nombre des cas, de cultiver des plantes qui puissent servir à la nourriture des animaux, puisque ceux-ci restituent à la terre une grande partie des éléments qui servent à leur nourriture, et créent avec l'autre partie un produit animal d'une plus grande valeur.

Cependant il est des circonstances où les engrais verts peuvent devenir une ressource d'une grande importance, et même où ils sont l'unique pivot sur lequel on peut faire rouler tout le système d'une amélioration du terrain. Ainsi, quand on se trouve en présence de terres négligées, maigres, sans pâturages pour y nourrir les animaux, sans possibilité d'acheter des fumiers, ou de se procurer des masses de végétaux crûs sans culture, on est naturellement amené à chercher dans les engrais verts cette première force qui donne l'impulsion à la machine agricole. On commence alors par essayer en petit plusieurs plantes propres à cet emploi, et on fixe son choix sur celle qui réussit le mieux dans le sol auquel on la destine. On donne au terrain la préparation convenable, on sème avec soin, et la plante étant en fleurs, on la roule et on l'enterre. Si le semis s'est fait au printemps, on lui fait succéder immédiatement, selon les saisons et les circonstances, une

nouvelle plante améliorante d'automne. Si les fanes
de ces récoltes ont été peu abondantes, on recommence
l'année suivante, et jusqu'à ce que l'herbe recueillie ait
démontré, par son épaisseur et sa hauteur, que le terrain est en voie de progrès; alors on sème sur le champ
ainsi préparé une prairie artificielle convenable à la situation, et l'on a ainsi un commencement d'engrais
animaux; ce n'est que sur les défrichés de cette prairie
que l'on commence la culture des céréales. Si l'on améliore ainsi successivement les différentes parties du domaine, on se trouvera arrivé à un résultat important.

Ne nous le dissimulons pas, cependant, l'engrais ainsi
obtenu coûte cher, et sur des terres pauvres, il faut
quelquefois plusieurs années d'attente et de travaux
pour atteindre le but qu'on se propose. Sur de pareils
terrains les premières récoltes d'herbes sont faibles,
la terre ne se saturant que graduellement de ce que l'on
pourrait appeler sa ration d'entretien avant de manifester sa fertilité. M. Rieffel, l'habile directeur de Grand-
Jouan, affirme, dans son *Agriculture de l'Ouest*, que
l'amélioration de ses landes lui a coûté tout ce qu'elles
valent, et nous croyons que c'est le résultat que l'on
obtient par toutes les méthodes. Bannissons donc toute
illusion, ne croyons pas que l'engrais vert soit un présent gratuit de la nature, elle aussi *vend* souvent *ce qu'on
croit qu'elle donne.*

Quant aux terres qui dès les premiers semis donnent
l'herbe avec abondance, on doit recourir sur-le-champ
avec elles aux prairies artificielles sans se laisser aller
à l'espoir de fumer à plus bas prix avec les engrais
verts. La rente de la terre et les travaux destinés à cet
engrais s'élèvent le plus souvent au-dessus de sa va-

leur réelle. On évitera cette erreur en ayant soin de tout calculer et de tout peser, d'après les données que l'on trouvera dans ce qui précède. Ainsi on pèse en vert une partie de l'herbe obtenue sur une étendue déterminée, et dont la pousse est une moyenne entre la plus belle et la plus chétive; on la fait dessécher complétement soit au bain d'huile à la température de 140°, soit sous la machine pneumatique; on dose l'azote de la plante, et on trouve son prix de revient par la comparaison avec les frais de culture; on compare ce prix d'un kilogr. d'azote avec celui obtenu des fumiers, et par ces précautions on prévient tout mécompte dans une telle opération.

Nous connaissons cependant des cas où, malgré la belle venue de l'herbe, on peut préférer les engrais verts à la production du fumier d'étable, mais ils sont rares. Nous citerons ce que nous avons vu dans certaines contrées du midi où l'on perd chaque année une grande partie des troupeaux par le pissement de sang (sang de rate), et où l'on est trop éloigné des marchés d'engrais pour pouvoir en obtenir à des prix raisonnables. Il est évident que là, il faut renoncer à toute amélioration si l'on ne recourt aux engrais verts, à moins que l'on ne trouve une race d'animaux exempte d'épizootie, et pouvant remplacer avantageusement les moutons indigènes.

§ III. — Débris végétaux.

A. — *Terreau.*

Il existe, dans le fond des étangs et des marais situés sur un terrain calcaire, des amas de terreaux qui peuvent

être utilisés comme engrais; mais cet engrais est abondant en parties charbonneuses et pauvre en azote. La
fibre ligneuse y a déjà subi une décomposition qui l'a
privée de la plus grande partie de l'azote qu'elle contenait; un pareil terreau ne nous en a pas offert plus de
0,12 p. 100, et il aurait fallu plus de trois fois son poids
pour égaler le fumier d'étable. Mais il peut être utile aux
terrains pauvres en carbone. Il y a aussi des terreaux
plus riches, ce sont ceux qui n'ont pas été formés sous
l'eau, qui proviennent de prés défrichés, de cimetières, et qui sont mêlés à une forte proportion de bases
minérales. Ceux-ci peuvent être employés avec avantage quand leurs frais de transport ne dépassent pas
leur valeur réelle, que l'on appréciera en dosant leur
azote.

B. — *Tourbe.*

La tourbe, quand elle ne peut être employée plus utilement au chauffage, a souvent été proposée comme
engrais; mais chargée de tannin, de matières hydrogénées, et de divers acides végétaux et minéraux,
ne possédant qu'une petite quantité de matière azotée;
ce n'est qu'après lui avoir fait subir des préparations
coûteuses, qu'on a pu la faire servir à cet usage.

Le seul énoncé de ses défauts semble indiquer le remède, neutraliser les acides et le tannin par la chaux,
lui donner les alcalis qui lui manquent; l'associer à des
substances azotées, tels sont les moyens de tirer parti
du carbone surabondant de la tourbe, et pour cela
le procédé le plus économique est de se servir de la
tourbe sèche pour litière; on épargne la paille, on neu-

tralise sans manipulation les principaux acides de la
tourbe, et on lui ajoute les différents sels des urines et
des excréments. On peut aussi la mélanger avec du fumier d'écurie, dans la proportion d'une partie de fumier et trois de tourbe, en élevant le tas par couche
de 15 centimètres d'épaisseur. Lord Meadowbank, qui
est l'inventeur de cette méthode, prétendait qu'il obtenait ainsi une masse de fumier égale poids pour
poids au fumier d'écurie. Il est certain que les acides
et le terreau lui-même par sa porosité, retiennent
une grande partie de gaz ammoniacaux qui s'échappent
du fumier; mais pour que la masse pût acquérir en totalité la valeur du fumier, il faudrait que celui-ci perdît les trois quarts de son azote pendant sa fermentation, alors en effet la masse aurait la valeur du fumier
initial, plus celle de l'azote, renfermée dans les fibres
ligneuses non décomposées de la tourbe. Or, supposons
ces fumiers composés de moitié paille et un tiers d'excrétions mixtes du cheval (urine et fèces), il aura,
d'après les analyses rappelées par la table qui termi-
nera ce volume,

Pour 100 kilogr. de paille de froment. . . .   0,24 d'azote.
Pour 100 d'excrétions mixtes.   0,74
                                                0,98
Et pour 100, la moitié..   0,49

Or, l'analyse de ce fumier en donne 0,40, il n'a donc
perdu que 0,09 et non 0,37 de son azote pendant sa fermentation. Ainsi, le principal effet de cette manipulation est de convertir la tourbe en terreau doux, propre
à alimenter les plantes de carbone, dans les terres qui
en manquent.

Au reste, le lavage par la pluie et l'action de l'air désacidifient la tourbe à sa surface et quand, après l'avoir tirée des fosses, on l'étend sur le terrain, elle perd ses qualités nuisibles et finit par se convertir en terreau noir, propre à amender et à fournir du carbone aux plantes, plutôt qu'à engraisser les terres.

C. — *Marcs.*

Plusieurs espèces de végétaux et plusieurs parties des végétaux, fruits, racines, tiges, sont soumis à l'action de la presse pour en extraire les sucs; le résidu solide qui reste prend le nom de marc; et quand on lui donne une forme déterminée au moyen du moulage, les corps qui en résultent se désignent sous le nom de *tourteaux*. On les utilise de différentes manières, et, entre autres, pour fertiliser les terres. Nous allons les passer en revue.

A. Marcs d'olives. Quoiqu'on s'en serve ordinairement pour le chauffage dans les pays à oliviers, généralement peu pourvus de bois, il n'est pas inutile de constater leurs propriétés nutritives, pour comparer leur valeur économique comme engrais, à celles qu'ils ont comme combustibles. Le marc d'olive extrait par de très fortes presses, de telle manière qu'il n'était pas susceptible de donner de profit à la recense, desséché à la température ordinaire, a donné 0,738 p. 100 d'azote. Il faudrait donc pour qu'il pût être employé avec profit comme engrais, comparativement au fumier d'écurie se vendant 0 fr. 65 c. [1], qu'il pût s'acheter à 1 fr. 18 c.

---

(1). C'est toujours le fumier de ferme, au titre de 0,40 d'azote.

les 100 kilogr. Dans notre midi, il a une valeur plus considérable.

B. MARCS, TOURTEAUX DE COLZA. Les tourteaux de colza sont beaucoup plus riches; ils donnent à l'état normal 4,92 p. 100 d'azote, et à l'état sec 5,50; cela ne doit pas étonner, car les marcs d'olives renferment une grande proportion de ligneux des noyaux, tandis que les tourteaux de colza ne présentent que très peu de ligneux, débris de l'enveloppe des graines. Le prix normal de cet engrais serait donc de 7 fr. 87 c. les 100 kilogr. Leur cours est de 12 fr.; ce qui fait monter à 2 fr. 44 c. le kilogr. de leur azote.

C. Les TOURTEAUX DE LIN sont supérieurs encore à ceux de colza et renferment 5,20 d'azote à l'état normal, et 6,00 à l'état sec; le prix varie de 18 à 19 fr. les 100 kilogr.; comparés au colza, ils vaudraient seulement 12 fr. 60 c.

D. Les TOURTEAUX DE MADIA retiennent 5,06 d'azote à l'état normal, et 5,70 à l'état sec; leur prix n'est pas fixé, il serait de 12 fr. 44 c., comparé à celui du colza.

E. Enfin les TOURTEAUX D'ARACHIDE ont 8,33 p. 100 d'azote à l'état normal, et 8,89 à l'état sec; ils devraient donc se vendre 19 fr. 39 c.

On fait aussi usage de tourteaux de graines de coton, de cameline, de chenevis, de pavots, de faînes. Les tourteaux de noix sont employés à la nourriture des animaux. On peut voir, au tableau qui termine le volume, le titre de ces différents résidus.

On emploie beaucoup les tourteaux comme engrais.

dont il est question ici; le fumier d'auberge, à celui de 0,79, se vend 1 fr. 30 c. dans le midi.

Pulvérisés, on les répand soit sur les plantes qui ont
déjà poussé, soit sur les champs en les enterrant par un
labour. La dose est de 600 à 1,000 kilogr. dans la culture ordinaire, et jusqu'à 1,600 à 1,700 pour la culture
du chanvre. 1,000 kilogr. de tourteaux de colza renferment autant d'azote que 12,300 kilogr. de fumier de
ferme. Ce serait une très légère fumure.

En Provence, la non-réussite de la poudre de tourteaux à sec, dans un grand nombre de circonstances, a
fait adopter la pratique de l'humecter avant de la répandre sur le terrain ou de l'enterrer. Dans le nord,
Duhamel recommande de la répandre dix à douze jours
avant de semer la graine, pratique qui revient à celle de
Provence, car dans ce climat le tourteau devra reprendre
l'humidité qui lui est nécessaire. Le manque de cette
précaution expliquerait les accidents que signale M. Vilmorin[1] sur des terres où le tourteau, répandu sur les
semis de blé, avait empêché sa sortie. Les parties huileuses encore adhérentes au tourteau, se sont-elles com-
muniquées aux graines et ont-elles privé le germe du
contact de l'air? c'est ce que l'on pourrait soupçonner d'après un fait très remarquable. Un propriétaire
de Provence trouvant à son blé une couleur sale le
fit remuer avec une pelle de bois légèrement enduite
d'huile. Le grain prit une belle couleur, mais vendu
pour semence, il ne sortit qu'un petit nombre de plantes, et le vendeur fut condamné à restituer le prix des
graines, et à des dommages-intérêts envers l'acheteur.
Nous ne saurions donc trop recommander d'enterrer
la poudre de tourteaux d'avance, ou de l'humecter pour

---

(1) *Maison rustique du XIX⋅ siècle*, t. I, p. 91.

lui faire subir un commencement de fermentation qui décompose la matière huileuse.

On emploie aussi les tourteaux dans la fabrication des engrais composés, dont nous parlerons plus tard.

F. Le MARC DE RAISIN sert à nourrir les moutons après avoir été distillé pour en retirer l'alcool qu'il contient encore. D'autres fois on l'épuise d'alcool en le faisant tremper dans l'eau, ce qui produit la *piquette*. Après cette macération, on l'emploie à fabriquer des engrais, quelquefois aussi on l'applique directement à cet usage en sortant de la cuve. Le marc séché à l'air contient de 1,71 à 1,83 d'azote p. 100, et desséché complétent 3,31 à 3,56. Ainsi 100 kilog. de cette substance seraient l'équivalent de 450 kilogr. de fumier de ferme et auraient une valeur de 2 fr. 92 c. Toutes les fois qu'on en obtiendra un prix plus élevé pour la distillation, il ne conviendra pas de le destiner à l'engrais.

On fume aussi le pied des vignes avec le marc de raisin, et l'on assure que c'est l'engrais qui leur convient le mieux ; on s'en sert de même pour les oliviers, et d'autres fois, on le mêle avec une masse de fumier de ferme et avec des roseaux pour le faire entrer en fermentation.

G. Le MARC DES POMMES À CIDRE contient des acides que l'on combat par l'addition de chaux ou de terres calcaires, avant de s'en servir comme engrais. Cependant Schwerz assure qu'en ayant employé sans addition sur une mauvaise prairie, l'effet parut d'abord défavorable; mais que plus tard la croissance de l'herbe prit une assez grande vigueur. Si le terrain était calcaire, le phénomène s'expliquerait facilement. Le marc

de pommes desséchées à l'air contient 0,59 d'azote
p. 100, et complétement desséché 0,63.

H. Quand les POMMES DE TERRE ont été râpées et lavées
pour en extraire la fécule, leur pulpe que l'on ne destine pas à la nourriture des animaux contient en sortant de la presse 0,526 p. 100 d'azote, et complétement
sèche 1,95. Sa valeur relative avec le fumier de ferme
serait donc de 130 kilogr. de ce fumier p. 100 de pulpe, et
de 1 fr. 84 c. les 100 kilogr. M. Dailly a su aussi utiliser
les eaux de sa féculerie, et les dépôts qui s'y forment
pour en faire un bon engrais.

I. PULPE DE BETTERAVES. La pulpe de betteraves résultant de la fabrication du sucre est tout entière employée à la nourriture des bestiaux; elle contient
0,378 p. 100 d'azote en sortant de la presse, 1,14
séchée à l'air, et 1,26 à l'état complétement sec; ainsi
100 kilogr. de betterave sortant de la presse n'équi-
vaudraient pas tout-à-fait à 100 kilogr. d'engrais de
ferme.

J. TAN. Le tan, épuisé, après avoir servi à la fabrication des cuirs, renferme encore une petite quantité de
tannin; sa fibre ligneuse a subi une plus ou moins grande
altération, il est donc difficile de le saisir à l'état normal
et tel qu'on puisse décider quelque chose sur sa valeur.
Mais nous savons que le bois de chêne contient à l'état sec
0,72 p. 100 d'azote; il est donc certain que le tan, après
avoir été desséché à l'air, a encore des vertus fertilisantes, équivalant au moins à son poids de fumier, sans
compter la grande quantité de carbone qu'il présente.
On aura soin pourtant de ne pas s'en servir sans le
mêler avec de la chaux et du fumier, qui neutraliseront
le tannin qu'il peut renfermer encore.

§ IV. — Produits de la combustion des végétaux.

La suie, produit de la distillation du combustible qui s'opère dans les cheminées, les poêles, les fourneaux, présente une très grande variété de sels et dans des proportions très diverses, selon la nature de ces combustibles et le tirage des tuyaux. M. Braconnot a analysé de la suie de bois recueillie dans un tuyau de poêle, et il a trouvé le résultat suivant :

Alumine..	30,20
Matière animale insoluble à l'alcool.	20,00
Carbonate de chaux et trace de magnésie.	14,66
Eau.	12,50
Acétate de chaux.	5,55
Sulfate de chaux.	5,00
Acétate de potasse..	4,10
Matière carbonatée.	3,85
Phosphate de chaux ferrugineux.	1,50
Acétate de magnésie.	0,58
Principe particulier assez âcre (absoline).	0,50
Chlorure de potassium.	0,36
Acétate d'ammoniaque..	0,20
Acétate de fer.	»
	99,00

L'auteur de l'analyse fait observer que, dans le plus grand nombre de cas, il faudrait ajouter : 1° de l'acide acétique; 2° une huile essentielle, ou substance aromatique. Le dosage de l'azote contenu dans la suie de houille a donné, à l'état sec 1,59 p. 100 d'azote, à l'état normal retenant 15,6 d'eau, il y a eu 1,35 d'azote. La suie de bois à l'état sec a donné 1,31, et à l'état normal avec 5,6 d'eau, 1,15 p. 100 de son poids d'azote.

On voit que la suie est composée d'un grand nombre

des éléments du bois qui, par leur combinaison, offrent un des meilleurs engrais et des plus propres au plus grand nombre de terrains. Aussi est-elle fort recherchée par tous les fabricants d'engrais et entre-t-elle dans la plupart des lessives que l'on a conseillé pour donner de l'activité aux engrais végétaux ; mais cette matière, employée aussi dans les teintures, est en trop petite quantité pour devenir une ressource bien utile à l'agriculture. Les fermiers s'en servent dans leurs jardins, et la placent au pied des arbres fruitiers qu'ils veulent ranimer, ou bien ils la mêlent au fumier de ferme. Quand on peut s'en procurer une assez grande quantité, on la répand au premier printemps sur les céréales d'automne. En Angleterre, la dose est de 18 à 36 hectol. par hectare ; Schwerz porterait sans hésiter la dose à 50 hectol. ou 5,000 kilogr., l'équivalent pour l'azote seul de 16374 kilogr. de fumier normal ; ce serait encore une petite fumure si la suie n'agissait que par son azote ; mais ses sels, tous solubles et prêts à entrer dans la végétation, lui communiquent une grande vigueur, et les récoltes témoignent de l'excellence de cet engrais.

Schwerz nous apprend encore qu'en Flandre, on applique de préférence la suie aux colzas repiqués ; on y emploie par hectare 80 paniers de 34 litres, ou 2720 litres de suie ; chaque panier vaut 60 c., ce qui porterait le prix de la suie à 1 fr. 70 c. les 100 kilogr. En Allemagne, la suie se paie 1 fr. 50 c. ; ses effets sur les trèfles paraissent très remarquables. D'après la dose d'azote qu'elle contient, la suie de bois aurait, comparativement au fumier à 65 c., une valeur de 2 fr. 60 c. les 100 kil. On voit que c'est un engrais à bon marché.

La suie, outre ses propriétés fertilisantes, a encore l'avantage d'éloigner des jeunes pousses les insectes qui les dévorent. On se sert aussi avec succès de sa décoction pour imbiber les glands, les faines, les châtaignes que l'on sème, afin de les préserver des rats qui en sont avides.

§ V. — De l'écobuage.

L'écobuage consiste à enlever la couche superficielle de la terre, celle qui renferme des tiges, des racines de végétaux, à former avec le gazon ou les mottes qui en résultent des espèces de fourneaux auxquels on met le feu pour obtenir, au moyen d'une combustion lente, des cendres et de la terre imprégnées des gaz développés par cette combustion. On a soin, à cet effet, de fermer toutes les issues à la flamme, au moyen de nouvelle terre dont on charge le fourneau quand on la voit se faire jour en dehors.

Cette opération capitale est la base de l'agriculture d'une partie de la région montagneuse de la France; nous en décrirons les procédés en détail en parlant des défrichements; nous devons ne nous occuper ici que des résultats que l'on en obtient sous le rapport de l'alimentation végétale.

Sous l'influence des idées purement théoriques, on a longtemps blâmé l'écobuage. On le regardait comme destructif du terreau qui, dans les idées reçues, était la condition essentielle de la fertilité. Le terreau, corps ordinairement très composé, renferme en effet le plus souvent tous les éléments de la nutrition végétale; mais avant de condamner l'écobuage, il aurait fallu examiner dans quel état ces éléments s'y trouvent et dans quel état l'écobuage les y laisse. Depuis longtemps des faits que nous avions sous les yeux ne nous permettaient pas de douter de son efficacité agricole ; nous avons vu dans les paluds de Saint-Remy (Bouches-du-Rhône) des terres ensemencées constamment en blé depuis dix ans, constamment écobuées après chaque récolte, donner des produits toujours satisfaisants ; mais aussi nous avions pu voir que les effets de l'écobuage étaient faibles, quand, au lieu d'un terrain bien gazonné, on avait brûlé seulement les chaumes et les racines de froment avec la croûte entière de la terre. Ces faits, nous les avons observés et vérifiés dans une foule de localités ; partout il nous a paru évident que les effets de l'écobuage étaient en rapport avec la masse de végétaux qui entraient dans la combustion ; qu'il ne fallait le répéter que quand les végétaux s'étaient reproduits, et qu'il fallait s'arrêter dès que la terre cessait d'être garnie d'une quantité suffisante d'herbe.

Nous avions commencé sur cette matière quelques expériences, trop tôt interrompues par les affaires publiques ; nous nous bornons donc à les présenter comme de simples essais. Nous avions choisi trois genres de terrains. Le premier était sec, dégagé de fibres végétales ; le deuxième venait de produire du blé et était garni de son chaume ; le troisième était gazonné et provenait d'un pré non arrosé ; nous avons pris une tranche de chacun d'eux, nous les avons fait digérer dans l'eau. Le premier produisit une eau qui, après la filtration, était presque claire ; et après évaporation, elle laissa un dépôt de carbonate de chaux. Le second, qui avait été fumé deux ans auparavant, produisit une eau couleur de

... de potasse; ces trav...

rien, et probablement même, quelque soin que l'on prenne pour que la fumée ne sorte pas des tas de terre enflammés, il s'en perd quelque chose; mais en suivant une autre marche, en abandonnant les débris végétaux aux effets lents de la putréfaction, ce n'est qu'après bien du temps qu'ils sont dégagés des cellules et des tissus où ils se cachent. N'est-ce pas beaucoup faire que de hâter le moment de les mettre en circulation, d'en jouir sur-le-champ, et de condenser sur une seule récolte des effets minimes, qui, dispersés sur plusieurs récoltes successives, seraient inappréciables. Ce premier profit, s'il est bien utilisé, permettra d'entreprendre une culture énergique, au moyen des engrais obtenus par la mise en valeur de ces éléments de fertilité recélés par le sol.

Ainsi, principe général : il ne faut écobuer que les terrains riches en plantes, en racines, en tiges et en terreau, sinon le résultat ne paie pas les dépenses de l'opération.

Si l'on ajoute à ces avantages ceux qui résultent de l'état physique du terrain, quand il est argileux et qu'une partie de l'argile, devenue incapable de faire pâte avec l'eau, le rend plus léger et moins tenace, on comprendra toute l'efficacité de l'écobuage. Elle est telle que, quand on peut se procurer des fagots à bon marché, on trouvera de l'avantage à les réduire en engrais par la combustion dans des fourneaux formés de terre argileuse. On conçoit que ces considérations aient porté le major Beatson à recommander ce procédé. Il amendait ainsi les terres argileuses, il désagrégeait leurs parties et mettait à nu la potasse qu'elles contiennent. Mais nous sommes loin de croire qu'un pareil système

pourrait se perpétuer et remplacer tous les engrais.
On arriverait bientôt à épuiser le sol, à moins que l'on
pût disposer, pour brûler la terre, d'une quantité de
bois assez considérable pour lui fournir, sous forme de
sels, des éléments de nutrition.

§ VI. — Substances minérales propres à fournir aux plantes
des aliments azotés.

Plusieurs substances minérales sont mélangées de
matières azotées qui les rendent propres à être employées comme engrais; telles sont les terres salpêtrées
des caves, des bergeries, des cimetières, des abattoirs;
celles qui se salpêtrent naturellement à l'air; enfin
toutes celles qui ont reçu accidentellement des excrétions et des émanations animales. Leur valeur comme
engrais consiste dans la proportion d'azote qu'elles
contiennent, et qu'il faut doser pour chaque cas particulier. Elles peuvent d'ailleurs avoir une valeur comme
amendement.

La tangue et le merl que l'on va recueillir sur les
bords de la mer en Bretagne, et que l'on transporte
dans l'intérieur, tirent leurs propriétés des débris animaux qui y sont mêlés.

La *tangue* ou *trez* constitue le sol des plages maritimes dans plusieurs localités de l'arrondissement de
Morlaix. On la lave pour la dépouiller d'une partie du
sel marin qu'elle contient. Le sel n'arrêtant plus la putréfaction des parties animales, son emploi doit être
immédiat, sans quoi l'azote se dissiperait entièrement,
et la tangue n'agirait plus que comme amendement, en
raison de ses particules calcaires et grenues. Elle prend
alors le nom de *trez-mort*.

I.   40

D'après M. Vitalis, qui a analysé la tangue vive et morte, elle contiendrait :

	Vive.	Morte.
Eau.	6,00	3,50
Oxyde de fer..	0,60	1,10
Sable micacé..	20,30	40,00
Argile.	4,00	3,50
Carbonate de chaux. .	66,00	47,50
Perte..	3,10	4,40
	100,00	100,00

MM. Boussingault et Payen ont trouvé 0,14 d'azote dans la tangue de Roscoff desséchée. On en emploie par hectare 40,000 kilogr., contenant 52 kilogr. d'azote, l'équivalent de 13,000 kilogr. de fumier de ferme. Pour avoir de l'avantage à s'en servir, il faut donc que les frais de transport ne dépassent pas 42 c. le quintal métrique ; c'est ce qui borne le cercle où son emploi est possible.

Le *merl*, autre substance marine, est une vase mêlée de coquillages, de débris de coraux, et contenant une forte dose de matières animales. On l'extrait à la drague, et sa valeur varie selon la position où on le recueille. C'est surtout à Morlaix, dans la rade de Brest, dans la rivière de Quimper que l'on exploite les bancs de merl, du 15 mai au 15 octobre. MM. Boussingault et Payen ont dosé la matière de Morlaix et lui ont trouvé, à l'état sec, 0,42 pour 100 d'azote ; mais quand on la prend sur le bord de la mer, elle doit retenir la moitié de son poids d'eau au moins, et ne doit plus avoir que 0,20 ou 0,21 d'azote. On la vend à Morlaix à raison de 11 ou 14 c. les 100 kilogr. C'est donc un engrais à très bon marché ; les frais de transport et l'épuisement des bancs de merl peuvent seuls limiter cette exploitation.

Dans l'arrondissement de Morlaix on emploie de 14,000 à 28,000 kilogr. de merl par hectare, c'est-à-dire au maximum 56 kilogr. d'azote, équivalant à 14,000 kilog. de fumier de ferme. La proportion la plus grande ne s'emploie que sur les terres fortes, on croit que son action serait trop forte sur les terres légères et sablonneuses. C'est donc un engrais à décomposition rapide.

SECTION VI. — *Engrais composés.*

Arrivé au point où nous sommes parvenus, **Schwerz** s'écrie : « Quoi qu'en disent les savantes dissertations sur le sel, la corne et les vieux chiffons, le meilleur engrais consiste toujours dans les déjections animales ; car, mît-on en lambeaux toutes les friperies, réduisît-on en poussière tous les sabots et toutes les cornes d'animaux, obligeât-on toute la population d'un état à marcher nue-tête pour convertir tout cela en engrais, combien de mille hectares parviendrait-on à fumer avec ces ressources ? » Quoique les détails dans lesquels nous sommes entrés jusqu'ici prouvent que ces ressources ne sont pas à dédaigner, et que plusieurs d'entre elles ont une utilité très réelle, surtout à cause du petit volume dans lequel y sont condensées les matières fécondantes, et du grand nombre de positions agricoles où les engrais ne se produisent pas en proportion de la consommation, cependant nous arrivons à la même conclusion que lui. C'est sur les engrais de ferme composés de végétaux et de déjections animales que nous devons surtout compter pour maintenir la terre en produit, et c'est de ceux-ci que nous allons traiter maintenant.

Les fumiers d'étable se composent généralement d'un excipient qui prend le nom de *litière*, parce qu'il sert à former le lit des animaux. Pour remplir parfaitement son but, la litière doit être absorbante et ne pas adhérer au corps de l'animal. Si ensuite elle possède par elle-même des propriétés fertilisantes, elle ajoute à la valeur du fumier tout en augmentant sa masse. C'est ce qui a fait choisir les pailles, les feuilles d'arbre, les fougères, les roseaux, le buis, la sciure de bois, de préférence à des substances inertes, comme la terre, le sable, qui, n'ayant par elles-mêmes aucune vertu fécondante, ont en outre l'inconvénient de s'attacher au poil et à la peau, et de nécessiter de fréquents pansages, pour maintenir les grands animaux propres et en bon état, ou de souiller la laine des moutons, en la rendant plus pesante et d'une vente moins facile. Enfin, on a choisi aussi l'eau comme excipient des engrais, pour mêler et dissoudre par son moyen les différentes parties des engrais, et les mettre dans un état convenable de fermentation. Dans ce cas on a des *engrais liquides*.

§ Ier. — Engrais solides; préparation.

Le rapport de la quantité de litière aux déjections animales constitue la plus ou moins grande valeur des fumiers également humectés, puisque les excrétions sont plus azotées que les matières végétales qui forment la litière. Si l'on voulait toujours obtenir le meilleur fumier, on ne devrait employer que le *minimum* de litière. C'est ainsi que l'on devrait faire, si les fourrages étaient rares, et que l'on pût employer plus utilement à

la nourriture des animaux une partie des végétaux consacrés ordinairement aux litières. Mais cette économie
doit s'arrêter au point où les litières ne suffiraient pas
pour absorber complétement les urines, que l'on laisse-
rait perdre dans les rigoles des étables, car on se priverait ainsi de la partie la plus riche de l'engrais, à moins
qu'on ne les recueillît à part dans des réservoirs particuliers. C'est alors une méthode mixte qui consiste
à allier la fabrication des engrais solides à celle des
engrais liquides.

Pour le cheval la quantité de litière sèche doit être à
peu près égale au poids du fourrage consommé. Les bêtes
bovines en exigent davantage, et les porcs plus encore,
à cause de la grande liquidité de leurs excréments.
Quant aux moutons, leurs crottins étant généralement
secs, ce n'est que pour recueillir leurs urines qu'on leur
fournit de la litière, et souvent on la remplace par des
terres bien sèches. Si l'on employait des terres humides,
on risquerait d'altérer leur santé de plusieurs manières.

Le fumier est d'autant plus disposé à la fermentation
que les litières sont plus foulées, triturées, mêlées avec
de nouvelles déjections. Aussi, l'usage de beaucoup de
fermes est-il de ne l'enlever que toutes les semaines,
et au plus deux fois la semaine. Cet usage, très favorable
à la bonne qualité des fumiers, est nuisible aux animaux, à cause des vapeurs ammoniacales qui s'élèvent
des matières entassées. Il est préférable d'enlever le fumier tous les jours, en relevant et resserrant la paille
qui n'a pas été souillée par les excrétions.

Plus la litière a été divisée, et plus elle est susceptible
de s'emparer des sucs liquides, de les incorporer dans
ses tissus, de les recevoir dans ses cavités. Aussi divise-

t-on souvent les pailles longues avant de les mettre
sous les animaux.

Le fumier doit être transporté, à l'aide de la brouette,
de l'écurie aux lieux où on l'entasse. Le tas doit être
formé dans une place qui soit à l'abri de l'irruption des
eaux pluviales, et non dans un lieu bas où elles affluent.
L'aire de la place à fumier sera légèrement inclinée vers
son centre, figurant le toit d'un pavillon renversé, mais
à faible inclinaison. Au point central qui est le plus
bas, on pratiquera un puisard maçonné de 1^m de profondeur, garni à son ouverture d'un grillage en bois. C'est
là où se rendent les eaux qui filtrent du fumier. En
outre, on y amènera à volonté par des conduits couverts l'eau d'un puits ou d'un ruisseau, afin de ne manquer en aucun temps du liquide nécessaire pour arroser
le fumier. Une pompe plonge au fond du puisard pour
y prendre l'eau et la déverser sur le tas. On peut aussi
établir sur son bord une guérite à latrine.

Le fumier sorti de l'écurie doit être étendu bien uniformément sur le tas, et continuellement pressé par le
va-et-vient des brouettes. On empêchera, en le fou-
lant ainsi, la formation des vides où s'engendre la moi-
sissure ou le blanc, qui cause une grande détérioration
dans la qualité de l'engrais. Le fumier sera arrosé,
aussi souvent que l'on s'apercevra de l'augmentation de
sa chaleur, avec le liquide réuni dans le puisard, où
que l'on y fait affluer ; on l'en retire avec la pompe, et
on le dirige sur les différents points du tas, au moyen
d'auges en bois à pieds inégaux pour leur donner de la
pente de l'avant à l'arrière. Ces auges s'adaptent les
unes aux autres, de manière à pouvoir parvenir aux
points les plus éloignés du tas de fumier.

§ II. — Fermentation.

Ainsi entassé, la fermentation s'établit dans le tas de fumier, il s'échauffe, ses parties aqueuses s'évaporent, et des gaz de plusieurs espèces se dégagent, son volume diminue sensiblement, les matières tendent de plus en plus à se convertir en une masse homogène par les progrès de la décomposition de ses différents composants. Essayons de nous rendre compte de l'état où se trouve le fumier au point de départ et au point d'arrivée de cette fermentation.

Si nous prenons un fumier d'écurie, sans excès de paille, produit par des chevaux nourris au foin et à l'avoine, qui ait été encore peu arrosé et qui soit au commencement de sa fermentation, nous trouverons qu'il contient environ 60 d'eau, 30 de matière organique et environ 10 de matière inorganique. Un pareil fumier provenant des auberges de roulage du midi a fourni à l'analyse 0,796 parties d'azote par 100; et desséché dans le vide, 2,07 d'azote par 100.

M. Gazzeri a fait des expériences pour constater la perte qu'éprouvait le fumier pendant la fermentation [1]. Il a rempli une chaudière de cuivre à peu près aux deux tiers, avec 40 livres poids de Florence de fumier; l'a placé dans un lieu clos, l'a couvert d'une toile grossière surmontée de paille. Ainsi la masse du fumier n'était pas très grande, l'accès de l'air était difficile et la perte des principes ne pouvait être abondante; à la dernière période de l'expérience, la chaudière fut dé-

(1) Gazzeri, *degl' ingrassi*. Florence, 1819.

couverte. La diminution de la masse a suivi la progression suivante :

	Poids.	Différence pendant l'intervalle.	Différence par jour.
21 mars.	1000	225	3,87
18 mai.	775	71	2,30
18 juin.	704	7	
6 juillet.	653	51	2,83
18 juillet. . . .	455	198	16,50

Ainsi la masse a diminué de plus de moitié en 119
jours; cette diminution s'est maintenue assez égale,
sans de grandes variations tant que la chaudière a été
couverte, mais elle s'est beaucoup accrue à l'air libre,
et l'on peut supposer qu'elle eût été beaucoup plus considérable si, depuis le commencement, l'expérience
avait eu lieu sans couverture.

Pendant ce temps, que se passait-il relativement aux
éléments de la masse? Pour le trouver, M. Gazzeri opérait une analyse grossière que l'on pourrait appeler
plutôt une lévigation. Il séparait l'eau des fibres végétales, de la matière molle et des parties solubles du fumier, et voici les résultats de cette recherche :

	Masse.	Eau.	Parties fibreuses.	Matière molle.	Parties solubles.	Rapport des parties fixes aux parties solubles.
21 mars.	10000	7081	1533	1124	267	10000 : 1006
18 mai.	10000	6824	1599	1341	233	10000 : 792
18 juin.	10000	6958	1508	1275	236	10000 : 847
6 juillet. . . .	10000	6834	1466	1441	258	10000 : 887
18 juillet. . . .	10000	6631	1400	1367	381	10000 : 1376

En combinant les résultats de ces deux tableaux,
nous trouvons que le 21 mars le poids étant de 10,000,
le fumier avait 1,006 parties solubles, mais qu'au 18
juillet la masse réduite à 4,550 possédait 1376 parties
solubles, il ne restait plus que 455 de celles qui exis-

taient primitivement ; le nombre de ces parties avait diminué dans la même proportion que la masse. Ainsi réduction du poids et des particules solubles de moitié en trois mois, malgré les précautions prises contre l'évaporation, tel est le résultat de ces recherches.

M. Gazzeri n'a pas fait l'analyse des gaz, et se borne à nous affirmer que les caractères d'animalisation du fumier avaient disparu, et qu'il n'avait plus l'odeur caractéristique qui accompagne la combustion des matières animales. Nous avons cru devoir compléter son expérience qui laissait trop de doute sur la valeur réelle du fumier qui avait fermenté. Pour cela, M. de Mirbel nous a remis du fumier de couche épuisé, qui avait cessé d'émettre la chaleur qui annonce la continuation de la fermentation. L'analyse en a été faite par M. Payen qui a trouvé qu'il ne contenait plus que 31,34 p. 100 d'eau ; sa combustion laissait 39,50 p. 100 de résidus ; desséché dans le vide, il a donné 1,577 p. 100 d'azote, au lieu de 2,070 que contient le fumier n'ayant qu'un commencement de chaleur ; il y a donc eu une perte de 0,493 d'azote, sur la masse restante ; mais cette masse étant réduite de 10000 à 4550 devrait contenir 4,549 d'azote si elle avait conservé tout celui de la masse primitive réduite à 1577 ; elle a donc perdu 0,65 de son azote primitif, c'est-à-dire les deux tiers ; ainsi la déperdition de l'azote a été encore plus précipitée que celle des autres principes du fumier.

Il y a donc une illusion complète de la part des cultivateurs, qui, trompés par l'apparence d'homogénéité du fumier consommé, pensent qu'il a acquis une plus grande valeur ; la fermentation avancée, il a perdu plus de la moitié de sa masse, plus de la moitié de ses principes solubles, et les deux tiers de son azote. Ce qui reste consiste principalement en principes carbonisés.

Au reste, cette erreur a été partagée par un grand nombre de bons esprits; Schwerz lui-même n'en est pas à l'abri. Il nous dit que la diminution du volume du fumier ne fait que concentrer sa force sans l'augmenter, et que la quantité d'engrais qui se trouvait dans quatre voitures de fumier frais se re-trouve le même, avec la même force, au volume près, après la décomposition, dans deux voitures ou dans une seule. Il reste évident, ajoute-t-il, que la décom-position du fumier n'augmente pas sa force ou sa qua-lité. Mais à peine a-t-il achevé de prononcer ce juge-ment, que le remords le prend, et il croit devoir dire que cette donnée est trop favorable, et qu'il doit y avoir perte, non-seulement en quantité, mais encore en qua-lité[1]. Les incertitudes d'un si bon esprit doivent nous faire sentir l'importance des secours que l'agriculture peut attendre de la méthode expérimentale, source de tous les progrès des arts modernes.

Si l'on voulait parvenir à réduire les frais de trans-port, ce ne serait donc pas par la fermentation que l'on pourrait arriver à une diminution de la masse à transporter, mais plutôt par la dessiccation. Que l'on songe, en effet, que c'est parce que le fumier des au-berges du midi a près de moitié moins d'humidité que le fumier qualifié de normal par MM. Boussingault et Payen, qu'il l'emporte aussi de moitié par sa valeur, car les deux fumiers desséchés ont à peu près le même dosage. On préviendrait ainsi la fermentation et la dé-

[1] **Préceptes d'agriculture pratique,** p. 250.

perdition de l'azote. Mais comme cette opération n'est pas toujours facile, c'est par un autre moyen que l'on s'oppose à l'évaporation des gaz azotés. C'est celui qui est employé en Suisse, et qui est indiqué par M. Schattenmann [1]. L'exposé de cette méthode complétera ce que nous avons à dire sur la bonne préparation du fumier. Elle consiste à mettre en contact des sulfates avec les gaz ammoniacaux pour les convertir en sulfate d'ammoniaque qui ne sont pas volatils.

Pour y parvenir, on sature les eaux de puisard avec du sulfate de chaux que nous préférons au sulfate de fer, dans la crainte qu'une partie de ce dernier, échappant à la décomposition, ne devienne un élément fâcheux pour les terres. En déposant le fumier par couches, comme nous l'avons indiqué, on répand sur chaque couche du plâtre en poudre; on a soin d'arroser avec la pompe chaque fois que le fumier s'échauffe, pour maîtriser la rapidité de sa fermentation et pourvoir à l'abondante évaporation qui s'en échappe. On fait arriver à proportion de l'eau nouvelle dans le puisard et on y ajoute du plâtre pour la saturer. M. Schattenmann monte ainsi ses tas à 3 ou 4 mètres sans craindre l'excès de la fermentation et la déperdition du gaz. On obtient par ce procédé un fumier d'une grande énergie; les parties végétales se décomposent, les parties animales se modifient et l'engrais ne perd aucune de ses propriétés. L'azote se trouve concentré dans le sulfate d'ammoniaque, et si le fumier se réduit de volume, il ne s'en élève que de la vapeur d'eau, du gaz acide carbonique et du gaz hydrogène sulfuré, mais en conser-

(1) Comptes-rendus de l'Académie des Sciences, t. XIV, p. 274.

vant toutes les substances fertilisantes. Il faut cependant convenir que l'odeur qui s'exhale d'un tel fumier
pendant sa préparation est désagréable et nécessite
qu'on le place hors de portée des habitations et
dans une direction opposée à celle du vent régnant.

§ III. — Qualité et valeur des fumiers.

Les différents fumiers sont loin d'avoir les mêmes
qualités et la même valeur. La variété des animaux
que l'on élève dans les fermes, celle de leur nourriture dans les différentes saisons, la mauvaise tenue des
places à fumier qui ne sont pas à l'abri des eaux pluviales, et en reçoivent souvent en surcroît de l'écoulement des toitures de bâtiments, les débris divers que
l'on y entasse, rendent les qualités du fumier très diverses, et s'il était convenable de prendre pour type
un fumier normal, on ne pourrait pas plus mal choisir
que d'aller l'y chercher. De tous les fumiers celui qui
est le plus uniformément préparé est celui des auberges
de rouliers, qui d'un bout de la France à l'autre donnent
la même nourriture à leurs chevaux; c'est ce qu'on
appelle *l'ordinaire*. Nous possédons dans le midi une
auberge d'où est tiré celui que nous avons soumis à
l'analyse. Après un commencement de fermentation,
il contient 60,58 d'eau sur 100 parties; il pèse 660 kil.
par mètre cube, et, quand il est bien entassé sur
la voiture qui le transporte, 820 kilogr. Après la
combustion il reste 27,50 p. cent de cendres. D'après
l'analyse de M. Payen, il contient, desséché dans le
vide, 2,083 pour cent d'azote; à l'état normal avec son
eau, 0,796.

MM. Boussingault et Payen ont analysé aussi un fumier de la ferme de Bechelbron, près de Haguenau. C'est ce qu'ils ont nommé leur engrais *normal*. Celui-ci est composé des déjections de tous les animaux de la ferme, il a 79,3 d'eau, n'a que 0,40 pour 100 d'azote dans cet état ; mais complétement desséché, il en présente 1,95. On ne s'éloigne donc pas beaucoup de la vérité en disant que généralement nos fumiers de toute espèce présentent à l'état sec environ 2 pour 100 d'azote, et qu'ils ne diffèrent guère entre eux (à moins qu'on n'ait fait abus de la litière, ou que l'on ne les ait chargés de terreau et de débris végétaux) que par la quantité d'eau qu'ils renferment. On pourrait donc convenir sans inconvénient que le fumier *normal* serait celui qui à l'état sec renfermerait environ 2 pour 100 d'azote. Et comme la différence de la valeur des différents fumiers tient principalement à la proportion d'eau qu'ils contiennent, si on les dessèche complétement avant de les analyser, on pourra les comparer rigoureusement. Ainsi le fumier de MM. Boussingault et Payen valant 100, celui des auberges vaudra 197.

Le prix vénal de ce dernier dans le midi est en ce moment de 1 fr. 30 c. les 100 kilogr. Ainsi le prix du fumier de ferme serait de 66 c. C'est sur ce pied que, dans cet ouvrage, nous avons établi les comparaisons numéraires.

§ IV. — Engrais liquides.

Nous avons déjà parlé de l'engrais liquide ou *lizier*, que l'on compose en faisant arriver les urines dans une citerne où elles sont mélangées d'eau, mais l'engrais liquide complet de la Suisse et de plusieurs parties de

l'Allemagne est formé de la totalité des déjections animales que l'on pousse dans la citerne.

Pour faire régulièrement l'engrais liquide tel qu'on
le pratique à Zurich, pays classique de cette méthode,
l'étable doit être pavée de madriers avec une assez forte
pente de l'avant à l'arrière. Immédiatement derrière
les animaux se trouve une rigole de 3 décimètres de
largeur, sur 2 de profondeur, et qui aboutit à cinq citernes d'une dimension suffisante pour recevoir chacune le lizier d'une semaine. Elles sont enterrées dans
le sol et rendues imperméables à l'eau. Chaque rigole
se ferme à son extrémité par une palette en bois. L'urine
coule naturellement dans la rigole, on y fait tomber
tous les excréments avec un balai; alors on la remplit
d'eau, on agite les matières pour les délayer, on ouvre
la palette, et l'on fait écouler tout le liquide dans la citerne. Quand la fermentation s'annonce par la présence
de bulles à la surface des liquides, on y jette du sulfate
de chaux pour s'emparer des gaz ammoniacaux; souvent
on remplace cette substance par de l'acide sulfurique.
A la fin du mois, la quatrième citerne étant pleine, on
vide la première; au moyen d'une pompe on remplit du
liquide qu'elle contient des tonneaux posés sur des
chars, et on le répand sur les champs ou sur les plantes
en végétation. On procède successivement de même et
de semaine en semaine pour les autres.

On conçoit que la vertu de cet engrais est en rapport
direct avec la quantité d'urines et d'excréments qu'on
y a mélangée. On n'a pas encore essayé de doser l'azote
de l'engrais liquide de la Suisse dont on vante les bons
effets. On peut rendre la fumure plus ou moins forte,
en augmentant ou diminuant la dose que l'on en ap-

lever à époque fixe, et sans pouvoir s'en dispenser, les liziers déjà faits, pour rendre libres les citernes qui doivent servir au roulement de la fabrication.

La meilleure raison que l'on puisse donner en leur faveur, c'est la prospérité agricole du pays où ils sont en usage. Nous parlerons de la distribution de cet engrais en traitant des cultures.

§ V. — De l'engrais flamand.

Les urines et les excréments humains retirés des fosses d'aisance et conservés dans des citernes voûtées placées au-dessous du sol, constituent ce qu'on appelle *l'engrais flamand*. Ces citernes sont de la contenance de 2 à 3,000 hectolitres, et on les remplit en toute saison ; c'est-à-dire lorsque les autres travaux permettent de faire des transports de la ville à la citerne. Pour être d'un bon emploi, il doit avoir fermenté pendant quelques mois. A cet effet, on ne vide jamais entièrement les citernes, et on y ajoute de la matière à mesure qu'on en retire. Les cultivateurs assurent que cet engrais n'éprouve aucune perte dans sa qualité, même par un séjour de trois années. La fermentation lui donne de la viscosité plutôt que de la liquidité.

Cette description de l'engrais flamand, due à M. Kuhlmann, professeur à Lille[1], nous le fait suffisamment apprécier. Il parait certain que la privation d'air, la basse température des fosses enfoncées dans le sol et bien fermées, rendent la fermentation très lente, et expliquent le peu de déperdition de l'engrais pendant

(1) Kuhlmann. *Annales de chimie*, 3ᵉ série, t. III, p. 88, etc.

une longue durée de temps. A ces notions, il faut ajouter qu'en Flandre on ajoute souvent des tourteaux à
cet engrais pour leur procurer un commencement de
désagrégation, et augmenter la valeur de la masse.

MM. Payen et Boussingault ont analysé l'engrais
envoyé de Lille, et ont trouvé qu'il contenait dans son
état normal 0,19 à 0,22 p. 100, ou en moyenne 0,205
d'azote; il coûte 25 c. l'hectolitre pesant 125 kilogr.,
qui contiennent 0,25 d'azote, la valeur de ce gaz est
de 1 fr. le kilogr. Mais le volume à transporter, pour
avoir une égale quantité de principes nutritifs, étant
double de celui du fumier de ferme, les frais qui en
résultent sont considérables. Ainsi, dans la banlieue
de Lille, on compte le transport pour un prix égal à
l'achat et l'entretien des fosses, et le répandage pour
un prix double, ce qui ferait revenir l'azote employée à
près de 4 fr. le kilogr.

§ VI. — Engrais Jauffret.

C'était en Provence que devait naître Jauffret, l'apô-
tre et le martyr des engrais. Son pays, pauvre en bestiaux, manquant de fourrages, et par conséquent d'engrais, voyait son élan agricole arrêté par les effets de
son sol et de son climat; mais auprès de ces terres épuisées existaient de vastes espaces couverts de végétaux
sauvages, d'arbustes, de roseaux, etc.; les habitants
les recueillaient, les entassaient, les humectaient, pro-
voquaient leur fermentation, et les employaient ensuite
comme engrais. Jeauffret perfectionna cette méthode,
en substituant à l'eau avec laquelle on arrosait la
masse des végétaux une lessive composée de fumiers ani-

I.   41

maux délayés et de différentes substances salines, salpêtre, cendres, plâtre, suie, etc., qui ajoutent à l'engrais
les éléments qui manquaient aux végétaux employés, ou
qu'ils ne possédaient qu'en dose insuffisante. Cette
marche était bien fondée, et il ne manquait à l'auteur
que de mieux connaître la composition des plantes
pour faire par son moyen de très bon engrais. Sa recette n'est qu'un tâtonnement où l'on ne saurait blâmer
que l'exiguïté des proportions des substances employées. Nous ne pouvons la donner ici, parce qu'elle
a été communiquée aux actionnaires sous le sceau du
secret. Toute imparfaite qu'elle est, Jauffret a rendu,
en la répandant, un grand service à tous les lieux où
l'on possède une masse de végétaux adventices qui ne
coûtent que la peine de les ramasser, et en signalant
les grandes ressources que l'on peut tirer de leur emploi, ce service justifie les récompenses dont il a été
l'objet, et accuse peut-être leur insuffisance.

Après lui, M. Turrel, son disciple, n'a pas tardé à
reconnaître, dans ses nombreux voyages de propa-
gande, que les circonstances où les procédés purs de son
maître étaient économiquement applicables n'étaient
pas communes, et tout en les recommandant pour les
pays où l'on peut se procurer à bas prix les éléments
végétaux de l'engrais, il a profité des progrès de la
science pour composer de nouveaux mixtes convenables aux différents sols et aux différentes cultures. Il
n'en a pas publié la composition ; mais, si nous l'avons
bien compris, ils sont principalement salins, et remplissent au moins une des conditions de la nutrition
végétale; il ne perdra sans doute pas de vue l'importance des aliments azotés, s'il veut donner à ses en-

grais composés toute la perfection qu'ils comportent.

Dans ces derniers temps, les esprits tournés vers les améliorations agricoles, ont accueilli et essayé une foule de préparations décorées de noms divers. Comme le secret est toujours la base de ces spéculations, on ne peut prononcer sur chacune d'elles que par le moyen de l'analyse. Il est rare que leur valeur intrinsèque égale le prix qu'on en demande. D'ailleurs, soit par mauvaise foi des fabricants, soit par des vices de manipulation, ces engrais présentent toujours des dosages différents. Les lumières apportées par la chimie agricole feront rentrer toutes ces entreprises dans les bornes du vrai ; et enseigneront la prudence aux cultivateurs, l'économie et la régularité des manipulations aux fabricants. Ce commerce devient si vaste que le gouvernement doit à l'agriculture l'établissement de laboratoires d'essais pour vérifier le titre de ces produits. Le Conservatoire des arts et métiers, et plusieurs professeurs de chimie dans les départements, parmi lesquels il faut citer honorablement M. Girardin de Rouen, se sont voués volontairement à cette tâche.

CHAPITRE VI.

Aliments des végétaux considérés comme contenant du carbone.

La plupart des terrains renferment la quantité de carbone nécessaire pour suffire, avec le concours de l'atmosphère, à l'alimentation des plantes ; quelques-uns même, comme les défrichements de bois feuillus, ceux de prairies et pâturages, ceux qui contiennent des tourbes, en renferment une quantité excédante; cependant il est aussi des cas où les terrains ne dégagent pas une quantité d'acide carbonique en rapport avec les besoins de la végétation; on voit échouer alors les engrais azotés, mais dépourvus de carbone, qui ne communiquent que peu de développement aux plantes, tandis qu'alors les fumiers composés, et même les terreaux, leur rendent la fertilité qui leur manquait. Comparez les plantes jardinières crûes sur un sol sablonneux richement fumé de poudrette, et celles qui ont poussé sur un terreau avec le même engrais, et vous serez convaincu de la justesse de ces vues. Cette observation a pu faire illusion aux agriculteurs sur l'importance absolue de ces terreaux, et a servi à leur assigner dans les théories une place supérieure à celle qu'ils méritent. Mais si aujourd'hui nous savons tout ce que valent les terreaux azotés, et le peu de prix de ceux qui ne le sont pas; si nous apprécions bien la facilité d'obtenir de l'acide carbonique en comparaison de la difficulté de se procurer de l'azote, nous ne pouvons cependant nous dissimuler que la végétation souffrirait également de la privation absolue de l'un et de l'autre.

Or, il est des terrains qui manquent complétement de terreau, et d'autres de terreau soluble. Ces derniers sont ceux qui ont été longtemps privés par la sécheresse, ou par toute autre cause, d'une végétation énergique, où le terreau qui existait a achevé sa décomposition et a été réduit en carbone privé d'hydrogène, devenu compacte, pesant, ne pouvant plus se brûler qu'à une chaleur très supérieure à celle de l'atmosphère, n'étant par conséquent plus propre à fournir de l'acide carbonique. Dans les terrains non calcaires l'acide carbonique ne peut provenir que de la décomposition du terreau, c'est donc surtout dans ceux-ci que les plantes éprouvent la privation de cet élément.

On reconnaît qu'un terrain est privé de fibres ligneuses propres à se décomposer, en le faisant bouillir avec de l'hydrate ou du carbonate de potasse. La teinte plus ou moins foncée de la solution indique l'abondance ou l'absence du terreau soluble. Si 5 grammes de terre bouillie dans 2 décilitres de solution alcaline ne donnent qu'une couleur à peine jaunâtre au liquide, on en conclura que l'application d'engrais abondants en fibres ligneuses ou celle de matières calcaires est nécessaire.

On choisit les premiers dans la longue liste que nous venons de dérouler, parmi ceux qui renferment le plus de ligneux ; les terreaux, les fumiers de couche épuisés, les masses de végétaux fermentés, l'engrais Jauffret, les tourbes préparées, les semis de plantes enfouies en vert, tels seront les remèdes efficaces pour le mal que l'on veut guérir. C'est dans de telles circonstances que l'on a observé les miracles des engrais verts, et surtout du lupin. D'ailleurs, plus ces engrais possèdent d'azote joint à la fibre ligneuse, et plus ils seront utiles et énergiques ; car un terrain qui manque de matière charbonneuse est ordinairement encore plus dépourvu d'azote.

Quand on n'a pas de matière ligneuse ou herbacée à sa disposition, on peut se procurer l'acide carbonique qui manque au terrain par l'application de la marne ou du carbonate de chaux. On se rappelle ce que nous avons dit dans la première partie, en parlant de ces substances ; on sait que la chaux qu'ils contiennent se transforme progressivement en bicarbonate, qui, dissous dans l'eau, passe dans les plantes en leur fournissant à la fois la matière calcaire et l'acide carbonique ; nous parlerons plus au long de cette application, quand nous en serons aux aliments calcaires.

CHAPITRE VII.

Aliments des végétaux considérés comme contenant des alcalis minéraux.

Les alcalis minéraux, la soude et la potasse entrent toujours dans la composition des végétaux, et la petite quantité de ces substances que renferment beaucoup de terres, la difficulté que l'on entrevoit à ce qu'elles se renouvellent dans le sol, font aisément · comprendre qu'elles sont au nombre des suppléments les plus utiles que l'on puisse fournir au sol. L'expérience a depuis longtemps prouvé que les éléments alcalins, tels que les cendres, produisaient les effets les plus marqués sur la végétation.

Pour reconnaître si un terrain manque de ces éléments alcalins sans se livrer à une pénible analyse, on en prend une petite portion que l'on fait chauffer au bain d'huile pour faire évaporer l'ammoniaque qu'elle pouvait contenir ; on la porphyrise exactement, on rougit un papier de tournesol par un acide faible, on l'humecte, et on place la poussière sur ce papier ; si le terrain renferme de la potasse ou de la soude, la couleur rouge du papier sera promptement ramenée au bleu.

Si l'on voulait s'assurer si c'est de la potasse ou de la

soude que renferme le terrain, il faudrait faire l'analyse indiquée à la page 61. Nous ajouterons que, depuis l'impression de cette feuille, M. Fremy a indiqué[1] un moyen de séparer la soude de la potasse. On se sert à cet effet de l'antimoniate de potasse que l'on compose en faisant fondre de l'huile antimonique avec un excès de potasse. Ce réactif précipite toute la soude contenue dans une solution à l'état insoluble, et sous forme d'antimoniate de soude.

Si l'on opérait en grand sur une masse considérable de terre, comme cela est facile à la campagne, et qu'on obtînt ainsi de la lixivation de cette terre une quantité assez considérable de sels alcalins, on pourrait se servir du procédé de M. Gay-Lussac, qui est fondé sur l'abaissement inégal de température causé par la dissolution dans l'eau du chlorure de potassium et du chlorure de sodium. Après avoir traité les sels obtenus par l'évaporation au moyen de l'acide hydrochlorique, avoir précipité le principe calcaire et bien lavé, on fait évaporer de nouveau et l'on fait ensuite dissoudre le résidu dans de l'eau où l'on a placé un thermomètre. 50 grammes de chlorure de potassium dissous dans 200 grammes d'eau contenue dans un bocal de verre de 320 centimètres cubes et du poids de 185 grammes, produisent un abaissement de 11°,4 de température; la même quantité de chlorure de sodium ne produit qu'un abaissement de 1°,9. Si le sel est un mélange des deux, la température sera relative à leur proportion, et connaissant l'abaissement du thermomètre, on connaîtra cette proportion, d'après une table formée par l'auteur du procédé[2].

(1) Comptes-rendus de l'Académie des Sciences, t. XVI, p. 189.
(2) *Annales de chimie* t. XXXIX, p. 356 et suiv.

Si, après ces essais, on reconnaît que le terrain manque de ces deux alcalis, ou de l'un ou de l'autre, on aura recours à l'art pour les lui procurer. Nous allons parcourir la série des substances qui les contiennent, et que l'on peut obtenir le plus facilement.

SECTION Ire. — *Sels de potasse.*

§ 1er. — Potasse du commerce.

La potasse du commerce est un mélange de différents sels de potasse et de matières étrangères. C'est le sel le plus commun, et celui dont le prix permet l'usage en agriculture. La potasse s'y trouve dans des proportions très variables, de 25 à 65 pour cent. Il est donc bien important d'en déterminer la richesse, ce que l'on fait au moyen de l'alcalimètre de Descroizilles. Ce que l'on appelle potasse factice est un sel de soude et non un sel de potasse. Le prix du carbonate de potasse contenu dans les échantillons peut s'évaluer à près de 1 fr. 50 c. le kilogr. (puisque la potasse perlasse au titre de 60 à 65 vaut 90 fr. le quintal métrique), et le protoxyde de potassium (potasse) revient à 2 fr. 20 c. le kilogr.

Nous avons vu dans la première partie (page 109) qu'une récolte d'un hectolitre de froment enlève environ 1 kil. de potasse à la terre, et que, par le moyen des fumiers provenant de la paille, on lui en rend 0,85 ; restent donc pour les terres fumées régulièrement 0,15 kil. de potasse à leur restituer après chaque récolte d'un hectolitre de blé, pour les soutenir au même niveau, en supposant qu'elles ne reçussent pas d'alcalis de l'atmosphère. C'est donc seulement une quantité de 0,259k. de potasse par hectolitre de froment récolté qu'il faudrait ajouter aux fumiers pour maintenir l'équilibre. Mais l'hectolitre de blé provient, comme nous le verrons, de l'emploi de 1,564 kilogr. de fumier de ferme, c'est-à-dire qu'il suffit d'ajouter 1 kil. de potasse par 10,000 kilogr. de fumier pour que cet engrais ait toutes les qualités exigées.

Il en serait autrement si les terres ne recevaient pas d'engrais, ce serait alors 1 kilogr. de potasse par hectolitre de blé qu'il faudrait restituer au sol. La potasse préalablement délayée dans l'eau, on en arroserait le fumier, ou bien on en humecterait un tas de terre calcaire bien sèche que l'on brasserait à la manière des mortiers, pour la répandre ensuite à la surface du champ.

§ II. — Cendres.

Les cendres des végétaux renferment la potasse dans des proportions très diverses, et sous forme de différents sels, des chlorhydrates, des sulfates, des carbonates.

Sans se livrer à leur analyse complète, on peut arriver à déterminer la richesse des cendres en alcalis par l'emploi de l'alcalimètre de Descroizilles. On fait bouillir 50 grammes de cendres dans 2 décilitres d'eau pendant 10 minutes, on filtre avec assez d'eau pour porter le volume de la solution à 5 décilitres. On opère ensuite comme il est prescrit pour l'usage de cet instrument, et sur une partie de la liqueur. Le résultat donne la quantité totale d'alcali, potasse et soude, et non pas seulement celle de la potasse. On pourra alors précipiter la soude de la partie restante du liquide par le moyen de l'antimoniate de potasse, et obtenir par soustraction le poids réel de la potasse.

Les cendres de plusieurs plantes donnent une quantité considérable d'alcali (potasse, soude) comme on peut le voir dans le tableau suivant extrait des ouvrages de Kirwan, Vauquelin, Berthier et Berzélius.

Cent parties de la plante sèche ont donné :

Fanes de pommes de terre.	0,1500
Fumeterre.	0,0790
Absinthe.	0,0730
Vesces.	0,0275
Fèves.	0,0200
Chardon.	0,0196
Marrons d'Inde.	0,0100
Fougère.	0,0062
Vigne.	0,0055
Pin.	0,0039
Orme.	0,0039
Sapin.	0,0023
Charme.	0,0016
Chêne.	0,0015
Hêtre.	0,0012
Pin.	0,0009
Peuplier.	0,0007

Les cendres de bois flotté ne donnent presque point de potasse.

Quant aux cendres elles-mêmes, celles de charme contiennent 0,5065 de potasse, celles de sapin 0,2820, celles de pin 0,3166 ; cette richesse saline ne permet pas de les semer sur le sol sans précaution, car 143 kilogr. de cendre de charme, par exemple, suffiraient pour rendre au sol tout ce qu'il a perdu de potasse par hectare, en posant une récolte de 20 hectolitres de blé. Or, cette quantité est à peine le quart du plâtre que l'on répand sur les prairies artificielles, et qui ne poudre que légèrement le terrain. Aussi convient-il mieux de se servir de cendres mêlées à trois ou quatre fois leur poids de terre, ou mieux encore de les étendre sur le fumier, dans la proportion de l'alcali que l'on veut restituer au sol.

Les trèfles, le tabac, les plantes huileuses semblent profiter le plus de l'application des cendres. Ses effets sont aussi très remarquables sur les terrains acides et les prairies à *carex*. Des contrées entières qui, par leur formation géologique, sont privées de potasse, emploient une immense quantité de cendres.

Les cendres de houille renferment très peu de potasse, ordinairement à l'état de sulfate. La quantité en est très variable. Ainsi les cendres de charbon de Lowenthal en Carinthie, donnent à l'analyse près de 0,05 de sulfate de soude, tandis que d'autres renferment un peu de potasse. Quant aux cendres de tourbe, le plus souvent elles ne contiennent pas un atome d'alcali. Cependant Davy a trouvé dans quelques-unes une petite quantité de sulfate de potasse. C'est donc par d'autres qualités, par le sulfate et le phosphate qu'elles contiennent qu'elles sont appréciées.

Les cendres lessivées n'ont de valeur que par ces mêmes substances, si ce n'est celles de savonnerie qui recèlent en outre des matières grasses ou huileuses et quelquefois un peu d'alcali.

Section II. — *De la soude.*

Nous avons vu, dans la première partie de cet ouvrage, que les deux alcalis minéraux se substituaient souvent l'un à l'autre; que l'un et l'autre existaient toujours simultanément dans les plantes, dans une proportion qui variait selon les sols où elles étaient cultivées. Cependant il est certain que dans les nôtres la potasse est beaucoup plus rare que la soude, et que la substitution dont nous parlons n'est pas toujours avantageuse, quand il s'agit de remplacer complétement la potasse par la soude; cette dernière est donc moins absolument nécessaire que la première.

On administre la soude aux plantes ou par le moyen du sel marin (chlorure de sodium), ou sous forme du carbonate de soude obtenu de ce sel par la fabrication. On a attribué aux sels marins des qualités nuisibles à la végétation; les anciens semaient de sel les terres condamnées; on a pu voir plus haut (p. 116 et 323) ce que l'on devait penser de ce préjugé, et les vastes étendues de terres salines soumises à la culture ont prouvé que le sel n'était nuisible que par son excès. On a prétendu aussi qu'à petite dose il n'avait aucun bon effet sur les plantes. Les expériences que l'on a tentées pour en constater la vertu n'ont pas dû réussir partout : nuisible sur les terrains salés, le sel a dû être sans action sur ceux qui possédaient la dose de soude convenable, et il a été utile à ceux où elle manquait. C'est ce qui explique les contradictions nombreuses dans lesquelles on est tombé à son égard.

M. Lecoq ayant fait ses expériences, d'abord sur des plantes supportées par du coton nageant sur une solution de un centième de sel, a trouvé, après deux mois de végétation, les résultats suivants, comparativement aux plantes nageant sur l'eau distillée[1].

(1) *Recherches sur l'emploi des engrais salins.* Clermont-Ferrand, 1832, p. 20 et suiv.

	DANS L'EAU				DANS L'EAU SALÉE.			
	Poids de plantes sèches	Durée de la dessiccation.	Quantité de charbon.	Charbon acquis.	Poids de plantes sèches.	Durée de la dessiccation.	Quantité de charbon.	Charbon acquis.
	grammes.	heures.						
Triticum hybernum. . .	6,8	16	1,06	+ 0,65	7,0	17	1,24	+ 0,66
Avena sativa.	4,3	15	0,99	+ 0,60	4,0	15 1/2	0,95	+ 0,60
Lepidium sativum. . .	4,0	31	1,00	+ 0,60	4,8	31	0,84	+ 0,47
Trifolium pratense. . .	5,0	24	1,00	+ 0,60	6,2	25	1,04	+ 0,84
Polygonum orientale. .	3,1	24 1/2	0,69	+ 0,31	3,2	25	0,70	+ 0,32
Allium cœpa.	1,1	16	0,25	— 0,07	2,0	16	0,25	+ 0,11
Spinacia oleracea. . .	2,0	30	0,39	+ 0,03	2,1	31	0,40	+ 0,03
Panicum verticillatum. .	2,0	14	0,42	+ 0,02	2,1	14 1/2	0,43	+ 0,04
Lactuca sativa. . . .	2,7	18	0,43	+ 0,05	3,0	18 1/2	0,80	+ 0,16
Brassica oleracea. . .	5,1	38	1,40	+ 0,70	5,9	40	1,24	+ 0,72

On voit ici que les effets du sel consistent à fixer une plus grande quantité de charbon dans la plante; le trèfle et la laitue paraissent recevoir l'effet le plus direct. L'auteur annonce de plus que les plantes arrosées de sel marin, et entre autres le lepidium, prennent une couleur verte plus foncée que celles qui sont dans l'eau distillée. Sous l'influence de ce sel la dessiccation des plantes est moins rapide.

Ayant répété cette expérience sur des graines semées dans des pots pleins de terre (quelle terre?) et arrosée de la même manière, l'auteur obtint des plantes très vigoureuses sous l'influence du sel marin, mais elles donnèrent moins de graines que celles arrosées d'eau distillée. Il conclut enfin que le sel donne au tissu des plantes, et principalement aux feuilles, la faculté de s'emparer plus fortement de l'acide carbonique de l'air, qu'il communique plus de consistance aux parties vertes, qu'il les rend plus fermes, plus épaisses, susceptibles de retenir avec plus de force leur eau de végétation, et de résister aux sécheresses qui font souffrir les autres végétaux. Il ne faut pas se dissimuler, cependant, que ces expériences manquent de la plupart des conditions qui auraient pu être décisives en semblable matière, et surtout de la sanction qu'elles auraient obtenue de l'analyse des plantes.

On pourra récuser aussi celles où M. Lecoq annonce qu'ayant semé du sel à la dose de 3 grammes par mètre carré sur une lisière de 10 mètres de pré, et sur un gazon sec, ainsi que sur deux pareilles étendues d'avoine au bas d'un coteau et sur un plateau, l'effet ne fut pas sensible sur les terres humides, et que sur les terres sèches, l'herbe était plus épaisse, plus verte et en quantité double sur la partie salée[1]. Ne peut-on pas supposer qu'ici le sel a agi par ses qualités hygroscopiques?

Ce qui est plus positif c'est une autre expérience, où l'auteur a semé de sel, à différentes proportions, une terre semée en orge et une autre semée en luzerne; en voici le tableau :

	Dose par hectare.	Produit en blé.	Produit en luzerne.
N° 1.	15 kil.	3000	8700
2.	30	2950	13100
3.	50	3800	10208
4.	60	4100	7500
5.	90	3500	6200
6.	130	4000	4800
7.	0	2900	8300
8.	0	3100	8300

Nous avons fait la réduction de l'expérience en hectares; dans l'expérience, chaque division n'avait en réalité que 50 mètres carrés.

Il en résulterait que la dose de 60 kilogr. par hectare serait celle qui conviendrait le mieux à l'orge, et celle de 30 kilogr. à la luzerne. Les essais que l'auteur a faits sur les pommes de terre et le lin lui ont donné aussi des résultats avantageux; il pense que, pour cette dernière plante, il faut atteindre la dose de 50 kilogr. de sel par hectare. Nous ne tirerons pas de ces expériences des conclusions aussi rigoureuses, mais seulement une opinion favorable pour l'emploi du sel marin, sans doute dans les cas où la terre manque de soude et de chlore, deux substances qui font constamment partie de l'organisation végétale.

La proportion de soude nécessaire aux différentes

(1) *Recherches*, etc., p. 48.

plantes est très variable. Celle de potasse la surpasse ordinairement de beaucoup, excepté dans les plantes maritimes, mais celles-ci ne peuvent se cultiver que dans les terrains décidément salifères. Quant aux autres, nous voyons, par les analyses de Sprengel, la paille de fève présenter 1,65 de potasse, et seulement 5 de soude, celle de colza 8 de potasse et 5 de soude, celle de froment 20 de potasse et 29 de soude. Les proportions du chlore ne varient pas moins ; on en trouve 0,155 parties dans le colza, 0,031 dans la fève, et 0,010 dans le froment.

La soude et le chlore qui se trouvent dans le froment annoncent qu'il exige au moins la même dose de soude que de potasse, c'est-à-dire 1 kil. de soude par récolte d'un hectolitre de blé, ce qui suppose $2^k,5$ de sel marin, fournissant aussi 0,60 de chlore. Ce serait la proportion la plus forte trouvée par M. Lecoq, en supposant d'ailleurs des terres entièrement privées de sel marin.

Le prix de ce sel, que l'on pourrait se procurer à nos marais salants à 3 fr. les 100 kilogr., est considérablement augmenté par le droit qui le frappe et qui est de 30 fr. par quintal métrique. La soude revient ainsi à 82 c. le kilogr. Mais on l'obtient dans les manufactures de soude factice à 13 fr. les 100 kilogr ; cette matière titre de 18 à 35 d'alcali p. 100. Ainsi, au plus bas titre, la soude pure ne coûte que 72 c., et au plus haut, que 37 c. ; dans ces mêmes fabriques, l'acide chlorhydrique coûte 12 c. le kilogr. Ainsi, au lieu de fournir pour un hectare de récolte 2,5 de sel marin, coûtant $0^f,825$, nous donnerions 1 kilogr. de soude à 37 c., et un tiers de kilogr. d'acide coûtant 4 c., ou en totalité 41 c. En profitant de l'exemption d'impôt dont jouissent les fabriques de soude, on aurait encore l'avantage, grâce à la séparation de ces éléments, d'en attribuer à chaque récolte une dose proportionnée aux besoins des différentes espèces de plantes que l'on cultiverait.

Avant M. Lecoq, un grand nombre d'agriculteurs célèbres avaient essayé et constaté les effets du sel. Bacon cherchant à donner l'exemple de la méthode expérimentale qu'il recommandait aux savants, fut le premier à annoncer les bons effets du sel sur la végétation, et Davy termine la liste nombreuse des savants qui ont manifesté la même opinion. Ce dernier nous apprend que dans l'île de Mann, on répand sur les prairies un composé de vingt voitures de terre et de quatorze hectolitres de sel par hectare; M. Puvis nous cite, en France, l'usage des cendres de Pornic, que l'on mélange avec le dessus des monceaux de sel, et que l'on arrose tout l'été avec de l'eau salée; l'emploi de l'eau salée pour arroser les fumiers dans le Morbihan[1]; les sables, le merl, les varecs, les goémons que l'on recueille en Normandie et en Bretagne sont plus ou moins imprégnés de sel. En Provence, on mettait du sel au pied des oliviers quand ce produit était exempt d'impôt. A ces raisonnements, tirés de la composition des plantes, à ces expériences favorables et à ces faits agricoles, M. Mathieu de Dombasle a opposé des expériences négatives, mais sans les accompagner de l'analyse des terres sur lesquelles il opérait. On sait que la Lorraine est riche en mines de sel et en sources salées, et il est présumable que cette substance doit aussi entrer dans la composition des terres arables de cette province.

_____

(1) *Maison rustique du XIXe siècle*, t. 1, p. 78.

On emploiera pour l'administration du sel aux terrains les mêmes procédés que nous avons décrits pour la potasse, ou le mélange avec des terres sèches ou avec les fumiers.

CHAPITRE IX.

Aliments des végétaux considérés comme contenant des sulfates.

Dans la première partie, nous avons traité fort au long des effets du sulfate de chaux sur la végétation; nous avons cherché à prouver que les sols qui exigent ce supplément sont ceux dans lesquels cette substance ne se rencontre pas; que les plantes qui en sont avides sont aussi celles dans la composition desquelles ce sel se trouve en notable proportion. La convenance et la dose de cet aliment végétal seront donc réglées aussi par l'analyse du sol et celle des plantes que l'on y cultive.

Le procédé conseillé par Davy [1] pour déterminer le sulfate de chaux contenu dans le terrain, n'exigeant ni des appareils particuliers ni l'emploi de réactifs, pourra être exécuté partout sans difficulté. On prend un poids déterminé de terre, 400 grammes, par exemple, on le mêle avec un tiers de charbon réduit en poudre, on expose pendant demi-heure le mélange mis dans un creuset, à la température rouge. On fait bouillir pendant un quart d'heure dans un quart de litre d'eau distillée; on filtre la liqueur et on l'expose pen-

(1) *Chimie agricole*, t. I, p. 205.

dant quelques jours à l'air dans un vase ouvert. Si la terre contient une quantité tant soit peu considérable de sulfate de chaux, il se forme en précipité blanc dont le poids indique la proportion.

Pour les personnes pourvues de réactifs, les méthodes indiquées dans la première partie sont préférables et plus promptes.

Le plâtre est la substance qui fournit le plus économiquement l'acide sulfurique aux plantes. On peut l'employer cru ou cuit; mais ce dernier est plus facile à réduire en poudre fine, ce qui facilite sa distribution et sa dissolution dans l'eau. Quoiqu'on ait constaté ses bons effets quand il est enterré dans le sol, nous persistons à nous en servir en couverture, quand les plantes sont déjà sorties, pour qu'il n'y en ait pas de perdu. Le plâtre contient assez souvent une assez forte dose de matières étrangères, en particulier du carbonate de chaux; c'est pourquoi, avant de fixer la proportion que l'on doit en répandre sur le terrain, il est utile d'en faire l'analyse. Pour y parvenir, on traite le plâtre par l'acide chlorhydrique qui dissout les carbonates; on fait bouillir le résidu bien lavé avec du bicarbonate de potasse pour changer les sulfates en carbonates; on filtre; on précipite l'acide sulfurique de l'eau de lavage par l'acétate de baryte. Sa proportion indique celle des sulfates contenus dans la substance. La différence des proportions de carbonates que l'on trouve dans les différents plâtres explique la différence des doses que les auteurs ont conseillé d'appliquer aux cultures.

Les pois renferment jusqu'à 0,337 pour 100 d'acide sulfurique, les vesces 0,122, ce qui semblerait indiquer pour les légumineuses fourragères dont nous n'avons pas encore l'analyse, au moins 0,2 de leur poids de cet acide. Un trèfle bien réussi peut donner 100 quintaux métriques de foin sec, qui par une dessiccation complète se réduisent à 90, qui contiendraient 180 kilogr. d'acide sulfurique, résultant de 307 kilogr. de sulfate de chaux pur par hectare ; la dose employée est généralement de 5 à 600 kilogr., ou va même quelquefois jusqu'a 1,000. Mais rarement les plâtres sont purs, et il ne serait pas étonnant que ceux qui les portent à cette dose n'employassent pas beaucoup au-delà de 307 kilogr. de sulfate de chaux pur.

On croit que les plantes à cosse ne doivent pas être plâtrées, si l'on ne veut pas qu'elles poussent abondamment en feuilles et non en graines ; c'est ainsi, selon Schwerz, que les fèves plâtrées prolongent beaucoup leur végétation et mûrissent tard. Cette vigueur des tiges, cette abondance de feuilles, annonce assez toute l'impulsion que le plâtre donne à la végétation, mais doit aussi par cette raison le faire réserver pour les fourrages. Il se pourrait aussi que l'on dût attribuer sinon au plâtrage des plantes, du moins à l'existence du sulfate de chaux dans le sol, les difficultés de cuisson de certains légumes. On sait qu'ils ne se ramollissent pas dans l'eau séléniteuse. Ce qui nous ferait adopter cette opinion, c'est que les localités que nous connaissons comme renommées pour fournir des légumes faciles à cuire, sont toutes de celles où les effets du plâtre sur les prairies artificielles sont des plus remarquables.

Au lieu de répandre le plâtre sur les plantes ou de l'enterrer, on peut l'incorporer dans le fumier, où il a l'avantage de retenir les gaz ammoniacaux. Celui qui échappe à l'action de l'ammoniaque, et qui est toujours abondant, reste au profit des plantes qui réclament cet élément.

Dans les terrains qui sont dépourvus de plâtre, les fourrages légumineux ne donnent pas, même avec des engrais abondants, la moitié des produits que l'on obtient par son secours.

SECTION Ire. — *Cendres pyriteuses.*

On trouve dans un assez grand nombre de localités au nord de la France, mais surtout près de La Fère (Aisne), des bancs d'une matière noirâtre, ayant l'apparence de cendre, contenant des pyrites de fer, du sulfate d'alumine, des sulfates et des carbonates de chaux, dont on fait grand usage en agriculture. Quand cette terre est entassée, elle s'échauffe, s'enflamme, se brûle lentement en prenant une couleur rouge. C'est alors qu'on la vend et qu'on la transporte au loin. On emploie aussi la matière noire dans son état primitif avant la combustion, mais alors il faut en doubler la dose pour en obtenir les mêmes effets.

Ces effets résultent uniquement du sulfate de chaux qu'elle contient. Les Flamands en font grand usage pour leurs prés et leurs prairies artificielles. On enterre les cendres de bonne heure longtemps avant les semailles, sans doute afin que les principes solubles n'agissent pas trop activement, et probablement parce que l'acide sulfurique libre rencontre dans la terre les principes calcaires ou les alcalis qui s'y trouvent et les transforme en sulfates. Les cendres se vendent sur les lieux 50 c. l'hectolitre; mais le plus souvent on les transporte fort loin, ce qui augmente leur prix de revient. On emploie 4 à 6 hectolitres par hectare de prairie, un peu plus sur les pâtures, et la moitié de cette dose pour les cultures de printemps[1].

SECTION II. — *Sulfate de fer.*

En parlant des engrais azotés, nous avons indiqué l'usage du sulfate de fer pour fixer des vapeurs ammoniacales qui s'en échappent ; mais d'ailleurs l'opinion continue à flotter relativement aux effets de ce sel lui-même sur la végétation. Les terrains vitriolés sont stériles, mais les terrains, trop abondants en sel marin, le sont aussi, et si nous avons dû combattre le préjugé qui associe l'idée de stérilité à celle de ce dernier sel, et prouver qu'elle ne doit s'attribuer qu'à son excès, nous agirons de même pour le sulfate de fer, en rappelant que des expériences de Thaër citées dans la première partie de cet ouvrage avaient déjà fait soupçonner que la question de sa nocuité n'était qu'une question de dose. De nouvelles expériences de M. Gui semblent confirmer cette idée.

Il a appliqué le sulfate de fer à un grand nombre de végétaux, et tous les signes d'une végétation vigoureuse ont remplacé ceux de la maladie. Une cinéraire languissante et couverte de pucerons s'est ranimée et a repris toute la force de sa végétation, et l'auteur remarque qu'ici le sulfate n'a pas agi seulement en saturant l'ammoniaque des engrais, car, appliqué à un cactus speciosus qui végétait dans la terre de bruyère, ne renfermant aucune trace d'engrais azoté, il s'est comporté de la même manière.

(1) Puvis. *Maison rustique du XIXᵉ siècle*, p. 75 et suiv.

Cependant nous indiquons ces faits comme sujets d'expérience plutôt que comme préceptes agricoles que l'on puisse appliquer en grand jusqu'à nouvel ordre.

On a proposé dans les pays à sol calcaire éloignés de carrières de plâtre, d'y suppléer en arrosant le terrain avec de l'acide sulfurique allongé d'eau. Cet acide coûte en fabrique 20 fr. les 100 kilogr., qui produisent 172 kilogr. de sulfate de chaux. Ainsi les 307 kilogr. de sulfate de chaux par hectare coûteraient près de 36 fr. Nous ne pensons pas qu'il y ait aucune localité assez éloignée des plâtrières et assez rapprochée des fabriques d'acide pour qu'il lui convienne d'adopter cette substitution.

CHAPITRE X.

Aliments des végétaux contenant de la chaux.

SECTION Ire. — *De la chaux.*

Le carbonate de chaux calciné, dépouillé de son acide carbonique, à l'état caustique, est devenu la base de l'agriculture d'une partie de l'Europe, où l'on ne comprendrait pas une bonne agriculture qui en fût privée. Son emploi ne cesse de s'étendre, il a été l'objet des études attentives de l'un de nos meilleurs agronomes [1], et cependant il nous présente encore une foule de problèmes qui sont loin d'être résolus.

(1) Puvis. *De l'emploi de la chaux.*

La théorie explique bien l'action de la chaux sur les terres qui manquent de principe calcaire, mais alors elle est parfaitement remplacée par la marne, qui y produit des effets si remarquables ; on n'est pas embarrassé pour montrer comment elle agit sur les terrains chargés de terreau acide, les tourbes, les terres de bruyère, les bois défrichés. Là elle se change en carbonate et reprend au sol l'acide carbonique superflu ; qu'il s'agisse de terres herbeuses, de gazons épais, la chaux caustique provoque leur décomposition rapide, en mettant à nu les principes azotés et alcalins que recélaient les débris de végétaux. Mais ce que l'on n'a pas encore bien expliqué, c'est son mode d'action sur certaines terres calcaires et n'ayant que peu de terreau, tandis qu'elle est inefficace sur d'autres terres de cette nature. Nous trouvons une indication de ce genre dans les *Annales de Roville*[1], où l'on fait mention d'une application heureuse de la chaux à des terrains calcaires ; nous en trouvons une autre dans les questions agricoles de l'*Association normande*[2], où l'on affirme que la chaux qui produit d'excellents effets sur les terrains de transition et les calcaires ferrugineux, est nuisible sur la grande oolithe. Mais quelle conclusion tirer de ces faits, quand on nous laisse ignorer les circonstances accessoires qui peuvent avoir une si grande influence ? Quel est l'état chimique et physique de ces terres ? la chaux agit-elle également sur elles, soit qu'elles aient du terreau en abondance, soit qu'il manque tout-à-fait ? Quel est le genre des particules du sol ? quelles modifi-

(1) *Annales de Roville*, vol. supplémentaire, p. 456 et suiv.
(2) *Annuaire de l'Association normande* pour 1843, p. 707.

cations leur fait éprouver le chaulage? Le problème restera indéterminé tant que nous n'en posséderons pas toutes les conditions.

On ne peut pas affirmer non plus que la chaux agisse sur les terrains non calcaires uniquement en leur fournissant l'élément calcaire, car alors ses effets seraient analogues à ceux de la marne; or, ils en diffèrent sur plusieurs points importants. On a remarqué que le blé venu sur un fonds chaulé est plus rond, plus fin, et donne moins de son et plus de farine que celui qui est venu sur des sols calcaires ou marnés; les blés y sont moins sujets à verser que dans ceux-ci. D'ailleurs, les qualités physiques du terrain sont aussi modifiées, la terre légère acquiert de la consistance, la terre forte s'adoucit; la chaleur fait fendre la surface du sol en petites particules et détermine un ameublissement naturel. Tous ces faits doivent être revus et contrôlés avec soin avant de chercher à expliquer complétement l'action de la chaux. Elle n'est incontestable que dans les terrains qui manquent de l'élément calcaire, ou qui surabondent en acide carbonique, et ce sont les cas les plus nombreux. S'il s'agit de remédier à ce dernier cas, on emploie une quantité un peu plus forte de chaux. En Angleterre, l'on chaule à la dose de 100 à 600 hectolitres par hectare, et les plus fortes proportions sont pour les terres tourbeuses. En France, où il s'agit principalement de fournir l'élément calcaire, la dose est beaucoup moins forte; dans la Sarthe, 10 hectolitres tous les trois ans, ou 3,3 par année moyenne; dans l'Ain de 60 à 100 hectolitres tous les neuf ans, ou de 6 à 11 hectolitres par année moyenne; en Flandre 40 hectolitres par dix ans, ou 4 hectolitres

par année moyenne. Or, d'après M. Berthier, la paille
de froment renferme 6 centièmes de chaux dans ses
cendres, ou 0,044 de son poids ou 0,263 p. 100;
les pois 2,73 p. 100. En supposant donc un assolement
combiné de blé et de légumineuses, nous avons pour
deux ans (une année céréale, une année légumineuse)
avec une récolte de 20 hectolitres de froment et 80
quintaux métriques de trèfle la quantité de chaux
suivante :

	kil.
6,400 kil. de fumier et 12,800 de paille. . .	50,670
8,000 kil. de trèfle.	238,400
	289,070

C'est environ 2ʰ,4 de chaux pure en poudre à donner
aux terres pour la durée de cet assolement, ou 1ʰ,2 par
année moyenne; quand on se borne aux récoltes de
céréales, un demi-hectolitre devrait suffire pour chaque récolte. On donne donc en général une quantité de
chaux qui paraît excéder les besoins des plantes; mais
on doit observer que la plupart des chaux sont loin
d'être pures; que presque toutes sont mélangées avec
des argiles, de la silice, de la magnésie, des oxydes de
fer; et qu'ensuite il est facile d'imaginer que toute la
chaux ne passe pas immédiatement dans la végétation,
mais qu'avant d'être atteinte par les racines une partie
est changée en carbonate insoluble, qui reste plus ou
moins longtemps en cet état dans le sol.

Pour se rendre compte de la quantité de chaux contenue dans le minéral que l'on emploie, on doit en faire
l'analyse, qui est très simple, puisqu'il suffit de le
traiter par l'acide chlorhydrique un peu allongé d'eau
à froid, de sécher le résidu, de le peser et de sous-

traire de son poids primitif le poids du résidu sec; la différence donne approximativement les carbonates de chaux et de magnésie. Si l'on veut opérer d'une manière plus exacte, il faut exécuter l'analyse prescrite à la page 60 de ce volume. Celle-ci est surtout utile pour distinguer les différentes espèces de chaux, ce qui est loin d'être indifférent.

Ainsi la chaux hydraulique, celle qui abonde en silicate d'alumine, a paru être plus favorable à la croissance des fourrages et de la paille qu'à celle du grain. Elle nécessite d'ailleurs un traitement particulier; on a remarqué que, quand cette chaux n'est pas bien éteinte et qu'on l'applique en dose un peu forte sur un terrain siliceux qui n'est pas pourvu abondamment de débris végétaux, elle forme avec celui-ci une espèce de mortier qui le rend très tenace. Dans des circonstances semblables, Arthur Young ne put, pendant plusieurs années, tirer du sol une récolte de céréales.

On reproche à la chaux magnésienne d'agir d'une manière trop active et d'épuiser le sol. Apparemment, après de bonnes récoltes, on n'a pas eu soin de rendre d'autres engrais aux terrains, oubliant que la chaux et la magnésie ne sont qu'un des éléments de la nutrition des plantes.

Il y a tout un travail à faire sur l'action des différentes espèces de chaux. Aujourd'hui, que M. Vicat nous a appris à les distinguer, il serait bien utile de les expérimenter comparativement pour pouvoir juger de leurs effets en agriculture, comme il a si bien enseigné les moyens de le faire dans les constructions [1].

(1) Voir le *Mémoire sur les chaux*, de M. Vicat.

La chaux doit être employée en poudre et dans un temps sec, pour qu'elle ne forme pas pâte. Ordinairement, on en fait sur le champ de petits tas également espacés, et que l'on recouvre de terre; l'humidité atmosphérique et celle du sol ne tardent pas à la faire fuser, et alors on l'étend avec des pelles; d'autres fois on en fait des composts avec de la terre et du terreau, que l'on transporte ensuite sur le terrain que l'on veut fertiliser. En Allemagne, on se sert aussi avec grand avantage d'un mélange de chaux et de cendres.

Section II. — *De la marne.*

Nous avons traité trop au long de la marne, de ses propriétés, de ses espèces et de son application aux terrains non calcaires[1], pour qu'il nous reste beaucoup à dire ici, mais nous devons ajouter cependant que ce minéral formant des couches qui ne se montrent pas toujours par des affleurements; on devra le chercher par le moyen de la sonde, quand le besoin de l'employer se fera sentir. Il ne s'agit pas ici de sondages profonds, car l'exploitation de la marne trop éloignée de la surface entraînerait des frais supérieurs au bénéfice de l'opération. Mais souvent un peu de profondeur compense beaucoup d'éloignement, et il vaudrait mieux tirer la marne de 15 mètres que de l'aller chercher à 2 ou 3 myriamètres.

M. Puvis pense que la dose de marne doit être suffisante pour fournir au sol 3 de carbonate de chaux p. 100 du poids de la terre mise en mouvement par le labours.

[1] *Essai sur la marne.*

Pour s'arrêter à ce chiffre, il considère d'abord la quantité de chaux qui au jugement de Thaër constitue une terre argileuse très riche ; nous avons vu (p. 301 et 302) qu'il avait suffi d'une addition de 2 p. 100 de carbonate de chaux pour faire monter une terre du prix de 65 à celui de 77 ; M. Puvis fait observer ensuite que les meilleurs sols de Flandre, ceux des environs de Lille, par exemple, analysés par M. Berthier, ne présentent que 1,5 p. 100 du carbonate de chaux [1] ; ceux du Tchernoyzen en Russie, n'en ont pas davantage, et les sols si riches de la vallée de Tiviot, en Angleterre, en ont 4 p. 100 [2] ; enfin, il a résumé les marnages nombreux indiqués par Arthur Young, et de la combinaison de tous ces éléments il a déduit la proportion de 3 p. 100 comme celle que l'on doit donner aux terres. D'un autre côté, M. Puvis a pensé que la marne étant mêlée au sol par les labours, sa dose devait être proportionnée à la masse de terre dont elle devait faire partie.

Nous croyons devoir modifier en quelques points ce raisonnement agricole, d'ailleurs si logique et si lumineux, et dont tout le défaut vient des bases sur lesquelles il est fondé. Nous voyons d'abord que 1,5 à 2,0 de carbonate de chaux suffisent parfaitement dans les cas d'analyse cités pour constituer les excellents sols ; nous ferons observer ensuite que les marnages cités par Arthur Young ont été faits avec les marnes les plus diverses et de valeurs les plus différentes, et que s'il est vrai qu'avec une marne moyennement riche, il suffise de donner 3 p. 100 de carbonate de chaux à la terre, si une partie de cette chaux se trouve formée des rognons de silicate

(1) Cordier. *Agriculture de la Flandre.*
(2) Voyez ci-dessus, p. 302 et 303.

de chaux, ou de carbonate de chaux compacte, celle-
ci, qui ne se mêlera pas au sol et ne contribuera pas à
la végétation, devra être défalquée; et qu'ainsi il est
probable que la moyenne d'Arthur Young ne représente
qu'une quantité de chaux de beaucoup inférieure. Nous
voyons enfin que la pratique a enseigné à Gaussan, et à
Leugny, qu'il fallait appliquer 20 mètres cubes de
marne renfermant 0,675 de carbonate de chaux pulvérulent, et 19,1 mètres cubes de marne renfermant
0,774 de ce même carbonate. Le mètre cube de ces
marnes, telles qu'on les transporte sur les champs,
pesant environ de 1,400 kilogr., c'est 28,000 kilogr.
pour la première, et 26,740 kilogr. pour la seconde,
contenant l'un et l'autre 13,500 kilogr. de carbonate de
chaux qui constitue la dose fournie. Comparons maintenant le poids de la terre à celui du carbonate de
chaux de la marne. Supposons que la terre à améliorer
pèse 1,500 kilogr. le mètre cube, un labour à la profondeur de $0^m,16$ donne par hectare un poids de
2,400,000 kilogr. de terre. On voit que les 13,500 kil.
de chaux ne représentent que 0,55 p. 100 du poids
de la terre, au lieu de 3 p. 100 indiqués par M. Puvis.

Si nous considérons maintenant que dans l'assolement indiqué dans l'article précédent (blé et trèfle),
la consommation de chaux est de 289 kilogr., on verra
que les 13,500 kilogr. sont plus que surabondants, qu'ils
pourvoiraient à la consommation de 46 ans, s'il n'y
avait pas perte des particules de chaux entraînées
hors du terrain, mais qu'au moins on peut être pleinement rassuré sur l'efficacité d'un tel marnage pendant
plusieurs années.

De tout ce qui précède résulte cette règle pratique,

que pour s'assurer de la quantité de marne à répandre sur un terrain, il faut faire fuser la marne dans l'eau, et ensuite en opérer la lévigation, ainsi qu'il est prescrit page 189, en s'arrêtant au numéro 5 du détail de la méthode, ce qui donne les deux premiers lots réunis; rechercher la quantité de chaux contenue dans cette partie pulvérulente de la marne ; avoir ensuite le poids d'un mètre cube de terrain à améliorer dans son état naturel et non pressé, d'où l'on conclut celui de la terre remuée par les labours sur un hectare ; on multiplie ce poids par 0,55 et on le divise par 100 ; le produit indiquera le poids du carbonate de chaux à donner, d'où il sera facile de conclure le poids de la marne et le nombre de mètres cubes. Ainsi, soit une marne qui contienne 0,175 de carbonate de chaux à l'état pulvérulent, à appliquer sur un terrain que l'on cultive à 0,16 de profondeur, et pesant 1838 kilogr. le mètre cube; le poids de la terre remuée sur un hectare exprimé par $10,000 \times 0,16 \times 1838 = 2,940,800$ kilogr., lesquels multipliés par 0,55, et divisés par 100, nous donnent 16,174 kilogr. de carbonate de chaux. Maintenant, si la marne pèse 1,400 kilogr. le mètre cube, chaque mètre n'en contiendra que 245 kilogr., divisant 16,174 par 245, nous avons 66, nombre de mètres cubes à employer dans les conditions indiquées[1].

La nécessité de renouveler le marnage se manifeste par la réapparition des plantes acides (les oxalis, les oseilles, etc.), qui annoncent l'épuisement de l'élément calcaire.

(1) A la page 88 nous avions trouvé 77, mais c'était en thèse générale, sans préciser la profondeur des labours et le poids relatif des terres et des marnes.

Les frais de marnage consistent dans son extraction, mais surtout dans son charroi, et pour les marnes peu riches ce dernier article est très considérable. Il est important, pour les rendre moins onéreux, de faire les marnages dans les temps secs entre la moisson et les semailles. Les transports exigent alors moins de peine, et la marne se trouve enterrée gratuitement par les labours nécessaires pour recouvrir les semences. Mais cela réduit tellement le temps où l'on peut faire les charrois, que l'on préfère souvent les hâter avec plus de peine.

CHAPITRE XI.

Valeur commerciale des engrais.

Nous avons pris un grand soin, en examinant les différents engrais dans les chapitres qui précèdent, d'indiquer leur valeur vénale, toutes les fois qu'il a été possible de la trouver. On pense peut-être que les résultats que nous indiquons ne sont pas d'une grande utilité, car, pourra-t-on dire, les prix indiqués sont différents selon les pays, selon leur éloignement de la production, selon les difficultés de communications, selon les impôts de douanes, etc.

Ainsi, nous verrons de grandes différences de prix entre le guano transporté à Liverpool, à Londres et dans nos ports; ainsi, le nitrate de soude est affecté chez nous de droits qui changent les conditions de son emploi. Malgré la vérité de ces observations qui doivent prémunir l'agriculteur contre des erreurs dans lesquelles il tomberait s'il ne tenait pas compte de toutes ces circonstances, nous avons persisté à croire que l'évaluation des engrais faite par l'accord libre et spontané de ceux qui les emploient et qui les paient, était un élément très important de leur théorie.

Nous y trouvons d'abord la confirmation de ce que nous avons dit en commençant, de la grande disproportion qu'il y a entre la valeur de l'azote propre à entrer dans la végétation et celle des autres éléments de l'alimentation végétale. En effet, si nous prenons pour exemple l'engrais le plus généralement employé, le fumier, et parmi les fumiers, celui dont le prix est le mieux établi pour la progression de l'offre à la demande et par l'équilibre constant de son taux au marché, celui des auberges de rouliers du midi, au prix de 1 fr. 30 c. les 100 kilogr., il nous procure l'azote à 1 fr. 64 c. Partons de cette base, et voyons le prix relatif des substances principales qui entrent dans un hectolitre de froment, nous aurons :

	kil.	fr.	c.
Azote.	6,26	10	27
Potasse.	1	1	50
Soude.	1	0	72
		12	49

Les doses indiquées ne sont pas celles que donne l'analyse, mais celles qui résultent de la composition réelle des engrais et de la déperdition qui l'accompagne, comme nous le verrons au chapitre suivant.

On voit dans ce total que l'azote entre pour les cinq sixièmes, et les alcalis pour un sixième seulement dans le prix de l'engrais. C'est donc à se procurer de l'azote

au meilleur marché possible que doit viser le fabrica-
teur d'engrais.

La confiance que nous venons de témoigner pour
l'évaluation des choses fixée par le libre commerce et
l'équilibre des ventes et des achats, semblerait devoir
être singulièrement ébranlée par la grande divergence
dans les prix auquel on consent à payer l'azote des diverses origines, s'il n'y avait pas ici des faits importants à faire entrer en ligne de compte. En effet, notre
investigation nous a donné les résultats suivants :

	Prix de 100 kil. à l'état normal.	Quantité d'azote.	Prix de l'azote.
Poudrette.	7 15	1,56	4 58
Noir animalisé.	5 00	1,09	4 58
Noir des raffineries de Hambourg.	7 50	1,80	4 11 [1]
Nitrate de potasse.	52 55	13,78	3 62*
Guano (France).	60 00	16,86	3 60*
Tourteaux de lin.	18 50	5,20	3 55
Carbonate d'ammoniaque.	60 00	17,22	3 47*
Nitrate de soude.	40 00	16,42	2 43
Tourteaux de colza.	12 00	4,92	2 44
Sulfate d'ammoniaque.	50 00	21,24	2 35*
Os.	12 00	5,30	2 27
Fumier des auberges.	1 30	0,79	1 64
Chair musculaire.	20 00	13,04	1 54*
Guano (à Liverpool).	20 00	13,95	1 40*
Sang.	20 00	14,87	1 34*
Chiffons de laine.	17 65	18,00	0 98*
Engrais flamand.	0 20	0,25	0 80
Merl.	0 11	0,51	0 44*

Si nous éliminons de cette table les engrais produits
en trop petite quantité et dans un cercle trop restreint
et trop localisé pour devenir l'objet d'un commerce
général, et qui n'ont par conséquent qu'un nombre d'a-
cheteurs restreint et de circonstance, tels que les chif-

(1) D'après les résultats de M. Rieffel.

fons, la chair musculaire, le merl, le guano pour lequel on en est encore aux tâtonnements et aux essais, et enfin le sang, dont l'exploitation n'est faite régulièrement qu'à Paris, et est vendu en entier aux colonies ; si ensuite nous faisons disparaître provisoirement les sels qui n'ont pas encore subi l'épreuve d'essais faits en grand, et qui, n'étant pas passés dans la pratique, ne peuvent encore avoir un prix provenant de la concurrence agricole, savoir : les nitrates de potasse, de soude, le carbonate et le sulfate d'ammoniaque, notre table se trouvera bien simplifiée, et pourra nous fournir des termes propres à être discutés avec moins de crainte d'erreur.

Si nous cherchons, par exemple, à quelle distance un kilogramme d'azote pourrait être transporté sous la forme de fumier pour coûter le même prix que sous forme de poudrette, nous trouvons qu'à 60 kilomètres de distance les deux engrais reviennent au même prix, en supposant que les frais de transport s'élèvent à 0,25 par kilomètre et par 1,000 kilogrammes. En effet, pour obtenir 1 kilogramme d'azote, il faut 64 kilogr. de poudrette qui valent 4 fr. 58 c., et qui, transportés à 60 kilomètres, reviendront à 5 fr. 54 c., mais il faut 250 kilogr. de fumier qui, avec les frais de transport, coûteront 5 fr. 39 c. Au-delà de cette limite, il est plus avantageux d'acheter l'azote de la poudrette à 4 fr. 58 c., que celui du fumier à 1 fr. 64 c. Si nous faisons le même calcul pour les tourteaux de lin, nous trouverons que 19 kilogr. de tourteaux de lin transportés à 33 kilom., coûteront 3 fr. 71 c., et 250 kilogr. de fumier, à la même distance, 3 fr. 70 c. L'engrais flamand, qui ne représente 1 kilogr. d'azote qu'avec 400 kilogr., n'a qu'un

cercle d'action beaucoup plus restreint. On voit donc
ce qui fixe des limites étroites au commerce du fumier,
ce qui leur fait préférer, dans un grand nombre de cas,
des engrais plus chers, mais qui sont riches sous ce petit volume.

Heureusement ces engrais fabriqués dans les fermes
ne peuvent être mis aux enchères par les localités plus
riches, ils ne peuvent se transporter qu'à de petites
distances, et demeurent la propriété du sol qui les
a produits.

C'est sur de pareils rapprochements que l'on pourra
baser la convenance d'employer tel ou tel engrais
quand on sera obligé d'en acheter.

Les résultats que nous venons de présenter expliquent bien le grand usage que l'on fait du noir des
raffineries, quand la mer et les fleuves le transportent
à pied d'œuvre, car alors il coûte moins que le fumier
de ferme pris à petite distance, et à peu près le même
prix que les tourteaux, qui cependant ne déploient pas
toute leur puissance dès la première récolte.

Cette discussion, en prenant pour base les valeurs
réelles indiquées aux cultivateurs par leur expérience
journalière, réduit la théorie des engrais à ses véritables
principes et en fait disparaître les anomalies qui paraissaient si difficiles à expliquer. Sans doute une matière dont l'évaporation marche plus vite que la végétation perd toute la valeur qui se dégage inutilement;
mais dès que l'azote s'y trouve fixé de manière à se dégager dans le même temps que la plante met à croître,
il est dans les conditions les plus favorables et les plus
appréciées, d'autant plus qu'il se présente sous un volume moins grand et plus facile à transporter; à par-

tir de ce point, plus le temps de la décomposition
de la matière et du dégagement de l'azote est long,
moins l'engrais est estimé, et il l'est d'autant moins que
le volume est plus considérable, coûte plus de frais de
transport, et par conséquent que le cercle de ses acheteurs est plus resserré.

CHAPITRE XII.

Valeur des engrais relativement aux différents genres de culture et aux différentes circonstances du sol.

Les engrais appliqués aux différentes cultures et dans
des circonstances diverses de sol et de climat, sont loin
de reproduire des résultats identiques pour les récoltes
auxquelles on les applique. Cette matière neuve a été
l'objet de recherches que nous devons rappeler [1].

Les expériences qui ont pour but d'établir ces résultats ont été faites sur deux espèces de terrains, des terrains arrosés et des terrains secs ; et sur différentes
sortes de végétaux. On s'est servi du fumier d'auberge
décrit plus haut (page 631), et possédant 0,79 p. 100
d'azote à l'état normal, et 2,083 à l'état sec.

Ce n'est pas que quelques tentatives n'aient été faites
par Thaër, de Woght, Crud, dans le but de parvenir
à cette détermination ; mais, pour se convaincre qu'ils
ne sont pas arrivés au résultat dont nous indiquerons

(1) Voir notre mémoire sur la valeur des engrais, *Mémoires de
la Société centrale d'agriculture* ; 1842.

l'importance, il suffit de connaître les différentes méthodes suivies dans la comptabilité agricole à l'égard
des engrais.

Quelques-uns se bornent à leur assigner le prix de la
litière, sans considérer que s'il était vrai que la litière
n'acquît rien par sa transformation en fumier, il serait
plus convenable de l'enterrer immédiatement dans le
sol, sans lui faire subir cette manipulation.

D'autres balancent le compte des animaux par la valeur des fumiers, c'est-à-dire qu'après avoir porté à leur
débit les fourrages et la litière au prix du marché, les
soins, le dépérissement, etc., ils placent en regard, à
leur crédit, le prix des animaux vendus, celui de leur
laine, de leurs agneaux ou de leurs veaux, etc. ; et si
ce second total est plus faible que le premier, ils rétablissent l'égalité en portant le complément pour valeur
de l'engrais. Il résulte de cette méthode que cette valeur varie selon que l'on élève des races d'animaux plus
ou moins profitables, et qu'on le fait avec plus ou moins
d'art et de soin.

D'autres encore donnent pour valeur à l'engrais le
double de l'excédant du produit des parties fumées sur
celles qui ne le sont pas, en supposant qu'une première
récolte n'en consomme que la moitié. Mais, outre la
difficulté de faire exactement la part des récoltes des
différentes terres d'un domaine, cette méthode est basée
sur une hypothèse dont l'exactitude dépend des saisons
qui ont plus ou moins favorisé la décomposition du
fumier, son absorption par les plantes et la réussite
finale de celles-ci.

Au milieu de ces hésitations de la pratique, des personnes de bonne foi, craignant plus les erreurs que les

omissions, mais sans considérer que les omissions sont aussi des erreurs, proposent de supprimer le compte engrais de la comptabilité agricole.

Ainsi, dans l'état actuel de la science agricole, rien ne vient nous éclairer sur la véritable valeur des engrais. Si leur fabrication était toujours séparée des exploitations rurales, si l'éleveur de bestiaux avait ses intérêts à part de ceux de l'agriculteur, alors nous saurions à quoi nous en tenir; il y aurait un marché d'engrais où les intérêts réciproques finiraient par s'équilibrer, et nous saurions la valeur réelle de ce précieux auxiliaire de toute bonne agriculture.

Ce marché existe auprès des grandes villes, mais nullement dans les conditions égales que nous pouvons rechercher. Là se trouve ordinairement surabondance de la marchandise, relativement au rayon dans lequel il est avantageux de la transporter; inégalité entre l'offre et la demande. On a fabriqué aussi un grand nombre d'engrais artificiels, mais il est resté du doute sur la valeur réelle de la plupart d'entre eux, et quant à ceux qui ont résisté à l'épreuve, ils pourront servir un jour de régulateur, quand leur valeur relative avec les engrais naturels sera bien connue, et surtout quand, le marché en étant saturé, l'équilibre sera bien établi entre eux.

Toutes ces causes nous ont laissé jusqu'ici dans une très grande incertitude sur la véritable valeur des fumiers. Sentant vivement l'importance de cette question, nous nous en sommes toujours occupé avec sollicitude, et nous avons réuni quelques éléments de sa solution, qui contribueront peut-être à appeler sur elle l'attention des cultivateurs et provoqueront les communications et les recherches qui peuvent la compléter.

Pour parvenir à résoudre ce difficile problème, il fallait réunir des circonstances agricoles telles que l'on pût apprécier avec exactitude le produit total que l'on peut retirer d'une quantité donnée de fumier. Il fallait donc se rendre aussi indépendant que possible de la nature du sol et du climat. De la nature du sol : dans les terrains maigres qui contiennent de l'argile, une partie de l'engrais est absorbée par elle, et ne reparaît pas immédiatement; et dans un terrain qui contient du carbonate de chaux, il y a formation de nitrates par l'action atmosphérique indépendante de la présence des engrais, comme nous l'avons aussi fait voir. C'est donc sur un terrain sablonneux que nous avons dû agir.

De plus, dans les pays et dans les années sèches, la végétation se ralentit dès le mois de mai, et jusqu'au milieu d'octobre, par l'effet du desséchement du sol, et elle s'arrête pour les plantes annuelles, précisément au moment où la chaleur favoriserait le plus leur développement, si elle était accompagnée d'humidité; mais l'irrigation rétablit la fraîcheur de la terre, et rend à la végétation toute son activité : c'est donc sur des terres pauvres d'engrais, sablonneuses et arrosées à volonté, que les résultats devaient être cherchés. Nous avons eu le bonheur d'obtenir une série de résultats accompagnés de toutes ces circonstances, recueillis sur un terrain sablonneux, peu chargé d'argile et de chaux, abandonné depuis longtemps, mais qui venait d'acquérir nouvellement les premiers bienfaits de l'arrosage.

Mais c'était peu encore d'examiner ce qui se passe dans ces conditions exceptionnelles; nous avons dû lui comparer ce qui a lieu dans les terres sèches et dans l'état général de la culture. Si les expériences faites sur les terrains arrosés nous donnent la valeur absolue de l'engrais, celles qui résultent de l'examen de la culture commune n'ont de valeur que pour le climat et les terrains où elles ont été recueillies, et, sous ce rapport, elles doivent être répétées en différents lieux avant de pouvoir devenir une règle générale.

Ainsi la première partie de cet examen, qui concerne les expériences faites sur les terres fraîches et arrosées, ayant pour objet d'écarter, autant qu'il est possible de le faire dans de pareilles expériences, les circonstances de climat et de sol, approcherait par cela même d'une détermination absolue, s'il était possible de faire abstraction d'une plus longue durée de la saison chaude dans nos climats du midi, durée qui permet de profiter, dans la même année, de presque toute la richesse du fumier, et prévient les pertes qu'un plus long séjour en terre peut lui faire éprouver. Quant à la valeur du fumier sur les terres sèches, elle est entièrement liée aux influences climatériques du pays où les observations ont été faites, et ne pourrait être admise ailleurs sans modification. C'est sous ces conditions préalables que nous présentons ce travail à l'examen des agriculteurs.

SECTION Ire. — *Valeur du fumier employé à diverses cultures dans les terres fraîches.*

Nous entendons ici, par valeur de l'engrais, celle de la récolte que l'on obtient en sus, pour chaque quantité d'engrais ajoutée. Ainsi, supposons que le terrain cultivé sans fumier donne 2, et qu'avec 1 de fumier j'obtienne 3, la valeur du fumier sera celle de 1 de la récolte ; de même, si avec 1 de fumier j'obtiens 3, et qu'avec 2 de fumier j'obtienne 4, cette valeur sera de même de 1 du végétal récolté : ainsi de suite pour chaque dose nouvelle d'engrais employé, jusqu'à une limite qui varie selon les plantes, et que nous essaierons d'indiquer en traitant des cultures. Nous nous dispenserons donc entièrement d'entrer dans la distinction du revenu net de chaque culture, et nous nous bornerons à rechercher ce que l'emploi de l'engrais apporte d'augmentation aux récoltes, en les comparant à ce qu'elles auraient été si on n'en eût pas employé, ou qu'on en eût employé en quantité moindre. Ceci posé, passons aux résultats obtenus d'abord dans les terres arrosées, et puis dans les terres sèches.

§ 1er. — Froment.

Les terrains arrosés des bords de la Durance composent une zone agricole très remarquable par ses produits et pour l'industrie de ses habitants. Au milieu d'assolements très variés de différentes plantes horticoles, on y sème souvent du blé, en pratiquant à peu près la méthode suivante que nous avons retrouvée en Sicile.

La semaille a lieu au commencement de novembre ; le grain est répandu sur le terrain bien préparé et fumé, ou suffisamment amendé par les cultures précédentes. La terre est divisée en planches de 1 à 2 mètres de largeur, et chaque planche est séparée de sa voisine par un intervalle de 0^m25, que l'on approfondit de $0^m,05$ à $0^m,06$ par un seul coup de houe, pour y faire passer les eaux destinées à l'irrigation. Au printemps, quand les vents ont desséché la terre, que la pluie manque et que la chaleur moyenne a dépassé $12^o,50$ centigrades, on fait circuler l'eau dans l'espace déprimé qui se trouve entre les planches, et on l'y arrête longtemps pour qu'elle pénètre entre deux terres par infiltration, mais en s'abstenant de toute submersion, qui tasserait le terrain et nuirait à la végétation. Cette irrigation souterraine est répétée si l'on s'aperçoit que les plantes souffrent de la sécheresse, mais rarement a-t-elle lieu plus de deux fois, et souvent on se borne à une seule.

La beauté de la végétation ne laisse qu'une crainte au cultivateur, c'est le versement des blés; mais, malgré cet inconvénient, les récoltes sont si productives, qu'on n'en est pas découragé.

Quand la moisson est faite, à la fin de juin, on inonde le terrain, et, après l'avoir laissé ressuyer deux ou trois jours, on le laboure et on y sème des haricots, des pommes de terre, du maïs quarantain, du millet, que l'on soigne par les mêmes procédés. Ces secondes récoltes, venues à la faveur d'un terrain frais et dans les mois les plus chauds de l'année (juillet, août et septembre), ont encore une grande valeur. Par ces productions successives aidées d'une chaleur humide, le terrain se trouve dans un état qui exige une fumure abondante pour les cultures de l'année suivante.

Ayant sous les yeux de si belles et de si nombreuses expériences, il semble qu'il aurait dû nous être facile de déterminer immédiatement le rapport de l'engrais à la récolte de blé; mais un grand obstacle s'opposait à cette appréciation. Cette culture est faite souvent sans engrais direct, en profitant de l'excès de fécondité, où comme disent les Allemands, de la *vieille force*, accumulée par les cultures antérieures. Quand on y met de l'engrais, ce n'est que comme supplément de celui que l'on suppose exister dans le terrain ; cet engrais est très variable dans sa qualité, et ne consiste souvent qu'en balayures de ville. Une analyse exacte de ces différentes circonstances conduisait trop loin et laissait des doutes légitimes sur les résultats, s'ils n'étaient pas éclairés par des expériences directes. Nous avons eu le bonheur d'obtenir depuis quelques années une série de faits indépendants de ces circonstances ; ce sont des cultures de blé faites sur les terrains neufs que nous avons décrits plus haut, avec des quantités d'engrais déterminées et de qualité connue. Ces terrains, situés sur les bords de la Durance, annonçaient leur pauvreté par celle de leur végétation naturelle ; c'étaient des sables mal liés, transportés jadis par des courants et sans doute fortement lessivés ; car il n'y avait que des traces de matières organiques charbonneuses, sans azote. Aucun cultivateur ne leur aurait confié la semence avec espoir de la reproduire une seule fois. Le tableau suivant donne les résultats de trois années de cette culture :

Années.	10 ares fumés avec	20 quintaux mét. fumier.	Produit du blé.	Valeur.	Deuxième récolte.	
1836.	10	— avec 20	132 kil.	35 f. 20 c.	540 kil. pommes de terre.	20 f. 75 c.
—	10	— avec 30	204	56 10	254 haricots.	42 »
—	10	— avec 40	248	68 20	3 hect. millet.	35 20
1837.	10	— avec 10	68	18 70	70 kilog. haricots.	13 »
—	10	— avec 20	140	38 50	1 hect. 7 millet.	19 »
—	10	— avec 30	210	57 75	1 hect. millet.	22 »
1838.	10	— avec 10	72	19 80	360 kil. pommes de terre.	13 »
—	10	— avec 20	136	37 40	160 kil. haricots.	30 »
—	10	— avec 30	220	60 50	1 hect. 7 millet.	20 »
	90	210	1430	392 15		214 95

Ainsi 90 ares de terrain ont produit en première récolte 1,430 kilogr. de blé, après avoir été ensemencés
de 144 kilogr.; or, comme on peut supposer que dans
le sol le moins riche la semence se reproduira au moins
une fois elle-même, nous aurons, en retranchant le
poids de la semence de la récolte, la quantité de
1,286 kilogr., qui représentera l'action du fumier; mais
il faut ajouter à ce produit la valeur de la paille.

Cette substance étant destinée à reproduire de nouveau fumier nous ne pouvons lui attribuer, dans l'économie rurale, d'autre prix que celui qui résulte de son
équivalent comme engrais; cet équivalent est, d'après
MM. Boussingault et Payen[1], de 166,66 p. 100 d'engrais
normal, et par conséquent pour le nôtre, de 331. La
quantité de paille étant, d'après nos formules locales,
du double du grain ou de 2,572 kilogr., c'est la valeur
de $\dfrac{2572 \times 100}{331}$=766 kilogr. de fumier qu'il faut ajouter
à celle de la récolte, ou retrancher de la quantité de fumier fournie; cette quantité se réduit donc de 21,000
kilogr. à 20,234 kilogr.

Les 1,286 kilogr. de blé, restés nets après la déduction de la semence de la première récolte, ont une valeur de 353 fr. 66 c.; la seconde récolte qui a produit
brut 214 fr. 95 c., se réduira aussi à la valeur nette de
193 fr. 29 c., qui auront produit une quantité de paille
équivalente à 419 kilogr. de fumier, en supposant que
la valeur et la quantité de l'ensemble de ces pailles
soient égales à celles du blé. Le produit net total des
deux récoltes sera donc de 546 fr. 94 c., qui représen-

_____

(1) Compte-rendu de l'Académie des Sciences, t. XIII, p. 331.

tent l'effet de 19,815 kilogr. de fumier. Son prix réel serait donc 2 fr. 75 c., équivalant exactement à 10 kil. de blé[1].

Comparons ce résultat avec celui qui a été obtenu par divers agronomes. Thaër (§ 250, 258) admet que 1,000 kilogs. d'engrais mettent le sol en état de produire 70 kilogr. de froment, et par conséquent, d'après ses formules, 140 kilogr. de paille, dont l'équivalent est pour son fumier de 167, par conséquent, ayant la valeur de 84 kilogr. de fumier; ainsi ce sera seulement la quantité de 916 kilogr. de fumier qui produiront 70 kilogr. de blé, ce qui nous donne la quantité de 76 kil. de blé par 1,000 kilog. de fumier, ou 7,6 kilogr. p. 100. Nous avons trouvé 10 kilogr., ce qui ferait penser que notre engrais est à celui de Thaër comme 10 : 7,6.

Burger attribue à 1,000 kilogr. d'engrais la production de 75 kilogr. de froment et 150 de paille équivalant à 88 kilogr. de fumier : ainsi 912 kilogr. de fumier produisent 75 kilogr. de froment, et 100 kilogr. en produisent 8,2; ainsi notre fumier serait à celui de Burger comme 10 : 8,2.

---

(1) Dans la séance de la Société centrale, où le mémoire a été lu, on a objecté à ce résultat, que si les travaux de préparation de la terre ne devaient pas être comptés, quand il s'agissait de la valeur d'une quantité de fumier ajoutée à une culture déjà faite, pour obtenir une récolte quelconque, il n'en était pas de même des frais de récolte, de battage, etc., qui, chez nous, s'élèvent à 2 fr. par hectolitre. Ainsi il y aurait eu à déduire, pour 10 kilog., le huitième du prix trouvé, puisque l'hectolitre pèse 80 kilog., et la valeur du fumier se réduirait à 2 fr. 50 c. au lieu de 2 fr. 75 c., et à 9 kil. 75 de blé au lieu de 10. Le genre et le prix des travaux varient tellement, que nous préférons laisser, dans toute sa généralité, le chiffre que nous avons trouvé, sauf à chacun à faire des déductions selon les circonstances locales.

Kressig admet le produit de 85 kilogr., et par conséquent de 170 de paille par 1,000 de fumier; ce qui se
résume, toutes réductions faites, à 8^k,7 de blé par 100
de fumier.

On voit combien ces différentes évaluations se rapprochent de celles que nous avons trouvées par l'observation directe. Le seul point qui puisse faire matière à
contestation dans la méthode que nous avons employée,
c'est notre manière d'évaluer la paille.

M. Puvis[1] attribue au poids de la paille doublée la
même valeur qu'au fumier. Mais il est évident que la
paille n'entre dans celui-ci que pour sa valeur propre,
et que l'on ne peut lui attribuer de plus celle qu'elle
acquiert par son mélange avec les urines et les excréments des bestiaux.

Dans les pays pauvres en fourrages et où la paille acquiert une assez grande valeur nos calculs seraient
modifiés; mais si d'un côté la récolte de paille élevait le
produit du fumier, d'un autre côté l'emploi de la paille
pour litière élèverait aussi son prix de revient.

§ II. — Betterave.

Si l'on cultive la betterave sur des terres fraîches
qui ne possèdent pas un fonds d'ancien engrais, on obtient 106 kilogr. de cette racine par 100 kilogr. de fumier. Des résultats plus élevés sont une pure illusion,
et ne proviennent que de la fertilité précédemment acquise par le champ.

Ce résultat est confirmé par les produits de la culture

(1) *Des engrais animaux*, 1841.

dans le Nord. Les cultivateurs y récoltent 40,000 kilog. sur des terres qui produisent 20 hectolitres de blé ou 1,600 kilogr. de blé résultant de 25,000 kilogr. de fumier, qui, à 165 kilogr. de betterave par 100, produisent 41,000 kilogr.

M. Mathieu de Dombasle n'obtient que la moitié de cette récolte pour la même quantité d'engrais[1] ; mais c'est sur des terres sèches qui ne consomment pas tout leur fumier dans une première récolte.

M. Crud[2] fume ses betteraves avec 270 quintaux métriques de fumier, il en résulte 540 quintaux de racines; mais c'est sur ses riches terres du Boulonnais, où l'engrais est incorporé depuis longtemps avec la terre.

La betterave se paie 1 fr. 60 c. dans le département du Nord, mais on y ajoute 35 kilogr. de pulpe qui a un quart de la valeur de la betterave; ainsi, 35 kilogr. valent 56 c., c'est 14 c. à ajouter à ce prix, qui est alors de 1 fr. 74 c. pour 100 kilogr. de betterave, et la valeur du fumier sera de 2 fr. 88 c.; nous l'avons trouvée de 2 fr. 75 c. par la culture du blé dans les terrains arrosés, l'accord ne pouvait être plus parfait.

§ III. — Prairies.

Les prairies arrosées, forceés à pousser plusieurs fois par an par les coupes successives qu'elles subissent, et ayant une végétation continue, même en hiver, paraissent être un des moyens les plus sûrs pour découvrir la valeur des engrais, et cependant on ne peut l'employer qu'après avoir observé attentivement ce qui se

(1) *Annales de Roville*, t. VII, p. 255.
(2) *Économie de l'agriculture*, § 255.

I. 44

passe dans la végétation des gazons. En faisant accep-
tion de quelques plantes qui y viennent contre l'intérêt
et le gré des cultivateurs, celles qui les composent ont
des racines traçantes qui se rapprochent sans cesse de
la surface du terrain à mesure qu'elles sont recouvertes
par les détritus de feuillage et par les engrais que l'on
répand en couverture. Elles poussent de nouvelles radicules, toujours plus hautes que les précédentes, et les
racines profondes finissent par mourir et se convertir
en terreau ; de sorte qu'après sa complète formation,
quelque âge qu'ait le pré, son gazon (et nous entendons
par là la partie du sol qui est enveloppée dans le tissu
de ses racines) a toujours la même épaisseur, dont l'existence, dans une certaine dimension, paraît essentielle
au bon état de la prairie. Cette couche est une richesse
accumulée, mais placée à fonds perdu, qui ne rentre au
profit du propriétaire que par le défrichement de sa
prairie. Les herbes de pré ne parviennent à tout leur
développement qu'autant que, par la succession des
années, elles se sont formées au-dessus du sol minéral
un milieu de terreau azoté pour leurs racines. Quand
le gazon n'est pas complétement formé et que les racines des plantes reposent encore sur le sol minéral, si
celui-ci n'a pas une richesse naturelle assez élevée,
les récoltes des prairies sont encore peu abondantes, et
elles ne parviennent à leur maximum qu'après plusieurs
années de végétation et de nombreuses fumures, excepté
dans les terrains riches et perméables dont nous avons
parlé. Jusqu'à ce point maximum, le fumier distribué
aux prairies ne produit pas tous ses effets, et ce n'est
que quand elles y sont parvenues que l'on peut espérer
de voir reproduire sa véritable valeur. Cette proposi-

tion deviendra claire par le détail de ce qui se passe quand on établit de nouvelles prairies. Les observations de ce genre ne manquent pas autour de nous.

On fume la surface du terrain avant de semer le grain de foin. Les herbes sortent isolées et la surface de la terre est dégarnie la première année ; la seconde, les trèfles commencent à s'étendre et les graminées à taller ; la troisième, le gazon paraît formé ; mais il manque réellement de l'épaisseur et de la richesse qu'exige le pré, et il est si peu parvenu à son point de perfection, que ce n'est qu'après un grand nombre d'années, si l'on ne fume pas, et si l'on fume, qu'après avoir reçu une dose de fumier que l'on peut estimer à 5,000 quintaux métriques par hectare, que le pré parvient à son état stationnaire, dans lequel chaque dose nouvelle de fumier produit son maximum d'effet. D'après ces expériences, on peut donc affirmer que, soit que l'on calcule le nombre d'années de faible produit dans le cas où l'on ne fume pas, soit que l'on compte l'avance totale de fumier faite avant d'arriver à ce point, il y aura par hectare l'équivalent d'une quantité de 2,500 quintaux métriques de fumier en avance ; en supposant que l'on ait eu pendant la première époque des récoltes de foin équivalentes à la moitié du fumier.

Pour estimer la valeur de l'engrais appliqué aux prairies, il faut donc ajouter à l'engrais qu'on leur applique annuellement le vingtième de 2,500 quintaux, ou 125 quintaux qui représentent l'intérêt de la valeur de l'engrais amorti.

Généralement, on fume les prés tous les trois ans dans le département de Vaucluse, où ils sont bien soignés. Leur durée y est éternelle. La nature et la qualité de l'herbage vont toujours en s'améliorant, et on n'y est pas obligé, comme en Lombardie, d'alterner les prés avec d'autres cultures à cause de la détérioration de leur qualité. Les prairies que l'on défriche, en Italie, sont principalement garnies de trèfle ; mais les graminées n'ont jamais le temps d'y prendre tout leur développement. Une prairie que nous avons portée graduellement à l'état maximum de produit en foin nous présente les résultats suivants. Fumée en hiver avec 50,490 kilogr. de fumier, ce qui fait 16,830 kilogr. par an, elle produit :

1re année.	17000 kil. de foin.
2e année.	15300
3e année.	13600
	45900
Ou par an.	15300

Le prix du foin étant de 6 fr. les 100 kil., c'est une valeur de 918 fr. qui résulte de 16,830 kil. de fumier, et 12,500 de fumier avancé, ou de 29,330 kil. de fumier. Les 100 kil. de fumier produisent donc 52 kil. de foin, ayant une valeur de 3 fr. 12 cent.; nous avons trouvé que le fumier, appliqué au blé et à la betterave, valait 2 fr. 88 c. On voit combien se rapprochent ces trois évaluations, obtenues à travers tant de circonstances difficiles à apprécier.

§ IV. — Luzerne.

La luzerne est-elle un meilleur module que le foin pour apprécier la valeur du fumier? Nous allons voir combien il faut s'en défier et à quelles anomalies cette plante est sujette.

Sur une terre qui n'en a jamais porté, et qui a du fonds, on obtient souvent de très belles luzernes sans engrais. Nous l'avons vue réussir admirablement près de Montélimart sur un sol graveleux, rouge, profond, que l'on ne croyait propre qu'à la vigne, et sans autre engrais que le plâtre.

Elle donne des résultats aussi riches dans les alluvions profondes de certaines rivières, si ces alluvions sont perméables et fraîches sans être humides.

Dans les terrains qui ont du fonds, elle prospérera même avec une fumure médiocre, s'ils n'ont pas encore porté de luzerne; dans ceux qui ont peu de fonds, elle donnera de grandes espérances à sa première année, mais elle dépérira à mesure que ses racines atteindront le sous-sol.

Si le terrain a déjà porté une ou plusieurs fois de la luzerne, son dépérissement commence de bonne heure et sa durée est limitée à peu d'années, quoique la surface du terrain ait été abondamment fumée.

Ainsi, ce que cette plante paraît rechercher de préférence, c'est la richesse dans la profondeur, c'est de pouvoir approfondir continuellement ses racines dans une terre qui renferme toujours des principes propres à sa nutrition. Tant que ces couches superposées de fertilité constante existent, la luzerne continue son développement et ne cesse de produire de nouvelles et abondantes récoltes. Nous avons pu observer sur le bord du Rhône et de l'Ardèche des racines de plus de 4 mètres de long. Trouvent-elles un courant d'air imprégné de principes fécondants? elles se subdivisent en radicules et continuent à vivre encore pendant longtemps; mais trouvent-elles une couche imperméable,

ou entretenue dans l'humidité par des eaux croupissantes? les progrès s'arrêtent, la plante dépérit, le champ
se dégarnit, la limite de l'existence de fourrage est arrivée.

Quelle est la durée de cet épuisement des couches
profondes, qui ne permet pas à la luzerne de reparaître
avantageusement sur les terrains qui en ont déjà porté?
Ce temps dépend du genre de culture qui aura suivi la
luzerne. Il est plus court dans les terres arrosées ; les
travaux profonds l'abrégent aussi dans les terres sèches; plus le terrain est perméable et plus tôt la luzerne
peut reparaître sur le même champ. Dans des terrains
plus compactes, un ancien agriculteur nous assurait
qu'après trente ans d'intervalle, il s'apercevait distinctement des places où avait existé la luzerne trente
années auparavant, par sa moindre vigueur, et surtout
par sa moindre durée. Olivier de Serres donnait quinze
ans de durée à un champ de luzerne ; nous en avons vu
qui sont arrivées à cet âge dans des terrains neufs;
mais aujourd'hui ils atteignent à peine cinq ans, et il y
en a beaucoup qu'il faut défricher à la quatrième année.
Comme il faut nécessairement semer cette plante sur des
sols profonds, toutes les terres d'un domaine n'y sont
pas indistinctement propres, d'où résulte le retour trop
fréquent de cette culture sur les mêmes espaces de terrain. Dans l'assolement de Nîmes, la luzerne revient
douze ans après son défoncement, et là aussi on s'aperçoit que ce temps est trop court.

En faisant la part du mal que lui causent des fauchai-
sons trop tardives, et pratiquées quand la fleuraison de
cette plante est achevée, on ne peut expliquer tous ces
faits qu'au moyen de deux hypothèses ; soit comme

nous l'avons indiqué au commencement de cet article, la nécessité pour la luzerne de trouver des couches meubles et contenant des sucs nutritifs à mesure que sa racine s'allonge. On sait que dans les bons terrains cette racine présente peu de radicules latérales, ses bouches absorbantes sont donc placées à son extrémité. La seconde hypothèse consiste à supposer la persistance, pendant une longue suite d'années, d'excrétions malfaisantes produites par la luzerne qui a précédé et qui sont incompatibles avec la présence de cette plante pendant toute leur durée. Mais il faudrait que l'existence de ces excrétions fût bien démontrée pour qu'on puisse admettre qu'exposées, pendant douze et trente ans, à la réaction de tous les corps environnants, elles ont conservé toutes leurs propriétés nuisibles. Nous croyons que la théorie de l'épuisement explique tout aussi bien les faits que nous avons décrits, et sans qu'on puisse lui opposer les mêmes objections.

En partant de ces données, examinons ce qui se passe dans le midi, relativement à la culture de la luzerne.

Dans les terrains qui ne sont pas naturellement meubles, on prépare, par des labours profonds, une couche perméable aux racines de la luzerne. Cette profondeur fixe, pour ainsi dire, dans les terres compactes la durée de cette plante. En 4 ou 5 ans, ses pivots atteignent à 30 centimètres environ de longueur, et si le sous-sol se trouve si dur qu'il ne puisse être pénétré, la plante ne tarde pas à dépérir.

Il faut ensuite disposer d'une quantité de fumier suffisante pour que son mélange avec la terre, ou l'infiltration de ses sucs, atteigne la couche que les racines doivent occuper; cette condition est indispensable pour les terrains qui ont déjà porté de la luzerne et dont les couches profondes sont déjà épuisées. Or les sucs, filtrant à travers le sol et déposant successivement une partie des matières qu'ils tiennent en suspension, n'arrivent pas très profondément sans être complétement dépouillés de leurs principes fertilisants. C'est ce qui borne encore la durée de la luzerne quand il faut procéder par des engrais artificiels; et cela est si vrai, que le fumier accroît bien la récolte en proportion de son abondance, mais ne prolonge pas dans cette même proportion la durée de la plante; d'ailleurs les cultivateurs répugnent à enterrer profondément le fumier, de crainte qu'il ne puisse être atteint ensuite par les céréales qui sont semées sur des labours moins profonds.

Ainsi tout le succès, dans les terres qui ne sont pas neuves pour la luzerne, dépend de ces deux choses : profondeur du labour, abondance d'engrais. La première prolonge la durée de la plante en offrant de l'espace pour l'allongement de ses racines et en facilitant l'infiltration des sucs des fumiers; la deuxième fournit la meilleure nutrition.

La première année, la luzerne croît avec luxe sur une fumure abondante, elle y trouve cette large nourriture qu'il lui faut; la seconde année, elle se trouve encore dans une zone de terrain bien fécondée par les sucs infiltrés, elle donne alors ses plus belles récoltes; dès la troisième année, la diminution devient sensible; elle s'affaiblit encore dans la quatrième et la cinquième. Cette décroissance est d'autant plus rapide que le terrain est moins perméable.

Mais de cette tendance de la luzerne à puiser sa nourriture par l'extrémité de ses racines résulte aussi que l'engrais déposé près de la surface de la terre reste presque intact; et qu'après le défrichement, le sol se trouve dans un état de richesse qui prouve à quel point elle s'approprie les éléments atmosphériques. Les récoltes de blé qui succèdent se comportent exactement comme si le fumier accordé à la luzerne était demeuré tout entier à la disposition des récoltes qui vont la suivre.

Voici quelques résultats pratiques qui éclairciront ce point délicat :

Pendant cinq années une luzerne a produit 640 quintaux métriques de fourrage sec; elle a été fumée avec 1,030 quintaux de fumier. On a fait trois récoltes successives de blé, et l'on ne s'est arrêté qu'à cause de l'abondance des mauvaises herbes; le terrain est resté en très bon état, et on a pu, après une jachère complète, en tirer encore deux récoltes de céréales. En totalité, on a obtenu 102 hectolitres de blé, ou 8,160 kilogr. qui représentent l'effet de 816 quintaux métriques de fumier.

Il y a donc eu une perte de 214 quintaux de fumier seulement, pour représenter 640 quintaux de fourrage. Ces récoltes ont eu lieu dans des terres naturellement fraîches; la perte en engrais est beaucoup plus considérable dans les terres arrosées, qui dissolvent davantage les sucs des engrais et favorisent leur décomposition.

La luzerne a donc coûté en fumier 214 quintaux et de plus l'intérêt de l'avance de la totalité de l'engrais pendant six ans, terme moyen des rentrées (cinq années de luzerne et deux de céréales). Voici le compte de cette culture pour un hectare :

Labours profonds.	120 f.	» c.
36 kil. de graine à 120 fr. le 100.	43	20
5 fauchages par an, à raison de 8 fr. 50 c., pendant 4 ans.	170	»
Faner l'herbe et la rentrer.	90	»
Loyer du terrain pendant 5 ans.	500	»
204 quintaux de fumier, à 1 fr. 30 c.	265	20
Intérêt de 790 quintaux de fumier, valeur 1,027 fr., pendant 6 ans.	308	10
	1,496	50

prix de 640 quintaux de luzerne, ou, par quintal 2 fr. 34 c.; en vendant 6 fr. le quintal, on voit que cette opération présente un bénéfice de 2,344 fr. par hectare.

Si, au contraire, on avait eu des terres neuves pour la luzerne, on se serait borné à donner 600 quintaux d'engrais pour favoriser la première croissance de la plante, et alors le compte changeant de face, 640 quintaux, coûtant 1,254 fr., reviendraient seulement à 1 fr. 96 c. le quintal métrique, et dans les terrains où il n'aurait pas fallu employer d'engrais, et où le plâtre aurait suffi beaucoup moins encore. Mais ces terrains, craignant la sécheresse en été, auraient donné de moins bonnes récoltes de foin.

Cette longue déduction était nécessaire pour montrer comment la luzerne se refuse à nous indiquer la valeur de l'engrais qui lui est consacré; c'est une plante vraiment merveilleuse, qui ne demande qu'une avance de fumier qu'elle restitue fidèlement. On peut la considérer comme un habile mineur qui va chercher dans la profondeur de la terre les filons de la richesse végétale qui y est enfouie; mais, quand la mine est épuisée, elle se refuse bientôt à fouiller inutilement la terre. C'est pour cela qu'après une période d'engouement on voit les cultivateurs se dégoûter d'une culture qui n'entre pas dans un cours régulier d'assolement d'un petit nombre d'années.

Nous ne pouvons aussi nous empêcher de réfléchir à l'impuissance de la lutte des contrées méridionales contre celles où l'herbe pousse spontanément, en fait de productions animales. On a affirmé que l'agriculture prussienne pouvait obtenir du foin à 90 c. les 100 kilogr.; et nous, avec les moyens les plus perfectionnés, nous arrivons seulement à le produire à 2 fr. 34 c., et il se vend 6 fr. prix moyen. Nos cultures spéciales peuvent seules rétablir l'équilibre entre deux pays si diversement dotés.

§ V. — Garance.

Chaque année, la culture de la garance prend une plus grande extension dans le département de Vaucluse, et un grand nombre de terres sont livrées parcellairement à des cultivateurs qui cultivent cette plante sans engrais. Toutes les terres qui n'ont pas encore porté cette racine fournissent une récolte qui paie les frais de la culture. Si le sol est profond et riche, on en retire encore une seconde, et quelquefois une troisième récolte, mais la plupart des terres témoignent de leur épuisement dès la seconde, et alors la garance ne peut plus y être cultivée avantageusement sans fumier.

Cette plante a donc, comme la luzerne, la propriété d'épuiser la terre de sucs qu'elle affectionne, et qui, cependant, ne sont pas les mêmes que ceux qui conviennent à la luzerne, car la garance réussit merveilleusement sur les défrichés de luzerne. C'est, pour le problème de la nutrition des plantes, une nouvelle donnée qui ne saurait être négligée.

On est revenu si souvent à la garance dans les terrains paludiens fortement calcaires, où le défaut de ténacité rend l'arrachage peu coûteux, que ces terres ne produisent plus de garance sans engrais. Ce qui leur restait de fécondité naturelle pour cette plante, il y a vingt-cinq ans, nous avait fait illusion, et l'analyse des résultats obtenus nous avait fait croire que 100 kilogr. de racines provenaient de 1,300 kilogr. d'engrais; nous sommes aujourd'hui beaucoup plus près de la vérité, puisqu'on peut penser que dorénavant toute la garance produite par les palus provient seulement de l'engrais. On y emploie 1,812 kilogr. de fumier du pays, équivalant à 1,450 d'engrais normal pour obtenir 100 de garance. Les bons cultivateurs fument 1 hectare avec 72,000 kilogr. de fumier équivalant à 57,600 kilogr. d'engrais normal, et récoltent 3,960 kilogr. de racines. A l'époque de nos anciennes observations, la terre contenait donc environ 150 de substances nutritives propres à la garance sur 1,300. Cette provision a été épuisée, et les racines emploient ainsi en fumier 3 vingt-sixièmes en sus. Ainsi 100 de fumier produisent 6,8 kilogr. de racine de garance. En supposant cette racine au prix moyen de 75 fr. les 100 kilogr., celui du fumier employé est donc de 5 fr. 10 c.

La beauté de ce résultat explique bien comment, malgré les avances considérables à faire, malgré l'incertitude du succès après de si grandes mises de fonds, on recherche soigneusement l'engrais dans les pays à garance; comment on va le chercher au loin, pour l'employer à cette culture. On l'achète encore dans quelques villes des environs à 1 fr. le quintal métrique, et, employé à la garance, il acquiert une valeur de 5 fr.! Mais ce résultat n'a lieu que sur les terres fraîches, quoiqu'elles ne soient pas arrosées. Nous verrons, en parlant des terres sèches, qui sont les plus nombreuses, qu'il est fort différent.

§ VI. — Données sur la valeur du fumier employé à quelques autres cultures.

Ici se terminent les observations directes que nous avons faites sur la valeur des fumiers employés dans les terres fraîches. Il y aurait encore bien des faits à recueillir, mais ils ne peuvent être réunis qu'au moyen de recherches si longues et si réitérées, que nous n'espérons pas pouvoir les entreprendre et les terminer de longtemps. Nous nous bornerons donc à consigner ici quelques observations faites par d'autres sur le sujet qui nous occupe.

M. Crud a indiqué, dans sa dernière édition de l'économie de l'agriculture, l'absorption d'engrais faite par diverses espèces de végétaux. Quoiqu'il n'ait pas assez distingué, selon nous, les effets produits par la richesse acquise antérieurement et par les engrais, il peut être utile de recueillir et de comparer ses observations.

Il estime qu'un hectolitre de graine de colza absorbe 933 kilogr. de fumier; M. de Woght porte cette quantité à 995. Cette différence peut provenir de la différente qualité des engrais, mais elle n'est pas assez grande pour qu'une de ces assertions ne serve pas de vérification à l'autre. Prenant la moyenne de ces don-

nées, nous admettons que dans les terres fraîches du
Boulonnais et du Holstein 100 kilogr. de fumier produisent 0,115 hectolitres de graine, et au prix de 20 fr.
pour l'hectolitre de colza, nous aurons 2 fr. 30 c. pour
la valeur d'un quintal métrique d'engrais employé à
cette culture; ce prix n'est probablement inférieur à
celui de l'engrais destiné au blé que parce que sa qualité n'est pas égale à celle de l'engrais normal.

Le même M. Crud (§ 228) attribue à 100 kilogr. de
fumier la production de 250 kilogr. de pommes de terre.
Cette donnée, qui porterait l'engrais à la valeur excessive de 7 fr. 70 c., nous paraît exagérée et dépendre de
l'excellent état des terres que cultivait cet agronome.
M. de Woght estime que 100 livres de blé absorbent
1,19 de richesse, tandis que 100 livres de pommes de
terre absorbent seulement 0,1. D'après cette observation, et en s'en rapportant à la consommation de l'engrais par le blé, 100 livres de blé exigent 1249,5 livres
de fumier, ce qui représente la valeur de 1,19 de richesse de M. de Woght; par conséquent 0,1 de richesse
équivalent à 105 livres de fumier qui produisent 100
livres de pommes de terre : ainsi, 95 kilogr. de pommes de terre pour 100 kilogr. de fumier. L'hectolitre
de pommes de terre pesant 65 kilogr. et valant moyennement 2 fr. 50 c., nous aurions donc 3 fr. 65 c. pour
valeur de 100 kilogr. de fumier. Thaër arrive absolument au même résultat. Il admet (§ 1255) 44 hectolitres pesant 2,860 kilogr. pour le produit de trois chariots, ou 3,000 kilogr. de fumier; ce qui donnerait aussi
95 de pommes de terre pour 100 de fumier. Ce résultat
nous paraît excessif, et semblerait indiquer que la
pomme de terre absorbe, outre le fumier, une grande

quantité de sucs à l'atmosphère, dont il faut bien tenir compte dans certains climats ; et ce qui semble le prouver, c'est que, cultivée avec des doses différentes de fumier, son produit n'est presque jamais relatif à sa quantité, et qu'elle donne quelquefois un plus fort produit sur un gazon rompu que sur un terrain bien fumé. Il s'ensuivrait donc que cette plante est tout-à-fait impropre à nous indiquer la valeur de l'engrais, et que l'on ne peut compter sur les résultats que nous avons indiqués.

M. Crud attribue encore à 1,500 kilogr. de fumier la faculté de produire 100 kilogr. de filasse de chanvre, et par conséquent à 100 kilogr. de fumier, une production de 6,6 kilogr., ce qui, à 1 fr. le kilogr., donnerait 6 fr. 60 c. pour la valeur de l'engrais consacré au chanvre. L'excellent état des chenevières du Boulonnais et le vieux engrais qu'elles renferment doivent nous rendre très réservés pour admettre cette assertion. M. O. Leclerc-Thouin, à qui nous devons de judicieuses observations sur la culture de l'Anjou, nous apprend qu'on y fume, avec 2 mètres cubes ou 1,500 kilogr. d'engrais, un terrain produisant 65 kil. de filasse, ou 4,03 kil. de filasse par 100 d'engrais, ce qui ferait revenir celui-ci au prix de 3 fr. 71 c. Il se vend dans le pays 75 c. les 100 kilogr.

SECTION II. — *Valeur de l'engrais dans les terres sèches.*

Sous le nom de terres sèches nous comprenons celles qui, au mois d'août, après huit jours de sécheresse, à 33 centimètres de profondeur renferment au plus 10 centièmes de leur poids d'eau. C'est l'état de la

plus grande partie des terres de la région orientale ou
méridionale de la France. Ici l'engrais ne passe pas immédiatement dans la végétation, car celle-ci se trouve
interrompue une partie de l'année. Il reste donc à nu,
exposé aux influences de l'atmosphère, se décomposant
en pure perte, et cette déperdition amène forcément
une grande diminution dans la valeur du fumier qui y
est employé. Elle est nécessairement variable selon les
climats ; aussi rien n'est moins absolu que les détermi-
nations qui vont suivre, et qui résultent d'observations
faites dans le département des Bouches-du-Rhône.

§ Ier. — Froment.

La première base sur laquelle nous avons assis nos
recherches sur la valeur de l'engrais appliqué au froment dans les terres sèches, c'est le dépouillement des
livres de l'exploitation du château de Pomerols, près
Tarascon, dirigée par nous-même pendant plusieurs
années.

Mais ces données ne pouvaient suffire, et donnaient
des résultats trop divergents. Telle terre produisait
une récolte moindre l'année où elle avait été bien fumée, que celle où elle n'avait pas reçu d'engrais ; quelquefois, dans la même année, si l'hiver et le printemps
avaient été secs, il se manifestait une disposition générale à avoir plus de blé sur les terres non fumées que
sur celles qui l'avaient été. Cependant un fait restait
évident, c'est que les propriétés qui recevaient une dose
réglée de fumier portaient des récoltes dont la moyenne
était supérieure d'une certaine quantité à celle des
terres non fumées. Il ne pouvait y avoir de doute sur

la marche à suivre dans les recherches qui nous occupaient. Il fallait réunir un grand nombre de résultats
de l'une et de l'autre classe, et les comparer entre eux,
sans s'occuper des anomalies fréquentes qu'une multitude de causes météorologiques et agricoles venaient
introduire dans les données partielles dont ils se composaient. Dans une nature de terrain dont le plus grand
défaut est cette incertitude dans les produits, il n'y
avait que l'observation en grand qui pût faire disparaître ces anomalies. En procédant ainsi, l'ordre s'est
introduit dans nos recherches, et en prenant en masse
la quantité de fumier que nous avions employée pendant 10 ans et la quantité excédante du blé produit par
son influence, leur rapport s'est trouvé d'accord avec
ce que nous indiquaient les chiffres positifs pris sur un
grand nombre d'autres propriétés exploitées selon divers modes de culture.

Nous avons divisé en deux classes les domaines observés : ceux de la première classe fument leurs terres
tous les quatre ans avec une quantité moyenne de 230
quintaux métriques par hectare ; ils font pendant ce
temps deux récoltes de blé suivies chacune d'une année
de jachère, et produisent par ces deux récoltes de 28 à
30 hectolitres de blé.

Ceux de la seconde classe n'appliquent pas de fumier
à leurs terres, il est réservé pour les prés et les légumes nécessaires à la ferme, et est insuffisant pour les
terres à blé, ou au moins elles en reçoivent si rarement
et en si petite dose, que la quantité n'en est pas appréciable. Prises dans les mêmes qualités de sol que les
précédentes, ces terres produisent en deux récoltes,
faites en quatre ans, de 18 à 20 hectolitres de blé par

hectare; si quelquefois elles s'élèvent à 24 hectolitres, elles baissent souvent aussi à 16, et l'on peut tenir les deux chiffres ci-dessus comme un produit moyen assez constant dans les terres où la jachère est bien conduite.

C'est donc un produit de 10 hectolitres ou 800 kil. de blé qui résulte de 230 quintaux métriques de fumier, ou environ $3^k,4$ de blé par 100 de fumier, et l'hectolitre étant toujours supposé au prix moyen de 22 fr., nous obtenons 0 fr. 935 pour prix de 100 kil. de fumier normal. Je me borne à faire observer pour le moment, que ce prix est inférieur au prix vénal de cet engrais.

§ II. — Betterave.

Quand on a assuré la sortie de la betterave et que les pluies n'arrivent pas trop tard à la fin de l'été, cette récolte est une de celles qui réussissent le mieux dans les terres sèches. Mais ces chances et l'interruption de la végétation en été réduisent le produit moyen à la moitié environ de ce qu'il est dans les terres fraîches, avec la même dose d'engrais. Nous avons vu que dans les terres fraîches et arrosées, l'engrais avait une valeur de 2 fr. 89, employé à la culture des betteraves dans les terres sèches, sa valeur sera donc de 1 fr. 44 ; et nous remarquerons ainsi que sur cette nature de terre il a une plus grande valeur par cet emploi, que lorsqu'il est destiné directement à la culture des céréales.

§ III. — Garance.

Le produit moyen de la garance traitée avec 57,600 kilogr. d'engrais normal dans les terrains secs n'est

plus que de 1,700 kilogr. Ainsi nous avons 100 de fumier pour $2^k,93$ de garance, et le fumier a le prix de 2 fr.
19 c. Cette valeur élevée est encore une forte prime
pour son emploi dans cette culture. Aussi, dans les pays
où il n'y a plus de terrain neuf pour la garance, l'engrais est-il soigneusement recherché et amené de fort
loin.

§ IV. — Oliviers.

C'est dans son emploi à des cultures qui, par leur
durée, compensent l'irrégularité des saisons, que le
midi trouve le moyen de rendre aux engrais cette haute
valeur que leur refuse souvent la sécheresse de ses
terres et de son climat. Dans notre mémoire sur la culture des oliviers, nous avons porté, d'après les résultats
d'une longue suite d'observations, le produit en huile
de 100 kilogr. de fumier à 3 kilogr. En partant de cette
base, nous trouvons que le kilogr. d'huile étant au prix
moyen de 1 fr. 60 c., celui de fumier est de 4 fr. 80 c.
L'engrais que l'on consacre à cet arbre est le plus souvent d'une valeur bien inférieure à celle de notre engrais
normal ; mais les expériences ont été faites avec l'engrais normal lui-même.

Cet emploi serait une source de richesses, s'il n'était
nécessairement borné par le peu d'étendue des vergers
d'oliviers et par le petit nombre des plantations nouvelles qui se font.

§ V. — Vigne.

Nous ne pouvons donner encore que des approximations pour la valeur de l'engrais appliqué à la vigne.

Aucun des cultivateurs soigneux auxquels nous nous sommes adressé n'avait observé comparativement le produit des vignes fumées et non fumées en tenant note des résultats. Ils n'ont pu nous donner que des estimations basées sur leur tact agricole, et plus ou moins arbitraires. Ce n'est que par la comparaison de plusieurs de ces réponses que nous nous sommes formé une idée du pouvoir que l'on attribue au fumier dans le département du Gard, pays où les vignobles sont traités en grand.

Une vigne produisant du vin de chaudière y donne une récolte de 3 cinquièmes en sus quand elle est fumée. La récolte moyenne des vignes non fumées étant estimée à 60 hectolitres par hectare, elle produit 96 hectolitres avec l'aide de l'engrais.

Celui-ci est composé de 210 quintaux métriques d'un mélange de roseaux secs et de 1 quart de fumier d'écurie, ce qui se réduit, par les équivalents, à 150 d'engrais normal. Cette fumure est renouvelée tous les trois ans, pendant lesquels la vigne ayant produit en plus 108 hectolitres de vin, chaque 100 kilogr. de fumier produirait 0,72 hectol. de vin d'une valeur moyenne de 5 fr. ou 3 fr. 60 c. pour 100 kilogr. de fumier.

Nous regrettons de ne pouvoir citer encore aucun résultat certain qui nous apprenne la valeur de l'engrais appliqué aux mûriers, mais nous ne tarderons pas à les avoir, et tout nous porte à croire qu'elle n'est pas moins considérable que dans ses applications à la vigne. Malheureusement les pays qui sont le mieux pourvus de ces deux cultures sont aussi ceux où l'emploi de l'engrais sera borné par sa rareté.

SECTION III. — *Examen de ces résultats.*

Les résultats que nous avons obtenus pour la valeur de l'engrais normal sont donc les suivants :

	Terres fraîches et arrosées.	Terres sèches.
Froment.	2 f. 88 c.	0 f. 93 c.
Betteraves.	2 88	1 44
Prairies.	3 12	
Garance.	5 10	2 19
Colza.	2 30	
Pommes de terre ?		
Chanvre.	3 71	
Oliviers.		4 80
Vignes.		4 60

Le prix vénal moyen du fumier est de 1 fr. 30 c., mais il est difficile d'en trouver à acheter, excepté dans les villes, et alors les frais de transport viennent s'ajouter au prix d'achat.

Nous voyons, par ce tableau : 1° que les terres fraîches obtiennent plus du double de produit de la même quantité d'engrais, ce qui tient à la continuité de la végétation dans ces terres ; 2° que plus une culture exige de capital de première mise, plus les rentrées sont éloignées et plus la valeur de l'engrais qu'on leur consacre est considérable ; 3° que les cultures arbustives qui vont chercher dans la profondeur la fraîcheur nécessaire à la végétation, et lui donnent le moyen de se prolonger dans la saison chaude, rétablissent l'équilibre entre les terres sèches et les terres fraîches, pour le prix du fumier ; 4° que la culture des plantes qui paient richement le fumier donne le véritable moyen d'en faire produire, et est le plus grand encouragement qu'un pays puisse recevoir pour la multiplication des bes-

tiaux. Ainsi, dans un pays où l'engrais normal se vend
1f. 30 c., il est produit par les consommations suivantes :

Avoine.	5 kil.	0 f. 90 c.
Foin.	10	0 60
Paille.	5	0 07
	20	1 57

Produisant 40 kilogr. de fumier qui valent de prix
vénal 52 c., la ration du cheval ne coûte donc plus que
1 fr. 5 c. ; le prix en est réduit d'un tiers.

Les chevaux du pays, nourris avec l'excellent foin
qu'on y récolte, et ne recevant pas habituellement d'a-
voine comme ceux des rouliers, reçoivent également
20 kilogr. de nourriture, savoir :

Foin.	15 kil.	0 f. 90 c.
Paille.	5	0 07
	20	0 97

Si nous comparons, d'après les expériences de
M. Boussingault, la valeur réelle des fumiers obtenus
par ces deux nourritures, d'après la quantité d'azote
qui y est renfermée, nous avons pour la première :

		Réduits en matière sèche.	Centièmes d'azote.
Avoine.	5 kil.	3,95	0,087
Foin.	10	7,90	0,166
Paille.	5	3,75	0,015
			0,268

Pour la seconde :

Foin.	15 kil.	11,85	0,248
Paille.	5	3,75	0,015
			0,263

La différence n'est que de cinq millièmes d'azote ; la
valeur de l'engrais est donc à peu près la même : en re-

tranchant 52 c. du prix 97 c. de la ration, nous aurons nourri nos chevaux pour 45 c. par jour. Ces faits n'ont besoin que d'être bien connus, pour que l'éducation des bestiaux reçoive une forte impulsion. En effet, n'entendons-nous pas dire sans cesse que le bétail est un mal nécessaire, que ses comptes se soldent toujours en perte? Cela n'a rien d'étonnant quand nous voyons la plupart de ces comptes n'être pas débités de la valeur des fumiers; d'autres (Roville), où ils ne sont passés qu'à 3 fr. les 10 quintaux métriques, c'est-à-dire à peine au tiers de ce qu'ils rendent au propriétaire par l'emploi le moins avantageux; ailleurs (Grignon) de 2 fr. par 375 kilogr. de fumier ou 53 c. le quintal métrique, environ la moitié de leur valeur réelle. Mais que les faits que nous avons cherché à établir soient mis une fois en lumière, que les cultivateurs distinguent enfin la portion de leur récolte qu'ils doivent à la fertilité naturelle de la terre et à celle qu'elle acquiert par l'addition des engrais, et dès lors, comprenant leurs véritables intérêts, ils chercheront à produire cette précieuse matière dont chaque kilogramme représentera pour eux ce poids donné de récolte avec d'autant plus de certitude qu'ils cultiveront mieux, et que leurs cultures seront mieux adaptées au sol et au climat.

CHAPITRE XIII.

Prix de production de l'engrais.

Les différents engrais que nous avons décrits ne sont, à proprement parler, que des auxiliaires des fumiers;

ceux-ci, fabriqués partout avec plus ou moins d'avantages, sont le fondement de l'alimentation végétale, et ce n'est qu'à leur défaut que l'on recherche les autres substances. Cette insuffisance est presque générale, et on ne trouve guère de pays et de situation agricole arrivée au point de craindre l'excès de richesse de ses terres. Nous venons de voir, cependant, que le fumier bien employé peut donner de riches résultats, et que le défaut d'intelligence agricole est la principale cause de cette disette volontaire où l'on se trouve de tous côtés. Par cela même que l'usage du fumier est général, il doit devenir le régulateur du prix des autres engrais, et sa valeur doit dépendre de son prix de revient.

Cette valeur ne serait l'objet d'aucun doute, si la production du fumier était une branche d'industrie séparée de l'agriculture ; mais les nourrisseurs qui ne sont pas cultivateurs ne se trouvent qu'aux portes des grandes villes, et le haut prix qu'ils obtiennent des autres produits animaux ne leur permet pas d'assigner aux engrais une part bien distincte dans leurs recettes. La confusion qui règne dans la comptabilité des fermiers, et que nous avons cherché à signaler dans le chapitre précédent, leur fait attribuer à une vertu occulte de la terre et à leurs propres travaux, les résultats de l'application des engrais. Essayons, cependant, de dégager la vérité des erreurs qui la cachent, et de déterminer, s'il est possible, leur prix de revient dans des situations agricoles différentes. Les observations qui suivent ont été faites dans le midi de la France, pays où la nature du climat rend cette production plus coûteuse ; nous les faisons connaître ici, au risque d'entrer sur le domaine de la zootechnie.

Le prix que coûtent les fumiers à celui qui les produit, se compose de plusieurs éléments; à leur crédit nous trouvons : 1⁰ leur prix de vente, ou celui de la récolte réalisée par leur application à la culture; 2⁰ la valeur du travail des animaux qui l'ont produit, ou celle des produits divers qu'ils ont donnés, tels que lait, laine, chair, etc., ou leur prix de revient. A leur débit : 1⁰ le prix du fourrage consommé; 2⁰ celui des litières; 3⁰ celui des soins donnés aux animaux producteurs; 4⁰ la détérioration annuelle des animaux et l'intérêt de leur prix d'achat; 5⁰ l'entretien et l'intérêt de la valeur capitale des bâtiments qui les abritent.

Dans les parties du département de Vaucluse, où se trouvent des landes ou garigues, pâturages fort pauvres, un troupeau de 100 moutons a donné les résultats suivants :

DOIT.		AVOIR.	
Dépaissance de chaume. . .	200f	100 toisons de 2 kil.	200f
5,000 quint. mét. de paille. .	140	Vente de moutons.	80
50 kil. sel.	13		
Entretien du mobilier. . . .	6		280
Tondage.	6	Reste pour la val. de 45,000 kil.	
Jeune berger (nourriture). .	190	de fumier.	555
Intérêt de la valeur de la ber-			
gerie et entretien.	120		835
Entretien du cheptel. . . .	100		
Intérêt de la valeur du cheptel.	60		
	835		

Le fumier coûte donc ici 1 fr. 23 c. les 100 kil. Nous avons vu que le crottin de mouton contient 1ᵏ,11 d'azote p. 100; on obtient donc ici l'azote à 1 fr. 20 c. le kilogr.

2ᵉ SITUATION. *Troupeau de 1,000 brebis aux environs d'Arles*
(Comptes de 1823).

DOIT.		AVOIR.	
5 bergers, nourris et gagés.	2,500ᶠ	700 agneaux.	3,600ᶜ
Pâturages sur le Crau ou en Camargue, à 3 fr. par tête, pour l'hiver.	3,000	1,000 toisons et agnelins (2ᵏ,5 par toison; 130 fr. les 100 kil.).	3,250
Pâturage d'été à la montagne et frais de route. . . .	2,000	Fromages, pour mémoire; ils sont généralement consommés par les bergers.	
Perte, 1|10.	1,000		
Intérêt du cheptel. . . .	600		
Tondage et menus frais. .	150		8,850
	———	Fumier, 30,000 k., revient à	400
	9,250		9,250

Il se fait peu de fumier dans cette industrie errante.
Il revient à 1 fr. 33 c. les 100 k., et le kil. d'azote à 1 f. 20 c.

3ᵉ SITUATION. 200 *brebis de forte taille, vente d'agneaux de lait;*
à Tarascon (Bouches-du-Rhône).

DOIT.		AVOIR.	
Un berger et son aide. . . .	780ᶠ	160 agneaux de lait à 7 fr. .	1,204
34,400 kil. luzerne pour 160 brebis mères, à 4 fr. . .	1,576	28 brebis de réforme. . .	148
4,200 kil. foin grossier pour les brebis non mères. . .	126	200 toisons à 3 fr.	600
Paille de litière, 3,000 kil., à 2 fr. 70 c.	810	Laine de 28 agneaux à 75 kil.	21
Pâturage de chaume à 32 fr. par hectare (4 brebis par h.)	800	Lait du troupeau à 2 fr. par tête (excédant de l'allaitement).	400
Regains de luzernes; dépaissances d'orges à 38 fr. l'hectare, 4 hectares. . .	132		2,373
Mobilier, menus frais, tondage.	40	200,000 kil. de fumier. . .	2,661
Intérêt du capital circulant. .	406		5,034
Intérêt du capital du cheptel et entretien.	364		
	5,034		

ou pour 100 kilogr. de fumier 1 fr. 33 c.; l'azote coûte
1 fr. 20 c. le kilogr.

v ant de passer plus avant, remarquons que ces trois industries, les plus répandues dans le pays, produisent le fumier à 1 fr. 20 c., qui est à peu près son prix vénal sur le marché.

4ᵉ SITUATION. 100 *moutons à l'engrais.*

DOIT.		AVOIR.	
Frais de garde pendant 5 mois.	210ᶠ	Prix de l'engraissement. . .	1,000ᶠ
Pâturage d'automne. . . .	200	45,000 kil. fumier. . . .	210
200 kil. de fourrage par tête de mouton, à 4 fr. . . .	800		1,210
	1,210		

Le fumier revient ici à 47 c. les 100 kilogr., et le kilogr. d'azote à 42 c. Il est à remarquer que c'est l'engraissement, c'est-à-dire la tenue du troupeau pendant un temps limité, où tout ce qu'il mange profite à ses maîtres, qui donne les résultats les plus avantageux.

5ᵉ SITUATION.

M. le comte d'Angeville a rendu compte des résultats obtenus de 35 vaches nourries à l'étable, à Lompnés (Ain), nous en tirerons le prix du fumier de ces animaux.

Chaque vache

DOIT.		AVOIR.	
Fourrage, 2,300 kil., à 4 fr. les 100.	92ᶠ 00	915 litres lait produisent { 89 kil. gruyère 1ʳᵉ qualité.	85ᶠ 44
Paille, 50 kil.	2 00	22 kil. gruyère 2ᵉ qualité.	6 60
Intérêt du prix de la vache.	5 00		
Intérêt des bâtiments et frais divers.	10 00	Valeur de la cuite. . . .	1 00
		Veaux vendus à 8 jours. .	5 00
Taureau (1 taureau pour 50 vaches).	3 00	Travail; 1,636 heures à 10 c.	17 53
Vacher (2 pour 35 vaches).	5 71		115 57
Nourriture.	11 26	5,070 kil. fumier.	29 30
Fabrication de fromage. .	8 90		
Logement des vachers. . .	5 71		144,87
Intérêt du mobilier. . . .	1 29		
	144,87		

Le fumier coûte 58 c. les 100 kil.; l'azote 1 fr. 41. c.

6ᵉ SITUATION. *Engraissement de bœufs à Aulas (Gard)*, 1822.

DOIT.		AVOIR.	
Achat d'un bœuf.	132ᶠ 00	350 kil. chair à 80 c. . . .	280ᶠ
1,800 kil. foin à 12 fr., ou			
l'équivalent en herbage.	108 00		
3 mois d'un homme pour			
12 bœufs.	7 50		
	247 50		
Bénéfice. . .	32 50		
	280 00		

Ici le fumier est obtenu gratuitement, on réalise même un bénéfice. Pour arriver à ce résultat, il faut des hommes experts, sachant distribuer convenablement la nourriture et choisir les bœufs propres à la graisse. Les foins des montagnes des Cévennes paraissent d'ailleurs une nourriture excellente par la variété et la bonne qualité des plantes qui les forment. Ils semblent démentir le principe qu'admet M. de Dombasle[1], que l'on ne peut bien engraisser au foin seul. Mais on s'exposerait à des mécomptes en voulant imiter ailleurs ce que permet ici une situation peu commune.

7ᵉ SITUATION. *Engraissement de porcs à Orange.*

DOIT.		AVOIR.	
117 kil. pommes de terre. .	7ᶠ 50	102ᵏ,13 viande, à 89 f. 75. .	91ᶠ 69
6 décalitres fèves.	8 90		
6 décalitres glands.	6 00		
3 décalitres maïs.	6 85		
1ᵏ,75 de son par jour pendant			
une partie de l'engraisse-			
ment, et à 75 c. le kil. .	11 40		
Achat du porc.	30 00		
	70 65		
Bénéfice. . .	21 04		
	91 69		

On obtient ainsi gratuitement 1,500 kil. de fumier.

(1) *Annales de Roville*, t. VI, p. 88.

8ᵉ SITUATION. *Chevaux employés au labour à Tarascon*
(Bouches-du-Rhône).

DOIT.			AVOIR.		
Intérêt de la valeur et dé-			174 jours de travail à 1 fr.		
préciation.	55ᶠ	00	50 c.	292ᶠ	50
Ferrure.	12	00	30,000 kil. fumier. . . .	110	80
Tonte (au printemps). . .	1	00			
Vétérinaire.	4	00		403	30
8 hect. avoine à 6 fr. . .	48	00			
1,666 kil. luzerne à 5 fr. .	58	30			
6,600 kil. foin grossier. .	132	00			
5,000 kil. paille.	73	00			
2,000 k. roseaux pour litière	20	00			
	403	30			

Ainsi, en portant sur la comptabilité de la ferme les
journées employées à 1 fr. 50 c., nous obtenons du fumier à 35 c. les 100 kilogr. ; il contient 60 p. 100 d'a-
zote, et celui-ci ne coûte donc que environ le kilogr. Mais si nous comptions le fum prix du pays,
ou 1 fr. pour le fumier de ferme, n vons 500 fr.
pour le fumier et seulement 103 f. à n 194 journées, ce qui ne les porterait qu'à 53 née. Ainsi,
ou le fumier ou le travail à bon ma voilà ce qui résulte de ce compte.

De ces différents exemples nous tirons la conclusion :
1° qu'il est faux de dire que la production du fumier soit
une charge pesante pour les cultivateurs, puisqu'au
contraire, ils l'obtiennent dans les conditions les plus
ordinaires, à un prix égal ou inférieur à celui auquel
ils peuvent le réaliser, soit par la vente, soit par la culture, et que la meilleure preuve que l'on en puisse donner, c'est l'état de détresse des fermes où l'on a peu de
bétail, comparé à la prospérité de celles où l'on en
élève beaucoup. Il serait singulier qu'en multipliant
les pertes on arrivât à des bénéfices.

2° Que l'engraissement des animaux paraît fournir le fumier au prix le plus bas, parce que cet engraissement se faisant généralement à l'étable, il n'y a aucune partie de la nourriture qui soit perdue, elle tourne toute au profit de la graisse, qui se paie, ou à faire du fumier, tandis que dans l'élève des bestiaux, une partie sert au développement des organes et des parties qui se paient moins bien, et une autre produit du fumier perdu sur les pâturages.

3° Que les bêtes de travail produisent le fumier à un prix moindre que les troupeaux de brebis et même que les vaches, si on parvient à les occuper d'une manière constante.

4° Qu'il dépend de tout bon agriculteur qui a une étendue suffisante de terrain, d'obtenir toujours des engrais azotés, de manière à ce que l'azote ne lui revienne pas à plus de 1 fr. 20 c. le kil., et souvent bien au-dessous; qu'il en obtiendra même gratuitement, s'il consacre à l'engraissement des bestiaux ses soins et ses ressources alimentaires.

5° Que dans les comptes agricoles, il y a des relations nécessaires entre tous les articles. Que, par exemple, le prix des journées de travail des animaux, celui du fourrage, celui de l'engrais sont dépendants les uns des autres; que dans une position isolée où il n'y aurait ni moyens de louer le travail, ni d'acheter et vendre le fumier, on pourrait arbitrairement élever ou abaisser la valeur des uns et des autres, de manière à établir la balance; mais que, là où existe un marché pour quelques-unes de ces valeurs, toutes les autres en sont dépendantes. Qu'ainsi il ne serait pas loisible de dire que l'on a le fourrage à 80 c. les 100 kilogr., là où l'avoine se

vendrait 5 fr. 67 c. l'hectolitre, attendu qu'elle représente au plus, par la nutrition, le double de son poids
du foin. Or, l'hectolitre d'avoine pesant en moyenne
43^k,91, on trouverait toujours le moyen d'obtenir de
87^{k}80 de foin les mêmes produits, soit par la vente,
soit par la consommation, et qu'ainsi, dans ce cas, les
100 kilogr. de foin vaudraient 6 fr. 4 c., et qu'alors, par
contre-coup, la nourriture du cheval vaudrait au moins
1 fr. 20 c.; son entretien total, 455 kil.; ses journées, là
où l'on pourrait en occuper 200 vaudraient 2 fr. 27 c.,
et qu'à ce prix on aurait gratuitement son fumier; que
si au contraire c'était le fumier qui eût une valeur vénale, elle réagirait de la même manière sur toutes les
autres, et que s'il se vendait à 1 fr. 30 c., on obtiendrait
le travail de 200 jours pour 65 fr. ou à 32 c. la journée,
la nourriture restant la même.

6° Enfin, la conclusion de tout ceci, c'est que, tant
que les choses seront en France et en Europe sur le
pied actuel, il convient au cultivateur d'être en même
temps producteur d'engrais, et qu'il n'est permis d'a-
cheter des engrais étrangers qu'à ceux qui ont des terrains trop précieux, trop spécialement destinés à de
riches cultures pour produire avantageusement des
fourrages.

TABLE DES ENGRAIS

D'APRÈS LES ANALYSES DE MM. BOUSSINGAULT ET PAYEN

et dans l'ordre de leur richesse à l'état sec

DÉSIGNATION DE LA SUBSTANCE.	Eau dans la matière analysée.	Poids de la matière sèche analysée.	Azote en centimètres cubes.	Température du gaz.	Pression barométrique.	Azote contenu dans 100 parties de matière sèche.	Azote des 100 parties de matière non desséchée.	Équivalent de la matière sèche.	Équivalent de la matière non desséchée.
		gram.							
Engrais norm. (fumier de ferme).	80	»	»	[»	»	2,00	0,40	100	100
1. Urine des urinoirs.	96,889	0,150	25,0	14,5	0,752	25,108	0,715	8,7	55,»
2. Chiffons de laine.	11,28	0,267	46,50	18,5	0,765	20,26	17,978	9,8	2,0
3. Plumes.	12,90	0,64	9,6	15,0	0,755	17,61	15,34	11,4	2,0
4. Sang coagulé et pressé. . .	73,45	0,516	47,25	22,0	0,7627	17,00	4,514	11,7	8,8
5. Sang sec insoluble. . . .	12,50	»	»	»	»	17,00	14,878	11,7	2,0
6. Urine séchée à l'étuve. . .	9,57	0,363	55,0	15,0	0,751	17,336	16,855	11,9	2,5
7. Guano.	11,28	0,266	57,0	18,50	0,746	15,732	13,950	12,7	28,0
8. Rapures de cornes.	9,0	0,184	25,1	17,2	0,752	15,78	14,86	12,7	2,7
9. Sang sec soluble.	21,45	0,318	42,5	18	0,765	15,505	12,18	12,8	4,8
10. Sang liquide.	81,1	0,318	42,5	18	0,765	15,505	2,945	12,8	13,5
11. Bourre de poil de vache. .	8,9	0,180	23,4	15,2	0,750	15.03	13,78	15,2	2,9
12. Chair musculaire.	8,5	0,422	52	17	0,757	14,25	13,04	14,5	12,7
13. Hannetons.	77	0,607	74	21	0,7625	13,931	3,204	14,5	12,7
14. Pain de creton.	8,18	0,523	58,50	17,0	0,757	12,934	11,875	15,6	5,5
15. Urine de cheval.	79,1	1,248	21,0	12,0	0,766	12,50	2,61	16,0	15,5
16. Harengs frais.	76,62	0,451	46,0	16,5	0,7482	11,707	2,738	17,1	4,5
17. Morue salée.	58	0,6768	64,0	20,0	0,7625	10,862	6,700	18,4	5,9
18. Chrysalide de vers à soie. .	78,5	0,318	25	17,5	0,750	8,987	1,942	22,2	20,6
19. Tourteau d'arachis.	6,6	0,801	57,6	17,0	0,751	8,89	8,53	22,47	4,6
20. Colombine.	9,6	0,8555	64,8	16,5	0,765	9,02	8,30	23,1	4,8
21. Suc de pommes de terre. .	95,4	0,373	26,5	17,66	0,7655	8,28	0,376	24,2	106,5
22. Eaux des féculeries. . . .	99,15	0,373	26,5	17,66	0,7655	8,28	0,070	24,2	571,6
23. Idem.	99,25	0,373	26,5	17,66	0,7655	8,28	0,062	24,2	645,1
24. Noir anglais.	13,45	0,260	18	15	0,751	8,022	6,952	24,9	5,7
25. Os fondus.	7,49	0,473	30,5	16,75	0,766	7,58	7,016	26,4	5,7
26. Guano tamisé.	23,40	0,480	29,5	15,8	0,744	7.047	5,598	28,3	74,1
27. Os gras.	8,0	0,473	30,5	15	0,751	6,755	6,215	29,6	6,4
28. Feuilles de mûrier blanc. .	»	»	»	»	»	6,066	»	32,9	»
29. Guano d'Angleterre. . . .	19,56	0,766	40,0	14,5	0,766	6,201	4,988	32,2	80,4
30. Tourteau de caméline. . .	6,8	0,668	32,5	7,4	0,754	5,95	5,515	33,7	7,2
31. Tourteau de madia. . . .	11,2	0,442	22,0	20,0	0,755	8,70	5,06	35,1	7,9
32. Tourteau de pavot. . . .	6,0	0,714	33,2	6,5	0,755	5,70	5,36	35,1	7,4
33. Tourteau de noix. . . .	6,0	0,719	34,0	7,0	0,752	5,59	5,24	35,7	7,6
34. Tourteau de colza. . . .	10,5	0,500	22,7	5,0	0,749	5,50	4,92	36,4	8,1
35. Feuilles de mûrier (15 juill.).	»	»	»	»	»	4,958	»	40,8	»
36. Touraillons.	6,0	0,897	58,0	15,5	0,751	4,90	0,51	40,8	8,8
37. Tourteau de chenevis. . .	5,0	0,584	24,7	7,5	0,755	4,78	4,21	41,9	9,5
38. Tourteau de coton. . . .	11,2	0,552	13,25	22,0	0,7607	4,524	4,03	44,2	9,95
39. Fanes de betterave. . . .	88,9	0,400	19,0	7,5	0,745	4,50	0,50	44,4	80,0
40. Poudrette de Belloni. . .	12,5	0,927	34,0	11,0	0,762	4,40	3,85	45,4	10,5
41. Graines de lupin.	10,5	0,806	27,6	12,85	0,762	4,55	3,49	45,9	11,4
42. Herbe d'un pré naturel. .	87,5	0,654	27,5	12,66	0,765	4,29	0,53	46,1	75,4
43. Feuilles de mûrier (23 août).	»	»	»	»	»	3,950	»	50,9	»
44. Excrém. mixtes de chèvre.	46,0	0,875	29,0	18,0	0,764	5,95	2,16	50,9	18,5
45. Tourteau d'épuration. . .	10,0	0,455	15,4	17,2	0,7555	3,92	3,54	51,0	78,40
46. Urine de vache.	88,5	1,175	59,0	16,0	0,736	3,80	0,44	52,6	90,9
47. Litière de vers à soie. . .	11,59	0,561	11,25	15	0,773	3,709	3,290	53,9	12,15
48. Marc de raisin.	48,2	2,055	62,0	17,0	0,768	3,56	1,85	56,2	21,85
49. Tourteau de faîne. . . .	6,2	0,718	20,7	6,5	0,752	3,55	3,51	56,6	12,08
50. Litière de vers à soie. . .	14,29	0,498	15	16	0,754	3,485	3,285	57,4	12,17
51. Excréments de porc. . . .	81,4	0,995	29,3	20,0	0,751	3,57	0,63	59,5	65,4
52. Marc de raisin.	48,2	0,6865	19,7	18,5	0,755	3,51	1,71	60,4	25,39
53. Excrém. mixtes de cheval.	75,4	»	»	»	»	3,02	0,74	66,2	54,0
54. Excrém. mixtes de mouton.	63,0	0,890	23,0	19,8	0,762	2,99	1,11	66,9	56,0
55. Noir animalisé récent. . .	42,0	1,963	50	18,50	0,764	2,938	1,242	67,6	52,2
56. Fanes de carottes. . . .	70,9	0,600	15,3	9,5	0,728	2,94	0,85	68,0	47,0
57. Buis (rameaux et feuilles). .	59,26	0,488	12,25	17,1	0,7562	2,89	1,17	68,5	34,18

DÉSIGNATION DE LA SUBSTANCE.	Eau dans la mat. analysée.	Poids de la mat. sèche analysée.	Azote en centim. cubes.	Températ. du gaz.	Pression barométrique.	Azote contenu dans 100 parties de matière sèche.	Azote des 100 part. de matière non desséchée.	Équivalent de la mat. sèche.	Équivalent de la matière non desséchée.
		gram.							
Résidu de la fabr. de bleu.	53,40	0,466	11	15	0,7704	2,8031	1,306	71,3	50,62
Herbes marines animalisées.	12,34	0,645	15,5	18,75	0,757	2,750	2,408	72,5	16,61
Idem, autre échantillon.	11,72	1,008	24,25	14	0,760	2,714	2,395	73,6	16,70
Poudrette de Montfaucon.	41,4	1,957	45	19	0,760	2,67	1,56	74,8	25,6
Excrém. mixtes de vache.	84,3	»	»	»	»	2,59	0,41	77,2	97,5
Engrais hollandais.	44,12	0,582	8	14	0,764	2,478	1,56	80,7	29,4
Fanes de pommes de terre.	76,0	0,476	9,5	10,0	0,745	2,50	0,55	86,9	72,72
Excréments de vache.	85,9	1,077	21,0	13,1	0,741	2,50	0,52	86,9	125,0
Fucus saccharinus (goëmon).	40,0	1,170	32,0	13,0	0,755	2,29	1,38	87,3	28,9
Fucus saccharinus.	75,5	»	»	»	»	2,29	0,54	87,3	74
Marc de houblon.	73,5	0,459	8,5	15,75	0,749	2,228	0,60	89,8	66,65
Excréments de cheval.	75,3	1,126	21,0	12,0	0,755	2,21	0,55	90,5	72,7
Fum. des auberges du midi.	60,58	0,493	9,0	16,5	0,743	2,083	0,79	96,0	50,6
Noir animal des raf. de Paris.	47,7	1,046	18,0	15,0	0,767	2,04	1,06	98,0	37,7
Engr. norm. (fum. de ferme).	80,0	»	»	»	»	2,00	0,40	100	100
Paille de pois.	8,5	0,600	10,0	10,5	0,744	1,95	1,79	102,5	22,5
Fum. de ferme (eng. n de Bouss).	79,3	4,0755	66,0755	9,0	0,745	1,95	0,40	102,6	100
Pulpes de pommes de terre.	75,0	1,130	19	18	0,7635	1,95	0,526	102,6	76,0
Feuilles de hêtre.	39,3	0,492	8	15	0,761	1,906	1,177	104,3	33,98
Feuilles de bruyère.	7,0	1,082	18	11,0	0,753	1,90	1,74	105,2	22,9
Noir des raffineries.	27,65	1,038	16,5	14,8	0,774	1,901	1,375	105,2	27,91
Dépôt des eaux de féculeries.	80	0,759	18	19	0,757	1,81	0,36	110,0	111,1
Racines de trèfle.	9,7	0,658	9,5	10,0	0,746	1,77	1,61	113,0	24,8
Tranches de betterav. épuis.	94,5	0,691	10,25	15,20	0,7695	1,758	0,009	113,7	4156,5
Suie de houille.	15,6	0,685	8,1	18,5	0,753	1,59	1,35	125,7	29,62
Fucus digitatus (goëmon).	40,0	1,451	19,5	14,0	0,761	1,58	0,98	126,6	42,1
Écume des défécations.	67,0	0,488	6,5	15,0	0,769	1,579	0,535	126,6	74,65
Fumier de couche épuisé.	31,34	0,952	12,75	19,5	0,762	1,577	1,08	127,0	36
Feuilles de chêne d'automne.	24,99	0,353	4,75	14,0	0,751	1,565	1,175	127,8	34
Feuilles d'acacia d'automne.	53,6	0,372	5,0	15,0	0,7516	1,557	0,721	128,5	55,47
Eaux de fumier.	99,6	0,651	20	15	0,768	1,54	0,059	129,8	67,7
Madia en fleur (engrais vert).	70,55	0,51	14,0	19,0	0,761	1,534	0,45	130,4	88,8
Feuilles de poirier d'automn.	14,5	0,593	8,2	18,8	0,743	1,53	1,36	130,7	29,4
Paille de blé, partie super.	9,4	0,474	5,8	16,0	0,762	1,42	1,33	140,8	30,0
Fucus digitatus (goëmon).	39,2	0,788	9,5	13,5	0,755	1,41	0,86	141,9	46,5
Genêt (tiges en feuilles).	10,4	0,531	6,2	17,2	0,794	1,37	1,22	145,9	32,78
Suie de bois.	5,6	0,650	7,4	19,8	0,755	1,31	1,15	152,7	34,78
Pulpe de betteraves.	9,3	0,590	4,2	15,0	0,754	1,26	1,14	158,6	35
Pulpe de betteraves.	70,0	0,590	4,2	15,0	0,754	1,26	0,578	158,6	103,8
Feuilles du peuplier d'aut.	51,1	0,555	5,5	15,0	0,761	1,166	0,558	171,3	74,54
Paille de lentilles.	9,2	0,600	5,7	10,5	0,743	1,12	1,01	178,5	39,6
Paille de millet.	19,0	0,600	5,0	10,0	0,752	0,96	0,78	208,3	51,28
Balle de froment.	7,6	0,600	5,0	10,5	0,728	0,94	0,85	212,8	47,0
Résidu de colle d'os.	42,0	4,860	38,5	18,55	0,758	0,912	0,528	218	75,75
Marc d'olives.	»	0,755	5,00	18	0,7353	0,769	»	260,1	»
Sciure de bois de chêne.	26,0	1,485	9,0	7,0	0,759	0,72	0,54	277,7	74,0
Cendres de Picardie.	9,2	0,491	5,0	15,0	0,755	0,71	0,65	281,7	61,5
Fanes de madia.	14,3	0,860	2,0	16,5	0,767	0,66	0,57	303,0	70,1
Marc de pommes à cidre.	6,4	0,716	5,7	6,0	0,747	0,65	0,59	317,5	67,79
Tourteau d'épuration d'huile	7,67	4,246	21,5	19,66	0,767	0,58	0,54	348	116,0
Paille de sarrasin.	11,6	0,500	2,5	9,5	0,745	0,54	0,48	370,4	85,53
Id. de from. des env. de Paris.	5,5	0,555	2,5	15,0	0,762	0,53	0,49	377,0	81,6
Merl.	1,038	5,598	25	18,5	0,752	0,42	0,40	476,0	100
Partie infér. de la paille blé.	5,5	0,723	2,8	16,5	0,764	0,43	0,41	465,1	97,5
Tiges sèches de topinamb.	12,9	0,554	1,5	15,0	0,746	0,45	0,37	465,1	108,1
Vase de la rivière de Morlaix.	3,7	0,965	3,5	18,5	0,752	0,42	0,40	476,2	100
Coquilles d'huître.	17,9	1,995	6,8	15,0	0,751	0,40	0,32	500,0	125
Goëmon brûlé.	5,8	0,864	3,0	19,0	0,760	0,40	0,38	500,0	105,26
Sciure de bois d'acacia.	25,0	0,755	2,5	15,0	0,755	0,38	0,29	526,3	137,9
Paille d'avoine.	21,0	0,600	1,8	15,0	0,744	0,36	0,28	555,5	142,85
Sciure de bois de sapin.	24,0	1,168	3,0	10,5	0,760	0,51	0,23	668,1	173,9
Paille de from. de Bechelbron	19,3	0,600	1,7	13,6	0,747	0,30	0,24	666,6	166,6
Paille d'orge.	11,0	0,600	1,3	14,0	0,750	0,26	0,23	769,0	173,9
Autre sciure de sapin.	24,0	1,098	2,0	14,0	0,767	0,27	0,26	909,0	250,0
Paille de seigle.	12,2	0,600	1,2	15,0	0,747	0,20	0,17	1000,0	235,2
Trez de Roscoff.	0,5	0,791	0,9	16,8	0,767	0,14	0,14	1428,6	307,69
Coquillages de mer séchés.	»	2,130	1,0	24,0	0,7625	0,052	0,052	5846,0	769,23

Ces tables, extraites de celles publiées par MM. Boussingault et Payen, présentent les résultats obtenus pour un assez grand nombre de substances que l'on a analysées, dans le but de déterminer la proportion d'azote qu'elles contenaient. Les matières soumises à cette appréciation n'avaient pas toutes, bien s'en faut, le degré d'humidité qu'elles ont dans leur état normal, dans celui où elles sont employées ou vendues. Or, ce degré d'humidité est un des principaux éléments de la valeur réelle de l'engrais. Prenons, par exemple, le fumier des auberges du midi et celui des fermes d'Alsace, que les auteurs avaient pris pour type et désigné par le nom *d'engrais normal;* si leur matière sèche se trouve composée de parties de la même richesse, qu'elle présente 2 p. 100 d'azote, 100 kilogr. du premier engrais qui n'a que 0,60 d'eau, auront 0,80 d'azote; et 100 kilogr. du second, qui a 0,80 d'eau, en auront 0,42; leur proportion différente d'eau amène une différence de moitié dans leur valeur, et si le premier se vend 1 fr. 30 c., le second ne vaudra que 65 c. Ainsi la quantité d'eau indiquée pour les substances, dans la deuxième colonne et la quantité d'azote exprimée dans le huitième qui y est relative, ne doivent être considérées que comme des moyens de vérification de l'analyse, et comme des indications approximatives, mais il n'y a de sérieux dans l'appréciation des engrais que la septième colonne, contenant l'indication de la quantité d'azote contenue dans la matière sèche, et c'est seulement dans cet état que les engrais peuvent être comparés entre eux.

Cette quantité elle-même est variable selon une foule de circonstances; nous en signalerons seulement deux ici : le n° 56 présente une paille de froment qui a 0,49 d'azote; le n° 114, une autre paille de froment qui n'en a que 0,24. Ce qui cause une si grande différence, c'est que la première a été récoltée sur des terrains bien fumés des environs de Paris; la seconde sur des terrains qui le sont très peu, à Bechelbronn en Alsace. Voilà pour les circonstances locales. Si l'on porte les yeux ensuite sur le guano analysé sous le n° 7, qui dose 15,732, et sur celui qui porte le n° 29, qui dose 6,201, on verra la différence qui peut exister entre deux substances qui portent le même nom, mais dont l'une, importée en France pour le compte du ministère, est un échantillon de choix, tandis que l'autre, vendue par le commerce, en Angleterre, est déjà épuisée ou falsifiée.

Ces observations doivent mettre en garde contre l'abus que l'on peut faire de ces tables, et prouvent la nécessité de procéder à une analyse pour chaque engrais nouveau dont on veut déterminer la valeur. Cette analyse est devenue facile au moyen de la simplification que nous y avons introduite. (v. page 49). Après avoir constaté la quantité d'azote contenue dans la substance soumise à l'expérience, on pourra aisément la comparer à l'engrais normal pour en déterminer la valeur.

Celle-ci dépend encore du prix de cet engrais normal dans le pays que l'on habite, et il faut d'abord le déterminer une fois pour toutes, en analysant à l'état sec l'engrais qui a un prix connu, que l'on peut acheter couramment, et déterminant ainsi le prix d'un kilogramme de l'azote qu'il contient. Il sera facile ensuite d'appliquer ce prix à toute autre substance aussi à l'état sec dont on aura aussi déterminé l'azote. Nous entendons par là l'état sec absolu, obtenu dans le vide sec, ou au moins au bain d'huile, à une température de 140 degrés, ce qui se rapproche assez de l'état sec absolu pour ne pas entraîner de grandes erreurs.

Il fallait aussi choisir pour engrais normal un type convenu et qui se rapprochât le plus possible des engrais de ferme. Nous voyons par les analyses des fumiers du midi et de ceux d'Alsace, que la moyenne, prise entre eux à l'état sec, est de 2,0 p. 100 d'azote environ, et en admettant 0,80 d'eau, nous retrouvons 0,40 p. 100 pour cet engrais humide comme dans l'engrais normal. Cette convention, qui rend d'ailleurs les calculs plus faciles, n'introduira donc que de légers changements dans les tables, et seulement dans la colonne qui représente les équivalents à l'état sec.

Ainsi, la première colonne désigne le nom de l'engrais; la deuxième la quantité d'eau que contenait la matière soumise à l'analyse, qui, quelquefois, était dans son état normal, mais d'autres fois ayant subi des transports et des manipulations s'en éloignait beaucoup; la troisième indique la quantité de matière analysée; la quatrième, l'azote en centimètres cubes, contenu dans cette portion de matière; la cinquième, la température du gaz; la sixième, la pression barométrique lors de l'expérience; la septième, l'azote contenu dans cent parties de matière sèche; la huitième, celui trouvé dans cent parties de matière dans l'état d'humidité porté dans la deuxième; la neuvième, l'équivalent de la matière sèche, c'est-à-dire la quantité de cette matière qui contient la même quantité d'azote que cent parties de l'engrais normal; et enfin la dixième, l'équivalent de la substance à l'état d'humidité où elle était lors de l'analyse, c'est-à-dire la quantité de cette substance, dans cet état d'humidité, qui contient autant d'azote que cent parties de l'engrais normal ayant 0,80 d'humidité.

FIN DU TOME PREMIER.

TABLE

DES MATIÈRES CONTENUES DANS LE TOME I.

FIN DE LA TABLE DU TOME PREMIER.

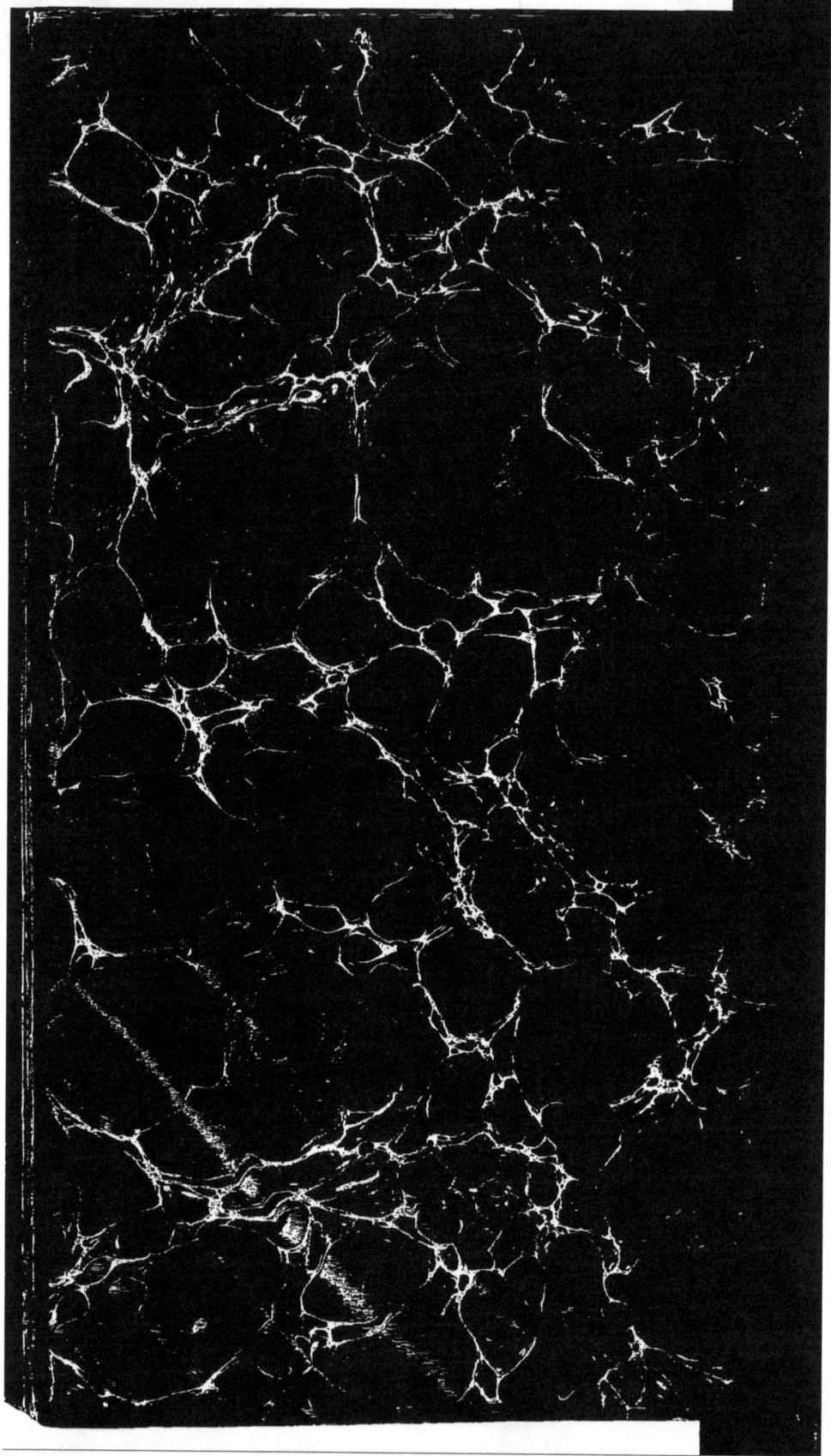

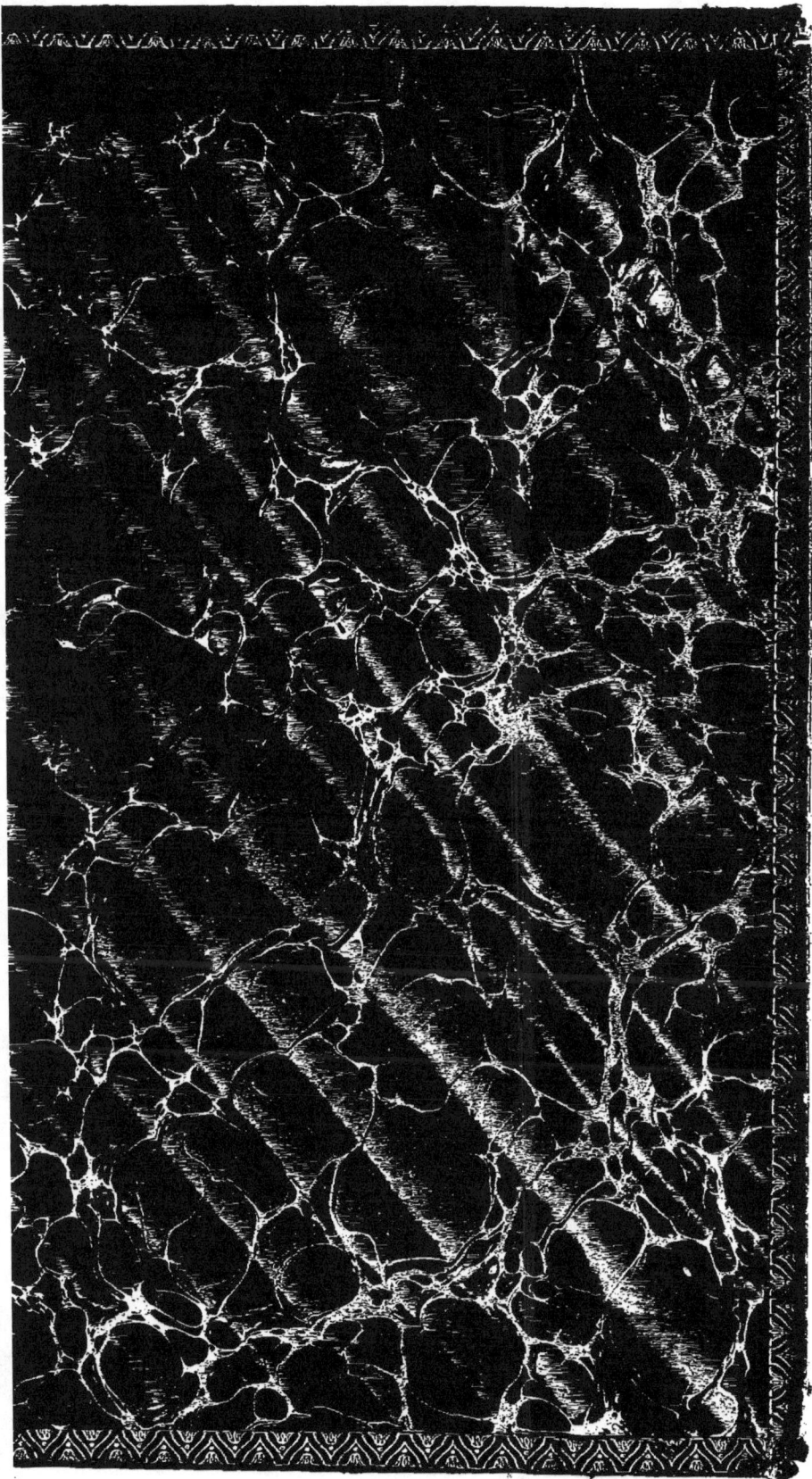

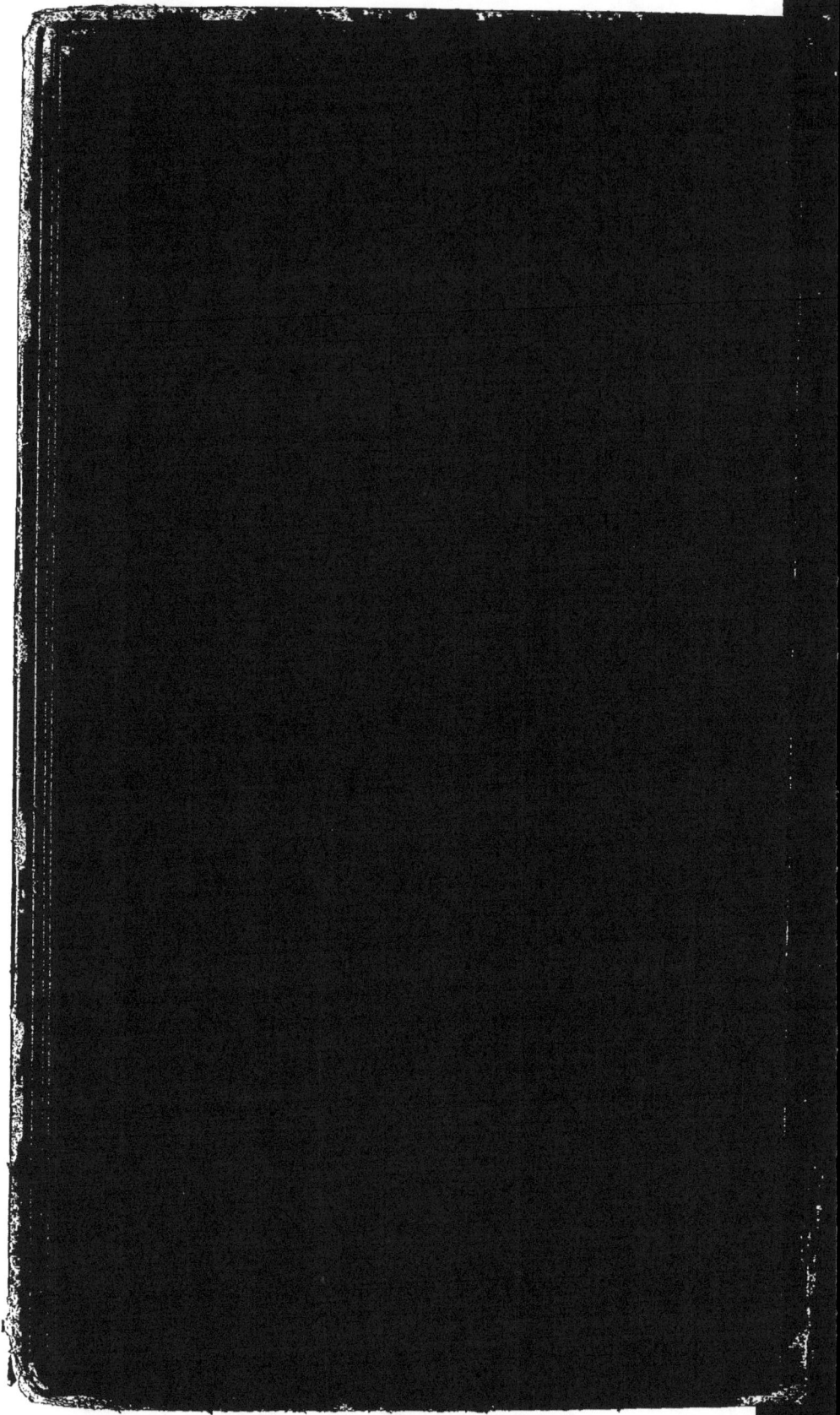

www.ingramcontent.com/pod-product-compliance
Lightning Source LLC
Chambersburg PA
CBHW031535210326
41599CB00015B/1897